ARM Cortex-M3

QIANRUSHI CYUYAN BIANCHENG 100LI

ARM Cortex-M3
嵌入式 C 语言编程 100 例

········孙安青　编著········

中国电力出版社
CHINA ELECTRIC POWER PRESS

内 容 提 要

本书是以基于 32 位 ARM Cortex-M3 为内核的 LPC1343 器件为核心，通过 100 个应用实例，以功能模块为起点，以每个模块的硬件、软件设计为主线，通过大量实例的介绍来达到理论联系实际的目的，让读者能迅速开发出实际的应用系统。

本书讲解深入浅出，实例内容翔实，绝大多数模块、实例都有 Proteus 仿真验证，所有的模块和实例都有详细的硬件和软件设计。力求既能让 ARM 初学者快速入门，又能让中高级开发人员的水平得到进一步提升，适合各类高校自动控制、电气工程、自动化、机械电子专业的学生使用，同时也可供从事单片机系统开发的广大技术人员参考阅读。

图书在版编目（CIP）数据

ARM Corter-M3 嵌入式 C 语言编程 100 例 / 孙安青编著．—北京：中国电力出版社，2018.10
ISBN 978-7-5198-2410-5

Ⅰ．①A… Ⅱ．①孙… Ⅲ．①微处理器－系统设计 ②C 语言－程序设计 Ⅳ．①TP332 ②TP312.8

中国版本图书馆 CIP 数据核字（2018）第 212151 号

出版发行：中国电力出版社
地　　址：北京市东城区北京站西街 19 号（邮政编码 100005）
网　　址：http://www.cepp.sgcc.com.cn
责任编辑：刘　炽（liuchi1030@163.com）
责任校对：黄　蓓　郝军燕　李　楠
装帧设计：赵姗姗
责任印制：杨晓东

印　　刷：三河市航远印刷有限公司
版　　次：2018 年 10 月第一版
印　　次：2018 年 10 月北京第一次印刷
开　　本：787 毫米×1092 毫米　16 开本
印　　张：29
字　　数：711 千字
印　　数：0001—2000 册
定　　价：88.00 元（1CD）

前　言

NXP 公司生产的 LPC1343 是一款基于 ARM Cortex-M3 内核的嵌入式微控制器，由于具有体积小、功能强和价格低的特点，在工业控制、数据采集、智能仪表、机电一体化、家用电器等领域有着广泛的应用，其应用可以大大提高生产和生活的自动化水平。

LPC1343 的系统工作频率最高可达 72MHz。采用 3 级流水线执行结构，内核体系采用哈佛体系结构，采用精简指令集。内部采用 3 种总线结构。ARM Cortex-M3 CPU 内部集成了支持随机分支的预取单元。LPC1343 的外设包括：最高可达 32KB 的 Flash，8KB 的数据存储器 SRAM，USB 驱动，一个 Fast-mode Plus 的 I^2C 接口，一个 UART 接口，4 个通用定时器，最高可达 42 个通用 I/O 引脚。由于具有高速、单周期、低功耗、抗干扰能力强、内置的资源丰富等特点，在嵌入式、物联网等领域具有很好的应用市场。

本书特点

本书以 LPC1343 为核心器件，通过 100 个应用实例，以功能模块为起点，以每个模块的硬件、软件设计为主线，通过大量实例的介绍来达到理论联系实际的目的，让读者能迅速开发出实际的应用系统。

本书具有以下特点。

（1）功能模块众多：本书讲解的功能模块涵盖嵌入式使用的各个应用场合，在每个功能模块中，详细讲解了其应用场合、工作原理、实现该功能的主要元器件，并且给出了原理图和完整程序代码。

（2）实例讲解翔实：选用常见的实例作为讲解对象，在每个实例中，分析了常见设计思路的优劣，介绍了主要元器件的使用方法及完整的硬件、软件设计，读者只要稍作修改就可以应用于实际项目中。

（3）设计得到仿真验证：本书对所有功能模块和实例都进行了 Proteus 仿真验证，并且将仿真过程穿插于内容讲解中，这样既提高了设计的正确性，也为读者设计实际系统提供了验证设计思路的方法。

本书讲解深入浅出，实例内容翔实，绝大多数模块、实例都有 Proteus 仿真验证，所有的模块和实例都有详细的硬件和软件设计。力求既能让 ARM 初学者快速入门，又能让中高级开发人员的水平得到进一步提升，适合各类高校自动控制、电气工程、自动化、机械电子专业的学生使用，同时也可供从事单片机系统开发的广大技术人员参考阅读。

主要内容

全书分为 3 章：

第 1 章为基础应用实例，共有 60 个应用实例，是以 LPC1343 微控制器的基础应用为主，这些基础应用主要包括 I/O 口的输出、按键输入、数码管驱动、8×8 点阵 LED、三基色 LED、定时器、中断、串行口、内置的 A/D 转换器、CAP 模块捕获、PWM 脉宽调制、E^2PROM、SPI 接口。

第 2 章为扩展应用实例，共有 25 个应用实例，是以扩展一些实际应用中常用的器件和模块为核心，介绍了这些器件和模块的功能特点及实现如何用 LPC1343 微控制器来驱动这些器件的驱动程序的设计为主。这些外围扩展器件和模块主要包括串/并转换器件 74HC595 的应用、字符 LCD 模块、图形点阵 LCD 模块、不同尺寸和接口的真彩屏 TFT LCD 模块、SPI 和 I^2C 接口的串行存储器、并行和串行 A/D 转换器、并行和串行 D/A 转换器、实时时钟 RTC 器件、直流电动机和步进电动机驱动器件、温度、湿度、超声波传感器、红外遥控接收协议。

第 3 章综合应用实例，共有 15 个应用实例，这 15 个综合应用实例既有多个基本资源的综合应用，又有外围扩展方面的器件和模块的高级应用、算法和复杂的综合应用实例，让读者能够了解到一个项目开发的全过程是如何实现的。包括："推箱子"游戏设计实例、GPS 定位系统设计实例、基于 240×128 TFTLCD 的中文显示万年历实例、基于 PID 算法的电动机转速控制系统设计实例、带温度测量的 64×16 点阵 LED 数字钟设计实例、简易波形显示设计实例等

光盘使用

本书实例需要以下运行的软件支持：Proteus8.7 SP3 和 Keil uVision 4。本书配套光盘中包括了所有章节的程序代码，可以作为学习和参考之用，未经许可不得用于任何商业等其他用途。

致谢

本书由桂林电子科技大学孙安青编写，在策划和编写过程中，编者参阅了大量的参考书籍、文献以及相关网络资源，并在书中引用了其中的部分文字和插图，在此表示感谢。桂林电子科技大学信息与通信学院的领导对本书的编写也给予大力支持，在此深表感谢。

由于编者水平有限，书中难免存在疏漏与不妥之处，恳请广大同行与读者批评指正（电子邮箱：supermcu@126.com）。

编者

目　录

第 1 章

基础应用实例

1.1 流水灯实例

1．项目要求

在 LPC1343 的 P2 端口的 PIO2_0～PIO2_7 引脚上外接 8 个发光二极管 D1～D8，实现流水灯显示。

2．硬件电路

硬件电路原理图如图 1-1 所示。

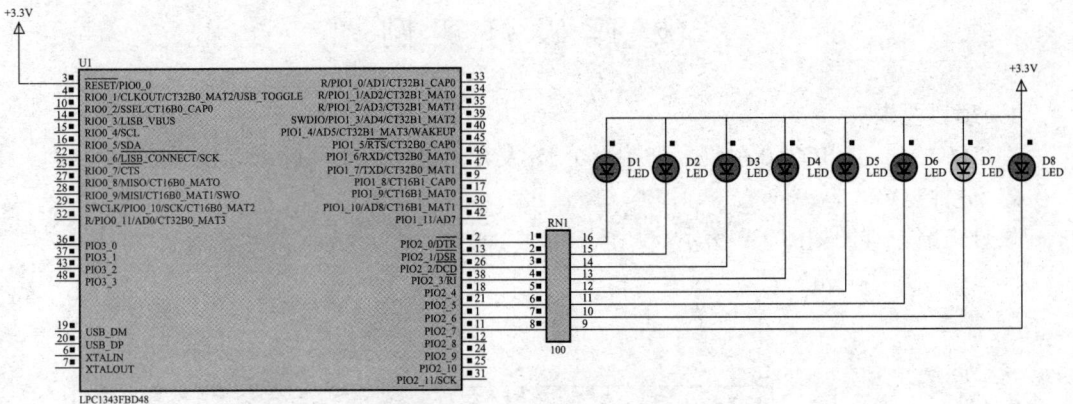

图 1-1　流水灯实例电路原理图

在图 1-1 中，R_{Ni} 为限流排阻，两端分别连在 U_1 的 PIO2_0～PIO2_7 引脚上和发光二极管的 D_1～D_8 的负极上，发光二极管 D_1～D_2 采用低电平点亮方式。

3．程序设计

根据实例要求，设计的程序如下：

```c
#include <LPC13xx.h>
const unsigned char LEDTAB[] =
{
 0xFE,0xFD,0xFB,0xF7,0xEF,0xDF,0xBF,0x7F, //--- 流水灯显示代码 ---
};
int main (void)
{
 int i,j;
 LPC_GPIO2->DIR |= (0xFF << 0);          //--- 配置PIO2_0～PIO2_7为输出方向 ---
 LPC_GPIO2->DATA = (0xFF << 0);          //--- PIO2_0～PIO2_7输出全为1 ---
 while (1)
```

```
{
  for(i=0;i<sizeof(LEDTAB);i++)
    {
      LPC_GPIO2->DATA = LEDTAB[i];
      for(j=0;j<100000;j++);           //--- 延时 ---
    }
}
}
```

4．小结

本实例展示了 LPC1343 的 GPIO 的基本输出模式的编程方法。在使用 GPIO 之前，需要配置 GPIO 的工作模式，通过配置 IOCON 寄存器对应的 PIO 引脚功能寄存器来实现。然后通过 GPIO 的 DIR 方向寄存器来配置 GPIO 的输出方向。由于 PIO2 端口的引脚功能默认是 GPIO 工作模式，程序中无须配置 IOCON 寄存器的 PIO2 端口引脚功能。在本实例中，要将 PIO2_0～PIO2_7 配置为输出引脚，因此，PIO2 端口对应引脚的 DIR 方向寄存器相应的位要置 1。配置完之后就可以通过 GPIO 的 DATA 寄存器来改变引脚的电平状态。

1.2 呼吸灯实例

1．项目要求

在 LPC1343 的 PIO3_0 引脚上外接一个 D_1 发光二极管，实现呼吸灯显示效果。

2．硬件电路

硬件电路原理图如图 1-2 所示。

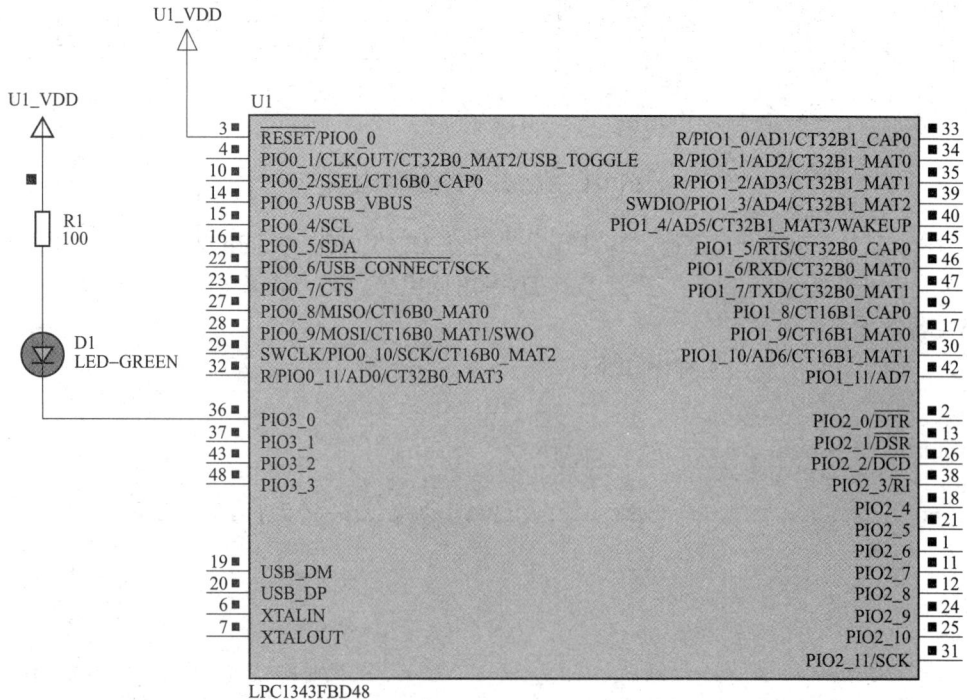

图 1-2　呼吸灯实例电路原理图

U_1（LPC1343）的 PIO3_0 引脚通过限流电阻 R_1（100Ω）驱动 D_1 发光二极管的亮灭。

3. 程序设计

根据实例要求，设计的程序如下：

```
#include <LPC13xx.h>
#define LED(x)  ((x)?(LPC_GPIO3->DATA |= (1 << 0)):(LPC_GPIO3->DATA &=～(1 << 0)))
int main (void)
{
  long i,j,ucNum = 0;
  long Flag = 1;
  LPC_GPIO3->DIR |= (1 << 0);                //--- PIO3_0 引脚为输出方向 ---
  LPC_GPIO3->DATA |= (1 << 0);               //--- PIO3_0 输出高电平 ---
  while (1)
    {
      for(i=0;i<200;i++)
        {
          if(i < ucNum)LED(0);               //--- D1 灯亮 ---
          else LED(1);                       //--- D1 灯灭 ---
          for(j=0;j<1;j++);                  //--- 延时大约 100us ---
        }
      if(1 == Flag)ucNum ++;
      else ucNum --;
      if(200 == ucNum)Flag = 0;
      else if(0 == ucNum)Flag = 1;
    }
}
```

4. 小结

本实例展示了如何用软件模拟产生呼吸灯显示的效果，程序中，flag 用于控制 D_1 灯的从灭到亮还是从亮到灭的方向。要实现比较好的呼吸灯的显示效果，一个完整的亮灭周期控制在 40ms 左右，从灭到亮和从亮到灭分别占用 20ms，并将每个 20ms 时间分成 200 份，每份大约占用 100μs 时间，其中亮的时间通过 ucNum 变量来控制，这样就可以控制 D_1 灯的亮灭，达到呼吸灯的显示效果。

1.3 LED 电子沙漏实例

1. 项目要求

利用 LPC1343 的 PIO0～PIO3 端口实现一个 LED 电子沙漏显示效果。

2. 硬件电路

硬件电路原理图如图 1-3 所示。

U_1（LPC1343）的 PIO0_0～PIO0_11 和 PIO3_0～PIO3_2 共 15 个引脚控制 D_1～D_{15} 发光二极管，模拟沙漏的上半部；PIO1_0～PIO1_11 和 PIO2_0～PIO2_2 共 15 个引脚控制 D_{16}～D_{30} 发光二极管，模拟沙漏的下半部。

3. 程序设计

根据实例要求，设计的程序如下：

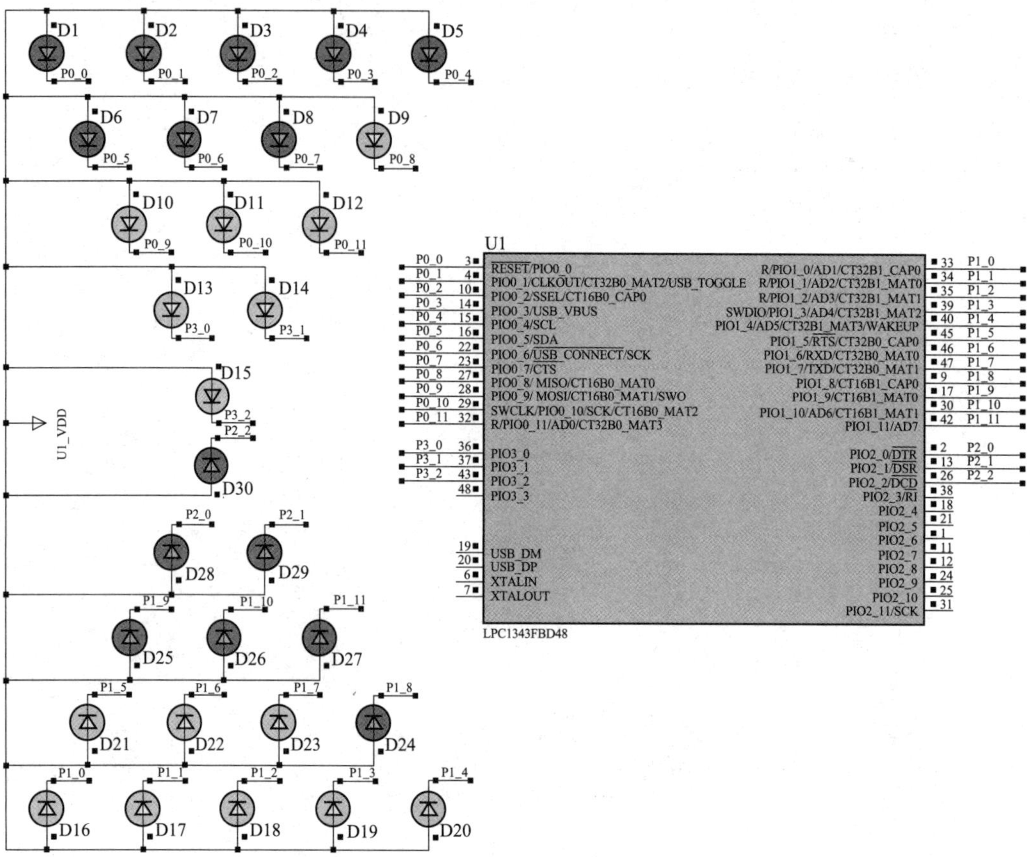

图1-3　LED电子沙漏实例电路原理图

```c
#include <LPC13xx.h>
const long LINETAB[] =
{
  0x001,0x003,0x007,0x00F,0x01F,0x03F,0x07F,0x0FF,0x1FF,0x3FF,0x7FF,0xFFF,
};
int main (void)
{
  long i,j;
  LPC_SYSCON->SYSAHBCLKCTRL |= (1 << 16);        //--- 使能 IOCON 模块的时钟源 ---
  LPC_IOCON->RESET_PIO0_0 |= (1 << 0);           //--- PIO0_0 为 GPIO 功能 ---
  LPC_IOCON->SWCLK_PIO0_10 |= (1 << 0);          //--- PIO0_10 为 GPIO 功能 ---
  LPC_IOCON->R_PIO0_11 |= (1 << 0);              //--- PIO0_11 为 GPIO 功能 ---
  LPC_GPIO0->DIR |= (0xFFF << 0);
  LPC_GPIO0->DATA = 0x000;
  LPC_GPIO3->DIR |= (0x7 << 0);
  LPC_GPIO3->DATA = 0x0;
  LPC_IOCON->R_PIO1_0 |= (1 << 0);               //--- PIO1_0 为 GPIO 功能 ---
  LPC_IOCON->R_PIO1_1 |= (1 << 0);               //--- PIO1_1 为 GPIO 功能 ---
```

```
LPC_IOCON->R_PIO1_2 |= (1 << 0);          //--- PIO1_2 为 GPIO 功能 ---
LPC_IOCON->SWDIO_PIO1_3 |= (1 << 0);      //--- PIO1_3 为 GPIO 功能 ---
LPC_GPIO1->DIR |= (0xFFF << 0);
LPC_GPIO1->DATA = 0xFFF;
LPC_GPIO2->DIR |= (0x7 << 0);
LPC_GPIO2->DATA = 0x7;
while(1)
  {
    LPC_GPIO0->DATA = 0x000;
    LPC_GPIO3->DATA = 0x0;
    LPC_GPIO1->DATA = 0xFFF;
    LPC_GPIO2->DATA = 0x7;
    for(i=0;i<500000;i++);
    for(j=0;j<12;j++)
      {
        LPC_GPIO0->DATA = LINETAB[j];
        LPC_GPIO1->DATA = ~LINETAB[j];
        for(i=0;i<100000;i++);
      }
    for(j=0;j<3;j++)
      {
        LPC_GPIO3->DATA = LINETAB[j];
        LPC_GPIO2->DATA = ~LINETAB[j];
        for(i=0;i<100000;i++);
      }
    for(i=0;i<1000000;i++);
  }
}
```

4．小结

本实例中需要注意的是：由于 PIO0_0、PIO0_10、PIO0_11 和 PIO1_0～PIO1_3 引脚功能默认不是 GPIO 功能，因此在使用之前要对 LPC_ICON 寄存器相应引脚功能寄存器进行配置。

1.4　单个 LED 数码管显示数字 0~9 实例

1．项目要求

在 LPC1343 的 PIO2 端口的 PIO2_0～PIO2_7 引脚上通过 74HC573 器件驱动一个共阴 LED 数码管，实现在 LED 数码管上显示数字 0～9。

2．硬件电路

硬件电路原理图如图 1-4 所示。

3．程序设计

根据实例要求，设计的程序如下：

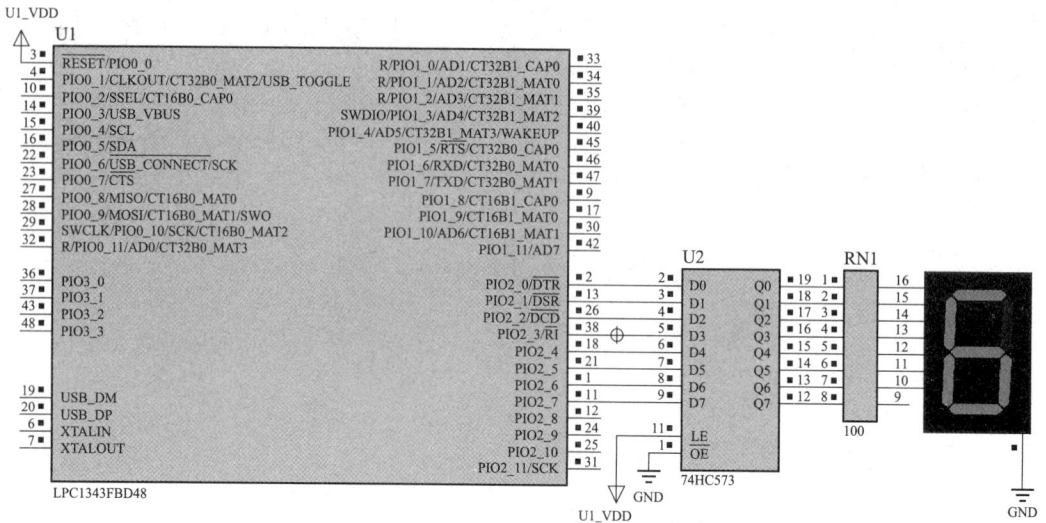

图 1-4　单个 LED 数码管显示数字 0～9 实例电路原理图

U₁ 的 PIO2_0～7 引脚通过 U2（74HC573）器件和 R_{N1} 限流电阻（100Ω）来驱动单个共阴 LED 数码管。

```
#include <LPC13xx.h>
const unsigned char LEDSEG[] =
{
  0x3F,0x06,0x5B,0x4F,0x66,0x6D,0x7D,0x07,0x7F,0x6F,
                              //--- 数字 0～9 的笔段码 ---
};
int main (void)
{
  int i,j;
  LPC_GPIO2->DIR |= (0xFF << 0);    //--- PIO2_0～PIO27 引脚为输出方向 ---
  LPC_GPIO2->DATA = 0xFF;           //--- 全输出为高电平 ---
  while (1)
    {
      for(i=0;i<sizeof(LEDSEG);i++)
        {
          LPC_GPIO2->DATA = LEDSEG[i];
          for(j=0;j<100000;j++);    //--- 软件延时 ---
        }
    }
}
```

4．小结

本实例展示了 LPC1343 器件如何驱动共阴 LED 数码管显示笔段码，在使用 PIO2 端口引脚驱动时将 PIO2_0～PIO2_7 引脚配置为输出，程序中将要显示的 0～9 的笔段码按着顺序放置在 LEDSEG[]数组。通过 for 循环将 LEDSEG 数组中的内容按顺序送到 PIO2 端口的 PIO2_0～PIO2_7 引脚上就能驱动在 LED 数码管显示内容。需要注意的是，在仿真过程中若没有加 U₂（74HC573）器件，LED 数码管是无法正常显示。

1.5 按键计数十六进制显示实例

1．项目要求

在 LPC1343 的 P2 端口的 PIO2_0～PIO2_7 引脚上通过 74HC573 器件驱动一个共阴 LED 数码管，PIO2_8 和 PIO2_9 分别连接着按键 K1 和 K2，当 K1 按下时计数加 1，当 K2 按下时计数减 1，实现十六进制计数并通过 LED 数码管显示。

2．硬件电路

硬件电路原理图如图 1-5 所示。

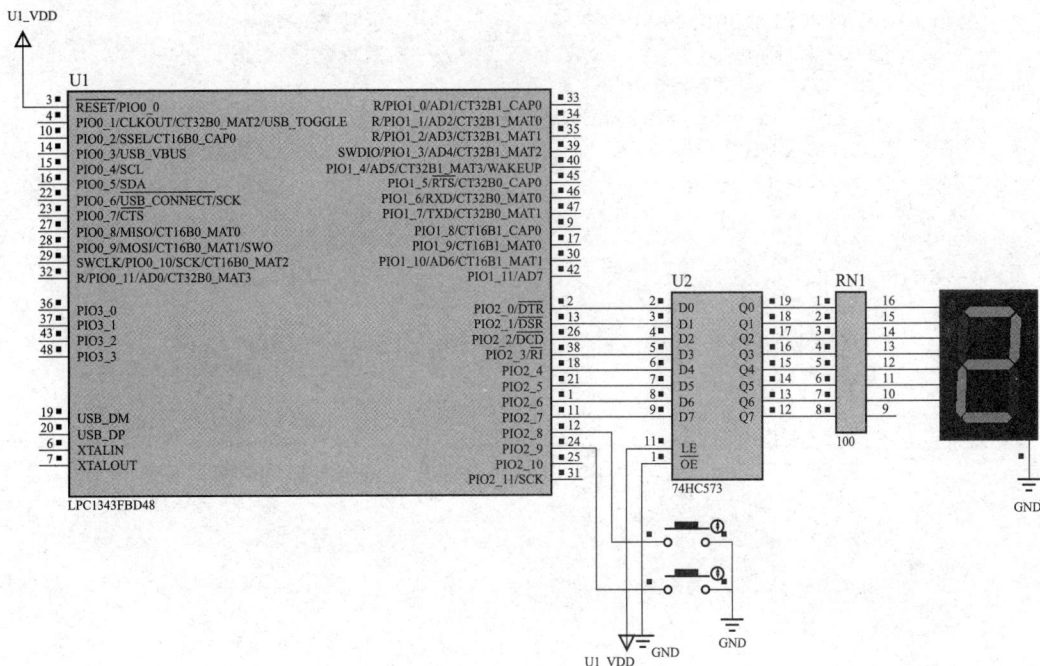

图 1-5 按键计数十六进制显示实例电路原理图

U₁ 的 PIO2_0～PIO2_7 引脚通过 U₂（74HC573）器件和 R_{N1} 限流电阻（100Ω）来驱动单个共阴 LED 数码管。U₁ 的 PIO2_8 和 PIO2_9 引脚上分别连接两个按键 K1 和 K2。

3．程序设计

根据实例要求，设计的程序如下

```
#include <LPC13xx.h>
const unsigned char LEDSEG[] =
{
  0x3F,0x06,0x5B,0x4F,0x66,0x6D,0x7D,0x07,0x7F,0x6F,
                                            //--- 数字 0～9 的笔段码 ---
  0x77,0x7C,0x39,0x5E,0x79,0x71,            //--- 字母 AbCdEF ---
};

#define K1  (LPC_GPIO2->DATA & (1 << 8))    //--- 按键 K1 宏定义 ---
#define K2  (LPC_GPIO2->DATA & (1 << 9))    //--- 按键 K2 宏定义 ---
```

7

```
int main (void)
{
  int i;
  int KeyCnt = 0;
  LPC_GPIO2->DIR |= (0xFF << 0);          //--- PIO2_0~PIO2_7引脚为输出方向 ---
  LPC_GPIO2->DATA = 0xFF;                 //--- 全输出为高电平 ---
  LPC_GPIO2->DIR &=~((1<< 9) | (1<< 8));
                                          //--- PIO2_8~PIO2_9引脚为输入方向 ---
  while(1)
    {
      if(0 == K1)                         //--- 判断 K1 是否按下 ---
        {
          for(i=0;i<1000;i++);            //--- 延时去抖动 ---
          if(0 == K1)                     //--- 判断 K1 是否按下 ---
            {
              if(++KeyCnt > 15)KeyCnt = 0;        //--- 计数加 1 到 16 归 0 ---
              LPC_GPIO2->DATA = LEDSEG[KeyCnt];   //--- 送到端口显示 ---
              while(0 == K1);                     //--- 等待 K1 释放 ---
            }
        }
      if(0 == K2)                                 //--- 判断 K2 是否按下 ---
        {
          for(i=0;i<1000;i++);                    //--- 延时去抖动 ---
          if(0 == K2)                             //--- 判断 K2 是否按下 ---
            {
              if(--KeyCnt < 0)KeyCnt = 15;        //--- 计数减 1 到小于 0 置 15 ---
              LPC_GPIO2->DATA = LEDSEG[KeyCnt];   //--- 送到端口显示 ---
              while(0 == K2);                     //--- 等待 K2 释放 ---
            }
        }
    }
}
```

4. 小结

本实例展示了如何通过引脚的电平状态来识别按键，当按键按下时对应的引脚会被拉成低电平，程序中通过读取端口的 DATA 寄存器对应的位是否为 0 来判断。由于按键在按下时会出现抖动，一般会在判断该引脚为低电平时延时大约 10ms 左右，再判断一次是否按下。在处理完事件后，最后要加上等待按键释放语句。

1.6　4 位共阴 LED 数码管动态显示实例

1. 项目要求

在 LPC1343 的 P2 端口的 PIO2_0~PIO2_7 引脚上通过 74HC573 器件驱动 4 位共阴 LED 数码管的笔段，PIO3_0~PIO3_3 驱动 4 位共阴 LED 数码管的位选段，实现 4 位共阴 LED 数码管上显示"4321"。

2. 硬件电路

硬件电路原理图如图 1-6 所示。

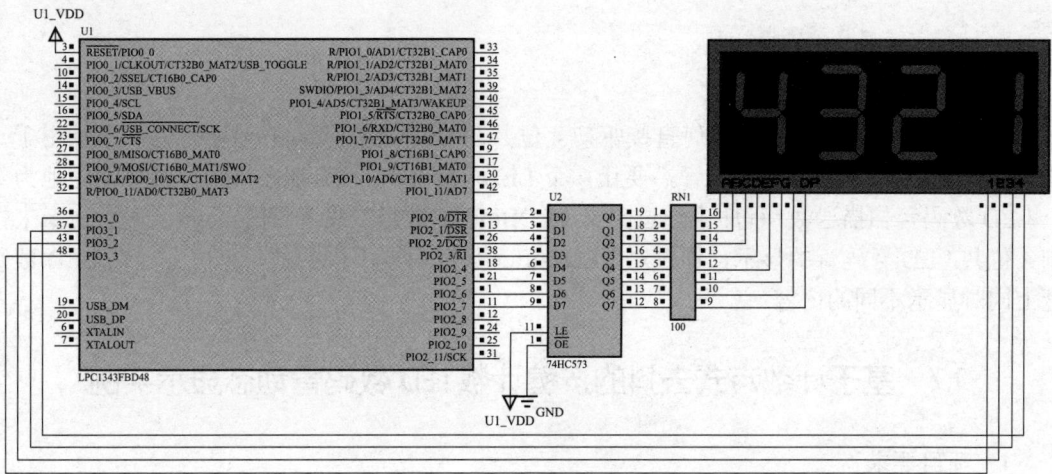

图 1-6 4 位共阴 LED 数码管动态显示实例电路原理图

U_1 的 PIO2_0～PIO2_7 引脚通过 U_2（74HC573）器件和 R_{N1} 限流电阻（100Ω）来驱动 4
位共阴 LED 数码管的笔段。U_1 的 PIO3_0～PIO3_3 引脚直接驱动 4 位共阴 LED 数码管的位
选段。

3. 程序设计

根据实例要求，设计的程序如下：

```c
#include <LPC13xx.h>
const unsigned char LEDSEG[] =
{
  0x3F,0x06,0x5B,0x4F,0x66,0x6D,0x7D,0x07,0x7F,0x6F,
                                        //--- 数字 0～9 的笔段码 ---
  0x77,0x7C,0x39,0x5E,0x79,0x71,        //--- 字母 AbCdEF ---
};
const unsigned char LEDDIG[] =
{
  0xFE,0xFD,0xFB,0xF7,
};
unsigned char LEDBuffer[4] = {1,2,3,4};    //--- 数码管显示缓冲区定义 ---
unsigned char LEDPointer;                  //--- 数码管显示索引 ---
int main (void)
{
  int i;
  LPC_GPIO2->DIR |= (0xFF << 0);           //--- PIO2_0～PIO2_7 置输出 ---
  LPC_GPIO3->DIR |= (0x0F << 0);           //--- PIO3_0～PIO3_3 置输出 ---
  LPC_GPIO2->DATA = 0x00;
  LPC_GPIO3->DATA = 0x00;
  while(1)
    {
      LPC_GPIO2->DATA = LEDSEG[LEDBuffer[LEDPointer]];  //--- 送笔段码 ---
      LPC_GPIO3->DATA = LEDDIG[LEDPointer];             //--- 送位选通码 ---
      if(++LEDPointer >= sizeof(LEDBuffer))LEDPointer = 0;//--- 索引变量加 1 ---
      for(i=0;i<500;i++);                              //--- 延时大约 1ms---
```

```
    }
}
```

4. 小结

本实例展示了 LPC1343 如何直接驱动 4 位共阴 LED 数码管动态显示。动态显示由于每个瞬间只能显示 1 个 LED 数码管，要让 4 个 LED 数码管看起来都在显示，就要不停地为每个 LED 数码管扫描送数。程序中通过定义 LEDBuffer[]数组变量和 LEDPointer 索引变量来控制 4 位共 LED 数码管的显示，通过对 LEDBuffer 数组中置不同的数，可以实现在 LED 数码管上同时显示不同的内容。

1.7　基于计数方式去抖的按键计数 LED 数码管动态显示实例

1. 项目要求

在 LPC1343 的 PIO2 端口的 PIO2_0～PIO2_7 引脚上通过 74HC573 器件驱动 4 位共阴 LED 数码管的笔段，PIO3_0～PIO3_3 驱动 4 位共阴 LED 数码管的位选段，PIO1_5 和 PIO1_6 分别连接着按键 K1 和 K2，当 K1 按下时计数加 1，当 K2 按下时计数减 1，实现在 4 位共阴 LED 数码管上显示 10000 以内的按键计数值。

2. 硬件电路

硬件电路原理图如图 1-7 所示。

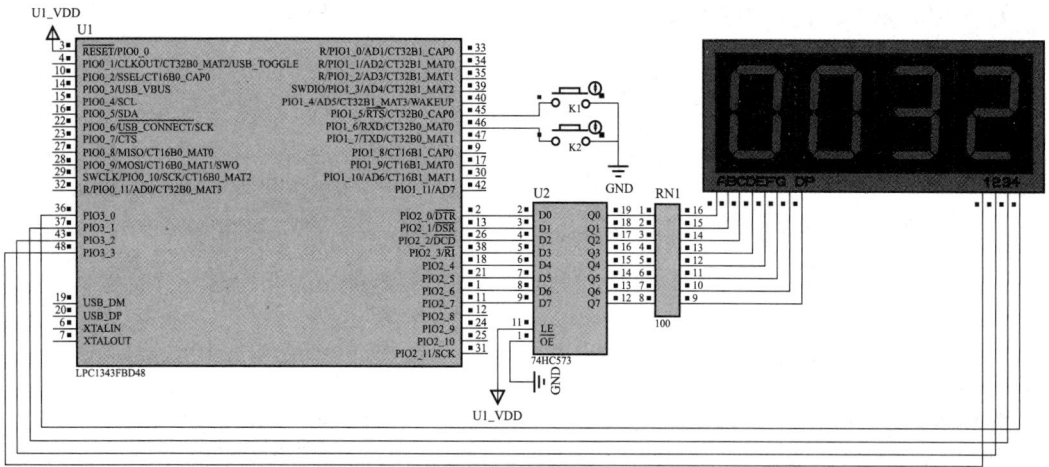

图 1-7　基于计数方式去抖的按键计数 LED 数码管动态显示实例电路原理图

U_1 的 PIO2_0～PIO2_7 引脚通过 U2（74HC573）器件和 R_{N1} 限流电阻（100Ω）来驱动 4 位共阴 LED 数码管的笔段。U_1 的 PIO3_0～PIO3_7 引脚直接驱动 4 位共阴 LED 数码管的位选段。U_1 的 PIO1_5 和 PIO1_6 引脚上分别连接两个按键 K1 和 K2。

3. 程序设计

根据实例要求，设计的程序如下：

```c
#include <LPC13xx.h>
const unsigned char LEDSEG[] =
{
  0x3F,0x06,0x5B,0x4F,0x66,0x6D,0x7D,0x07,0x7F,0x6F,
```

```
                                          //--- 数字 0～9 的笔段码 ---
  0x77,0x7C,0x39,0x5E,0x79,0x71,          //--- 字母 AbCdEF ---
};
const unsigned char LEDDIG[] =
{
  0xFE,0xFD,0xFB,0xF7,
};
unsigned char LEDBuffer[4] = {0,0,0,0};   //--- 数码管显示缓冲区定义 ---
unsigned char LEDPointer;                 //--- 数码管显示索引 ---
#define K1  (LPC_GPIO1->DATA & (1 << 5))  //--- 按键 K1 引脚宏定义 ---
#define K2  (LPC_GPIO1->DATA & (1 << 6))  //--- 按键 K2 引脚宏定义 ---
int K1_Cnt,K2_Cnt;
int main (void)
{
  int i;
  int KeyCnt = 0;

  LPC_GPIO2->DIR |= (0xFF << 0);          //--- PIO2_0～PIO2_7 置输出 ---
  LPC_GPIO3->DIR |= (0x0F << 0);          //--- PIO3_0～PIO3_3 置输出 ---
  LPC_GPIO2->DATA = 0x00;
  LPC_GPIO3->DATA = 0x00;
  LPC_GPIO1->DIR &=～((1 << 6) | (1 << 5));
  while(1)
    {
      LPC_GPIO2->DATA = LEDSEG[LEDBuffer[LEDPointer]];
                                          //--- 送笔段码 ---
      LPC_GPIO3->DATA = LEDDIG[LEDPointer]; //--- 送位选通码 ---
      if(++LEDPointer >= sizeof(LEDBuffer))LEDPointer = 0;
                                          //--- 索引变量加 1 ---
      for(i=0;i<500;i++);                 //--- 延时大约 1ms ---
      if(0 == K1)                         //--- 判断 K1 是否按下 ---
        {
          if(999999 != K1_Cnt)            //--- K1 真得已按下标志 ---
            {
              if(++K1_Cnt > 10)           //--- 加 1 计数用于按键去抖判断 ---
                {
                  if(0 == K1)             //--- 判断 K1 是否按下 ---
                    {
                      K1_Cnt = 999999;    //--- 置 K1 已按下标志 ---
                      if(++KeyCnt > 9999)KeyCnt = 0;
                                          //--- 计数加 1 并送显示缓冲区 ---
                      LEDBuffer[0] = (KeyCnt / 1) % 10;
                      LEDBuffer[1] = (KeyCnt / 10) % 10;
                      LEDBuffer[2] = (KeyCnt / 100) % 10;
                      LEDBuffer[3] = (KeyCnt / 1000) % 10;
                    }
                }
            }
        }
```

```
            else K1_Cnt = 0;                  //--- K1 释放则置 K1_Cnt 变量为 0 ---
            if(0 == K2)                        //--- 判断 K2 是否按下 ---
              {
                if(999999 != K2_Cnt)           //--- 判断 K2 已按下标志 ---
                  {
                    if(++K2_Cnt > 10)          //--- 加 1 计数用于按键去抖判断 ---
                      {
                        if(0 == K2)            //--- 判断 K2 是否按下 ---
                          {
                            K2_Cnt = 999999;   //--- 置 K2 已按下标志 ---
                            if(--KeyCnt < 0)KeyCnt = 0;
                                               //--- 计数减 1 并送显示缓冲区 ---
                            LEDBuffer[0] = (KeyCnt / 1) % 10;
                            LEDBuffer[1] = (KeyCnt / 10) % 10;
                            LEDBuffer[2] = (KeyCnt / 100) % 10;
                            LEDBuffer[3] = (KeyCnt / 1000) % 10;
                          }
                      }
                  }
                else K2_Cnt = 0;               //--- K2 释放并置 K2_Cnt 变量为 0---
              }
          }
```

4. 小结

本实例展示了在按键识别过程中，采用变量计数的方式来达到按键去抖动，同时也将该变量作为键已按下的标志，实现一个变量多功能的方法。例如定义的变量 K1_Cnt，其执行步骤如下：

（1）判断键是否按下。

（2）若检测到键已按下，判断是否为已按下的标志，这里的标志是 K1_Cnt 被置为特殊值"999999"。

（3）若不是已按下的标志，则该变量（K1_Cnt）加 1，并判断是否达设定的计数值 M。

（4）若该变量（K1_Cnt）已达到设定的值 M，则判断该键是否真得按下。

（5）若该键被按下，则置该变量 K1_Cnt 为特殊值"999999"，这个特殊值一定要大于 M，并执行相应的键处理事件。

（6）其他的情况下，只需判断键是否已释放，若已释放则将该变量 K1_Cnt 置 0。

1.8　多变循环 LED 彩灯显示实例

1. 项目要求

在 LPC1343 的 PIO0 和 PIO1 端口共外接了 16 个发光二极管 $D_1 \sim D_{16}$，按键 K1、K2 和 K3 连接在 PIO3 端口上，实现彩灯的模式选择、加速和减速操作，接在 PIO2 端口上的静态显示的共阳 LED 数码管用于显示模式。

2. 硬件电路

本实例的硬件电路原理图如图 1-8 所示。

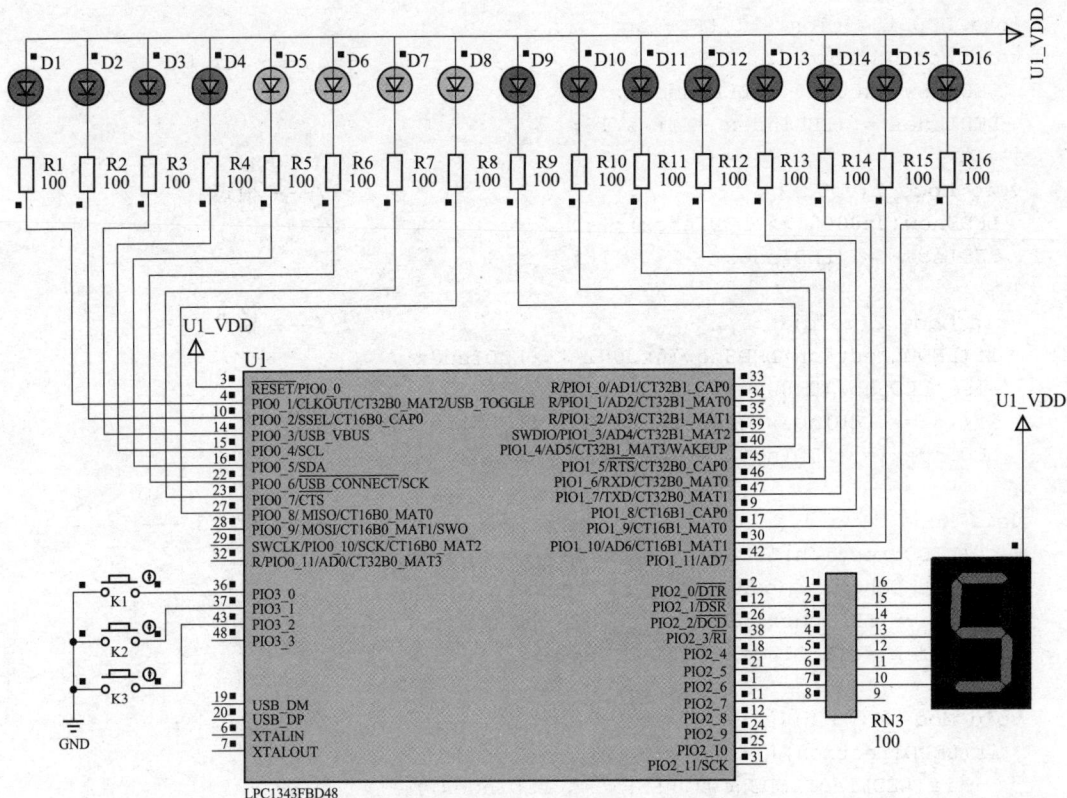

图 1-8　多变循环 LED 彩灯显示实例电路原理图

U_1（LPC1343）的 PIO0_1～PIO0_8 通过限流电阻 R_1～R_8 驱动 D_1～D_8 发光二极管，PIO1_4～PIO1_7 通过限流电阻 R_9～R_{16} 驱动 D_9～D_{16} 发光二极管。按键 K1～K3 分别连接到 PIO3_0～PIO3_2 引脚上。共阴 LED 数码管的笔段通过 R_{N3} 限流排阻连接到 PIO2 端口的 PIO2_0～PIO2_7 引脚上。

3．程序设计

根据实例要求，设计的程序如下：

```c
#include <LPC13xx.h>
const unsigned char LEDSEG[] ={
  0x3F,0x06,0x5B,0x4F,0x66,0x6D,0x7D,0x07,0x7F,0x6F,
                                        //--- 数字 0～9 的笔段码 ---
  0x77,0x7C,0x39,0x5E,0x79,0x71,        //--- 字母 AbCdEF ---
};
void SEG_Display(long Value){
  LPC_GPIO2->DATA = (~LEDSEG[Value] << 0);
}
void LEDShow(long LEDStatus){
  LPC_GPIO0->DATA = (~((LEDStatus >> 0) & 0x00FF)) << 1;
  LPC_GPIO1->DATA = (~((LEDStatus >> 8) & 0x00FF)) << 4;
}
long RunMode;
long LEDIndex = 0;
```

```
long LEDDirection = 1,LEDFlag = 1;
void Mode_0(void){                                              //--- 模式 0 ---
  LEDShow(0x0001 << LEDIndex);
  LEDIndex = (LEDIndex + 1) % 16;
}
void Mode_1(void){                                              //--- 模式 1 ---
  LEDShow(0x8000 >> LEDIndex);
  LEDIndex = (LEDIndex + 1) % 16;
}
void Mode_2(void){                                              //--- 模式 2 ---
  if(LEDDirection)LEDShow(0x0001 << LEDIndex);
  else LEDShow(0x8000 >> LEDIndex);
  if(15 == LEDIndex)LEDDirection = !LEDDirection;
  LEDIndex = (LEDIndex + 1) % 16;
}
void Mode_3(void){                                              //--- 模式 3 ---
  if(LEDDirection)LEDShow(~(0x0001 << LEDIndex));
  else LEDShow(~(0x8000 >> LEDIndex));
  if(15 == LEDIndex)LEDDirection = !LEDDirection;
  LEDIndex = (LEDIndex + 1) % 16;
}
void Mode_4(void){                                              //--- 模式 4 ---
  if(LEDDirection){
      if(LEDFlag)LEDShow(0xFFFE << LEDIndex);
      else LEDShow(~(0x7FFF >> LEDIndex));
  }
  else{
      if(LEDFlag)LEDShow(0x7FFF >> LEDIndex);
      else LEDShow(~(0xFFFE << LEDIndex));
  }
  if(15 == LEDIndex){
      LEDDirection = !LEDDirection;
      if(LEDDirection)LEDFlag = !LEDFlag;
  }
  LEDIndex = (LEDIndex + 1) % 16;
}
void Mode_5(void){                                              //--- 模式 5 ---
  if(LEDDirection)LEDShow(0x000F<<LEDIndex);
  else LEDShow(0xF000>>LEDIndex);
  if(15 == LEDIndex)LEDDirection = !LEDDirection;
  LEDIndex = (LEDIndex + 1) % 16;
}
void Mode_6(void){                                              //--- 模式 6 ---
  if(LEDDirection)LEDShow(~(0x000F << LEDIndex));
  else LEDShow(~(0xF000 >> LEDIndex));
  if(15 == LEDIndex)LEDDirection = !LEDDirection;
  LEDIndex = (LEDIndex + 1) % 16;
}
void Mode_7(void){                                              //--- 模式 7 ---
```

```
    if(LEDDirection)LEDShow(0x003F << LEDIndex);
    else LEDShow(0xFC00 >> LEDIndex);
    if(9 == LEDIndex)LEDDirection = !LEDDirection;
    LEDIndex = (LEDIndex + 1) % 10;
}
void Mode_8(void){                                    //--- 模式 8 ---
    LEDShow(++ LEDIndex);
}
const long SpeedCode[] = {
1,   2,   3,   5,   8, 10,  14,  17,  20,  30,
40,  50,  60,  70,  80, 90, 100, 120, 140, 160,
180, 200, 300, 400, 500, 600, 700, 800, 900,1000
};
long TimerCount,SystemSpeed,SystemSpeedIndex = 15;
void SetSpeed(unsigned char Speed){
    SystemSpeed = SpeedCode[Speed] * 50;
}
#define K1  (LPC_GPIO3->DATA & (1 << 0))              //--- 按键 K1 宏定义 ---
#define K2  (LPC_GPIO3->DATA & (1 << 1))              //--- 按键 K2 宏定义 ---
#define K3  (LPC_GPIO3->DATA & (1 << 2))              //--- 按键 K3 宏定义 ---
long K1_Cnt,K2_Cnt,K3_Cnt;
int main(void)
{
    LPC_GPIO0->DIR |= (0xFF << 1);
    LPC_GPIO1->DIR |= (0xFF << 4);
    LPC_GPIO2->DIR |= (0xFF << 0);
    SetSpeed(SystemSpeedIndex);
    SEG_Display(RunMode);
    while(1)
      {
        if(++TimerCount > SystemSpeed)
          {
            TimerCount = 0;
            if(0 == RunMode)Mode_0();
            else if(1 == RunMode)Mode_1();
            else if(2 == RunMode)Mode_2();
            else if(3 == RunMode)Mode_3();
            else if(4 == RunMode)Mode_4();
            else if(5 == RunMode)Mode_5();
            else if(6 == RunMode)Mode_6();
            else if(7 == RunMode)Mode_7();
            else if(8 == RunMode)Mode_8();
          }
        if((0 == K1) && (999999 != K1_Cnt) && (++K1_Cnt > 10)){
            if(0 == K1){                              //--- K1 真得按下 ---
                K1_Cnt = 999999;                      //--- 置 K1 已按下标志 ---
                if(++RunMode > 8)RunMode = 0;         //--- 切换模式 ---
                SEG_Display(RunMode);                 //--- 送数码管显示 ---
```

```
      }
    }
    else if(0 != K1)K1_Cnt = 0;                       //--- K1 释放则置 0 ---
    if((0 == K2) && (999999 != K2_Cnt) && (++K2_Cnt > 10)){
      if(0 == K2){                                    //--- K2 真得按下 ---
        K2_Cnt = 999999;                              //--- 置 K2 已按下标志 ---
        if(SystemSpeedIndex > 0){
          -- SystemSpeedIndex;                        //--- 切换速度 ---
          SetSpeed(SystemSpeedIndex);
        }
      }
    }
    else if(0 != K2)K2_Cnt = 0;                       //--- K2 释放则置 0 ---
    if((0 == K3) &&(999999 != K3_Cnt) && (++K3_Cnt > 10)){
      if(0 == K3){                                    //--- K3 真得按下 ---
        K3_Cnt = 999999;                              //--- 置 K3 已按下标志 ---
        if(SystemSpeedIndex < 28)
          {
            ++ SystemSpeedIndex;                      //--- 切换速度 ---
            SetSpeed(SystemSpeedIndex);
          }
      }
    }
    else if(0 != K3)K3_Cnt = 0;                       //--- K3 释放则置 0 ---
  }
}
```

4. 小结

本实例展示了 LPC1343 微控制器多个不同端口如何同时驱动多个 LED 发光二极管的方法。程序中 LEDShow 函数给出了端口驱动的实现方法。

1.9　基于引脚中断方式的加减计数实例

1. 项目要求

利用 LPC1343 的 PIO1 端口的引脚中断功能实现按键 K1 和 K2 的计数加 1 和减 1 操作，并通过 4 位共阴 LED 数码管显示计数的结果。

2. 硬件电路

硬件电路原理图如图 1-9 所示。

U_1（LPC1343）的 PIO2 端口的 PIO2_0～PIO2_7 引脚通过 U_2（74HC573）和 R_{N1}（100Ω）限流电阻连接到 4 位共阴 LED 数码管的笔段 A～G 和 DP 引脚上，用于驱动 LED 的笔段码；U_1（LPC1343）的 PIO2 端口的 PIO2_8～PIO2_11 用于直接驱动 4 位共阴 LED 数码管的位选段"1234"引脚。按键 K1 和 K2 分别连接到 PIO1 端口的 PIO1_5 和 PIO1_6 引脚上，按下触发计数加 1 或减 1。

3. 程序设计

根据实例要求，设计的程序如下：

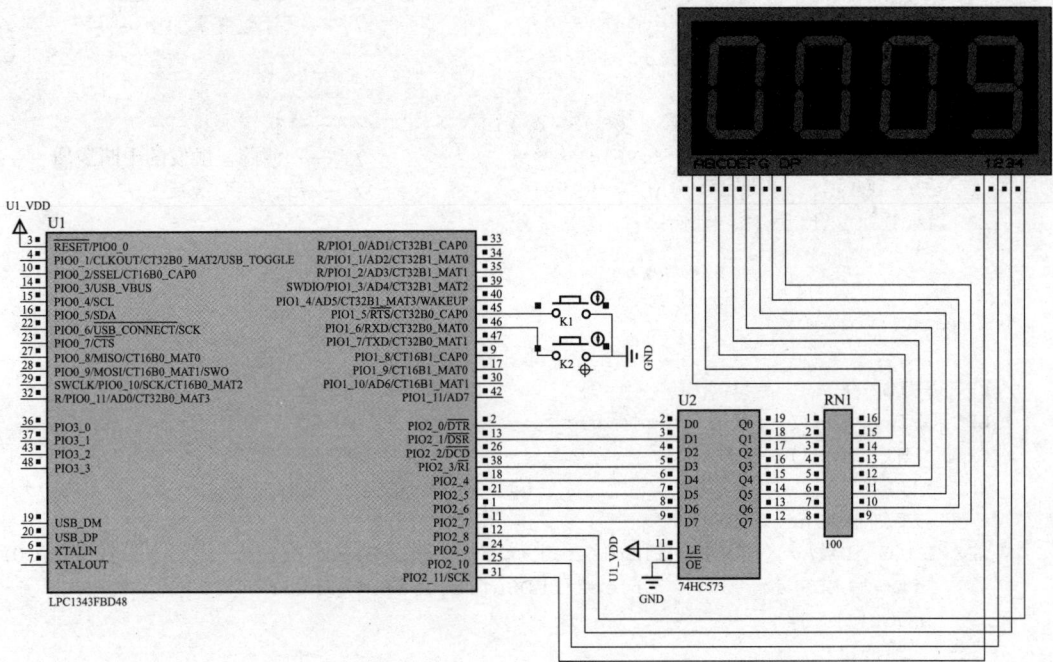

图 1-9 基于引脚中断方式的加减计数实例电路原理图

```c
#include <LPC13xx.h>
const unsigned char LEDSEG[] ={
 0x3F,0x06,0x5B,0x4F,0x66,0x6D,0x7D,0x07,0x7F,0x6F,
                                    //--- 数字 0~9 的笔段码 ---
 0x77,0x7C,0x39,0x5E,0x79,0x71,     //--- 字母 AbCdEF ---
};
const unsigned char LEDDIG[] = {0xFE,0xFD,0xFB,0xF7};
                                    //-- 位选通码 ---
unsigned char LEDBuffer[4];
unsigned char LEDPointer;
long KeyCnt,msCnt;
void LoadLEDBuffer(long dat){
 LEDBuffer[0] = (KeyCnt / 1) % 10;
 LEDBuffer[1] = (KeyCnt / 10) % 10;
 LEDBuffer[2] = (KeyCnt / 100) % 10;
 LEDBuffer[3] = (KeyCnt / 1000) % 10;
}
void PIO1_INT_Init(void){
 LPC_GPIO1->IS &=~((1 << 6) | (1 << 5));    // PIO1_5 和 PIO1_6 配置为边沿触发中断
 LPC_GPIO1->IBE &=~((1 << 6) | (1 << 5));
 LPC_GPIO1->IEV &=~((1 << 6) | (1 << 5)); //--- 选择下降沿触发方式 ---
 LPC_GPIO1->IE |= ((1 << 6) | (1 << 5));   // 允许 PIO1_5 和 PIO1_6 引脚中断
 NVIC_EnableIRQ(EINT1_IRQn);             //--- 开 PIO1 端口的中断号 ---
}
void PIOINT1_IRQHandler(void){             //--- PIO1 端口引脚中断函数 ---
 if(0 != (LPC_GPIO1->RIS & (1 << 5))){   //--- 按键 K1 ---
```

17

```
        LPC_GPIO1->IC |= (1 << 5);              //--- 清除已触发的中断逻辑 ---
        if(++KeyCnt > 9999)KeyCnt = 0;          //--- 计数变量加 1 ---
        LoadLEDBuffer(KeyCnt);
    }
    if(0 != (LPC_GPIO1->RIS & (1 << 6))){       //--- 按键 K2 ---
        LPC_GPIO1->IC |= (1 << 6);              //--- 清除已触发的中断逻辑 ---
        if(--KeyCnt < 0)KeyCnt = 9999;          //--- 计数变量减 1 ---
        LoadLEDBuffer(KeyCnt);
    }
}
int main (void)
{
  LPC_GPIO2->DIR |= (0xFFF << 0);
  LPC_GPIO2->DATA = (0x000 << 0);
  PIO1_INT_Init();
  while(1){
      if(++msCnt > 100){
  LPC_GPIO2->DATA = (LEDDIG[LEDPointer] << 8) | (LEDSEG[LEDBuffer[LEDPointer]] << 0);
      if(++LEDPointer >= sizeof(LEDBuffer))LEDPointer = 0;
      msCnt = 0;
      }
    }
}
```

4．小结

本实例展示了如何实现引脚中断功能。本实例中用到的是 PIO1 端口的 PIO1_5 和 PIO1_6 作为外部中断源输入引脚，在使用之前，需要对相关寄存器初始化，初始化的内容描述如下：

（1）指定哪些是作为中断功能的输入引脚。

（2）指定触发中断的边沿方式：上升沿、下降沿还是下升沿和下降沿。

（3）对应引脚的中断功能使能。

（4）开 NVIC 的中断向量号，对于 PIO1 端口中断向量号是 EINT1_IRQn。

在使用中断功能时，程序中必须要配套有对应的中断函数。本实例是 PIO1 端口的引脚中断，则中断函数为"void PIOINT1_IRQHandler（void）"。

本实例中，PIO1 端口的引脚中断函数判断对应的中断边沿状态寄存器对应的位是否为"1"，若是则表示有引脚中断触发，清标志，并执行相应的处理。

1.10　4×4 矩阵键盘读取实例

1．项目要求

在 LPC1343 的 PIO1 端口的 PIO1_4～PIO1_11 引脚外接一个 4×4 矩阵键盘，实现 16 个按键值和键码的识别，并通过 4 位共阴 LED 数码显示。

2．硬件电路

硬件电路原理图如图 1-10 所示。

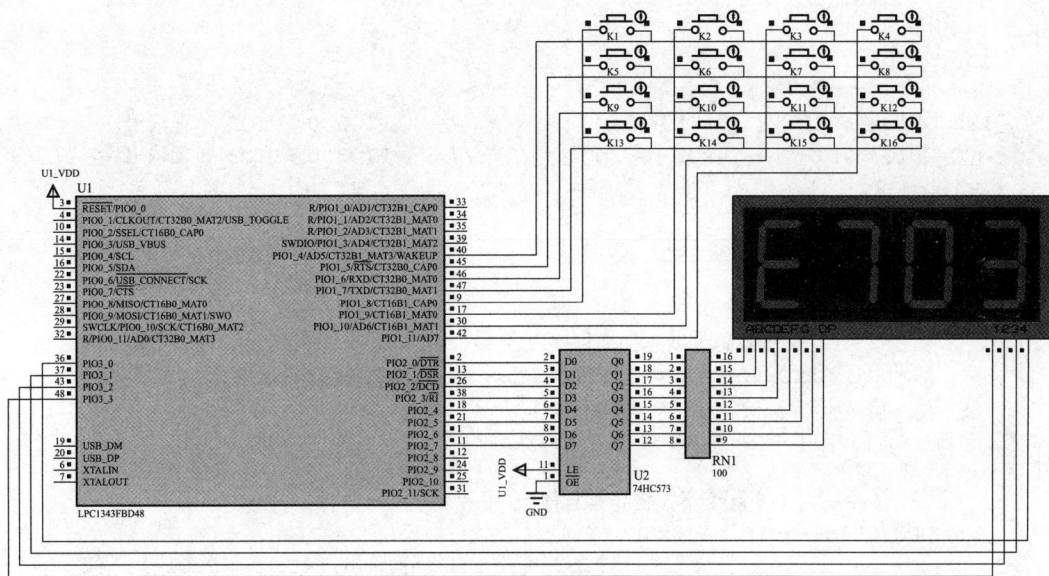

图 1-10　4×4 矩阵键盘读取实例电路原理图

U_1 的 PIO2_0～PIO2_7 引脚通过 R_{N1} 限流电阻（100Ω）驱动 4 位共阴 LED 数码管的笔段。U_1 的 PIO3_0～PIO3_3 引脚直接驱动 4 位共阴 LED 数码管的位选段。U_1 的 PIO1_4～PIO1_11 引脚分别连接 4×4 矩阵键盘的 4 行和 4 列。

3．程序设计

根据实例要求，设计的程序如下：

```
#include <LPC13xx.h>
const unsigned char LEDSEG[] =
{
  0x3F,0x06,0x5B,0x4F,0x66,0x6D,0x7D,0x07,0x7F,0x6F,
                                    //--- 数字 0～9 的笔段码 ---
  0x77,0x7C,0x39,0x5E,0x79,0x71,    //--- 字母 AbCdEF ---
};
const unsigned char LEDDIG[] =      //--- 位选通段码 ---
{
  0xFE,0xFD,0xFB,0xF7,
};
unsigned char LEDBuffer[4];         //--- LED 数码管显示缓冲区 ---
unsigned char LEDPointer;           //--- LED 数码管动态扫描索引变量 ---
unsigned int LEDScanmsCnt;

const unsigned char KEYTAB[] =      //--- 4X4 矩阵键盘编码表 ---
{
  0xEE,0xED,0xEB,0xE7,
  0xDE,0xDD,0xDB,0xD7,
  0xBE,0xBD,0xBB,0xB7,
  0x7E,0x7D,0x7B,0x77,
};
int main (void)
{
```

```
    int i;
    int temp;
    int KeydlyCnt = 0;
    LPC_GPIO2->DIR |= (0xFF << 0);          //--- PIO2_0~PIO2_7 置输出 ---
    LPC_GPIO3->DIR |= (0x0F << 0);          //--- PIO3_0~PIO3_3 置输出 ---
     while(1)
       {
          if(++LEDScanmsCnt > 100)
          {
            LEDScanmsCnt = 0;
            //--- LED 数码管动态扫描程序段 ---
            LPC_GPIO2->DATA = LEDSEG[LEDBuffer[LEDPointer]];
            LPC_GPIO3->DATA = LEDDIG[LEDPointer];
            if(++LEDPointer == sizeof(LEDBuffer))LEDPointer = 0;
          }
          //--- 4×4 矩阵键盘按键识别程序段 ---
       LPC_GPIO1->DIR = (0x0F << 4);
                          //--- PIO1_4~PIO1_7 置输出,PIO1_8~PIO1_11 置输入 ---
       LPC_GPIO1->DATA = (0xF0 << 4);    //--- PIO1_4~PIO1_7 输出低电平 ---
       if(0xF0 != ((LPC_GPIO1->DATA & (0xF0 << 4)) >> 4))
                                           //--- 判断是否有键按下 ---
         {
          if((999999 != KeydlyCnt) && (++KeydlyCnt > 4000))
                                           //--- 去抖动 ---
            {
              if(0xF0 != ((LPC_GPIO1->DATA & (0xF0 << 4)) >> 4))
                                           //--- 判断是否按下 ---
                {
                  KeydlyCnt = 999999;              //--- 置已按下标志 ---
                  temp = (LPC_GPIO1->DATA & (0xF0 << 4)) >> 4;
                                           //--- 读取列值 ---
                  LPC_GPIO1->DIR = (0xF0 << 4);  //--- 行置输入,列输出 ---
                  LPC_GPIO1->DATA = (0x0F << 4); //--- 列输出低电平 ---
                  temp |= (LPC_GPIO1->DATA & (0x0F << 4)) >> 4;
                                           //--- 读行值与列值合并 ---
                  for(i=0;i<sizeof(KEYTAB);i++)  //--- 查表按键是否在列表中 ---
                    {
                      if(temp == KEYTAB[i])       //--- 找到编码值 ---
                        {
                          LEDBuffer[0] = i % 10;  //--- 序号送显示缓冲区 ---
                          LEDBuffer[1] = i / 10;
                          LEDBuffer[2] = temp % 16; //--- 该键的编码送显示缓冲区 ---
                          LEDBuffer[3] = temp / 16;
                          i = sizeof(KEYTAB) + 10;//--- 退出 for 循环 ---
                        }
                    }
                }
            }
         }
       else KeydlyCnt = 0;     //--- 按键释放则置标志变量为 0 ---
       }
    }
```

4．小结

本实例展示了 LPC1343 与 4×4 矩阵键盘接口的硬件连接和按键识别的程序实现方法。在程序中，采用行列交换法来识别 4×4 矩阵键盘的每个按键，其实现步骤如下：

（1）先置连接在 4 个行线的 PIO1_4～PIO1_7 引脚为输出方向且输出全为低电平，连接在 4 个列线的 PIO1_8～PIO1_11 为输入方向。

（2）读取 PIO1 端口的 PIO1_4～PIO1_11 引脚的电平状态，若等于"F0"，表示没有键按下。

（3）若不等于"F0"，表示有键按下，去抖动之后。

（4）置键已按下标志，并保存这个时刻的 PIO1_4～PIO1_11 引脚电平状态值。

（5）将行和列的输入/输出方向进行交换，即行被设置为输入方向，列被设置为输出方向且输出全为低电平；并读取这个时刻的 PIO1_4～PIO1_11 引脚电平状态值和刚才保存的值进行合并，就形成了该按键的编码值。

（6）根据按键的编码值在 KEYTAB[]表中查找，并找到对应该编码值的序号即可。

（7）若按键释放了，则将已按下标志置 0。

1.11　4 个 PIO 引脚构成的 4×3 矩阵键盘读取实例

1．项目要求

在 LPC1343 的 P1 端口的 P1.4～P1.7 引脚上外接 4×3 矩阵键盘，实现对该键盘的识别，并通过 4 位共阴 LED 数码管显示按键的键值。

2．硬件电路

硬件电路原理图如图 1-11 所示。

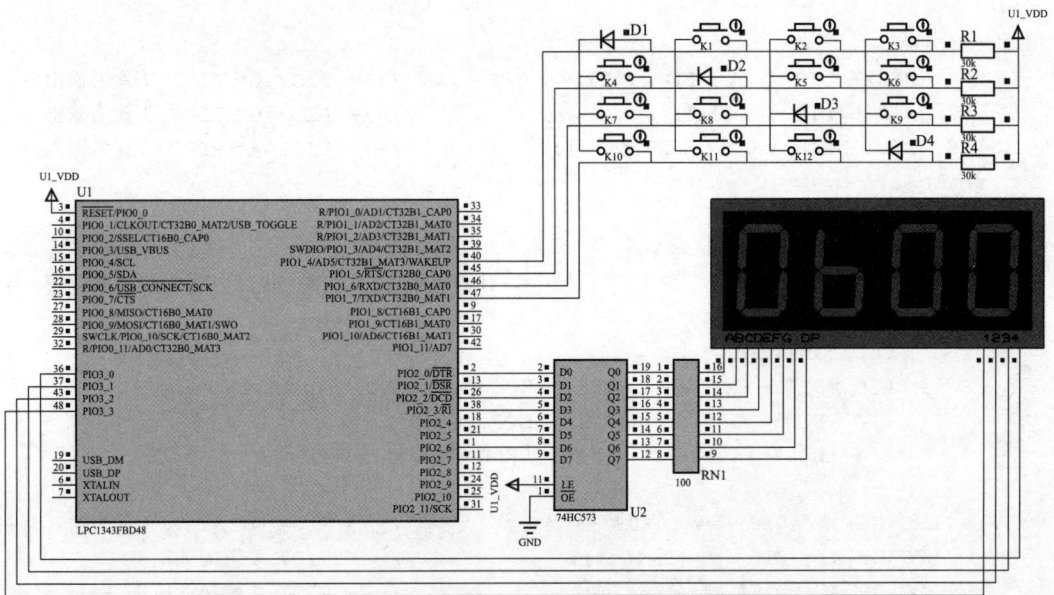

图 1-11　4 个 PIO 引脚构成的 4×3 矩阵键盘读取实例电路原理图

U₁ 的 PIO2_0～PIO2_7 引脚通过 R$_{N1}$ 限流电阻（100Ω）驱动 4 位共阴 LED 数码管的笔段。U₁ 的 PIO3_0～PIO3_3 引脚直接驱动 4 位共阴 LED 数码管的位选段。U₁ 的 PIO1_4～PIO1_7 引脚分别连接 4×3 矩阵键盘的 4 行，R₁～R₄ 为上拉电阻，D₁～D₄ 为二极管。

3．程序设计

根据实例要求，设计的程序如下：

```c
#include <LPC13xx.h>
const unsigned char LEDSEG[] =
{
  0x3F,0x06,0x5B,0x4F,0x66,0x6D,0x7D,0x07,0x7F,0x6F,
                                         //--- 数字 0～9 的笔段码 ---
  0x77,0x7C,0x39,0x5E,0x79,0x71,         //--- 字母 AbCdEF ---
};
const unsigned char LEDDIG[] =           //--- 位选通段码 ---
{
  0xFE,0xFD,0xFB,0xF7,
};
unsigned char LEDBuffer[4];              //--- LED 数码管显示缓冲区 ---
unsigned char LEDPointer;                //--- LED 数码管动态扫描索引变量 ---
unsigned int LEDScanmsCnt;
#define   KEY   ((LPC_GPIO1->DATA & (0x0F << 4)) >> 4)
long K1_Cnt,K2_Cnt,K3_Cnt,K4_Cnt;
long KeyValue;
long KTemp;
int main(void)
{
  int temp;
  LPC_GPIO2->DIR |= (0xFF << 0);         //--- PIO2_0～PIO2_7 置为输出 ---
  LPC_GPIO3->DIR |= (0x0F << 0);         //--- PIO3_0～PIO3_3 置为输出 ---
  LPC_GPIO1->DIR &= ~(0x0F << 4);        //--- PIO1_4～PIO1_7 置为输入 ---
  while(1)
    {
      if(++LEDScanmsCnt > 10)
                          //--- 计数达到100,大约 1ms 时间到,刷新数码管 ---
    {
      LEDScanmsCnt = 0;
      LPC_GPIO2->DATA = LEDSEG[LEDBuffer[LEDPointer]];
      LPC_GPIO3->DATA = LEDDIG[LEDPointer];
      if(++LEDPointer == sizeof(LEDBuffer))LEDPointer = 0;
    }
      LPC_GPIO1->DIR &=~(0x0F << 4);     //--- PIO1_4～PIO1_7 置为输入 ---
      LPC_GPIO1->DIR |= (1 << 4);        //--- PIO1_4 置为输出 ---
      LPC_GPIO1->DATA = (1 << 4);        //--- PIO1_4 输出低电平 ---
      if((0xE != KEY) && (999999 != K1_Cnt) && (++K1_Cnt > 10))
    {
      if(0xE != KEY)                     //--- PIO1_4 行是否有键按下 ---
```

```
    {
        K1_Cnt = 999999;                //--- 置已有键按下标志 ---
        temp = KEY;                     //--- 读取该行的键编码 ---
        if(0x0C == temp)KeyValue = 0;
        else if(0x0A == temp)KeyValue = 1;
        else if(0x06 == temp)KeyValue = 2;
        LEDBuffer[2] = KeyValue % 16;   //--- 将该键的序号送显示缓冲区 ---
        LEDBuffer[3] = KeyValue / 16;
    }
}
else if(0xE == KEY)K1_Cnt = 0;
LPC_GPIO1->DIR &=~(0x0F << 4);          //--- PIO1_4～PIO1_7 置为输入 ---
LPC_GPIO1->DIR |= (1 << 5);             //--- PIO1_5 置为输出 ---
LPC_GPIO1->DATA = (1 << 5);             //--- PIO1_5 输出低电平 ---
if((0xD != KEY) && (999999 != K2_Cnt) && (++K2_Cnt > 10))
  {
    if(0xD != KEY)                      //--- PIO1_5 行是否有键按下 ---
      {
        K2_Cnt = 999999;                //--- 置已有键按下标志 ---
        temp = KEY;                     //--- 读取该行的键编码 ---
        if(0x0C == temp)KeyValue = 3;
        else if(0x09 == temp)KeyValue = 4;
        else if(0x05 == temp)KeyValue = 5;
        LEDBuffer[2] = KeyValue % 16;   //--- 将该键的序号送显示缓冲区 ---
        LEDBuffer[3] = KeyValue / 16;
      }
  }
else if(0xD == KEY)K2_Cnt = 0;
LPC_GPIO1->DIR &=~(0x0F << 4);          //--- PIO1_4～PIO1_7 置为输入 ---
LPC_GPIO1->DIR |= (1 << 6);             //--- PIO1_6 置为输出 ---
LPC_GPIO1->DATA = (1 << 6);             //--- PIO1_6 输出低电平 ---
if((0xB != KEY) && (999999 != K3_Cnt) && (++K3_Cnt > 10))
  {
    if(0xB != KEY)                      //--- PIO1_6 行是否有键按下 ---
      {
        K3_Cnt = 999999;                //--- 置已有键按下标志 ---
        temp = KEY;                     //--- 读取该行的键编码 ---
        if(0x0A == temp)KeyValue = 6;
        else if(0x09 == temp)KeyValue = 7;
        else if(0x03 == temp)KeyValue = 8;
        LEDBuffer[2] = KeyValue % 16;   //--- 将该键的序号送显示缓冲区 ---
        LEDBuffer[3] = KeyValue / 16;
      }
  }
else if(0xB == KEY)K3_Cnt = 0;
LPC_GPIO1->DIR &=~(0x0F << 4);          //--- PIO1_4～PIO1_7 置为输入 ---
LPC_GPIO1->DIR |= (1 << 7);             //--- PIO1_7 置为输出 ---
```

```
LPC_GPIO1->DATA =~(1 << 7);                //--- PIO1_7 输出低电平 ---
if((0x7 != KEY) && (999999 != K4_Cnt) && (++K4_Cnt > 10))
  {
    if(0x7 != KEY)                          //--- PIO1_7 行是否有键按下 ---
      {
        K4_Cnt = 999999;                    //--- 置已有键按下标志 ---
        temp = KEY;                         //--- 读取该行的键编码 ---
        if(0x06 == temp)KeyValue = 9;
        else if(0x05 == temp)KeyValue = 10;
        else if(0x03 == temp)KeyValue = 11;
        LEDBuffer[2] = KeyValue % 16;  //--- 将该键的序号送显示缓冲区 ---
        LEDBuffer[3] = KeyValue / 16;
      }
  }
  else if(0x7 == KEY)K4_Cnt = 0;
}
}
```

4．小结

本实例通过 PIO1 的 PIO1_4～PIO1_7 四个引脚实现 4×3 矩阵键盘的按键识别，可以节省微控制器的引脚数量。实现的步骤如下：

（1）将 PIO1_4～PIO1_7 引脚中的 PIO1_4 置输出，并输出低电平，其他 3 个引脚作为输入引脚；若该行的三个按键有键按下，则会通过 D_2～D_4 的二极管导通，将该引脚的电平被拉低到二极管的正向导通电压值 0.7V 左右，即低电平状态。从而读取相应行的电平状态即可判断 PIO1_4 引脚上连接的哪个按键被按下了。识别该按键并赋值。

（2）接着将 PIO1_4～PIO1_7 引脚中的 PIO1_5 置输出，并输出低电平，其他 3 个引脚作为输入引脚；若该行的三个按键有键按下，则会使得 D_1、D_3 和 D_4 导通，将相应行的引脚电平拉为低电平状态。读到相应行的电平状态即可判断 PIO1_5 引脚上连接的哪个按键被按下了，识别该按键并赋值。

（3）依次类推，用同样的方法也可以识别 PIO1_6 和 PIO1_7 引脚上连接的按键。

1.12　16 位定时器 0 实现的 1sLED 闪烁实例

1．项目要求

利用 LPC13343 微控制器的内置 16 位定时器 0 实现 1s 的精确定时，并驱动接在 PIO2.0 引脚上的发光二极管闪烁。

2．硬件电路

硬件电路原理图如图 1-12 所示。

U_1 的 PIO2_0 引脚上通过 R_1（100Ω）限流电阻连接一个红色发光二极管（D_1），低电平驱动发光二极管被点亮。

3．程序设计

根据实例要求，设计的程序如下：

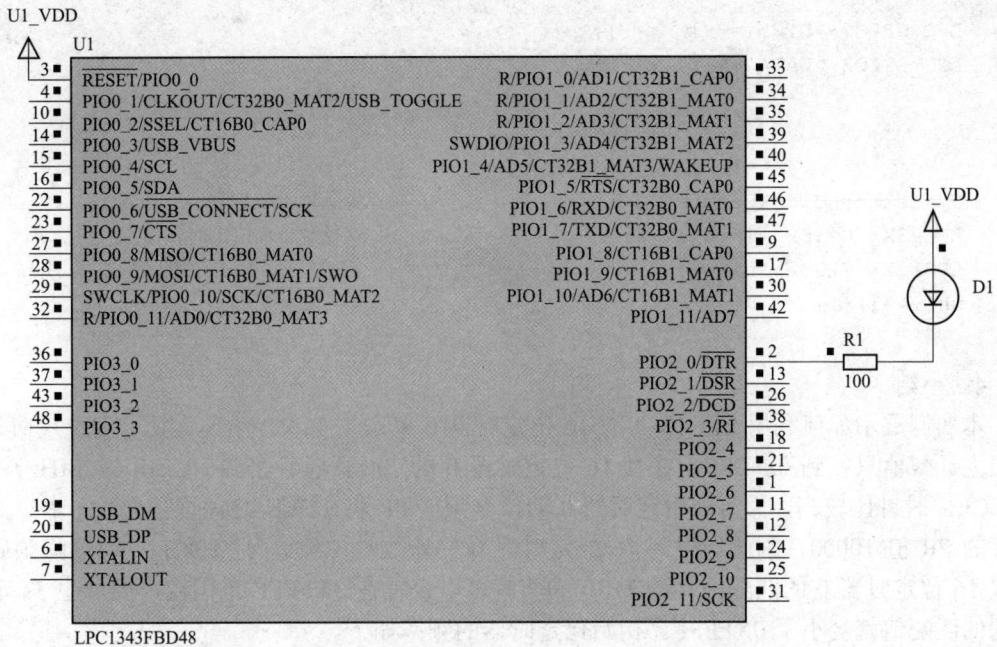

图 1-12　16 位定时器 0 实现的 1s LED 闪烁实例电路原理图

```c
#include <LPC13xx.h>
void LPC13XX_CT16B0_Init(void)
{
  LPC_SYSCON->SYSAHBCLKCTRL |= (1 << 7);   //--- 使能定时器 0 的时钟源 ---
  LPC_TMR16B0->CTCR = 0;                    //--- 定时模式 ---
  LPC_TMR16B0->PR = 10000 - 1;              //--- 设置预分系数 ---
  LPC_TMR16B0->PC = 0;
  LPC_TMR16B0->TC = 0;
  LPC_TMR16B0->MR0 = SystemCoreClock /
(LPC_TMR16B0->PR + 1) / 1 - 1;              //--- 设置定时 1s 的匹配值 ---
  LPC_TMR16B0->MCR = 3;                     //--- 使能匹配 0 中断并匹配复位 TC ---
  LPC_TMR16B0->TCR = 1;                     //--- 使能定时器 0 工作 ---
  NVIC_EnableIRQ(TIMER_16_0_IRQn);          //--- 使能定时器 0 的中断 ---
}
void TIMER16_0_IRQHandler(void)            //--- 16 位定时器 0 的中断函数 ---
{
  if(0 != (LPC_TMR16B0->IR & (1 << 0)))    //--- 若是匹配 0 中断 ---
    {
      LPC_TMR16B0->IR |= (1 << 0);         //--- 清匹配 0 中断标志 ---
      if(0 == (LPC_GPIO2->DATA & (1 << 0)))
        LPC_GPIO2->DATA |= (1 << 0);       //--- PIO2.0 引脚闪烁 ---
      else LPC_GPIO2->DATA &=~(1 << 0);
    }
}
void LPC13XX_GPIO2_Init(void)              //--- PIO2 端口的引脚初始化函数 ---
```

```
{
  LPC_GPIO2->DIR |= (1 << 0);
  LPC_GPIO2->DATA |= (1 << 0);
}
int main(void)
{
  SystemCoreClockUpdate();              //--- 更新 CCLK 时钟 ---
  LPC13XX_CT16B0_Init();                //--- 初始化 16 位定时器 0 ---
  LPC13XX_GPIO2_Init();                 //--- 初始经 GPIO 端口的 PIO2_0 引脚 ---
  while(1){;}
}
```

4．小结

本实例展示如何利用 LPC1343 的 16 位定时器 0 来产生 1s 的定时，由于 16 位定时器 0 的最大计数值只能到 0xFFFF，并且 16 位定时器 0 的定时器时钟来源 CCLK（72MHz），由于 CCLK 时钟比较高，需要利用定时器 0 的预分频器 PR 将 CCLK 时钟进行分频。本实例中设置的 PR 值 10000，因此加载到 16 位定时器 0 的计数时钟频率为 720kHz。通过降频后再设置 16 位定时器 0 的匹配寄存器 MR0 的值就可以设置在 0XFFFF 范围内，要产生 1s 定时时间的匹配值就会小于 0XFFFF。初始化定时器的频率如下。

（1）设定 16 位定时器 0 为定时模式，即设置 CTCR 寄存器。

（2）设置 16 位定时器 0 的预分频寄存器 PR，降低 16 位定时器 0 的计数时钟，有利于更长时间的定时。

（3）设置要产生定时时间的匹配寄存器 MR0。

（4）设置匹配控制寄存器 MCR，使计数值匹配后复位 TC 并产生中断请求。

（5）使能 NVIC 的 16 位定时器 0 的中断向量号。

初始化完成 16 位定时器 0 后，程序中还要添加 16 位定时器 0 的中断函数"void TIMER16_0_IRQHandler（void）"。该中断函数在每次定时时间到就会被自动执行一次，中断函数里判断定时中断标志并清除该中断标志，执行相应的事件（本实例中事件是就 PIO2_0 引脚电平翻转一次）。

1.13　16 位定时器 1 实现的 4 位共阴 LED 数码动态显示实例

1．项目要求

利用 LPC1343 的 16 位定时器 1（CT16B1）实现 1ms 的定时中断，并驱动 4 位共阴 LED 数码管的动态显示刷新，并在数码管上自动计数加 1。

2．硬件电路

硬件电路原理图如图 1-13 所示。

U_1 的 PIO2_0～PIO2_7 引脚通过 U_2（74HC573）器件和 R_{N1} 限流电阻（100Ω）来驱动 4 位共阴 LED 数码管的笔段。U_1 的 PIO3_0～PIO3_7 引脚直接驱动 4 位共阴 LED 数码管的位选段。

3．程序设计

根据实例要求，设计的程序如下：

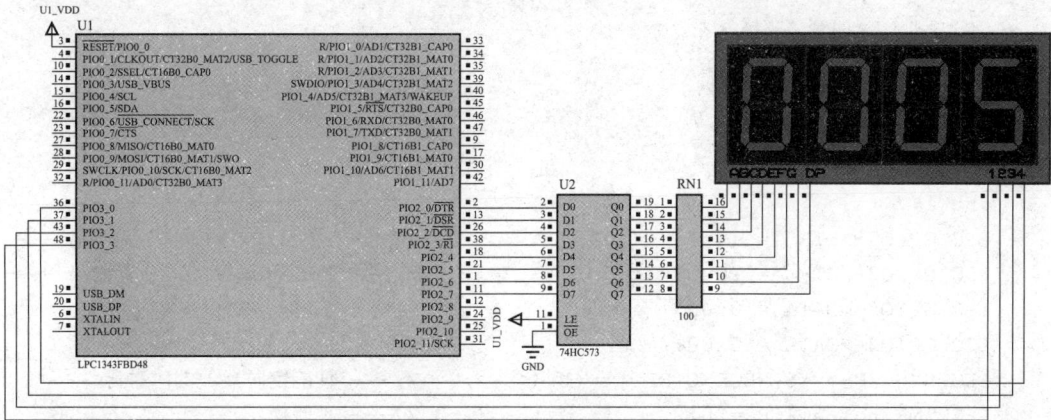

图 1-13　16 位定时器 1 实现的 4 位共阴 LED 数码动态显示实例电路原理图

```c
#include <LPC13xx.h>
const unsigned char LEDSEG[] =
{
  0x3F,0x06,0x5B,0x4F,0x66,0x6D,0x7D,0x07,0x7F,0x6F, //--- 数字0～9的笔段码 ---
  0x77,0x7C,0x39,0x5E,0x79,0x71,                     //--- 字母AbCdEF ---
};
const unsigned char LEDDIG[] =                       //--- 位选通段码 ---
{
  0xFE,0xFD,0xFB,0xF7,
};
unsigned char LEDBuffer[4];                          //--- LED数码管显示缓冲区 ---
unsigned char LEDPointer;                            //--- LED数码管动态扫描索引变量 ---
long msCnt;
long Cnt;
void TIMER16_1_IRQHandler(void)                      //--- 16位定时器1的中断函数 ---
{
   if(0 != (LPC_TMR16B1->IR & (1 << 0)))             //--- 若是匹配0中断 ---
   {
     LPC_TMR16B1->IR |= (1 << 0);                    //--- 清匹配0中断标志 ---
     LPC_GPIO2->DATA = LEDSEG[LEDBuffer[LEDPointer]];
     LPC_GPIO3->DATA = LEDDIG[LEDPointer];
     if(++LEDPointer >= sizeof(LEDBuffer))
       LEDPointer = 0;
     if(200 == ++msCnt)                              //--- 100ms定时时间到 ---
      {
        msCnt = 0;
        if(++Cnt >= 10000)Cnt = 0;                   //--- 计数加1,到10000归0 ---
        LEDBuffer[0] = (Cnt / 1) % 10;               //--- 计数值送显示缓冲区 ---
        LEDBuffer[1] = (Cnt / 10) % 10;
        LEDBuffer[2] = (Cnt / 100) % 10;
```

27

```
            LEDBuffer[3] = (Cnt / 1000) % 10;
        }
    }
}
int main (void)
{
    int i;
    LPC_GPIO2->DIR |= (0xFF << 0);              //--- PIO2_0~PIO2_7 置输出 ---
    LPC_GPIO3->DIR |= (0x0F << 0);              //--- PIO3_0~PIO3_3 置输出 ---
    LPC_GPIO2->DATA = 0x00;
    LPC_GPIO3->DATA = 0x00;
    LPC_SYSCON->SYSAHBCLKCTRL |= (1 << 8);     //--- 使能定时器 1 的时钟源 ---
    LPC_TMR16B1->CTCR = 0;                      //--- 定时模式 ---
    LPC_TMR16B1->PR = 100 - 1;                  //--- 设置预分系数 ---
    LPC_TMR16B1->PC = 0;
    LPC_TMR16B1->TC = 0;
    LPC_TMR16B1->MR0 = SystemCoreClock / (LPC_TMR16B1->PR + 1) / 1000 - 1;
                                               //--- 设置定时 0.5ms 的匹配值 ---
    LPC_TMR16B1->MCR = 3;                       //--- 使能匹配 0 中断并匹配复位 TC ---
    LPC_TMR16B1->TCR = 1;                       //--- 使能定时器 1 工作 ---
    NVIC_EnableIRQ(TIMER_16_1_IRQn);           //--- 使能定时器 1 的中断 ---
    while(1){;}
}
```

4. 小结

本实例展示了 LPC1343 的 16 位定时器 1 的产生 0.5ms 的定时中断，初始化方法与实例 1.12 类似，将每 0.5ms 刷新 LED 数码管显示事件程序段放在定时中断函数中处理，同时定时中断函数每完成一个 0.1s 时计数值自动加 1，并将计数的结果送到 LEDBuffer 显示缓冲区。对于 0.1s 的定时时间的产生，程序中定义一个 msCnt 变量，每当 0.5ms 的定时中断函数执行一次，msCnt 变量就会自动加 1 一次，加到 200 次即为 0.1s。

1.14 具有启/停控制的秒表实例

1. 项目要求

在 LPC1343 的 PIO2 端口的 PIO2_0~PIO2_7 引脚上通过 74HC573 器件驱动 4 位共阴 LED 数码管的笔段，PIO3_0~PIO3_3 驱动 4 位共阴 LED 数码管的位选段，PIO1_5 和 PIO1_6 分别连接着按键 K1 和 K2，K1 用于控制秒表的启动/停止功能，K2 用于控制秒表的清零/复位功能。通过 4 位共阴 LED 数码管显示秒表的数值和控制操作等。

2. 硬件电路

硬件电路原理图如图 1-14 所示。

U_1 的 PIO2_0~PIO2_7 引脚通过 U_2（74HC573）器件和 R_{N1} 限流电阻（100Ω）来驱动 4 位共阴 LED 数码管的笔段。U_1 的 PIO3_0~PIO3_3 引脚直接驱动 4 位共阴 LED 数码管的位选段。U_1 的 PIO1_5 和 PIO1_6 引脚上分别连接两个按键 K1 和 K2。

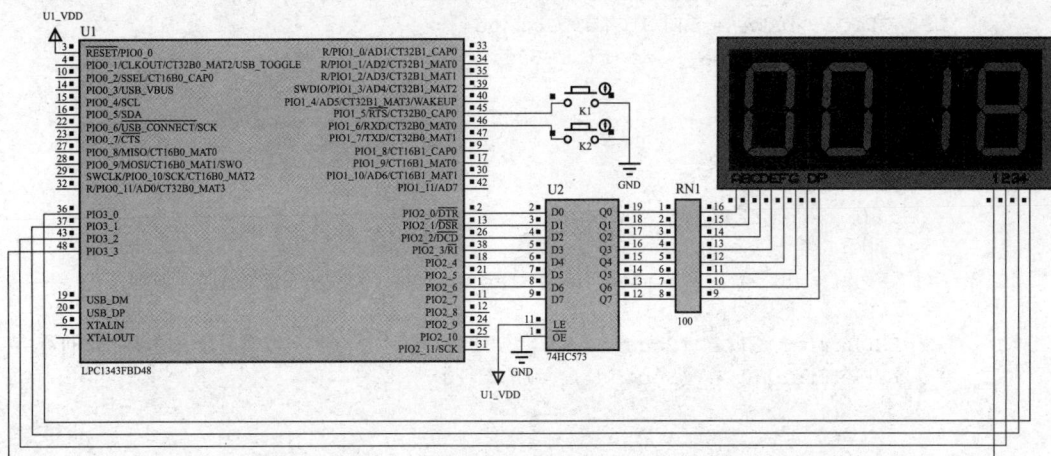

图 1-14　具有启/停控制的秒表实例电路原理图

3．程序设计

根据实例要求，设计的程序如下：

```c
#include <LPC13xx.h>
const unsigned char LEDSEG[] =
{
  0x3F,0x06,0x5B,0x4F,0x66,0x6D,0x7D,0x07,0x7F,0x6F,      // 数字 0~9 的笔段码
  0x77,0x7C,0x39,0x5E,0x79,0x71,           //--- 字母 AbCdEF ---
};
const unsigned char LEDDIG[] =           //--- 位选通段码 ---
{
  0xFE,0xFD,0xFB,0xF7,
};
unsigned char LEDBuffer[4];              //--- LED 数码管显示缓冲区 ---
unsigned char LEDPointer;                //--- LED 数码管动态扫描索引变量 ---
long mSecond,Second,WorkFlag;
void CT32B0_Init(void)
{
  LPC_SYSCON->SYSAHBCLKCTRL |= (1 << 9); //--- 使能 32 位定时器 0 的时钟源 ---
  LPC_TMR32B0->CTCR = 0;                 //--- 定时模式 ---
  LPC_TMR32B0->PR = 0;                   //--- 设置预分系数 ---
  LPC_TMR32B0->PC = 0;
  LPC_TMR32B0->TC = 0;
  LPC_TMR32B0->MR0 = SystemCoreClock / 2000 - 1;//--- 设置定时 0.5ms 的匹配值---
  LPC_TMR32B0->MCR = 3;                  //--- 使能匹配 0 中断并匹配复位 TC ---
  LPC_TMR32B0->TCR = 1;                  //--- 使能定时器 0 工作 ---
  NVIC_EnableIRQ(TIMER_32_0_IRQn);       //--- 使能定时器 0 的中断 ---
}
void TIMER32_0_IRQHandler(void)          //--- 32 位定时器 0 的中断函数 ---
{
  if(0 != (LPC_TMR32B0->IR & (1 << 0)))  //--- 判断是匹配 0 中断标志为 1 ---
    {
      LPC_TMR32B0->IR |= (1 << 0);       //--- 清匹配 0 中断标志 ---
```

```c
    LPC_GPIO2->DATA = LEDSEG[LEDBuffer[LEDPointer]];
    LPC_GPIO3->DATA = LEDDIG[LEDPointer];
    if(++LEDPointer >= sizeof(LEDBuffer))
      LEDPointer = 0;
    if(20 == ++mSecond)                            //--- 1s 定时时间到 ---
      {
        mSecond = 0;
        if(0 != WorkFlag)                          //--- 若是运行状态 ---
          {
            if(100 == ++Second)WorkFlag = 0;       //--- 100s 定时到则停止 ---
          }
        LEDBuffer[0] = (Second / 1) % 10;          //--- 秒变量数值送显示缓冲区 ---
        LEDBuffer[1] = (Second / 10) % 10;
      }
  }
}
#define K1  (LPC_GPIO1->DATA & (1 << 5))
#define K2  (LPC_GPIO1->DATA & (1 << 6))
long K1_Cnt,K2_Cnt;
int main (void)
{
  LPC_GPIO2->DIR |= (0xFF << 0);                   //--- PIO2_0~PIO2_7 置输出 ---
  LPC_GPIO3->DIR |= (0x0F << 0);                   //--- PIO3_0~PIO3_3 置输出 ---
  LPC_GPIO2->DATA = 0x00;
  LPC_GPIO3->DATA = 0x00;
  LPC_GPIO1->DIR &=~((1 << 6) | (1 << 5));
  CT32B0_Init();                                   //--- 32 位定时器 0 初始化 ---
  while(1)
    {
      if((0 == K1) && (999999 != K1_Cnt) && (++K1_Cnt > 10))
        {
          if(0 == K1)                              //--- K1 是否按下 ---
            {
              K1_Cnt = 999999;                     //--- 置键已按下标志 ---
              if(0 == WorkFlag)WorkFlag = 1;
              else WorkFlag = 0;
            }
        }
      else if(0 != K1)K1_Cnt = 0;                  //--- 若键释放则标志置 0 ---
      if((0 == K2) && (999999 != K2_Cnt) && (++K2_Cnt > 10))
        {
          if(0 == K2)                              //--- K2 是否按下 ---
            {
              K2_Cnt = 999999;                     //--- 置键已按下标志 ---
              Second = 0;
              WorkFlag = 0;
            }
        }
      else if(0 != K2)K2_Cnt = 0;                  //--- 若键释放则标志置 0 ---
    }
}
```

4．小结

本实例展示了 LPC1343 的 32 位定时器 0 的定时用法和独立式按键识别和处理。32 位定时器 0 的初始化方式和实例 1.12、实例 1.13 的 16 位定时器 0、1 初始化方式类似。

1.15　基于 32 位定时器 1 的占空比可调的软 PWM 实例

1．项目要求

利用 LPC1_343 的 32 位定时器 1 的定时中断功能实现频率为 1kHz 的占空比可调的 PWM 信号由 PIO1_1 引脚输出，连接在 PIO1_5 和 PIO1_6 引脚上的按键 K1 和 K2 用于调节软 PWM 信号的占空比数值，K1 用于占空比增调节，K2 用于占空比的减调节。LPC1343 在 PIO2 端口的 PIO2_0～PIO2_7 引脚上通过 74HC573 器件驱动 4 位共阴 LED 数码管的笔段，PIO3_0～PIO3_3 驱动 4 位共阴 LED 数码管的位选段，用于显示软 PWM 的占空比数值。

2．硬件电路

硬件电路原理图如图 1-15 所示。

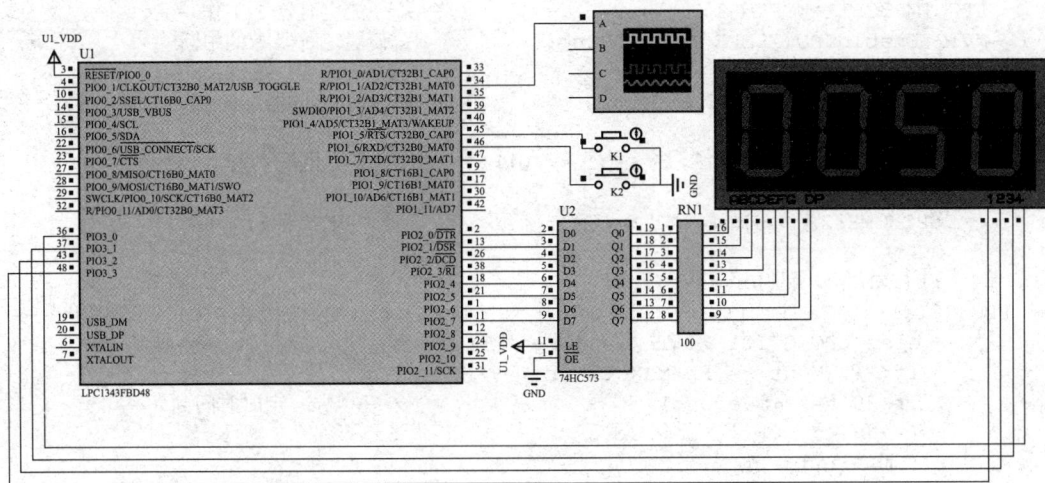

图 1-15　基于 32 位定时器 1 的占空比可调的软 PWM 实例电路原理图

U₁ 的 PIO2_0～PIO2_7 引脚通过 U₂（74HC573）器件和 R_{N1} 限流电阻（100Ω）来驱动 4 位共阴 LED 数码管的笔段。U1 的 PIO3_0～PIO3_3 引脚直接驱动 4 位共阴 LED 数码管的位选段。U₁ 的 PIO1_5 和 PIO1_6 引脚上分别连接两个按键 K1 和 K2。其中 PIO1_1 引脚输出软 PWM 信号送到虚拟示波器上显示。

3．程序设计

根据实例要求，设计的程序如下：

```
#include <LPC13xx.h>
const unsigned char LEDSEG[] =
{
  0x3F,0x06,0x5B,0x4F,0x66,0x6D,0x7D,0x07,0x7F,0x6F, //--- 数字 0～9 的笔段码 ---
  0x77,0x7C,0x39,0x5E,0x79,0x71,                     //--- 字母 AbCdEF ---
};
const unsigned char LEDDIG[] =                        //--- 位选通段码 ---
```

```
{
  0xFE,0xFD,0xFB,0xF7,
};
unsigned char LEDBuffer[4];                //--- LED 数码管显示缓冲区 ---
unsigned char LEDPointer;                  //--- LED 数码管动态扫描索引变量 ---
#define PWMMAX    100
#define PWMMIN    0
long mSecond,PWMCnt,PWMValue;
void CT32B1_Init(void)
{
  LPC_SYSCON->SYSAHBCLKCTRL |= (1 << 10);
                                           //--- 使能 32 位定时器 1 的时钟源 ---
  LPC_TMR32B1->CTCR = 0;                   //--- 定时模式 ---
  LPC_TMR32B1->PR = 0;                     //--- 设置预分系数 ---
  LPC_TMR32B1->PC = 0;
  LPC_TMR32B1->TC = 0;
  LPC_TMR32B1->MR0 = SystemCoreClock /20000 - 1;
                                           //--- 设置定时 50us 的匹配值---
  LPC_TMR32B1->MCR = 3;                    //--- 使能匹配 0 中断并匹配复位 TC ---
  LPC_TMR32B1->TCR = 1;                    //--- 使能定时器 1 工作 ---
  NVIC_EnableIRQ(TIMER_32_1_IRQn);         //--- 使能定时器 1 的中断 ---
}
void TIMER32_1_IRQHandler(void)            //--- 32 位定时器 1 的中断函数 ---
{
   if(0 != (LPC_TMR32B1->IR & (1 << 0)))   //--- 判断是匹配 0 标志 ---
   {
     LPC_TMR32B1->IR |= (1 << 0);          //--- 清匹配 0 标志 ---

     if(PWMCnt < PWMValue)
LPC_GPIO1->DATA |= (1 << 1);                    //--- 产生 PWM 波形由 PIO1_1 引脚输出 ---
       else LPC_GPIO1->DATA &=~(1 << 1);
       if(++PWMCnt >= PWMMAX)PWMCnt = PWMMIN;
       if(20 == ++mSecond)                 //--- 1ms 定时时间到 ---
       {
         mSecond = 0;
         LPC_GPIO2->DATA = LEDSEG[LEDBuffer[LEDPointer]];
         LPC_GPIO3->DATA = LEDDIG[LEDPointer];
         if(++LEDPointer >= sizeof(LEDBuffer))LEDPointer = 0;
       }
   }
}
#define K1  (LPC_GPIO1->DATA & (1 << 5))    //--- 按键 K1 宏定义 ---
#define K2  (LPC_GPIO1->DATA & (1 << 6))    //--- 按键 K2 宏定义 ---
long K1_Cnt,K2_Cnt;
int main (void)
{
  LPC_GPIO2->DIR |= (0xFF << 0);                  //--- PIO2_0～PIO2_7 置为输出 ---
  LPC_GPIO3->DIR |= (0x0F << 0);                  //--- PIO3_0～PIO3_3 置为输出 ---
  LPC_GPIO2->DATA = 0x00;
  LPC_GPIO3->DATA = 0x00;
  LPC_GPIO1->DIR &=~((1 << 6) | (1 << 5)); //--- PIO1_5 和 PIO1_6 置为输入 ---
  CT32B1_Init();                           //--- 32 位定时器 1 初始化 ---
  LPC_GPIO1->DIR |= (1 << 1);              //--- PIO1_1 置为输出 ---
  LPC_IOCON->R_PIO1_1 |= (1 << 0);         //--- 配置为 PIO1_1 为 GPIO 功能 ---
```

```
PWMValue = PWMMAX / 2;
LEDBuffer[0] = (PWMValue / 1) % 10;
LEDBuffer[1] = (PWMValue / 10) % 10;
while(1)
  {
    if((0 == K1) && (999999 != K1_Cnt) && (++K1_Cnt > 10))
      {
        if(0 == K1)                          //--- K1 是否按下 ---
          {
            K1_Cnt = 999999;                 //--- 置键已按下标志 ---
            if(++PWMValue >= PWMMAX)PWMValue = PWMMAX;
            LEDBuffer[0] = (PWMValue / 1) % 10;
            LEDBuffer[1] = (PWMValue / 10) % 10;
          }
      }
    else if(0 != K1)K1_Cnt = 0;            //--- 若键释放则标志置 0 ---
    if((0 == K2) && (999999 != K2_Cnt) && (++K2_Cnt > 10))
      {
        if(0 == K2)                          //--- K2 是否按下 ---
          {
            K2_Cnt = 999999;                 //--- 置键已按下标志 ---
            if(--PWMValue <= PWMMIN)PWMValue = PWMMIN;
            LEDBuffer[0] = (PWMValue / 1) % 10;
            LEDBuffer[1] = (PWMValue / 10) % 10;
          }
      }
    else if(0 != K2)K2_Cnt = 0;            //--- 若键释放则标志置 0 ---
  }
}
```

4. 小结

仿真时虚拟示波器输出的波形如图 1-16 所示。

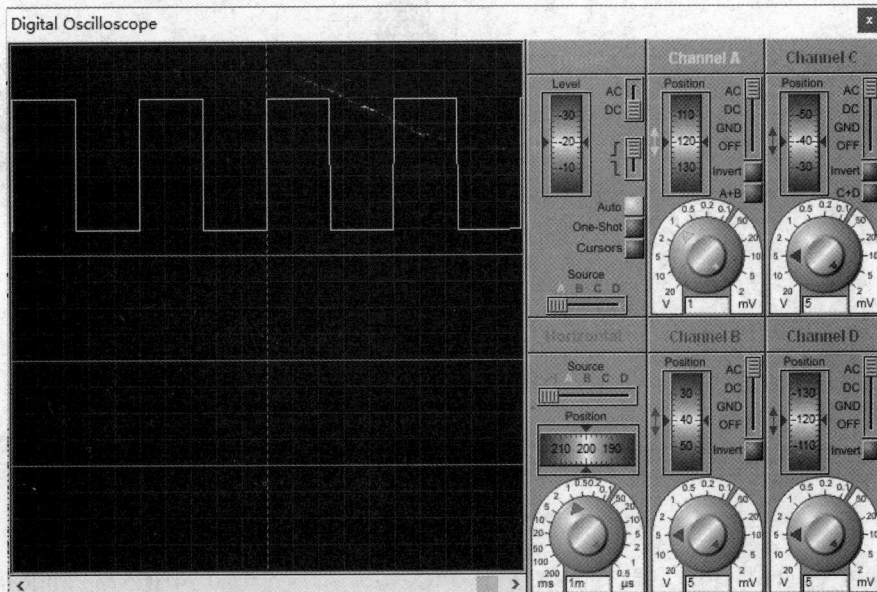

图 1-16　实例 1.15 波形图

本实例展示了利用 LPC1343 的 32 位定时器的定时功能模拟产生 PWM 信号输出。实现的方法是将一个 PWM 信号周期 T 分成 N 份，本实例 $N=100$，则定时器的定时周期为 $t=T\times1/N$。设 PWM 周期的低电平占用的时间为 T_1，剩下高电平占用的时间为 $T-T_1$。在程序设计时定义变量 PWMValue，用于设定低电平占用的时间 $T_1=PWMValue *t$，同时定义另一个变量 PWMCnt 用于每个定时器的定时时间到计数加 1，当 PWMCnt 小于 PWMValue 时，输出的低电平部分，在一个 PWM 周期内剩下的时间输出高电平。但 PWMCnt 的最大计数值不能超过一个 PWM 周期时间，即 PWMCnt 小于等于 N。

若要改变 PWM 的占空比，只需改变 PWMValue 变量的数值即可，但 PWMValue 值不能超过 N。

利用定时器产生的 PWM 信号精度与定时的周期有关，精度越高，定时器的定时周期就越短，要求 CPU 处理软件的速度越高，不利于 CPU 的工作效率。

1.16 基于 16 位定时器 1 的 MAT 功能实现硬 PWM 实例

1. 项目要求

利用 LPC1343 的 16 位定时器 1 的 MAT 功能实现频率为 10kHz 的占空比可调的硬 PWM 信号由 PIO1_9/CT16B1_MAT0 引脚输出，连接在 PIO1_5 和 PIO1_6 引脚上的按键 K1 和 K2 用于调节硬 PWM 信号的占空比数值，K1 用于占空比增调节，K2 用于占空比的减调节。LPC1343 的在 PIO2 端口的 PIO2_0～PIO2_7 引脚上通过 74HC573 器件驱动 4 位共阴 LED 数码管的笔段，PIO3_0～PIO3_3 驱动 4 位共阴 LED 数码管的位选段，用于显示硬 PWM 的占空比数值。

2. 硬件电路

硬件电路原理图如图 1-17 所示。

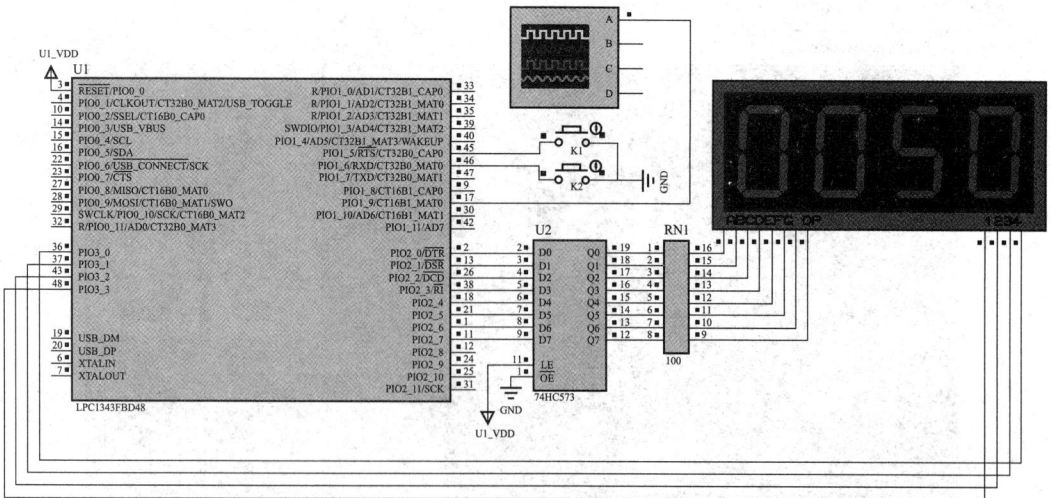

图 1-17 基于 16 位定时器 1 的 MAT 功能实现硬 PWM 实例电路原理图

U_1（LPC1343）的 PIO2 端口的 PIO2_0～PIO2_7 引脚通过 U_2（74HC573）和 R_{N1}（100Ω）限流电阻连接到 4 位共阴 LED 数码管的笔段 A～G 和 DP 引脚上，用于驱动 LED 的笔段码；

U₁（LPC1343）的 PIO3 端口的 PIO3_0～PIO3_3 用于直接驱动 4 位共阴 LED 数码管的位选段 "1234" 引脚。按键 K1 和 K2 连接在 PIO1 端口的 PIO1_5 和 PIO1_6 引脚上，由 16 位定时器的 MAT 功能产生的硬 PWM 信号由 PIO1_9 引脚输出到虚拟示波器上。4 位共 LED 数码管用于显示硬 PWM 信号的占空比。

3. 程序设计

根据实例要求，设计的程序如下：

```
#include <LPC13xx.h>
const unsigned char LEDSEG[] =
{
  0x3F,0x06,0x5B,0x4F,0x66,0x6D,0x7D,0x07,0x7F,0x6F,
                                        //--- 数字 0~9 的笔段码 ---
  0x77,0x7C,0x39,0x5E,0x79,0x71,        //--- 字母 AbCdEF ---
};
const unsigned char LEDDIG[] =         //--- 位选通段码 ---
{
  0xFE,0xFD,0xFB,0xF7,
};
unsigned char LEDBuffer[4];             //--- LED 数码管显示缓冲区 ---
unsigned char LEDPointer;               //--- LED 数码管动态扫描索引变量 ---
#define PWMMAX    100
#define PWMMIN    0
long mSecond,PWMCnt,PWMValue;
void CT16B1_PWM_Init(void)
{
  LPC_SYSCON->SYSAHBCLKCTRL |= (1 << 8); //--- 使能 16 位定时器 1 的时钟源 ---
  LPC_TMR16B1->CTCR = 0;                //--- 定时模式 ---
  LPC_TMR16B1->PR = 0;                  //--- 设置预分系数 ---
  LPC_TMR16B1->PC = 0;
  LPC_TMR16B1->TC = 0;
  LPC_TMR16B1->MR3 = SystemCoreClock / 10000 - 1;
                                        //--- 设置 16 位定时 100 微秒的匹配值---
  LPC_TMR16B1->MCR = (3 << 9);          //--- 使能匹配 3 中断并匹配复位 TC ---
  LPC_TMR16B1->TCR = 1;                 //--- 使能 16 位定时器 1 工作 ---
  NVIC_EnableIRQ(TIMER_16_1_IRQn);      //--- 使能 16 位定时器 1 的中断 ---
  LPC_TMR16B1->MR0 = (LPC_TMR16B1->MR3 + 1) / 2 - 1;
                                        //--- MR0 用于设置占空比 ---
  LPC_TMR16B1->PWMC |= (1 << 3) | ( 1 << 0);
}
void TIMER16_1_IRQHandler(void)         //--- 16 位定时器 1 的中断函数 ---
{
  if(0 != (LPC_TMR16B1->IR & (1 << 3)))
    {
      LPC_TMR16B1->IR |= (1 << 3);

      if(10 == ++mSecond)               //--- 1ms 定时时间到 ---
        {
          mSecond = 0;
          LPC_GPIO2->DATA = LEDSEG[LEDBuffer[LEDPointer]];
          LPC_GPIO3->DATA = LEDDIG[LEDPointer];
          if(++LEDPointer >= sizeof(LEDBuffer))LEDPointer = 0;
```

```
        }
    }
}
#define K1  (LPC_GPIO1->DATA & (1 << 5))     //--- 按键 K1 宏定义 ---
#define K2  (LPC_GPIO1->DATA & (1 << 6))     //--- 按键 K2 宏定义 ---
long K1_Cnt,K2_Cnt;
int main (void)
{
  LPC_GPIO2->DIR |= (0xFF << 0);                //--- PIO2_0~PIO2_7 置为输出 ---
  LPC_GPIO3->DIR |= (0x0F << 0);                //--- PIO3_0~PIO3_3 置为输出 ---
  LPC_GPIO2->DATA = 0x00;
  LPC_GPIO3->DATA = 0x00;
  LPC_GPIO1->DIR &=~((1 << 6) | (1 << 5));

  CT16B1_PWM_Init();

  LPC_GPIO1->DIR |= (1 << 9);
  LPC_SYSCON->SYSAHBCLKCTRL |= (1 << 16);
  LPC_IOCON->PIO1_9 |= (1 << 0);                //--- 设置为 CT16B1_MAT0 功能 ---
  PWMValue = PWMMAX / 2;
  LEDBuffer[0] = (PWMValue / 1) % 10;
  LEDBuffer[1] = (PWMValue / 10) % 10;
  while(1)
    {
    if((0 == K1) && (999999 != K1_Cnt) && (++K1_Cnt > 10))
      {
        if(0 == K1)                            //--- K1 是否按下 ---
          {
            K1_Cnt = 999999;                   //--- 置键已按下标志 ---
            if(++PWMValue >= PWMMAX)PWMValue = PWMMAX;
            LEDBuffer[0] = (PWMValue / 1) % 10;
            LEDBuffer[1] = (PWMValue / 10) % 10;
    LPC_TMR16B1->MR0 = (LPC_TMR16B1->MR3 + 1) * (PWMMAX - PWMValue) / PWMMAX - 1;
          }
      }
    else if(0 != K1)K1_Cnt = 0;                //--- 若键释放则标志置 0 ---
    if((0 == K2) && (999999 != K2_Cnt) && (++K2_Cnt > 10))
      {
        if(0 == K2)                            //--- K2 是否按下 ---
          {
            K2_Cnt = 999999;                   //--- 置键已按下标志 ---
            if(--PWMValue <= PWMMIN)PWMValue = PWMMIN;
            LEDBuffer[0] = (PWMValue / 1) % 10;
    LPC_TMR16B1->MR0 = (LPC_TMR16B1->MR3 + 1) * (PWMMAX - PWMValue) / PWMMAX - 1;
          }
      }
    else if(0 != K2)K2_Cnt = 0;                //--- 若键释放则标志置 0 ---
    }
}
```

4. 小结

本实例展示了 LPC1343 的 16 位定时器 1 的硬 PWM 功能的使用方法。具体使用方法如下：

（1）使能 16 位定时器 1 的时钟源。

（2）配置 16 位定时器 1 工作于定时模式。

（3）配置 16 位定时器 1 匹配寄存器 3 的 PWM 周期初值和匹配控制寄存器 MCR 为匹配计数器复位并产生匹配 3 中断。

（4）配置 PWM 的引脚输出功能。

（5）配置 16 位定时器 1 匹配寄存器 0 或匹配寄存器 1 或匹配寄存器 2 的 PWM 占空比数值，该数值取匹配寄存器 3 的 PWM 周期初值的百分比。

（6）使能 16 位定时器 1 的 PWM 控制寄存器（PWMC）的 PWM0 位和 PWM3 位。

（7）使能 NVIC 的 16 位定时器 1 的中断向量号。

本实例中还同时应用了 PWM 周期的定时中断功能实现了 LED 数码管的动态扫描。按键识别实现 PWM 信号占空比的调节在 main 主程序中完成，实际上就是改变 16 位定时器 1 的匹配寄存器 0（MR0）的数值。

仿真时虚拟示波器显示的波形如图 1-18 所示。

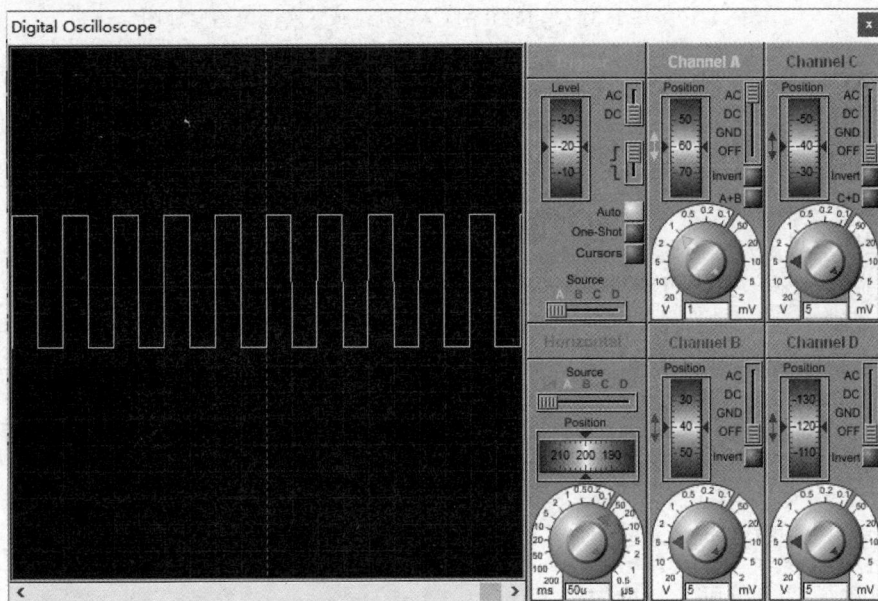

图 1-18　实例 1.16 波形图

1.17　基于 32 位定时 0 的 CAP 测量脉宽实例

1．项目要求

利用 LPC1343 的 32 位定时器 0 的输入捕获功能（CAP）实现从 PIO1_5/CT32B0_CAP0 引脚输入的信号进行占空比测量，并通过由 PIO2 和 PIO3 端口共同连接驱动的 4 位共阴 LED 数码管上显示该数值。

2．硬件电路

硬件电路原理图如图 1-19 所示。

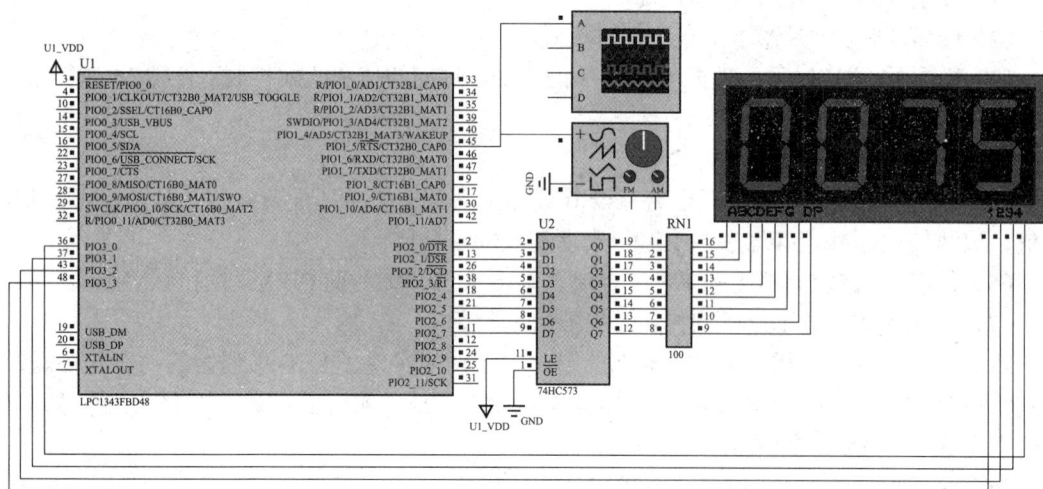

图 1-19　基于 32 位定时 0 的 CAP 测量脉宽实例电路原理图

　　U_1（LPC1343）的 PIO2 端口的 PIO2_0～PIO2_7 引脚通过 U_2（74HC573）和 R_{N1}（100Ω）限流电阻连接到 4 位共阴 LED 数码管的笔段 A～G 和 DP 引脚上，用于驱动 LED 的笔段码；U_1（LPC1343）的 PIO3 端口的 PIO3_0～PIO3_3 用于直接驱动 4 位共阴 LED 数码管的位选段"1234"引脚。虚拟信号源由 PIO1_5/CT32B0_CAP0 引脚输入。

3. 程序设计

根据实例要求，设计的程序如下：

```
#include <LPC13xx.h>
const unsigned char LEDSEG[] =
{
  0x3F,0x06,0x5B,0x4F,0x66,0x6D,0x7D,0x07,0x7F,0x6F, //--- 数字 0～9 的笔段码 ---
  0x77,0x7C,0x39,0x5E,0x79,0x71,          //--- 字母 AbCdEF ---
};
const unsigned char LEDDIG[] = {0xFE,0xFD,0xFB,0xF7};
unsigned char LEDBuffer[4];
unsigned char LEDPointer;
void CT32B1_Timer_Init(void)
{
  LPC_SYSCON->SYSAHBCLKCTRL |= (1 << 10); //--- 使能 32 位定时器 1 的时钟源 ---
  LPC_TMR32B1->CTCR = 0;                   //--- 定时模式 ---
  LPC_TMR32B1->PR = 0;                     //--- 设置预分系数 ---
  LPC_TMR32B1->PC = 0;
  LPC_TMR32B1->TC = 0;
  LPC_TMR32B1->MR0 = SystemCoreClock / 1000 - 1;
                                           //--- 设置32 位定时器定时 1ms 的匹配值---
  LPC_TMR32B1->MCR = (3 << 0);             //--- 使能匹配 0 中断并匹配复位 TC ---
  LPC_TMR32B1->TCR = 1;                    //--- 使能 32 位定时器 1 工作 ---
  NVIC_EnableIRQ(TIMER_32_1_IRQn);         //--- 使能 32 位定时器 1 的中断 ---
}
void TIMER32_1_IRQHandler(void)            //--- 32 位定时器 1 的中断函数 ---
{
```

```
  if(0 != (LPC_TMR32B1->IR & (1 << 0)))
    {
      LPC_TMR32B1->IR |= (1 << 0);
      LPC_GPIO2->DATA = LEDSEG[LEDBuffer[LEDPointer]];
      LPC_GPIO3->DATA = LEDDIG[LEDPointer];
      if(++LEDPointer >= sizeof(LEDBuffer))LEDPointer = 0;
    }
}
long CAPFlag;
unsigned long CAPValueA,CAPValueB;
void CT32B0_CAP_Init(void)
{
  LPC_SYSCON->SYSAHBCLKCTRL |= (1 << 9);      //--- 使能 32 位定时器 0 的时钟源 ---
  LPC_TMR32B0->PR = 0;                        //--- 设置预分系数 ---
  LPC_TMR32B0->PC = 0;
  LPC_TMR32B0->TC = 0;
  LPC_TMR32B0->CTCR = 0;                      //--- 定时模式 ---
  LPC_TMR32B0->CCR |= (1<<2)|(1<<1)|(1<<0);
                              //--- 允许捕获中断,允许上升沿和下降沿捕获 ---
  LPC_TMR32B0->TCR = 1;          //--- 使能 32 位定时器 0 工作 ---
  NVIC_EnableIRQ(TIMER_32_0_IRQn);            //--- 使能 32 位定时器 0 的中断 ---
}
void TIMER32_0_IRQHandler(void)               //--- 32 位定时器 0 的中断函数 ---
{
  long temp;
  if(0 != (LPC_TMR32B0->IR & (1 << 4)))
    {
      LPC_TMR32B0->IR |= (1 << 4);
      if(0 == CAPFlag)
        {
          LPC_TMR32B0->TC = 0;
          CAPFlag = 1;
        }
      else if(1 == CAPFlag)
        {
          CAPValueA = LPC_TMR32B0->CR0;
          CAPFlag = 2;
        }
      else
        {
          LPC_TMR32B0->TC = 0;
          CAPValueB = LPC_TMR32B0->CR0;
          CAPFlag = 1;
          temp = CAPValueB - CAPValueA;
          temp *= 100;
          temp /= CAPValueB;
          LEDBuffer[0] = (temp / 1) % 10;
          LEDBuffer[1] = (temp / 10) % 10;
        }
    }
```

```
}
int main (void)
{
  LPC_GPIO2->DIR |= (0xFF << 0);
  LPC_GPIO3->DIR |= (0x0F << 0);
  LPC_GPIO2->DATA = 0x00;
  LPC_GPIO3->DATA = 0x00;
  CT32B1_Timer_Init();

  LPC_GPIO1->DIR &=~(1 << 5);                //--- 置 PIO1.5 为输入 ---
  LPC_SYSCON->SYSAHBCLKCTRL |= (1 << 16);    //--- IOCON 时钟允许 ---
  LPC_IOCON->PIO1_5 |= (2 << 0);             //--- 设置为 CT32B0_CAP0 功能 ---
  CT32B0_CAP_Init();

  while(1){;}
}
```

4. 小结

仿真过程中用到的虚拟仪器显示的效果图如图 1-20 所示。

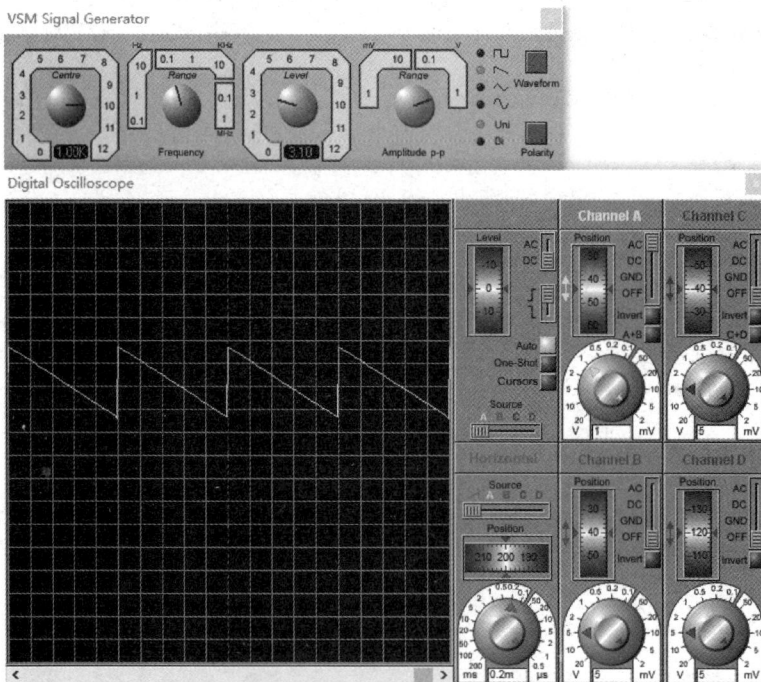

图 1-20　实例 1.17 波形图

本实例展示了 32 位定时器 0 的输入捕获功能如何测量信号脉宽的方法。一般步骤如下：

（1）使能定时器的时钟源，本实例要使能 32 位定时器 0 的时钟源。

（2）将定时器的预分器 PR、PC 和计数器 TC 清 0。

（3）设置定时器为定时模式。

（4）设置捕获寄存器 CCR 的捕获中断功能，捕获方式为上升沿、下降沿还是上升沿和下降沿。

（5）打开 NVIC 的定时器的中断向量号。

（6）使能定时器工作。

在初始化时，除了上述步骤的初始化之外，还要初始化对应的捕获引脚。例如，本实例的 32 位定时器 0 的 CAP0 的输入捕获引脚是复用在 PIO1_5 引脚上，程序中还要配置 PIO1_5 引脚寄存器的引脚复用功能为 CT32B0_CAP0 功能。

在程序 TIMER32_0_IRQHandler 中断函数中判断是否为捕获中断，若是捕获中断则将根据 CAPFlag 数值来决定是第一次捕获值，还是第二次捕获值，若是第一次捕获值则记录当前值，若是第二次捕获值则根据上次捕获的数值来计算当前脉宽值，并更新上次最新捕获值，如此反复即可。

1.18　基于 32 位定时器 1 的可调数字钟实例

1．项目要求

利用 LPC1343 的 32 位定时器 1 设计并实现在 8 位共阴 LED 数码管上按 "HH-MM-SS" 格式显示时间，其中 "-" 闪烁频率为 1Hz，按键 K1 和 K2 用于调整时间参数，其中 K1 用于时/分/秒的选择，K2 用于时间数值的调节。

2．硬件电路

硬件电路原理图如图 1-21 所示。

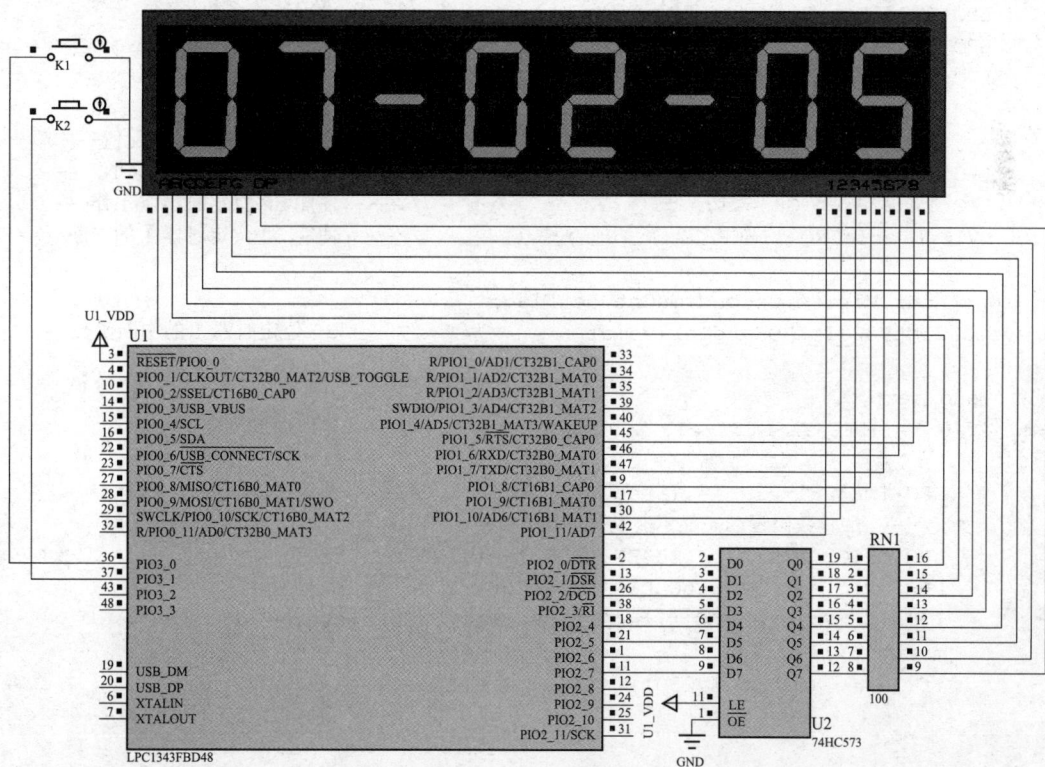

图 1-21　基于 32 位定时器 1 的可调数字钟实例电路原理图

U₁（LPC1343）的 PIO2 端口的 PIO2_0～PIO2_7 引脚通过 U₂（74HC573）和 R_{N1}（100Ω）限流电阻连接到 8 位共阴 LED 数码管的笔段 A～G 和 DP 引脚上，用于驱动 LED 的笔段码；U₁（LPC1343）的 PIO1 端口的 PIO1_4～PIO1_11 用于直接驱动 8 位共阴 LED 数码管的位选段"12345678"引脚。按键 K1 和 K2 分别连接在 PIO3 端口的 PIO3_0 和 PIO3_1 引脚上。

3. 程序设计

根据实例要求，设计的程序如下：

```c
#include <LPC13xx.h>
const unsigned char LEDSEG[] =
{
  0x3F,0x06,0x5B,0x4F,0x66,0x6D,0x7D,0x07,0x7F,0x6F,
                                          //--- 数字 0～9 的笔段码 ---
  0x77,0x7C,0x39,0x5E,0x79,0x71,          //--- 字母 AbCdEF ---
  0x00,0x40,
};
const unsigned char LEDDIG[] = {0xFE,0xFD,0xFB,0xF7,0xEF,0xDF,0xBF,0x7F};
unsigned char LEDBuffer[8] = {0,0,17,0,0,17,0,0};
unsigned char LEDPointer;
void CT32B1_Timer_Init(void)
{
  LPC_SYSCON->SYSAHBCLKCTRL |= (1 << 10);   //--- 使能 32 位定时器 1 的时钟源 ---
  LPC_TMR32B1->CTCR = 0;                     //--- 定时模式 ---
  LPC_TMR32B1->PR = 0;                       //--- 设置预分系数 ---
  LPC_TMR32B1->PC = 0;
  LPC_TMR32B1->TC = 0;
  LPC_TMR32B1->MR0 = SystemCoreClock / 1000 - 1;
                                             //--- 设置定时 1ms 的匹配值---
  LPC_TMR32B1->MCR = (3 << 0);               //--- 使能匹配 0 中断复位 TC ---
  LPC_TMR32B1->TCR = 1;                      //--- 使能 32 位定时器 1 工作 ---
  NVIC_EnableIRQ(TIMER_32_1_IRQn);           //--- 使能 32 位定时器 1 的中断 ---
}
long Hour,Minute,Second,msCnt,SetFlag;
void TIMER32_1_IRQHandler(void)              //--- 32 位定时器 1 的中断函数 ---
{
  long temp;
  if(0 != (LPC_TMR32B1->IR & (1 << 0)))      //--- 定时时间到 ---
    {
      LPC_TMR32B1->IR |= (1 << 0);           //--- 清定时中断标志 ---
      //--- LED 数码管动态显示驱动程序段 ---
      LPC_GPIO2->DATA = LEDSEG[LEDBuffer[LEDPointer]];
      LPC_GPIO1->DATA = LEDDIG[LEDPointer] << 4;
      if(++LEDPointer >= sizeof(LEDBuffer))LEDPointer = 0;
      msCnt ++;
      if((0 == (msCnt % 250)) && (0 != SetFlag))
                                             //--- 定时 0.25s 时间到 ---
        {
          if(16 != LEDBuffer[(SetFlag - 1) * 3])   //--- 若 LED 数码管亮 ---
            {
```

```
            LEDBuffer[(SetFlag - 1) * 3] = 16; //--- 对应的 LED 数码管灭 ---
            LEDBuffer[(SetFlag - 1) * 3 + 1] = 16;
        }
      else
        {
          if(3 == SetFlag)temp = Hour;            //--- 对应的 LED 数码管显示时间---
          else if(2 == SetFlag)temp = Minute;
          else if(1 == SetFlag)temp = Second;
          LEDBuffer[(SetFlag - 1) * 3] = (temp / 1) % 10;
          LEDBuffer[(SetFlag - 1) * 3 + 1] = (temp / 10) % 10;
        }
    }
  if((0 == (msCnt % 500)) && (0 == SetFlag)) //--- 定时 0.5s 时间到 ---
    {
      if(17 == LEDBuffer[2])LEDBuffer[2] = LEDBuffer[5] = 16;
      else LEDBuffer[2] = LEDBuffer[5] = 17;
    }
  if((0 == (msCnt % 1000)) && (0 == SetFlag)) //--- 定时 1s 时间到 ---
    {
      if(60 == ++Second)                        //--- 秒加 1 到 60 ---
        {
          Second = 0;                           //--- 秒变量清 0 ---
          if(60 == ++Minute)                    //--- 分变量加 1 到 60 ---
            {
              Minute = 0;                       //--- 分变量清 0 ---
              if(24 == ++Hour)Hour = 0;         //--- 时变量加 1 到 24,清 0 ---
            }
        }
      LEDBuffer[0] = (Second / 1) % 10;        //--- 时间变量装到 LED 缓冲区 ---
      LEDBuffer[1] = (Second / 10) % 10;
      LEDBuffer[3] = (Minute / 1) % 10;
      LEDBuffer[4] = (Minute / 10) % 10;
      LEDBuffer[6] = (Hour / 1) % 10;
      LEDBuffer[7] = (Hour / 10) % 10;
    }
  if(1000 == msCnt)msCnt = 0;                  //--- 1s 时间到,计数变量清 0 ---
  }
}
#define K1 (LPC_GPIO3->DATA & (1 << 0))
#define K2 (LPC_GPIO3->DATA & (1 << 1))
long K1_Cnt,K2_Cnt;
int main (void)
{
  long temp;
  LPC_GPIO2->DIR |= (0xFF << 0);
  LPC_GPIO1->DIR |= (0xFF << 4);
  LPC_GPIO2->DATA = 0x00;
  LPC_GPIO1->DATA = 0x00;
  CT32B1_Timer_Init();
  LPC_GPIO3->DIR &=~((1 << 1) | (1 << 0));
  while(1)
```

```
    {
      if((0 == K1) && (999999 != K1_Cnt) && (++K1_Cnt > 10))
        {
          if(0 == K1)                           //--- K1 是否按下 ---
            {
              K1_Cnt = 999999;                  //--- 置键已按下标志 ---
              if(3== SetFlag)temp = Hour;
              else if(2 == SetFlag)temp = Minute;
              else if(1 == SetFlag)temp = Second;
              if(0 != SetFlag)
                {
                  LEDBuffer[(SetFlag - 1) * 3] = (temp / 1) % 10;
                  LEDBuffer[(SetFlag - 1) * 3 + 1] = (temp / 10) % 10;
                }
              if(4 == ++SetFlag)SetFlag = 0;
            }
        }
      else if(0 != K1)K1_Cnt = 0;               //--- 若键释放则标志置 0 ---
      if((0 == K2) && (999999 != K2_Cnt) && (++K2_Cnt > 10))
        {
          if(0 == K2)                           //--- K2 是否按下 ---
            {
              K2_Cnt = 999999;                  //--- 置键已按下标志 ---
              if(3 == SetFlag){if(24 == ++Hour)Hour = 0;}
              else if(2 == SetFlag){if(60 == ++Minute)Minute = 0;}
              else if(1 == SetFlag){if(60 == ++Second)Second = 0;}
              if(1 == SetFlag)temp = Second;
              else if(2 == SetFlag)temp = Minute;
              else if(3 == SetFlag)temp = Hour;
              if(0 != SetFlag)
                {
                  LEDBuffer[(SetFlag - 1) * 3] = (temp / 1) % 10;
                  LEDBuffer[(SetFlag - 1) * 3 + 1] = (temp / 10) % 10;
                }
            }
        }
      else if(0 != K2)K2_Cnt = 0;               //--- 若键释放则标志置 0 ---
    }
}
```

4．小结

本实例展示了如何利用 32 位定时器 1 实现一个可调数字钟功能的方法。程序中对 32 位定时器 1 的初始化步骤与实例 1.12、实例 1.13 相似。

在 TIMER32_1_IRQHandler 中断函数中，实现的主要内容如下：

（1）LED 数码管的动态显示驱动。

（2）在设置时钟的时、分、秒时产生 0.25s 的闪烁提示效果。

（3）在时钟正常运行状态下，"-"以 0.5s 的闪烁效果。

（4）产生 1s 的定时时间用于时钟的正常秒、分、时变量加 1 处理。

在 main 主程序除了完成对驱动 LED 数码管动态显示的 GPIO 配置，初始化 32 位定时器

1 模块。在 while（1）无限循环中识别按键，并完成相应的处理。

1.19　基于 16 位定时器 0 的频率测量实例

1．项目要求

利用 LPC1343 的 16 位定时器 0 的计数器功能实现对外部信号的频率进行测量，并通过 8 位共阴 LED 数码管显示出来，测量的精度为 1Hz。

2．硬件电路

硬件电路原理图如图 1-22 所示。

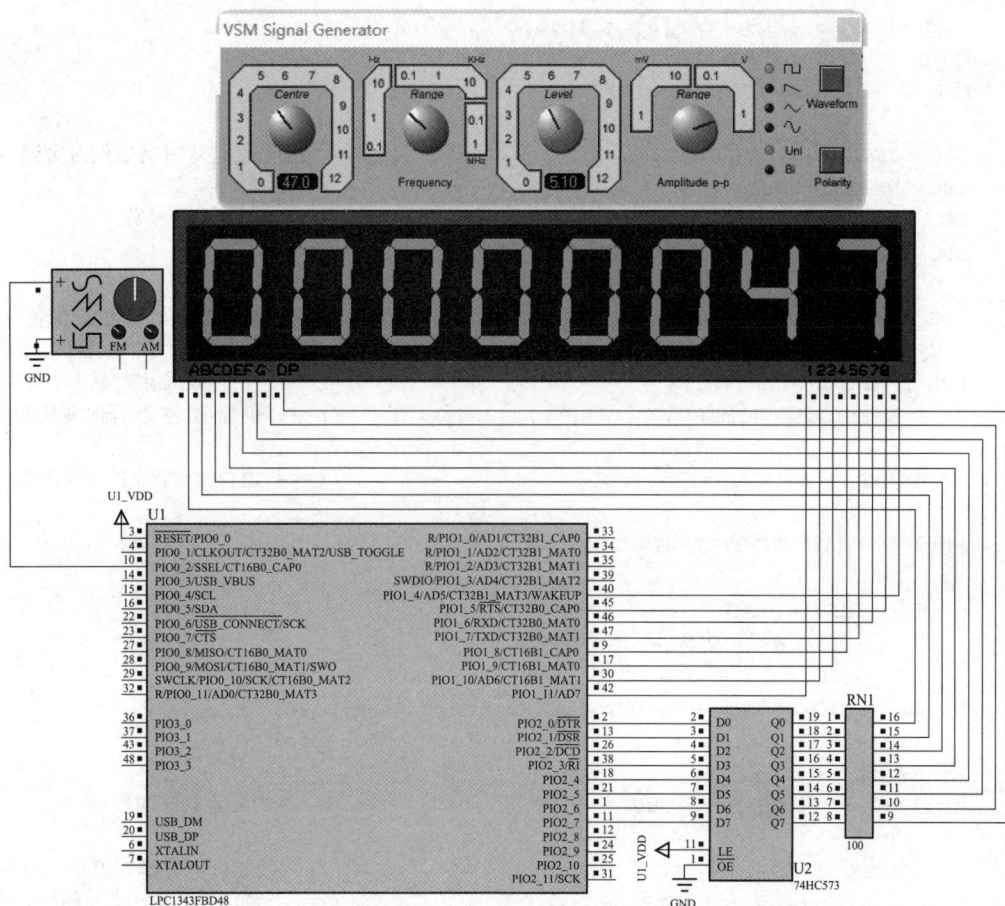

图 1-22　基于 16 位定时器 0 的频率测量实例电路原理图

U_1（LPC1343）的 PIO2 端口的 PIO2_0～PIO2_7 引脚通过 U_2（74HC573）和 R_{N1}（100Ω）限流电阻连接到 8 位共阴 LED 数码管的笔段 A～G 和 DP 引脚上，用于驱动 LED 的笔段码；U_1（LPC1343）的 PIO1 端口的 PIO1_4～PIO1_11 用于直接驱动 8 位共阴 LED 数码管的位选段 "12345678" 引脚。虚拟信号源输出的信号送到 U_1（LPC1343）的 PIO0_2/CT16B0_CAP0 引脚上。

3．程序设计

根据实例要求，设计的程序如下：

```
#include <LPC13xx.h>
long HighData, LowData, Result, OKFlag, msCnt;
const unsigned char LEDSEG[] =
{
  0x3F,0x06,0x5B,0x4F,0x66,0x6D,0x7D,0x07,0x7F,0x6F, //--- 数字 0~9 的笔段码 ---
  0x77,0x7C,0x39,0x5E,0x79,0x71,                     //--- 字母 AbCdEF ---
  0x00,0x40,
};
const unsigned char LEDDIG[] =                       //--- LED 数码管位选通码 ---
{
  0xFE,0xFD,0xFB,0xF7,0xEF,0xDF,0xBF,0x7F,
};
unsigned char LEDBuffer[8] = {0,0,0,0,0,0,0,0};
unsigned char LEDPointer;
void CT32B1_Timer_Init(void)
{
  LPC_SYSCON->SYSAHBCLKCTRL |= (1 << 10);   //--- 使能 32 位定时器 1 的时钟源 ---
  LPC_TMR32B1->CTCR = 0;                     //--- 定时模式 ---
  LPC_TMR32B1->PR = 0;                       //--- 设置预分系数 ---
  LPC_TMR32B1->PC = 0;
  LPC_TMR32B1->TC = 0;
  LPC_TMR32B1->MR0 = SystemCoreClock / 1000 - 1; //--- 设置定时 1ms 的匹配值---
  LPC_TMR32B1->MCR = (3 << 0);               //--- 使能匹配 0 中断复位 TC ---
  LPC_TMR32B1->TCR = 1;                      //--- 使能 32 位定时器 1 工作 ---
  NVIC_EnableIRQ(TIMER_32_1_IRQn);           //--- 使能 32 位定时器 1 的中断 ---
}
void TIMER32_1_IRQHandler(void)              //--- 32 位定时器 1 的中断函数 ---
{
  if(0 != (LPC_TMR32B1->IR & (1 << 0)))
    {
      LPC_TMR32B1->IR |= (1 << 0);
      //--- LED 数码管动态显示驱动程序段 ---
      LPC_GPIO2->DATA = LEDSEG[LEDBuffer[LEDPointer]];
      LPC_GPIO1->DATA = LEDDIG[LEDPointer] << 4;
      if(++LEDPointer >= sizeof(LEDBuffer))LEDPointer = 0;
      msCnt ++;
      if(0 == (msCnt % 1000))                //--- 1s 定时时间到 ---
        {
          LPC_TMR16B0->TCR = 0;              //--- 16 位定时器 0 停止计数 ---
          LowData = LPC_TMR16B0->TC;         //--- 读 16 位定时器 0 的 TC ---
          Result = (HighData << 16) | (LowData << 0);
                                             //--- 与高 16 位合成 32 位数据 ---
          HighData = 0;
          LPC_TMR16B0->TC = 0;               //--- 清 16 位定时器 0 的 TC ---
          LPC_TMR16B0->TCR = 1;              //--- 重新启动 16 位定时器工作 ---
          OKFlag = 1;                        //--- 置 1s 定时时间到标志 ---
        }
      if(1000 == msCnt)msCnt = 0;            //--- 1s 定时时间到清计数变量 ---
    }
}
```

```
void CT16B0_CAP_Init(void)
{
  LPC_SYSCON->SYSAHBCLKCTRL |= (1 << 7);      //--- 使能 16 位定时器 0 的时钟源 ---
  LPC_TMR16B0->CTCR = 1;                       //--- 外部计数模式 ---
  LPC_TMR16B0->PR = 0;                         //--- 设置预分系数 ---
  LPC_TMR16B0->PC = 0;
  LPC_TMR16B0->TC = 0;
  LPC_TMR16B0->MR0 = 0xFFFF;                   //--- 设置定时 1ms 的匹配值---
  LPC_TMR16B0->MCR = (3 << 0);                 //--- 使能匹配 0 中断并复位 TC ---
  LPC_TMR16B0->TCR = 1;                        //--- 使能 16 位定时器 1 工作 ---
  NVIC_EnableIRQ(TIMER_16_0_IRQn);             //--- 使能 16 位定时器 1 的中断 ---
}
void TIMER16_0_IRQHandler(void)                //--- 16 位定时器 0 的中断函数 ---
{
  if(0 != (LPC_TMR16B0->IR & (1 << 0)))        //--- 计数溢出 ---
    {
      LPC_TMR16B0->IR |= (1 << 0);             //--- 清标志 ---
      HighData ++;                             //--- 高 16 位变量加 1 ---
    }
}
int main (void)
{
  long i,temp;
  LPC_GPIO2->DIR |= (0xFF << 0);               //--- 置 PIO2_0～PIO2_7 为输出 ---
  LPC_GPIO1->DIR |= (0xFF << 4);               //--- 置 PIO1_4～PIO1_11 为输出 ---
  LPC_GPIO2->DATA = 0x00;
  LPC_GPIO1->DATA = 0x00;
  CT32B1_Timer_Init();                         //--- 32 位定时器 1 初始化 ---
  LPC_SYSCON->SYSAHBCLKCTRL |= (1 << 16);
  LPC_IOCON->PIO0_2 |= (2 << 0);               //--- 配置 PIO0_2 为外部计数引脚 ---
  CT16B0_CAP_Init();                           //--- 16 位定时器 0 初始化 ---
  while(1)
    {
      if(0 != OKFlag)                          //--- 1s 定时时间到 ---
        {
          //--- 将结果的各个位分开装到显示缓冲区 ---
          for(i=0;i<sizeof(LEDBuffer);i++)LEDBuffer[i] = 0;
          i = 0;
          temp = Result;
          while(temp)
            {
              LEDBuffer[i] = temp % 10;
              temp /= 10;
              i ++;
            }
          OKFlag = 0;                          //--- 清标志 ---
        }
    }
}
```

4．小结

本实例展示了如何利用两个定时器来实现对被测信号的频率测量功能。程序中，32 位定时器 1 用于产生 1ms 的定时和 1 秒的定时功能，16 位定时器 0 用于对被测信号的脉冲进行计数。由 32 位定时器 1 每 1 秒统计一次 16 位定时器 0 的脉冲计数结果，并通过 LED 数码显示出来。

在 main 主程序中，需要将 32 位定时器 1 配置为 1ms 定时模式并开中断，配置 16 位定时器 0 为外部计数模式并开中断。

1.20 基于引脚中断功能的频率测量实例

1．项目要求

利用 LPC1343 的 PIO 端口的引脚中断功能测量信号的频率，并通过 4 位共阴 LED 数码管显示出来。

2．硬件电路

硬件电路原理图如图 1-23 所示。

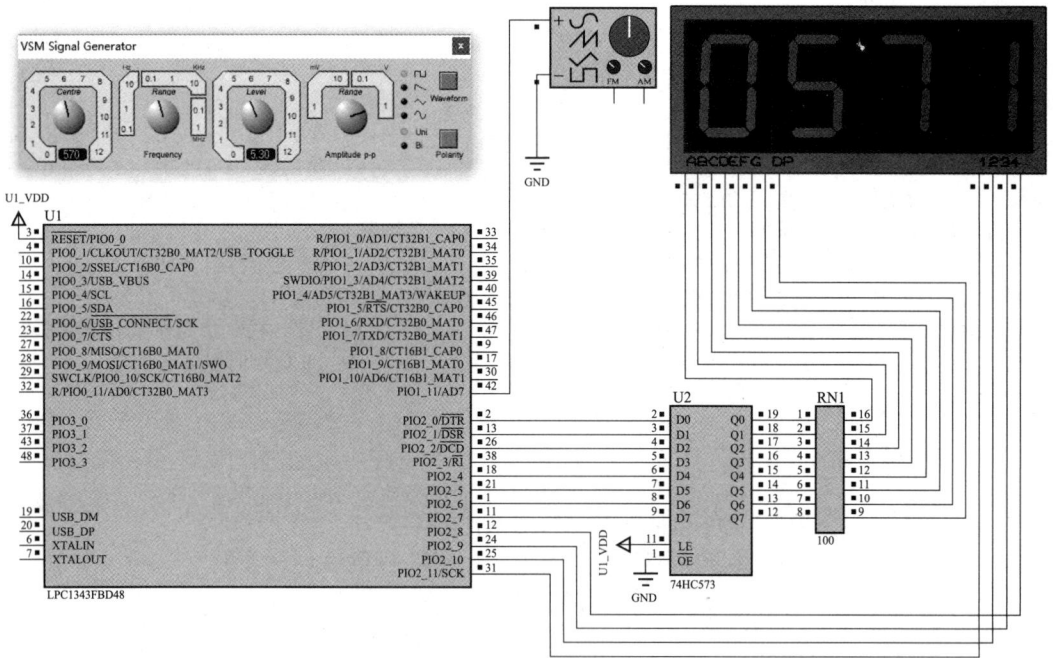

图 1-23 基于引脚中断功能的频率测量实例电路原理图

U_1（LPC1343）的 PIO2 端口的 PIO2_0～PIO2_7 引脚通过 U_2（74HC573）和 R_{N1}（100Ω）限流电阻连接到 4 位共阴 LED 数码管的笔段 A～G 和 DP 引脚上，用于驱动 LED 的笔段码；U_1（LPC1343）的 PIO2 端口的 PIO2_8～PIO2_11 用于直接驱动 4 位共阴 LED 数码管的位选段"1234"引脚。虚拟信号源由 PIO1_11 引脚输入。

3．程序设计

根据实例要求，设计的程序如下：

```c
#include <LPC13xx.h>
const unsigned char LEDSEG[] =
{
  0x3F,0x06,0x5B,0x4F,0x66,0x6D,0x7D,0x07,0x7F,0x6F,
                                        //--- 数字 0～9 的笔段码 ---
  0x77,0x7C,0x39,0x5E,0x79,0x71,        //--- 字母 AbCdEF ---
  0x00,0x40,
};
const unsigned char LEDDIG[] =         //--- LED 数码管位选通码 ---
{
  0xFE,0xFD,0xFB,0xF7,0xEF,0xDF,0xBF,0x7F,
};
unsigned char LEDBuffer[4];
unsigned char LEDPointer;
void CT32B1_Timer_Init(void)
{
  LPC_SYSCON->SYSAHBCLKCTRL |= (1 << 10);   //--- 使能 32 位定时器 1 的时钟源 ---
  LPC_TMR32B1->CTCR = 0;                     //--- 定时模式 ---
  LPC_TMR32B1->PR = 0;                       //--- 设置预分系数 ---
  LPC_TMR32B1->PC = 0;
  LPC_TMR32B1->TC = 0;
  LPC_TMR32B1->MR0 = SystemCoreClock / 4000 - 1;
                                             //--- 设置定时 0.25ms 的匹配值---
  LPC_TMR32B1->MCR = (3 << 0);               //--- 使能匹配 0 中断并复位 TC ---
  LPC_TMR32B1->TCR = 1;                      //--- 使能 32 位定时器 1 工作 ---
  NVIC_EnableIRQ(TIMER_32_1_IRQn);           //--- 使能 32 位定时器 1 的中断 ---
}
long Cnt,msCnt;
void TIMER32_1_IRQHandler(void)            //--- 32 位定时器 1 的中断函数 ---
{
  long i,temp;
  if(0 != (LPC_TMR32B1->IR & (1 << 0)))    //--- 0.25ms 定时时间到 ---
    {
      LPC_TMR32B1->IR |= (1 << 0);         //--- 清匹配中断标志 ---
      //--- LED 数码管动态显示驱动程序段 ---
  LPC_GPIO2->DATA = (LEDDIG[LEDPointer] << 8) | (LEDSEG[LEDBuffer[LEDPointer]] << 0);
      if(++LEDPointer >= sizeof(LEDBuffer))LEDPointer = 0;
      msCnt ++;
      if(4000 == msCnt)                    //--- 定时 1s 时间到 ---
        {
          temp = Cnt;                      //--- 读取信号脉冲计数值 ---
          Cnt = 0;
          //--- 送显示缓冲区 ---
          for(i=0;i<sizeof(LEDBuffer);i++)LEDBuffer[i] = 0;
          i = 0;
          while(temp)
            {
              LEDBuffer[i] = temp % 10;
```

```
                temp /= 10;
                i ++;
            }
        msCnt = 0;                          //--- 秒计数变量清 0 ---
        }
    }
}
void GPIOINT_PIO1_11_Init(void)
{
  LPC_GPIO1->IS &=~(1 << 11);               //--- GPIO1_11 配置为边沿触发中断 ---
  LPC_GPIO1->IBE &=~(1 << 11);
  LPC_GPIO1->IEV |= (1 << 11);              //--- 选择上升沿触发方式 ---
  LPC_GPIO1->IE |= (1 << 11);               //--- 允许 GPIO1_11 引脚中断 ---
  NVIC_EnableIRQ(EINT1_IRQn);               //--- 开 PIO1 端口的中断号 ---
}
void PIOINT1_IRQHandler(void)               //--- PIO1 端口引脚中断函数 ---
{
  if(0 != (LPC_GPIO1->RIS & (1 << 11)))     //--- 是上升沿触发中断 ---
    {
      LPC_GPIO1->IC |= (1 << 11);           //--- 清中断标志 ---
      Cnt++;                                //--- 脉冲计数变量加 1 ---
    }
}
int main (void)
{
  LPC_GPIO2->DIR |= (0xFFF << 0);           //--- PIO2_0~PIO2_11 置为输出 ---
  LPC_GPIO2->DATA = 0x0000;
  CT32B1_Timer_Init();                      //--- 32 位定时器 1 初始化 ---
  GPIOINT_PIO1_11_Init();                   //--- PIO1 的引脚中断初始化 ---

  while(1){;}
}
```

4．小结

本实例展示了如何利用 LPC1343 的 PIO 的引脚中断功能实现对信号的频率测量。在使用 GPIO 的引脚中断时，需要对相应的 GPIO 端口的 GPIO 引脚进行配置，一般配置内容如下：

（1）配置 GPIO 引脚的中断触发方式，是边沿触发还是电平触发。

（2）配置 GPIO 引脚的中断触发极性，若为边沿触发，则选择上升沿或下降沿；若为电平触发则选择高电平或低电平极性。

（3）使能 GPIO 引脚的中断，并打开 NVIC 中对应的 GPIO 中断向量号。

程序中要添加 GPIO 引脚中断函数，例如本实例为 GPIO1 的引脚中断函数为 PIOINT1_IRQHandler。在该中断函数中先要判断相应的中断标志是否为 1，若是则清标志并执行相应的任务处理。

对于本实例的信号频率测量使用的方法是 1s 内统计信号脉冲个数，即为被测信号的频率值。因此，还要使用一个定时用于产生 1s 的定时。本实例中使用的是 32 位定时器 1。在程序中还要对 32 位定时器 1 进行配置为 250μs 定时功能。初始化方法与实例 1.19 中使用的 32 位定时器 1 相似。

程序中 32 位定时器 1 的中断函数 TIMER32_1_IRQHandler 主要完成两件事情：

（1）实现对 LED 数码管的动态显示功能。

（2）产生 1s 定时功能，并读取信号脉冲数值，将该数值送到 LED 显示缓冲区并显示。

1.21　基于系统节拍定时器的时钟实例

1. 项目要求

利用 LPC1343 的系统节拍定时器（SysTick）实现一个简易的时钟功能，在 4 位共阴 LED 数码管上显示时间，两个按键 K1 和 K2 用于调节时钟的时和分功能。

2. 硬件电路

硬件电路原理图如图 1-24 所示。

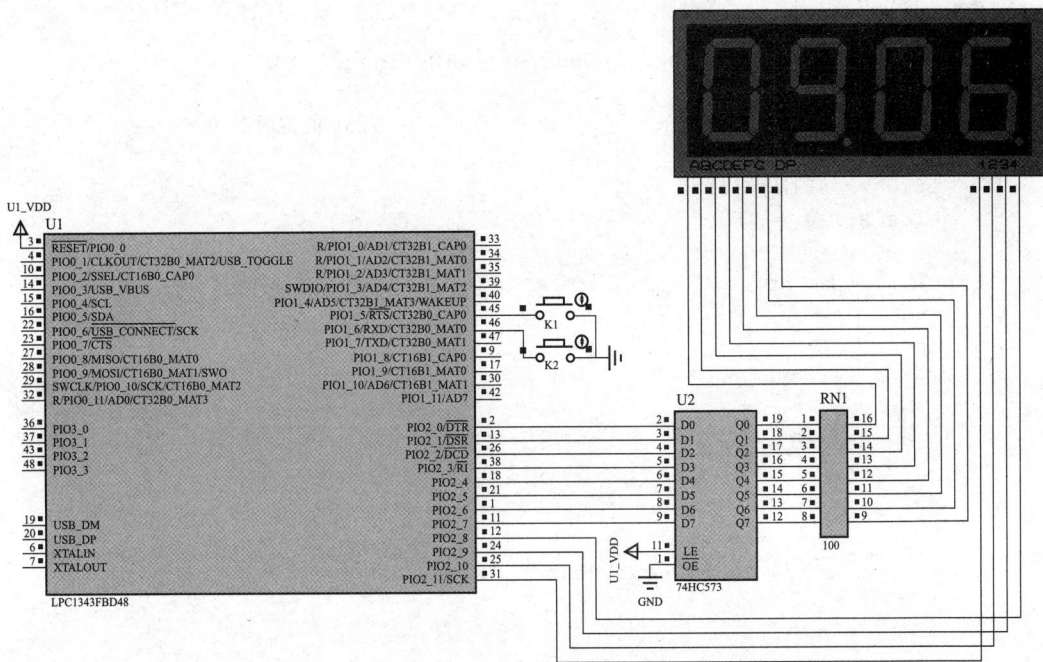

图 1-24　基于系统节拍定时器的时钟实例电路原理图

U_1（LPC1343）的 PIO2 端口的 PIO2_0～PIO2_7 引脚通过 U_2（74HC573）和 R_{N1}（100Ω）限流电阻连接到 4 位共阴 LED 数码管的笔段 A～G 和 DP 引脚上，用于驱动 LED 的笔段码；U_1（LPC1343）的 PIO2 端口的 PIO2_8～PIO2_11 用于直接驱动 4 位共阴 LED 数码管的位选段"1234"引脚。PIO1_5 和 PIO1_6 引脚分别连接着按键 K1 和 K2。

3. 程序设计

根据实例要求，设计的程序如下：

```
#include <LPC13xx.h>
const unsigned char LEDSEG[] =
{
```

```
    0x3F,0x06,0x5B,0x4F,0x66,0x6D,0x7D,0x07,0x7F,0x6F,
                                        //--- 数字 0~9 的笔段码 ---
    0x77,0x7C,0x39,0x5E,0x79,0x71,      //--- 字母 AbCdEF ---
  };
  const unsigned char LEDDIG[] = {0xFE,0xFD,0xFB,0xF7};
  unsigned char LEDBuffer[4];
  unsigned char LEDPointer;
  long msCnt;
  long Hour,Minute,Second,sFlag;
  void SysTick_Handler(void)              //--- 节拍定时器(SysTick)中断函数 ---
  {
    LPC_GPIO2->DATA = (LEDDIG[LEDPointer] << 8) | (LEDSEG[LEDBuffer[LEDPointer]]
<< 0);
    if((0 == LEDPointer) || (2 == LEDPointer))
      {
        if(0 == sFlag)LPC_GPIO2->DATA |= 0x80;
        else LPC_GPIO2->DATA &=~0x80;
      }
    if(++LEDPointer >= sizeof(LEDBuffer))LEDPointer = 0;
    msCnt ++;
    if(0 == (msCnt % 2000))                //--- 0.5s 的定时时间到 ---
      {
        if(0 == sFlag)sFlag = 1;
        else sFlag = 0;
      }
    if(4000 == msCnt)                      //--- 1s 的定时时间到 ---
      {
        msCnt = 0;
        if(60 == ++Second)
          {
            Second = 0;
            if(60 == ++ Minute)
            {
              Minute = 0;
              if(24 == ++ Hour)Hour = 0;
            }
          }
        LEDBuffer[0] = (Minute / 1) % 10;
        LEDBuffer[1] = (Minute / 10) % 10;
        LEDBuffer[2] = (Hour / 1) % 10;
        LEDBuffer[3] = (Hour / 10) % 10;
      }
  }
  #define K1  (LPC_GPIO1->DATA & (1 << 5) //--- 按键 K1 的引脚宏定义 ---
  #define K2  (LPC_GPIO1->DATA & (1 << 6)) //--- 按键 K2 的引脚宏定义 ---
  long K1_Cnt,K2_Cnt;
  int main (void)
  {
    SystemCoreClockUpdate();
    LPC_GPIO2->DIR |= (0xFFF << 0);        //--- PIO2_0~PIO2_11 引脚配置为输出 ---
    LPC_GPIO2->DATA = 0x0000;
```

```
SysTick_Config(SystemCoreClock / 4000);  //--- 初始化 SysTick 定时 0.25ms ---
while(1)
  {
    if((0 == K1) && (999999 != K1_Cnt) && (++K1_Cnt > 10))
      {
        if(0 == K1)                            //--- K1 是否按下 ---
          {
            K1_Cnt = 999999;                   //--- 置键已按下标志 ---
            if(++Minute >= 60)Minute = 0;
            LEDBuffer[0] = Minute % 10;
            LEDBuffer[1] = Minute / 10;
          }
      }
    else if(0 != K1)K1_Cnt = 0;            //--- 若键释放则标志置 0 ---
    if((0 == K2) && (999999 != K2_Cnt) && (++K2_Cnt > 10))
      {
        if(0 == K2)                            //--- K2 是否按下 ---
          {
            K2_Cnt = 999999;                   //--- 置键已按下标志 ---
            if(++Hour >= 24)Hour = 0;
            LEDBuffer[2] = Hour % 10;
            LEDBuffer[3] = Hour / 10;
          }
      }
    else if(0 != K2)K2_Cnt = 0;            //--- 若键释放则标志置 0 ---
  }
}
```

4. 小结

本实例展示了 LPC1343 的系统节拍定时器（SYSTICK）的使用方法。由于系统节拍定时器（SYSTICK）属于 CORTEX-M3 内核的定时器，对于该定时器的初始化函数 SysTick_Config 包含在 CM3.H 头文件中。该函数的参数即为设定的定时时间初值 N=t*CCLK，t 为定时时间。该定时器的中断是被使能的。

在程序中，还要添加一个于系统节拍定时器（SYSTICK）中断函数"SysTick_Handler"。本实例中，SysTick_Handler 函数主要完成以下事件：

（1）每 0.25ms 对 LED 数码管动态刷新一次。

（2）产生 0.5s 的定时用于小数点的闪烁。

（3）产生 1s 的定时用于时、分、秒变量计数加 1，并在 LED 数码管上显示时间。

在 main 主程序实现对相关的 GPIO 引脚初始化和系统节拍定时器（SYSTICK）的初始化。在 while（1）无限循环程序中实现按键 K1 和 K2 的识别，并对时和分变量数值加 1，再通过 LED 数码管显示。

1.22 基于 SysTick 的音阶产生实例

1. 项目要求

利用 LPC1343 的 SysTick 定时器产生不同音阶频率由 PIO0_1 引脚输出，连接在 PIO1_10

和 PIO1_11 引脚上的按键 K1 和 K2 用于选择不同音阶频率的输出，连接在 PIO2 端口上的 4 位共阴 LED 数码管用于显示不同的音阶频率。

2．硬件电路

硬件电路原理图如图 1-25 所示。

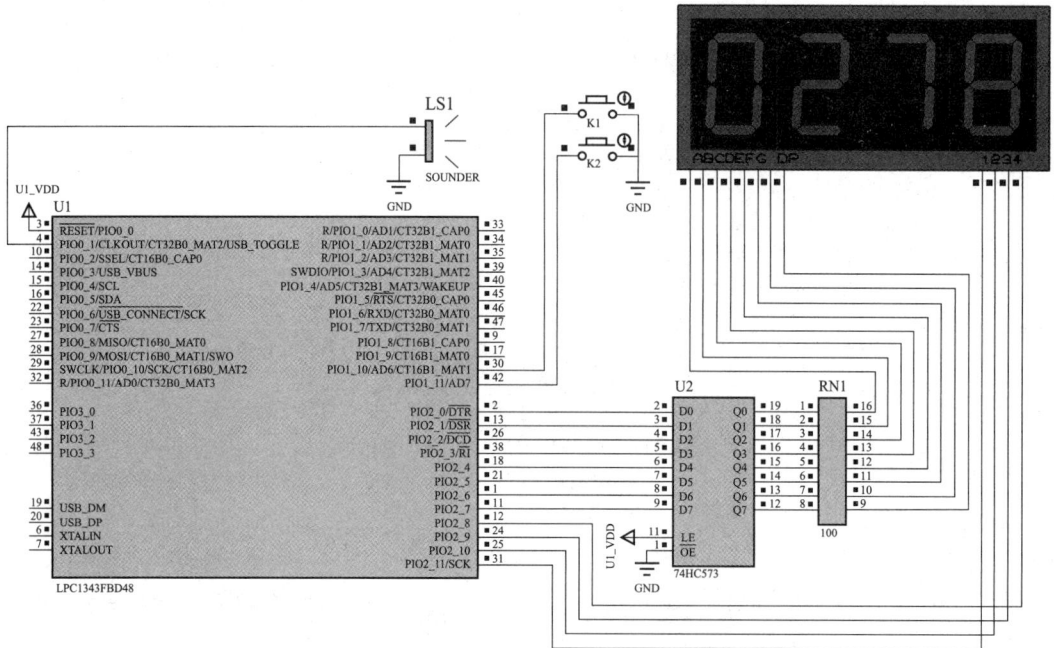

图 1-25　基于 SysTick 的音阶产生实例电路原理图

U₁（LPC1343）的 PIO2 端口的 PIO2_0～PIO2_7 引脚通过 U₂（74HC573）和 R_N1（100Ω）限流电阻连接到 4 位共阴 LED 数码管的笔段 A～G 和 DP 引脚上，用于驱动 LED 的笔段码；U₁（LPC1343）的 PIO2 端口的 PIO2_8～PIO2_11 用于直接驱动 4 位共阴 LED 数码管的位选段"1234"引脚。按键 K1 和 K2 分别连接在 PIO1 端口的 PIO1_10 和 PIO1_11 引脚上。产生的音阶频率由 PIO0_1 引脚输出并驱动 LS1（SOUNDER）发声。

3．程序设计

根据实例要求，设计的程序如下：

```
#include <LPC13xx.h>
const unsigned char LEDSEG[] =
{
  0x3F,0x06,0x5B,0x4F,0x66,0x6D,0x7D,0x07,0x7F,0x6F,
                                //--- 数字 0～9 的笔段码 ---
  0x77,0x7C,0x39,0x5E,0x79,0x71,        //--- 字母 AbcdEF ---
};
const unsigned char LEDDIG[] = {0xFE,0xFD,0xFB,0xF7};
unsigned char LEDBuffer[4];
unsigned char LEDPointer;
void CT32B1_Timer_Init(void)
{
  LPC_SYSCON->SYSAHBCLKCTRL |= (1 << 10);  //--- 使能 32 位定时器 1 的时钟源 ---
```

```
    LPC_TMR32B1->CTCR = 0;                    //--- 定时模式 ---
    LPC_TMR32B1->PR = 0;                      //--- 设置预分系数 ---
    LPC_TMR32B1->PC = 0;
    LPC_TMR32B1->TC = 0;
    LPC_TMR32B1->MR0 = SystemCoreClock / 4000 - 1;
                                              //--- 设置定时 250us 的匹配值---
    LPC_TMR32B1->MCR = (3 << 0);              //--- 使能匹配 0 中断并匹配复位 TC ---
    LPC_TMR32B1->TCR = 1;                     //--- 使能 32 位定时器 1 工作 ---
    NVIC_EnableIRQ(TIMER_32_1_IRQn);          //--- 使能 32 位定时器 1 中断 ---
}
void TIMER32_1_IRQHandler(void)               //--- 32 位定时器 1 的中断函数 ---
{
    if(0 != (LPC_TMR32B1->IR & (1 << 0)))//--- 定时时间到 ---
      {
        LPC_TMR32B1->IR |= (1 << 0);          //--- 清中断标志 ---
    LPC_GPIO2->DATA = (LEDDIG[LEDPointer] << 8) | (LEDSEG[LEDBuffer[LEDPointer]] << 0);
        if(++LEDPointer >= sizeof(LEDBuffer))LEDPointer = 0;
      }
}
const long YINJIE[] =                         //--- 音阶频率表 ---
{
  262,278,294,311,330,349,370,392,415,440,466,494,
  523,554,587,622,659,699,740,784,831,880,933,988,
  1047,1109,1175,1245,1319,1397,1481,1569,1663,1762,1866,1977,
  2095,2220,2352,2492,2640,2797,2964,3140,3327,3525,3734,3957,
};
long Index;

void SysTick_Handler(void)                    //--- 节拍定时器(SysTick)中断函数 ---
{
  if(0 == (LPC_GPIO0->DATA & (1 << 1)))//--- 从 PIO1_1 引脚产生方波信号 ---
    LPC_GPIO0->DATA |= (1 << 1);
  else LPC_GPIO0->DATA &=~(1 << 1);
}


#define K1  (LPC_GPIO1->DATA & (1 << 10))
#define K2  (LPC_GPIO1->DATA & (1 << 11))
long K1_Cnt,K2_Cnt;
int main (void)
{
  SystemCoreClockUpdate();

  LPC_GPIO2->DIR |= (0xFFF << 0);             //--- PIO2_0~PIO2_11 引脚配置为输出 ---
  LPC_GPIO2->DATA = 0x0000;
  CT32B1_Timer_Init();                        //--- 初始化 32 位定时器 1 ---
  LPC_GPIO0->DIR |= (1 << 1);                 //--- PIO1_1 引脚配置为输出 ---
  while(1)
    {
      if((0 == K1) && (999999 != K1_Cnt) && (++K1_Cnt > 10))
        {
```

```
        if(0 == K1)                              //--- K1 是否按下 ---
          {
            K1_Cnt = 999999;
            if(++Index >= sizeof(YINJIE) / sizeof(long))Index = 0;
            SysTick_Config(SystemCoreClock / YINJIE[Index] / 2);
            LEDBuffer[0] = (YINJIE[Index] / 1) % 10;
            LEDBuffer[1] = (YINJIE[Index] / 10) % 10;
            LEDBuffer[2] = (YINJIE[Index] / 100) % 10;
            LEDBuffer[3] = (YINJIE[Index] / 1000) % 10;
          }
      }
    else if((0 != K1) && (999999 == K1_Cnt))  //--- K1 释放停止产生声音 ---
      {
        K1_Cnt = 0;
        SysTick->CTRL &=~(1 << 0);
        LEDBuffer[0] = LEDBuffer[1] =LEDBuffer[2] =LEDBuffer[3] = 0;
      }
    if((0 == K2) && (999999 != K2_Cnt) && (++K2_Cnt > 10))
      {
        if(0 == K2)                              //--- K2 是否按下 ---
          {
            K2_Cnt = 999999;
            if(--Index < 0)Index = sizeof(YINJIE) / sizeof(long) - 1;
            SysTick_Config(SystemCoreClock / YINJIE[Index] / 2);
            LEDBuffer[0] = (YINJIE[Index] / 1) % 10;
            LEDBuffer[1] = (YINJIE[Index] / 10) % 10;
            LEDBuffer[2] = (YINJIE[Index] / 100) % 10;
            LEDBuffer[3] = (YINJIE[Index] / 1000) % 10;
          }
      }
    else if((0 != K2) && (999999 == K2_Cnt))  //--- K2 释放停止产生声音 ---
      {
        K2_Cnt = 0;
        SysTick->CTRL &=~(1 << 0);
        LEDBuffer[0] = LEDBuffer[1] =LEDBuffer[2] =LEDBuffer[3] = 0;
      }
  }
}
```

4. 小结

本实例展示如何利用系统节拍定时（SysTick）产生不同音阶频率的方波信号输出。方波的周期是频率的倒数，其中高电平和低电平部分各占半个周期，则写入到 SYSTICK 的定时时间数值 $N=CCLK/(2{\times}F)$，其中 CCLK 为内核时钟频率，F 为音阶频率。在 SysTick_Handler 中断函数里，每当定时时间到则将引脚电平翻转一次，即可产生对应频率的方波信号输出。

本实例中还用到了 32 位定时器 1 产生 1ms 定时时间用于 LED 数码管动态显示刷新周期。在 main 主程序中，对按键 K1 和 K2 的识别，并根据按下和放开的状态来产生声音是否输出。

1.23　基于 32 位定时器 0 的 MAT 功能实现的简易电子琴实例

1. 项目要求

在 LPC1343 的 PIO1 端口上外接 4×4 矩阵键盘，PIO2 端口外接一个共阴 LED 数码管，利用 LPC1343 的 32 位定时器 0 的 MAT 功能实现简易的电子琴弹奏，由 PIO0_11/CT32B0_MAT3 引脚输出声音。

2. 硬件电路

本实例的硬件电路原理图如图 1-26 所示。

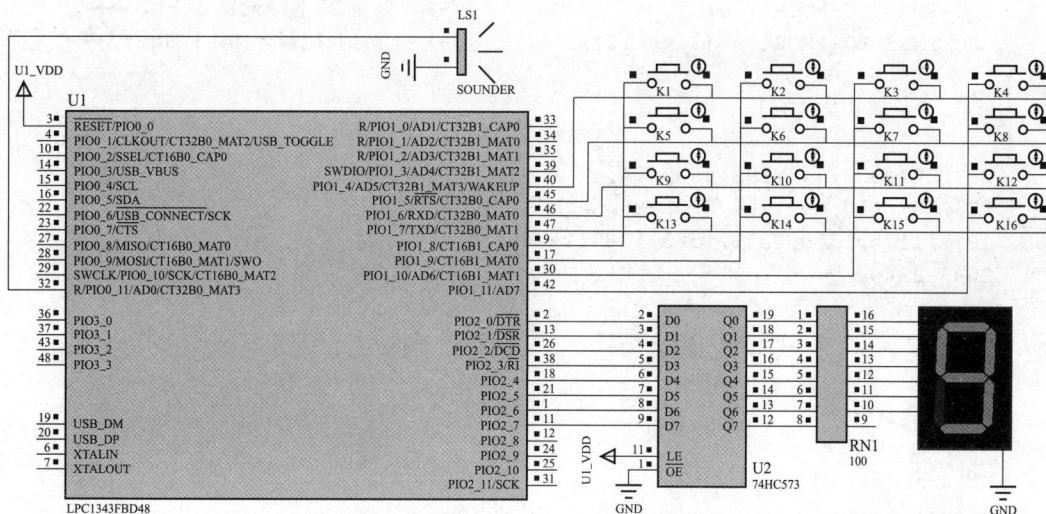

图 1-26　基于 32 位定时器 0 的 MAT 功能实现的简易电子琴实例电路原理图

U₁（LPC1343）的 PIO1_4～PIO1_7 和 PIO1_8～PIO1_11 引脚分别连接 4×4 矩阵键盘的 4 行和 4 列，PIO2 端口通过 U₂（74HC573）和 R_N1（100Ω）限流电阻驱动 1 位共阴 LED 数码管。PIO0_11 引脚输出的电子琴的音阶频率直接驱动 LS1 发声。

3. 程序设计

根据实例要求，设计的程序如下：

```
#include <LPC13xx.h>
const unsigned char LEDSEG[] =
{
  0x3F,0x06,0x5B,0x4F,0x66,0x6D,0x7D,0x07,0x7F,0x6F,
                                    //--- 数字 0～9 的笔段码 ---
  0x77,0x7C,0x39,0x5E,0x79,0x71,    //--- 字母 AbCdEF ---
};
const unsigned char KEYTAB[] =
{
  0xEE,0xED,0xEB,0xE7,
  0xDE,0xDD,0xDB,0xD7,
  0xBE,0xBD,0xBB,0xB7,
  0x7E,0x7D,0x7B,0x77,
```

```
};
void CT32B0_MAT_Init(void)
{
  LPC_SYSCON->SYSAHBCLKCTRL |= (1 << 9);    //--- 使能 32 位定时器 0 的时钟源 ---
  LPC_TMR32B0->CTCR = 0;                    //--- 定时模式 ---
  LPC_TMR32B0->PR = 0;                      //--- 设置预分系数 ---
  LPC_TMR32B0->PC = 0;
  LPC_TMR32B0->TC = 0;
  LPC_TMR32B0->MR3 = SystemCoreClock / 1 - 1;
                                            //--- 设置 32 位定时 1s 的匹配值---
  LPC_TMR32B0->MCR = (2 << 9);              //--- 禁止匹配 3 中断并匹配复位 TC ---
  LPC_TMR32B0->TCR = 0;                     //--- 禁止 32 位定时器 0 工作 ---
  LPC_TMR32B0->EMR |= (3 << 10);            //--- 允许匹配翻转 MAT3 的电平 ---
}
const long YINJIE[] =
{
  262,294,330,349,392,440,494,
  523,587,659,698,784,880,988,
  1047,1175,1329,1397,1568,1760,1976,
  2093,2349,
};
#define KEY   ((LPC_GPIO1->DATA & (0xFF << 4)) >> 4)
long KEY_Cnt;
int main (void)
{
  int i;
  int temp;
  LPC_GPIO2->DIR |= (0xFF << 0);
  CT32B0_MAT_Init();
  LPC_SYSCON->SYSAHBCLKCTRL |= (1 << 16); //--- 使能 IOCON 模块的时钟源 ---
  LPC_IOCON->R_PIO0_11 |= (3 << 0);       //--- 配置PIO0.11为CT32B0_MAT3功能 ---
  while(1)
    {
      LPC_GPIO1->DIR = (0x0F << 4)//设置 PIO1_4~PIO1_7 为输出,PIO1_8~PIO1_11 为输入
      LPC_GPIO1->DATA = (0xF0 << 4);      //--- PIO1_4~PIO1_7 输出为全 0 ---
      if((0xF0 != KEY) && (999999 != KEY_Cnt) && (++KEY_Cnt > 4000))
        {
          if(0xF0 != KEY)                 //--- 按键真得按下 ---
            {
              KEY_Cnt = 999999;           //--- 置按键已按下标志 ---
              temp = KEY;
              LPC_GPIO1->DIR = (0xF0 << 4);
                    //--- 设置 PIO1_4~PIO1_7 为输入,PIO1_8~PIO1_11 为输出 ---
              LPC_GPIO1->DATA = (0x0F << 4);//--- PIO1_8~PIO1_11 输出为全 0 ---
              temp |= KEY;
              for(i=0;i<sizeof(KEYTAB);i++)//--- 查表 ---
                {
                  if(temp == KEYTAB[i])
                    {
```

```
//--- 触发 32 位定时器 0 的 MAT 功能产生频率输出 ---
                LPC_TMR32B0->MR3 = SystemCoreClock / YINJIE[i] / 2 - 1;
                LPC_TMR32B0->TCR = 1;    //--- 32 位定时器 0 开始工作 ---
                LPC_GPIO2->DATA = LEDSEG[i];
                i = sizeof(KEYTAB) + 10;
            }
        }
    }
}
else if((0xF0 == KEY) && (999999 == KEY_Cnt))//--- 按键释放 ---
    {
      KEY_Cnt = 0;
      LPC_TMR32B0->TCR = 0;                      //--- 32 位定时器 0 停止工作 ---
    }
}
}
```

4．小结

本实例展示了如何利用 32 位定时器 0 的 MAT 功能产生不同频率音阶方波信号输出驱动喇叭发出声音。main 主程序的 4×4 矩阵键盘识别原理与实例 1.11 相似，当成功识别了按键后，则将产生对应音阶的定时周期数值装入匹配寄存器 MR3，并开启 32 位定时器 0 开始工作；当在按键释放时则停止 32 位定时器 0 的定时。

本实例中的 32 位定时器 0 的 MAT（匹配输出）功能，可实现在计数寄存器 TC 和匹配寄存器 MR3 设定的值相等时，产生匹配输出动作：匹配时输出低电平、匹配时输出高电平和匹配时电平翻转输出（方波信号）。

将定时器配置为 MAT 功能，一般步骤如下：

（1）使能定时器时钟源。

（2）配置定时器工作在定时模式。

（3）配置预分器 PR，清 PC 和 TC 寄存器。

（4）配置定时器的匹配寄存器 3（MR3）的定时周期匹配值。

（5）配置定时器的匹配控制寄存器 MCR 为匹配复位功能。

（6）配置匹配输出寄存器 EMR 的输出动作。

程序中只需要改变定时器的 MR3 的数值，即可改变输出方波信号的频率值。

主程序除了初始化定时器之外，还要配置对应的 MAT 输出引脚，本实例中需要配置 PIO1_11 引脚的复用功能为 CT32B0_MAT3。

1.24　基于 32 位定时器 1 的 PWM 产生 1kHz 正弦波信号实例

1．项目要求

利用 LPC1343 的 32 位定时器 1 的硬 PWM 产生 1kHz 正弦波信号，并由 PIO1_1/CT32B1_MAT0 输出。

2．硬件电路

硬件电路原理图如图 1-27 所示。

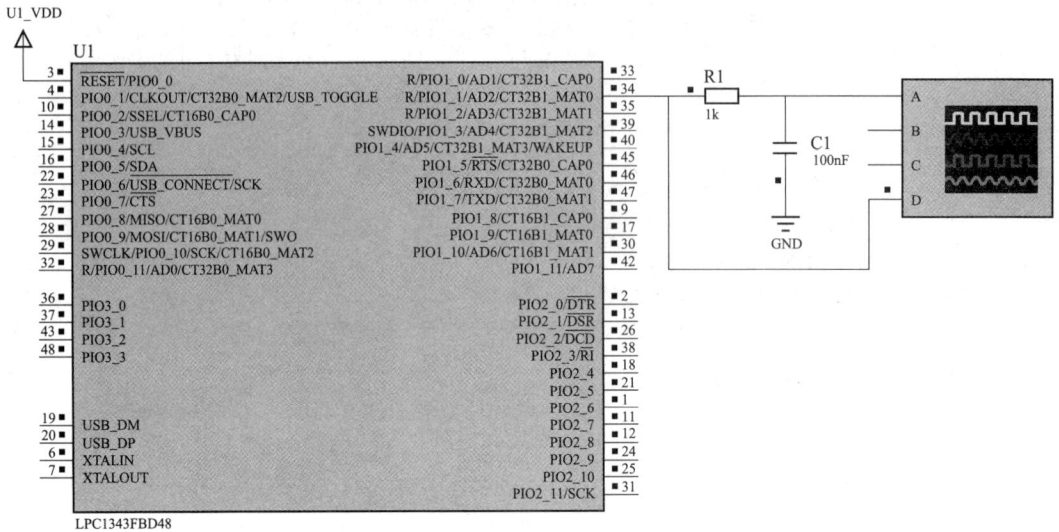

图 1-27　基于 32 位定时器 1 的 PWM 产生 1kHz 正弦波信号实例电路原理图

U1（LPC1343）的 PIO1_1/CT32B1_MAT0 输出的 PWM 信号经过电阻 R_1（1kΩ）和电容 C_1（100nF）构成的低通滤波器产生 1kHz 正弦波信号送到虚拟示波器上显示。

3. 程序设计

根据实例要求，设计的程序如下：

```c
#include <LPC13xx.h>
#include <math.h>
void CT32B1_PWM_Init(void)
{
  LPC_SYSCON->SYSAHBCLKCTRL |= (1 << 10);  //--- 使能 32 位定时器 1 的时钟源 ---
  LPC_TMR32B1->CTCR = 0;                    //--- 定时模式 ---
  LPC_TMR32B1->PR = 0;                      //--- 设置预分系数 ---
  LPC_TMR32B1->PC = 0;
  LPC_TMR32B1->TC = 0;
  LPC_TMR32B1->MR3 = SystemCoreClock / 100000 - 1;
                                            //--- 设置 32 位定时 10us 的匹配值---
  LPC_TMR32B1->MCR = (3 << 9);              //--- 使能匹配 3 中断并匹配复位 TC ---
  LPC_TMR32B1->TCR = 1;                     //--- 禁止 32 位定时器 0 工作 ---
  NVIC_EnableIRQ(TIMER_32_1_IRQn);          //--- 使能 16 位定时器 1 的中断 ---
  LPC_TMR32B1->MR0 = (LPC_TMR32B1->MR3 + 1) / 2 - 1;
                                            //--- MR0 用于设置占空比 ---
  LPC_TMR32B1->PWMC |= (1 << 3) | ( 1 << 0);
}
unsigned char SINTAB[100] =                 //--- 正弦表 ---
{
  49, 52, 55, 58, 61, 64, 67, 70, 73, 75, 78, 80, 83, 85, 87, 89,
  90, 92, 93, 95, 96, 96, 97, 98, 98, 98, 98, 98, 97, 96, 96, 95,
  93, 92, 90, 89, 87, 85, 83, 80, 78, 75, 73, 70, 67, 64, 61, 58,
  55, 52, 49, 46, 43, 40, 37, 34, 31, 28, 25, 23, 20, 18, 15, 13,
  11,  9,  8,  6,  5,  3,  2,  2,  1,  0,  0,  0,  0,  0,  1,  2,
```

```
2, 3, 5, 6, 8, 9, 11, 13, 15, 18, 20, 23, 25, 28, 31, 34,
37, 40, 43, 48,
};
long Index;
void TIMER32_1_IRQHandler(void)
{
  if(0 != (LPC_TMR32B1->IR & (1 << 3)))
    {
      LPC_TMR32B1->IR |= (1 << 3);
      LPC_TMR32B1->MR0 = (LPC_TMR32B1->MR3 + 1) *
                      (sizeof(SINTAB) - SINTAB[Index]) / sizeof(SINTAB) - 1;
      if(++Index >= sizeof(SINTAB))Index = 0;
    }
}
int main (void)
{
  CT32B1_PWM_Init();
  LPC_SYSCON->SYSAHBCLKCTRL |= (1 << 16);  //--- 使能 IOCON 模块的时钟源 ---
  LPC_IOCON->R_PIO1_1 |= (3 << 0); //--- 配置 PIO1.1 为 CT32B1_MAT0 功能 ---
  while(1){;}
}
```

4．小结

运行时产生的信号如图 1-28 所示。黄色线为输出频率为 1kHz 的正弦信号，绿色线输出频率为 100kHz 的 PWM 信号。

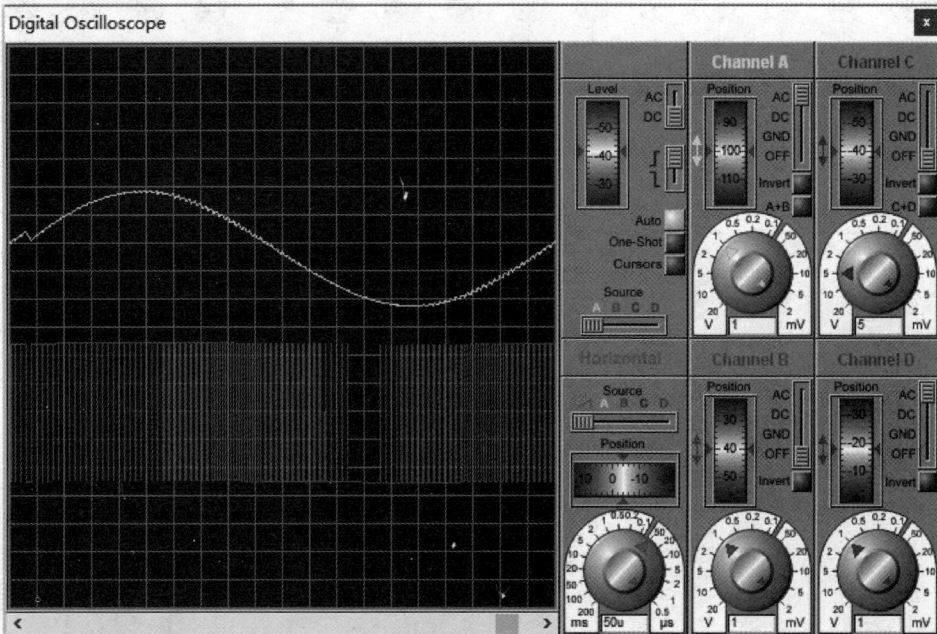

图 1-28　实例 1.24 波形图

本实例展示了如何利用定时器的 PWM 功能产生正弦信号。对于占空比是固定值的 PWM

信号由 PIO1_1 引脚输出时，经过 R_1 和 C_1 构成的低通滤波器，可以输出稳定的直流电压。当改变占空比时，经过低通滤波后的直流电压也会成线性地改变。利用该原理，在每个 PWM 周期内改变一次占空比，即可改变其经过低通滤波后的输出电压。若要产生频率为 f 的正弦信号，则要将正弦信号的周期细分为 N 个点，每个点所对应频率 Nf 为 PWM 信号的频率，而该点所对应的正弦信号的幅度为该 PWM 信号的占空比值。

本实例中，$N=100$，正弦信号的频率 $f=1kHz$，则 PWM 信号的频率为 100kHz。

程序中，将 32 位定时器 1 配置为产生 PWM 周期为 10μs 的定时，其配置与实例 1.23 相似，要产生 PWM 信号的输出，还要再用 32 位定时器 1 的 MR0 来配置 PWM 的占空比，并配置 PWMC 寄存器中相应的位来使能 PWM 功能。

在 TIMER32_1_IRQHandler 中断函数中，每 10μs 定时时间到就改变 MR0 的占空比数值即可。

1.25　滴水灯实例

1.项目要求

利用 LPC1343 的 PIO1 端口驱动两个 74HC595 级联的串/并转换芯片实现 16 个 LED 发光二极管构成的滴水显示效果。

2.硬件电路

本实例的硬件电路原理图如图 1-29 所示。

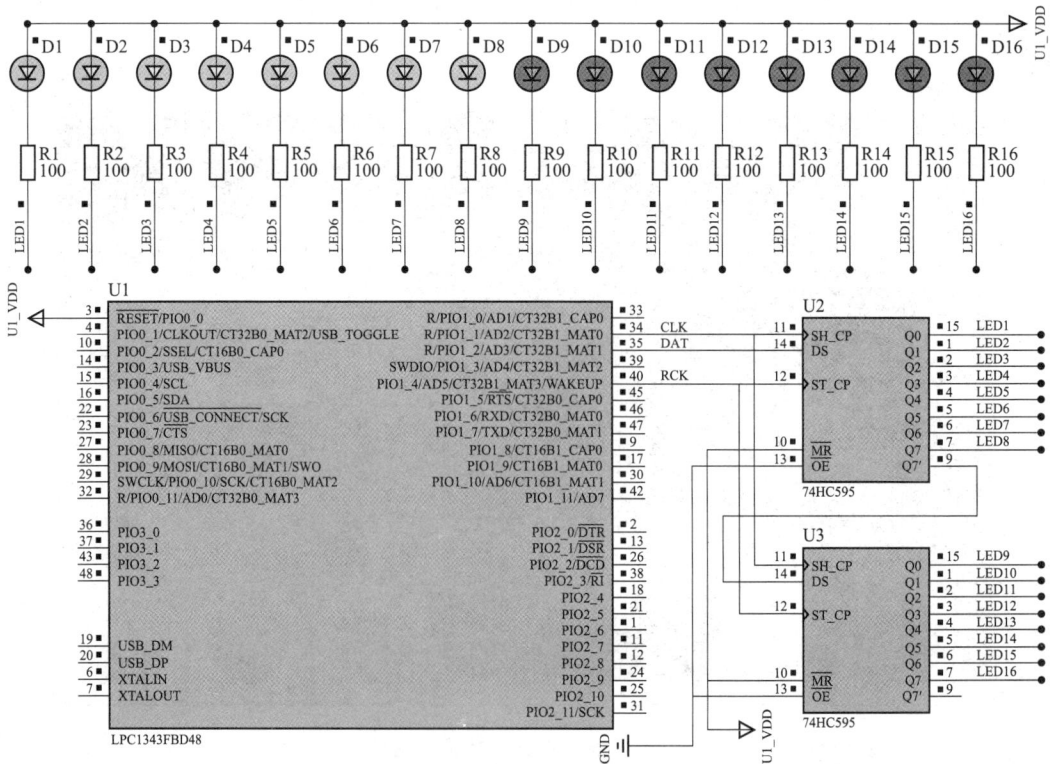

图 1-29　滴水灯实例电路原理图

U$_1$（LPC1343）的 PIO1_1 连接到 U$_2$ 和 U$_3$ 的 SH_CP 引脚，PIO1_2 连接到 U$_2$ 的 DS 引脚，PIO1_4 连接到 U$_2$ 和 U$_3$ 的 ST_CP 引脚，U$_2$ 和 U$_3$ 级联构成一个 16 位的串/并转换电路，分别从 U$_2$ 和 U$_3$ 的 Q0～Q7 输出驱动 LED 发光二极管 D$_1$～D$_{16}$，电路图中 R$_1$～R$_{16}$ 为 LED 发光二极管的限流电阻。

3. 程序设计

根据实例要求，设计的程序如下：

```c
#include <LPC13xx.h>
#define   HC595RCK_1    LPC_GPIO1->DATA |= (1 << 1)      //--- RCK = 1 ---
#define   HC595RCK_0    LPC_GPIO1->DATA &=~(1 << 1)      //--- RCK = 0 ---
#define   HC595CLK_1    LPC_GPIO1->DATA |= (1 << 4)      //--- CLK = 1 ---
#define   HC595CLK_0    LPC_GPIO1->DATA &=~(1 << 4)      //--- CLK = 0 ---
#define   HC595DAT_1    LPC_GPIO1->DATA |= (1 << 2)      //--- DAT = 1 ---
#define   HC595DAT_0    LPC_GPIO1->DATA &=~(1 << 2)      //--- DAT = 0 ---
void HC595_SendData(unsigned char ucDataOne,unsigned char ucDataTwo)
{
  long i;
  HC595RCK_0;
  for(i=0;i<8;i++)
    {
      HC595CLK_0;
      if(0 != (ucDataOne & 0x80))HC595DAT_1;
      else HC595DAT_0;
      HC595CLK_1;
      ucDataOne <<= 1;
    }
  for(i=0;i<8;i++)
    {
      HC595CLK_0;
      if(0 != (ucDataTwo & 0x80))HC595DAT_1;
      else HC595DAT_0;
      HC595CLK_1;
      ucDataTwo <<= 1;
    }
  HC595RCK_1;
}
void CT32B1_Init(void)
{
  LPC_SYSCON->SYSAHBCLKCTRL |= (1 << 10);  //--- 使能 32 位定时器 1 的时钟源 ---
  LPC_TMR32B1->CTCR = 0;                    //--- 定时模式 ---
  LPC_TMR32B1->PR = 0;                      //--- 设置预分系数 ---
  LPC_TMR32B1->PC = 0;
  LPC_TMR32B1->TC = 0;
  LPC_TMR32B1->MR0 = SystemCoreClock / 10000 - 1;
                                            //--- 设置定时 100us 的匹配值---
  LPC_TMR32B1->MCR = 3;                     //--- 使能匹配 0 中断并匹配复位 TC ---
  LPC_TMR32B1->TCR = 1;                     //--- 使能定时器 1 工作 ---
  NVIC_EnableIRQ(TIMER_32_1_IRQn);          //--- 使能定时器 1 的中断 ---
```

```
}
#define PWMMAX    200
#define PWMMIN    0
long PWMCnt,PWMValue,Flag = 1;

void TIMER32_1_IRQHandler(void)              //--- 32位定时器1的中断函数 ---
{
  if(0 != (LPC_TMR32B1->IR & (1 << 0)))                      //--- 定时时间到 ---
    {
      LPC_TMR32B1->IR |= (1 << 0);                           //--- 清中断标志 ---

      if(PWMCnt < PWMValue)HC595_SendData(0x00,0x03);   //--- 输出数值 ---
      else HC595_SendData(0x00,0x02);                       //--- 输出数值 ---
      if(++PWMCnt >= PWMMAX)
        {
          PWMCnt = PWMMIN;
          if(1 == Flag)PWMValue ++;
          else PWMValue --;
          if(PWMMAX == PWMValue)Flag = 0;
          else if(PWMMIN == PWMValue)Flag = 1;
        }
    }
}
int main (void)
{
  LPC_SYSCON->SYSAHBCLKCTRL |= (1 << 16);
  LPC_IOCON->R_PIO1_1 |= (1 << 0);        //--- PIO1_1配置为GPIO ---
  LPC_IOCON->R_PIO1_2 |= (1 << 0);        //--- PIO1_2配置为GPIO ---
  LPC_GPIO1->DIR |= (1 << 4) | (1 << 2) | (1 << 1);
                                          //--- 配置PIO1_1,2,4为输出引脚 ---

  CT32B1_Init();                          //--- 初始化32位定时器1 ---

  while (1){;}
}
```

4. 小结

本实例展示了如何利用定时器产生软PWM模式的驱动方式来驱动多个LED发光二极管的显示效果，HC595为8位的串/并转换芯片，可用于扩展I/O引脚。

1.26 基于定时器的救护车声模拟实例

1. 项目要求

利用LPC1343的16位定时器1模拟产生救护车声音，并通过PIO1_9输出驱动扬声器发出声音。

2. 硬件电路

硬件电路原理图如图1-30所示。

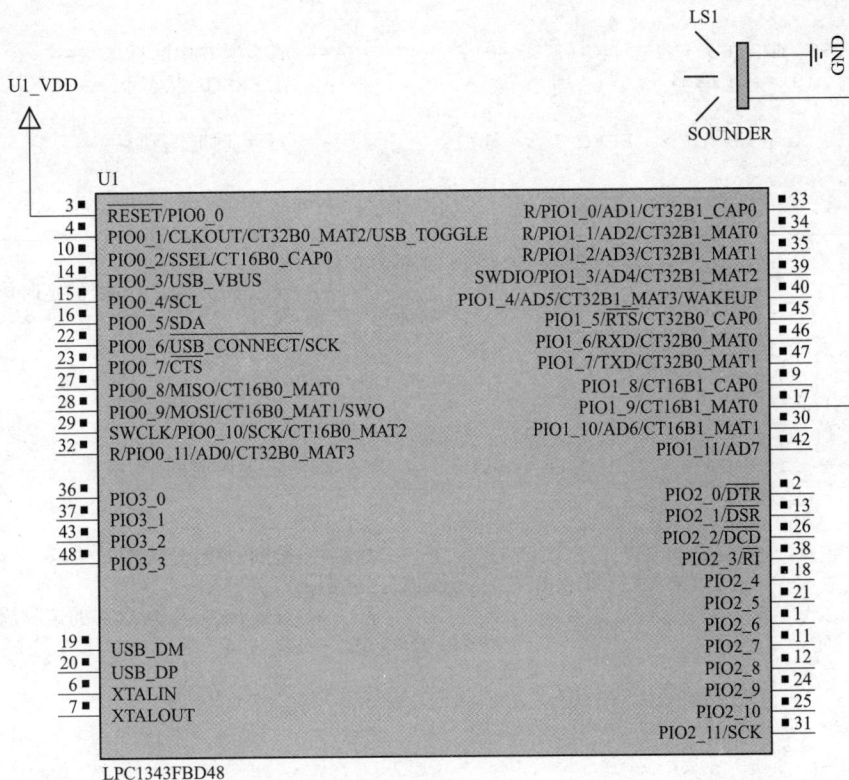

图 1-30　基于定时器的救护车声模拟实例电路原理图

U₁ 的 PIO1_9 引脚连接到 LS1 的一端，用于驱动 LS1 发生声音。

3. 程序设计

根据实例要求，设计的程序如下：

```
#include <LPC13xx.h>
#define   FREQ_A   2000
#define   FREQ_B   500
long Flag = 0,Cnt;
void CT16B1_MAT0_Init(void)
{
  LPC_SYSCON->SYSAHBCLKCTRL |= (1 << 8);      //--- 使能定时器 1 的时钟源 ---
  LPC_TMR16B1->CTCR = 0;                      //--- 定时模式 ---
  LPC_TMR16B1->PR = 100 - 1;                  //--- 设置预分系数 ---
  LPC_TMR16B1->PC = 0;
  LPC_TMR16B1->TC = 0;
  LPC_TMR16B1->MR0 = SystemCoreClock / (LPC_TMR16B1->PR + 1) /
                 FREQ_A / 2 - 1;              //--- 设置定时 1ms 的匹配值---
  LPC_TMR16B1->MCR = 3;                       //--- 使能匹配 0 中断并匹配复位 TC ---
  LPC_TMR16B1->TCR = 1;                       //--- 使能定时器 1 工作 ---
  NVIC_EnableIRQ(TIMER_16_1_IRQn);            //--- 使能定时器 1 的中断 ---
  LPC_TMR16B1->EMR |= (3 << 4);               //--- 允许匹配翻转 MAT0 的电平 ---
}
void TIMER16_1_IRQHandler(void)               //--- 16 位定时器 1 的中断函数 ---
{
  if(0 != (LPC_TMR16B1->IR & (1 << 0)))       //--- 若是匹配 0 中断 ---
```

65

```
  {
    LPC_TMR16B1->IR |= (1 << 0);            //--- 清匹配 0 中断标志 ---
    if(0 == Flag)                           //--- 在 FREQA 状态下 ---
      {
        if(++Cnt > (FREQ_A << 1))           //--- 1s 定时时间到 ---
          {
            Cnt = 0;
            Flag = 1;                        //--- 转到 FREQB 状态下 ---
            LPC_TMR16B1->MR0 = SystemCoreClock /
                                             //--- 设置 MR0 为 FREQB 的定时周期 ---
                    (LPC_TMR16B1->PR + 1) / FREQ_B / 2 - 1;
          }
      }
    else                                    //--- 在 FREQB 状态下 ---
      {
        if(++Cnt > (FREQ_B << 1))           //--- 1s 定时时间到 ---
          {
            Cnt = 0;
            Flag = 0;                        //--- 转到 FREQA 状态下 ---
            LPC_TMR16B1->MR0 = SystemCoreClock /
                                             //--- 设置 MR0 为 FREQA 的定时周期 ---
                    (LPC_TMR16B1->PR + 1) / FREQ_A / 2 - 1;
          }
      }
  }
}
int main (void)
{
  LPC_SYSCON->SYSAHBCLKCTRL |= (1 << 16);
  LPC_IOCON->PIO1_9 |= (1 << 0);            //--- 配置 PIO1_9 为 CT16B1_MAT0 功能 ---
  LPC_GPIO1->DIR |= (1 << 9);               //--- 配置 PIO1_9 为输出 ---
  CT16B1_MAT0_Init();                       //--- 初始化 16 位定时器 1 ---
  while(1){;}
}
```

4．小结

本实例展示了如何利用 16 位定时器 1 产生匹配输出。对 16 位定时器 1 的配置如下：

（1）使能 16 位定时器 1 的时钟源。

（2）配置 16 位定时器 1 为定时模式。

（3）设置 16 位定时器 1 的预分频系数。

（4）PC 和 TC 寄存器清 0。

（5）配置 16 位定时器 1 的匹配寄存器 0（MR0）产生对应方波的周期值。

（6）配置 16 位定时器 1 的匹配控制寄存器（MCR）为匹配时复位并产生中断。

（7）配置匹配输出寄存器（EMR）对应的引脚的输出动作。

（8）使能 16 位定时器的 NVIC 中断向量号。

（9）启动 16 位定时器 1 工作。

在 16 位定时器 1 的中断函数 TIMER16_1_IRQHandler 中根据要求做相应的处理，程序中每 1s 时间到则对 FREQA 和 FREQB 的频率输出进行交替。

主程序除了完成对 16 位定时器 1 的初始化之外，还要配置对应的匹配输出引脚的复用功能。

1.27 基于定时器的"叮咚"门铃实例

1．项目要求

利用 LPC1343 的 32 位定时器 1 的 MAT 功能模拟门铃的"叮咚"声音，并通过 PIO1_1 输出驱动扬声器发出声音。

2．硬件电路

硬件电路原理图如图 1-31 所示。

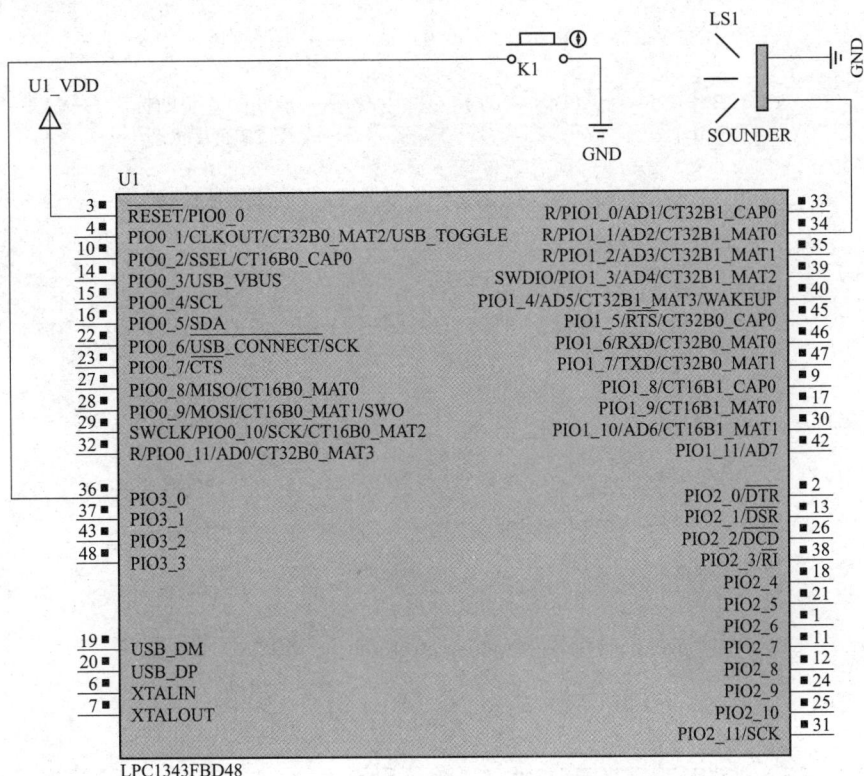

图 1-31　基于定时器的"叮咚"门铃实例电路原理图

由 LPC1343 的 PIO1_1/CT32B1_MAT0 引脚输出方波信号驱动扬声器，PIO3_0 引脚上外接按键 K1，当 K1 按下时产生方波信号输出。

3．程序设计

根据实例要求，设计的程序如下：

```
#include <LPC13xx.h>
#define   FREQ_A   700
#define   FREQ_B   500
long Flag = 0,Cnt;
void CT32B1_MAT0_Init(void)
{
  LPC_SYSCON->SYSAHBCLKCTRL |= (1 << 10); //--- 使能定时器 1 的时钟源 ---
  LPC_TMR32B1->CTCR = 0;                  //--- 定时模式 ---
```

67

```
    LPC_TMR32B1->PR = 0;                         //--- 设置预分系数 ---
    LPC_TMR32B1->PC = 0;
    LPC_TMR32B1->TC = 0;
    LPC_TMR32B1->MR0 = SystemCoreClock / FREQ_A / 2 - 1;
    LPC_TMR32B1->MCR = 3;                        //--- 使能匹配 0 中断并匹配复位 TC ---
    LPC_TMR32B1->TCR = 0;                        //--- 禁止定时器 1 工作 ---
    NVIC_EnableIRQ(TIMER_32_1_IRQn);             //--- 使能定时器 1 的中断 ---
    LPC_TMR32B1->EMR |= (3 << 4);                //--- 允许匹配翻转 MAT0 的电平 ---
}
void TIMER32_1_IRQHandler(void)                  //--- 32 位定时器 1 的中断函数 ---
{
    if(0 != (LPC_TMR32B1->IR & (1 << 0)))//--- 若是匹配 0 中断 ---
      {
        LPC_TMR32B1->IR |= (1 << 0);             //--- 清匹配 0 中断标志 ---
        if(0 == Flag)                            //--- 在 FREQA 状态下 ---
          {
            if(++Cnt > (FREQ_A << 1))            //--- 1s 定时时间到 ---
              {
                Cnt = 0;
                Flag = 1;
                LPC_TMR32B1->MR0 = SystemCoreClock / FREQ_B / 2 - 1;
              }
          }
        else                                     //--- 在 FREQB 状态下 ---
          {
            if(++Cnt > (FREQ_B << 1))            //--- 1s 定时时间到 ---
              LPC_TMR32B1->TCR = 0;
          }
      }
}
#define K1   (LPC_GPIO3->DATA & (1 << 0)) //--- 按键 K1 宏定义 ---
long K1_Cnt;
int main (void)
{
  LPC_SYSCON->SYSAHBCLKCTRL |= (1 << 16);
  LPC_IOCON->R_PIO1_1 |= (3 << 0);        //--- 配置 PIO1_1 引脚的复用功能 ---
  LPC_GPIO1->DIR |= (1 << 1);             //--- 配置 PIO1_1 输出 ---
  CT32B1_MAT0_Init();                     //--- 初始化 32 位定时器 1 ---

  while(1)
    {
      if((0 == K1) && (999999 != K1_Cnt) && (++K1_Cnt > 10))
        {
          if(0 == K1)                     //--- K1 是否按下 ---
            {
              K1_Cnt = 999999;
              Cnt = 0;
              Flag = 0;
              LPC_TMR32B1->TC = 0;        //--- TC = 0 ---
              LPC_TMR32B1->MR0 = SystemCoreClock / FREQ_A / 2 - 1;
              LPC_TMR32B1->TCR = 1;       //--- 32 位定时器 1 开始工作 ---
```

```
        }
    }
    else if(0 != K1)K1_Cnt = 0;        //--- K1 释放 ---
    }
}
```

4. 小结

本实例展示了如何利用 32 位定时器 1 的 MAT 功能产生不同频率组合方波信号输出。其输出原理与实例 1.26 相似。main 主程序实现对按键 K1 的识别，识别成功后启动 32 位定时器工作。

1.28　红外遥控编码模拟实例

1. 项目要求

在 LPC1343 的 PIO1 端口外接由按键 K1~K20 构成的 4×5 矩阵键盘作为红外遥控器的遥控按键，由 LPC1343 按照 UPD1621 器件的红外遥控编码协议将遥控按键编码通过 PIO3_0 引脚输出。

2. 硬件电路

硬件电路原理图如图 1-32 所示。

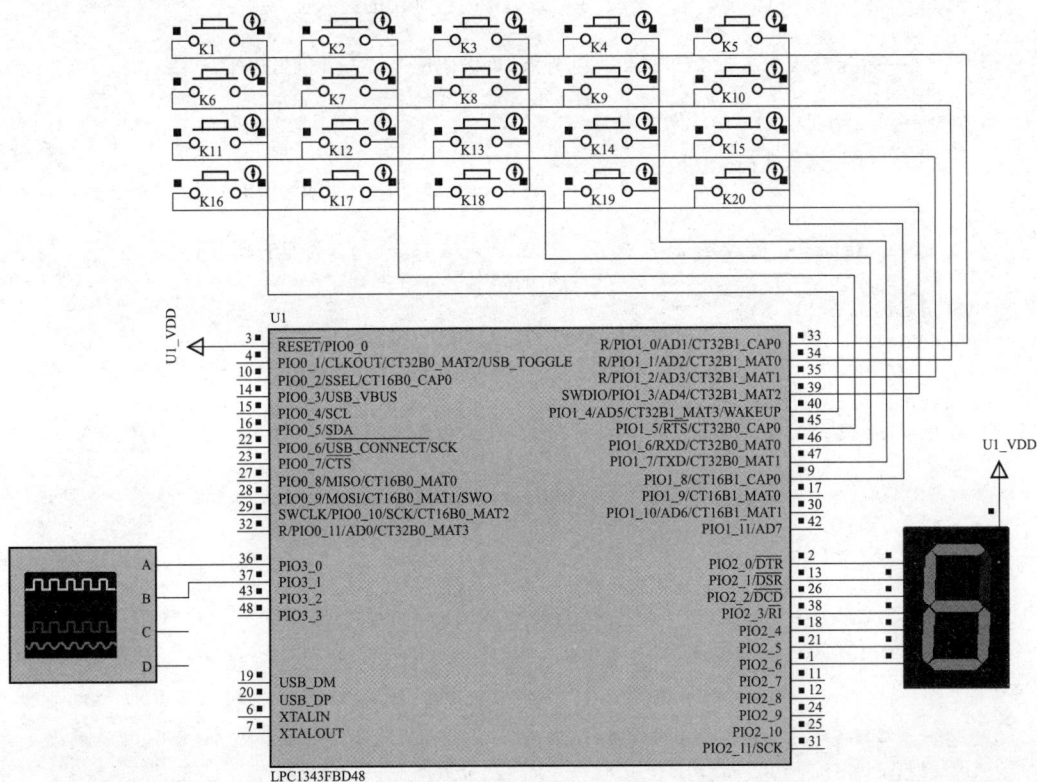

图 1-32　红外遥控编码实例电路原理图

U₁(LPC1343)的 PIO1 端口的 PIO1_0~PIO1_4 连接到 4×5 矩阵键盘的列线上，PIO1_5~PIO1_8 连接到 4×5 矩阵键盘的行线上。PIO3_0 输出的红外编码信号连接到虚拟示波器上，可观测波形数据。在 PIO2 端口上驱动一个共阳 LED 数码管用于显示当前哪个按键被按下。

3. 程序设计

根据实例要求，设计的程序如下：

```c
#include <LPC13xx.h>
#define    IR_1    LPC_GPIO3->DATA |= (1 << 0)
#define    IR_0    LPC_GPIO3->DATA &=~(1 << 0)
long Cnt;                      //--- 延时计数器 ---
char iraddr1;                  //--- 十六位地址的第一个字节 ---
char iraddr2;                  //--- 十六位地址的第二个字节 ---
void SendIRdata(char p_irdata)
{
  int i;
  char irdata = p_irdata;
  IR_0;                        //--- 发送 9ms 的起始码 ---
  Cnt = 223;
  while(Cnt > 0);
  IR_1;                        //--- 发送 4.5ms 的结果码 ---
  Cnt = 117;
  while(Cnt > 0);
  irdata = iraddr1;
  for(i=0;i<8;i++)             //--- 发送十六位地址的前八位 ---
    {
    //--- 先发送 0.56ms 的 38kHz 红外波(即编码中 0.56ms 的低电平) ---
    IR_0;
    Cnt = 10;
    while(Cnt > 0);
                              //--- 停止发送红外信号(即编码中的高电平) ---
    IR_1;
    if(irdata - (irdata / 2) * 2)Cnt = 15;   //1 为宽的高电平
    else Cnt = 41;            //0 为窄的高电平
    while(Cnt > 0);
    irdata >>= 1;
    }
  irdata = iraddr2;
  for(i=0;i<8;i++)             //--- 发送十六位地址的后八位 ---
    {
    IR_0;
    Cnt = 10;
    while(Cnt > 0);
    IR_1;
    if(irdata -(irdata / 2) * 2)Cnt = 15;else Cnt = 41;
    while(Cnt > 0);
    irdata >>= 1;
    }
  irdata = ~p_irdata;
  for(i=0;i<8;i++)             //--- 发送八位数据 ---
    {
    IR_0;
    Cnt = 10;
    while(Cnt > 0);
    IR_1;
```

```
      if(irdata -(irdata / 2) * 2)Cnt = 15;else Cnt = 41;
      while(Cnt > 0);
      irdata >>= 1;
    }
  irdata = p_irdata;
  for(i=0;i<8;i++)                      //--- 发送八位数据的反码 ---
    {
    IR_0;
    Cnt = 10;
    while(Cnt > 0);
    IR_1;
    if(irdata -(irdata / 2) * 2)Cnt = 15;else Cnt = 41;
    while(Cnt > 0);
    irdata >>= 1;
    }
  IR_0;
  Cnt = 10;
  while(Cnt > 0);
  IR_1;
}
const unsigned char LEDSEG[] =
{
  0x3F,0x06,0x5B,0x4F,0x66,0x6D,0x7D,0x07,0x7F,0x6F,
                                //--- 数字 0~9 的笔段码 ---
  0x77,0x7C,0x39,0x5E,0x79,0x71,        //--- 字母 AbCdEF ---
};
const long KEYTAB[] =
{
  0x1EE,0x1ED,0x1EB,0x1E7,
  0x1DE,0x1DD,0x1DB,0x1D7,
  0x1BE,0x1BD,0x1BB,0x1B7,
  0x17E,0x17D,0x17B,0x177,
  0x0FE,0x0FD,0x0FB,0x0F7,
};
long KeydlyCnt,KeyValue;
void SysTick_Handler(void)            //--- 节拍定时器(SysTick)中断函数 ---
{
  if(Cnt > 0)Cnt--;//++;
  if(0 == (LPC_GPIO3->DATA & (1 << 1)))LPC_GPIO3->DATA |= (1 << 1);
  else LPC_GPIO3->DATA &=~(1 << 1);
}
int main (void)
{
  long i,temp;
  SystemCoreClockUpdate();
  SysTick_Config(SystemCoreClock / 38000); //--- 初始化 SysTick 定时 26us ---
  LPC_SYSCON->SYSAHBCLKCTRL |= (1 << 16);  //--- 使能 IOCON 模块的时钟源 ---
  LPC_IOCON->R_PIO1_0 |= (1 << 0);     //--- PIO1_0 为 GPIO 功能 ---
  LPC_IOCON->R_PIO1_1 |= (1 << 0);     //--- PIO1_1 为 GPIO 功能 ---
  LPC_IOCON->R_PIO1_2 |= (1 << 0);     //--- PIO1_2 为 GPIO 功能 ---
  LPC_IOCON->SWDIO_PIO1_3 |= (1 << 0); //--- PIO1_3 为 GPIO 功能 ---
  LPC_GPIO2->DIR |= (0xFF << 0);
  IR_1;
```

```
    Cnt = 0;
    iraddr1 = 0xFF;
    iraddr2 = 0xFF;
    LPC_GPIO3->DIR |= (1 << 0);
    LPC_GPIO3->DIR |= (1 << 1);
    while(1)
      {
        LPC_GPIO1->DIR = (0x1F << 4);          //--- 列线置为输出,行线为输入 ---
        LPC_GPIO1->DATA = (0x00 << 4);         //--- 列线输出全为 0 ---
        if(0xF != ((LPC_GPIO1->DATA & 0xF)))   //--- 行线是否有 0 ---
          {
            if(999999 != KeydlyCnt)
              {
                if(++KeydlyCnt > 4000)
                  {
                    if(0xF != ((LPC_GPIO1->DATA & 0xF)))
                      {
                        KeydlyCnt = 999999;
                        temp = LPC_GPIO1->DATA & 0xF;
                        LPC_GPIO1->DIR = (0xF << 0);  //--- 行线置为输出,列线为输入 ---
                        LPC_GPIO1->DATA = (0x0 << 0); //--- 行线输出全为 0 ---
                        temp |= (LPC_GPIO1->DATA & (0x1F << 4));
                        KeyValue = temp;
                        for(i=0;i<sizeof(KEYTAB) / sizeof(long);i++)
                          {
                            if(temp == KEYTAB[i])
                              {
                                LPC_GPIO2->DATA = ~LEDSEG[i];
                                i = sizeof(KEYTAB) / sizeof(long) + 10;
                                SendIRdata(i);       //--- 将数据按红外遥控编码发送出去 ---
                              }
                          }
                      }
                  }
              }
          }
        else KeydlyCnt = 0;
      }
  }
```

4. 小结

本实例展示了如何利用系统节拍定时器模拟遥控器的发射编码芯片 UPD1621 的遥控时序的方法。程序中利用系统节拍定时器产生 38kHz 的定时周期。该周期用于模拟时序的基本延时时间。其中 SendIRdata 为遥控发射的模拟时序函数。UPD1621 的时序规则如下:

（1）发送 9ms 的启始码，低电平状态。

（2）发送 4.5ms 的结果码，高电平状态。

（3）发送 16 位地址码。

（4）发送 8 位数据码。

（5）发送 8 位数据反码。

发送 "6" 的虚拟示波器上显示的波形如图 1-33 所示。

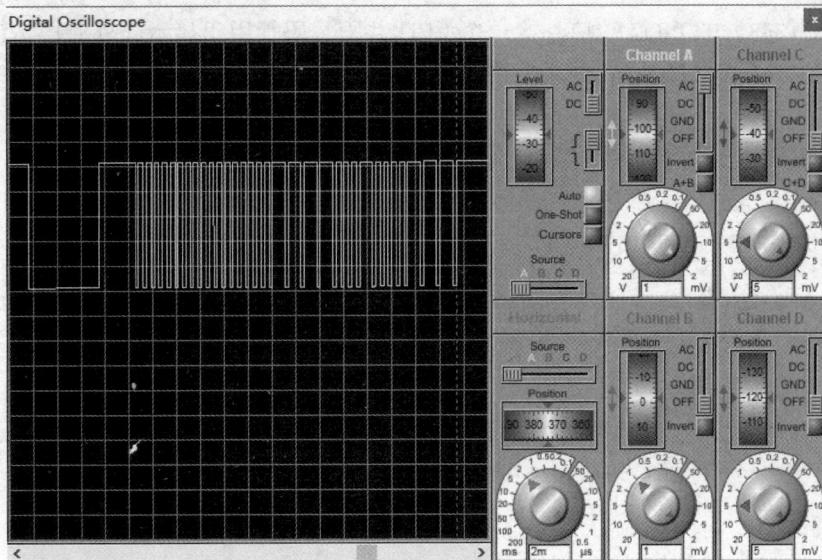

图 1-33　实例 1.28 波形图

1.29　红外遥控解码模拟实例

1. 项目要求

利用 LPC1343 的引脚中断功能实现红外遥控时序的解码模拟，红外接收头接收到的信号由 PIO1_5 引脚输入，并将接收到的遥控键编码值显示在 LED 数码管上。

2. 硬件电路

硬件电路原理图如图 1-34 所示。

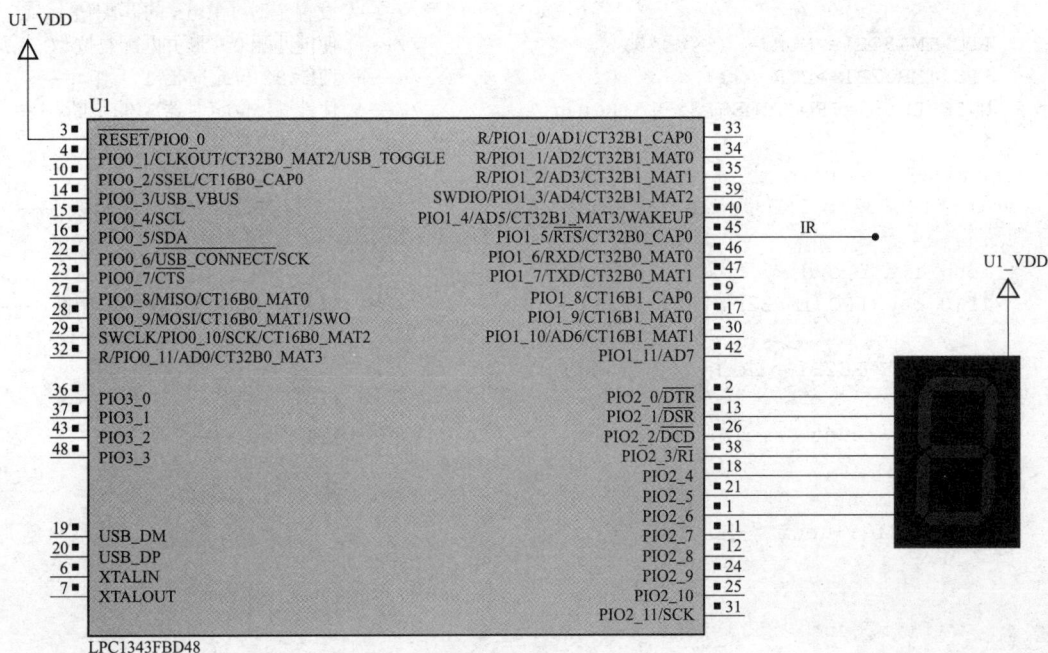

图 1-34　红外遥控解码实例电路原理图

U$_1$（LPC1343）的 PIO2 端口外接一个 LED 共阳数码管用于显示红外遥控按键编码值，PIO1_5 引脚上外接 38kHz 的红外遥控接收头来实现红外时序的接收。

3．程序设计

根据实例要求，设计的程序如下：

```
#include <LPC13xx.h>
const unsigned char LEDSEG[] =
{
  0x3F,0x06,0x5B,0x4F,0x66,0x6D,0x7D,0x07,0x7F,0x6F, //--- 数字0~9的笔段码 ---
  0x77,0x7C,0x39,0x5E,0x79,0x71,                      //--- 字母 AbCdEF ---
};
const unsigned char  BitMsk[] =
{
  0x01,0x02,0x04,0x08,0x10,0x20,0x40,0x80,
};
long IrCount = 0,Show = 0,Cont = 0;
unsigned char IRDATBUF[32],s[20];
unsigned char IrDat[5] = {0,0,0,0,0};
unsigned char IrStart = 0,IrDatCount = 0;
//--- 32 位定时器 1 初始化和中断函数部分 ---
void LPC13XX_CT32B1_Timer_Init(void)
{
  LPC_SYSCON->SYSAHBCLKCTRL |= (1 << 10);   //--- 使能 32 位定时器 1 的时钟源 ---
  LPC_TMR32B1->CTCR = 0;                     //--- 定时模式 ---
  LPC_TMR32B1->PR = 0;                       //--- 设置预分系数 ---
  LPC_TMR32B1->PC = 0;
  LPC_TMR32B1->TC = 0;
  LPC_TMR32B1->MR0 = SystemCoreClock / 10000 - 1;
                                             //--- 设置定时 100us 的匹配值---
  LPC_TMR32B1->MCR = (3 << 0);               //--- 使能匹配 0 中断并匹配复位 TC ---
  LPC_TMR32B1->TCR = 1;                      //--- 使能 32 位定时器 1 工作 ---
  NVIC_EnableIRQ(TIMER_32_1_IRQn);           //--- 使能 32 位定时器 1 的中断 ---
}
long msCnt = 0;
void TIMER32_1_IRQHandler(void)              //--- 32 位定时器 1 的中断函数 ---
{
  long i,a,b,c,d;
  if(0 != (LPC_TMR32B1->IR & (1 << 0)))      //--- 每 100us 触发一次匹配中断 ---
    {
      LPC_TMR32B1->IR |= (1 << 0);

      if(++msCnt >= 50)                      //--- 定时 5ms ---
        {
          msCnt = 0;
          if(++Cont > 10)Show = 1;
        }

      if(IrCount > 500)IrCount = 0;
      if((IrCount > 300) && (IrStart > 0))
```

```
        {
          IrStart = 0;
          IrDatCount = 0;
          IrDat[0] = IrDat[1] = IrDat[2] = IrDat[3] = 0;
          IrCount = 0;
        }
      if(IrStart == 2)
        {
          IrStart = 3;
          for(i=0;i<IrDatCount;i++)
            {
              if(i < 32)
                {
                  a = i / 8;
                  b = IRDATBUF[i];
                  c = IrDat[a];
                  d = BitMsk[i % 8];
                  if((b > 5) && (b < 14))c |= d;
                  if((b > 16) && (b < 25))c &= ~d;
                  IrDat[a] = c;
                }
            }
          if(IrDat[2] != ~IrDat[3])
            {
              IrStart = 0;
              IrDatCount = 0;
              IrDat[0] = IrDat[1] = IrDat[2] = IrDat[3] = 0;
              IrCount = 0;
            }
          goto ext2;
        }
      IrCount ++;
ext2: IrCount += 0;
    }
}
//--- PIO1_5 引脚作为外部中断功能的初始化和中断函数部分 ---
void LPC13XX_PIO1_5_EINT_Init(void)
{
  LPC_GPIO1->IS &=~(1 << 5);          //--- GPIO1_5 配置为边沿触发中断 ---
  LPC_GPIO1->IBE &=!(1 << 5);
  LPC_GPIO1->IEV |= (1 << 5);         //--- 选择上升沿触发方式 ---
  LPC_GPIO1->IE |= (1 << 5);          //--- 允许 GPIO1_5 引脚中断 ---
  NVIC_EnableIRQ(EINT1_IRQn);         //--- 开 PIO1 端口的中断号 ---
}
void PIOINT1_IRQHandler(void)         //--- PIO1 端口引脚中断函数 ---
{
  if(0 != (LPC_GPIO1->RIS & (1 << 5)))
    {
      LPC_GPIO1->IC |= (1 << 5);
```

```
      if(IrStart == 0)
        {
          IrStart = 1;
          IrCount = 0;
          IrDatCount = 0;
          goto ext1;
        }
      else if(IrStart == 1)
        {
          if((IrDatCount > 0) && (IrDatCount < 33))
          IRDATBUF[IrDatCount - 1] = IrCount;
          if(IrDatCount > 31)
            {
              IrStart = 2;
              goto ext1;
            }
          if((IrCount > 114)&&(IrCount < 133) && (IrDatCount == 0))IrDatCount = 1;
          else if(IrDatCount > 0)IrDatCount ++;
        }
      else{;}
ext1: IrCount = 0;
    }
}
//--- main()主程序部分 ---
int main (void)
{
  LPC13XX_CT32B1_Timer_Init();
  LPC13XX_PIO1_5_EINT_Init();
  LPC_GPIO2->DIR |= 0xFF;

  while(1)
    {
      if(1 == Show)
        {
          Show = 0;
          Cont = 0;
          LPC_GPIO2->DATA = ～LEDSEG[IrDat[3]];
        }
    }
}
```

4. 小结
本实例展示了如何利用 GPIO 的引脚中断功能接收红外遥控时序。

1.30　LED 圣诞树实例

1. 项目要求
利用在 LPC1343 的 PIO0 和 PIO1 端口上外接了 16 个 LED 灯搭成的 LED 圣诞树上实现

旋转亮灯、螺旋上升、上下层单层或多层闪烁、旋转灭灯等显示效果。

2. 硬件电路

硬件电路原理图如图 1-35 所示。

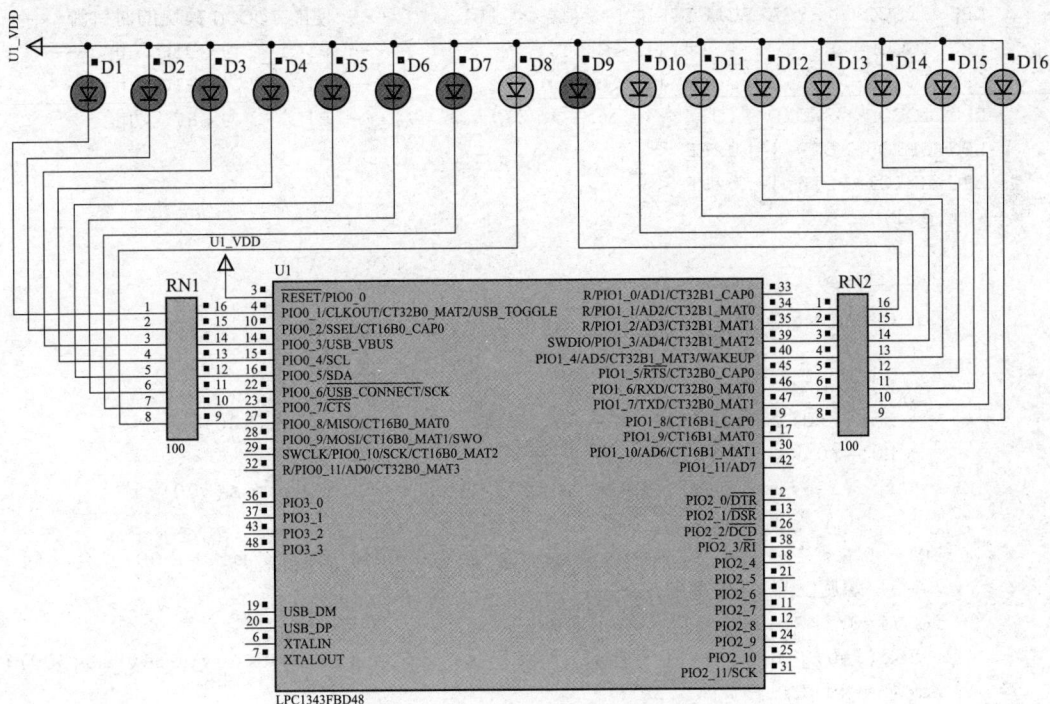

图 1-35　LED 圣诞树实例电路原理图

U_1 的 PIO0_1～PIO0_8 引脚通过 R_{N1} 限流排阻连接 D_1～D_8 构成的 LED 发光二极管，PIO1_1～PIO1_8 引脚通过 R_{N2} 限流排阻连接 D_9～D_{16} 构成的 LED 发光二极管。

3. 程序设计

根据实例要求，设计的程序如下：

```
#include <LPC13xx.h>
#define    P0    LPC_GPIO0->DATA
#define    P2    LPC_GPIO1->DATA
unsigned long Tick = 0;
void SysTick_Handler(void)        //--- 节拍定时器(SysTick)中断函数 ---
{
  Tick ++;
}
void delay_ms(long t)
{
  unsigned long i,j;
  i = j = Tick;
  while((j - i) < t)j = Tick;
}
int main (void)
```

```
{
  long i,j;
  SystemCoreClockUpdate();
  SysTick_Config(SystemCoreClock / 1000);     //--- 初始化 SysTick 定时 1ms ---
  LPC_SYSCON->SYSAHBCLKCTRL |= (1 << 16);     //--- 使能 IOCON 模块的时钟源 ---
  LPC_IOCON->R_PIO1_1 |= (1 << 0);            //--- PIO1_1 为 GPIO 功能 ---
  LPC_IOCON->R_PIO1_2 |= (1 << 0);            //--- PIO1_2 为 GPIO 功能 ---
  LPC_IOCON->SWDIO_PIO1_3 |= (1 << 0);        //--- PIO1_3 为 GPIO 功能 ---
  LPC_GPIO0->DIR |= 0xFF << 1;
  LPC_GPIO1->DIR |= 0xFF << 1;
  while(1)
    {
      //--- 旋转亮灯 ---
      for(j=0;j<6;j++)
        {
          P0 = 0 << 1;
          for(i=0;i<7;i++){ P2 = (1 << i) << 1;delay_ms(500);}
          P0 = 0 << 1;
          for(i=0;i<7;i++){ P2 = (0x20 >> i) << 1;delay_ms(500);}
        }
      P0 = 0 << 1;P2 = 0xFF << 1;delay_ms (6500); delay_ms (6500);
      //--- 螺旋上升,灯数增加。 ---
      for(i=0;i<8;i++)
        for(j=0;j<6;j++){P0 = (~(1 << i)) << 1;P2 = (1 << j) << 1;delay_ms(300);}
      for(i=0;i<8;i++)
        for(j=0;j<6;j++){ P0 = (~(0x03 << i)) << 1;P2 = (1 << j) << 1;delay_ms(300);}
      for(i=0;i<8;i++)
        for(j=0;j<6;j++){ P0 = (~(0x07 << i)) << 1;P2 = (1 << j) << 1;delay_ms(300);}
      for(i=0;i<8;i++)
        for(j=0;j<6;j++){P0 = (~(0x0f << i)) << 1;P2 = (1 << j) << 1;delay_ms(300); }
      for(i=0;i<8;i++)
        for(j=0;j<6;j++){P0 = (~(0x1f << i)) << 1;P2 = (1 << j) << 1;delay_ms(300); }
      for(i=0;i<8;i++)
        for(j=0;j<6;j++){ P0 = (~(0x3f << i)) << 1;P2 = (1 << j) << 1;delay_ms(300);}
      for(i=0;i<8;i++)
        for(j=0;j<6;j++){ P0 = (~(0x7f << i)) << 1;P2 = (1 << j) << 1;delay_ms(300);}
      for(i=0;i<8;i++)
        for(j=0;j<6;j++){P0 = (~(0xff << i)) << 1;P2 = (1 << j) << 1;delay_ms(300);}
      P0 = 0 << 1;P2 = 0xff << 1;delay_ms(6500); delay_ms(6500);
      //--- 上下单层闪烁 ---
      for(j=0;j<5;j++)
        {
          for(i=0;i<9;i++){P0 = (~(0x01 << i)) << 1;P2 = 0xff << 1;delay_ms (500);}
          for(i=0;i<9;i++){P0 = (~(0x80 >> i)) << 1;P2 = 0xff << 1;delay_ms (500);}
          for(i=0;i<9;i++){P0 = (~(0x03 << i)) << 1;P2 = 0xff << 1;delay_ms (500);}
          for(i=0;i<9;i++){P0 = (~(0xc0 >> i)) << 1;P2 = 0xff << 1;delay_ms (500);}
          for(i=0;i<9;i++){P0 = (~(0x07 << i)) << 1;P2 = 0xff << 1;delay_ms (500);}
          for(i=0;i<9;i++){P0 = (~(0xe0 >> i)) << 1;P2 = 0xff << 1;delay_ms (500);}
```

```
      }
    P0 = 0 << 1;P2 = 0xff << 1;
    delay_ms(6500); delay_ms(6500);
    //--- 上下多层闪烁 ---
    for(j=0;j<7;j++)
      {
        for(i=0;i<9;i++){P0 = (0xff >> i) << 1;P2 = 0xff << 1;delay_ms(200);}
        for(i=0;i<9;i++){P0 = (～(0xff >> i)) << 1;P2 = 0xff << 1;delay_ms(200);}
      }
    //--- 上下多层闪烁 ---
    for(j=0;j<7;j++)
      {
        for(i=0;i<9;i++){P0 = (0xff << i) << 1;P2 = 0xff << 1;delay_ms(200);}
        for(i=0;i<9;i++){P0 = (～(0xff<<i)) << 1;P2 = 0xff << 1;delay_ms(200);}
      }
    P0 = 0 << 1;P2 = 0xff << 1;
    delay_ms(6500); delay_ms(6500);
    //--- 旋转灭灯 ---
    for(j=0;j<7;j++)
      {
      for(i=0;i<8;i++)
        {
          P0 = 0 << 1;P0 = (0x03 << i) << 1;
          for(j=0;j<6;j++){ P2 = (1 << j) << 1;delay_ms(400); }
        }
      for(i=0;i<8;i++)
        {
          P0 = 0 << 1;P0 = (1 << i) << 1;
          for(j=0;j<6;j++){P2 = (0x30 >> j) << 1;delay_ms (400);}
        }
      }
    P0 = 0 << 1;P2 = 0xff << 1;delay_ms(6500); delay_ms(6500);
  }
}
```

4. 小结

本实例展示了利用 LPC1343 的 PIO0 和 PIO1 端口实现多个 LED 发光二极管的连接，并实现 LED 圣诞树的显示效果的编程方法。

1.31 LED 摇摇棒实例

1. 项目要求

利用 LPC1343 和 16 个 LED 发光二极管实现一个摇摇棒，通过连续快速手摇方式显示不同的图形及文字等信息。

2. 硬件电路

硬件电路原理图如图 1-36 所示。

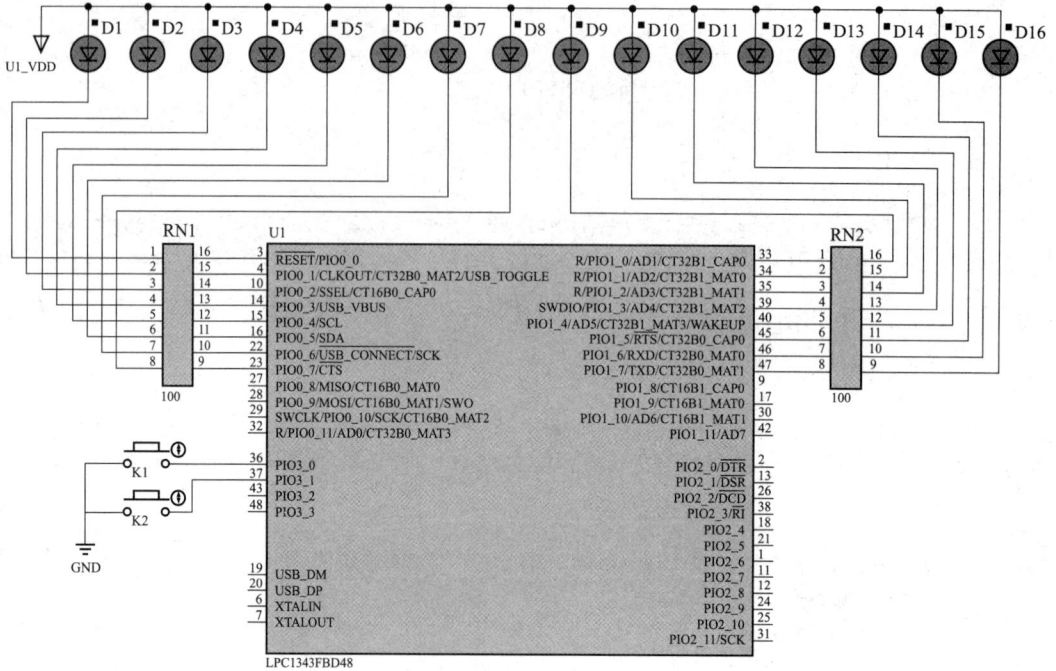

图 1-36　LED 摇摇棒实例电路原理图

U$_1$（LPCC1343）的 PIO0 端口的 PIO0_0～PIO0_7 引脚和 PIO1 端口的 PIO1_0～PIO1_7 引脚分别连接从 D$_1$～D$_{16}$ 的 LED 发光二极管。PIO3_0 引脚上连接的按键 K1 用于显示画面的切换，PIO3_1 引脚上连接一个水银开关，在手来回摇晃时会自动产生一个导通信号，起到检测来回摇晃的频率作用。仿真时可以接入一个频率为 50Hz 左右的方波信号用作模拟手来回摇晃的频率。

3. 程序设计

根据实例要求，设计的程序如下：

```
#include <LPC13xx.h>
const unsigned char love[] =
{/*LOVE*/
0x00,0x00,0x00,0x00,0x00,0x00,0x00,0x00,0x00,0x00,0x00,0x00,0x00,0x00,0x00,
0x00,0x00,0x00,0x00,0x00,0x00,0x00,0x00,0xFE,0x3F,0x00,0x20,0x00,0x20,0x00,0x20,
0x00,0x20,0x00,0x20,0x00,0x20,0x00,0x20,0x00,0x00,0x00,0x00,0x00,0x00,0xF8,0x0F,
0x04,0x10,0x02,0x20,0x02,0x20,0x02,0x20,0x02,0x20,0x04,0x10,0xF8,0x0F,0x00,0x00,
0x00,0x00,0x00,0x00,0xFE,0x07,0x00,0x08,0x00,0x10,0x00,0x20,0x00,0x20,0x00,0x10,
0x00,0x08,0xFE,0x07,0x00,0x00,0x00,0x00,0x00,0x00,0xFE,0x3F,0x82,0x20,0x82,0x20,
0x82,0x20,0x82,0x20,0x82,0x20,0x82,0x20,0x82,0x20,0x00,0x00,0x00,0x00,0x00,0x00,
0x00,0x00,0x00,0x00,0x00,0x00,0x00,0x00,0x00,0x00,0x00,0x00,0x00,0x00,0x00,0x00,
};
const unsigned char loveyou[] =
{/*心形图案*/
0x00,0x00,0x00,0x00,0x00,0x00,0x00,0x00,0x00,0x00,0x00,0x00,0x00,0x00,0x00,0x00,
0x00,0x00,0x00,0x00,0x00,0x00,0x00,0x00,0x00,0x00,0x00,0x00,0x00,0x00,0x00,0x00,
0x00,0x00,0x00,0x00,0x00,0x00,0x00,0x00,0x00,0x00,0x00,0x00,0x00,0x00,0x00,0x00,
0x78,0x00,0xFC,0x00,0xFE,0x01,0xFE,0x03,0xFE,0x07,0xFE,0x0F,0xFE,0x1F,0xFC,0x3F,
0xF8,0x7F,0xFC,0x3F,0xFE,0x1F,0xFE,0x0F,0xFE,0x07,0xFE,0x03,0xFE,0x01,0xFC,0x00,
```

```
0x78,0x00,0x00,0x00,0x00,0x00,0x00,0x00,0x00,0x00,0x00,0x00,0x00,0x00,0x00,0x00,
0x00,0x00,0x00,0x00,0x00,0x00,0x00,0x00,0x00,0x00,0x00,0x00,0x00,0x00,0x00,0x00,
0x00,0x00,0x00,0x00,0x00,0x00,0x00,0x00,0x00,0x00,0x00,0x00,0x00,0x00,0x00,0x00,
};
const unsigned char hehe[] =
{/*呵呵 o(∩_∩)o 图案*/
0x00,0x00,0x00,0x00,0x00,0x00,0x00,0x00,0x00,0x00,0x00,0x00,0x00,0x00,0x00,0x00,
0x00,0x00,0x00,0x00,0x00,0x00,0xC0,0x01,0x40,0x01,0xC0,0x01,0x00,0x00,0x00,0x00,
0xF0,0x0F,0x08,0x10,0x04,0x20,0x00,0x00,0x00,0x00,0xF0,0x3F,0x08,0x00,0x04,0x00,
0x04,0x00,0x04,0x00,0x08,0x00,0xF0,0x3F,0x00,0x00,0x00,0x00,0x00,0x20,0x00,0x20,
0x00,0x20,0x00,0x20,0x00,0x20,0x00,0x00,0x00,0x00,0xF0,0x3F,0x08,0x00,0x04,0x00,
0x04,0x00,0x04,0x00,0x08,0x00,0xF0,0x3F,0x00,0x00,0x00,0x00,0x04,0x20,0x08,0x10,
0xF0,0x0F,0x00,0x00,0x00,0x00,0xC0,0x01,0x40,0x01,0xC0,0x01,0x00,0x00,0x00,0x00,
0x00,0x00,0x00,0x00,0x00,0x00,0x00,0x00,0x00,0x00,0x00,0x00,0x00,0x00,0x00,0x00,
};
#define   P0    LPC_GPIO0->DATA
#define   P2    LPC_GPIO1->DATA
//--- 显示子程序 2(LOVE) ---
void display2(void)
{
  unsigned char i;
  long j;

  for(j=0;j<4000;j++);                        //--- 4ms ---
  for(i=0;i<64;i++)
    {
    P0 = ~love[i * 2];
    P2 = ~love[i * 2 + 1];
    for(j=0;j<120;j++);                       //--- 120us ---
    }
}
//--- 显示子程序 3(心形图案) ---
void display3(void)
{
  unsigned char i;
  long j;

  for(j=0;j<4000;j++);                        //--- 4ms ---
  for(i=0;i<64;i++)
    {
    P0 = ~loveyou[i * 2];
    P2 = ~loveyou[i * 2 + 1];
    for(j=0;j<120;j++);                       //--- 120us ---
    }
}
//--- 显示子程序 4(呵呵 o(∩_∩)o 图案) ---
void display4(void)
{
  unsigned char i;
  long j;

  for(j=0;j<4000;j++);                        //--- 4ms ---
  for(i=0;i<64;i++)
```

```
        {
          P0 = ~hehe[i * 2];
          P2 = ~hehe[i * 2 + 1];
          for(j=0;j<120;j++);                        //--- 120us ---
        }
      }
unsigned char KY = 0;                                //--- KY 作用在后面说明 ---
unsigned char disp;                                  //--- 显示汉字指针 ---
unsigned char pic = 0,num = 0;               //--- pic 为按键次数;num 为中断次数 ---
#define    K1    (LPC_GPIO3->DATA & (1 << 0))
long K1_Cnt;
//--- PIO3_1 引脚作为外部中断功能的初始化和中断函数部分 ---
void LPC13XX_PIO3_1_EINT_Init(void)
{
  LPC_GPIO3->IS &=~(1 << 1);                //--- GPIO3_0 配置为边沿触发中断 ---
  LPC_GPIO3->IBE &=!(1 << 1);
  LPC_GPIO3->IEV &=~(1 << 1);                   //--- 选择下降沿触发方式 ---
  LPC_GPIO3->IE |= (1 << 1);                    //--- 允许 GPIO3_0 引脚中断 ---
  NVIC_EnableIRQ(EINT3_IRQn);                   //--- 开 PIO3 端口的中断号 ---
}
void PIOINT3_IRQHandler(void)                    //--- PIO3 端口引脚中断函数 ---
{
  if(0 != (LPC_GPIO3->RIS & (1 << 1)))
    {
      LPC_GPIO3->IC |= (1 << 1);
      KY = ~KY;//--- 每个摇动来回水银开关会在摆幅两端分别产生下降沿中断 ---
      if(KY == 0)
        {
          num ++;                               //--- 计算中断次数 ---
          switch(pic)                           //--- 选择画面 ---
            {
              case 0:display2();break;
              case 1:display3();break;
              case 2:display4();break;
            }
        }
    }
}
int main (void)
{
  LPC_SYSCON->SYSAHBCLKCTRL |= (1 << 16);   //--- 使能 IOCON 模块的时钟源 ---
  LPC_IOCON->RESET_PIO0_0 |= (1 << 0);      //--- PIO0_0 为 GPIO 功能 ---
  LPC_IOCON->R_PIO1_0 |= (1 << 0);          //--- PIO1_0 为 GPIO 功能 ---
  LPC_IOCON->R_PIO1_1 |= (1 << 0);          //--- PIO1_1 为 GPIO 功能 ---
  LPC_IOCON->R_PIO1_2 |= (1 << 0);          //--- PIO1_2 为 GPIO 功能 ---
  LPC_IOCON->SWDIO_PIO1_3 |= (1 << 0);      //--- PIO1_3 为 GPIO 功能 ---
  LPC_GPIO0->DIR |= 0xFF;
  LPC_GPIO1->DIR |= 0xFF;
  LPC13XX_PIO3_1_EINT_Init();
  while(1)
    { //--- 画面切换键按下 ---
      if((0 == K1) && (999999 != K1_Cnt) && (++K1_Cnt > 10000))
        {
```

```
    if(0 == K1)                                    //--- 按键 K1 已按下 ---
      {
        K1_Cnt = 999999;
        if(++pic > 2)pic = 0;
      }
    }
    else if(0 != K1)K1_Cnt = 0;                    //--- 按键 K1 释放 ---
  }
}
```

4．小结

本实例展示了摇摇棒实现的方法，仿真时按键 K2 处输入了 50Hz 的时钟来模拟水银开关功能。程序中用到了 GPIO3 的引脚中断功能。有关 GPIO 的引脚中断配置过程与实例 1.9 相似。

1.32　基于定时器的音乐播放实例

1．项目要求

利用 LPC1343 的 32 定时器 0 产生不同频率的音符方波信号模拟播放一首音乐，通过 PIO0_1 引脚输出驱动扬声器发声。具有手动选择不同歌曲播放和播放/暂停功能。

2．硬件电路

硬件电路原理图如图 1-37 所示。

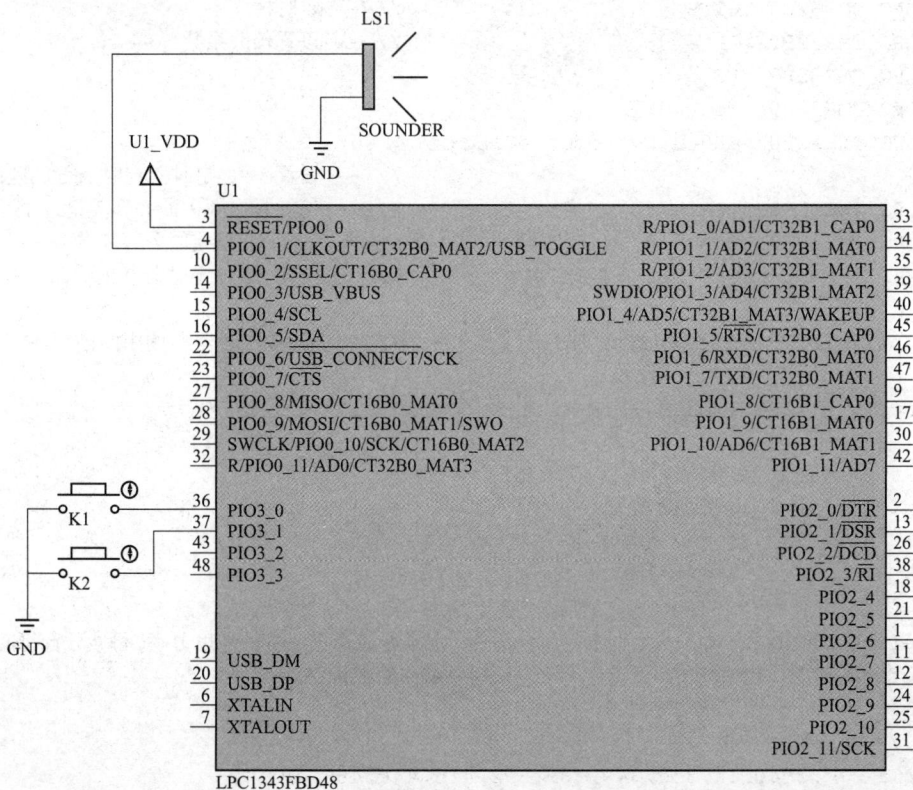

图 1-37　基于定时器的音乐播放实例电路原理图

　　U_1 的 PIO0_1 引脚输出音乐信号驱动 LS1 发生声音。连接在 PIO3_0 引脚上的按键 K1
用于歌曲的选择；连接在 PIO3_1 引脚上的 K2 用于播放/暂停操作。

3．程序设计

根据实例要求，设计的程序如下：

```c
#include <LPC13xx.h>
//--- SysTick 产生 1ms 的中断计数 ---
unsigned long Tick = 0;
void SysTick_Handler(void)                 //--- 节拍定时器(SysTick)中断函数 ---
{
  Tick ++;
}
void Delay1ms(long t)                      //--- 延时函数以 SysTick 计数值为标准 ---
{
  unsigned long i,j;
  i = j = Tick;
  while((j - i) < t)j = Tick;
}
//--- 32 位定时器 0 初始化和中断函数部分 ---
void LPC13XX_CT32B0_Timer_Init(void)
{
  LPC_SYSCON->SYSAHBCLKCTRL |= (1 << 9);  //--- 使能 32 位定时器 0 的时钟源 ---
  LPC_TMR32B0->CTCR = 0;                  //--- 定时模式 ---
  LPC_TMR32B0->PR = 0;                    //--- 设置预分系数 ---
  LPC_TMR32B0->PC = 0;
  LPC_TMR32B0->TC = 0;
  LPC_TMR32B0->MR0 = SystemCoreClock / 1000 - 1;
                                          //--- 设置 32 位定时器定时 1ms 的匹配值---
  LPC_TMR32B0->MCR = (3 << 0);            //--- 使能匹配 0 中断并匹配复位 TC ---
  LPC_TMR32B0->TCR = 0;                   //--- 使能 32 位定时器 0 工作 ---
  NVIC_EnableIRQ(TIMER_32_0_IRQn);        //--- 使能 32 位定时器 0 的中断 ---
}
void TIMER32_0_IRQHandler(void)            //--- 32 位定时器 0 的中断函数 ---
{
  if(0 != (LPC_TMR32B0->IR & (1 << 0)))
    {
      LPC_TMR32B0->IR |= (1 << 0);
      if(0 == (LPC_GPIO0->DATA & (1 << 1)))LPC_GPIO0->DATA |= (1 << 1);
      else LPC_GPIO0->DATA &=~(1 << 1);
    }
}
#define SOUND_SPACE    4/5     //--- 定义普通音符演奏的长度分率,每4分音符间隔 ---
#define MUSICNUMBER    3       //--- 歌曲的数目 ---
const unsigned int FreTab[12] =
{ //--- 原始频率表 ---
  262,277,294,311,330,349,369,392,415,440,466,494,
};
const unsigned char SignTab[7] =
```

```c
{ //--- 1~7 在频率表中的位置  ---
  0,2,4,5,7,9,11,
};
const unsigned char LengthTab[7]=
{
  1,2,4,8,16,32,64,
};
unsigned char MusicIndex = 0;
unsigned char RunStopStatus = 0;
//--- 音乐播放函数 ---
void Play(unsigned char *Sound,char Signature,char Octachord, int Speed)
{
  unsigned int NewFreTab[12];           //--- 新的频率表 ---
  unsigned char i,j;
  unsigned int Point,LDiv,LDiv0,LDiv1,LDiv2,LDiv4,CurrentFre,SoundLength;
  unsigned char Tone,Length,SL,SH,SM,SLen,XG,FD,OFFSet;
  for(i=0;i<12;i++)                     //--- 根据调号及升降八度来生成新的频率表 ---
    {
        j = i + Signature;
        if(j > 11)
      {
        j = j - 12;
        NewFreTab[i] = FreTab[j] * 2;
      }
    else NewFreTab[i] = FreTab[j];
    if(Octachord == 1)NewFreTab[i] >>= 2;
    else if(Octachord == 3)NewFreTab[i] <<= 2;
  }
  SoundLength = 0;
  while(0x00 != Sound[SoundLength])SoundLength += 2;
                                        //--- 计算歌曲长度 ---
  Point = 0;
  Tone = Sound[Point];
  Length = Sound[Point + 1];            //--- 读出第一个音符和它时时值 ---
  LDiv0 = 12000 / Speed;                //--- 算出 1 分音符的长度(几个10ms) ---
  LDiv4 = LDiv0 / 4;                    //--- 算出 4 分音符的长度 ---
  LDiv4 = LDiv4 - LDiv4 * SOUND_SPACE; //---普通音最长间隔标准 ---
  LPC_TMR32B0->TCR = 0;
  while((Point < SoundLength) && (0 != RunStopStatus))
    {
    SL = Tone % 10;                     //--- 计算出音符  ---
    SM = Tone / 10 % 10;                //--- 计算出高低音 ---
    SH = Tone / 100;                    //--- 计算出是否升半 ---
    OFFSet = 2;
    CurrentFre = NewFreTab[SignTab[SL - 1] + SH];
                                        //--- 查出对应音符的频率 ---
    if(SL != 0)
      {
```

```
            if(SM == 1)CurrentFre >>= 2;    //--- 低音 ---
            if(SM == 3)CurrentFre <<= 2;    //--- 高音 ---
            LPC_TMR32B0->MR0 = SystemCoreClock / CurrentFre - 1;
                                            //--- 计算计数器初值 ---
          }
        SLen = LengthTab[Length % 10];      //--- 算出是几分音符 ---
        XG = Length / 10 % 10;              //--- 算出音符类型(0 普通 1 连音 2 顿音) ---
        FD = Length / 100;
        LDiv = LDiv0 / SLen;                //--- 算出连音音符演奏的长度(多少个 10ms)---
        if(FD == 1)
          LDiv = LDiv + LDiv / 2;
        if(XG != 1)
          if(XG == 0)                       //--- 算出普通音符的演奏长度 ---
            if (SLen <= 4)LDiv1 = LDiv - LDiv4;
            else LDiv1 = LDiv * SOUND_SPACE;
          else LDiv1 = LDiv / 2;            //--- 算出顿音的演奏长度 ---
        else LDiv1 = LDiv;
        if(SL == 0)LDiv1 = 0;
        LDiv2 = LDiv - LDiv1;               //--- 算出不发音的长度 ---
        if(SL != 0)
          {
            LPC_TMR32B0->TCR = 1;           //TR0 = 1;
            for(i=LDiv1;i>0;i--)            //--- 发规定长度的音 ---
              {
                OFFSet = (OFFSet + 1) % 5;
              }
          }
        if(LDiv2 != 0)
          {
            LPC_TMR32B0->TCR = 0;
            LPC_GPIO0->DATA &=~(1 << 1);
            for(i=LDiv2;i>0;i--)            //--- 音符间的间隔 ---
              {
                OFFSet = (OFFSet + 1) % 5;
              }
          }
        Point += 2;
        Tone = Sound[Point];
        Length = Sound[Point + 1];
      }
  LPC_GPIO0->DATA &=~(1 << 1);
  MusicIndex = (MusicIndex + 1) % MUSICNUMBER;        //--- 指向下一首 ---
  Delay1ms(300);
}
//==========================Music===============================
unsigned char Music_Girl[]=
{//--- 挥着翅膀的女孩 ---
  0x17,0x02, 0x17,0x03, 0x18,0x03, 0x19,0x02, 0x15,0x03,
```

```
  0x16,0x03, 0x17,0x03, 0x17,0x03, 0x17,0x03, 0x18,0x03,
  0x19,0x02, 0x16,0x03, 0x17,0x03, 0x18,0x02, 0x18,0x03,
  0x17,0x03, 0x15,0x02, 0x18,0x03, 0x17,0x03, 0x18,0x02,
  0x10,0x03, 0x15,0x03, 0x16,0x02, 0x15,0x03, 0x16,0x03,
  0x17,0x02, 0x17,0x03, 0x18,0x03, 0x19,0x02, 0x1A,0x03,
  0x1B,0x03, 0x1F,0x03, 0x1F,0x03, 0x17,0x03, 0x18,0x03,
  0x19,0x02, 0x16,0x03, 0x17,0x03, 0x18,0x03, 0x17,0x03,
  0x18,0x03, 0x1F,0x03, 0x1F,0x02, 0x16,0x03, 0x17,0x03,
  0x18,0x03, 0x17,0x03, 0x18,0x03, 0x20,0x03, 0x20,0x02,
  0x1F,0x03, 0x1B,0x03, 0x1F,0x66, 0x20,0x03, 0x21,0x03,
  0x20,0x03, 0x1F,0x03, 0x1B,0x03, 0x1F,0x66, 0x1F,0x03,
  0x1B,0x03, 0x19,0x03, 0x19,0x03, 0x15,0x03, 0x1A,0x66,
  0x1A,0x03, 0x19,0x03, 0x15,0x03, 0x15,0x03, 0x17,0x03,
  0x16,0x66, 0x17,0x04, 0x18,0x04, 0x18,0x03, 0x19,0x03,
  0x1F,0x03, 0x1B,0x03, 0x1F,0x66, 0x20,0x03, 0x21,0x03,
  0x20,0x03, 0x1F,0x03, 0x1B,0x03, 0x1F,0x66, 0x1F,0x03,
  0x1B,0x03, 0x19,0x03, 0x19,0x03, 0x15,0x03, 0x1A,0x66,
  0x1A,0x03, 0x19,0x03, 0x19,0x03, 0x1F,0x03, 0x1B,0x03,
  0x1F,0x00, 0x1A,0x03, 0x1A,0x03, 0x1A,0x03, 0x1B,0x03,
  0x1B,0x03, 0x1A,0x03, 0x19,0x03, 0x19,0x02, 0x17,0x03,
  0x15,0x17, 0x15,0x03, 0x16,0x03, 0x17,0x03, 0x18,0x03,
  0x17,0x04, 0x18,0x0E, 0x18,0x03, 0x17,0x04, 0x18,0x0E,
  0x18,0x66, 0x17,0x03, 0x18,0x03, 0x17,0x03, 0x18,0x03,
  0x20,0x03, 0x20,0x02, 0x1F,0x03, 0x1B,0x03, 0x1F,0x66,
  0x20,0x03, 0x21,0x03, 0x20,0x03, 0x1F,0x03, 0x1B,0x03,
  0x1F,0x66, 0x1F,0x04, 0x1B,0x0E, 0x1B,0x03, 0x19,0x03,
  0x19,0x03, 0x15,0x03, 0x1A,0x66, 0x1A,0x03, 0x19,0x03,
  0x15,0x03, 0x15,0x03, 0x17,0x03, 0x16,0x66, 0x17,0x04,
  0x18,0x04, 0x18,0x03, 0x19,0x03, 0x1F,0x03, 0x1B,0x03,
  0x1F,0x66, 0x20,0x03, 0x21,0x03, 0x20,0x03, 0x1F,0x03,
  0x1B,0x03, 0x1F,0x66, 0x1F,0x03, 0x1B,0x03, 0x19,0x03,
  0x19,0x03, 0x15,0x03, 0x1A,0x66, 0x1A,0x03, 0x19,0x03,
  0x19,0x03, 0x1F,0x03, 0x1B,0x03, 0x1F,0x00, 0x18,0x02,
  0x18,0x03, 0x1A,0x03, 0x19,0x0D, 0x15,0x03, 0x15,0x02,
  0x18,0x66, 0x16,0x02, 0x17,0x02, 0x15,0x00, 0x00,0x00,
};
unsigned char Music_Same[]=
{//--- 同一首歌 ---
  0x0F,0x01, 0x15,0x02, 0x16,0x02, 0x17,0x66, 0x18,0x03,
  0x17,0x02, 0x15,0x02, 0x16,0x01, 0x15,0x02, 0x10,0x02,
  0x15,0x00, 0x0F,0x01, 0x15,0x02, 0x16,0x02, 0x17,0x02,
  0x17,0x03, 0x18,0x03, 0x19,0x02, 0x15,0x02, 0x18,0x66,
  0x17,0x03, 0x19,0x02, 0x16,0x03, 0x17,0x03, 0x16,0x00,
  0x17,0x01, 0x19,0x02, 0x1B,0x02, 0x1B,0x70, 0x1A,0x03,
  0x1A,0x01, 0x19,0x02, 0x19,0x03, 0x1A,0x03, 0x1B,0x02,
  0x1A,0x0D, 0x19,0x03, 0x17,0x00, 0x18,0x66, 0x18,0x03,
  0x19,0x02, 0x1A,0x02, 0x19,0x0C, 0x18,0x0D, 0x17,0x03,
  0x16,0x01, 0x11,0x02, 0x11,0x03, 0x10,0x03, 0x0F,0x0C,
  0x10,0x02, 0x15,0x00, 0x1F,0x01, 0x1A,0x01, 0x18,0x66,
```

```
    0x19,0x03, 0x1A,0x01, 0x1B,0x02, 0x1B,0x03, 0x1B,0x03,
    0x1B,0x0C, 0x1A,0x0D, 0x19,0x03, 0x17,0x00, 0x1F,0x01,
    0x1A,0x01, 0x18,0x66, 0x19,0x03, 0x1A,0x01, 0x10,0x02,
    0x10,0x03, 0x10,0x03, 0x1A,0x0C, 0x18,0x0D, 0x17,0x03,
    0x16,0x00, 0x0F,0x01, 0x15,0x02, 0x16,0x02, 0x17,0x70,
    0x18,0x03, 0x17,0x02, 0x15,0x03, 0x15,0x03, 0x16,0x66,
    0x16,0x03, 0x16,0x02, 0x16,0x03, 0x15,0x03, 0x10,0x02,
    0x10,0x01, 0x11,0x01, 0x11,0x66, 0x10,0x03, 0x0F,0x0C,
    0x1A,0x02, 0x19,0x02, 0x16,0x03, 0x16,0x03, 0x18,0x66,
    0x18,0x03, 0x18,0x02, 0x17,0x03, 0x16,0x03, 0x19,0x00,
    0x00,0x00,
};
unsigned char Music_Two[] =
{//--- 两只蝴蝶 ---
    0x17,0x03, 0x16,0x03, 0x17,0x01, 0x16,0x03, 0x17,0x03,
    0x16,0x03, 0x15,0x01, 0x10,0x03, 0x15,0x03, 0x16,0x02,
    0x16,0x0D, 0x17,0x03, 0x16,0x03, 0x15,0x03, 0x10,0x03,
    0x10,0x0E, 0x15,0x04, 0x0F,0x01, 0x17,0x03, 0x16,0x03,
    0x17,0x01, 0x16,0x03, 0x17,0x03, 0x16,0x03, 0x15,0x01,
    0x10,0x03, 0x15,0x03, 0x16,0x02, 0x16,0x0D, 0x17,0x03,
    0x16,0x03, 0x15,0x03, 0x10,0x03, 0x15,0x03, 0x16,0x01,
    0x17,0x03, 0x16,0x03, 0x17,0x01, 0x16,0x03, 0x17,0x03,
    0x16,0x03, 0x15,0x01, 0x10,0x03, 0x15,0x03, 0x16,0x02,
    0x16,0x0D, 0x17,0x03, 0x16,0x03, 0x15,0x03, 0x10,0x03,
    0x10,0x0E, 0x15,0x04, 0x0F,0x01, 0x17,0x03, 0x19,0x03,
    0x19,0x01, 0x19,0x03, 0x1A,0x03, 0x19,0x03, 0x17,0x01,
    0x16,0x03, 0x16,0x03, 0x16,0x02, 0x16,0x0D, 0x17,0x03,
    0x16,0x03, 0x15,0x03, 0x10,0x03, 0x10,0x0D, 0x15,0x00,
    0x19,0x03, 0x19,0x03, 0x1A,0x03, 0x1F,0x03, 0x1B,0x03,
    0x1B,0x03, 0x1A,0x03, 0x17,0x0D, 0x16,0x03, 0x16,0x03,
    0x16,0x0D, 0x17,0x01, 0x17,0x03, 0x17,0x03, 0x19,0x03,
    0x1A,0x02, 0x1A,0x02, 0x10,0x03, 0x17,0x0D, 0x16,0x03,
    0x16,0x01, 0x17,0x03, 0x19,0x03, 0x19,0x03, 0x17,0x03,
    0x19,0x02, 0x1F,0x02, 0x1B,0x03, 0x1A,0x03, 0x1A,0x0E,
    0x1B,0x04, 0x17,0x02, 0x1A,0x03, 0x1A,0x03, 0x1A,0x0E,
    0x1B,0x04, 0x1A,0x03, 0x19,0x03, 0x17,0x03, 0x16,0x03,
    0x17,0x0D, 0x16,0x03, 0x17,0x03, 0x19,0x01, 0x19,0x03,
    0x19,0x03, 0x1A,0x03, 0x1F,0x03, 0x1B,0x03, 0x1B,0x03,
    0x1A,0x03, 0x17,0x0D, 0x16,0x03, 0x16,0x03, 0x16,0x03,
    0x17,0x01, 0x17,0x03, 0x17,0x03, 0x19,0x03, 0x1A,0x02,
    0x1A,0x02, 0x10,0x03, 0x17,0x0D, 0x16,0x03, 0x16,0x01,
    0x17,0x03, 0x19,0x03, 0x19,0x03, 0x17,0x03, 0x19,0x03,
    0x1F,0x02, 0x1B,0x03, 0x1A,0x03, 0x1A,0x0E, 0x1B,0x04,
    0x17,0x02, 0x1A,0x03, 0x1A,0x03, 0x1A,0x0E, 0x1B,0x04,
    0x17,0x16, 0x1A,0x03, 0x1A,0x03, 0x1A,0x0E, 0x1B,0x04,
    0x1A,0x03, 0x19,0x03, 0x17,0x03, 0x16,0x03, 0x0F,0x02,
    0x10,0x03, 0x15,0x00, 0x00,0x00,
};
```

```c
unsigned char *SelectMusic(unsigned char SoundIndex)
{
  unsigned char *MusicAddress = 0;
  switch (SoundIndex)
    {
      case 0x00:
        MusicAddress = &Music_Girl[0];          //--- 挥着翅膀的女孩 ---
        break;
      case 0x01:
        MusicAddress = &Music_Same[0];          //--- 同一首歌 ---
        break;
      case 0x02:
        MusicAddress = &Music_Two[0];           //--- 两只蝴蝶 ---
        break;
    }
  return MusicAddress;
}
void PlayMusic(void)
{
  Delay1ms(200);
  Play(SelectMusic(MusicIndex),0,3,360);
}
//--- PIO3_0 和 PIO3_1 引脚作为外部中断功能的初始化和中断函数部分 ---
void LPC13XX_PIO3_1_0_EINT_Init(void)
{
  LPC_GPIO3->IS &=~((1 << 1) | (1 << 0));  //--- GPIO3_0,1 配置为边沿触发中断 ---
  LPC_GPIO3->IBE &=!((1 << 1) | (1 << 0));
  LPC_GPIO3->IEV &=~((1 << 1) | (1 << 0)); //--- 选择下降沿触发方式 ---
  LPC_GPIO3->IE |= ((1 << 1) | (1 << 0));  //--- 允许 GPIO3_0,1 引脚中断 ---
  NVIC_EnableIRQ(EINT3_IRQn);              //--- 开 PIO3 端口的中断号 ---
}
void PIOINT3_IRQHandler(void)              //--- PIO3 端口引脚中断函数 ---
{
  if(0 != (LPC_GPIO3->RIS & (1 << 1)))     //--- PIO3_1 有中断 ---
    {
      LPC_GPIO3->IC |= (1 << 1);
      if(0 == RunStopStatus)RunStopStatus = 1;
      else RunStopStatus = 0;
    }
  if(0 != (LPC_GPIO3->RIS & (1 << 0)))     //--- PIO3_0 有中断 ---
    {
      LPC_GPIO3->IC |= (1 << 0);
      MusicIndex = (MusicIndex + 1) % MUSICNUMBER;      //--- 指向下一首 ---
    }
}
int main (void)
{
  SystemCoreClockUpdate();
```

```
SysTick_Config(SystemCoreClock / 1000);  //--- 初始化 SysTick 定时 1ms ---
LPC_GPIO0->DIR |= (1 << 1);               //--- PIO0_1 置为输出 ---
LPC13XX_CT32B0_Timer_Init();
LPC13XX_PIO3_1_0_EINT_Init();
while(1)
  {
    PlayMusic();
  }
}
```

4．小结

本实例展示了如何利用 LPC1343 实现 MIDI 音乐播放功能。程序中用到 LPC1343 的系统节拍定时器模块、32 位定时器 0 功能和 GPIO 的引脚中断功能。

系统节拍定时器（SYSTICK）产生 1ms 的基本定时周期，每 1ms 定时时间到则 Tick 变量加 1，以 Tick 变量为基础实现了 DelaymS 函数功能。32 位定时器 0 用于驱动 PIO0_1 引脚输出音乐信号。其匹配寄存器 0（MR0）装载的是数值是用于控制着产生不同频率的方波信号输出，方波信号的输出在 TIMER32_0_IRQHandler 中断函数里实现。PIO3 端口的 PIO3_0 和 PIO3_1 的引脚中断功能实现按键 K1 和 K2 的操作。

程序中曲谱存储格式说明如下：

曲谱存贮格式：const unsigned char usicName{音高，音长，音高，音长....，0，0};。

末尾：0，0 表示结束（Important）。

音高由三位数字组成：

（1）个位表示 1～7 共七个音符。

（2）十位表示音符所在的音区：1-低音，2-中音，3-高音。

（3）百位表示这个音符是否要升半音：0-不升，1-升半音。

音长最多由三位数字组成：

（1）个位表示音符的时值，其对应关系是：

|数值（n）：|0|1|2|3|4|5|6

|几分音符：|1|2|4|8|16|32|64

音符=2^n

（2）十位表示音符的演奏效果（0-2）：0-普通，1-连音，2-顿音。

（3）百位是符点位：0-无符点，1-有符点。

调用演奏子程序的格式：Play（乐曲名，调号，升降八度，演奏速度）。

乐曲名：要播放的乐曲指针，结尾以（0，0）结束。

调号（0～11）：是指乐曲升多少个半音演奏。

升降八度（1～3）：1—降八度，2—不升不降，3—升八度。

演奏速度（1～12000）：值越大速度越快。

1.33 基于 SPI 功能的串/并转换 LED 数码管显示实例

1．项目要求

利用 LPC1343 的同步 SPI 功能驱动由两片 74HC595 级联的串/并转换电路构成的 2 位共

阴 LED 数码管的按键计数显示。

2．硬件电路

本实例的硬件电路原理图如图 1-38 所示。

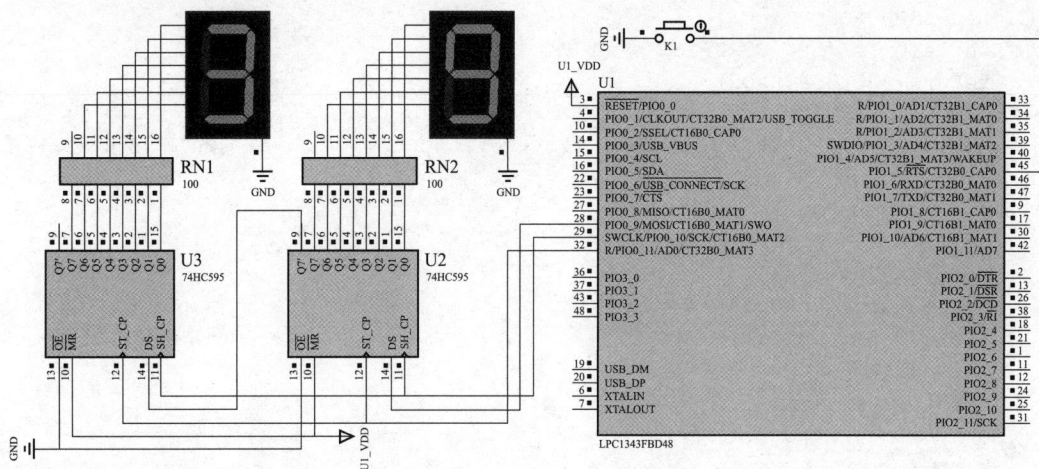

图 1-38　基于 SPI 功能的串/并转换 LED 数码管显示实例电路原理图

U$_1$（LPC1343）的 PIO0_9/MOSI、PIO0_10/SCK 和 PIO_11 分别连接到 U$_2$ 和 U$_3$ 构成的串/并转换电路的 DS、SH_CP 和 ST_CP 引脚上，U$_2$ 和 U$_3$ 的 Q0～Q7 分别通过限流电阻 R$_{N1}$ 和 R$_{N2}$ 驱动静态共阴 LED 数码管。接在 PIO1_5 引脚上的按键 K1 用于实现 100 以内的计数加 1，并将计数的结果通过 LED 数码管显示出来。

3．程序设计

根据实例要求，设计的程序如下：

```
#include <LPC13xx.h>
const unsigned char LEDSEG[] ={
0x3F,0x06,0x5B,0x4F,0x66,0x6D,0x7D,0x07,0x7F,0x6F,
                                    //--- 数字 0～9 的笔段码 ---
0x77,0x7C,0x39,0x5E,0x79,0x71,      //--- 字母 AbCdEF ---
};
void LPC13XX_SPI_Init(void)
{
  LPC_SYSCON->SYSAHBCLKCTRL |= (1 << 16);   //--- 使能 IOCON 模块的时钟源 ---
  LPC_IOCON->PIO0_9 |= (1 << 0);            //--- PIO0_9 为 MOSI0 功能 ---
  LPC_IOCON->SCK_LOC = 0;                   //--- PIO0_10 为 SCK0 引脚 ---
  LPC_IOCON->SWCLK_PIO0_10 |= (2 << 0);     //--- PIO0_10 为 SCK0 功能 ---
  LPC_IOCON->R_PIO0_11 |= (1 << 0);         //--- PIO0_11 为 GPIO 功能 ---
  LPC_GPIO0->DIR |= (1 << 11);              //--- PIO0_11 为输出方向 ---
  LPC_GPIO0->DATA |= (1 << 11);             //--- PIO0_11 输出高电平 ---
  LPC_SYSCON->SYSAHBCLKCTRL |= (1 << 11);   //--- 使能 SSP0 模块的时钟源 ---
  LPC_SYSCON->SSP0CLKDIV = 2;               //--- SSP0 PCLK = CCLK/2 ---
  LPC_SYSCON->PRESETCTRL |= (1 << 0);       //--- 禁止 SSP0 复位 ---
  LPC_SSP0->CR0 = (7 << 0) |
                  (7 << 8);
  LPC_SSP0->CPSR = 4;
```

```
    LPC_SSP0->CR1 = (1 << 1);
}
unsigned char LPC13XX_SSP0(unsigned char dat)
{
    LPC_SSP0->DR = dat;
    while(0 != (LPC_SSP0->SR & (1 << 4)));
    return(LPC_SSP0->DR);
}
#define K1 (LPC_GPIO1->DATA & (1 << 5))            //--- 按键K1宏定义 ---
long K1_Cnt;
int main (void)
{
    long KeyValue = 0;
    SystemCoreClockUpdate();
    LPC13XX_SPI_Init();                            //--- 初始化SPI模块 ---
    while(1)
    {
        if((0 == K1) && (999999 != K1_Cnt) && (++K1_Cnt > 10))
        {
            if(0 == K1)                            //--- K1真得按下 ---
            {
                K1_Cnt = 999999;                   //--- 置已按下标志 ---
                if(++KeyValue > 100)KeyValue = 0;
                LPC13XX_SSP0(LEDSEG[(KeyValue / 10) % 10]);
                LPC13XX_SSP0(LEDSEG[(KeyValue / 1) % 10]);
                LPC_GPIO0->DATA &=~(1 << 11);
                LPC_GPIO0->DATA |= (1 << 11);
            }
        }
        else if(0 != K1)K1_Cnt = 0;                //--- 按键K1释放 ---
    }
}
```

4．小结

本实例展示了LPC1343的SPI功能的使用方法。在正确使用之前，需要对SPI模块进行正确的配置：

（1）配置复用在GPIO引脚的MOSI0、MISO0、SCK0复用功能。

（2）使能SPI模块的时钟源和SPI模块的时钟分频系数。

（3）禁止SPI复位，并配置SPI的SCK时钟分频系数。

（4）配置CR0寄存器的数据位、主/从模式选择。

（5）配置CR1寄存器的相关位并使能SPI模块。

程序通过DR寄存器就可以实现SPI数据发送和SPI数据的接收。

1.34 基于查询方式的A/D转换应用实例

1．项目要求

利用LPC1343的内置10位A/D转换器实现从PIO1_0/AD1引脚输入的直流电压进行测

量，并将测量的数字量送到 LED 数码管上显示。

2. 硬件电路

硬件电路原理图如图 1-39 所示。

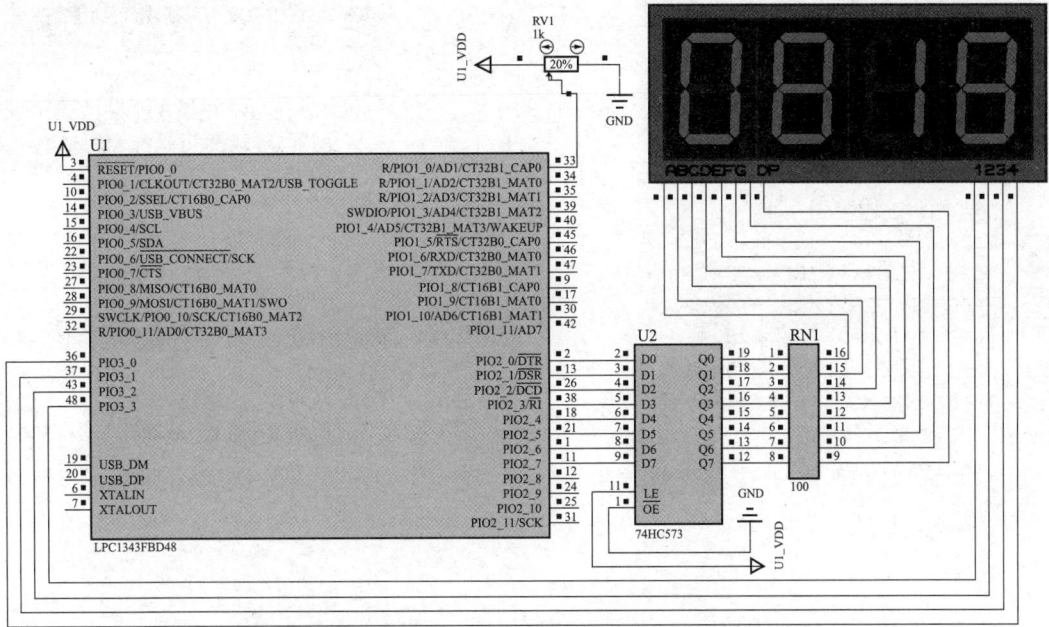

图 1-39 基于查询方式的 A/D 转换应用实例电路原理图

U$_1$（LPC1343）的 PIO2_0～PIO2_7 引脚通过 U$_2$（74HC573）和 R$_N$（100Ω）限流电阻连接到 4 位共阴 LED 数码管的 A～H 笔段引脚，PIO3_0～PIO3_7 引脚连接到 4 位共阴 LED 数码管的位选段"1234"引脚。可调电阻 R$_{V1}$ 的可调端连接在 PIO1_0/AD1 引脚上，实现对 0～U$_{1\_VDD}$ 的电压进行 A/D 转换。

3. 程序设计

根据实例要求，设计的程序如下：

```
#include <LPC13xx.h>
const unsigned char LEDSEG[] =
{
  0x3F,0x06,0x5B,0x4F,0x66,0x6D,0x7D,0x07,0x7F,0x6F,
                                        //--- 数字 0～9 的笔段码 ---
  0x77,0x7C,0x39,0x5E,0x79,0x71,        //--- 字母 AbCdEF ---
};
const unsigned char LEDDIG[] =
{
  0xFE,0xFD,0xFB,0xF7,
};
unsigned char LEDBuffer[4];
unsigned char LEDPointer;
long msCnt;
#define  ADC_START  LPC_ADC->CR |= (1 << 24) //--- 启动 AD 转换 ---
#define  ADC_STOP   LPC_ADC->CR &=~(7 << 24) //--- 停止 AD 转换 ---
```

```
long ADCValue;
void LPC13XX_ADC_Init(void)
{
  LPC_SYSCON->SYSAHBCLKCTRL |= (1 << 16);   //--- 使能 IOCON 模块的时钟源 ---
  LPC_IOCON->R_PIO1_0 |= (2 << 0);          //--- 配置 PIO1_0 为 AD1 功能 ---
  LPC_IOCON->R_PIO1_0 &=~((1 << 7) | (3 << 3));//--- 配置为模拟输入引脚 ---
  LPC_SYSCON->SYSAHBCLKCTRL |= (1 << 13);   //--- 使能 ADC 模块的时钟源 ---
  LPC_SYSCON->PDRUNCFG |= (1 << 4);         // ADC 模块退出节电模式进入正常工作状态
  LPC_ADC->CR = (1 << 1) | (0x20 << 8);     //--- 配置分频系数并选择 AD1 通道 ---
}
int main (void)
{
  LPC_GPIO2->DIR |= 0xFF;                   //--- 配置 PIO2_0~PIO2_7 引脚为输出 ---
  LPC_GPIO2->DATA = 0xFF;
  LPC_GPIO3->DIR |= 0xF;                    //--- 配置 PIO3_0~PIO3_3 引脚为输出 ---
  LPC_GPIO3->DATA = 0xF;
  LPC13XX_ADC_Init();                       //--- 初始化 AD 模块 ---
  ADC_START;                                //--- 启动 AD 工作 ---
  while(1)
    {
      if(++msCnt > 50)                      //--- 100us 时间到 ---
        {
          msCnt = 0;
          //--- LED 数码管动态扫描程序段 ---
          LPC_GPIO2->DATA = LEDSEG[LEDBuffer[LEDPointer]];
          LPC_GPIO3->DATA = LEDDIG[LEDPointer];
          if(++LEDPointer == sizeof(LEDBuffer))LEDPointer = 0;
          if(0 != (LPC_ADC->STAT & (1 << 16)))   //--- 判断 AD 转换完毕 ---
            {
              ADC_STOP;                     //--- 停止 AD 转换 ---
              ADCValue = LPC_ADC->GDR;      //--- 读取 AD 转换的数据 ---
              ADCValue = (ADCValue >> 6) & 0x3FF;
              LEDBuffer[0] = (ADCValue / 1) % 10;
              LEDBuffer[1] = (ADCValue / 10) % 10;
              LEDBuffer[2] = (ADCValue / 100) % 10;
              LEDBuffer[3] = (ADCValue / 1000) % 10;
              LPC_ADC->CR = (1 << 1) | (0x20 << 8);
                                            //--- 配置分频系数并选择 AD1 通道 ---
              ADC_START;                    //--- 启动 AD 转换 ---
            }
        }
    }
}
```

4. 小结

本实例展示 LPC1343 的 A/D 转换器的使用方法。在 A/D 转换器正确使用之前，需要对其进行配置，配置的步骤如下：

（1）配置复用在 GPIO 引脚上的 AD 功能，并配置该引脚为模拟输入通道。

（2）配置 SYSAHBCLKCTRL 对应的 AD 位，使能 A/D 转换器的时钟源。

（3）配置 PDRUNCFG 对应的 AD 位，使能 A/D 转换器的正常工作状态。

（4）配置 AD 转换的控制寄存器 CR 对应的模拟通道和 AD 转换时钟的分频系数。

读取 A/D 转换器的转换数据步骤如下：

（1）启动 A/D 转换器 AD 转换开始。

（2）判断 AD 转换器的 STAT 寄存器的 A/D 转换完成标志位。

（3）读取 A/D 转换器的 GDR 寄存器的数据。

1.35 基于 LM35 温度传感器的温度测量实例

1．项目要求

在 LPC1343 的 PIO1_10/AD6 引脚上外接一个 LM35 温度传感器，并将测量的结果通过 LED 数码管显示出来。

2．硬件电路

硬件电路原理图如图 1-40 所示。

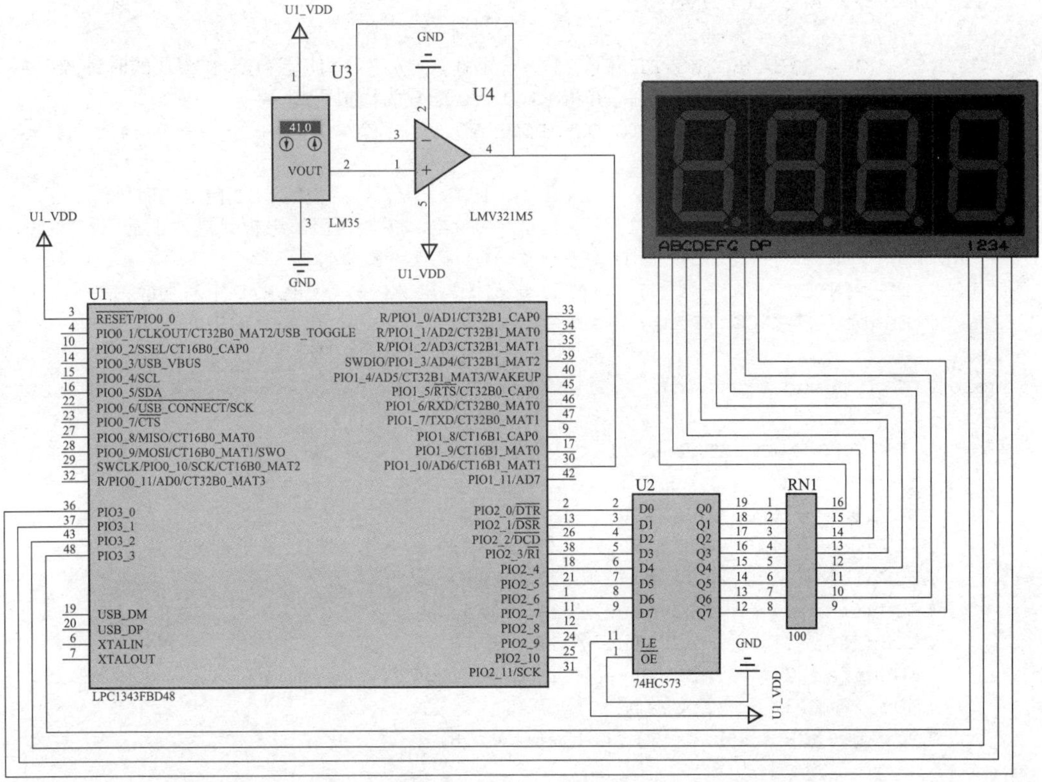

图 1-40 基于 LM35 温度传感器的温度测量实例电路原理图

U$_1$（LPC1343）的 PIO2 端口的 PIO2_0～PIO2_7 通过 U$_2$（74HC573）驱动和 R$_{N1}$（100Ω）限流电阻连接到 4 位共阴 LED 数码管的笔段 A～G、DP 引脚上，PIO3 端口的 PIO3_0～PIO3_3 直接驱动 4 位共阴 LED 数码管的位选段。U$_3$（LM35）为电压输出型模拟温度传感器，输出的模拟电压送到 U$_1$ 的 PIO1_10/AD6 引脚上。

3．程序设计

根据实例要求，设计的程序如下：

```c
#include <LPC13xx.h>
const unsigned char LEDSEG[] =
{
  0x3F,0x06,0x5B,0x4F,0x66,0x6D,0x7D,0x07,0x7F,0x6F,
                                    //--- 数字 0～9 的笔段码 ---
  0x77,0x7C,0x39,0x5E,0x79,0x71,    //--- 字母 AbCdEF ---
};
const unsigned char LEDDIG[] =
{
  0xFE,0xFD,0xFB,0xF7,
};
unsigned char LEDBuffer[4];
unsigned char LEDPointer;
long msCnt;
long ADCValue;
void LPC13XX_ADC_Init(void)
{
  LPC_SYSCON->SYSAHBCLKCTRL |= (1 << 16);  //--- 使能 IOCON 模块的时钟源 ---
  //--- 配置 PIO1_10 为 AD6 功能，并将 PIO1_10 配置为模拟引脚 ---
  LPC_IOCON->PIO1_10 = (LPC_IOCON->PIO1_10 & ~((7 << 0) | (1 << 7))) | (1 << 0)
| (0 << 7);
  LPC_SYSCON->SYSAHBCLKCTRL |= (1 << 13);  //--- 使能 ADC 模块的时钟源 ---
  LPC_SYSCON->PDRUNCFG |= (1 << 4);//--- ADC 模块退出节电模式进入正常工作状态 ---
  LPC_ADC->CR = (1 << 6) | (0x80 << 8) | (1 << 24);
  LPC_ADC->INTEN = (1 << 8) | (1 << 6);    //--- 使能 A/D 中断功能 ---
  NVIC_EnableIRQ(ADC_IRQn);                //--- 开 A/D 的中断向量号 ---
}
void ADC_IRQHandler(void)
{
  if(0 != (LPC_ADC->STAT & (1 << 16)))
    {
      ADCValue = LPC_ADC->GDR;
      ADCValue = (ADCValue >> 6) & 0x3FF;
      ADCValue = ADCValue * 3300 / 1024;
      LEDBuffer[0] = (ADCValue / 1) % 10;
      LEDBuffer[1] = (ADCValue / 10) % 10;
      LEDBuffer[2] = (ADCValue / 100) % 10;
      LEDBuffer[3] = (ADCValue / 1000) % 10;
      LPC_ADC->CR = (1 << 6) | (0x80 << 8) | (1 << 24);
    }
}
int main (void)
{
  LPC_GPIO2->DIR |= 0xFF;
  LPC_GPIO2->DATA = 0xFF;
  LPC_GPIO3->DIR |= 0xF;
  LPC_GPIO3->DATA = 0xF;
```

```
LPC13XX_ADC_Init();
while(1)
  {
   if(++msCnt > 100)
     {
      msCnt = 0;
      LPC_GPIO2->DATA = LEDSEG[LEDBuffer[LEDPointer]];
      if(1 == LEDPointer)LPC_GPIO2->DATA |= 0x80;
      LPC_GPIO3->DATA = LEDDIG[LEDPointer];
      if(++LEDPointer == sizeof(LEDBuffer))LEDPointer = 0;
     }
  }
}
```

4．小结

本实例展示了 LPC1343 的 A/D 转换器中断方式读取 AD 转换数据的使用方法。

1.36　基于 GPIO 引脚构成的 R–2R 电阻网络产生的正弦波信号实例

1．项目要求

利用 LPC1343 的 GPIO 引脚和 R-2R 电阻网络实现一个 8 位的 D/A 转换，并模拟产生正弦波信号输出。

2．硬件电路

硬件电路原理图如图 1-41 所示。

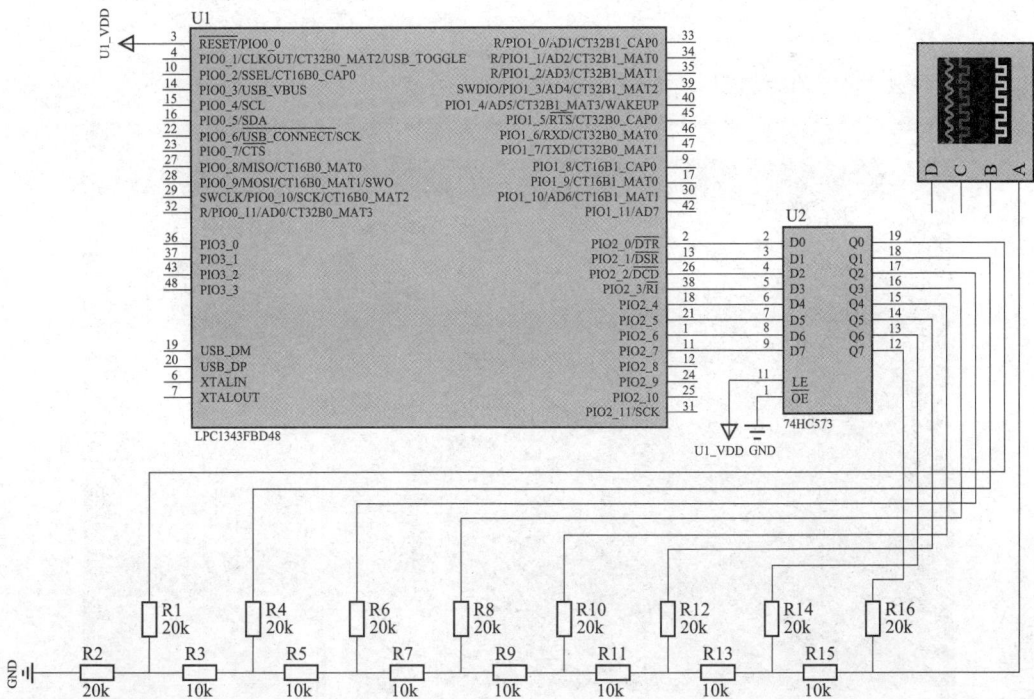

图 1-41　基于 GPIO 引脚构成的 R-2R 电阻网络产生的正弦信号实例电路原理图

U$_1$（LPC1343）的 PIO2_0～PIO2_7 通过 U2（74HC573）连接一个由 R$_1$～R$_{16}$ 构成的 R-2R 网络，该电阻网络输出的信号连接到虚拟示波器上。

3. 程序设计

根据实例要求，设计的程序如下：

```c
#include <LPC13xx.h>
const long SinTAB[128] =
{
  127, 133, 139, 146, 152, 158, 164, 170, 176, 181, 187, 192, 198, 203, 208, 212,
  217, 221, 225, 229, 233, 236, 239, 242, 244, 247, 249, 250, 252, 253, 253, 254,
  254, 254, 253, 253, 252, 250, 249, 247, 244, 242, 239, 236, 233, 229, 225, 221,
  217, 212, 208, 203, 198, 192, 187, 181, 176, 170, 164, 158, 152, 146, 139, 133,
  127, 121, 115, 108, 102, 96, 90, 84, 78, 73, 67, 62, 56, 51, 46, 42,
  37, 33, 29, 25, 21, 18, 15, 12, 10, 7, 5, 4, 2, 1, 1, 0,
  0, 0, 1, 1, 2, 4, 5, 7, 10, 12, 15, 18, 21, 25, 29, 33,
  37, 42, 46, 51, 56, 62, 67, 73, 78, 84, 90, 96, 102, 108, 115, 121,
};
int main (void)
{
  long i;
  LPC_GPIO2->DIR |= 0xFF;
  LPC_GPIO2->DATA = 0x00;
  while(1)
    {
      for(i=0;i<128;i++) LPC_GPIO2->DATA = SinTAB[i];
    }
}
```

4. 小结

本实例输出的正弦波信号如图 1-42 所示。

图 1-42　实例 1.36 波形图

1.37 基于 UART 的字符串发送实例

1. 项目要求

利用 LPC1343 的 PIO1_6/RXD 和 PIO1_7/TXD 引脚功能将"Uart Test"字符串发送到串口虚拟终端上显示，波特率为 9600b/s。

2. 硬件电路

硬件电路原理图如图 1-43 所示。

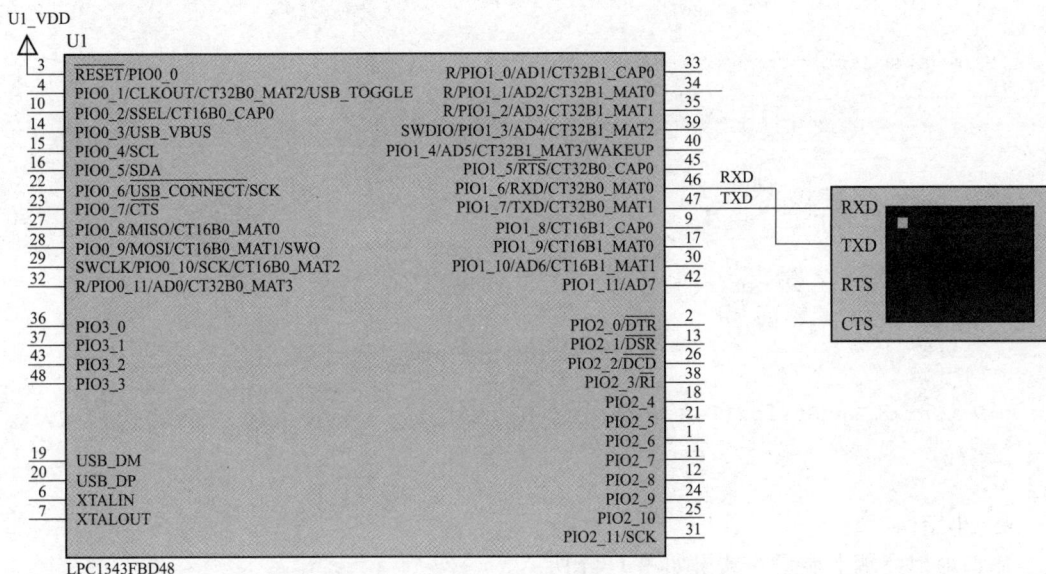

图 1-43　基于 UART 的字符串发送实例电路原理图

U₁（LPC1343）的 PIO1_6/RXD、PIO1_7/TXD 引脚连接到串口虚拟终端的 TXD 和 RXD 引脚上。

3. 程序设计

根据实例要求，设计的程序如下：

```
#include <LPC13xx.h>
void LPC13XX_UART_Init(void)
{
  long FDiv;
  LPC_SYSCON->SYSAHBCLKCTRL |= (1 << 16);  //--- 使能 IOCON 模块的时钟源 ---
  LPC_IOCON->PIO1_6 |= (1 << 0);           //--- PIO1_6 引脚为 UART 的 RXD 功能 ---
  LPC_IOCON->PIO1_7 |= (1 << 0);           //--- PIO1_7 引脚为 UART 的 TXD 功能 ---
  LPC_SYSCON->SYSAHBCLKCTRL |= (1 << 12);  //--- 使能 UART 模块的时钟源 ---
  LPC_SYSCON->UARTCLKDIV = 1;              //--- UART 时钟=CCLK ---
#define MULDIV  4
#define ADDDIV  1
  LPC_UART->FDR = (MULDIV << 4) | (ADDDIV << 0);
  LPC_UART->LCR = 0x83;                     //--- DLAB = 1 ---
  FDiv = MULDIV * SystemCoreClock * LPC_SYSCON->SYSAHBCLKDIV /
```

```
        LPC_SYSCON->UARTCLKDIV / 16 / 9600 / (MULDIV + ADDDIV);
  LPC_UART->DLM = FDiv / 256;
  LPC_UART->DLL = FDiv % 256;
  LPC_UART->LCR = 0x03;
  LPC_UART->FCR = 0x07;
}
void Uart_SendChar(char ch)
{
  while(0 == (LPC_UART->LSR & (1 << 6)));
  LPC_UART->THR = ch;
  while(0 == (LPC_UART->LSR & (1 << 5)));
}
void Uart_SendString(char *s)
{
  while(*s)Uart_SendChar(*s ++);
}
char TestStr[] = {"Uart Test\r\n"};
int main (void)
{
  SystemCoreClockUpdate();
  LPC13XX_UART_Init();
  while(1)
    {
      Uart_SendString(TestStr);
    }
}
```

4. 小结

串口虚拟终端上显示的结果如图 1-44 所示。

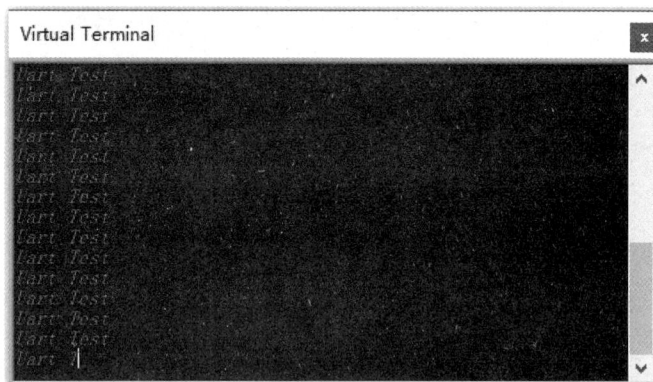

图 1-44　实例 1.37 示意图

本实例展示了 LPC1343 微控制器的 UART 功能的使用方法。在正确使用之前，需要对 UART 进行初始化，初始化主要内容如下：

（1）UART 的 RXD 和 TXD 引脚复用功能的配置。

（2）使能 UART 时钟源，并设置 UART 时钟源的分频系数。

（3）配置 UART 的波特率寄存器 DLM 和 DLL。

（4）设置 LCR 寄存器来完成 UART 帧格式的配置。

（5）设置 FCR 寄存器。

（6）使 UART 的发送和接收控制位。

要发送的数据写到 UART 的 THR 寄存器，但在写 THR 数据之前，建议先通过 UART 的 LSR 寄存器的 bit6 位判断上次的数据是否发送完毕。若上次的数据发送完毕，则可以将当前的数据写入到 THR 寄存器，并等待发送完毕。

1.38 基于 UART 的中断方式的发送接收实例

1．项目要求

LPC1343 的 RXD 和 TXD 连接到串口虚拟终端，由虚拟终端发送来的字符 0～9，A～F 通过共阳 LED 数码管显示，按键 K1 加 1 计数的值送到串口虚拟终端上显示。

2．硬件电路

硬件电路原理图如图 1-45 所示。

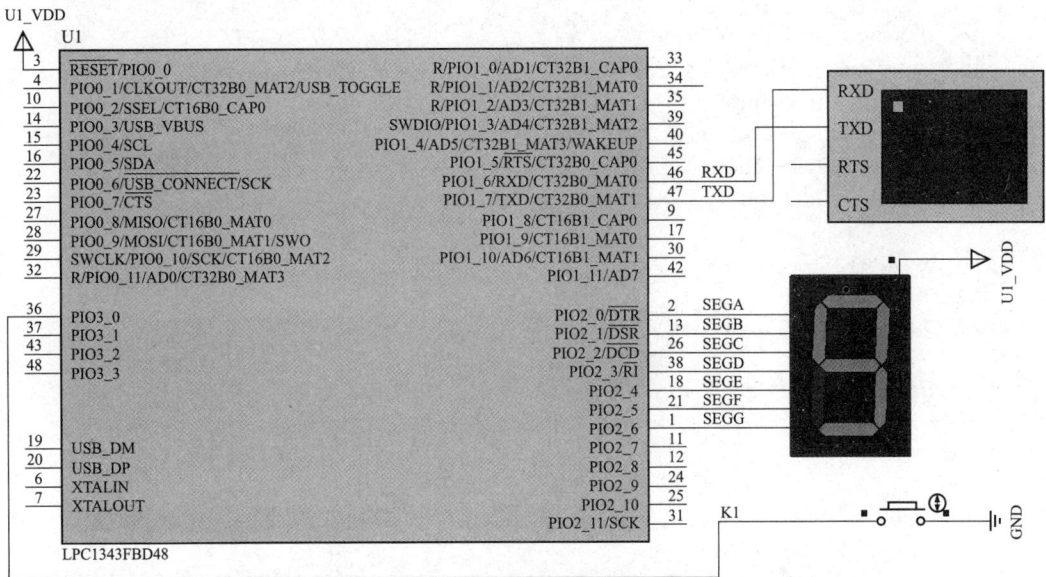

图 1-45 基于 UART 的中断方式的发送接收实例电路原理图

LPC1343 的 RXD 和 TXD 连接在虚拟终端上的 TXD 和 RXD 引脚上，共阳 LED 数码管的笔段连接在 PIO2_0～PIO2_7 引脚上，PIO3_0 引脚连接到按键 K1 上。

3．程序设计

根据实例要求，设计的程序如下：

```
#include <LPC13xx.h>
const unsigned char LEDSEG[] =
{
  0x3F,0x06,0x5B,0x4F,0x66,0x6D,0x7D,0x07,0x7F,0x6F,
                                //--- 数字 0～9 的笔段码 ---
  0x77,0x7C,0x39,0x5E,0x79,0x71,    //--- 字母 AbCdEF ---
```

```
};
#define   K1      (LPC_GPIO3->DATA & (1 << 0))
long K1_Cnt;
long KeyCnt = 0;
char KeyStr[] = {"KeyValue = 0000\r\n"};
void LPC13XX_UART_Init(void)
{
  long FDiv;
  LPC_SYSCON->SYSAHBCLKCTRL |= (1 << 16); //--- 使能 IOCON 模块的时钟源 ---
  LPC_IOCON->PIO1_6 |= (1 << 0);          //--- PIO1_6 引脚为 UART 的 RXD 功能 ---
  LPC_IOCON->PIO1_7 |= (1 << 0);          //--- PIO1_7 引脚为 UART 的 TXD 功能 ---
  LPC_SYSCON->SYSAHBCLKCTRL |= (1 << 12); //--- 使能 UART 模块的时钟源 ---
  LPC_SYSCON->UARTCLKDIV = 1;             //--- UART 时钟=CCLK ---
#define MULDIV  4
#define ADDDIV  1
  LPC_UART->FDR = (MULDIV << 4) | (ADDDIV << 0);
  LPC_UART->LCR = 0x83;                    //--- DLAB = 1 ---
  FDiv = MULDIV * SystemCoreClock * LPC_SYSCON->SYSAHBCLKDIV /
         LPC_SYSCON->UARTCLKDIV / 16 / 9600 / (MULDIV + ADDDIV);
  LPC_UART->DLM = FDiv / 256;
  LPC_UART->DLL = FDiv % 256;
  LPC_UART->LCR = 0x03;
  LPC_UART->FCR = 0x07;
  LPC_UART->IER = (1 << 1) | (1 << 0); //--- 允许串口的发送和接收中断 ---
  NVIC_EnableIRQ(UART_IRQn);
}
long SendPointer = 0;
long SendFlag = 0;
void UART_IRQHandler(void)               //--- 串口的中断函数 ---
{
  unsigned char temp;
  temp = LPC_UART->IIR & 0x0E;
  switch(temp)
    {
      case 2:                            //--- 发送完成中断 ---
        if(0 != SendFlag)
          {
            SendPointer ++;
            if(KeyStr[SendPointer])LPC_UART->THR = KeyStr[SendPointer];
            else SendFlag = 0;
          }
        break;
      case 4:                            //--- 接收完成中断 ---
        temp = LPC_UART->RBR;
        if((temp >= '0') && (temp <= '9')) LPC_GPIO2->DATA = ~LEDSEG[temp - 0x30];
        else if((temp >= 'A') && (temp <= 'F')) LPC_GPIO2->DATA = ~LEDSEG[temp - 0x37];
        else if((temp >= 'a') && (temp <= 'f')) LPC_GPIO2->DATA = ~LEDSEG[temp - 0x57];
        break;
      default:
        temp = LPC_UART->LSR;
        break;
```

```
      }
   }
int main (void)
{
   SystemCoreClockUpdate();
   LPC13XX_UART_Init();
   LPC_GPIO2->DIR |= (0xFF << 0);
   while(1)
      {
        if((0 == K1) && (999999 != K1_Cnt) && (++K1_Cnt > 10000))
           {
              if(0 == K1)
                 {
                    K1_Cnt = 999999;
                    if(++KeyCnt > 9999)KeyCnt = 0;
                    KeyStr[11] = (KeyCnt / 1000) % 10 + '0';
                    KeyStr[12] = (KeyCnt / 100) % 10 + '0';
                    KeyStr[13] = (KeyCnt / 10) % 10 + '0';
                    KeyStr[14] = (KeyCnt / 1) % 10 + '0';
                    SendPointer = 0;
                    SendFlag = 1;
                    LPC_UART->THR = KeyStr[0];
                    while(0 != SendFlag){;}
                 }
           }
        else if(0 != K1)K1_Cnt = 0;
      }
}
```

4. 小结

本实例展示了如何使用 UART 的串口中断方式来发送和接收数据。串口的配置与实例 1.38 相似，但还要加上使能 UART 的发送中断和接收中断功能，并打开 NVIC 的 UART 对应的中断向量号。

在 UART_IRQHandler 中断函数中，读取 UART 的 IIR 标志寄存器信息来判断当前是 UART 的哪个中断类型产生了中断请求，并根据 UART 不同类型的中断请求进行相应的程序处理。

本实例的串口虚拟终端显示的结果如图 1-46 所示。

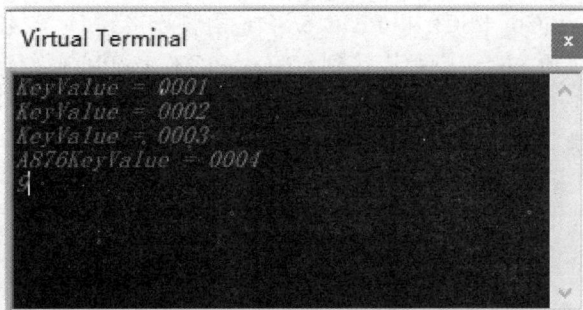

图 1-46　实例 1.38 示意图

1.39　基于 I²C 接口的 24C02 串行存储器读写实例

1. 项目要求

利用 LPC1343 的 I²C 串行总线通信接口外接一个 24C02 的串行存储器,实现对该存储器的读和写操作。

2. 硬件电路

硬件电路原理图如图 1-47 所示。

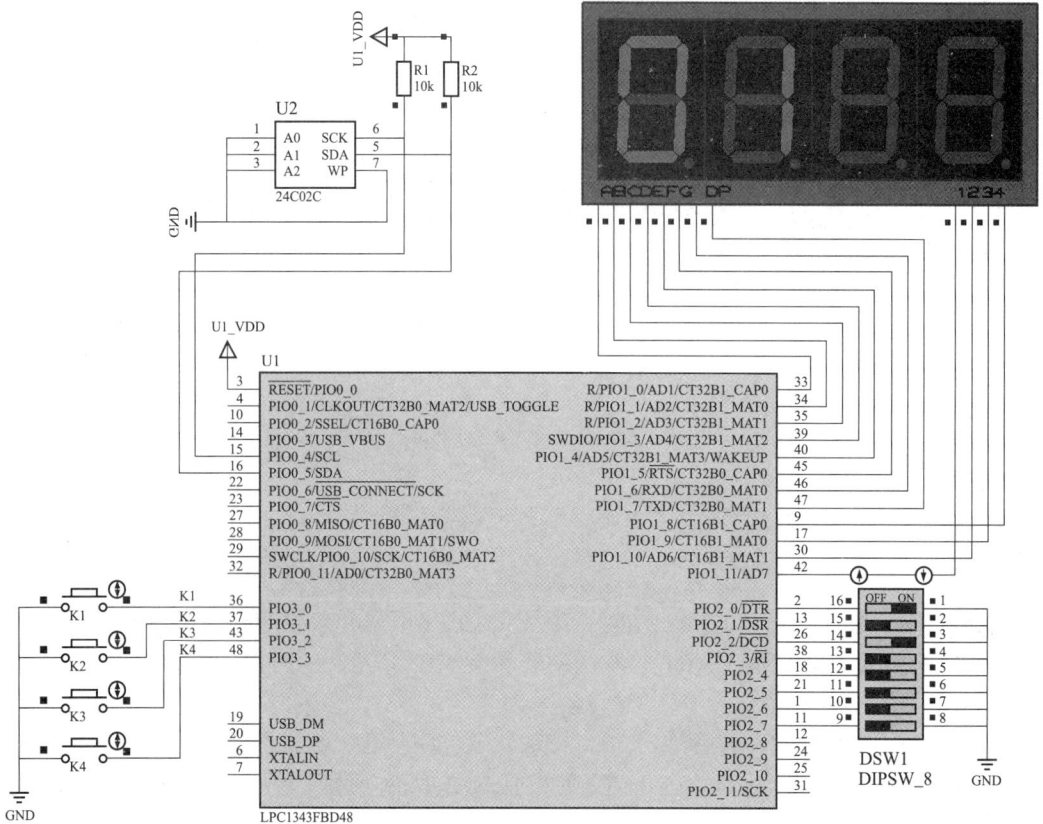

图 1-47　基于 I²C 接口的 24C02 串行存储器读写实例电路原理图

U₁(LPC1343)的 PIO0_4/SCL 和 PIO0_5/SDA 引脚连接到 U₂(24C02)的 SCK 和 SDA 引脚上,U₂ 的 A0~A2 和 WP 引脚都连接到 GND,PIO3_0~PIO3_3 引脚上分别外接 4 个按键 K1~K4,GPIO1 端口驱动着一个 4 位共阴 LED 数码管,用于实现相关操作的显示,GPIO2 端口外接一个 8 位的数码开关,用于设定当前要写入的是什么数据。按键 K1 和 K2 用于调整写入存储器的地址,K3 用于写操作,K4 用于读操作。

3. 程序设计

根据实例要求,设计的程序如下:

```
#include <LPC13xx.h>
#define AT24WC02  0xA0
```

```
unsigned char  ucI2CAdd;                 //
unsigned char  ucI2CRamAdd;              // RAM read and write address
unsigned char  ucI2CNum;                 // I2C read and write Num
unsigned char  *ucI2CBuf;                // I2C work pointer
unsigned char  ucReadBuf[128];           // read data buf
unsigned char  ucWriteBuf[128];          // write data buf
unsigned char  ucI2CEnd;                 // end sign
unsigned char  ucI2CAddEn;               // work enabled sign
unsigned char  I2C_SendStr(unsigned char SlaveAddr, unsigned char WRAddr,
                       unsigned char *Str,unsigned char number)
{
  if(0 == number)return(0);
  // setup basic parameter
  ucI2CAdd = SlaveAddr;
  ucI2CNum = number;
  ucI2CRamAdd = WRAddr;
  ucI2CBuf = Str;
  ucI2CEnd = 0;
  ucI2CAddEn = 2;
  // set master Mode, startup bus
  LPC_I2C->CONCLR = 0x2C;
  LPC_I2C->CONSET = 0x60;
  // wait work finish
  while(0 == ucI2CEnd);
  if(1 == ucI2CEnd)return(1);
  else return(0);
}
unsigned char I2C_RecvStr(unsigned char SlaveAddr, unsigned char RDAddr,
                       unsigned char *Str,unsigned char number)
{
  if(0 == number)return(0);
  // setup basic parameter
  ucI2CAdd = SlaveAddr + 1;
  ucI2CNum = number;
  ucI2CRamAdd = RDAddr;
  ucI2CBuf = Str;
  ucI2CEnd = 0;
  ucI2CAddEn  = 1;
  // set master Mode, startup bus
  LPC_I2C->CONCLR = 0x2C;
  LPC_I2C->CONSET = 0x60;
  // wait work finish
  while(0 == ucI2CEnd);
  if(1 == ucI2CEnd) return(1);
  else return(0);
}
void LPC13XX_I2C_Init(void)
{
  LPC_SYSCON->SYSAHBCLKCTRL |= (1 << 16);   //--- 使能 IOCON 模块的时钟源 ---
  LPC_IOCON->PIO0_4 = (1 << 0);             //--- PIO0_4 为 SCL 功能引脚 ---
  LPC_IOCON->PIO0_5 = (1 << 0);             //--- PIO0_5 为 SDA 功能引脚 ---
```

```
  LPC_SYSCON->SYSAHBCLKCTRL |= (1 << 5);      //--- 使能 I2C 模块的时钟源 ---
  LPC_SYSCON->PRESETCTRL |= (1 << 1);         //--- 禁止 I2C 复位 ---
  LPC_I2C->SCLH = 360;
  LPC_I2C->SCLL = 360;
  LPC_I2C->CONCLR = 0x2C;
  LPC_I2C->CONSET = 0x40;
  NVIC_EnableIRQ(I2C_IRQn);
}
void I2C_IRQHandler(void)
{
  unsigned char sta;
  sta = LPC_I2C->STAT;                        // read state
  switch(sta)
    {
      case 0x08:
        if(1 == ucI2CAddEn)
        LPC_I2C->DAT = ucI2CAdd & 0xFE;        //--- 发送从地址和读操作标识 ---
        else LPC_I2C->DAT = ucI2CAdd;          //--- 发送从地址 ---
        LPC_I2C->CONCLR = 0x28;                //--- SI = 0 ---
        break;
      case 0x10:
        LPC_I2C->DAT = ucI2CAdd;               //--- 复位并发送从地址 ---
        LPC_I2C->CONCLR = 0x28;                //--- SI = 0 ---
        break;
      case 0x18:
        if(ucI2CAddEn == 0)
          {
            if(ucI2CNum > 0)
              {
                LPC_I2C->DAT = *ucI2CBuf++;    //--- 发送数据 ---
                LPC_I2C->CONCLR = 0x28;
                ucI2CNum--;
              }
            else
              {
                LPC_I2C->CONSET = 0x10;        //--- 发送完成 ---
                LPC_I2C->CONCLR = 0x28;
                ucI2CEnd = 1;                  //--- 置完成标识 ---
              }
          break;
          }
        if(ucI2CAddEn == 1)
        LPC_I2C->DAT = ucI2CRamAdd;            //--- 发送 C02 的 RAM 地址 ---
        if(ucI2CAddEn == 2)
          {
            LPC_I2C->DAT = ucI2CRamAdd;        //--- 发送 C02 的 RAM 地址 ---
            ucI2CAddEn = 0;                    //--- 清标识 ---
          }
        LPC_I2C->CONCLR = 0x28;                //--- SI=0 并清中断标识 ---
        break;
      case 0x28:
```

```
     if(ucI2CAddEn == 0)
       {
         if(ucI2CNum>0)
           {
             LPC_I2C->DAT = *ucI2CBuf++;    //--- 发送 C02 的 RAM 地址 ---
             ucI2CNum--;
           }
         else
           {
             LPC_I2C->CONSET = 0x10;          //--- 发送完成 ---
             ucI2CEnd = 1;
           }
         LPC_I2C->CONCLR = 0x28;              //--- SI=0 并清中断标识 ---
       }
     if(ucI2CAddEn == 1)
       {
         LPC_I2C->CONSET = 0x20;
         LPC_I2C->CONCLR = 0x08;
         ucI2CAddEn = 0;
       }
     break;
   case 0x20:
   case 0x30:
   case 0x38:                              //--- 总线错误 ---
     LPC_I2C->CONCLR = 0x28;
     ucI2CEnd = 0xFF;
     break;
   case 0x40:
     if(1==ucI2CNum)LPC_I2C->CONCLR = 0x2C;//--- 当接收为最后字节数据发送NACK ---
     else
       {
         LPC_I2C->CONSET = 0x04;            //--- 接收并发送 ACK ---
         LPC_I2C->CONCLR = 0x28;
       }
     break;
   case 0x50:
     *ucI2CBuf++ = LPC_I2C->DAT;           //--- 读字节数据 ---
     ucI2CNum--;
     if(1==ucI2CNum)LPC_I2C->CONCLR = 0x2C;
     else
       {
         LPC_I2C->CONSET = 0x04;
         LPC_I2C->CONCLR = 0x28;
       }
     break;
   case 0x58:
     *ucI2CBuf++ = LPC_I2C->DAT;           //--- 读最后一个字节数据 ---
     LPC_I2C->CONSET = 0x10;               //--- 总线结束 ---
     LPC_I2C->CONCLR = 0x28;
     ucI2CEnd = 1;
     break;
```

```
      case 0x48:
        LPC_I2C->CONCLR = 0x28;                 //--- 总线错误 ---
        ucI2CEnd = 0xFF;
        break;
      default:
        break;
    }
  }
const unsigned char LEDSEG[] =
{
  0x3F,0x06,0x5B,0x4F,0x66,0x6D,0x7D,0x07,0x7F,0x6F, //--- 数字 0~9 的笔段码 ---
  0x77,0x7C,0x39,0x5E,0x79,0x71,                     //--- 字母 AbCdEF ---
  0x00,0x40,
};
const unsigned char LEDDIG[] =
{
  0xFE,0xFD,0xFB,0xF7,
};
unsigned char LEDBuffer[4];
unsigned char LEDPointer;
long msCnt;
#define K1  (LPC_GPIO3->DATA & (1 << 0))
#define K2  (LPC_GPIO3->DATA & (1 << 1))
#define K3  (LPC_GPIO3->DATA & (1 << 2))
#define K4  (LPC_GPIO3->DATA & (1 << 3))
long K1_Cnt,K2_Cnt,K3_Cnt,K4_Cnt;
long Address = 0;
int main (void)
{
  LPC13XX_I2C_Init();
  LPC_SYSCON->SYSAHBCLKCTRL |= (1 << 16);   //--- 使能 IOCON 模块的时钟源 ---
  LPC_IOCON->RESET_PIO0_0 |= (1 << 0);       //--- PIO0_0 为 GPIO 功能 ---
  LPC_IOCON->R_PIO1_0 |= (1 << 0);           //--- PIO1_0 为 GPIO 功能 ---
  LPC_IOCON->R_PIO1_1 |= (1 << 0);           //--- PIO1_1 为 GPIO 功能 ---
  LPC_IOCON->R_PIO1_2 |= (1 << 0);           //--- PIO1_2 为 GPIO 功能 ---
  LPC_IOCON->SWDIO_PIO1_3 |= (1 << 0);       //--- PIO1_3 为 GPIO 功能 ---
  LPC_GPIO1->DIR = 0xFFF;
  while(1)
    {
      if(++msCnt >= 100)
        {
          msCnt = 0;
          LPC_GPIO1->DATA = (LEDDIG[LEDPointer] << 8)|(LEDSEG[LEDBuffer[LEDPointer]]
<< 0);
          if(++LEDPointer >= sizeof(LEDBuffer))LEDPointer = 0;
        }
      if((0 == K1) && (999999 != K1_Cnt) && (++K1_Cnt > 10))
        {
          if(0 == K1)
            {
              K1_Cnt = 999999;
```

```
            if(++Address > 127)Address = 0;
            LEDBuffer[3] = Address / 10;
            LEDBuffer[2] = Address % 10;
            LEDBuffer[1] = LEDBuffer[0] = 16;
          }
      }
    else if(0 != K1)K1_Cnt = 0;
    if((0 == K2) && (999999 != K2_Cnt) && (++K2_Cnt > 10))
      {
        if(0 == K2)
          {
            K2_Cnt = 999999;
            if(--Address < 0)Address = 0;
            LEDBuffer[3] = Address / 10;
            LEDBuffer[2] = Address % 10;
            LEDBuffer[1] = LEDBuffer[0] = 16;
          }
      }
    else if(0 != K2)K2_Cnt = 0;
    if((0 == K3) && (999999 != K3_Cnt) && (++K3_Cnt > 10))
      {
        if(0 == K3)
          {
            K3_Cnt = 999999;
            ucWriteBuf[0] = LPC_GPIO2->DATA & 0xFF;
            I2C_SendStr(AT24WC02,Address,ucWriteBuf,2);
          }
      }
    else if(0 != K3)K3_Cnt = 0;
    if((0 == K4) && (999999 != K4_Cnt) && (++K4_Cnt > 10))
      {
        if(0 == K4)
          {
            K4_Cnt = 999999;
            I2C_RecvStr(AT24WC02,Address,ucReadBuf,2);
            LEDBuffer[1] = ucReadBuf[0] / 10;
            LEDBuffer[0] = ucReadBuf[0] % 10;
          }
      }
    else if(0 != K4)K4_Cnt = 0;
  }
}
```

4．小结

本实例展示了如何利用 LPC1343 的 I²C 总线接口实现与外部具有 I²C 接口的芯片之间数据通信的使用方法。

首先，要正确初始化 LPC1343 的 I²C 总线接口功能，一般步骤如下：

（1）配置复用 SCL 和 SDA 引脚的 GPIO 引脚的复用功能。

（2）使能 I²C 模块的时钟源并禁止复位。

（3）配置 I^2C 总线的分频系数产生合适的 SCL 时钟信号。

（4）使能 I^2C 中断并打开 NIVC 中的对应 I^2C 模块的向量号。

接着，在 I2C_IRQHandler 中断函数里，根据 I^2C 模块的 STAT 寄存器的状态信息来决定下一步执行的动作。

本实例中要实现与对具有 I^2C 接口的 24C02 存储器进行读和写操作，还要了解 24C02 的 I^2C 接口的读和写操作时序，有关时序可参考 24C02 的数据手册。

1.40　基于 SPI 接口的 25AA010A 串行存储器读写实例

1. 项目要求

利用 LPC1343 的同步串行通信接口（SPI）外接一个具有 SPI 接口的 Flash 串行存储器 25AA010A，实现数据的读和写操作。

2. 硬件电路

硬件电路原理图如图 1-48 所示。

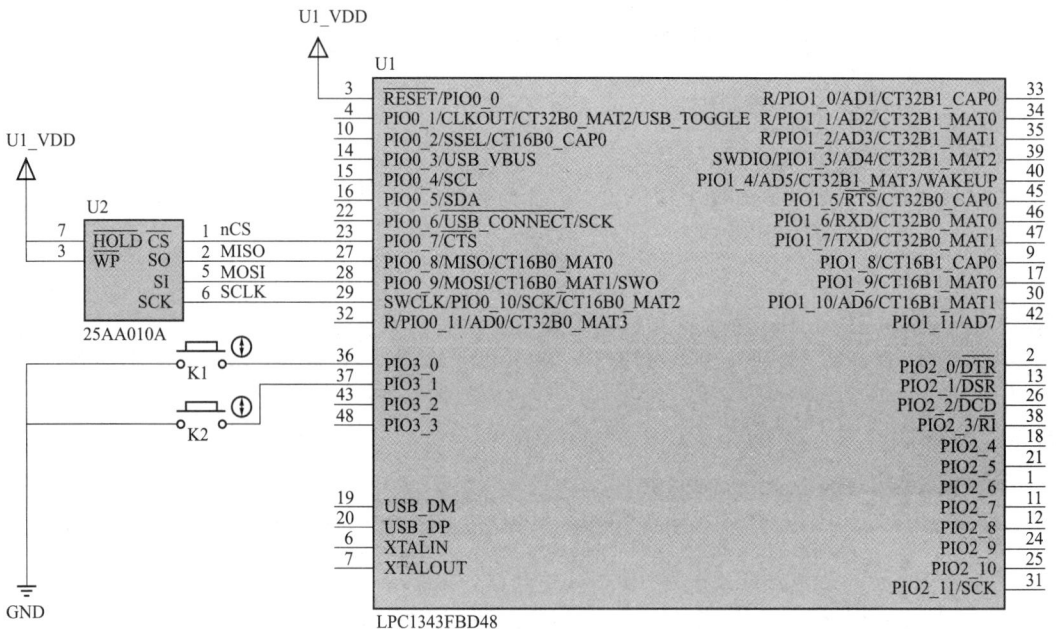

图 1-48　基于 SPI 接口的 25AA010A 串行存储器读写实例电路原理图

U_1（LPC1343）的 PIO0_7、PIO0_8/MISO、PIO0_9/MOSI、PIO0_10/SCK 引脚分别连接到 U_2（25AA010A）的 CS、SO、SI 和 SCK 引脚上。PIO3_0 和 PIO3_1 分别连接按键 K1 和 K2。

3. 程序设计

根据实例要求，设计的程序如下：

```
#include <LPC13xx.h>
//--- SSP0 程序段 ---
#define    nCS_L    LPC_GPIO0->DATA &=~(1 << 7)
#define    nCS_H    LPC_GPIO0->DATA |= (1 << 7)
```

```
void LPC13XX_SPI_Init(void)
{
  LPC_SYSCON->SYSAHBCLKCTRL |= (1 << 16);    //--- 使能 IOCON 模块的时钟源 ---
  LPC_IOCON->PIO0_8 |= (1 << 0);
  LPC_IOCON->PIO0_9 |= (1 << 0);             //--- PIO0_9 为 MOSI0 功能 ---
  LPC_IOCON->SCK_LOC = 0;                     //--- PIO0_10 为 SCK0 引脚 ---
  LPC_IOCON->SWCLK_PIO0_10 |= (2 << 0);      //--- PIO0_10 为 SCK0 功能 ---
  LPC_GPIO0->DIR |= (1 << 7);                //--- PIO0_7 为输出方向 ---
  LPC_GPIO0->DATA |= (1 << 7);               //--- PIO0_7 输出高电平 ---
  LPC_SYSCON->SYSAHBCLKCTRL |= (1 << 11);    //--- 使能 SSP0 模块的时钟源 ---
  LPC_SYSCON->SSP0CLKDIV = 2;                //--- SSP0_PCLK = CCLK/2 ---
  LPC_SYSCON->PRESETCTRL |= (1 << 0);        //--- 禁止 SSP0 复位 ---
  LPC_SSP0->CR0 = (7 << 0) | (7 << 8);
  LPC_SSP0->CPSR = 4;
  LPC_SSP0->CR1 = (1 << 1);
}
unsigned char LPC13XX_SSP0(unsigned char dat)
{
  LPC_SSP0->DR = dat;
  while(0 != (LPC_SSP0->SR & (1 << 4)));
  return(LPC_SSP0->DR);
}
//--- EEPROM 25AA010A 读写程序段 ---
unsigned char EEPROM_25AA010A_Read(unsigned char adr)
{
  unsigned char ret;
  nCS_L;
  LPC13XX_SSP0(0x03);
  LPC13XX_SSP0(adr);
  ret = LPC13XX_SSP0(0);
  nCS_H;
  return(ret);
}
void EEPROM_25AA010A_Write(unsigned char adr,unsigned char dat)
{
  nCS_L;
  LPC13XX_SSP0(0x06);
  nCS_H;
  nCS_L;
  LPC13XX_SSP0(0x02);
  LPC13XX_SSP0(adr);
  LPC13XX_SSP0(dat);
  nCS_H;
}
//--- main 主程序段 ---
unsigned char Pointer = 0;
unsigned char Buffer[128];
#define K1  (LPC_GPIO3->DATA & (1 << 0))
#define K2  (LPC_GPIO3->DATA & (1 << 1))
```

```
long K1_Cnt,K2_Cnt;

int main (void)
{
  long i,j;
  LPC13XX_SPI_Init();
  while(1)
    {
      if((0 == K1) && (999999 != K1_Cnt) && (++K1_Cnt > 10))
        {
          if(0 == K1)
            {
              K1_Cnt = 999999;
              if(++Pointer >= sizeof(Buffer))Pointer = 0;
              Buffer[Pointer] = EEPROM_25AA010A_Read(Pointer);
            }
        }
      else if(0 != K1)K1_Cnt = 0;
      if((0 == K2) && (999999 != K2_Cnt) && (++K2_Cnt > 10))
        {
          if(0 == K2)
            {
              K2_Cnt = 999999;
              for(i=0;i<sizeof(Buffer);i++)
                {
                  EEPROM_25AA010A_Write(i,i);
                  for(j=0;j<50000;j++);
                }
              Pointer = 0;
            }
        }
      else if(0 != K2)K2_Cnt = 0;
    }
}
```

4．小结

本实例展示了如何利用 SPI 接口实现对具有 SPI 接口的外围设备进行数据通信。对于 LPC1343 的 SPI 模拟的配置方法与实例 1.33 相似。对于 25AA010 串行 Flash 存储器的读写操作，要按着其指令集通过 SPI 接口发送和接收。

1.41 8×8 点阵 LED 显示数字 0～9 实例

1．项目要求

在 LPC1343 的 PIO1 和 PIO2 端口上连接一个 8×8 点阵 LED 显示模块，实现在 8×8 点阵 LED 显示模块上轮流显示数字 0～9。

2．硬件电路

硬件电路原理图如图 1-49 所示。

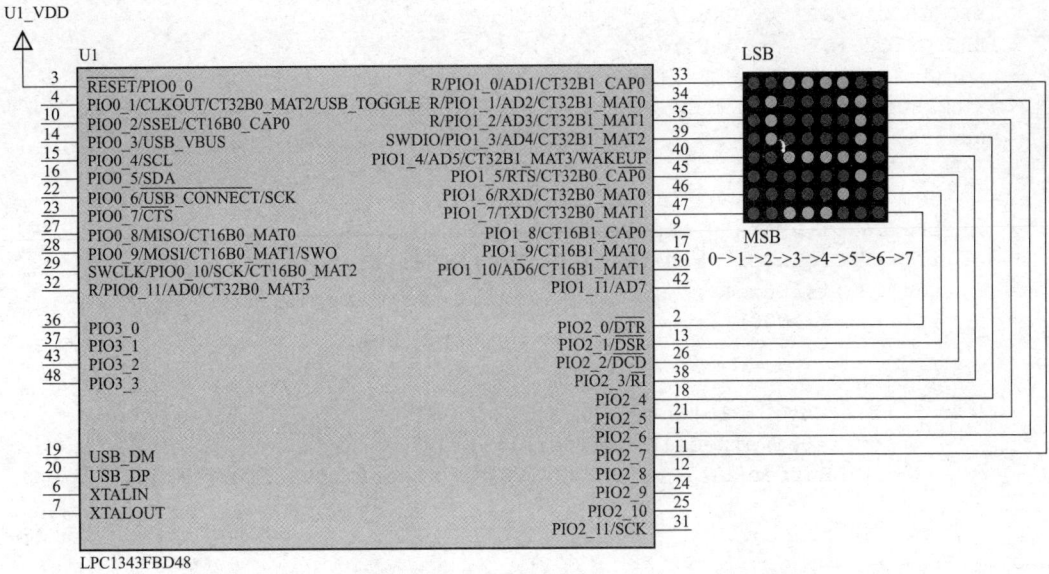

图 1-49 8×8 点阵 LED 显示数字 0～9 实例电路原理图

U₁（LPC1343）的 PIO1_0～PIO1_7 和 PIO2_0～PIO2_7 分别驱动 8×8 点阵 LED 的行和列。

3．程序设计

根据实例要求，设计的程序如下：

```
#include <LPC13xx.h>
const unsigned char COLTAB[] = {0xFE,0xFD,0xFB,0xF7,0xEF,0xDF,0xBF,0x7F};
unsigned char LEDPointer = 0;
unsigned char LEDBuffer[8] = {0x55,0xAA,0x00,0x00,0x00,0x00,0x00,0x00};
const unsigned char NUMBER8X8[] =
{
0x00,0x7C,0xC3,0x81,0x81,0xC3,0x3E,0x00,    //"0",0
0x00,0x02,0x02,0x01,0xFF,0x00,0x00,0x00,    //"1",1
0x00,0xC2,0xA1,0xA1,0x91,0x89,0x8E,0x00,    //"2",2
0x00,0x42,0x89,0x89,0x89,0x76,0x00,0x00,    //"3",3
0x20,0x30,0x28,0x24,0x22,0xFF,0x20,0x00,    //"4",4
0x00,0x0F,0x89,0x89,0x89,0xD9,0x71,0x00,    //"5",5
0x00,0x7C,0xD2,0x89,0x89,0x89,0x70,0x00,    //"6",6
0x01,0x01,0xC1,0x31,0x09,0x07,0x01,0x00,    //"7",7
0x00,0x76,0x89,0x89,0x89,0x89,0x76,0x00,    //"8",8
0x00,0x0E,0x91,0x91,0x91,0x53,0x3E,0x00,    //"9",9
};
int main (void)
{
  long i,j = 0,Cnt = 0;
  LPC_SYSCON->SYSAHBCLKCTRL |= (1 << 16);    //--- 使能 IOCON 模块的时钟源 ---
  LPC_IOCON->RESET_PIO0_0 |= (1 << 0);       //--- PIO0_0 为 GPIO 功能 ---
  LPC_IOCON->R_PIO1_0 |= (1 << 0);           //--- PIO1_0 为 GPIO 功能 ---
  LPC_IOCON->R_PIO1_1 |= (1 << 0);           //--- PIO1_1 为 GPIO 功能 ---
  LPC_IOCON->R_PIO1_2 |= (1 << 0);           //--- PIO1_2 为 GPIO 功能 ---
  LPC_IOCON->SWDIO_PIO1_3 |= (1 << 0);       //--- PIO1_3 为 GPIO 功能 ---
```

113

```
LPC_GPIO1->DIR |= 0xFF;
LPC_GPIO2->DIR |= 0xFF;
for(i=0;i<sizeof(LEDBuffer);i++)
  LEDBuffer[i] = NUMBER8X8[Cnt * sizeof(LEDBuffer) + i];
while(1)
  {
    LPC_GPIO2->DATA = COLTAB[LEDPointer];
    LPC_GPIO1->DATA = LEDBuffer[LEDPointer];
    if(++LEDPointer >= sizeof(COLTAB))LEDPointer = 0;
    for(i=0;i<600;i++);
    if(++j >= 1000)
      {
        j = 0;
        if(++Cnt >= 10)Cnt = 0;
        for(i=0;i<sizeof(LEDBuffer);i++)
          LEDBuffer[i] = NUMBER8X8[Cnt * sizeof(LEDBuffer) + i];
      }
  }
}
```

4．小结

本实例展示了如何利用 LPC1343 的 GPIO 引脚直接驱动 8×8 点阵 LED 的行和列，并实现字符的显示。如图 1-50 所示，有行阳列阴和行阴列阳类型 8×8 点阵 LED 模块。但对于 8×8 点阵LED的驱动必须采用按行或者按列进行动态扫描刷新才能正常显示出 8×8 点阵 LED 上的对应点所呈现的像素点。

例如要显示字符"9"，一般用字模提取软件，将显示字符"9"的对应的 8×8 点阵的像素点的 0 和 1 的二进数取出来。按列取来字符，显示一个 8×8 点阵的字符"9"，要占用 8 字节。

程序中 NUMBER8×8 数组定义的就是要显示字符"0"到"9"的 8×8 大小的像素点数据。每一列对应一个字节的数据（该列上的 8 个像素点），通过 GPIO 端口每次只能显示一列的像素点，8 列的数字，轮流送 8 次，每次选通该列后，将该列的一个字节数据通过 GPIO 端口送出。隔 1ms 左右再送下一列，如此循环，

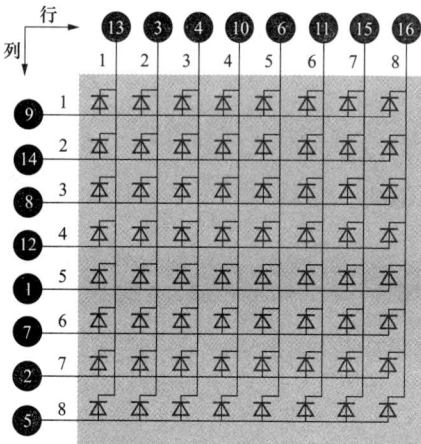

图 1-50　8×8 点阵 LED 模块

直到 8 列全部送完后，重新从第一列开始。

1.42　16×16 点阵 LED 显示汉字实例

1．项目要求

LPC1343 的 PIO0～PIO3 端口驱动一个由 4 个 8×8 点阵 LED 组成的 16×16 点阵 LED 模块，要求能够显示"桂林电子科技大学"汉字。

2．硬件电路

硬件电路原理图如图 1-51 所示。

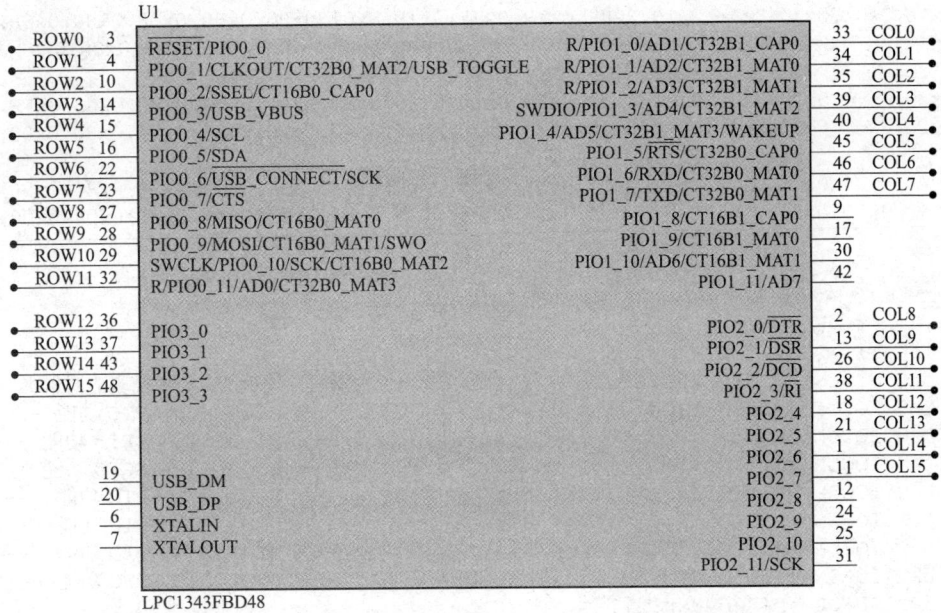

U1

左侧引脚：

ROW0 3	RESET/PIO0_0
ROW1 4	PIO0_1/CLKOUT/CT32B0_MAT2/USB_TOGGLE
ROW2 10	PIO0_2/SSEL/CT16B0_CAP0
ROW3 14	PIO0_3/USB_VBUS
ROW4 15	PIO0_4/SCL
ROW5 16	PIO0_5/SDA
ROW6 22	PIO0_6/USB_CONNECT/SCK
ROW7 23	PIO0_7/CTS
ROW8 27	PIO0_8/MISO/CT16B0_MAT0
ROW9 28	PIO0_9/MOSI/CT16B0_MAT1/SWO
ROW10 29	SWCLK/PIO0_10/SCK/CT16B0_MAT2
ROW11 32	R/PIO0_11/AD0/CT32B0_MAT3
ROW12 36	PIO3_0
ROW13 37	PIO3_1
ROW14 43	PIO3_2
ROW15 48	PIO3_3
19	USB_DM
20	USB_DP
6	XTALIN
7	XTALOUT

右侧引脚：

R/PIO1_0/AD1/CT32B1_CAP0	33 COL0
R/PIO1_1/AD2/CT32B1_MAT0	34 COL1
R/PIO1_2/AD3/CT32B1_MAT1	35 COL2
SWDIO/PIO1_3/AD4/CT32B1_MAT2	39 COL3
PIO1_4/AD5/CT32B1_MAT3/WAKEUP	40 COL4
PIO1_5/RTS/CT32B0_CAP0	45 COL5
PIO1_6/RXD/CT32B0_MAT0	46 COL6
PIO1_7/TXD/CT32B0_MAT1	47 COL7
PIO1_8/CT16B1_CAP0	9
PIO1_9/CT16B1_MAT0	17
PIO1_10/AD6/CT16B1_MAT1	30
PIO1_11/AD7	42
PIO2_0/DTR	2 COL8
PIO2_1/DSR	13 COL9
PIO2_2/DCD	26 COL10
PIO2_3/RI	38 COL11
PIO2_4	18 COL12
PIO2_5	21 COL13
PIO2_6	1 COL14
PIO2_7	11 COL15
PIO2_8	12
PIO2_9	24
PIO2_10	25
PIO2_11/SCK	31

LPC1343FBD48

图 1-51   16×16 点阵 LED 显示汉字实例电路原理图

PIO0 和 PIO3 用于驱动 16×16 点阵 LED 模块的行线，PIO1 和 PIO2 端口用于驱动 16×16 点阵 LED 模块的列线。

3. 程序设计

根据实例要求，设计的程序如下：

```c
#include <LPC13xx.h>
const unsigned short ROWTAB[] =
{
  0xFFFE,0xFFFD,0xFFFB,0xFFF7,
  0xFFEF,0xFFDF,0xFFBF,0xFF7F,
  0xFEFF,0xFDFF,0xFBFF,0xF7FF,
  0xEFFF,0xDFFF,0xBFFF,0x7FFF,
};
unsigned char LEDBuffer[32] = {0x55,0x55,0xAA,0xAA,0xFF,0xFF,};
unsigned char LEDPointer;
const unsigned char HZ_GUET[] =
{
0x10,0x04,0x10,0x03,0xD0,0x00,0xFF,0xFF,0x90,0x00,0x10,0x03,0x40,0x40,0x44,0x44,
0x44,0x44,0x44,0x44,0x7F,0x7F,0x44,0x44,0x44,0x44,0x44,0x44,0x40,0x40,0x00,0x00,
//"桂",0
0x10,0x04,0x10,0x03,0xD0,0x00,0xFF,0xFF,0x90,0x00,0x10,0x11,0x00,0x08,0x10,0x04,
0x10,0x03,0xD0,0x00,0xFF,0xFF,0xD0,0x00,0x10,0x03,0x10,0x04,0x10,0x08,0x00,0x00,
//"林",1
0x00,0x00,0x00,0x00,0xF8,0x1F,0x88,0x08,0x88,0x08,0x88,0x08,0x88,0x08,0xFF,0x7F,
0x88,0x88,0x88,0x88,0x88,0x88,0x88,0x88,0xF8,0x9F,0x00,0x80,0x00,0xF0,0x00,0x00,
//"电",2
0x80,0x00,0x82,0x00,0x82,0x00,0x82,0x00,0x82,0x00,0x82,0x40,0x82,0x80,0xE2,0x7F,
0xA2,0x00,0x92,0x00,0x8A,0x00,0x86,0x00,0x82,0x00,0x80,0x00,0x80,0x00,0x00,0x00,
//"子",3
0x24,0x08,0x24,0x06,0xA4,0x01,0xFE,0xFF,0xA3,0x00,0x22,0x01,0x00,0x04,0x22,0x04,
0xCC,0x04,0x00,0x04,0x00,0x04,0xFF,0xFF,0x00,0x02,0x00,0x02,0x00,0x02,0x00,0x00,
//"科",4
```

```
0x10,0x04,0x10,0x44,0x10,0x82,0xFF,0x7F,0x10,0x01,0x90,0x80,0x08,0x80,0x88,0x40,
0x88,0x43,0x88,0x2C,0xFF,0x10,0x88,0x28,0x88,0x46,0x88,0x81,0x08,0x80,0x00,0x00,
//"技",5
0x20,0x80,0x20,0x80,0x20,0x40,0x20,0x20,0x20,0x10,0x20,0x0C,0x20,0x03,0xFF,0x00,
0x20,0x03,0x20,0x0C,0x20,0x10,0x20,0x20,0x20,0x40,0x20,0x80,0x20,0x80,0x00,0x00,
//"大",6
0x40,0x04,0x30,0x04,0x11,0x04,0x96,0x04,0x90,0x04,0x90,0x44,0x91,0x84,0x96,0x7E,
0x90,0x06,0x90,0x05,0x98,0x04,0x14,0x04,0x13,0x04,0x50,0x04,0x30,0x04,0x00,0x00,
//"学",7
};
int main (void)
{
  long i,msCnt = 0,HZ_Index = 0;
  LPC_SYSCON->SYSAHBCLKCTRL |= (1 << 16);   //--- 使能 IOCON 模块的时钟源 ---
  LPC_IOCON->RESET_PIO0_0 |= (1 << 0);      //--- PIO0_0 为 GPIO 功能 ---
  LPC_IOCON->SWCLK_PIO0_10 |= (1 << 0);     //--- PIO0_10 为 GPIO 功能 ---
  LPC_IOCON->R_PIO0_11 |= (1 << 0);         //--- PIO0_11 为 GPIO 功能 ---
  LPC_IOCON->R_PIO1_0 |= (1 << 0);          //--- PIO1_0 为 GPIO 功能 ---
  LPC_IOCON->R_PIO1_1 |= (1 << 0);          //--- PIO1_1 为 GPIO 功能 ---
  LPC_IOCON->R_PIO1_2 |= (1 << 0);          //--- PIO1_2 为 GPIO 功能 ---
  LPC_IOCON->SWDIO_PIO1_3 |= (1 << 0);      //--- PIO1_3 为 GPIO 功能 ---
  LPC_GPIO0->DIR = 0xFFF;
  LPC_GPIO3->DIR = 0xF;
  LPC_GPIO1->DIR = 0xFF;
  LPC_GPIO2->DIR = 0xFF;
  for(i=0;i<sizeof(LEDBuffer);i++)LEDBuffer[i] = HZ_GUET[i];
  while(1)
    {
      LPC_GPIO0->DATA = ROWTAB[LEDPointer];
      LPC_GPIO3->DATA = ROWTAB[LEDPointer] >> 12;
      LPC_GPIO1->DATA = LEDBuffer[LEDPointer * 2 + 0];
      LPC_GPIO2->DATA = LEDBuffer[LEDPointer * 2 + 1];
      if(++LEDPointer >= (sizeof(LEDBuffer) / sizeof(short)))LEDPointer = 0;
      for(i=0;i<600;i++);
      if(++msCnt >= 1000)
        {
msCnt = 0;
if(++HZ_Index >= 8)HZ_Index = 0;
for(i=0;i<sizeof(LEDBuffer);i++)
  LEDBuffer[i] = HZ_GUET[HZ_Index * sizeof(LEDBuffer) + i];
        }
    }
}
```

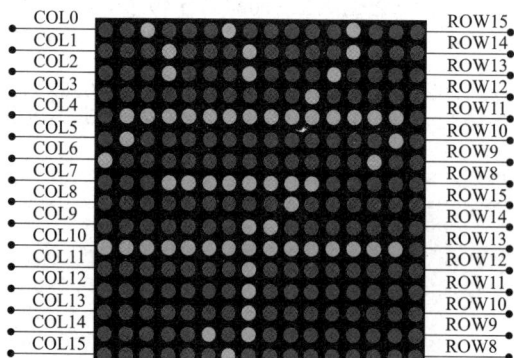

图 1-52   16×16 点阵 LED 模块示意图

4．小结

本实例展示了 LPC1343 的 GPIO 端口直接驱动 16×16 点阵 LED 显示模块的方法。由于 16×16 点阵 LED 是 4 个 8×8 点阵 LED 组成，其显示的内容就比 8×8 点阵丰富，可以直接显示汉字。16×16 点阵 LED 的驱动方法与 8×8 点阵 LED 的驱动方法一样，采用动态列或行扫描刷新。需要注意的是，一列 16 个点的亮灭数据需要用两个字节的列数据来表达。16×16 点阵 LED 模块示意图如图 1-52 所示。

1.43 16×16 点阵 LED 流水方式显示汉字实例

1．项目要求

LPC1343 的 PIO0～PIO3 端口驱动一个由 4 个 8×8 点阵 LED 组成的 16×16 点阵 LED 模块，要求能够显示"桂林电子科技大学"汉字，按键 K1 用于控制流水的方向。

2．硬件电路

硬件电路原理图如图 1-53 所示。

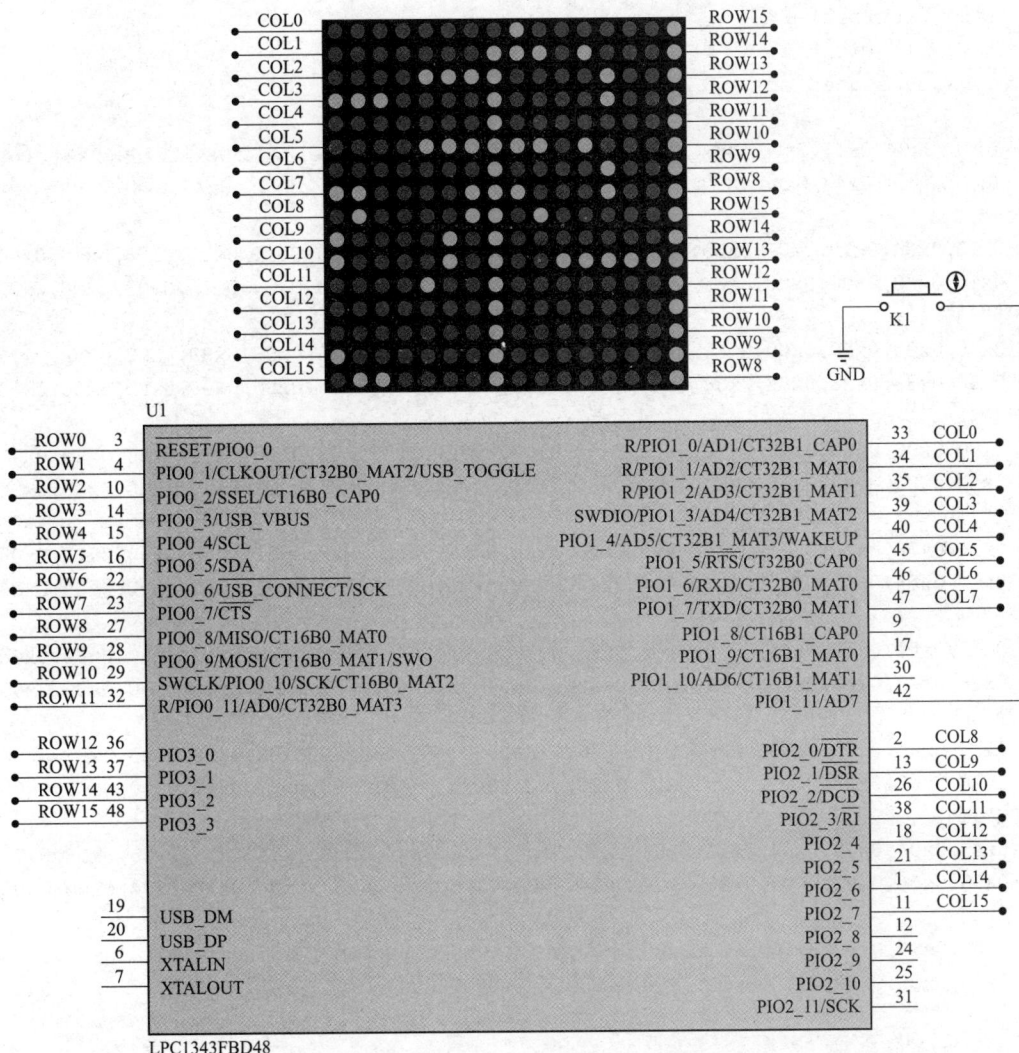

图 1-53 16×16 点阵 LED 流水方式显示汉字实例电路原理图

PIO0 和 PIO3 用于驱动 16×16 点阵 LED 模块的行线，PIO1 和 PIO2 端口用于驱动 16×16 点阵 LED 模块的列线。按键 K1 连接在 PIO1_11 引脚上用于控制汉字流水的方向。

3．程序设计

根据实例要求，设计的程序如下：

```c
#include <LPC13xx.h>
const unsigned short ROWTAB[] =
{
  0xFFFE,0xFFFD,0xFFFB,0xFFF7,
  0xFFEF,0xFFDF,0xFFBF,0xFF7F,
  0xFEFF,0xFDFF,0xFBFF,0xF7FF,
  0xEFFF,0xDFFF,0xBFFF,0x7FFF,
};
unsigned char LEDBuffer[32] = {0x55,0x55,0xAA,0xAA,0xFF,0xFF,};
unsigned char LEDPointer;
long FlowPointer;
long FlowDir = 1;
const unsigned char HZ_GUET[] =
{
0x10,0x04,0x10,0x03,0xD0,0x00,0xFF,0xFF,0x90,0x00,0x10,0x03,0x40,0x40,0x44,0x44,
0x44,0x44,0x44,0x44,0x7F,0x7F,0x44,0x44,0x44,0x44,0x44,0x44,0x40,0x40,0x00,0x00,
//"桂",0
0x10,0x04,0x10,0x03,0xD0,0x00,0xFF,0xFF,0x90,0x00,0x10,0x11,0x00,0x08,0x10,0x04,
0x10,0x03,0xD0,0x00,0xFF,0xFF,0xD0,0x00,0x10,0x03,0x10,0x04,0x10,0x08,0x00,0x00,
//"林",1
0x00,0x00,0x00,0x00,0xF8,0x1F,0x88,0x08,0x88,0x08,0x88,0x08,0x88,0x08,0xFF,0x7F,
0x88,0x88,0x88,0x88,0x88,0x88,0x88,0x88,0xF8,0x9F,0x00,0x80,0x00,0xF0,0x00,0x00,
//"电",2
0x80,0x00,0x82,0x00,0x82,0x00,0x82,0x00,0x82,0x00,0x82,0x40,0x82,0x80,0xE2,0x7F,
0xA2,0x00,0x92,0x00,0x8A,0x00,0x86,0x00,0x82,0x00,0x80,0x00,0x80,0x00,0x00,0x00,
//"子",3
0x24,0x08,0x24,0x06,0xA4,0x01,0xFE,0xFF,0xA3,0x00,0x22,0x01,0x00,0x04,0x22,0x04,
0xCC,0x04,0x00,0x04,0x00,0x04,0xFF,0xFF,0x00,0x02,0x00,0x02,0x00,0x02,0x00,0x00,
//"科",4
0x10,0x04,0x10,0x44,0x10,0x82,0xFF,0x7F,0x10,0x01,0x90,0x80,0x08,0x80,0x88,0x40,
0x88,0x43,0x88,0x2C,0xFF,0x10,0x88,0x28,0x88,0x46,0x88,0x81,0x08,0x80,0x00,0x00,
//"技",5
0x20,0x80,0x20,0x80,0x20,0x40,0x20,0x20,0x20,0x10,0x20,0x0C,0x20,0x03,0xFF,0x00,
0x20,0x03,0x20,0x0C,0x20,0x10,0x20,0x20,0x20,0x40,0x20,0x80,0x20,0x80,0x00,0x00,
//"大",6
0x40,0x04,0x30,0x04,0x11,0x04,0x96,0x04,0x90,0x04,0x90,0x44,0x91,0x84,0x96,0x7E,
0x90,0x06,0x90,0x05,0x98,0x04,0x14,0x04,0x13,0x04,0x50,0x04,0x30,0x04,0x00,0x00,
//"学",7
0x00,0x00,0x00,0x00,0x00,0x00,0x00,0x00,0x00,0x00,0x00,0x00,0x00,0x00,0x00,0x00,
0x00,0x00,0x00,0x00,0x00,0x00,0x00,0x00,0x00,0x00,0x00,0x00,0x00,0x00,0x00,0x00,
};
#define K1  (LPC_GPIO1->DATA & (1 << 11))
long K1_Cnt;
int main (void)
{
  long i,msCnt = 0;
  LPC_SYSCON->SYSAHBCLKCTRL |= (1 << 16);   //--- 使能 IOCON 模块的时钟源 ---
  LPC_IOCON->RESET_PIO0_0 |= (1 << 0);      //--- PIO0_0 为 GPIO 功能 ---
```

```c
LPC_IOCON->SWCLK_PIO0_10 |= (1 << 0);        //--- PIO0_10 为 GPIO 功能 ---
LPC_IOCON->R_PIO0_11 |= (1 << 0);            //--- PIO0_11 为 GPIO 功能 ---
LPC_IOCON->R_PIO1_0 |= (1 << 0);             //--- PIO1_0 为 GPIO 功能 ---
LPC_IOCON->R_PIO1_1 |= (1 << 0);             //--- PIO1_1 为 GPIO 功能 ---
LPC_IOCON->R_PIO1_2 |= (1 << 0);             //--- PIO1_2 为 GPIO 功能 ---
LPC_IOCON->SWDIO_PIO1_3 |= (1 << 0);         //--- PIO1_3 为 GPIO 功能 ---
LPC_GPIO0->DIR = 0xFFF;
LPC_GPIO3->DIR = 0xF;
LPC_GPIO1->DIR = 0xFF;
LPC_GPIO2->DIR = 0xFF;
for(i=0;i<sizeof(LEDBuffer);i++)LEDBuffer[i] = 0;
while(1)
  {
    LPC_GPIO0->DATA = ROWTAB[LEDPointer];
    LPC_GPIO3->DATA = ROWTAB[LEDPointer] >> 12;
    LPC_GPIO1->DATA = LEDBuffer[LEDPointer * 2 + 0];
    LPC_GPIO2->DATA = LEDBuffer[LEDPointer * 2 + 1];
    if(++LEDPointer >= (sizeof(LEDBuffer) / 2))LEDPointer = 0;
    for(i=0;i<600;i++);
    if(++msCnt >= ((sizeof(LEDBuffer) / 2) * 8))
      {
        msCnt = 0;
        if(0 == FlowDir)
          {
            for(i=0;i<(sizeof(LEDBuffer)/2)-1;i++)
              {
                LEDBuffer[i * 2 + 0] = LEDBuffer[i * 2 + 2];
                LEDBuffer[i * 2 + 1] = LEDBuffer[i * 2 + 3];
              }
            LEDBuffer[i * 2 + 0] = HZ_GUET[FlowPointer * 2 + 0];
            LEDBuffer[i * 2 + 1] = HZ_GUET[FlowPointer * 2 + 1];
            if(++FlowPointer >= (sizeof(HZ_GUET) / 2))FlowPointer = 0;
          }
        else
          {
            for(i=(sizeof(LEDBuffer)/2)-1;i>0;i--)
              {
                LEDBuffer[i * 2 + 1] = LEDBuffer[i * 2 - 1];
                LEDBuffer[i * 2 + 0] = LEDBuffer[i * 2 - 2];
              }
            LEDBuffer[i * 2 + 1] =
            HZ_GUET[((FlowPointer * 2) /sizeof(LEDBuffer)) * sizeof(LEDBuffer) +
              (sizeof(LEDBuffer) - 1 -(FlowPointer * 2)% sizeof(LEDBuffer)) - 0];
            LEDBuffer[i * 2 + 0] =
            HZ_GUET[((FlowPointer * 2)/sizeof(LEDBuffer)) * sizeof(LEDBuffer) +
              (sizeof(LEDBuffer) - 1 -(FlowPointer * 2)% sizeof(LEDBuffer)) - 1];
            if(++FlowPointer >= (sizeof(HZ_GUET) / 2))FlowPointer = 0;
          }
```

```
        }
    if((0 == K1) && (999999 != K1_Cnt) && (++K1_Cnt > 10))
      {
        if(0 == K1)
          {
            K1_Cnt = 999999;
            if(0 == FlowDir)FlowDir = 1;
            else FlowDir = 0;
            for(i=0;i<sizeof(LEDBuffer);i++)LEDBuffer[i] = 0;
            FlowPointer = 0;
          }
      }
    else if(0 != K1)K1_Cnt = 0;
    }
}
```

4．小结

本实例展示了如何在 16×16 点阵 LED 上流动显示汉字的方法。程序中最左列或最右列数据更新要注意读取 GUET 数组中数据的位置。

1.44　基于 8×8 点阵 LED 的"贪吃蛇"实例

1．项目要求

利用 LPC1343 和 8×8 点阵 LED 显示模块实现一个简易的"贪吃蛇"游戏，按键 K1～K4 实现上、下、左和右的方向控制。

2．硬件电路

硬件电路原理图如图 1-54 所示。

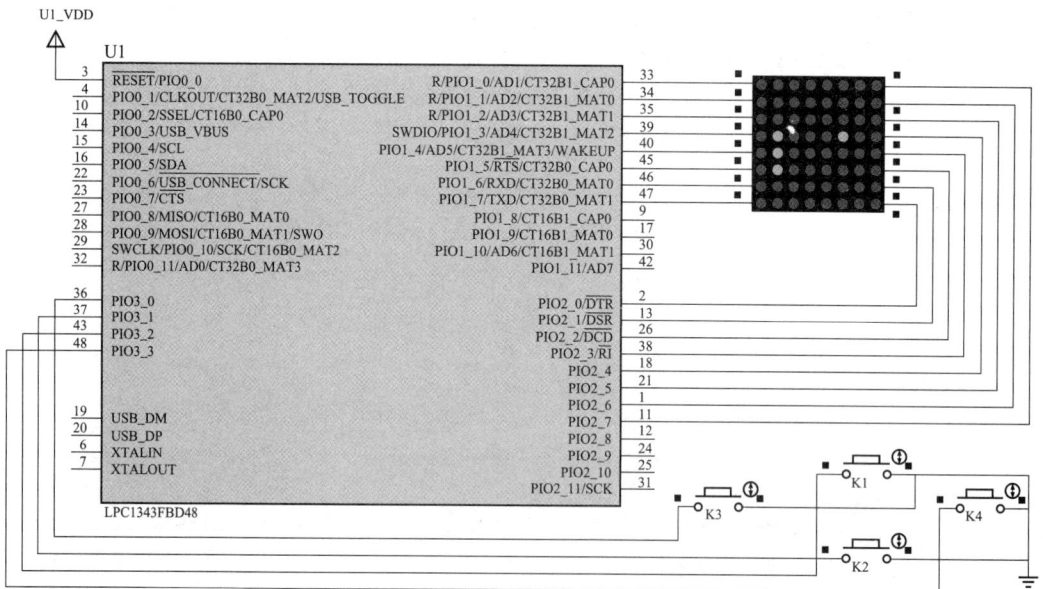

图 1-54　基于 8×8 点阵 LED 的"贪吃蛇"实例电路原理图

LPC1343 的 PIO1 和 PIO2 端口分别连接在 8×8 点阵 LED 的列线和行线。按键 K1～K4 分别连接在 PIO3_0～PIO3_3 引脚。

3. 程序设计

根据实例要求，设计的程序如下：

```c
#include <LPC13xx.h>
#define SNAKE   20                 //--- 最大长度 ---
#define TIME    50                 //--- 显示延时时间 ---
#define SPEED   71                 //--- 速度控制 ---
unsigned char x[SNAKE + 1];
unsigned char y[SNAKE + 1];
unsigned char time,n,i,e;          //--- 延时时间,当前蛇长,通用循环变量,当前速度 ---
long addx,addy;                    //--- 位移偏移量 ---
#define K1  (LPC_GPIO3->DATA & (1 << 2))
#define K2  (LPC_GPIO3->DATA & (1 << 1))
#define K3  (LPC_GPIO3->DATA & (1 << 0))
#define K4  (LPC_GPIO3->DATA & (1 << 3))
long K1_Cnt,K2_Cnt,K3_Cnt,K4_Cnt;
//--- 上下左右键位处理 ---
void turnkey(void)
{
  if((0 == K1) && (999999 != K1_Cnt) && (++K1_Cnt > 10))  //--- UP 键 ---
    {
      if(0 == K1)
        {
          K1_Cnt = 999999;
          addy = 0;
          if(-1 != addx)addx = 1;else addx = -1;
        }
    }
  else if(0 != K1)K1_Cnt = 0;
  if((0 == K2) && (999999 != K2_Cnt) && (++K2_Cnt > 10))   //--- DOWN 键---
    {
      if(0 == K2)
        {
          K2_Cnt = 999999;
          addy = 0;
          if(1 != addx)addx = -1;else addx = 1;
        }
    }
  else if(0 != K2)K2_Cnt = 0;
  if((0 == K3) && (999999 != K3_Cnt) && (++K3_Cnt > 10))   //--- LEFT 键---
    {
      if(0 == K3)
        {
          K3_Cnt = 999999;
```

```
            addx = 0;
            if(-1 != addy)addy = 1;else addy = -1;
          }
      }
    else if(0 != K3)K3_Cnt = 0;
    if((0 == K4) && (999999 != K4_Cnt) && (++K4_Cnt > 10))   //--- RIGHT 键---
      {
        if(999999 != K4_Cnt)
          {
            if(++K4_Cnt > 10)
              {
                if(0 == K4)
                  {
                    K4_Cnt = 999999;
                    addx = 0;    .
                    if(1 != addy)addy = -1;else addy = 1;
                  }
              }
          }
      }
    else if(0 != K4)K4_Cnt = 0;
}
//--- 判断碰撞 ---
char knock(void)
{
  char k = 0;
  if((x[1] > 7) || (y[1] > 7))k = 1;                         //--- 撞墙 ---
  for(i=2;i<n;i++)
    {
      if((x[1] == x[i])&(y[1] == y[i]))k = 1;                //--- 撞自己 ---
    }
return(k);
}
//--- 乘方程序 ---
unsigned char mux(unsigned char temp)
{
  if(7 == temp)return(128);
  if(6 == temp)return(64);
  if(5 == temp)return(32);
  if(4 == temp)return(16);
  if(3 == temp)return(8);
  if(2 == temp)return(4);
  if(1 == temp)return(2);
  if(0 == temp)return(1);
  return(0);
}
```

```
//--- 显示时钟 显示程序 ---
void timer0(unsigned char k)
{
  long j;
  while(k--)
    {
      for(i = 0;i < SNAKE + 1;i ++)
        {
          LPC_GPIO2->DATA = mux(x[i]);
          LPC_GPIO1->DATA = 255 - mux(y[i]);
          turnkey();                          //--- 上下左右键位处理 ---
          //delay(TIME);                       //--- 显示延迟 ---
          for(j=0;j<2500;j++);
          LPC_GPIO2->DATA = 0x00;
          LPC_GPIO1->DATA = 0xff;
        }
    }
}
//--- main 主程序 ---
int main (void)
{
  LPC_SYSCON->SYSAHBCLKCTRL |= (1 << 16);     //--- 使能 IOCON 模块的时钟源 ---
  LPC_IOCON->RESET_PIO0_0 |= (1 << 0);        //--- PIO0_0 为 GPIO 功能 ---
  LPC_IOCON->R_PIO1_0 |= (1 << 0);            //--- PIO1_0 为 GPIO 功能 ---
  LPC_IOCON->R_PIO1_1 |= (1 << 0);            //--- PIO1_1 为 GPIO 功能 ---
  LPC_IOCON->R_PIO1_2 |= (1 << 0);            //--- PIO1_2 为 GPIO 功能 ---
  LPC_IOCON->SWDIO_PIO1_3 |= (1 << 0);        //--- PIO1_3 为 GPIO 功能 ---
  LPC_GPIO1->DIR |= 0xFF;
  LPC_GPIO2->DIR |= 0xFF;
  LPC_GPIO2->DATA = 0x00;
  LPC_GPIO1->DATA = 0xff;
  while(1)
    {
      for(i = 3;i < SNAKE + 1;i ++)x[i] = 100;
      for(i = 3;i < SNAKE + 1;i ++)y[i] = 100;  //--- 初始化 ---
      x[0] = 4;y[0] = 4;                        //--- 果子 ---
      n = 3;                                    //--- 蛇长 n=-1 ---
      x[1] = 1;y[1] = 0;                        //--- 蛇头 ---
      x[2] = 0;y[2] = 0;                        //--- 蛇尾 1 ---
      addx = 0;addy = 0;                        //--- 位移偏移 ---
      e = 20;
      while(1)
        {
          if(!K1||!K2||!K3||!K4)break;
          timer0(1);
        }
```

```
    while(1)
      {
        timer0(e);
        if(knock())                                    //--- 判断碰撞 ---
          {
            e = SPEED;
            break;
          }
        if((x[0] == x[1] + addx) & (y[0] == y[1] + addy)) //--- 是否吃东西 ---
          {
            n++;
            if(n == SNAKE + 1)
              {
                n = 3;
                e = e - 10;
                for(i = 3;i < SNAKE + 1;i ++)x[i] = 100;
                for(i = 3;i < SNAKE + 1;i ++)y[i] = 100;
              }
            x[0] = x[n - 2];
            y[0] = y[n - 2];
          }
        for(i = n - 1;i > 1;i --)
          {
            x[i] = x[i - 1];
            y[i] = y[i - 1];
          }
        x[1] = x[2] + addx;
        y[1] = y[2] + addy;                            //--- 移动 ---
      }
  }
}
```

4．小结

本实例演示的如何在 8×8 点阵 LED 上完成一个动画操作的方法，涉及的内容包括：方向键的按键识别和处理；8×8 平面坐标位置的处理，例如是否为平面的边缘；果子、蛇头、蛇尾等不同对象的表示方法；画面的显示处理等。

1.45 RGB LED 灯珠颜色渐变实例

1．项目要求

在 LPC1343 的 PIO1_1～PIO1_3 引脚连接 RGB LED 灯珠，实现 8 种颜色的渐变显示效果。

2．硬件电路

硬件电路原理图如图 1-55 所示。

LPC1343 的 PIO1_1～PIO1_3 引脚通过限流电阻 R_1～R_2 连接到 RGB LED 灯珠的 R、G、B 引脚上。灯珠的共阳引脚 A 连接到 U_1_{VDD}。

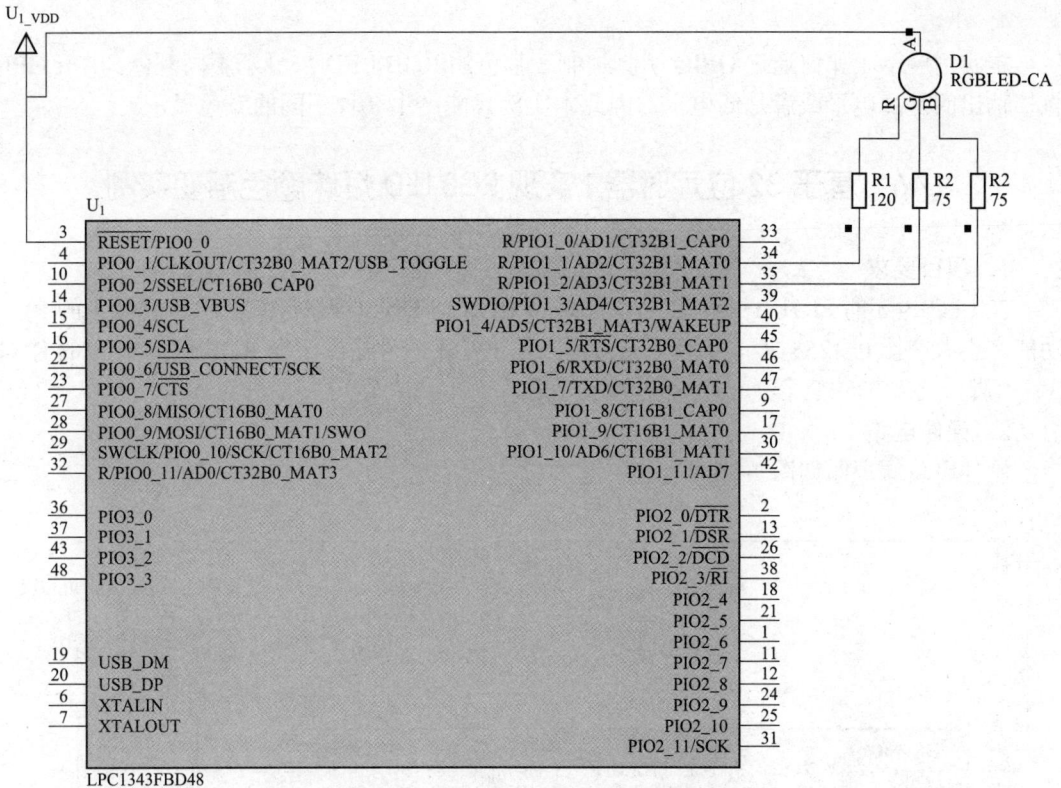

图 1-55　RGB LED 灯珠颜色渐变实例电路原理图

3. 程序设计

根据实例要求，设计的程序如下：

```c
#include <LPC13xx.h>
int main (void)
{
  long i,Index;
  LPC_SYSCON->SYSAHBCLKCTRL |= (1 << 16);   //--- 使能 IOCON 模块的时钟源 ---
  LPC_IOCON->R_PIO1_1 |= (1 << 0);          //--- PIO1_1 为 GPIO 功能 ---
  LPC_IOCON->R_PIO1_2 |= (1 << 0);          //--- PIO1_2 为 GPIO 功能 ---
  LPC_IOCON->SWDIO_PIO1_3 |= (1 << 0);      //--- PIO1_3 为 GPIO 功能 ---
  LPC_GPIO1->DIR = (1 << 3) | (1 << 2) | (1 << 1);
  while(1)
    {
      LPC_GPIO1->DATA = Index << 1;
      if(++Index >= 8)Index = 0;
      for(i=0;i<66000;i++);                 //--- 延时大约 20ms ---
      for(i=0;i<66000;i++);                 //--- 延时大约 20ms ---
      for(i=0;i<66000;i++);                 //--- 延时大约 20ms ---
      for(i=0;i<66000;i++);                 //--- 延时大约 20ms ---
      for(i=0;i<66000;i++);                 //--- 延时大约 20ms ---
    }
}
```

4．小结

本实例展示了如何通过 GPIO 引脚控制三基色的 RGB LED 来显示不同颜色。由于 GPIO 直接输出的是高电平或者是低电平，因此本实例只能产生 8 种不同的颜色显示。

1.46　基于 32 位定时器 1 实现 RGB LED 灯珠颜色渐变实例

1．项目要求

在 LPC1343 的 PIO1_1～PIO1_3 引脚连接 RGB LED 灯珠，利用 32 位定时器 1 的 PWM 功能产生占空比 0～255 之间可调的 10kHz 三路 PWM 信号输出驱动 RGB LED 灯珠的 R、G、B、引脚，实现 TFT 真彩的颜色渐变显示效果。

2．硬件电路

硬件电路原理图如图 1-56 所示。

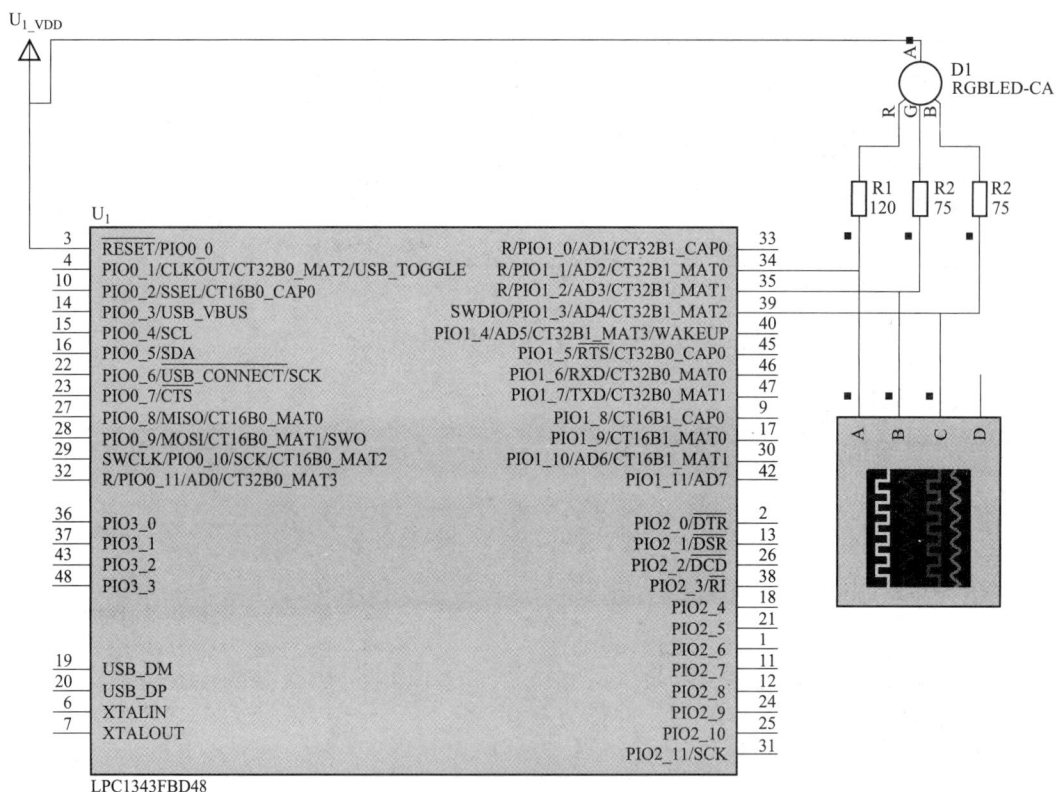

图 1-56　基于 32 位定时器 1 实现 RGB LED 灯珠颜色渐变实例电路原理图

LPC1343 的 PIO1_1～PIO1_3 引脚通过限流电阻 R_1～R_2 连接到 RGB LED 灯珠的 R、G、B 引脚上。灯珠的共阳引脚 A 连接到 U_1_VDD。

3．程序设计

根据实例要求，设计的程序如下：

```
#include <LPC13xx.h>
void CT32B1_PWM_Init(void)
```

```
{
  LPC_SYSCON->SYSAHBCLKCTRL |= (1 << 10);   //--- 使能 32 位定时器 1 的时钟源 ---
  LPC_TMR32B1->CTCR = 0;                     //--- 定时模式 ---
  LPC_TMR32B1->PR = 0;                       //--- 设置预分系数 ---
  LPC_TMR32B1->PC = 0;
  LPC_TMR32B1->TC = 0;
  LPC_TMR32B1->MR3 = SystemCoreClock / 10000 - 1;
                                             //--- 设置 32 位定时 10us 的匹配值---
  LPC_TMR32B1->MCR = (3 << 9);               //--- 使能匹配 3 中断并匹配复位 TC ---
  LPC_TMR32B1->TCR = 1;                      //--- 禁止 32 位定时器 0 工作 ---
  NVIC_EnableIRQ(TIMER_32_1_IRQn);           //--- 使能 16 位定时器 1 的中断 ---
  LPC_TMR32B1->MR0 = 0;                      //--- MR0 用于设置占空比 ---
  LPC_TMR32B1->MR1 = 0;                      //--- MR1 用于设置占空比 ---
  LPC_TMR32B1->MR2 = 0;                      //--- MR2 用于设置占空比 ---
  LPC_TMR32B1->PWMC |= (1 << 3) | ( 1 << 2) | ( 1 << 1) | ( 1 << 0);
}
void TIMER32_1_IRQHandler(void)
{
  if(0 != (LPC_TMR32B1->IR & (1 << 3)))
    {
      LPC_TMR32B1->IR |= (1 << 3);
    }
}
long RedIndex = 0,GreenIndex = 0,BlueIndex = 0;
int main (void)
{
  long i;
  LPC_SYSCON->SYSAHBCLKCTRL |= (1 << 16);   //--- 使能 IOCON 模块的时钟源 ---
  LPC_IOCON->R_PIO1_1 |= (3 << 0); //--- 配置 PIO1.1 为 CT32B1_MAT0 功能 ---
  LPC_IOCON->R_PIO1_2 |= (3 << 0); //--- 配置 PIO1.2 为 CT32B1_MAT1 功能 ---
  LPC_IOCON->SWDIO_PIO1_3 |= (3 << 0); //--- 配置 PIO1_3 为 CT32B1_MAT2 功能 ---
  LPC_GPIO1->DIR = (1 << 3) | (1 << 2) | (1 << 1);
  CT32B1_PWM_Init();
  while(1)
    {
      LPC_TMR32B1->MR0=(LPC_TMR32B1->MR3+1)*RedIndex/256;
                                    //--- MR0 用于设置占空比 ---
      LPC_TMR32B1->MR1=(LPC_TMR32B1->MR3+1)*GreenIndex/256;
                                    //--- MR1 用于设置占空比 ---
      LPC_TMR32B1->MR2=(LPC_TMR32B1->MR3+1)*BlueIndex/256;
                                    //--- MR2 用于设置占空比 ---

      RedIndex += 8;
      if(RedIndex >= 256)
        {
          RedIndex = 0;
          GreenIndex += 8;
```

```
        if(GreenIndex >= 256)
        {
          GreenIndex = 0;
          BlueIndex += 8;
          if(BlueIndex >= 256)BlueIndex = 0;
        }
    }
    for(i=0;i<7200;i++);          //--- 延时大约10ms ---
  }
}
```

4．小结

本实例展示了如何利用三路 PWM 信号来控制 RGB LED 的颜色变化，程序中，只需改变 PWM 的占空比，即可控制对应的 LED 显示的等级，设每路 PWM 的占空比调节为 0～255 之间，就可以实现全色彩的颜色的变化。三路 PWM 输出在虚拟示波器上的显示如图 1-57 所示。

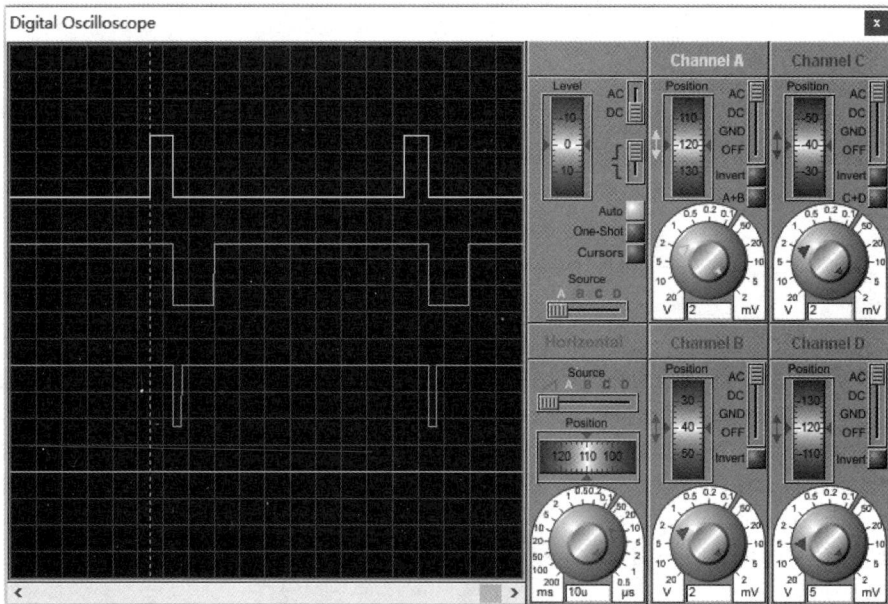

1-57　实例 1.46 波形示意图

1.47　LM016L 字符 LCD 模块的显示实例

1．项目要求

LM016L 字符 LCD 显示模块与 LPC1343 微控制器相连接，实现在 LM016L 字符 LCD 显示模块上显示字母以及字符串等信息。

2．硬件电路

硬件电路原理图如图 1-58 所示。

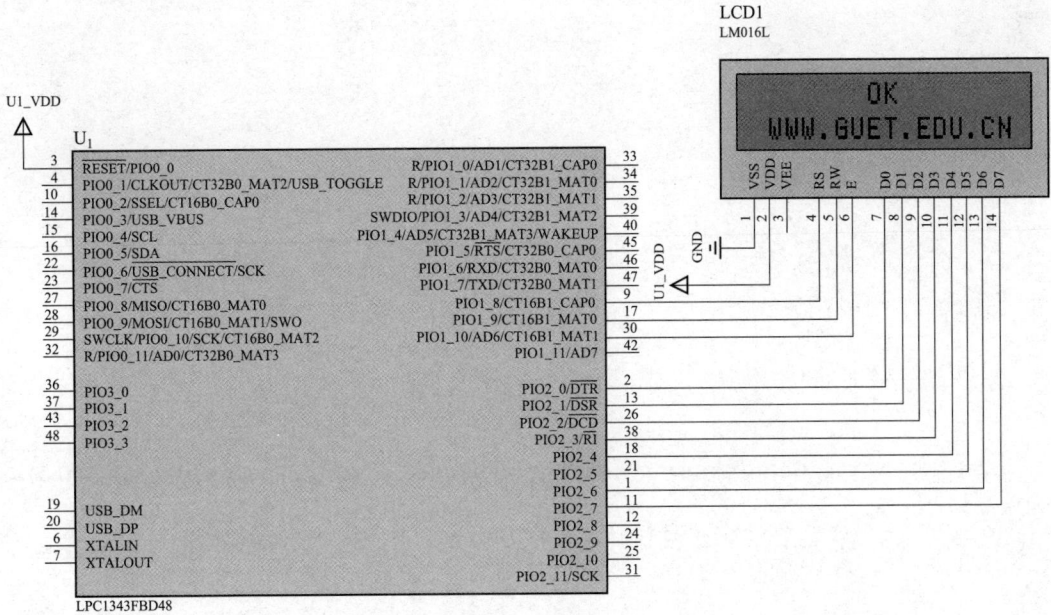

图 1-58　LM016L 字符 LCD 模块的显示实例电路原理图

LCD1 的 $D_0 \sim D_7$ 引脚直接连接到 U_1（LPC1343）的 PIO2 端口的 PIO2_0~PIO2_7 引脚上，PIO1_8~PIO1_10 分别连接到 LCD1 的 RS、RW、E 引脚上。

3. 程序设计

根据实例要求，设计的程序如下：

```c
#include <LPC13xx.h>
#define RS_CLR      LPC_GPIO1->DATA &=~(1 << 8)
#define RS_SET      LPC_GPIO1->DATA |= (1 << 8)
#define RW_CLR      LPC_GPIO1->DATA &=~(1 << 9)
#define RW_SET      LPC_GPIO1->DATA |= (1 << 9)
#define EN_CLR      LPC_GPIO1->DATA &=~(1 << 10)
#define EN_SET      LPC_GPIO1->DATA |= (1 << 10)
#define DataPort    LPC_GPIO2->DATA
void DelayMs(long t)
{
  t *= 6000;
  while(t--);
}
void LCD_Write_Com(unsigned char com)
{
  long i;
  for(i=0;i<600;i++);
  RS_CLR;
  RW_CLR;
  EN_SET;
  DataPort = com;
  EN_CLR;
}
void LCD_Write_Data(unsigned char Data)
```

```
{
  long i;
  for(i=0;i<600;i++);
  RS_SET;
  RW_CLR;
  EN_SET;
  DataPort= Data;
  EN_CLR;
}
void LCD_Clear(void)
{
  LCD_Write_Com(0x01);
  DelayMs(10);
}
void LCD_Write_Char(unsigned char x,unsigned char y,unsigned char Data)
{
  if (0 == y)LCD_Write_Com(0x80 + x);else LCD_Write_Com(0xC0 + x);
  LCD_Write_Data(Data);
}
void LCD_Write_String(unsigned char x,unsigned char y,unsigned char *s)
{
  if(0 == y)LCD_Write_Com(0x80 + x);else LCD_Write_Com(0xC0 + x);
  while (*s)LCD_Write_Data( *s ++);
}
void LCD_Init(void)
{
  LCD_Write_Com(0x38);
  LCD_Write_Com(0x38);
  LCD_Write_Com(0x08);                 //--- 显示关闭 ---
  LCD_Write_Com(0x01);                 //--- 显示清屏 ---
  DelayMs(5);
  LCD_Write_Com(0x06);                 //--- 显示光标移动设置 ---
  LCD_Write_Com(0x0C);                 //--- 显示开及光标设置 ---
}
int main (void)
{
  LPC_GPIO1->DIR = 0x7 << 8;
  LPC_GPIO2->DIR = 0xFF << 0;
  LCD_Init();
  LCD_Write_Char(7,0,'O');
  LCD_Write_Char(8,0,'K');
  LCD_Write_String(1,1,"WWW.GUET.EDU.CN");
  while(1)
    {; }
}
```

4．小结

本实例展示了如何利用 LPC1343 的 GPIO 引脚直接驱动 1602 字符液晶的显示。程序中，通过模拟对 1602 字符液晶的写命令、写数据的操作时序来控制液晶的操作。对于 1602 液晶在正确使用之前一定要对其进行初始化，然后通过 LCD_Write_Char 函数和 LCD_Write_String

函数实现在液晶上显示字符和字符串等。

1.48 128×64 点阵图形 LCD 模块的汉字显示实例

1. 项目要求

利用 LPC1343 的 PIO1 和 PIO2 端口驱动 128×64 的控制引脚和数据引脚实现在 128×64 点阵图形 LCD 模块上显示汉字。

2. 硬件电路

硬件电路原理图如图 1-59 所示。

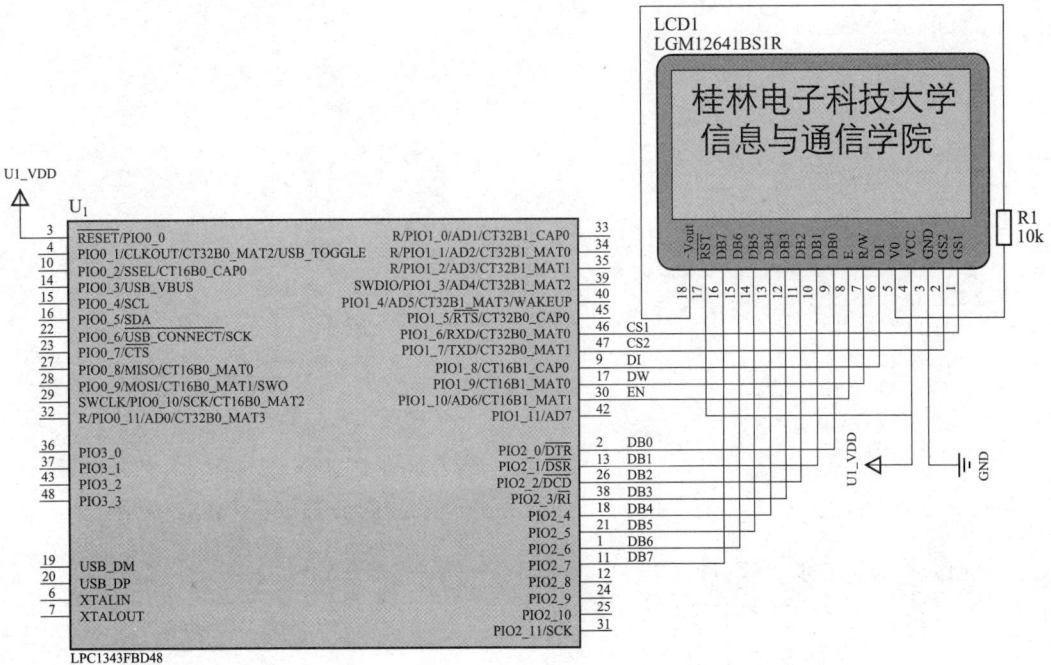

图 1-59 128×64 点阵图形 LCD 模块的汉字显示实例电路原理图

U₁ 的 PIO2_0～PIO2_7 引脚连接到 LCD1 的 DB0～DB7 引脚,PIO1_6～PIO1_10 引脚分别连接到 LCD1 的 CS1、CS2、DI、R/W 和 E 引脚上,电阻 R₁ 起 LCD 的背光亮度调节作用。

3. 程序设计

根据实例要求,设计的程序如下:

```
#include <LPC13xx.h>
#define LCD_CS1(x)    ((x)?(LPC_GPIO1->DATA |= (1 <<  6)):(LPC_GPIO1->DATA
&=~(1 <<  6)))
#define LCD_CS2(x)    ((x)?(LPC_GPIO1->DATA |= (1 <<  7)):(LPC_GPIO1->DATA
&=~(1 <<  7)))
#define LCD_DI(x)     ((x)?(LPC_GPIO1->DATA |= (1 <<  8)):(LPC_GPIO1->DATA
&=~(1 <<  8)))
#define LCD_RW(x)     ((x)?(LPC_GPIO1->DATA |= (1 <<  9)):(LPC_GPIO1->DATA
&=~(1 <<  9)))
#define LCD_EN(x)     ((x)?(LPC_GPIO1->DATA |= (1 << 10)):(LPC_GPIO1->DATA
&=~(1 << 10)))
```

```
#define LCD_PORT(x)    LPC_GPIO2->DATA = x
#define LCD_DIR(x)     LPC_GPIO2->DIR = x
#define LCD_PIN        LPC_GPIO2->DATA
#define LCDSTARTROW    0xC0              //--- 设置起始行指令 ---
#define LCDPAGE        0xB8              //--- 设置页指令 ---
#define LCDLINE        0x40              //--- 设置列指令 ---
void LCDBusyCheck(void)
{
  long i;
  for(i=0;i<20;i++);
}
void LCDWriteComd(unsigned char ucCMD)
{
  LCDBusyCheck();
  LCD_DI(0);
  LCD_RW(0);
  LCD_PORT(ucCMD);
  LCD_EN(1);
  LCD_EN(0);
}

void LCDWriteData(unsigned char ucData)
{
  LCDBusyCheck();
  LCD_DI(1);
  LCD_RW(0);
  LCD_PORT(ucData);
  LCD_EN(1);
  LCD_EN(0);
}
void DisplayXY(unsigned char x,unsigned char y,unsigned char xydata)
{
  if(y < 64){LCD_CS1(1);LCD_CS2(0);}    //--- 选择左半屏 ---
  else{LCD_CS1(0);LCD_CS2(1);}          //--- 选择右半屏 ---
  LCDWriteComd(0xB8 | x);
  LCDWriteComd(0x40 | y);
  LCDWriteData(xydata);
}
void LCDInit(void)
{
  LCD_CS1(1);
  LCD_CS2(1);
  LCDWriteComd(0x38);                   //--- 8位形式,两行字符 ---
  LCDWriteComd(0x0F);                   //--- 开显示 ---
  LCDWriteComd(0x01);                   //--- 清屏 ---
  LCDWriteComd(0x06);                   //--- 画面不动,光标右移 ---
  LCDWriteComd(LCDSTARTROW);            //--- 设置起始行 ---
  LCD_CS1(0);
  LCD_CS2(0);
}
void Display16X16HZ(unsigned char x,unsigned char y,const unsigned char *hz)
{
  long i;
  for(i=0;i<16;i++)
    {
```

```
        DisplayXY(x + 0,y,*hz++);
        DisplayXY(x + 1,y,*hz++);
        y++;
    }
}
const unsigned char GUET[] =
{
0x10,0x04,0x10,0x03,0xD0,0x00,0xFF,0xFF,0x90,0x00,0x10,0x03,0x40,0x40,0x4
4,0x44,
    0x44,0x44,0x44,0x44,0x7F,0x7F,0x44,0x44,0x44,0x44,0x44,0x44,0x40,0x40,0x0
0,0x00,//"桂",0
    0x10,0x04,0x10,0x03,0xD0,0x00,0xFF,0xFF,0x90,0x00,0x10,0x11,0x00,0x08,0x1
0,0x04,
    0x10,0x03,0xD0,0x00,0xFF,0xFF,0xD0,0x00,0x10,0x03,0x10,0x04,0x10,0x08,0x0
0,0x00,//"林",1
    0x00,0x00,0x00,0x00,0xF8,0x1F,0x88,0x08,0x88,0x08,0x88,0x08,0x88,0x08,0xF
F,0x7F,
    0x88,0x88,0x88,0x88,0x88,0x88,0x88,0x88,0xF8,0x9F,0x00,0x80,0x00,0xF0,0x0
0,0x00,//"电",2
    0x80,0x00,0x82,0x00,0x82,0x00,0x82,0x00,0x82,0x00,0x82,0x40,0x82,0x80,0xE
2,0x7F,
    0xA2,0x00,0x92,0x00,0x8A,0x00,0x86,0x00,0x82,0x00,0x80,0x00,0x80,0x00,0x0
0,0x00,//"子",3
    0x24,0x08,0x24,0x06,0xA4,0x01,0xFE,0xFF,0xA3,0x00,0x22,0x01,0x00,0x04,0x2
2,0x04,
    0xCC,0x04,0x00,0x04,0x00,0x04,0xFF,0xFF,0x00,0x02,0x00,0x02,0x00,0x02,0x0
0,0x00,//"科",4
    0x10,0x04,0x10,0x44,0x10,0x82,0xFF,0x7F,0x10,0x01,0x90,0x80,0x08,0x80,0x8
8,0x40,
    0x88,0x43,0x88,0x2C,0xFF,0x10,0x88,0x28,0x88,0x46,0x88,0x81,0x08,0x80,0x0
0,0x00,//"技",5
    0x20,0x80,0x20,0x80,0x20,0x40,0x20,0x20,0x20,0x10,0x20,0x0C,0x20,0x03,0xF
F,0x00,
    0x20,0x03,0x20,0x0C,0x20,0x10,0x20,0x20,0x20,0x40,0x20,0x80,0x20,0x80,0x0
0,0x00,//"大",6
    0x40,0x04,0x30,0x04,0x11,0x04,0x96,0x04,0x90,0x04,0x90,0x44,0x91,0x84,0x9
6,0x7E,
    0x90,0x06,0x90,0x05,0x98,0x04,0x14,0x04,0x13,0x04,0x50,0x04,0x30,0x04,0x0
0,0x00,//"学",7
};
const unsigned char XXXY[] =
{
0x00,0x00,0x00,0x00,0x00,0x00,0x00,0x00,0x00,0x00,0x00,0x00,0x00,0x00,0x0
0,0x00,//" ",0
    0x00,0x01,0x80,0x00,0x60,0x00,0xF8,0xFF,0x07,0x00,0x00,0x00,0x04,0x00,0x2
4,0xF9,
    0x24,0x49,0x25,0x49,0x26,0x49,0x24,0x49,0x24,0x49,0x24,0xF9,0x04,0x00,0x0
0,0x00,//"信",1
    0x00,0x40,0x00,0x30,0x00,0x00,0xFC,0x03,0x54,0x39,0x54,0x41,0x56,0x41,0x5
5,0x45,
    0x54,0x59,0x54,0x41,0x54,0x41,0xFC,0x73,0x00,0x00,0x00,0x08,0x00,0x30,0x0
0,0x00,//"息",2
    0x00,0x08,0x00,0x08,0xE0,0x08,0x9F,0x08,0x88,0x08,0x88,0x08,0x88,0x08,0x8
8,0x08,
```

```
    0x88,0x08,0x88,0x48,0x88,0x80,0x88,0x40,0x88,0x3F,0x08,0x00,0x00,0x00,0x0
0,0x00,//"与",3
    0x40,0x80,0x42,0x40,0xCC,0x3F,0x00,0x40,0x00,0x80,0xE2,0xFF,0x22,0x89,0x2
A,0x89,
    0x2A,0x89,0xF2,0xBF,0x2A,0x89,0x26,0xA9,0x22,0xC9,0xE0,0xBF,0x00,0x80,0x0
0,0x00,//"通",4
    0x00,0x01,0x80,0x00,0x60,0x00,0xF8,0xFF,0x07,0x00,0x00,0x00,0x04,0x00,0x2
4,0xF9,
    0x24,0x49,0x25,0x49,0x26,0x49,0x24,0x49,0x24,0x49,0x24,0xF9,0x04,0x00,0x0
0,0x00,//"信",5
    0x40,0x04,0x30,0x04,0x11,0x04,0x96,0x04,0x90,0x04,0x90,0x44,0x91,0x84,0x9
6,0x7E,
    0x90,0x06,0x90,0x05,0x98,0x04,0x14,0x04,0x13,0x04,0x50,0x04,0x30,0x04,0x0
0,0x00,//"学",6
    0x00,0x00,0xFE,0xFF,0x22,0x04,0x5A,0x08,0x86,0x07,0x10,0x80,0x0C,0x41,0x2
4,0x31,
    0x24,0x0F,0x25,0x01,0x26,0x01,0x24,0x3F,0x24,0x41,0x14,0x41,0x0C,0x71,0x0
0,0x00,//"院",7
    0x00,0x00,0x00,0x00,0x00,0x00,0x00,0x00,0x00,0x00,0x00,0x00,0x00,0x00,0x0
0,0x00,//" ",8
    };


    int main (void)
    {
      long i;
      long x,y;
      LPC_GPIO1->DIR = 0x1F << 6;
      LPC_GPIO2->DIR = 0xFF << 0;
      LCDInit();
      for(x=0;x<8;x++)                          //--- 显示屏清屏 ----
        for(y=0;y<128;y++)
          DisplayXY(x,y,0x00);
      //--- "桂林电子科技大学" ---
      Display16X16HZ(0,0,&GUET[0]);
      Display16X16HZ(0,16,&GUET[32]);
      Display16X16HZ(0,32,&GUET[64]);
      Display16X16HZ(0,48,&GUET[96]);
      Display16X16HZ(0,64,&GUET[128]);
      Display16X16HZ(0,80,&GUET[160]);
      Display16X16HZ(0,96,&GUET[192]);
      Display16X16HZ(0,112,&GUET[224]);
      //---" 信息与通信学院 "
      Display16X16HZ(2,0,&XXXY[0]);
      Display16X16HZ(2,16,&XXXY[32]);
      Display16X16HZ(2,32,&XXXY[64]);
      Display16X16HZ(2,48,&XXXY[96]);
      Display16X16HZ(2,64,&XXXY[128]);
      Display16X16HZ(2,80,&XXXY[160]);
      Display16X16HZ(2,96,&XXXY[192]);
      Display16X16HZ(2,112,&XXXY[224]);
      while(1)
        {;}
    }
```

4．小结

本实例展示了 LPC1343 如何直接驱动 128×64 图形点阵 LCD 显示模块的编程方法。程序中 LCDWriteComd 函数和 LCDWriteData 函数通过模拟液晶的操作时序实现对液晶模块最底层的访问。

1.49　基于 ST7920 的中文 128×64 图形点阵 LCD 显示模块实例

1．项目要求

利用 LPC1343 与带中文字库的 128×64 图形点阵 LCD 显示模块相连接，实现在 LCD 模块上显示中文信息。

2．硬件电路

硬件电路原理图如图 1-60 所示。

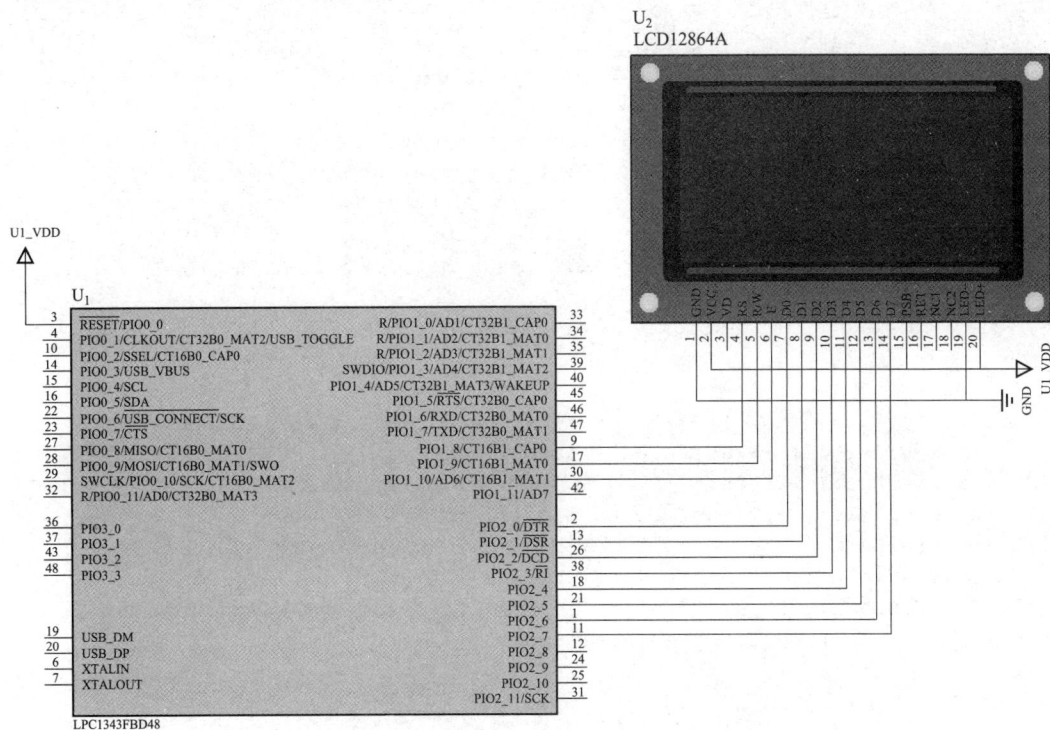

图 1-60　基于 ST7920 的中文 128×64 图形点阵 LCD 显示模块实例电路原理图

U_1（LPC1343）的 PIO2_0～PIO2_7 引脚连接到 U_2 中文 LCD 显示模块的 D_0～D_7 的数据引脚，PIO1_8～PIO1_10 分别连接到 U_2 的 RS、R/W、E 引脚。

3．程序设计

根据实例要求，设计的程序如下：

```
#include <LPC13xx.h>
#define LCD_DI(x)      ((x)?(LPC_GPIO1->DATA |= (1 << 8)):(LPC_GPIO1->DATA
&=~(1 << 8)))
#define LCD_RW(x)      ((x)?(LPC_GPIO1->DATA |= (1 << 9)):(LPC_GPIO1->DATA
```

```
&=~(1 << 9)))
    #define LCD_EN(x)       ((x)?(LPC_GPIO1->DATA |= (1 << 10)):(LPC_GPIO1->DATA
&=~(1 << 10)))
    #define LCD_PORT(x)   LPC_GPIO2->DATA = x
    //--- 传送数据或者命令,当DI=0是,传送命令,当DI=1,传送数据 ---
    void TransferData(char data1,char DI)
    {
      long i;
      for(i=0;i<20;i++);
      if(DI)LCD_DI(1);else LCD_DI(0);
      LCD_RW(0);
    LCD_EN(1);
      LCD_PORT(data1);
      LCD_EN(0);
    }
    void initial(void)              //--- 带字库LCD模块初始化程序 ---
    {
      TransferData(0x30,0);         //Extended Function Set:8BIT 设置,
                             //RE=0:basic instruction set, G=0:graphic display OFF
      TransferData(0x30,0);         //Function Set
      TransferData(0x08,0);         //Display on Control
      TransferData(0x10,0);         //Cursor Display Control 光标设置
      TransferData(0x0C,0);         //Display Control,D=1,显示开
      TransferData(0x01,0);         //Display Clear
      TransferData(0x06,0);         //Enry Mode Set,光标从右向左加1位移动
    }
    void lcd_mesg(const unsigned char *adder1)
    {
      long i;
      TransferData(0x80,0);         //Set Graphic Display RAM Address
      for(i=0;i<16;i++)TransferData(*adder1++,1);
      TransferData(0x90,0);         //Set Graphic Display RAM Address
      for(i=0;i<16;i++)TransferData(*adder1++,1);
      TransferData(0x88,0);         //Set Graphic Display RAM Address
      for(i=0;i<16;i++)TransferData(*adder1++,1);
      TransferData(0x98,0);         //Set Graphic Display RAM Address
      for(i=0;i<16;i++)TransferData(*adder1++,1);
    }
    const unsigned char IC_DAT[] =
    {
    "去年今日此门中,"
    "人面桃花相映红。"
    "人面不知何处去,"
    "桃花依旧笑春风。"
    };
    const unsigned char IC_DAT2[] =
    {
    "人生若只如初见,"
    "何事秋风悲画扇。"
    "等闲变却故人心,"
    "却道故人心易变。"
    };
```

```
int main (void)
{
  long i;
  LPC_GPIO1->DIR = 7 << 8;
  LPC_GPIO2->DIR = 0xFF << 0;
  while(1)
    {
      initinal();
      lcd_mesg(IC_DAT);        //--- 显示中文汉字 1 ---
      for(i=0;i<72000;i++);
      initinal();
      lcd_mesg(IC_DAT2);        //--- 显示中文汉字 2 ---
      for(i=0;i<72000;i++);
    }
}
```

4. 小结

本实例展示了 LPC1343 如何驱动带中文字库 LCD 显示模块显示中文。不必通过取字模软件,程序通过向该 LCD 模块发送汉字的 UNICODE 的 16 位编码即可。

1.50　八层电梯运行模拟实例

1. 项目要求

利用 LPC1343 微控制器来模拟八层电梯的运行,并具有按键的检测、到层停指示和状态指示等功能。

2. 硬件电路

硬件电路原理图如图 1-61 所示。

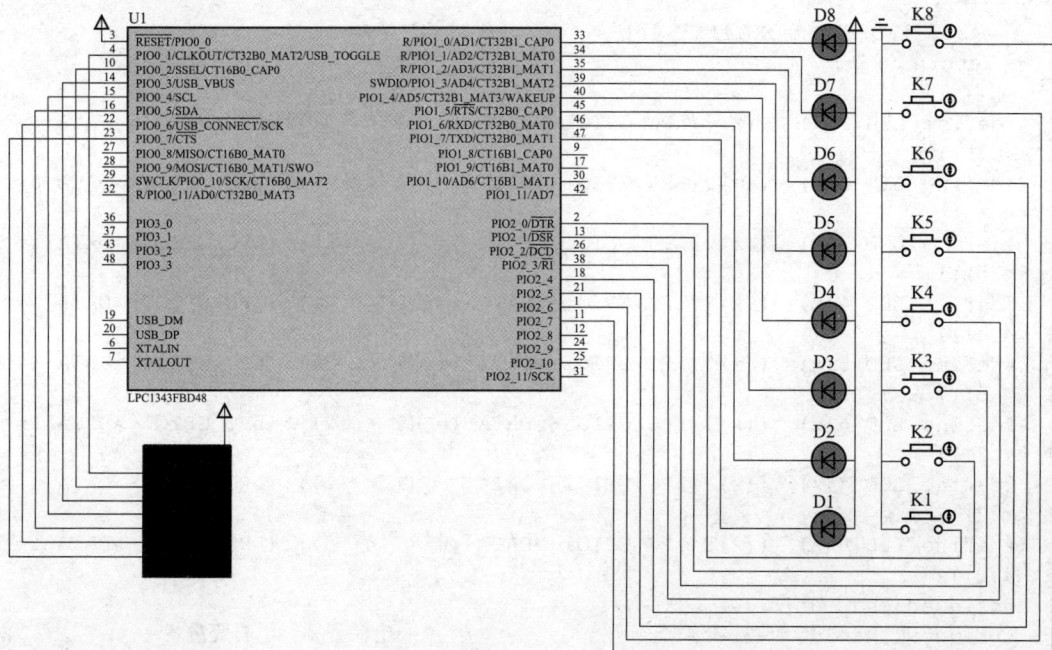

图 1-61　八层电梯运行模拟实例电路原理图

U1（LPC1343）的 PIO0_1～PIO0_8 用于连接单个 8 位共阳 LED 数码管，用于显示当前楼层，PIO1_0～PIO1_7 引脚连接 8 个 LED 发光二极管用于指示当前已按下哪个楼层，PIO2_0～PIO2_7 引脚分别连接了 8 个按键开关。

3．程序设计

根据实例要求，设计的程序如下：

```c
#include <LPC13xx.h>
const unsigned char LEDSEG[] =
{
0x3F,0x06,0x5B,0x4F,0x66,0x6D,0x7D,0x07,0x7F,0x6F,//--- 数字 0～9 的笔段码 ---
};
#define KEY   (LPC_GPIO2->DATA & 0xFF)
long KEY_Cnt;
unsigned char KeyScan(void)
{
  if((0xFF != KEY) && (999999 != KEY_Cnt) && (++KEY_Cnt > 10))
    {
      if(0xFF != KEY)
        {
          KEY_Cnt = 999999;
          if(0xFE == KEY)return 1;
          else if(0xFD == KEY)return 2;
          else if(0xFB == KEY)return 3;
          else if(0xF7 == KEY)return 4;
          else if(0xEF == KEY)return 5;
          else if(0xDF == KEY)return 6;
          else if(0xBF == KEY)return 7;
          else if(0x7F == KEY)return 8;
        }
    }
  else if(0xFF == KEY)KEY_Cnt = 0;
  return 0xFF;
}
  #define LED_1(x)  ((x)?(LPC_GPIO1->DATA |= (1 << 7)):(LPC_GPIO1->DATA &=~
(1 << 7)))
  #define LED_2(x)  ((x)?(LPC_GPIO1->DATA |= (1 << 6)):(LPC_GPIO1->DATA &=~
(1 << 6)))
  #define LED_3(x)  ((x)?(LPC_GPIO1->DATA |= (1 << 5)):(LPC_GPIO1->DATA &=~
(1 << 5)))
  #define LED_4(x)  ((x)?(LPC_GPIO1->DATA |= (1 << 4)):(LPC_GPIO1->DATA &=~
(1 << 4)))
  #define LED_5(x)  ((x)?(LPC_GPIO1->DATA |= (1 << 3)):(LPC_GPIO1->DATA &=~
(1 << 3)))
  #define LED_6(x)  ((x)?(LPC_GPIO1->DATA |= (1 << 2)):(LPC_GPIO1->DATA &=~
(1 << 2)))
  #define LED_7(x)  ((x)?(LPC_GPIO1->DATA |= (1 << 1)):(LPC_GPIO1->DATA &=~
(1 << 2)))
  #define LED_8(x)  ((x)?(LPC_GPIO1->DATA |= (1 << 0)):(LPC_GPIO1->DATA &=~
(1 << 0)))
unsigned char dt[8];
unsigned char dt_value = 1;                    //--- 电梯到哪一层的变量 ---
unsigned char dt_s_x ;                         //--- 电梯上下的标志位 ---
unsigned char flag_stop;
```

```
long msCnt,sCnt;
int main (void)
{
  long i,temp;
  LPC_SYSCON->SYSAHBCLKCTRL |= (1 << 16);      //--- 使能 IOCON 模块的时钟源 ---
  LPC_IOCON->SWCLK_PIO0_10 |= (1 << 0);        //--- PIO0_10 为 GPIO 功能 ---
  LPC_IOCON->R_PIO0_11 |= (1 << 0);            //--- PIO0_11 为 GPIO 功能 ---
  LPC_IOCON->R_PIO1_0 |= (1 << 0);             //--- PIO1_0 为 GPIO 功能 ---
  LPC_IOCON->R_PIO1_1 |= (1 << 0);             //--- PIO1_1 为 GPIO 功能 ---
  LPC_IOCON->R_PIO1_2 |= (1 << 0);             //--- PIO1_2 为 GPIO 功能 ---
  LPC_IOCON->SWDIO_PIO1_3 |= (1 << 0);         //--- PIO1_3 为 GPIO 功能 ---
  LPC_GPIO0->DIR = 0xFFF;
  LPC_GPIO1->DIR = 0xFF;
  LPC_GPIO3->DIR = 0xF;
  LPC_GPIO1->DATA = 0xFF;
  while(1)
    {
      temp = KeyScan();
      if(0xFF != temp)
        {
          if(0 == dt_s_x){flag_stop = 1;}
          dt[temp - 1] = 1;
          switch(temp)
            {
              case 1:LED_1(0);break;
              case 2:LED_2(0);break;
              case 3:LED_3(0);break;
              case 4:LED_4(0);break;
              case 5:LED_5(0);break;
              case 6:LED_6(0);break;
              case 7:LED_7(0);break;
              case 8:LED_8(0);break;
            }
        }
      if(0 == dt_s_x)                          //--- 电梯处于停止状态 ---
        {
          flag_stop = 1;
          temp = 0;
          for(i=dt_value + 1;i<sizeof(dt);i++)temp += dt[i - 1];
          if(0 != temp)dt_s_x = 1;
          else
            {
              temp = 0;
              for(i=1;i<dt_value;i++)temp += dt[i - 1];
              if(0 != temp)dt_s_x = 2;
            }
        }
      else if(1 == dt_s_x)
        {
          temp = 0;
          for(i=dt_value+1;i<sizeof(dt);i++)temp += dt[i - 1];
          if(0 == temp)dt_s_x = 0;else flag_stop = 1;
        }
```

```
      else if(2 == dt_s_x)
        {
          temp = 0;
          for(i=1;i<dt_value;i++)temp += dt[i - 1];
          if(0 == temp)dt_s_x = 0;else flag_stop = 1;
        }
      LPC_GPIO0->DATA = ~LEDSEG[dt_value] << 1;
      if(++msCnt >= 1000)
        {
          msCnt = 0;
          temp = 0;
          for(i=0;i<sizeof(dt);i++)temp += dt[i];
          if(0 != temp)
            {
              if(1 == flag_stop)
                {
                  if(0 != dt_s_x)
                    {
                      if(++sCnt > 10)
                        {
                          sCnt = 0;
                          if(1 == dt_s_x)dt_value ++;
                          if(2 == dt_s_x)dt_value --;
                          for(i=0;i<sizeof(dt);i++)
                            {
                              if(dt_value == (i + 1))
                                {
                                  if(0 != dt[i])
                                    {
                                      dt[i] = 0;
                                      flag_stop = 0;
                                      if(1 == dt_value)LED_1(1);
                                      else if(2 == dt_value)LED_2(1);
                                      else if(3 == dt_value)LED_3(1);
                                      else if(4 == dt_value)LED_4(1);
                                      else if(5 == dt_value)LED_5(1);
                                      else if(6 == dt_value)LED_6(1);
                                      else if(7 == dt_value)LED_7(1);
                                      else if(8 == dt_value)LED_8(1);
                                    }
                                }
                            }
                        }
                    }
                }
              if(0 == flag_stop)
                {
                  ;
                }
            }
        }
    }
```

4．小结

程序中，通过调用 KeyScan 函数来判断当按键有效时选中是哪个楼层，其对应的楼层的发光二极管灯亮。当电梯处于停止状态时，根据最新选择的楼层，使电梯做向上或下向运行标识，当电梯运行到最新指定的楼层时电梯停止，并且对应的楼层指示灯熄灭。

1.51 等精度频率测量应用实例

1．项目要求

利用 LPC1343 实现 0.100～100.000Hz 的频率精确测量，精确到小数后面 3 位数。

2．硬件电路

硬件电路原理图如图 1-62 所示。

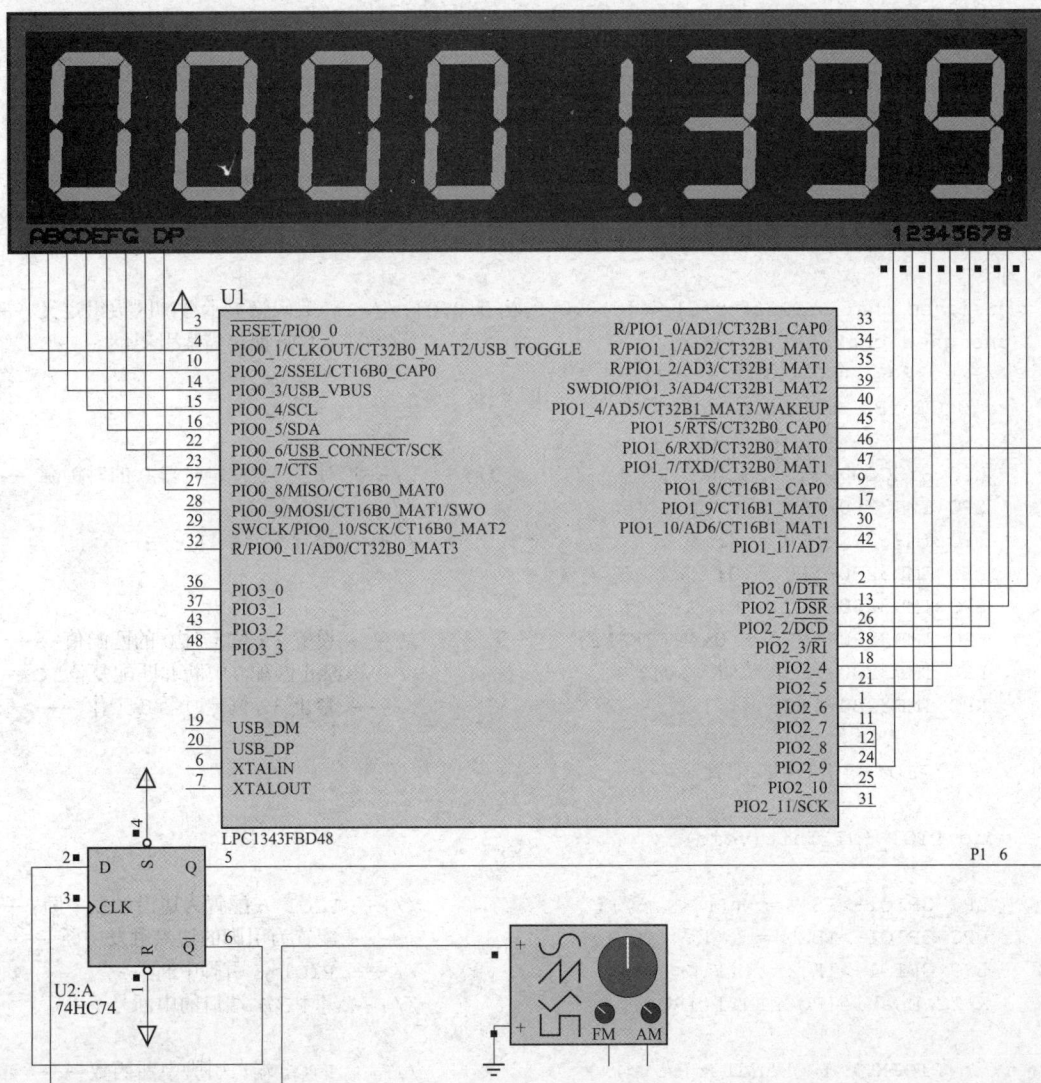

图 1-62 等精度频率测量应用实例电路原理图

U$_1$（LPC1343）的 PIO0_1～PIO0_8 连接到 8 位共阴 LED 数码管的笔段 A～G、DP 引脚，PIO2_0～PIO2_7 引脚连接到 8 位共阴 LED 数码管的位选通段 1～8 引脚。虚拟信号输出的频率送到 U$_2$（74HC74）构成的二分频电路产生标准的方波信号输入到 U$_1$（LPC1343）的 PIO1_6 引脚。

3. 程序设计

根据实例要求，设计的程序如下：

```c
#include <LPC13xx.h>
//--- 全局变量定义区 ---
int fCnt,flag;
//--- LED 数码管显示定义 ---
const unsigned char LEDSEG[] =                  //--- 笔段码数组定义 ---
{
  0x3F,0x06,0x5B,0x4F,0x66,0x6D,0x7D,0x07,0x7F,0x6F,
                                                //--- 数字 0～9 的笔段码 ---
  0x77,0x7C,0x39,0x5E,0x79,0x71,0x00,0x40,      //--- 字母 AbCdEF ---
  0x76,0x38,                                    //--- H,L ---
};
const unsigned char LEDDIG[] =                  //--- 位选段码数组定义 ---
{
  0xFE,0xFD,0xFB,0xF7,0xEF,0xDF,0xBF,0x7F,
};
unsigned char LEDBuffer[8] = {0,0,0,0,0,0,0,0};//--- 数码管显示缓冲区数组定义 ---
unsigned char LEDPointer;                       //--- 数码管扫描索引变量 ---
//--- 32 位定时器 0 配置 ---
void CT32B0_MAT_Init(void)
{
  LPC_SYSCON->SYSAHBCLKCTRL |= (1 << 9);        //--- 使能 32 位定时器 0 的时钟源 ---
  LPC_TMR32B0->CTCR = 0;                        //--- 定时模式 ---
  LPC_TMR32B0->PR = 0;                          //--- 设置预分系数 ---
  LPC_TMR32B0->PC = 0;
  LPC_TMR32B0->TC = 0;
  LPC_TMR32B0->MR0 = 0xFFFFFFFF;                //--- 设置 32 位定时 0 的匹配值---
  LPC_TMR32B0->MCR = (2 <<0);                   //--- 禁止匹配 0 中断并匹配复位 TC ---
  LPC_TMR32B0->TCR = 0;                         //--- 禁止 32 位定时器 0 工作 ---
}
//--- PIO1_6 引脚中断配置 ---

void PIO1_INT_Init(void)
{
  LPC_GPIO1->IS &=~((1 << 6));                  //--- PIO1_6 配置为边沿触发中断 ---
  LPC_GPIO1->IBE |= ((1 << 6));                 //--- 配置为引脚的边沿触发中断 ---
  LPC_GPIO1->IE |= ((1 << 6));                  //--- PIO1_6 引脚中断 ---
  NVIC_EnableIRQ(EINT1_IRQn);                   //--- 开 PIO1 端口的中断号 ---
}
void PIOINT1_IRQHandler(void)                   //--- PIO1 端口引脚中断函数 ---
{
  if(0 != (LPC_GPIO1->RIS & (1 << 6)))
```

```
    {
      LPC_GPIO1->IC |= (1 << 6);            //--- 清除已触发的中断逻辑 ---
      if(0 != (LPC_GPIO1->DATA & (1 << 6)))  //--- PIO1_6 引脚为高电平 ---
        {
          LPC_TMR32B0->TCR = 1;              //--- 32 位定时器 0 启动 ---
        }
      else                                    //--- PIO1_6 引脚为低电平 ---
        {
          LPC_TMR32B0->TCR = 0;              //--- 32 位定时器 0 停止 ---
          fCnt = LPC_TMR32B0->TC;
          flag = 1;
          LPC_TMR32B0->TC = 0;              //--- 清 TC ---
        }
    }
}
//--- main 主程序 ---
int main (void)
{
  int i,msCnt = 0,m;
  float f;

  CT32B0_MAT_Init();
  LPC_GPIO0->DIR = 0xFF << 1;
  LPC_GPIO2->DIR = 0xFF << 0;
  PIO1_INT_Init();
  while(1)
    {
      //--- LED 数码管动态显示程序段 ---
      if(++msCnt >= 100)
        {
          msCnt = 0;
          LPC_GPIO0->DATA = LEDSEG[LEDBuffer[LEDPointer]] << 1;
          if(3 == LEDPointer)LPC_GPIO0->DATA |= 0x80 << 1;
          LPC_GPIO2->DATA = LEDDIG[LEDPointer];
          if(++LEDPointer >= sizeof(LEDBuffer))LEDPointer = 0;
        }
      //--- 处理测量结果并显示 ---
      if(0 != flag)
        {
          flag = 0;
          f = fCnt;
          f = SystemCoreClock / f;
          m = (int)f;
          for(i=0;i<sizeof(LEDBuffer);i++)
            LEDBuffer[i] = 0;
          //--- 处理整数部分并送显示缓冲区 ---
          i = 3;
          while(m)
            {
              LEDBuffer[i ++] = m % 10;
```

```
            m /= 10;
          }
     //--- 处理小数部分并送显示缓冲区 ---
     m = (int)f;
     f = f - m;
     f *= 1000;
     m = (int)f;
     i = 0;
     while(m)
       {
         LEDBuffer[i ++] = m % 10;
         m /= 10;
       }
    }
  }
}
```

4．小结

通过虚拟信号源输入的方波信号如图 1-63 所示。

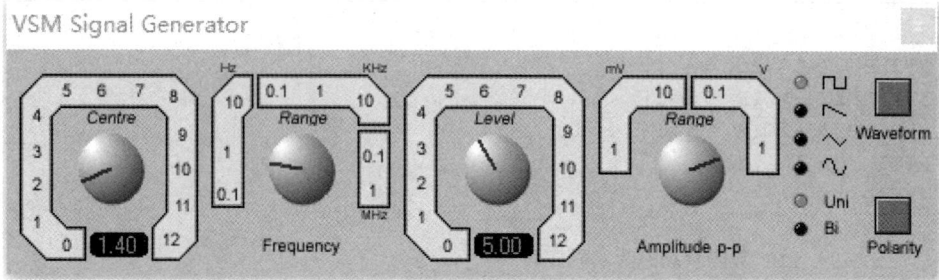

图 1-63　实例 1.51 示意图

根据等精度频率测量原理。本实例利用 LPC1343 的外部引脚中断功能和 32 位定时器 0 对 PCLK 计数来实现。

涉及的主要内容如下：

（1）32 位定时器 0 被配置为定时模式，且匹配寄存器 0（MR0）装入最大值 0xFFFFFFFF，以防止 32 位定时器 0 的 TC 值达到 MR0 值。

（2）配置 PIO1_6 引脚以边沿方式触发引脚中断功能，且使能 PIO1 的引脚中断。

（3）在 PIO1 的引脚中断函数中完成对被测信号的上升沿和下降沿的识别，当为上升沿则 32 位定时器启动；当为下降沿时则 32 位定时器停止，且将 TC 的值记录下来。

（4）main 主程序完成对 8 位 LED 共阴 LED 数码管的动态显示，并完成对记录的数值进行处理显示在 LED 数码管上。

1.52　LED 霹雳灯实例

1．项目要求

利用 LPC1343 的 PIO2 端口外接 8 个发光二极管实现 LED 霹雳灯显示效果。

2. 硬件电路

硬件电路原理图如图 1-64 所示。

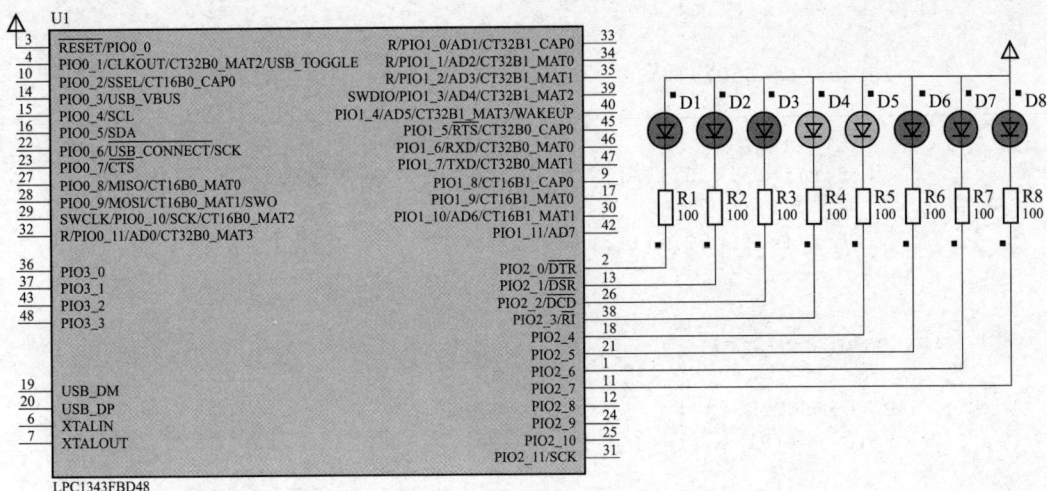

图 1-64　LED 霹雳灯实例电路原理图

U_1（LPC1343）的 PIO2_0～PIO2_7 引脚通过 R_1～R_8 限流电阻连接 D_1～D_8 发光二极管。

3. 程序设计

根据实例要求，设计的程序如下：

```
#include <LPC13xx.h>
//--- LED 灯驱动引脚宏定义 ---
#define P1_0(x) ((x)?(LPC_GPIO2->DATA |= (1 << 0)):(LPC_GPIO2->DATA &=~(1 << 0)))
#define P1_7(x) ((x)?(LPC_GPIO2->DATA |= (1 << 7)):(LPC_GPIO2->DATA &=~(1 << 7)))
#define P1 LPC_GPIO2->DATA
const unsigned char RLEDSEG[] = {0xFF,0xFE,0xFD,0xFB,0xF7,0xEF,0xDF};
const unsigned char LLEDSEG[] = {0xFB,0xF7,0xEF,0xDF,0xBF,0x7F,0xFF};
void DelaymS(int t)                    //--- 延时函数 ---
{
  t = t * 6000;
  while(t--);
}
//--- main 主程序 ---
int main (void)
{
  int i,j,a;
  LPC_GPIO2->DIR = 0xFF;
  LPC_GPIO2->DATA = 0xFF;
  while(1)
    {
      //--- 走马拖尾右移 ---
```

```c
P1 = 0x7F;
DelaymS(60);
P1 = 0xBF;
if(0 != (P1 & (1 << 7)))
  {
    for(a=0;a<350;a++)                          //--- 控制点亮时间 ---
      {
        P1_7(0);
        for(i=0;i<15;i++);                      //--- 控制亮度高低 ---
        P1_7(1);
        for(i=0;i<50;i++);
      }
  }
for(j=6;j>=0;j--)
  {
    P1 = RLEDSEG[j];
    if(0 != (P1 & (1 << j)))
      {
        for(a=0;a<350;a++)
          {
            P1 &=~(1 << j);
            for(i=0;i<15;i++);
            P1 &=~(1 << (j + 1));
            for(i=0;i<1;i++);
            P1 |= (3 << j);
            for(i=0;i<50;i++);
          }
      }
  }
if(0 != (P1 & (1 << 7)))
  {
    for(a=0;a<350;a++)
      {
        P1_0(0);
        for(i=0;i<1;i++);                       //--- 控制亮度高低 ---
        P1_0(1);
        for(i=0;i<50;i++);
      }
  }
//--- 走马拖尾左移 ---
P1 = 0xFE;
DelaymS(60);
P1 = 0xFD;
if(0 != (P1 & (1 << 0)))
  {
    for(a=0;a<350;a++)                          //--- 控制点亮时间 ---
      {
        P1_0(0);
```

```
            for(i=0;i<15;i++);                //--- 控制亮度高低 ---
            P1_0(1);
            for(i=0;i<50;i++);
          }
      }
    for(j=0;j<=6;j++)
      {
        P1 = LLEDSEG[j];
        if(0 != (P1 & (1 << (j + 1))))
          {
            for(a=0;a<350;a++)
              {
                P1 &=~(1 << (j + 1));
                for(i=0;i<15;i++);
                P1 &=~(1 << j);
                for(i=0;i<1;i++);
                P1 |= (3 << j);
                for(i=0;i<50;i++);
              }
          }
      }
    if(0 != (P1 & (1 << 0)))
      {
        for(a=0;a<350;a++)                     //--- 控制点亮时间 ---
          {
            P1_7(0);
            for(i=0;i<1;i++);                  //--- 控制亮度高低 ---
            P1_7(1);
            for(i=0;i<50;i++);
          }
      }
    }
}
```

4．小结

霹雳灯显示效果就是 LED 发光二极管在流水显示的时候，控制已流过的 LED 灯再亮灭一小段时间，利用人眼的暂留效应，从而看起来有拖尾的效果。在程序中只要控制好拖尾的延时时间即可。

1.53　简易计算器应用实例

1．项目要求

利用 LPC1343 和 4X4 矩阵键盘实现加、减、乘、除基本运算的计算器功能。

2．硬件电路

硬件电路原理图如图 1-65 所示。

U_1（LPC1343）的 PIO1_0～PIO1_7 引脚连接到 4X4 矩阵键盘的行线和列线上，PIO2_0～

PIO2_10 引脚连接到 LCD1 的 D_0～D_7、RS、R/W 和 E 引脚上。

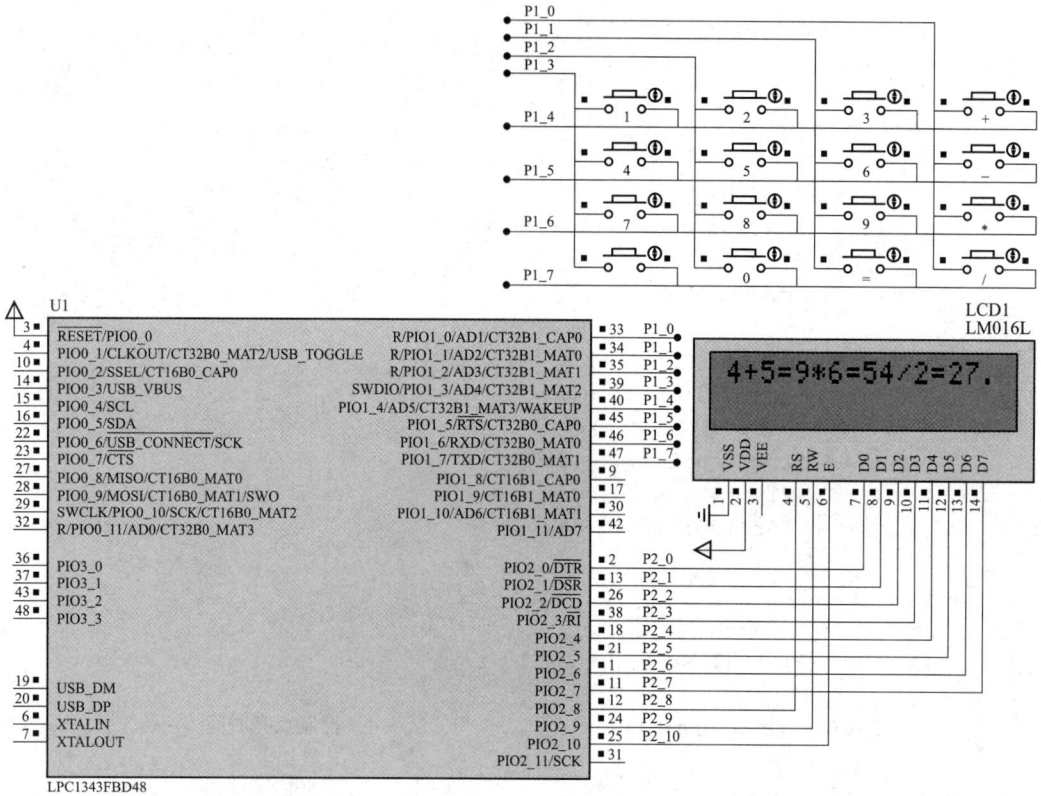

图 1-65　简易计算器应用实例电路原理图

3. 程序设计

根据实例要求，设计的程序如下：

```c
#include <LPC13xx.h>
#include <string.h>
#include <stdio.h>
#include <stdlib.h>
//--- 1602 字符液晶模块程序 ---
#define LCD_RS(x)   ((x)?(LPC_GPIO2->DATA |= (1 << 8)):(LPC_GPIO2->DATA &=~
(1 << 8)))
#define LCD_RW(x)   ((x)?(LPC_GPIO2->DATA |= (1 << 9)):(LPC_GPIO2->DATA &=~
(1 << 9)))
#define LCD_EN(x)   ((x)?(LPC_GPIO2->DATA |= (1 << 10)):(LPC_GPIO2->DATA &=~
(1 << 10)))
#define LCD_PORT(x) LPC_GPIO2->DATA = (LPC_GPIO2->DATA & (~(0xFF << 0))) |
(x << 0)
#define COM 0
#define DAT 1
void DelaymS(long t)
{
  t *= 6000;
```

```
    while(t--);
}
void LCD_Write(unsigned char rs,unsigned char dat)
{
    long i;
    for(i=0;i<600;i++);
    if(0 == rs)LCD_RS(0);
    else LCD_RS(1);
    LCD_RW(0);
    LCD_EN(1);
    LCD_PORT(dat);
    LCD_EN(0);
}
void LCD_Write_Char(unsigned char x,unsigned char y,char Data)
{
    if (0 == x)LCD_Write(COM,0x80 + y);
    else LCD_Write(COM,0xC0 + y);
    LCD_Write(DAT,Data);
}
void LCD_Write_String(unsigned char x,unsigned char y,char *s)
{
    if(0 == x)LCD_Write(COM,0x80 + y);            //--- 表示第一行 ---
    else LCD_Write(COM,0xC0 + y);                 //--- 表示第二行 ---
    while (*s)LCD_Write(DAT,*s++);
}
void LCD_Init(void)
{
    LCD_Write(COM,0x38);                          //--- 显示模式设置 ---
    LCD_Write(COM,0x08);                          //--- 显示关闭 ---
    LCD_Write(COM,0x01);                          //--- 显示清屏 ---
    DelaymS(5);
    LCD_Write(COM,0x06);                          //--- 显示光标移动设置 ---
    LCD_Write(COM,0x0C);                          //--- 显示开及光标设置 ---
}
//--- 4X4 矩阵键盘识别程序 ---
#define ROW_IN_COL_OUT  {LPC_GPIO1->DIR = 0x0F;LPC_GPIO1->DATA = 0xF0;}
#define COL_IN_ROW_OUT  {LPC_GPIO1->DIR = 0xF0;LPC_GPIO1->DATA = 0x0F;}
#define ROW_READ        (LPC_GPIO1->DATA & 0xF0)
#define COL_READ        (LPC_GPIO1->DATA & 0x0F)
int KeydlyCnt;
unsigned char KeyBoard4X4_Scan(void)
{
    unsigned char temp;
    ROW_IN_COL_OUT;
    if((0xF0 != ROW_READ) && (999999 != KeydlyCnt) && (++KeydlyCnt > 1000))
    {
        if(0xF0 != ROW_READ)
        {
            KeydlyCnt = 999999;
            temp = ROW_READ;
```

```
            COL_IN_ROW_OUT;
            temp |= COL_READ;
            if(0xEE == temp)return '+';
            else if(0xDE == temp)return '-';
            else if(0xBE == temp)return '*';
            else if(0x7E == temp)return '/';
            else if(0xED == temp)return '3';
            else if(0xDD == temp)return '6';
            else if(0xBD == temp)return '9';
            else if(0x7D == temp)return '=';
            else if(0xEB == temp)return '2';
            else if(0xDB == temp)return '5';
            else if(0xBB == temp)return '8';
            else if(0x7B == temp)return '0';
            else if(0xE7 == temp)return '1';
            else if(0xD7 == temp)return '4';
            else if(0xB7 == temp)return '7';
            else if(0x77 == temp)return 'C';
            else return 0xFF;
          }
      }
    else if(0xF0 == ROW_READ)KeydlyCnt = 0;
    return 0xFF;
}
//--- LCD模块上显示数字函数 ---
char LCD_DisplayNum(int x,int y,int val)
{
  int i;
  int m,nflag;
  char buff[10 + 1];
  nflag = 0;
  if(val < 0)nflag = 1;
  val = abs(val);
  for(i=0;i<sizeof(buff);i++)buff[i] = ' ';
  buff[sizeof(buff) - 1] = '\0';
  i = sizeof(buff) - 2;
  while(val)
    {
      buff[i--] = val % 10 + '0';
      val /= 10;
      if(0 == i)break;
    }
  if(nflag)buff[i--] = '-';
  for(m=0;m<=i;m++)
    {
      for(nflag=1;nflag<sizeof(buff);nflag++)buff[nflag-1] = buff[nflag];
    }
  LCD_Write_String(x,y,buff);
  return strlen(buff) ;
}
```

```
//--- main 主程序 ---
int ch,act,i,m;
float num1,num2,result;
char str1[11],str2[2];
int main (void)                                    //--- main 主函数 ---
{
 LPC_GPIO2->DIR = 0xFFF;
 LCD_Init();
 LPC_SYSCON->SYSAHBCLKCTRL |= (1 << 16);   //--- 使能 IOCON 模块的时钟源 ---
 LPC_IOCON->RESET_PIO0_0 |= (1 << 0);       //--- PIO0_0 为 GPIO 功能 ---
 LPC_IOCON->R_PIO1_0 |= (1 << 0);           //--- PIO1_0 为 GPIO 功能 ---
 LPC_IOCON->R_PIO1_1 |= (1 << 0);           //--- PIO1_1 为 GPIO 功能 ---
 LPC_IOCON->R_PIO1_2 |= (1 << 0);           //--- PIO1_2 为 GPIO 功能 ---
 LPC_IOCON->SWDIO_PIO1_3 |= (1 << 0);       //--- PIO1_3 为 GPIO 功能 ---
 i = act = 0;
 num1 = num2 = 0;
 memset(str1,0,11);
 while(1)
   {
     ch = KeyBoard4X4_Scan();
     if(0xFF != ch)
       {
         if((ch == '+') || (ch == '-') || (ch == '*') || (ch == '/'))
           {
             LCD_Write_Char(0,i ++,ch);      //--- 显示字符 ---
             act = ch;
             num1 = atof(str1);              //--- 将字符串转为数字 ---
             memset(str1,0,11);
             result += num1;
           }
         else if(ch == 'C')
           {
             i = act = 0;
             num1 = num2 = result = 0;
             memset(str1,0,11);
             LCD_Write(COM,0x01);            //--- 1602 液晶的清屏指令 ---
           }
         else if(ch == '=')
           {
             LCD_Write_Char(0,i ++,ch);      //--- 显示字符 ---
             num2 = atof(str1);              //--- 将字符串转为数字 ---
             switch(act)
               {
                   case'+':result += num2;break;
                   case'-':result -= num2;break;
                   case'*':result *= num2;break;
                   case'/':result /= num2;break;
               }
             memset(str1,0,11);
```

```
            memset(str2,0,2);
            //------------------------------------------------------
            //--- 处理显示的结果 ---
            if(result < 1)LCD_Write_Char(0,i++,'0');
            else
              {
                m = (int)result;
                i += LCD_DisplayNum(0,i,m);
                result -= m;
              }
            if(act != '/')result += m;
            else
              {
                result *= 1000;
                m = (int)result;
                if(m != 0)
                  {
                    LCD_Write_Char(0,i++,'.');
                    if(m < 100)
                      {
                        LCD_Write_Char(0,i++,'0');
                      }
                    else if(m < 10)
                      {
                        LCD_Write_Char(0,i++,'0');
                        LCD_Write_Char(0,i++,'0');
                      }
                    i += LCD_DisplayNum(0,i,m);
                  }
                result /= 1000;
              }
          }
        else
          {
            LCD_Write_Char(0,i ++,ch);
            sprintf(str2,"%c",ch);
            strcat(str1,str2);
          }
      }
    }
}
```

4．小结

本实例展示了将 4×4 矩阵键盘、1602 液晶显示结合起来实现的简易计算器功能。程序中涉及主要内容如下：

（1）1602 液晶模块的显示驱动程序。

（2）4×4 矩阵键盘的按键识别程序。

（3）计算器的基本的加、减、乘、除运算和加算功能的程序实现方法。

（4）除数的结果为小数部分的显示处理方法的实现。

1.54　基于 MPX4250 的气压测量实例

1．项目要求

利用 LPC1343 和 MPX4250 气压力传感器实现气压实时测量并显示压力值。

2．硬件电路

硬件电路原理图如图 1-66 所示。

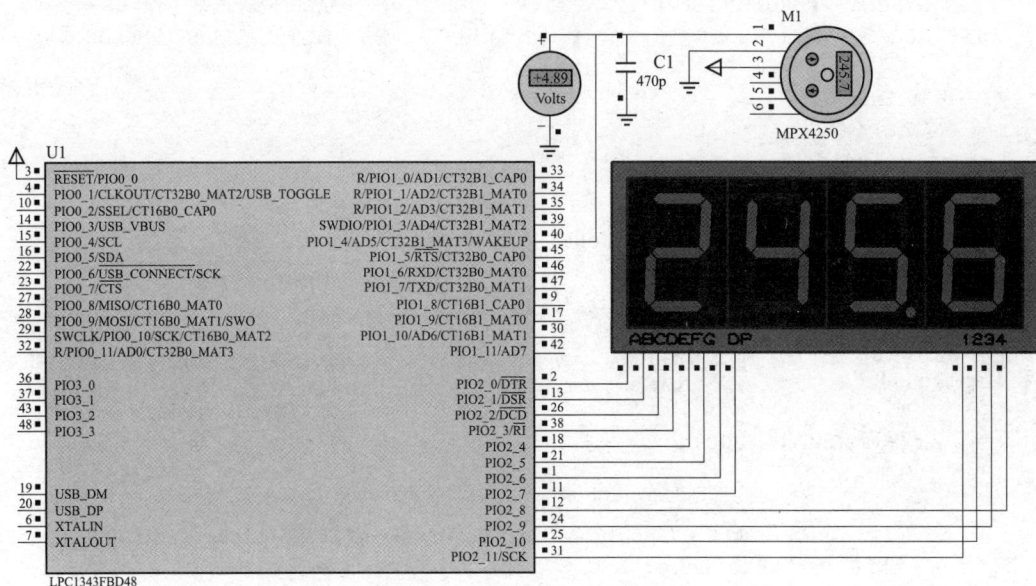

图 1-66　基于 MPX4250 的气压测量实例电路原理图

气压传感器 M1（MPX4250）的 1 脚输出的直流电压连接到 U₁（LPC1343）的 PIO1_4/AD5 引脚上。U₁（LPC1343）的 PIO2 端口连接着 4 位共阴 LEDO 数码管。

3．程序设计

根据实例要求，设计的程序如下：

```
#include <LPC13xx.h>
//--- LED 数码管显示定义 ---
const unsigned char LEDSEG[] =                  //--- 笔段码数组定义 ---
{
  0x3F,0x06,0x5B,0x4F,0x66,0x6D,0x7D,0x07,0x7F,0x6F,
                                                //--- 数字 0～9 的笔段码 ---
  0x77,0x7C,0x39,0x5E,0x79,0x71,0x00,0x40,      //--- 字母 AbCdEF ---
  0x76,0x38,                                    //--- H,L ---
};
const unsigned char LEDDIG[] =                  //--- 位选段码数组定义 ---
{
  0xFE,0xFD,0xFB,0xF7,0xEF,0xDF,0xBF,0x7F,
};
unsigned char LEDBuffer[4] = {0,0,0,0};   //--- 数码管显示缓冲区数组定义 ---
unsigned char LEDPointer;                 //--- 数码管扫描索引变量 ---
```

```
//--- ADC 模块配置程序 ---
#define   ADC_START   LPC_ADC->CR |= (1 << 24)        //--- 启动 AD 转换 ---
#define   ADC_STOP    LPC_ADC->CR &=~(7 << 24)         //--- 停止 AD 转换 ---
void LPC13XX_ADC_Init(void)
{
  LPC_SYSCON->SYSAHBCLKCTRL |= (1 << 16);  //--- 使能 IOCON 模块的时钟源 ---
  LPC_IOCON->PIO1_4 |= (1 << 0);                //--- 配置 PIO1_0 为 AD1 功能 ---
  LPC_IOCON->PIO1_4 &=~((1 << 7) | (3 << 3));        //--- 配置为模拟输入引脚 ---
  LPC_SYSCON->SYSAHBCLKCTRL |= (1 << 13);  //--- 使能 ADC 模块的时钟源 ---
  LPC_SYSCON->PDRUNCFG |= (1 << 4);             //--- ADC 模块正常工作 ---
  LPC_ADC->CR = (0x80 << 8) | (1 << 5);         //--- 配置分频系数并选择 AD5 通道 ---
}
//--- main 主程序 ---
int msCnt;
int main (void)
{
  int i,m;
  float f;
  LPC13XX_ADC_Init();                             //--- 初始化 ADC 模块 ---
  ADC_START;                                      //--- ADC 启动 ---
  LPC_GPIO2->DIR = 0xFFF;
  while(1)
    {
      if(++msCnt >= 200)
        {
          msCnt = 0;
          LPC_GPIO2->DATA = (LEDDIG[LEDPointer] << 8) | LEDSEG[LEDBuffer[LEDPointer]];
          if(1 == LEDPointer)LPC_GPIO2->DATA |= 0x80;
          if(++LEDPointer >= sizeof(LEDBuffer))LEDPointer = 0;
          if(0 != (LPC_ADC->GDR & 0x80000000)) //--- 判断 AD 转换完毕 ---
            {
              ADC_STOP;                          //--- ADC 停止 ---
              m = LPC_ADC->GDR;                  //--- 读取 ADC 的数据 ---
              m = (m >> 6) & 0x3FF;
              f = m;
              f = f * 500 / 1023 / 2;
              f *= 1.0053;
              for(i=0;i<sizeof(LEDBuffer);i++)LEDBuffer[i] = 16;
              LEDBuffer[1] = 0;
              LEDBuffer[0] = 0;
              m = (int)f;
              i = 1;
              while(m)
                {
                  LEDBuffer[i ++] = m % 10;
                  m /= 10;
                }
              m = (int)f;
              f = f - m;
              f *= 10;
              LEDBuffer[0] = (int)f;
              LPC_ADC->CR = (0x80 << 8) | (1 << 5)//--- 配置分频系数并选择 AD5 通道 ---
```

```
        ADC_START;                              //--- ADC 启动 ---
      }
    }
  }
}
```

4．小结

MPX4250 是一款绝对压力集成传感器。它主要用于汽车发动机控制系统中，可测量发动机进气管道的绝对压力，再通过计算机计算出每个汽缸所需要的燃料最，以保证发动机处于最佳工作状态。在该集成传感器芯片上，除具有压阻式压力传感器外，还有信号放火器及用作温度补偿的薄膜电阻网络。薄膜网络可用激光技术进行校准。测压范围 20～250kPa，相应的输出电压为 0.2～4.9V，工作温度范围为−40～+125℃。

MPX4250 是电压型输出，在应用中，只需要测量 MPX4250 的 1 脚输出电压就可计算出对应的气压值，利用 LPC1343 内置的 10 位 ADC 转换器即可实现所需的气压值测量。在程序中，需要对 10 位 ADC 转换器进行配置，将选用 AD5 模拟通道。然后，启动 ADC 工作，等待 ADC 转换完毕，读取 ADC 转换后的数值，并变换为对应的压力值通过数码管显示。

1.55 基于定时器的 6 路舵机控制实例

1．项目要求

利用 LPC1343 的 16 位定时器 1、32 位定时器和 32 位定时器 1 的 PWM 功能控制 6 路舵机的驱动，要求精度可达 1.8 度。

2．硬件电路

硬件仿真电路原理图如图 1-67 所示。

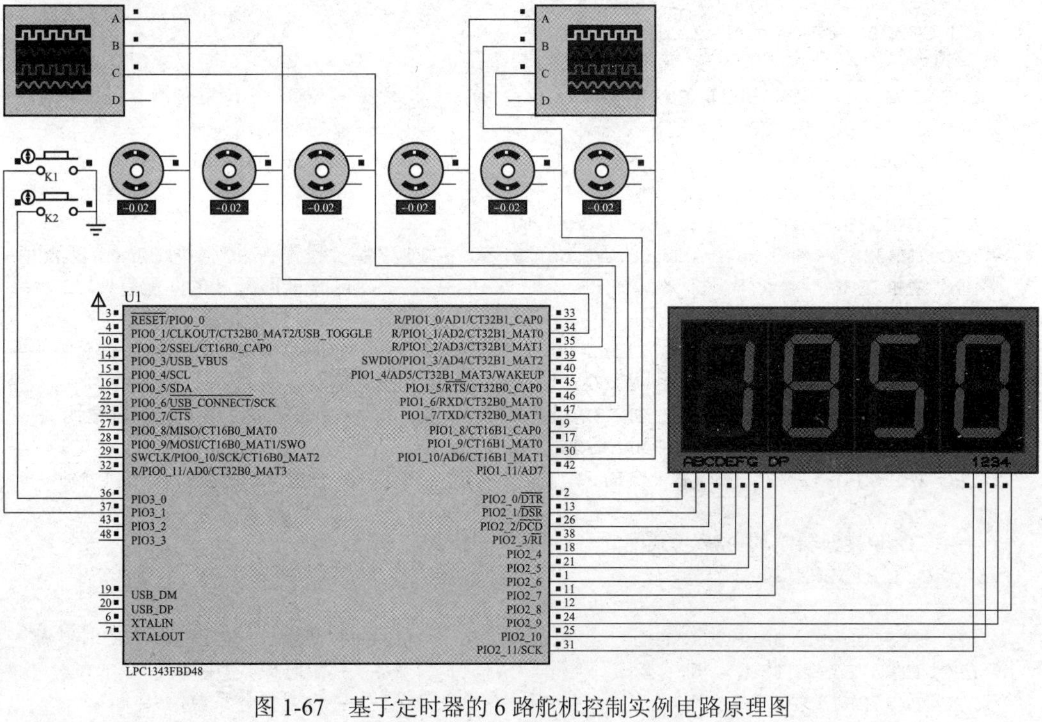

图 1-67 基于定时器的 6 路舵机控制实例电路原理图

U$_1$（LPC1343）的 PIO1_1/CT32B1_MAT0、PIO1_2/CT32B1_MAT1、PIO1_6/CT32B0_MAT0、PIO1_7/CT32B0_MAT1、PIO1_9/CT16B1_MAT0 和 PIO1_10/CT16B1_MAT1 引脚分别驱动 6 个舵机的控制端。按键 K1 和 K2 用于控制舵机的运行角度。

3．程序设计

根据实例要求，设计的程序如下：

```c
#include <LPC13xx.h>
#define MAXVALUE  2000
int Value = 1850;
//--- 16 位定时器 1 的 PWM 模式配置 ---
void CT16B1_PWM_Init(void)
{
  LPC_SYSCON->SYSAHBCLKCTRL |= (1 << 8);     //--- 使能 16 位定时器 1 的时钟源 ---
  LPC_TMR16B1->CTCR = 0;                      //--- 定时模式 ---
  LPC_TMR16B1->PR = 100 - 1;                  //--- 设置预分系数 ---
  LPC_TMR16B1->PC = 0;
  LPC_TMR16B1->TC = 0;
  LPC_TMR16B1->MR3 = SystemCoreClock /        //--- 设置 PWM 周期为 20ms 的匹配值---
               (LPC_TMR16B1->PR + 1) / 50 - 1;
  LPC_TMR16B1->MCR = (2 << 9);                //--- 使能匹配 3 复位 TC ---
  LPC_TMR16B1->TCR = 1;                       //--- 16 位定时器 1 启动 ---
  LPC_TMR16B1->MR0 = (LPC_TMR16B1->MR3 + 1) *  //--- MR0 用于设置占空比 ---
               Value / MAXVALUE - 1;
  LPC_TMR16B1->MR1 = (LPC_TMR16B1->MR3 + 1) *  //--- MR1 用于设置占空比 ---
               Value / MAXVALUE - 1;
  LPC_TMR16B1->PWMC |= (1 << 3) | ( 3 << 0);//--- 使能 16 位定时器 1 的 PWM0～PWM3 ---
}
//--- 32 位定时器 0 的 PWM 模式配置 ---
void CT32B0_PWM_Init(void)
{
  LPC_SYSCON->SYSAHBCLKCTRL |= (1 << 9);     //--- 使能 32 位定时器 0 的时钟源 ---
  LPC_TMR32B0->CTCR = 0;                      //--- 定时模式 ---
  LPC_TMR32B0->PR = 0;                        //--- 设置预分系数 ---
  LPC_TMR32B0->PC = 0;
  LPC_TMR32B0->TC = 0;
  LPC_TMR32B0->MR3 = SystemCoreClock / 50 - 1;//--- 设置 PWM 周期为 20ms 的匹配值---
  LPC_TMR32B0->MCR = (2 << 9);                //--- 使能匹配 3 的匹配复位 TC ---
  LPC_TMR32B0->TCR = 1;                       //--- 32 位定时器 0 启动 ---
  LPC_TMR32B0->MR0 = (LPC_TMR32B0->MR3 + 1) *  //--- MR0 用于设置占空比 ---
               Value / MAXVALUE - 1;
  LPC_TMR32B0->MR1 = (LPC_TMR32B0->MR3 + 1) *  //--- MR1 用于设置占空比 ---
               Value / MAXVALUE - 1;
  LPC_TMR32B0->PWMC |= (1 << 3) | ( 3 << 0); //--- 使能 32 位定时器 0 的 PWM0～3 ---
}
//--- 32 位定时器 1 的 PWM 模式配置 ---
void CT32B1_PWM_Init(void)
{
  LPC_SYSCON->SYSAHBCLKCTRL |= (1 << 10);    //--- 使能 32 位定时器 1 的时钟源 ---
  LPC_TMR32B1->CTCR = 0;                      //--- 定时模式 ---
  LPC_TMR32B1->PR = 0;                        //--- 设置预分系数 ---
```

```c
  LPC_TMR32B1->PC = 0;
  LPC_TMR32B1->TC = 0;
  LPC_TMR32B1->MR3 = SystemCoreClock / 50 - 1; //--- 设置 PWM 周期为 20ms 的匹配值---
  LPC_TMR32B1->MCR = (2 << 9);                 //--- 使能匹配 3 的匹配复位 TC ---
  LPC_TMR32B1->TCR = 1;                        //--- 32 位定时器 1 启动 ---
  LPC_TMR32B1->MR0 = (LPC_TMR32B1->MR3 + 1) *  //--- MR0 用于设置占空比 ---
                     Value / MAXVALUE - 1;
  LPC_TMR32B1->MR1 = (LPC_TMR32B1->MR3 + 1) *  //--- MR1 用于设置占空比 ---
                     Value / MAXVALUE - 1;
  LPC_TMR32B1->PWMC |= (1 << 3) | ( 3 << 0); //--- 使能 32 位定时器 1 的 PWM0～3 ---
}

void UpdatePWM(int dat)
{
  LPC_TMR32B0->MR0 = (LPC_TMR32B0->MR3 + 1) *  //--- MR0 用于设置 PWM0 占空比 ---
                     dat / MAXVALUE - 1;
  LPC_TMR32B0->MR1 = (LPC_TMR32B0->MR3 + 1) *  //--- MR1 用于设置 PWM1 占空比 ---
                     dat / MAXVALUE - 1;
  LPC_TMR32B0->MR0 = (LPC_TMR32B0->MR3 + 1) *  //--- MR0 用于设置 PWM0 占空比 ---
                     dat / MAXVALUE - 1;
  LPC_TMR32B0->MR1 = (LPC_TMR32B0->MR3 + 1) *  //--- MR1 用于设置 PWM1 占空比 ---
                     dat / MAXVALUE - 1;
  LPC_TMR32B1->MR0 = (LPC_TMR32B1->MR3 + 1) *  //--- MR0 用于设置 PWM0 占空比 ---
                     dat / MAXVALUE - 1;
  LPC_TMR32B1->MR1 = (LPC_TMR32B1->MR3 + 1) *  //--- MR1 用于设置 PWM1 占空比 ---
                     dat / MAXVALUE - 1;
}
//--- LED 数码管显示定义 ---
const unsigned char LEDSEG[] =                      //--- 笔段码数组定义 ---
{
  0x3F,0x06,0x5B,0x4F,0x66,0x6D,0x7D,0x07,0x7F,0x6F,
                                                    //--- 数字 0～9 的笔段码 ---
  0x77,0x7C,0x39,0x5E,0x79,0x71,0x00,0x40,          //--- 字母 AbCdEF ---
  0x76,0x38,                                        //--- H,L ---
};
const unsigned char LEDDIG[] =                      //--- 位选段码数组定义 ---
{
  0xFE,0xFD,0xFB,0xF7,0xEF,0xDF,0xBF,0x7F,
};
unsigned char LEDBuffer[4] = {0,0,0,0};             //--- 数码管显示缓冲区数组定义 ---
unsigned char LEDPointer;                           //--- 数码管扫描索引变量 ---

void UpdateLEDBuffer(int dat)
{
  LEDBuffer[0] = (Value / 1) % 10;
  LEDBuffer[1] = (Value / 10) % 10;
  LEDBuffer[2] = (Value / 100) % 10;
  LEDBuffer[3] = (Value / 1000) % 10;
}
//--- 按键宏定义 ---
#define K1  (LPC_GPIO3->DATA & (1 << 1))     //--- 按键 K1 宏定义 ---
```

```
#define K2  (LPC_GPIO3->DATA & (1 << 0))    //--- 按键 K2 宏定义 ---
long K1_Cnt,K2_Cnt;
//--- main 主程序 ---
int main (void)
{
  int msCnt;
  LPC_SYSCON->SYSAHBCLKCTRL |= (1 << 16);   //--- 使能 IOCON 模块的时钟源 ---
  CT16B1_PWM_Init();
  LPC_IOCON->PIO1_9 |= (1 << 0);    //--- 配置 PIO1_9 为 CT32B0_MAT0 功能 ---
  LPC_IOCON->PIO1_10 |= (2 << 0);   //--- 配置 PIO1_10 为 CT32B0_MAT1 功能 ---
  CT32B0_PWM_Init();
  LPC_IOCON->PIO1_6 |= (2 << 0);    //--- 配置 PIO1_6 为 CT32B0_MAT0 功能 ---
  LPC_IOCON->PIO1_7 |= (2 << 0);    //--- 配置 PIO1_7 为 CT32B0_MAT1 功能 ---
  CT32B1_PWM_Init();
  LPC_IOCON->R_PIO1_1 |= (3 << 0);  //--- 配置 PIO1_1 为 CT32B1_MAT0 功能 ---
  LPC_IOCON->R_PIO1_2 |= (3 << 0);  //--- 配置 PIO1_2 为 CT32B1_MAT1 功能 ---
  LPC_GPIO2->DIR = 0xFFF;
  UpdateLEDBuffer(Value);
  while(1)
    {
      if(++msCnt >= 500)
        {
          msCnt = 0;
          LPC_GPIO2->DATA = (LEDDIG[LEDPointer] << 8) | LEDSEG[LEDBuffer[LEDPointer]];
          if(++LEDPointer >= sizeof(LEDBuffer))LEDPointer = 0;
        }
      if((0 == K1) && (999999 != K1_Cnt) && (++K1_Cnt > 10))
        {
          if(0 == K1)                   //--- K1 是否按下 ---
            {
              K1_Cnt = 999999;          //--- 置键已按下标志 ---
              Value += 1;
              if(Value >= 1900)Value = 1900;
              UpdatePWM(Value);
              UpdateLEDBuffer(Value);
            }
        }
      else if(0 != K1)K1_Cnt = 0;    //--- 若键释放则标志置 0 ---
      if((0 == K2) && (999999 != K2_Cnt) && (++K2_Cnt > 10))
        {
          if(0 == K2)                   //--- K2 是否按下 ---
            {
              K2_Cnt = 999999;              //--- 置键已按下标志 ---
              Value -= 1;
              if(Value <= 1800)Value = 1800;
              UpdatePWM(Value);
              UpdateLEDBuffer(Value);
            }
        }
      else if(0 != K2)K2_Cnt = 0;        //--- 若键释放则标志置 0 ---
    }
}
```

4．小结

本实例展示了如何利用 LPC1343 的 PWM 功能控制舵机的精确运行。舵机的驱动是以 PWM 周期为 20ms，宽度为 0.5～2.5ms 的脉宽进行角度控制。

在实例中就用到了 LPC1343 的 3 个定时器的 PWM 功能来实现，程序中需要对这 3 个定时器进行配置产生 PWM 周期为 20ms，占空比可调的 PWM 信号。主程序中的按键 K1 和 K2 用于控制 PWM 信号的占空比，其中 PWM 占空比中的高电平部分的脉宽必须控制在 0.5～ 2.5ms。PWM 控制信号波形如图 1-68 所示。

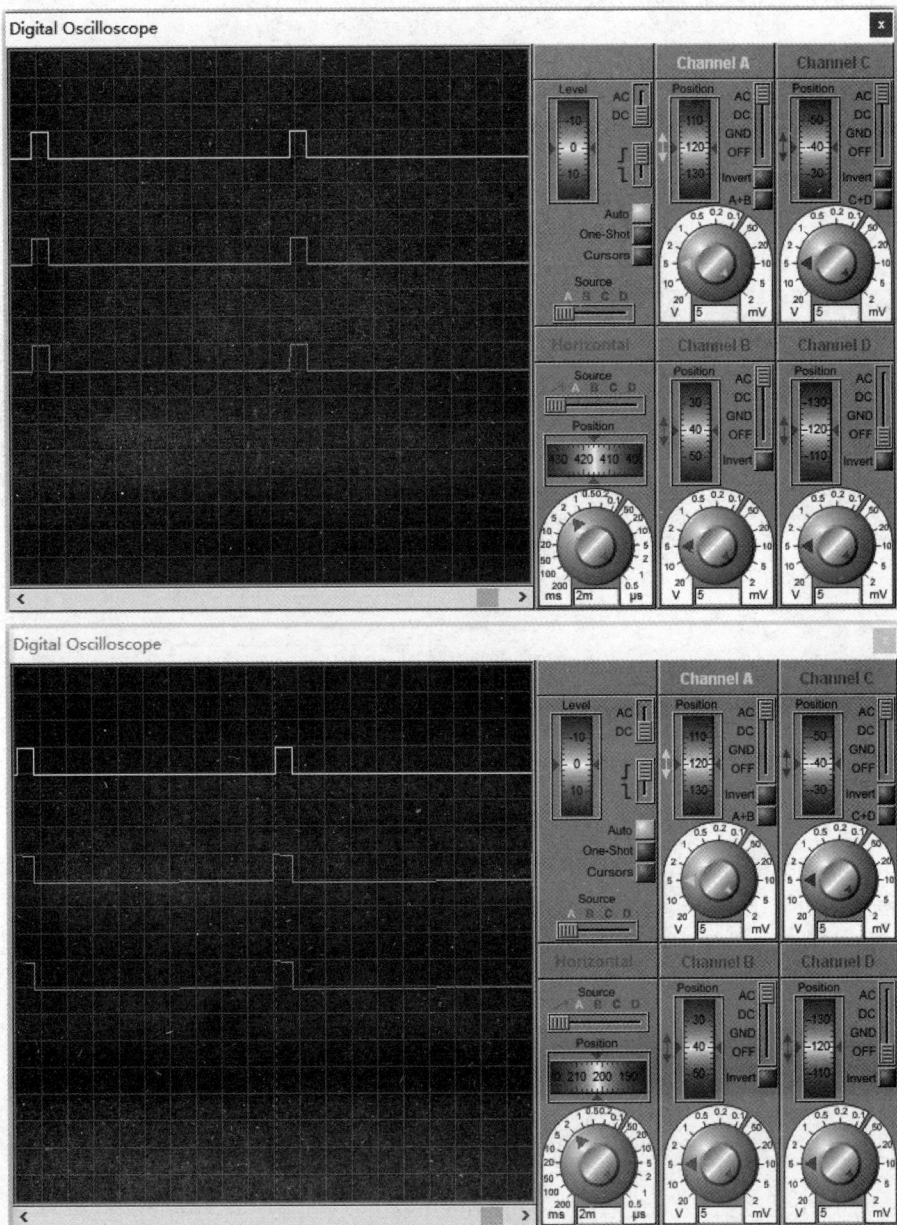

图 1-68　实例 1.55 波形图

1.56　基于 APDS-9002 的照度测量实例

1．项目要求

利用 APDS-9002 照度传感器和 LPC1343 实现对光亮度进行测量，并通过 LED 数码管显示出光照度的强度值（单位 LUX）。

2．硬件电路

硬件电路原理图如图 1-69 所示。

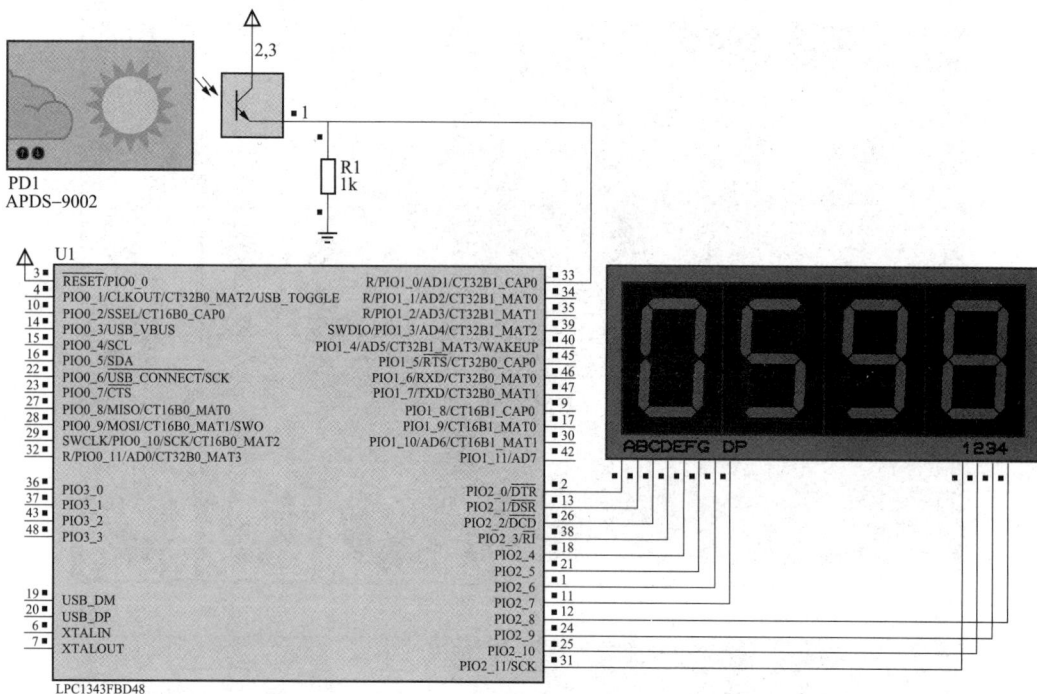

图 1-69　基于 APDS-9002 的照度测量实例电路原理图

U₁（LPC1343）的 PIO2 端口连接到 4 位共 LED 数码管的笔段和位选通引脚上，光照度传感器 PD1 的输出端连接一个电阻 R_1，并连接到 U₁ 的 PIO1_0/AD1 引脚上。

3．程序设计

根据实例要求，设计的程序如下：

```
#include <LPC13xx.h>
//--- LED 数码管显示定义 ---
const unsigned char LEDSEG[] =
{
  0x3F,0x06,0x5B,0x4F,0x66,0x6D,0x7D,0x07,0x7F,0x6F,
                                    //--- 数字 0～9 的笔段码 ---
  0x77,0x7C,0x39,0x5E,0x79,0x71,0x00,0x40,    //--- 字母 AbCdEF ---
  0x76,0x38,                        //--- H,L ---
};
```

```
const unsigned char LEDDIG[] =
{
  0xFE,0xFD,0xFB,0xF7,
};
unsigned char LEDBuffer[4] = {0,0,0,0};
unsigned char LEDPointer;
//--- ADC 模块初始化 ---
#define  ADC_START  LPC_ADC->CR |= (1 << 24)  //--- 启动 AD 转换 ---
#define  ADC_STOP  LPC_ADC->CR &=~(7 << 24)  //--- 停止 AD 转换 ---
void LPC13XX_ADC_Init(void)
{
  LPC_SYSCON->SYSAHBCLKCTRL |= (1 << 16);   //--- 使能 IOCON 模块的时钟源 ---
  LPC_IOCON->R_PIO1_0 |= (2 << 0);          //--- 配置 PIO1_0 为 AD1 功能 ---
  LPC_IOCON->R_PIO1_0 &=~((1 << 7) | (3 << 3))
                                            //--- 配置为模拟输入引脚 ---
  LPC_SYSCON->SYSAHBCLKCTRL |= (1 << 13);   //--- 使能 ADC 模块的时钟源 ---
  LPC_SYSCON->PDRUNCFG |= (1 << 4);         //--- ADC 模块正常工作 ---
  LPC_ADC->CR = (0x80 << 8) | (1 << 1);     //--- 配置分频系数并选择 AD1 通道 ---
}
int GetADCValue(void)                       //--- ADC 采集电压函数 ---
{
  int value;
  while(0 == (LPC_ADC->GDR & 0x80000000)); //--- 判断 AD 转换完毕 ---
  ADC_STOP;                                 //--- 停止 AD 转换 ---
  value = LPC_ADC->GDR;                     //--- 读取 AD 转换的数据 ---
  value = (value >> 6) & 0x3FF;
  ADC_START;                                //--- 启动 AD 转换 ---
  return value;
}
int msCnt;
//--- main 主程序 ---
int main (void)
{
  float f;
  LPC_GPIO2->DIR = 0xFFF;                   //--- LED 端口初始化 ---
  LPC13XX_ADC_Init();                       //--- 初始化 AD 模块 ---
  ADC_START;                                //--- A/D 转换器启动 ---
  while(1)
    {
      if(++msCnt >= 500)
        {
          LPC_GPIO2->DATA = (LEDDIG[LEDPointer] << 8) | LEDSEG[LEDBuffer[LEDPointer]];
          if(++LEDPointer >= sizeof(LEDBuffer))LEDPointer = 0;

          msCnt = GetADCValue();
          f = msCnt;
          f = f * 5.000 / 1023;             //--- 转换为电压值 ---
          f *= 1000;                        //--- mV 单位 ---
```

```
        f = (f - 1) * 1000 / 1999;        //--- 转换为 LUX 值 ---
        if(f < 0)msCnt = 0;else msCnt = f;
        LEDBuffer[0] = (msCnt / 1) % 10;
        LEDBuffer[1] = (msCnt / 10) % 10;
        LEDBuffer[2] = (msCnt / 100) % 10;
        LEDBuffer[3] = (msCnt / 1000) % 10;
        msCnt = 0;
    }
  }
}
```

4. 小结

本实例利用 LPC1343 的内置 A/D 转换器测量环境亮度值。由于 APDS-9002 光照度传感器输出的是电流，需要通过 I/V 变换为电压值，再通过 LPC1343 的 A/D 转换器测量。程序中需要对 A/D 转换器进行配置，包括 LPC1343 的 PIO1_0 引脚配置为模拟输入引脚。主程序中调用 GetADCValue()函数对模拟电压进行采样转换为数字量，再将该数字量转换为对应的 LUX 值，并通过 LED 数码管显示。

1.57 基于 GP2D12 的红外测距应用实例

1. 项目要求

利用 LPC1343 和红外测距传感器 GP2D12 实现小车与障碍物之间距离测量，要求测距的范围为 10～80cm，精度为 1cm，并通过 LED 数码管显示实际距离数值。

2. 硬件电路

硬件电路原理图如图 1-70 所示。

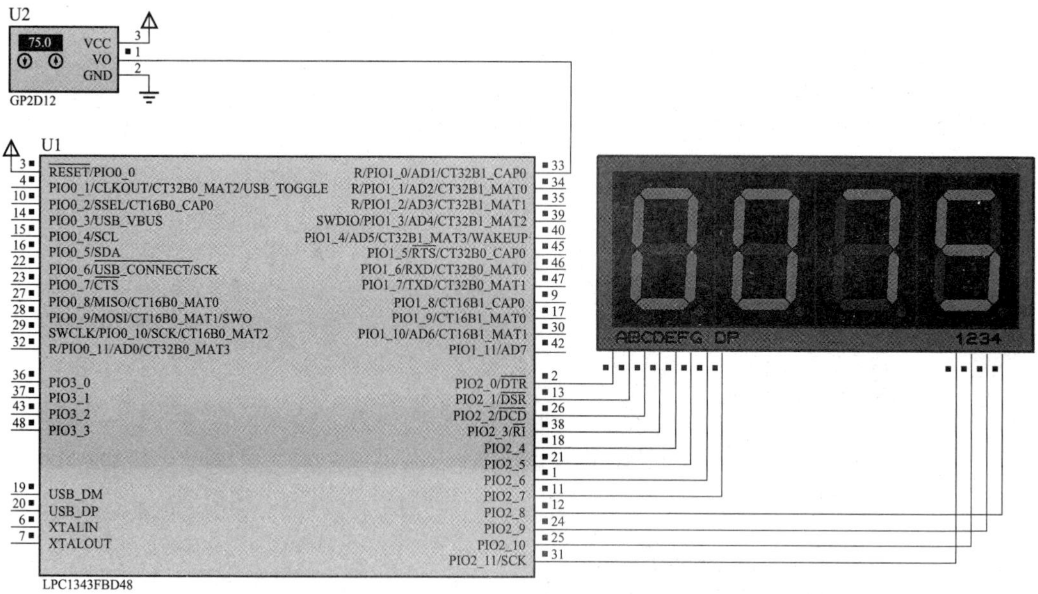

图 1-70 基于 GP2D12 的红外测距应用实例电路原理图

U₁（LPC1343）的 PIO2 端口连接到 4 位共 LED 数码管的笔段和位选通引脚上，红外测距传感器 U₂ 的输出端 VO 连接到 U1 的 PIO1_0/AD1 引脚上。

3．程序设计

根据实例要求，设计的程序如下：

```c
#include <LPC13xx.h>
#include <math.h>
//--- LED 数码管显示定义 ---
const unsigned char LEDSEG[] =
{
  0x3F,0x06,0x5B,0x4F,0x66,0x6D,0x7D,0x07,0x7F,0x6F,
                                        //--- 数字 0～9 的笔段码 ---
  0x77,0x7C,0x39,0x5E,0x79,0x71,0x00,0x40, //--- 字母 AbCdEF ---
  0x76,0x38,                            //--- H,L ---
};
const unsigned char LEDDIG[] =
{
  0xFE,0xFD,0xFB,0xF7,
};
unsigned char LEDBuffer[4] = {0,0,0,0};
unsigned char LEDPointer;
//--- ADC 模块初始化 ---
#define   ADC_START   LPC_ADC->CR |= (1 << 24)  //--- 启动 AD 转换 ---
#define   ADC_STOP    LPC_ADC->CR &=~(7 << 24) //--- 停止 AD 转换 ---
void LPC13XX_ADC_Init(void)
{
  LPC_SYSCON->SYSAHBCLKCTRL |= (1 << 16);  //--- 使能 IOCON 模块的时钟源 ---
  LPC_IOCON->R_PIO1_0 |= (2 << 0);         //--- 配置 PIO1_0 为 AD1 功能 ---
  LPC_IOCON->R_PIO1_0 &=~((1 << 7) | (3 << 3));
                                          //--- 配置为模拟输入引脚 ---
  LPC_SYSCON->SYSAHBCLKCTRL |= (1 << 13); //--- 使能 ADC 模块的时钟源 ---
  LPC_SYSCON->PDRUNCFG |= (1 << 4);       //--- ADC 模块正常工作 ---
  LPC_ADC->CR = (0x80 << 8) | (1 << 1);   //--- 配置分频系数并选择 AD1 通道 ---
}
int GetADCValue(void)                     //--- ADC 采集电压函数 ---
{
  int value;
  while(0 == (LPC_ADC->GDR & 0x80000000)); //--- 判断 AD 转换完毕 ---
  ADC_STOP;                               //--- 停止 AD 转换 ---
  value = LPC_ADC->GDR;                   //--- 读取 AD 转换的数据 ---
  value = (value >> 6) & 0x3FF;
  ADC_START;                              //--- 启动 AD 转换 ---
  return value;
}
int msCnt;
float f;
//--- main 主程序 ---
```

```
int main (void)
{
  LPC_GPIO2->DIR = 0xFFF;                        //--- LED 端口初始化 ---
  LPC13XX_ADC_Init();                            //--- 初始化 AD 模块 ---
  ADC_START;                                     //--- A/D 转换器启动 ---
  while(1)
    {
      if(++msCnt >= 500)
        {
          LPC_GPIO2->DATA = (LEDDIG[LEDPointer] << 8) | LEDSEG[LEDBuffer[LEDPointer]];
          if(++LEDPointer >= sizeof(LEDBuffer))LEDPointer = 0;
          msCnt = GetADCValue();
          f = msCnt;
          f = pow(f,-1.182);
          f = f * 14977;
          msCnt = (int)f;
          LEDBuffer[0] = (msCnt / 1) % 10;
          LEDBuffer[1] = (msCnt / 10) % 10;
          LEDBuffer[2] = (msCnt / 100) % 10;
          LEDBuffer[3] = (msCnt / 1000) % 10;
          msCnt = 0;
        }
    }
}
```

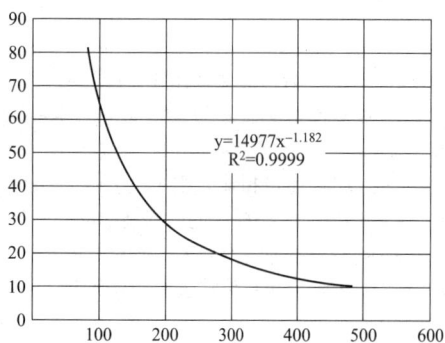

图 1-71　实例 1.57 幂指数关系公式示意图

4. 小结

本实例展示了如何利用红外测距传感器测量距离，由于红外传感器的输出电压与距离是幂指数关系，而不是线性的，所以需要进行数据补偿。一般采用实验法，将实测的距离和电压数值关系列出来，形成数据表，通过拟合曲线方程方法生成幂指数关系公式，如图 1-71 所示。

由于通过实验方法进行数据补偿，会存在理论与实际的误差。根据实际精度要求，控制误差在设定的范围内即可。

1.58　基于 SFR04 的超声波测距应用实例

1. 项目要求
利用 LPC1343 和超声波传感器 SFR04 实现距离的测量，并通过液晶屏显示。

2. 硬件电路
硬件电路原理图如图 1-72 所示。

U_1 的 GPIO2 端口连接到 LCD1 的 $D_0 \sim D_7$，RS，RW，E 引脚用于驱动 LCD 的显示；U_2 的 TR 连接到 U_1 的 PIO1_9 引脚，U_2 的 ECHO 连接到 PIO1_0/CT32B1_CAP0 引脚。

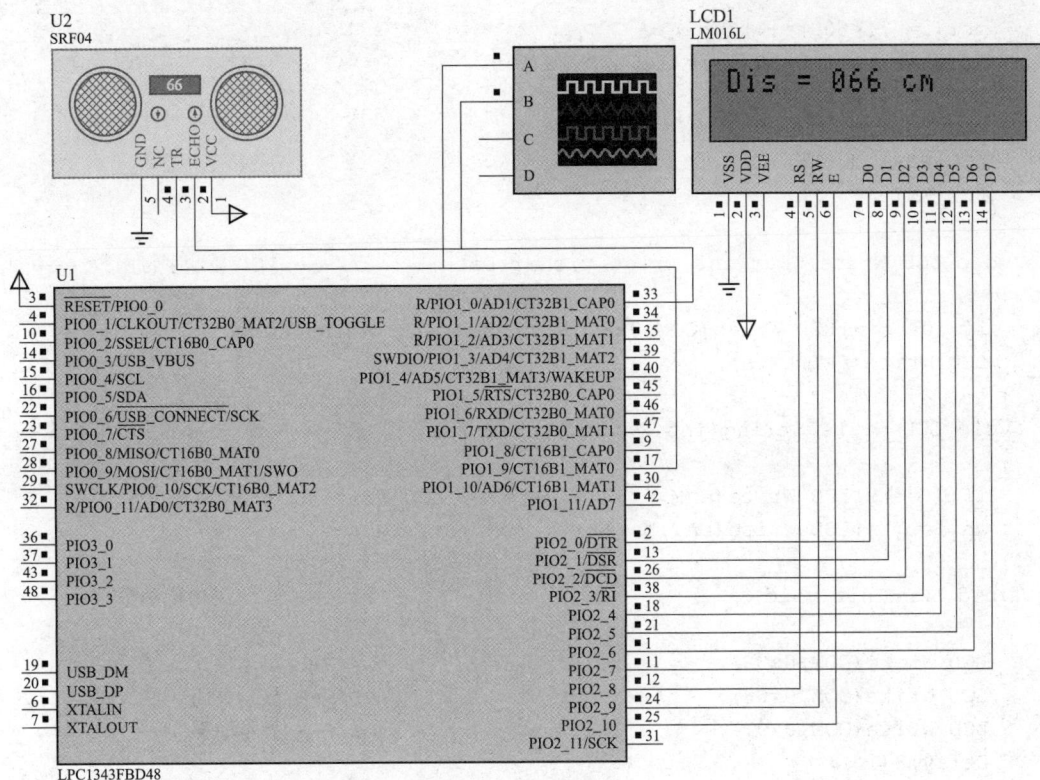

图 1-72　基于 SFR04 的超声波测距应用实例电路原理图

3. 程序设计

根据实例要求，设计的程序如下：

```c
#include <LPC13xx.h>
//--- LM016 液晶显示模块程序段 ---
#define LCD_RS(x)   ((x)?(LPC_GPIO2->DATA |= (1 << 8)):(LPC_GPIO2->DATA &=~
(1 << 8)))
#define LCD_RW(x)   ((x)?(LPC_GPIO2->DATA |= (1 << 9)):(LPC_GPIO2->DATA &=~
(1 << 9)))
#define LCD_EN(x)   ((x)?(LPC_GPIO2->DATA |= (1 << 10)):(LPC_GPIO2->DATA &=~
(1 << 10)))
#define LCD_PORT(x) LPC_GPIO2->DATA = (LPC_GPIO2->DATA & (~(0xFF << 0))) |
(x << 0)
#define COM 0
#define DAT 1
void DelaymS(int t)
{
  t *= 6000;
  while(t--);
}
void LCD_Write(int rs,char dat)                    //--- LCD 写操作时序模拟函数 ---
{
  int i;
```

```
    for(i=0;i<600;i++);
    if(0 == rs)LCD_RS(0);else LCD_RS(1);
    LCD_RW(0);
    LCD_EN(1);
    LCD_PORT(dat);
    LCD_EN(0);
}
void LCD_Write_Char(int x,int y,char Data)       //--- LCD 显示字符函数 ---
{
    if (0 == x)LCD_Write(COM,0x80 + y);else LCD_Write(COM,0xC0 + y);
    LCD_Write(DAT,Data);
}
void LCD_Write_String(int x,int y,char *s)       //--- LCD 显示字符串函数 ---
{
    if(0 == x)LCD_Write(COM,0x80 + y);else LCD_Write(COM,0xC0 + y);
    while (*s)LCD_Write(DAT,*s++);
}
void LCD_Init(void)                              //--- LCD 初始化函数 ---
{
    LCD_Write(COM,0x38);                         //--- 显示模式设置 ---
    LCD_Write(COM,0x08);                         //--- 显示关闭 ---
    LCD_Write(COM,0x01);                         //--- 显示清屏 ---
    DelaymS(10);
    LCD_Write(COM,0x06);                         //--- 显示光标移动设置 ---
    LCD_Write(COM,0x0C);                         //--- 显示开及光标设置 ---
}
int CapValue_A,CapValue_B,CapFlag;
#define WAVE(x)    ((x)?(LPC_GPIO1->DATA |= (1 << 9)):(LPC_GPIO1->DATA &=~
(1 << 9)))
#define WAVE_PIN  (LPC_GPIO1->DATA & (1 << 9))
void GPIO1_0_Init(void)
{
    LPC_SYSCON->SYSAHBCLKCTRL |= (1 << 16);      //--- 使能 IOCON 模块的时钟源 ---
    LPC_IOCON->R_PIO1_0 |= (1 << 0);             //--- PIO1_0 为 GPIO 功能 ---
    LPC_GPIO1->DIR |= (1 << 9);                  //--- PIO1_9 为输出方向引脚 ---
}
//--- 定时器 1 的捕获功能初始化 ---
void CT32B1_CAP_Init(void)
{
    LPC_SYSCON->SYSAHBCLKCTRL |= (1 << 10);      //--- 使能 32 位定时器 1 的时钟源 ---
    LPC_TMR32B1->PR = 0;                         //--- 设置预分系数 ---
    LPC_TMR32B1->PC = 0;
    LPC_TMR32B1->TC = 0;
    LPC_TMR32B1->CTCR = 0;                       //--- 定时模式 ---
    LPC_TMR32B1->CCR |= (1 << 2) | (1 << 1) | (1 << 0);
                                                 //--- 允许上升沿和下降沿捕获中断 ---
    LPC_TMR32B1->TCR = 0;                        //--- 禁止 32 位定时器 1 工作 ---
    NVIC_EnableIRQ(TIMER_32_1_IRQn);             //--- 使能 32 位定时器 1 的中断 ---
```

```
}
void TIMER32_1_IRQHandler(void)              //--- 32 位定时器 1 的中断函数 ---
{
  if(0 != (LPC_TMR32B1->IR & (1 << 4)))
    {
      LPC_TMR32B1->IR |= (1 << 4);
      if(0 != (LPC_GPIO1->DATA & (1 << 0)))CapValue_A = LPC_TMR32B1->TC;
      else {CapValue_B = LPC_TMR32B1->TC;CapFlag = 1;}
    }
}
void DQ_Delay(int t)                         //--- us 延时函数,T = (t + 1) / 2 ---
{
  t *= 6;
  while(t--);
}


void Send40KHzWave(void)
{
  int i;
  for(i=0;i<16;i++)
    {
      if(WAVE_PIN)WAVE(0);else WAVE(1);
      DQ_Delay(24);
    }
}
//--- main 主程序 ---
int msCnt;
float f;
char str[] = {"Dis = 000 cm"};
int main (void)                              //--- main 主程序 ---
{
  GPIO1_0_Init();
  LPC_GPIO2->DIR = 0xFFF;
  LCD_Init();

  CT32B1_CAP_Init();
  while(1)
    {
      if(++msCnt >= 100000)
        {
          LPC_TMR32B1->TC = 0;
          LPC_TMR32B1->TCR = 1;              //--- 使能 32 位定时器 1 工作 ---
          CapFlag = 0;
          Send40KHzWave();
          while(0 == CapFlag);
          LPC_TMR32B1->TCR = 0;              //--- 禁止 32 位定时器 1 工作 ---
          f = CapValue_B - CapValue_A;           //--- 统计时间差计数值 ---
          f = f * 346 * 100 / SystemCoreClock;   //--- 算出往返距离 ---
```

```
        f /= 2;
        msCnt = (int)f;
        str[6] = (msCnt / 100) % 10 + '0';
        str[7] = (msCnt / 10) % 10 + '0';
        str[8] = (msCnt / 1) % 10 + '0';
        LCD_Write_String(0,0,str);              //--- 显示距离值 ---
        msCnt = 0;
    }
  }
}
```

4．小结

本实例展示了超声波 SFR04 使用，方法如下：

（1）利用 LPC1343 产生 40kHz 的 8 个连续的方波信号送到 SFR04 的 TR 脚。

（2）利用 LPC1343 的输入捕获功能捕捉 SFR04 的 ECHO 脚输出的正脉冲宽度。

（3）根据声音在空气中的传播速度计算距离。

1.59 基于光敏电阻的光照度测量应用实例

1．项目要求

利用 LPC1343 的内置 A/D 转换器和光敏电阻实现对环境自然光照度的测量，并通过 LCD 显示出光照强度数值。

2．硬件电路

硬件电路原理图如图 1-73 所示。

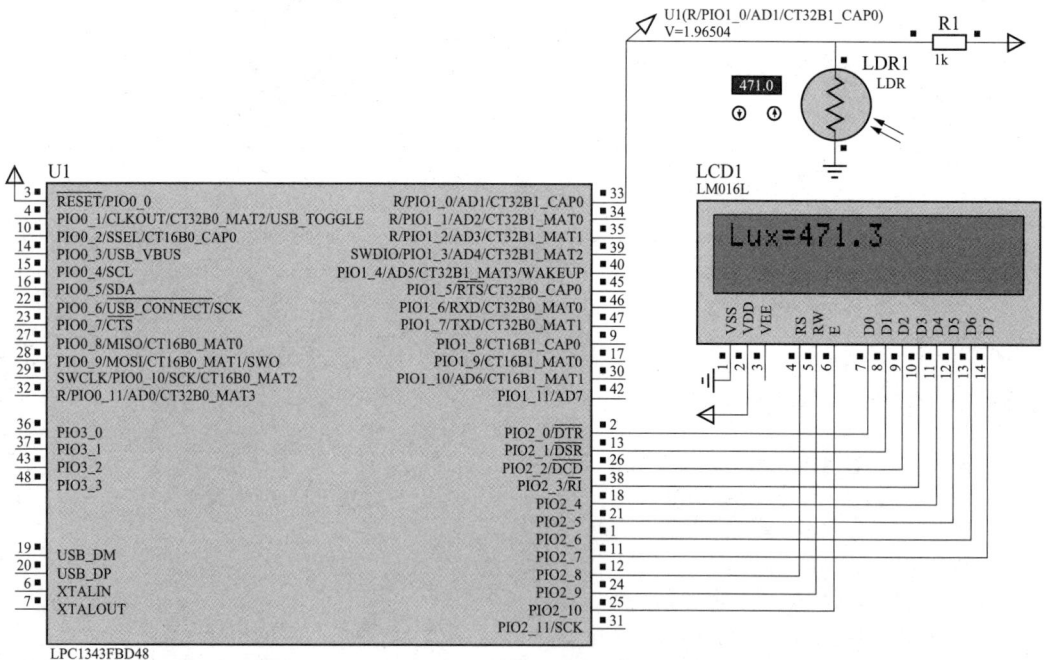

图 1-73 基于光敏电阻的光照度测量应用实例电路原理图

U₁（LPC1343）的 PIO2 端口用于连接 LCD1 的数据和控制引脚，实现对 LCD1 的液晶显示硬件驱动。光敏电阻 LDR1 一端外接电阻分压电阻 R₁（1000Ω）连接到 U₁ 的 PIO1_0/AD1 引脚，由 U₁ 的 AD1 通道测量模拟电压。

3．程序设计

根据实例要求，设计的程序如下：

```
#include <LPC13xx.h>
#include <math.h>
//--- LM016 液晶显示模块程序段 ---
#define LCD_RS(x)    ((x)?(LPC_GPIO2->DATA |= (1 << 8)):(LPC_GPIO2->DATA &=~
(1 << 8)))
#define LCD_RW(x)    ((x)?(LPC_GPIO2->DATA |= (1 << 9)):(LPC_GPIO2->DATA &=~
(1 << 9)))
#define LCD_EN(x)    ((x)?(LPC_GPIO2->DATA |= (1 << 10)):(LPC_GPIO2->DATA &=~
(1 << 10)))
#define LCD_PORT(x) LPC_GPIO2->DATA = (LPC_GPIO2->DATA & (~(0xFF << 0))) |
(x << 0)
#define COM 0
#define DAT 1
void DelaymS(int t)
{
  t *= 6000;
  while(t--);
}
void LCD_Write(int rs,char dat)                //--- LCD 写操作时序模拟函数 ---
{
  int i;
  for(i=0;i<600;i++);
  if(0 == rs)LCD_RS(0);else LCD_RS(1);
  LCD_RW(0);
  LCD_EN(1);
  LCD_PORT(dat);
  LCD_EN(0);
}
void LCD_Write_Char(int x,int y,char Data) //--- LCD 显示字符函数 ---
{
  if (0 == x)LCD_Write(COM,0x80 + y);else LCD_Write(COM,0xC0 + y);
  LCD_Write(DAT,Data);
}
void LCD_Write_String(int x,int y,char *s) //--- LCD 显示字符串函数 ---
{
  if(0 == x)LCD_Write(COM,0x80 + y);else LCD_Write(COM,0xC0 + y);
  while (*s)LCD_Write(DAT,*s++);
}
void LCD_Init(void)                          //--- LCD 初始化函数 ---
{
```

```
    LCD_Write(COM,0x38);                          //--- 显示模式设置 ---
    LCD_Write(COM,0x08);                          //--- 显示关闭 ---
    LCD_Write(COM,0x01);                          //--- 显示清屏 ---
    DelaymS(10);
    LCD_Write(COM,0x06);                          //--- 显示光标移动设置 ---
    LCD_Write(COM,0x0C);                          //--- 显示开及光标设置 ---
}
//--- ADC 模块初始化 ---
#define   ADC_START    LPC_ADC->CR |= (1 << 24)   //--- 启动 AD 转换 ---
#define   ADC_STOP     LPC_ADC->CR &=~(7 << 24)   //--- 停止 AD 转换 ---
void LPC13XX_ADC_Init(void)
{
  LPC_SYSCON->SYSAHBCLKCTRL |= (1 << 16);    //--- 使能 IOCON 模块的时钟源 ---
  LPC_IOCON->R_PIO1_0 |= (2 << 0);               //--- 配置 PIO1_0 为 AD1 功能 ---
  LPC_IOCON->R_PIO1_0 &=~((1 << 7) | (3 << 3));//--- 配置为模拟输入引脚 ---
  LPC_SYSCON->SYSAHBCLKCTRL |= (1 << 13);    //--- 使能 ADC 模块的时钟源 ---
  LPC_SYSCON->PDRUNCFG |= (1 << 4);              //--- ADC 模块正常工作 ---
  LPC_ADC->CR = (0x80 << 8) | (1 << 1);       //--- 配置分频系数并选择 AD1 通道 ---
}
int GetADCValue(void)                             //--- ADC 采集电压函数 ---
{
  int value;
  while(0 == (LPC_ADC->GDR & 0x80000000));   //--- 判断 AD 转换完毕 ---
  ADC_STOP;                                      //--- 停止 AD 转换 ---
  value = LPC_ADC->GDR;                          //--- 读取 AD 转换的数据 ---
  value = (value >> 6) & 0x3FF;
  ADC_START;                                     //--- 启动 AD 转换 ---
  return value;
}
//--- main 主程序 ---
int msCnt;
double f;
char str1[] = {"Lux=000.0"};
int main (void)
{
  LPC_GPIO2->DIR = 0xFFF;
  LCD_Init();

  LPC13XX_ADC_Init();
  ADC_START;

  while(1)
    {
      if(++msCnt >= 1000)
        {
          msCnt = GetADCValue();
          f = msCnt;
```

```
        f /= 100;
        f = 0.008 * f * f * f * f - 0.2449 * f * f * f +
            2.8642 * f * f - 15.594 * f + 34.935;
        f *= 100;
        f *= 10;
        msCnt = (int)f;
        str1[4] = (msCnt / 1000) % 10 + '0';
        str1[5] = (msCnt / 100) % 10 + '0';
        str1[6] = (msCnt / 10) % 10 + '0';
        str1[8] = (msCnt / 1) % 10 + '0';
        LCD_Write_String(0,0,str1);
        msCnt = 0;
    }
  }
}
```

4．小结

本实例展示了如何利用 LPC1343 的内置 A/D 转换模块实现光敏电阻上的电压检测和光照度与光敏电阻之间的关系，经过实验测量，其关系曲线如图 1-74 所示。

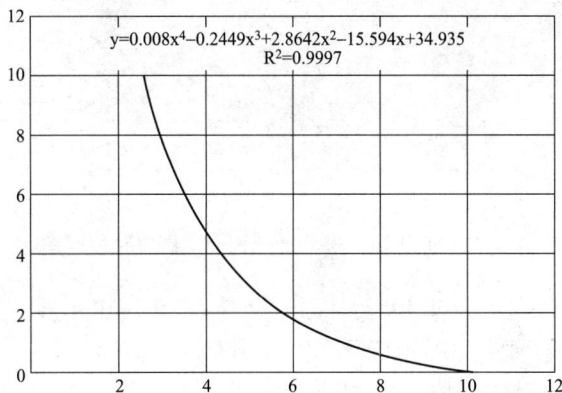

$$y=0.008x^4-0.2449x^3+2.8642x^2-15.594x+34.935$$
$$R^2=0.9997$$

图 1-74　实例 1.59 的关系曲线示意图

通过拟合曲线方程，就可以在液晶上显示采集的电压值所对应的光照度数值，由于是拟合曲线，会存在误差。

1.60　基于可控硅的交流调光应用实例

1．项目要求

利用 LPC1343 微控制器和 MOC3052 实现接在市电 220V 交流的照明灯的调光控制，调光分为 15 挡，并通过 LED 数码管显示调节的挡位。

2．硬件电路

硬件电路原理图如图 1-75 所示。

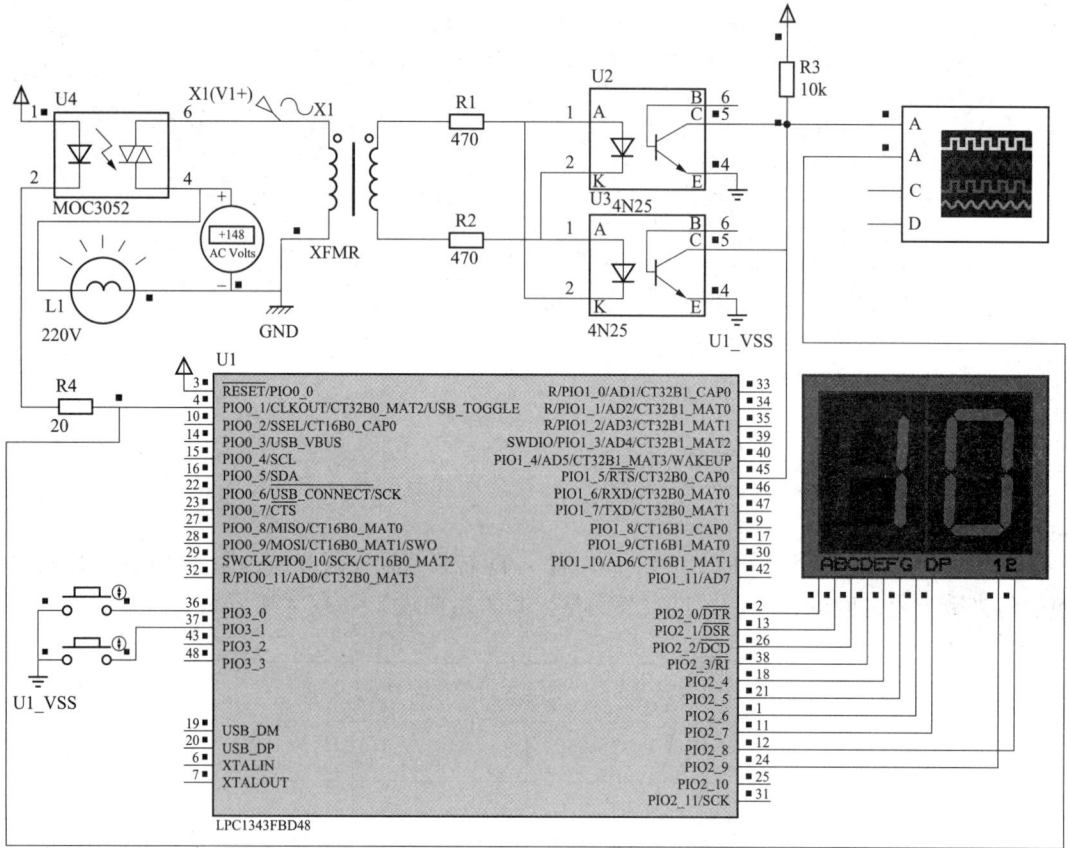

图1-75 基于可控硅的交流调光实例电路原理图

220V市电相线通过U_4（MOC3052）隔离可控硅的6脚和4脚串上一个220V的交流照明灯，照明灯的另一端接到市电的中性线上。控制U_4可控硅的输入端通过R_4限流电阻连接到U_1（LPC1343）的PIO0_1引脚，由PIO0_1脚输出触发脉冲来控制U_4光耦隔离可控硅的相位导通角。220V交流市电同时通过X_1电源变压器变换为交流12V通过R_1、R_2、R_3、U_2和U_3构成的过零检测电路，输出过零检测信号到U_1（LPC1343）的PIO1_5引脚。U_1的PIO2端口用于驱动2位共阴LED数码管的动态显示。接在U_1（LPC1343）的PIO3_0和PIO3_1引脚上的两个按键K1和K2实现可控硅的相位导通角的控制。

3. 程序设计

根据实例要求，设计的程序如下：

```
#include <LPC13xx.h>
int TrigValue = 20,TrigFlag;
#define TRIG(x)    ((x)?(LPC_GPIO0->DATA |= (1 << 1)):(LPC_GPIO0->DATA &=~
(1 << 1)))
const unsigned char LEDSEG[] =
{
    0x3F,0x06,0x5B,0x4F,0x66,0x6D,0x7D,0x07,0x7F,0x6F
                                         //--- 数字 0～9 的笔段码 ---
```

```
  0x77,0x7C,0x39,0x5E,0x79,0x71,                //--- 字母 AbCdEF ---
};
const unsigned char LEDDIG[] =
{
  0xFE,0xFD,0xFB,0xF7,
};
unsigned char LEDBuffer[4] = {0,0,0,0};          //--- 数码管显示缓冲区定义 ---
unsigned char LEDPointer;                         //--- 数码管显示索引 ---
#define K1  (LPC_GPIO3->DATA & (1 << 0))          //--- 按键 K1 引脚宏定义 ---
#define K2  (LPC_GPIO3->DATA & (1 << 1))          //--- 按键 K2 引脚宏定义 ---
int K1_Cnt,K2_Cnt;
void Delay100uS(int t)                       //--- 每 100 为基本单位的延时函数 ---
{
  t *= 600;
  while(t--);
}
//--- PIO1 引脚中断配置 ---
void PIO1_INT_Init(void)
{
  LPC_GPIO1->IS &=~(1 << 5);                 //--- PIO1_5 配置为边沿触发中断 ---
  LPC_GPIO1->IBE &=~(1 << 5);
  LPC_GPIO1->IEV &=~(1 << 5);                //--- 选择下降沿触发方式 ---
  LPC_GPIO1->IE |= (1 << 5);                 //--- 允许 PIO1_5 引脚中断 ---
  NVIC_EnableIRQ(EINT1_IRQn);                //--- 开 PIO1 端口的中断号 ---
}
void PIOINT1_IRQHandler(void)                //--- PIO1 端口引脚中断函数 ---
{
  if(0 != (LPC_GPIO1->RIS & (1 << 5)))  //--- 过零检测信号到来 ---
    {
      LPC_GPIO1->IC |= (1 << 5);          //--- 清除已触发的中断逻辑 ---
      TrigFlag = 1;
    }
}
//--- main 主程序 ---
int msCnt;
int main (void)
{
  LPC_GPIO2->DIR = 0xFFF;                    //--- PIO2 端口所有引脚配置为输出 ---
  LPC_GPIO0->DIR |= (1 << 1);               //--- PIO0_1 配置为输出 ---
  TRIG(1);
  PIO1_INT_Init();
  LEDBuffer[0] = ((TrigValue / 10) / 1) % 10;
  LEDBuffer[1] = ((TrigValue / 10) / 10) % 10;
  while(1)
    {
      if(0 != TrigFlag)
        {
```

```
            Delay100uS(15);
            Delay100uS(TrigValue);
            TRIG(0);Delay100uS(2);TRIG(1);
            TrigFlag = 0;
          }
        if(++msCnt >= 100)
          {
            LPC_GPIO2->DATA = (LEDDIG[LEDPointer] << 8)|(LEDSEG[LEDBuffer[LEDPointer]]
<< 0);

            if(++LEDPointer >= sizeof(LEDBuffer))LEDPointer = 0;
            msCnt = 0;
          }
        if((0 == K1) && (999999 != K1_Cnt) && (++K1_Cnt > 1000))
          {
            if(0 == K1)                        //--- 判断 K1 是否按下 ---
              {
                K1_Cnt = 999999;               //--- 置 K1 已按下标志 ---
                TrigValue += 10;
                if(TrigValue > 160)TrigValue = 160;
                LEDBuffer[0] = ((TrigValue / 10) / 1) % 10;
                LEDBuffer[1] = ((TrigValue / 10) / 10) % 10;
              }
          }
        else if(0 != K1)K1_Cnt = 0;           //--- K1 释放则置 K1_Cnt 变量为 0 ---
        if((0 == K2) && (999999 != K2_Cnt) && (++K2_Cnt > 1000))
          {
            if(0 == K2)                        //--- 判断 K2 是否按下 ---
              {
                K2_Cnt = 999999;               //--- 置 K2 已按下标志 ---
                TrigValue -= 10;
                if(TrigValue < 10)TrigValue = 10;
                LEDBuffer[0] = ((TrigValue / 10) / 1) % 10;
                LEDBuffer[1] = ((TrigValue / 10) / 10) % 10;
              }
          }
        else if(0 != K2)K2_Cnt = 0;           //--- K2 释放并置 K2_Cnt 变量为 0 ---
      }
  }
```

4．小结

本实例展示了如何利用 LPC1343 的引脚中断功能来检测交流信号的过零点，在 10ms 内实现 15 挡的延时控制来控制光耦可控硅的导通角，达到调节照明灯的交流电压的调节。过零点的检测信号和导通角的控制脉冲显示的波形如图 1-76 所示。

在示波器上每个零点（从负到正或者从正到负）处就会检测到零点的变化，由于市电是 50Hz，其过零点的检测信号的输出频率为 100Hz，所以控制可控硅的导通角时间必须控制在 10ms 以内。

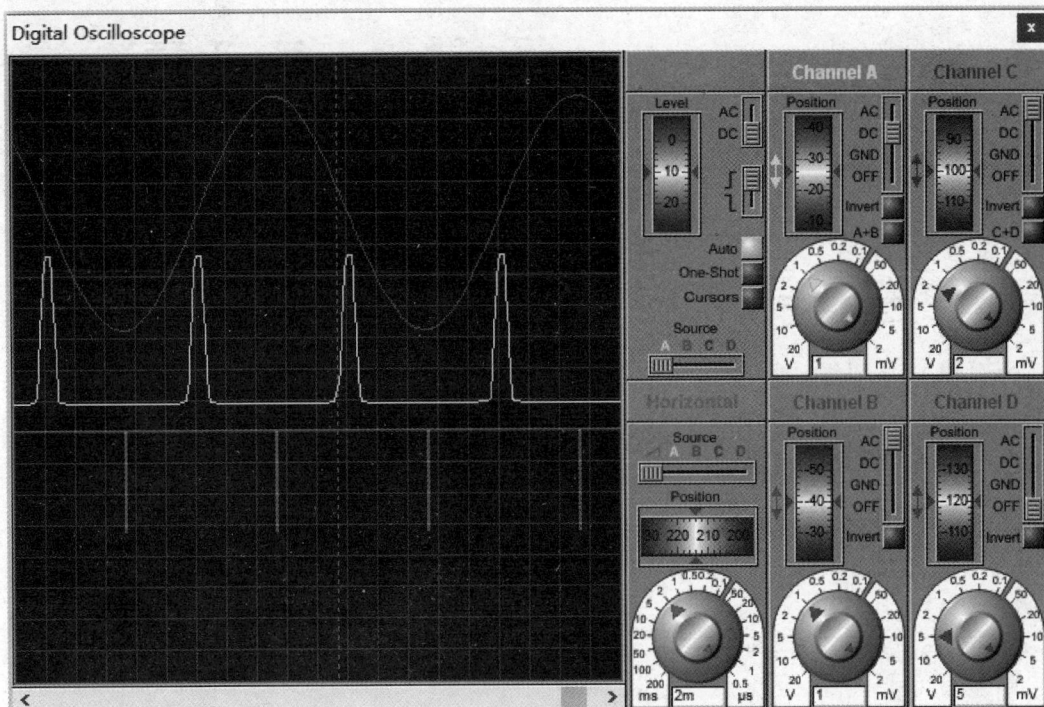

图 1-76　实例 1.60 波形示意图

第 2 章

扩展应用实例

2.1 基于74HC595的8位共阴LED数码管显示实例

1. 项目要求

利用 LPC1343 的 3 个 PIO 引脚和 2 片串/并转换芯片（74HC595）构成一个驱动 8 位共阴 LED 数码管，动态显示电路，从而实现 LED 数码管的显示。

2. 硬件电路

硬件电路原理图如图 2-1 所示。

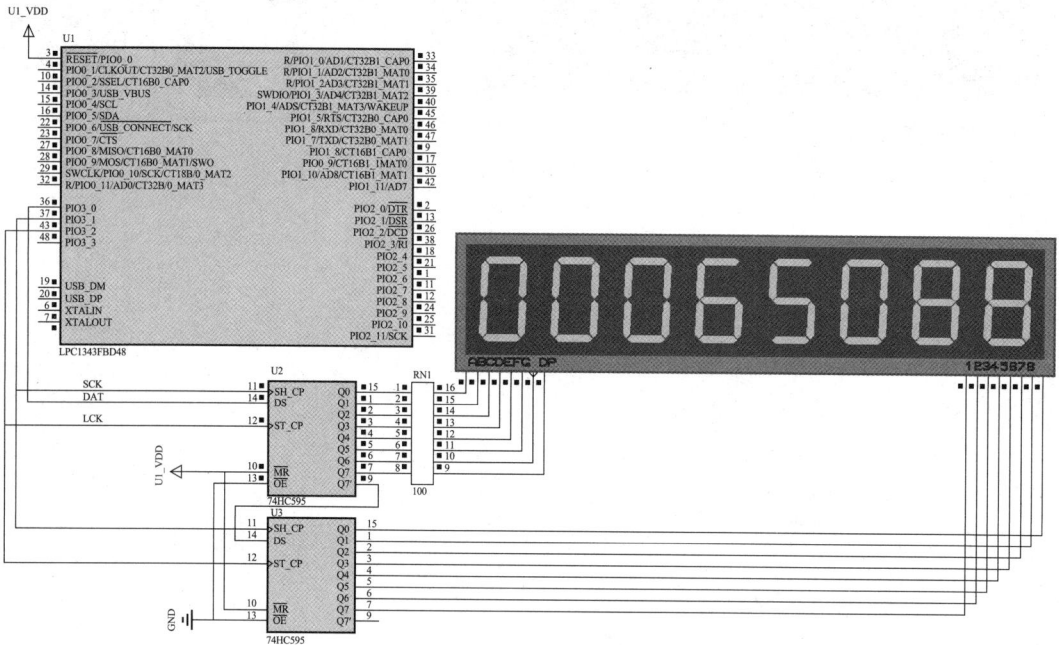

图 2-1　基于74HC595的8位共阴LED数码管显示实例电路原理图

U_1（LPC1343）的 PIO3_0 引脚连接到 U_2 的 DS 端，PIO3_1 引脚连接到 U_2 和 U_3 的 SH_CP 端，PIO3_2 引脚连接到 U_2 和 U_3 的 ST_CP 端。U_2 和 U_3 级联为 16 位的串/并转换电路。其中 U_2 通过 R_{N1} 限流电阻驱动 8 位共阴 LED 数码管的笔段 A～H，U3 直接驱动 8 位共阴 LED 数码管的位选段。

3. 程序设计

根据实例要求，设计的程序如下：

```
#include <LPC13xx.h>
#define HC595_DAT(x)  ((x)?(LPC_GPIO3->DATA |= (1 << 0)):(LPC_GPIO3->DATA
```

```
&=~(1 << 0)))
    #define HC595_SCK(x)  ((x)?(LPC_GPIO3->DATA |= (1 << 1)):(LPC_GPIO3->DATA
&=~(1 << 1)))
    #define HC595_LCK(x)  ((x)?(LPC_GPIO3->DATA |= (1 << 2)):(LPC_GPIO3->DATA
&=~(1 << 2)))
    void HC595_SendByte(unsigned char dat)
    {
      long i;
      for(i=0;i<8;i++)
        {
          if(dat & (1 << 7))HC595_DAT(1);else HC595_DAT(0);
          HC595_SCK(1);HC595_SCK(0);
          dat <<= 1;
        }
    }
    const unsigned char LEDSEG[] =
    {
      0x3F,0x06,0x5B,0x4F,0x66,0x6D,0x7D,0x07,0x7F,0x6F,
                                                      //--- 数字 0~9 的笔段码 ---
      0x77,0x7C,0x39,0x5E,0x79,0x71,                  //--- 字母 AbCdEF ---
    };
    const unsigned char LEDDIG[] =
    {
      0xFE,0xFD,0xFB,0xF7,0xEF,0xDF,0xBF,0x7F,
    };
    unsigned char LEDBuffer[8];
    unsigned char LEDPointer;
    int msCnt,Cnt;
    int main (void)
    {
      LPC_GPIO3->DIR |= (7 << 0);
      HC595_DAT(0);
      HC595_SCK(0);
      HC595_LCK(0);
      while(1)
        {
          if(++msCnt >= 300)
            {
              msCnt = 0;
              HC595_SendByte(LEDDIG[LEDPointer]);
              HC595_SendByte(LEDSEG[LEDBuffer[LEDPointer]]);
              HC595_LCK(1);
              HC595_LCK(0);
              if(++LEDPointer >= sizeof(LEDBuffer))LEDPointer = 0;
              Cnt ++;
              LEDBuffer[0] = (Cnt / 1) % 10;
              LEDBuffer[1] = (Cnt / 10) % 10;
              LEDBuffer[2] = (Cnt / 100) % 10;
              LEDBuffer[3] = (Cnt / 1000) % 10;
              LEDBuffer[4] = (Cnt / 10000) % 10;
              LEDBuffer[5] = (Cnt / 100000) % 10;
```

```
        LEDBuffer[6] = (Cnt / 1000000) % 10;
        LEDBuffer[7] = (Cnt / 10000000) % 10;
    }
  }
}
```

4．小结

本实例展示了 74HC595 串并转换 IC 的级联驱动 LED 数码管动态显示的编程方法，在 MCU 的 IO 引脚数不多的情况下可以节省 IO 引脚资源。

2.2　基于 74HC595 的 8×8 点阵 LED 显示实例

1．项目要求

利用 LPC1343 微控制器和 74HC595 串并转换 IC 实现对 8×8 点阵 LED 的驱动，并在 8×8 点阵 LED 上显示数字 0～9。

2．硬件电路

硬件电路原理图如图 2-2 所示。

U_1（LPC1343）的 PIO3_0 引脚连接到 U_2 的 DS 端，PIO3_1 引脚连接到 U_2 和 U_3 的 SH_CP 端，PIO3_2 引脚连接到 U_2 和 U_3 的 ST_CP 端。U_2 和 U_3 级联为 16 位的串/并转换电路。其中 U_2 通过 R_{N1} 限流电阻驱动 8×8 点阵 LED 的行线，U_3 直接驱动 8×8 点阵 LED 的列线。

3．程序设计

根据实例要求，设计的程序如下：

```
#include <LPC13xx.h>
//--- HC595 的驱动程序段 ---
#define HC595_DAT(x) ((x)?(LPC_GPIO3->DATA |= (1 <<  0)):(LPC_GPIO3->DATA
&=~(1 <<  0)))
#define HC595_SCK(x) ((x)?(LPC_GPIO3->DATA |= (1 <<  1)):(LPC_GPIO3->DATA
&=~(1 <<  1)))
#define HC595_LCK(x) ((x)?(LPC_GPIO3->DATA |= (1 <<  2)):(LPC_GPIO3->DATA
&=~(1 <<  2)))

void HC595_SendByte(unsigned char dat)
{
  long i;
  for(i=0;i<8;i++)
    {
      if(dat & (1 << 0))HC595_DAT(1);
      else HC595_DAT(0);
      HC595_SCK(1);
      HC595_SCK(0);
      dat >>= 1;
    }
}
//--- 显示 0～9 的 8X8 点阵数据 ---
const unsigned char NUMBER8X8[] =
```

```
{
0x00,0x7C,0xC3,0x81,0x81,0xC3,0x3E,0x00,//"0",0
0x00,0x02,0x02,0x01,0xFF,0x00,0x00,0x00,//"1",1
0x00,0xC2,0xA1,0xA1,0x91,0x89,0x8E,0x00,//"2",2
0x00,0x42,0x89,0x89,0x89,0x76,0x00,0x00,//"3",3
0x20,0x30,0x28,0x24,0x22,0xFF,0x20,0x00,//"4",4
0x00,0x0F,0x89,0x89,0x89,0xD9,0x71,0x00,//"5",5
0x00,0x7C,0xD2,0x89,0x89,0x89,0x70,0x00,//"6",6
0x01,0x01,0xC1,0x31,0x09,0x07,0x01,0x00,//"7",7
0x00,0x76,0x89,0x89,0x89,0x89,0x76,0x00,//"8",8
0x00,0x0E,0x91,0x91,0x91,0x53,0x3E,0x00,//"9",9
};
const unsigned char DOTLED8X8_DIG[] = {0xFE,0xFD,0xFB,0xF7,0xEF,0xDF,0xBF,0x7F,};
unsigned char DOTLED8X8_Buffer[8];
unsigned char DOTLED8X8_Pointer;
long msCnt;
long sCnt;
long Index;
//--- main 程序段 ---
int main (void)
{
  long i;
  LPC_GPIO3->DIR |= (7 << 0);
  HC595_DAT(0);
  HC595_SCK(0);
  HC595_LCK(0);
  while(1)
    {
      if(++msCnt >= 250)
        {
          msCnt = 0;
          HC595_SendByte(DOTLED8X8_Buffer[DOTLED8X8_Pointer]);
          HC595_SendByte(DOTLED8X8_DIG[DOTLED8X8_Pointer]);
          HC595_LCK(1);
          HC595_LCK(0);
          if(++DOTLED8X8_Pointer >= sizeof(DOTLED8X8_Buffer))DOTLED8X8_Pointer = 0;
        }
      if(++sCnt >= 100000)
        {
          sCnt = 0;
          if(++Index >= 10)Index = 0;
          for(i=0;i<sizeof(DOTLED8X8_Buffer);i++)
            DOTLED8X8_Buffer[i] = NUMBER8X8[Index * sizeof(DOTLED8X8_Buffer) + i];
        }
    }
}
```

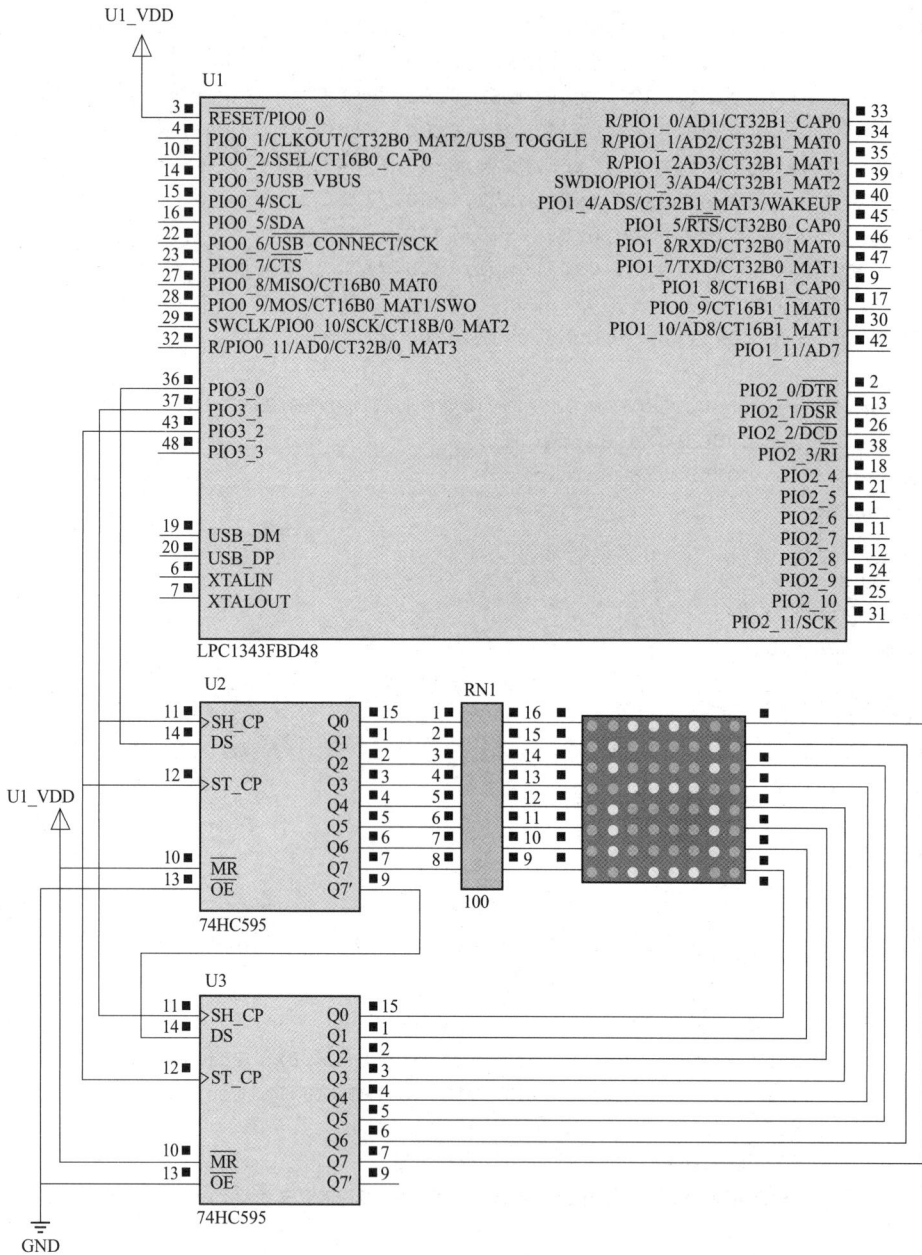

图 2-2 基于 74HC595 的 8×8 点阵 LED 显示实例电路原理图

4．小结

本实例展示了如何利用 74HC595 的串并转换 IC 来驱动 8×8 点阵 LED 显示的编程方法。在主程序中，大约 1ms 左右将要显示的 8×8 点阵 LED 的行数据和列数据一并送出。定义的 Index 变量计数变量，大约每 0.5s 左右将要显示的字符的 8×8 点阵数据送到 DOTLED8×8_Buffer 数组中。

2.3 基于 74HC595 的 16×16 点阵 LED 按键计数显示实例

1. 项目要求

利用 LPC1343 微控制器、4 片 74HC595 级联成 32 位的串/并转换电路用于驱动 16×16 点阵 LED 和按键 K1，实现 100 以内的按键计数并显示。

2. 硬件电路

硬件电路原理图如图 2-3 所示。

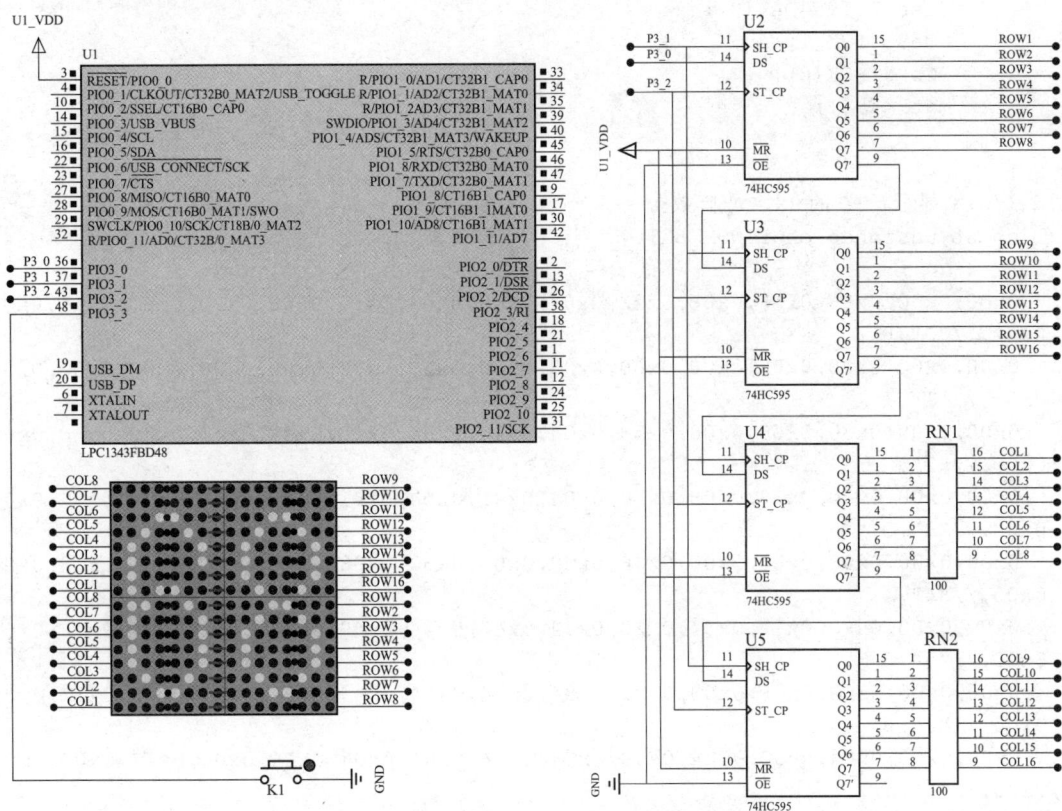

图 2-3 基于 74HC595 的 16×16 点阵 LED 按键计数显示实例电路原理图

U_1（LPC1343）的 PIO3_0 引脚连接到 U_2 的 DS 端，PIO3_1 引脚连接到 U_2、U_3、U_4 和 U_5 的 SH_CP 端，PIO3_2 引脚连接到 U_2、U_3、U_4 和 U_5 的 ST_CP 端。U_2、U_3、U_4 和 U_5 级联为 32 位的串/并转换电路。U_2 和 U_3 用于 16×16 点阵 LED 的行线，U_4 和 U_5 用于驱动 16×16 点阵 LED 的列线。

3. 程序设计

根据实例要求，设计的程序如下：

```
#include <LPC13xx.h>
//--- HC595 的驱动程序段 ---
#define HC595_DAT(x)  ((x)?(LPC_GPIO3->DATA |= (1 << 0)):(LPC_GPIO3->DATA
&=~(1 << 0)))
```

```
#define HC595_SCK(x)  ((x)?(LPC_GPIO3->DATA |= (1 << 1)):(LPC_GPIO3->DATA
&=~(1 << 1)))
#define HC595_LCK(x)  ((x)?(LPC_GPIO3->DATA |= (1 << 2)):(LPC_GPIO3->DATA
&=~(1 << 2)))
void HC595_SendByte(unsigned char dat)
{
  long i;
  for(i=0;i<8;i++)
    {
      if(dat & (1 << 7))HC595_DAT(1);
      else HC595_DAT(0);
      HC595_SCK(1);
      HC595_SCK(0);
      dat <<= 1;
    }
}
//--- 显示 0~9 的 8X16 点阵数据 ---
const unsigned char NUM_8X16[] =
{
0x00,0x00,0xF0,0x1F,0x08,0x20,0x04,0x40,0x04,0x40,0x08,0x20,0xF0,0x1F,0x0
0,0x00,//"0",0
0x00,0x00,0x00,0x00,0x08,0x00,0x08,0x00,0xFC,0x7F,0x00,0x00,0x00,0x00,0x0
0,0x00,//"1",1
0x00,0x00,0x30,0x60,0x08,0x50,0x04,0x4C,0x04,0x42,0x88,0x41,0x70,0x40,0x0
0,0x00,//"2",2
0x00,0x00,0x30,0x18,0x08,0x20,0x04,0x41,0x04,0x41,0x88,0x22,0x70,0x1C,0x0
0,0x00,//"3",3
0x00,0x00,0x00,0x0C,0x00,0x0B,0xC0,0x08,0x30,0x08,0xFC,0x7F,0x00,0x08,0x0
0,0x00,//"4",4
0x00,0x00,0xFC,0x11,0x84,0x20,0x44,0x40,0x44,0x40,0x84,0x20,0x04,0x1F,0x0
0,0x00,//"5",5
0x00,0x00,0xF0,0x1F,0x08,0x21,0x84,0x40,0x84,0x40,0x08,0x21,0x30,0x1E,0x0
0,0x00,//"6",6
0x00,0x00,0x04,0x00,0x04,0x00,0x04,0x78,0x04,0x07,0xE4,0x00,0x1C,0x00,0x0
0,0x00,//"7",7
0x00,0x00,0x70,0x1C,0x88,0x22,0x04,0x41,0x04,0x41,0x88,0x22,0x70,0x1C,0x0
0,0x00,//"8",8
0x00,0x00,0xF0,0x18,0x08,0x21,0x04,0x42,0x04,0x42,0x08,0x21,0xF0,0x1F,0x0
0,0x00,//"9",9
};
const unsigned short DOTLED16X16_DIG[] =
{
  0xFFFE,0xFFFD,0xFFFB,0xFFF7,0xFFEF,0xFFDF,0xFFBF,0xFF7F,
  0xFEFF,0xFDFF,0xFBFF,0xF7FF,0xEFFF,0xDFFF,0xBFFF,0x7FFF,
};
unsigned char DOTLED16X16_Buffer[32] = {0x55,0x55,0xAA,0xAA,0xFF,0x00};
unsigned char DOTLED16X16_Pointer;
long msCnt;
#define  K1  (LPC_GPIO3->DATA & (1 << 3))
```

```
long K1_Cnt;
//--- main 程序段 ---
long KeyCnt;
int main (void)
{
  long i;
  LPC_GPIO3->DIR |= (7 << 0);
  HC595_DAT(0);
  HC595_SCK(0);
  HC595_LCK(0);
  for(i=0;i<(sizeof(DOTLED16X16_Buffer) / 1);i++)DOTLED16X16_Buffer[i] = 0;
  while(1)
    {
      if(++msCnt >= 100)
        {
          msCnt = 0;
          HC595_SendByte(DOTLED16X16_DIG[DOTLED16X16_Pointer] >> 8);
          HC595_SendByte(DOTLED16X16_DIG[DOTLED16X16_Pointer] >> 0);
          HC595_SendByte(DOTLED16X16_Buffer[DOTLED16X16_Pointer * 2 + 0]);
          HC595_SendByte(DOTLED16X16_Buffer[DOTLED16X16_Pointer * 2 + 1]);
          HC595_LCK(1);
          HC595_LCK(0);
          if(++DOTLED16X16_Pointer >= (sizeof(DOTLED16X16_Buffer) / 2))
          DOTLED16X16_Pointer = 0;
        }
      if(0 == K1)
        {
          if(99999999 != K1_Cnt)
            {
              if(++K1_Cnt > 10)
                {
                  if(0 == K1)
                    {
                      K1_Cnt = 99999999;
                      if(++KeyCnt >= 100)KeyCnt = 0;
                      for(i=0;i<(sizeof(DOTLED16X16_Buffer) / 2);i++)
                        DOTLED16X16_Buffer[i] =
                        NUM_8X16[(KeyCnt / 10) * (sizeof(DOTLED16X16_Buffer) / 2) + i];
                      for(i=0;i<(sizeof(DOTLED16X16_Buffer) / 2);i++)
                        DOTLED16X16_Buffer[i + (sizeof(DOTLED16X16_Buffer) / 2)] =
                        NUM_8X16[(KeyCnt % 10) * (sizeof(DOTLED16X16_Buffer) / 2) + i];
                    }
                }
            }
        }
      else K1_Cnt = 0;
    }
}
```

4．小结

本实例展示了 16×16 点阵 LED 的动态显示的编程和应用方法。在程序中，通过字模提取软件将要显示的数字 0～9 点阵数据提取出来，并形成点阵数据放置在 NUM_8×16 数组中。在动态显示驱动 16×16 点阵 LED 时，要根据硬件设计的结构按顺序通过 74HC595 进行串并转换。

2.4　基于 74HC595 的 16×16 点阵 LED 的飞机射击游戏实例

1．项目要求

利用 LPC1343 微控制器、74HC595 构成的 16×16 点阵 LED 和按键实现模拟飞机射击游戏功能。

2．硬件电路

硬件电路原理图如图 2-4 所示。

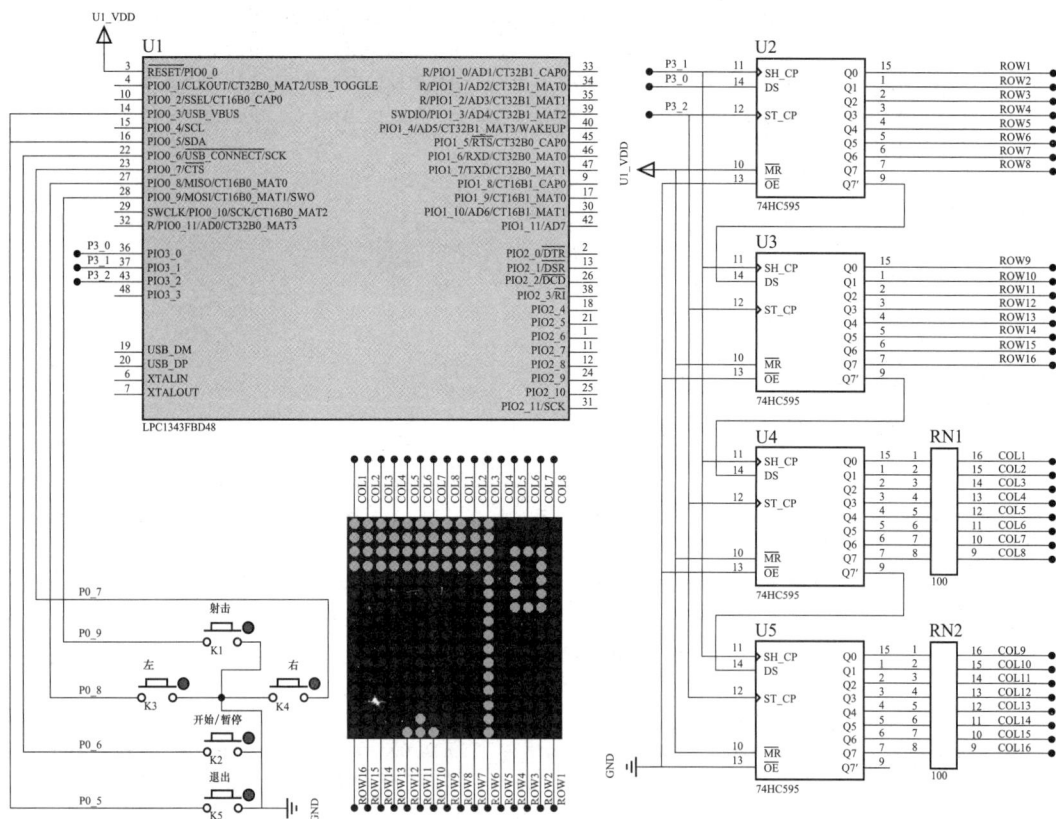

图 2-4　基于 74HC595 的 16×16 点阵 LED 的飞机射击游戏实例电路原理图

3．程序设计

根据实例要求，设计的程序如下：

```
#include <LPC13xx.h>
//--- HC595 的驱动程序段 ---
```

```
    #define HC595_DAT(x)  ((x)?(LPC_GPIO3->DATA |= (1 << 0)):(LPC_GPIO3->DATA
&=~(1 << 0)))
    #define HC595_SCK(x)  ((x)?(LPC_GPIO3->DATA |= (1 << 1)):(LPC_GPIO3->DATA
&=~(1 << 1)))
    #define HC595_LCK(x)  ((x)?(LPC_GPIO3->DATA |= (1 << 2)):(LPC_GPIO3->DATA
&=~(1 << 2)))
    void HC595_SendByte(unsigned char dat)
    {
      long i;
      for(i=0;i<8;i++)
        {
          if(dat & (1 << 7))HC595_DAT(1);
          else HC595_DAT(0);
          HC595_SCK(1);
          HC595_SCK(0);
          dat <<= 1;
        }
    }
    const unsigned char S_3X5[10][5] = //--- 3x5 字模 ---
    {
      {0x0e,0x0a,0x0a,0x0a,0x0e}/*0*/,
      {0x04,0x0c,0x04,0x04,0x04}/*1*/,
      {0x0e,0x02,0x0e,0x08,0x0e}/*2*/,
      {0x0e,0x02,0x0e,0x02,0x0e}/*3*/,
      {0x0a,0x0a,0x0e,0x02,0x02}/*4*/,
      {0x0e,0x08,0x0e,0x02,0x0e}/*5*/,
      {0x0e,0x08,0x0e,0x0a,0x0e}/*6*/,
      {0x0e,0x02,0x02,0x02,0x02}/*7*/,
      {0x0e,0x0a,0x0e,0x0a,0x0e}/*8*/,
      {0x0e,0x0a,0x0e,0x02,0x0e}/*9*/,
    };
    const unsigned char START_SETUP[32] = //--- start+setup 字模 ---
    {
0x1c,0x07,0x09,0x02,0x6a,0xb2,0x8a,0xaa,0xeb,0xb2,0x2a,0xaa,0xca,0xaa,0x00,0x00,
0x03,0x80,0x01,0x06,0x6d,0x55,0x89,0x56,0xed,0x54,0x29,0x54,0xcd,0x74,0x00,0x00,
    };
    const unsigned char START[32] =
    {
0x1c,0x07,0x09,0x02,0x6a,0xb2,0x8a,0xaa,0xeb,0xb2,0x2a,0xaa,0xca,0xaa,0x00,0x00,
0x00,0x00,0x00,0x00,0x00,0x00,0x00,0x00,0x00,0x00,0x00,0x00,0x00,0x00,0x00,0x00,
    };
    const unsigned char SETUP[32] =
    {
0x00,0x00,0x00,0x00,0x00,0x00,0x00,0x00,0x00,0x00,0x00,0x00,0x00,0x00,0x00,0x00,
0x03,0x80,0x01,0x06,0x6d,0x55,0x89,0x56,0xed,0x54,0x29,0x54,0xcd,0x74,0x00,0x00,
    };
    const unsigned char STAY[32] = //--- STAY 字模 ---
    {
0x00,0x00,0x1f,0x00,0x04,0x11,0x04,0x0a,0x74,0x04,0x84,0xc4,0x85,0x24,0x65,0x24,
0x15,0x24,0x15,0xe4,0xe5,0x20,0x05,0x20,0x01,0x20,0x00,0x00,0x00,0x00,0x00,0x00,
```

```
};
const unsigned char OVER[32] =                        //--- OVER 字模 ---
{
0xaa,0xaa,0xff,0xff,0x00,0x00,0x00,0x06,0x05,0x35,0x65,0x45,0x95,0x46,0x95,0x75,
0x95,0x45,0x65,0x45,0x02,0x35,0x00,0x00,0xff,0xff,0x55,0x55,0xff,0xff,0x55,0x55,
};
const unsigned char WIN[32] =                         //--- WIN 字模 ---
{
0x55,0x55,0xff,0xff,0x00,0x00,0xa9,0x40,0x55,0x40,0x55,0x40,0x48,0x80,0x00,0x00,
0x0a,0xa4,0x0a,0xaa,0x05,0x2a,0x00,0x00,0xff,0xff,0x00,0x00,0xff,0xff,0xaa,0xaa,
};
const unsigned short DOTLED16X16_DIG[] =
{
  0xFFFE,0xFFFD,0xFFFB,0xFFF7,0xFFEF,0xFFDF,0xFFBF,0xFF7F,
  0xFEFF,0xFDFF,0xFBFF,0xF7FF,0xEFFF,0xDFFF,0xBFFF,0x7FFF,
};
unsigned char DOTLED16X16_Buffer[32] = {0x55,0x55,0xAA,0xAA,0xFF,0x00};
unsigned char DOTLED16X16_Pointer;
long msCnt;
#define    A_L  (LPC_GPIO0->DATA & (1 << 8))    //--- 左移动键 ---
#define    A_R  (LPC_GPIO0->DATA & (1 << 7))    //--- 右移动键 ---
#define    A_F  (LPC_GPIO0->DATA & (1 << 9))    //--- 射击键 ---
#define    A_S  (LPC_GPIO0->DATA & (1 << 6))    //--- 开始/暂停键 ---
#define    A_T  (LPC_GPIO0->DATA & (1 << 5))    //--- 退出 ---
long A_L_Cnt,A_R_Cnt,A_F_Cnt,A_S_Cnt,A_T_Cnt;
typedef struct        //--- "飞机"用结构体统一信息 ---
{
  unsigned char x;  //--- 飞机的 X 坐标,最大为 9 ---
  unsigned int t;   //--- 飞机头显示内容 ---
  unsigned int w;   //--- 飞机尾显示内容 ---
} FEIJI;
FEIJI feiji;        //--- 定义飞机变量 ---
long GoOrStay ;      //--- 状态标记-1 为未开始,0 为正在游戏,1 为暂停,2 为设置状态 ---
long TU_Y;          //--- 最接近飞机的 Y 轴标记自向下数,最上层为1,无层时为 0 ---
long xuanze;        //--- 选择 start 为 0 否为 1 ---
long Guan;          //--- 关数 ---
unsigned char TU[32];                             //--- 16X16 图像数组 ---
long time_a = 0;
long time_b = 0;                                  //--- 定时器内和关数有关的增量 ---
//--- main 程序段 ---
void ZHENGJIAYIXING(void)                         //--- 增加一行 ---
{
  long a;
  for(a=15;a>-1;a--)
    {
      TU[2 * (a + 1)] = TU[2 * a];
      TU[2 * (a + 1) + 1] =
        ((TU[2 * a + 1] & 0xe0) |
(TU[2 * (a + 1) + 1] & 0x3f));                     //--- 保留信息状态区的内容 ---
    }
```

```c
  TU[0] = 0xff;                            //--- 补上第 0 行显示内容 ---
  TU[1] = (0xe0 | (TU[1] & 0x3f));         //--- 保留信息状态区的内容 ---
  TU_Y = (TU_Y + 1);
}
void feijitu(void)  //--- 根据飞机的 x 坐标,写出它的头尾形态,并再其给回 TU 数组 ---
{
  long a;
  feiji.t = 0x8000;
  for(a=0;a<feiji.x;a++)feiji.t >>= 1;  //--- 右移一位 ---
  feiji.w = (((feiji.t | (feiji.t >> 1) & 0xffe0) |
(feiji.t << 1)) & 0xffe0);               //--- 尾显示形态 ---
  feiji.t = (feiji.t & 0xffe0) | ((unsigned int)(0x20 |
(TU[29] & 0x3f)));                       //--- 保留信息状态区的内容 ---
  feiji.w = (feiji.w & 0xffe0) | ((unsigned int)(0x20 |
(TU[31] & 0x3f)));                       //--- 保留信息状态区的内容 ---
  TU[28] = (unsigned char)(feiji.t >> 8);
  TU[29] = (unsigned char)feiji.t;
  TU[30] = (unsigned char)(feiji.w >> 8);
  TU[31] = (unsigned char)feiji.w;
}
void guanshu(unsigned char n)            //--- 将当前关卡加入到数组 ---
{
  long a;
  if(n < 10){for(a=2;a<7;a++)TU[2 * a + 1] = (TU[2 * a + 1] & 0xe0) | S_3X5[n][a - 2];}
}
void SHAN(long a)
{
  long i;
  if(0 == a)
    {
      for(i=0;i<sizeof(TU);i++)TU[i] = START_SETUP[i];
    }
  else
    {
      for(i=0;i<sizeof(TU);i++)TU[i] = SETUP[i];
    }
}
void SheJi(void)                         //--- 射击调整函数 ---
{
  long y;
  y = TU_Y;
  if(0 != y)
    {
      if(feiji.x < 8)//找出最凹的 y 坐标
        {//在左半面找
          for(;((~TU[ 2 * (y - 1)]) & (0X80 >> feiji.x)) ==
((unsigned char)(feiji.t >> 8));y--);
        }
      else
        {//在右半面找
```

187

```
                for(;((~TU[2 * (y - 1) + 1]) & (0X80 >> (feiji.x - 8))) ==
        ((unsigned char)(feiji.t & 0xc0));y--);
                }
            TU[2 * (y - 1)] = (unsigned char)((~(feiji.t >> 8)) & TU[2 * (y - 1)]);
            TU[2 * (y - 1) + 1] = (unsigned char)(~((feiji.t) & 0x00c0) & TU[2 *
        (y - 1) + 1]);
            if((TU[2 * (TU_Y - 1)] == 0) && ((TU[2 * (TU_Y - 1) + 1] & 0xc0) == 0))TU_Y--;
            }
        }
    long FlashCnt,n;
    long TR1,SetupFlag;
    int main (void)
    {
      long a;
      LPC_GPIO3->DIR |= (7 << 0);
      HC595_DAT(0);
      HC595_SCK(0);
      HC595_LCK(0);
      EXIT_11:
      for(a=0;a<32;a++)TU[a] = 0x00;
      TU_Y = 0;
      for(a=0;a<16;a++)TU[2 * a + 1] |= 0x20;          //--- 画上边 ---
      ZHENGJIAYIXING();
      feiji.x = 5;                                      //--- 初始飞机位置 ---
      GoOrStay = -1;                                    //--- 置状态标记为未开始 ---
      Guan = 0;                                         //--- 初始关卡为 0 ---
      xuanze = 0;
      SetupFlag = 0;
      n = 999;
      TR1 = 0;
      FlashCnt = 0;
      while(1)
        {
          if(++msCnt >= 100)
            {
              msCnt = 0;
              HC595_SendByte(DOTLED16X16_DIG[DOTLED16X16_Pointer] >> 8);
              HC595_SendByte(DOTLED16X16_DIG[DOTLED16X16_Pointer] >> 0);
              HC595_SendByte(TU[DOTLED16X16_Pointer * 2 + 0]);
              HC595_SendByte(TU[DOTLED16X16_Pointer * 2 + 1]);
              HC595_LCK(1);
              HC595_LCK(0);
              if(++DOTLED16X16_Pointer >= (sizeof(DOTLED16X16_Buffer) / 2))
        DOTLED16X16_Pointer = 0;
              if(0 == DOTLED16X16_Pointer)
                {
                  if(GoOrStay!=2)feijitu();              //--- 加入飞机位置状态 ---
                  guanshu(Guan);                         //--- 关数 ---
                  if(1 == TR1)                           //--- 定时 1ms 左右处理一次 ---
                    {
```

```
            if(++time_a == (40 - Guan * 2)){ZHENGJIAYIXING();time_a=0;}
            if(1200 == ++time_b){Guan++;time_b=0;}
        }
    }
if(-1 == GoOrStay)
    {
    FlashCnt ++;
    if(10000 == FlashCnt){for(a=0;a<32;a++)TU[a] = START_SETUP[a];}
    else if(20000 == FlashCnt)
        {
        if(0 == xuanze)for(a=0;a<32;a++)TU[a] = SETUP[a];
        else for(a=0;a<32;a++)TU[a] = START[a];
        }
    if(20000 == FlashCnt)FlashCnt = 0;
    }
else if(0 == GoOrStay){if(0 == TR1)TR1 = 1;}
else if(1 == GoOrStay){if(0 != TR1)TR1 = 0;}
else if(2 == GoOrStay)
    {
    if(0 == SetupFlag)
        {
        SetupFlag = 1;
        TU[30] = TU[28] = 0xff;                  // 去掉飞机图形
        TU[29] |= 0XC0;
        TU[31] |= 0XC0;
        guanshu(Guan);
        }
    }
if(Guan > 9)                                     // 10 关全过胜利
    {
    if(999 == n)
        {
        if(++FlashCnt >= 10000)
            {
            FlashCnt = 0;
            if(999 == n)n = 10;else n--;
            for(a=0;a<32;a++)TU[a] = WIN[a];     // 胜利画面
            }
        }
    else if(0 == n)goto EXIT_11;
    }
else
    {
    if(TU_Y > 14)
        {
        if(999 == n)
            {
            if(++FlashCnt >= 10000)
                {
```

```
                            FlashCnt = 0;
                            if(999 == n)n = 10;else n--;
                            for(a=0;a<32;a++)TU[a] = OVER[a];
                        }
                    }
                  else if(0 == n)goto EXIT_11;
                }
            }
        if((0 == A_S)&&(999999 != A_S_Cnt)&&(++A_S_Cnt > 10)) //--- 判开始按钮 ---
          {
            if(0 == A_S)
              {
                A_S_Cnt = 999999;
                if(0 == xuanze)//如为开始
                  {
                    if(-1 == GoOrStay)
                      {
                        GoOrStay = 0;//标记为开始
                        for(a=0;a<32;a++)TU[a] = 0x00;
                        for(a=0;a<16;a++)TU[2 * a + 1] |= 0x20;
                                                        //--- 画上边 ---
                        ZHENGJIAYIXING();
                      }
                    else
                      {
                        if(0 == GoOrStay)GoOrStay = 1;         //如果已开始则暂停
                        else{if(1 == GoOrStay)GoOrStay = 0;}//如果已暂停则开始
                      }
                  }
                if(2 == GoOrStay){ GoOrStay = -1; xuanze = 0;} //如为设置,标记为未开始
                if(1 == xuanze)GoOrStay = 2;                   //如为选择
              }
          }
        else if(0 != A_S)A_S_Cnt = 0;
        if((0 == A_L)&&(999999 != A_L_Cnt)&&(++A_L_Cnt > 10)) //--- 判左按钮 ---
          {
            if(0 == A_L)
              {
                A_L_Cnt = 999999;
                if(0 == GoOrStay)//如果正在游戏则用左右功能
                  {
                    if(0 == feiji.x)feiji.x = 9; else feiji.x --;
                                        //如果是最左则去最右否则左移
                  }
                if(-1 == GoOrStay)//如果未开始则为上下选择功能
                  {
                    if(0 == xuanze)xuanze = 1;else xuanze = 0;
                  }
                if(2 == GoOrStay)//如果为设置则选择关数
```

```
            {
               if(9 == Guan)Guan = 0;else Guan ++;
            }
         }
      }
    else if(0 != A_L)A_L_Cnt = 0;
    if((0 == A_R)&&(999999 != A_R_Cnt)&&(++A_R_Cnt > 10))//--- 判右按钮 ---
      {
        if(0 == A_R)
          {
            A_R_Cnt = 999999;
            if(0 == GoOrStay)//如果正在游戏则用左右功能
              {
                if(9 == feiji.x)feiji.x = 0; else feiji.x ++;
                                        //如果是最右则去最左则右移
              }
            if(-1 == GoOrStay)//如果未开始则为上下选择功能
              {
                if(0 == xuanze)xuanze = 1;else xuanze = 0;
              }
            if(2 == GoOrStay)//如果为设置则选择关数
              {
                if(0 == Guan)Guan = 9;else Guan --;
              }
          }
      }
    else if(0 != A_R)A_R_Cnt = 0;
    if((0 == A_T)&&(999999 != A_T_Cnt)&&(++A_T_Cnt > 10)) //--- 判退出按钮 ---
      {
        if(0 == A_T)
          {
            A_T_Cnt = 999999;goto EXIT_11;
          }
      }
    else if(0 != A_T)A_T_Cnt = 0;
    if((0 == A_F)&&(999999 != A_F_Cnt)&&(++A_F_Cnt > 10)) //--- 判发射按钮 ---
      {
        if(0 == A_F)
          {
            A_F_Cnt = 999999;
            if(0 == GoOrStay)SheJi();//射击调整函数
          }
      }
    else if(0 != A_F)A_F_Cnt = 0;      }
}
```

4. 小结
本实例展示了如何在 16×16 点阵 LED 上显示字符、图形和动态动画效果。

2.5 基于 LM016L 的字符 LCD 动态菜单显示操作实例

1. 项目要求

利用 LPC1343、按键和 LM016 字符 LCD 模块实现具有多级菜单显示操作功能。

2. 硬件电路

硬件电路原理图如图 2-5 所示。

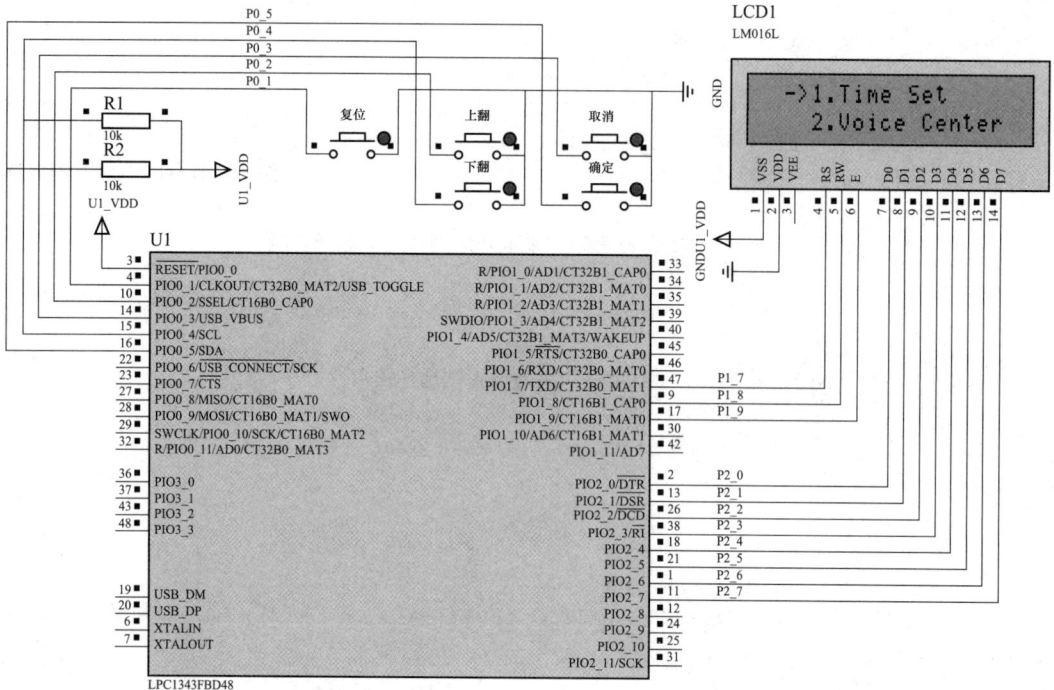

图 2-5 基于 LM016L 的字符 LCD 动态菜单显示操作实例电路原理图

U$_1$ 的 PIO2_0~7 引脚连接到 LCD1 的 D$_0$~D$_7$ 引脚，PIO1_7~PIO1_8 引脚分别连接到 LCD1 的 RS、R/W 和 E 引脚，复位键、上翻键、下翻键、取消键和确定键分别连接到 U$_1$ 的 PIO0_1~PIO0_5 引脚。电阻 R$_1$ 和 R$_2$ 为上拉电阻。

3. 程序设计

根据实例要求，设计的程序如下：

```c
#include <LPC13xx.h>
#define RS_CLR      LPC_GPIO1->DATA &=~(1 << 7)
#define RS_SET      LPC_GPIO1->DATA |= (1 << 7)
#define RW_CLR      LPC_GPIO1->DATA &=~(1 << 8)
#define RW_SET      LPC_GPIO1->DATA |= (1 << 8)
#define EN_CLR      LPC_GPIO1->DATA &=~(1 << 9)
#define EN_SET      LPC_GPIO1->DATA |= (1 << 9)
#define DataPort    LPC_GPIO2->DATA
```

```
void DelayMs(long t)
{
  t *= 6000;
  while(t--);
}
void LCD_Write_Com(unsigned char com)
{
  long i;
  for(i=0;i<600;i++);
  RS_CLR;
  RW_CLR;
  EN_SET;
  DataPort = com;
  EN_CLR;
}
void LCD_Write_Data(unsigned char Data)
{
  long i;
  for(i=0;i<600;i++);
  RS_SET;
  RW_CLR;
  EN_SET;
  DataPort= Data;
  EN_CLR;
}
void LCD_Clear(void)
{
  LCD_Write_Com(0x01);
  DelayMs(10);
}
void LCD_Write_Char(unsigned char x,unsigned char y,unsigned char Data)
{
  if (0 == y)LCD_Write_Com(0x80 + x);else LCD_Write_Com(0xC0 + x);
  LCD_Write_Data(Data);
}
void LCD_Write_String(unsigned char x,unsigned char y,unsigned char *s)
{
  if(0 == y)LCD_Write_Com(0x80 + x);else LCD_Write_Com(0xC0 + x);
  while (*s)LCD_Write_Data( *s ++);
}
void LCD_Init(void)
{
  LCD_Write_Com(0x38);            //--- 显示模式设置 ---
  LCD_Write_Com(0x38);
  LCD_Write_Com(0x08);            //--- 显示关闭 ---
  LCD_Write_Com(0x01);            //--- 显示清屏 ---
DelayMs(5);
```

```
    LCD_Write_Com(0x06);                          //--- 显示光标移动设置 ---
    LCD_Write_Com(0x0C);                          //--- 显示开及光标设置 ---
}
const unsigned char digit[10]={"0123456789"};
const unsigned char tab0[]={"TimeSet"};
const unsigned char tab1[]={"DateSet"};
const unsigned char tab2[]={"AlertSet"};
#define Null 0
//--- * 目录结构体定义 * ---
struct MenuItem
{
    unsigned char MenuCount;                      //--- 当前层节点数 ---
    unsigned char *DisplayString;                 //--- 菜单标题 ---
    void (*Subs)();                               //--- 节点函数 ---
    struct MenuItem *ChildrenMenus;               //--- 子节点 ---
    struct MenuItem *ParentMenus;                 //--- 父节点 ---
};
//--- * 调用子函数区 * ---
void NullSubs(void)
{
}
//--------------------以下为例子,请根据实际情况修改------------------------
void TimeSet(void)
{
    long i = 0;
    LCD_Write_Com(0x02 | 0x80);
    while(tab0[i] != '\0'){LCD_Write_Data(tab0[i++]);i++;}
}
void DateSet(void)
{
    long i = 0;
    LCD_Write_Com(0x42 | 0x80);
    while(tab1[i] != '\0'){LCD_Write_Data(tab1[i++]);i++;}
}
void AlertSet (void)
{
    long i = 0;
    LCD_Write_Com(0x02 | 0x80);
    while(tab2[i] != '\0'){LCD_Write_Data(tab2[i++]);i++;}
}
//--- * 结构体区 * ---
//--------------------以下为例子,请根据实际情况修改------------------------
struct MenuItem TimeMenu[4];
struct MenuItem FlashMenu[5];
struct MenuItem VoiceMenu[5];
struct MenuItem RobotMenu[5];
struct MenuItem MainMenu[5];
struct MenuItem TimeMenu[4] =
```

```
{//MenuCount DisplayString SubsChildrenMenusParentMenus
  {4, "1.Time Set",    TimeSet,  Null,    MainMenu},
  {4, "2.Date Set",    DateSet,  Null,    MainMenu},
  {4, "3.AlertSet",    AlertSet, Null,    MainMenu},
  {4, "4.Back",        NullSubs, MainMenu, MainMenu},
};
struct MenuItem FlashMenu[5] =
{//MenuCount DisplayString SubsChildrenMenusParentMenus
  {5, "1.Flash Record", NullSubs, Null,    MainMenu},
  {5, "2.Play",         NullSubs, Null,    MainMenu},
  {5, "3.Pause",        NullSubs, Null,    MainMenu},
  {5, "4.Flash Delete", NullSubs, Null,    MainMenu},
  {5, "5.Back",         NullSubs, MainMenu, MainMenu},
};
struct MenuItem VoiceMenu[5] =
{//MenuCount DisplayString SubsChildrenMenusParentMenus
  {5, "1.Voice Record", NullSubs, Null,    MainMenu},
  {5, "2.Play",         NullSubs, Null,    MainMenu},
  {5, "3.Pause",        NullSubs, Null,    MainMenu},
  {5, "4.Voice Delete", NullSubs, Null,    MainMenu},
  {5, "5.Back",         NullSubs, MainMenu, MainMenu},
};
struct MenuItem RobotMenu[5]=
{//MenuCount DisplayString SubsChildrenMenusParentMenus
  {5, "1.Turn Left",    NullSubs, Null,    MainMenu},
  {5, "2.Turn Right",   NullSubs, Null,    MainMenu},
  {5, "3.Go Ahead",     NullSubs, Null,    MainMenu},
  {5, "4.Go Back",      NullSubs, Null,    MainMenu},
  {5, "5.Back",         NullSubs, MainMenu, MainMenu},
};
struct MenuItem MainMenu[5]=
{//MenuCountDisplayString SubsChildrenMenusParentMenus
  {5, "1.Time Set",      NullSubs, TimeMenu,   Null},
  {5, "2.Voice Center",  NullSubs, VoiceMenu,  Null},
  {5, "3.Robot Control", NullSubs, RobotMenu,  Null},
  {5, "4.Flash Option",  NullSubs, FlashMenu,  Null},
  {5, "5.Back",          NullSubs, MainMenu,   MainMenu},
};
//--- * 全局变量声明区 * ---
struct MenuItem (*MenuPoint)=MainMenu;
                          //结构体指针,指向结构体后由内部函数指针指向功能函数
unsigned char DisplayStart = 0;          //--- 显示时的第一个菜单项 ---
unsigned char UserChoose = 0;            //--- 用户所选菜单项 ---
unsigned char DisplayPoint = 0;          //--- 显示指针 ---
unsigned MaxItems;                       //--- 同级最大菜单数 ---
unsigned char ShowCount = 2;             //--- 同屏显示菜单数 ---
//--- * 按键功能键宏定义 * ---
#define  UP     '3'
```

```
#define  Down    '7'
#define  Esc     'B'
#define  Enter   'F'
#define  Reset   '0'
/*显示函数区 */
void ShowMenu(void)
{
  unsigned char n;
  MaxItems = MenuPoint[0].MenuCount;      //--- 定义最大同级菜单 ---
  DisplayPoint = DisplayStart;
  for(n=0;DisplayPoint<MaxItems&&n<ShowCount;n++)
    {
      if(DisplayPoint==UserChoose)
      LCD_Write_String(0,n,"->");
      LCD_Write_String(2,n,MenuPoint[DisplayPoint++].DisplayString);
    }
}
void Menu_Change(unsigned char KeyNum)
{
  if(KeyNum)
    {
      switch(KeyNum)
        {
          case UP:
            if(255 == --UserChoose)UserChoose = 0;
                                       //上翻截至,如果要回滚赋值 MaxItems-1
             break;
          case Esc:
            if(Null != MenuPoint[UserChoose].ParentMenus)
              {
                MenuPoint = MenuPoint[UserChoose].ParentMenus;
                UserChoose = 0;
                DisplayStart = 0;
              }
            break;
          case Down:
            if(++UserChoose == MaxItems)UserChoose=MaxItems-1;
                                        //下翻截至,如要回滚赋值为 0
            break;
          case Enter:
        if(MenuPoint[UserChoose].Subs != NullSubs)(*MenuPoint[UserChoose].Subs)();
            else if(Null != MenuPoint[UserChoose].ChildrenMenus)
              {
                MenuPoint = MenuPoint[UserChoose].ChildrenMenus;
                UserChoose = 0;
                DisplayStart = 0;
              }
            break;
```

```
        case Reset:
          MenuPoint = MainMenu;
          UserChoose = 0;
          DisplayStart = 0;
          break;
        default:break;
      }
    if(0 == UserChoose%ShowCount)
      DisplayStart = UserChoose;        //--- 一屏只能显示 ShowCount 行 ---
    else if((1 == UserChoose) || (3 == UserChoose))
      DisplayStart = UserChoose - 1;    //--- 实现滚屏的关键 ---
    LCD_Write_Com(0x01);                //--- 液晶清屏,根据不同液晶函数自行修改 ---
    DelayMs(5);                         //--- 液晶为慢速器件 ---
    ShowMenu();
  }
}
//--- 按键识别程序段 ---
#define   K1 (LPC_GPIO0->DATA & (1 << 1))
#define   K2 (LPC_GPIO0->DATA & (1 << 2))
#define   K3 (LPC_GPIO0->DATA & (1 << 3))
#define   K4 (LPC_GPIO0->DATA & (1 << 4))
#define   K5 (LPC_GPIO0->DATA & (1 << 5))
long K1_Cnt,K2_Cnt,K3_Cnt,K4_Cnt,K5_Cnt;
unsigned char GetKey(void)
{
  If((0 == K1) && (99999999 != K1_Cnt) && (++K1_Cnt > 10))
    {
      if(0 == K1)
        {
          K1_Cnt = 99999999;
          return(Reset);
        }
    }
  else if(0 != K1)K1_Cnt = 0;
  if((0 == K2) && (99999999 != K2_Cnt) && (++K2_Cnt > 10))
{
      if(0 == K2)
        {
          K2_Cnt = 99999999;
          return(UP);
        }
    }
  else if(0 != K2)K2_Cnt = 0;
  if((0 == K3) && (99999999 != K3_Cnt) && (++K3_Cnt > 10))
{
      if(0 == K3)
        {
          K3_Cnt = 99999999;
```

```
                   return(Esc);
                }
            }
        else if(0 != K3)K3_Cnt = 0;
        if((0 == K4) && (99999999 != K4_Cnt) && (++K4_Cnt > 10))
          {
            if(0 == K4)
              {
                K4_Cnt = 99999999;
                return(Down);
              }
          }
        else if(0 != K4)K4_Cnt = 0;
        if((0 == K5) && (99999999 != K5_Cnt) && (++K5_Cnt > 10))
          {
            if(0 == K5)
              {
                K5_Cnt = 99999999;
                return(Enter);
              }
          }
        else if(0 != K5)K5_Cnt = 0;
        return 0;
    }
    //--- 主程序段 ---
    int main (void)
    {
      LPC_GPIO1->DIR = (0x7 << 7);
      LPC_GPIO2->DIR = (0xFF << 0);
      LCD_Init();
      ShowMenu();                    //--- 欢迎界面显示 ---
      while(1)
        {
          Menu_Change(GetKey());
        }
    }
```

4．小结

本实例展示了如何在字符 LCD 上显示多级菜单的应用方法。

2.6 基于 128×64 的点阵 LCD 模块的指针式时钟显示实例

1．项目要求

利用 LPC1343 和 128×64 图形点阵 LCD 模块实现指针式模拟时钟的显示。

2．硬件电路

硬件电路原理图如图 2-6 所示。

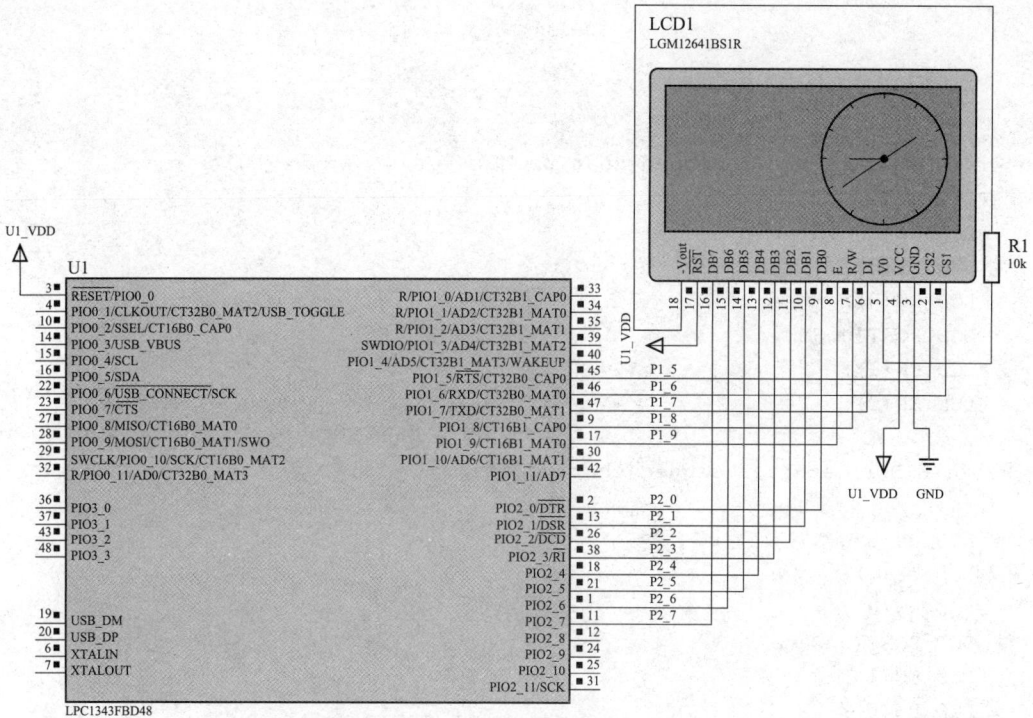

图 2-6　基于 128×64 的点阵 LCD 模块的指针式时钟显示实例电路原理图

U_1（LPC1343）的 PIO2_0～PIO2_7 引脚到 LCD1 的 DB_0～DB_7 引脚，U_1（LPC1343）的 PIO1_5～PIO1_9 引脚分别连接到 LCD1 的 CS1、CS2、DI、R/W 和 E 引脚。

3. 程序设计

根据实例要求，设计的程序如下：

```
#include <LPC13xx.h>
#include <math.h>
#define LCD_CS1(x) ((x)?(LPC_GPIO1->DATA |= (1 << 6)):(LPC_GPIO1->DATA &=~(1 << 6)))
#define LCD_CS2(x) ((x)?(LPC_GPIO1->DATA |= (1 << 5)):(LPC_GPIO1->DATA &=~(1 << 5)))
#define LCD_DI(x) ((x)?(LPC_GPIO1->DATA |= (1 << 7)):(LPC_GPIO1->DATA &=~(1 << 7)))
#define LCD_RW(x) ((x)?(LPC_GPIO1->DATA |= (1 << 8)):(LPC_GPIO1->DATA &=~(1 << 8)))
#define LCD_EN(x) ((x)?(LPC_GPIO1->DATA |= (1 << 9)):(LPC_GPIO1->DATA &=~(1 << 9)))
#define LCD_PORT(x)    LPC_GPIO2->DATA = x
#define LCD_DIR(x)     LPC_GPIO2->DIR = x
#define LCD_PIN        LPC_GPIO2->DATA
#define LCDSTARTROW    0xC0          //--- 设置起始行指令 ---
#define LCDPAGE        0xB8          //--- 设置页指令 ---
#define LCDLINE        0x40          //--- 设置列指令 ---
#define DISP_OFF       0x3e          //--- 关显示 ---
#define DISP_ON        0x3f          //--- 开显示 ---
#define DISP_Y         0xc0          //--- 起始行 ---
#define DISP_PAGE      0xb8          //--- 起始页 ---
#define DISP_X         0x40          //--- 起始列 ---
```

```
void LCDBusyCheck(void)
{
  long i;
  for(i=0;i<30;i++);
}
void LCDWriteComd(unsigned char ucCMD)
{
  LCDBusyCheck();
  LCD_DI(0);
  LCD_RW(0);
  LCD_PORT(ucCMD);
  LCD_EN(1);
  LCD_EN(0);
}
void LCDWriteData(unsigned char ucData)
{
  LCDBusyCheck();
  LCD_DI(1);
  LCD_RW(0);
  LCD_PORT(ucData);
  LCD_EN(1);
  LCD_EN(0);
}
void DisplayXY(unsigned char x,unsigned char y,unsigned char xydata)
{
  if(y < 64){LCD_CS1(1);LCD_CS2(0);}          //--- 选择左半屏 ---
  else{LCD_CS1(0);LCD_CS2(1);}                //--- 选择右半屏 ---
  LCDWriteComd(0xB8 | x);
  LCDWriteComd(0x40 | y);
  LCDWriteData(xydata);
}
void LCDInit(void)
{
  LCD_CS1(1);
  LCD_CS2(1);
  LCDWriteComd(0x38);                         //--- 8位形式,两行字符。 ---
  LCDWriteComd(0x0F);                         //--- 开显示。 ---
  LCDWriteComd(0x01);                         //--- 清屏。 ---
  LCDWriteComd(0x06);                         //--- 画面不动,光标右移。 ---
  LCDWriteComd(LCDSTARTROW);                  //--- 设置起始行。 ---
  LCD_CS1(0);
  LCD_CS2(0);
}
#define CLK_X 95                              //--- 时钟中心点坐标 ---
#define CLK_Y 31
--- 秒针结束点坐标,起点坐标(x0,y0)=(31,31); ---
const unsigned char secondpointerx[]=//x1
```

```
    {
    //0-15 秒
    CLK_X+ 0,CLK_X+ 2,CLK_X+ 4,CLK_X+ 7,CLK_X+ 9,CLK_X+11,CLK_X+13,CLK_X+14,
CLK_X+16,CLK_X+18,
    CLK_X+19,CLK_X+20,CLK_X+21,CLK_X+21,CLK_X+21,CLK_X+22,
    //16-30 秒
    CLK_X+22,CLK_X+21,CLK_X+21,CLK_X+20,CLK_X+19,CLK_X+18,CLK_X+16,CLK_X+14,C
LK_X+13,CLK_X+11,
    CLK_X+ 9,CLK_X+ 7,CLK_X+ 4,CLK_X+ 2,CLK_X+ 0,
    //31-45 秒
    CLK_X- 2,CLK_X- 4,CLK_X- 7,CLK_X- 9,CLK_X-11,CLK_X-13,CLK_X-14,CLK_X-16,
CLK_X-18,CLK_X-19,
    CLK_X-20,CLK_X-21,CLK_X-21,CLK_X-21,CLK_X-22,
    //46-59 秒
    CLK_X-22,CLK_X-21,CLK_X-21,CLK_X-20,CLK_X-19,CLK_X-18,CLK_X-16,CLK_X-14,C
LK_X-13,CLK_X-11,
    CLK_X- 9,CLK_X- 7,CLK_X- 4,CLK_X- 2,
    };
    const unsigned char secondpointery[]=//y1
    {
    //0-15 秒
    CLK_Y-22,CLK_Y-22,CLK_Y-21,CLK_Y-21,CLK_Y-20,CLK_Y-19,CLK_Y-18,CLK_Y-16,C
LK_Y-14,CLK_Y-13,
    CLK_Y-11,CLK_Y- 9,CLK_Y- 7,CLK_Y- 4,CLK_Y- 2,CLK_Y- 0,
    //16-30 秒
    CLK_Y+ 2,CLK_Y+ 4,CLK_Y+ 7,CLK_Y+ 9,CLK_Y+11,CLK_Y+13,CLK_Y+14,CLK_Y+16,
CLK_Y+18,CLK_Y+19,
    CLK_Y+20,CLK_Y+21,CLK_Y+21,CLK_Y+22,CLK_Y+22,
    //31-45 秒
    CLK_Y+22,CLK_Y+21,CLK_Y+21,CLK_Y+20,CLK_Y+19,CLK_Y+18,CLK_Y+16,CLK_Y+14,C
LK_Y+13,CLK_Y+11,
    CLK_Y+ 9,CLK_Y+ 7,CLK_Y+ 4,CLK_Y+ 2,CLK_Y+ 0,
    //46-59 秒
    CLK_Y- 2,CLK_Y- 4,CLK_Y- 7,CLK_Y- 9,CLK_Y-11,CLK_Y-13,CLK_Y-14,CLK_Y-16,
CLK_Y-18,CLK_Y-19,
    CLK_Y-20,CLK_Y-21,CLK_Y-21,CLK_Y-22,
    };
    //分针结束点坐标,起点坐标(x0,y0)=(31,31);
    const unsigned char minpointerx[]=//x1
    {
    //0-15 分
    CLK_X+0,CLK_X+2,CLK_X+4,CLK_X+6,CLK_X+8,CLK_X+9,CLK_X+11,CLK_X+12,CLK_X+1
4,CLK_X+15,
    CLK_X+16,CLK_X+17,CLK_X+18,CLK_X+19,CLK_X+20,CLK_X+20,
    //16-30 分
    CLK_X+20,CLK_X+19,CLK_X+18,CLK_X+17,CLK_X+16,CLK_X+15,CLK_X+14,CLK_X+12,C
LK_X+11,CLK_X+ 9,
```

```
    CLK_X+ 8,CLK_X+ 6,CLK_X+ 4,CLK_X+ 2,CLK_X+ 0,
    //31-45 分
    CLK_X- 2,CLK_X- 4,CLK_X- 6,CLK_X- 8,CLK_X- 9,CLK_X-11,CLK_X-12,CLK_X-14,
CLK_X-15,CLK_X-16,CLK_X-17,CLK_X-18,CLK_X-19,CLK_X-20,CLK_X-20,
    //46-59 分
    CLK_X-20,CLK_X-19,CLK_X-18,CLK_X-17,CLK_X-16,CLK_X-15,CLK_X-14,CLK_X-12,C
LK_X-11,CLK_X- 9,CLK_X- 8,CLK_X- 6,CLK_X- 4,CLK_X- 2,
    };
    const unsigned char minpointery[]=//y1
    {
    //0-15 分
    CLK_Y-20,CLK_Y-20,CLK_Y-19,CLK_Y-18,CLK_Y-17,CLK_Y-16,CLK_Y-15,CLK_Y-14,C
LK_Y-12,CLK_Y-11,CLK_Y- 9,CLK_Y- 8,CLK_Y- 6,CLK_Y- 4,CLK_Y- 2,CLK_Y- 0,
    //16-30 分
    CLK_Y+ 2,CLK_Y+ 4,CLK_Y+ 6,CLK_Y+ 8,CLK_Y+ 9,CLK_Y+11,CLK_Y+12,CLK_Y+14,
CLK_Y+15,CLK_Y+16,CLK_Y+17,CLK_Y+18,CLK_Y+19,CLK_Y+20,CLK_Y+20,
    //31-45 分
    CLK_Y+20,CLK_Y+19,CLK_Y+18,CLK_Y+17,CLK_Y+16,CLK_Y+15,CLK_Y+14,CLK_Y+12,C
LK_Y+11,CLK_Y+ 9,CLK_Y+ 8,CLK_Y+ 6,CLK_Y+ 4,CLK_Y+ 2,CLK_Y+ 0,
    //46-59 分
    CLK_Y- 2,CLK_Y- 4,CLK_Y- 6,CLK_Y- 8,CLK_Y- 9,CLK_Y-11,CLK_Y-12,CLK_Y-14,
CLK_Y-15,CLK_Y-16,CLK_Y-17,CLK_Y-18,CLK_Y-19,CLK_Y-20,
    };
    //时针结束点坐标,起点坐标(x0,y0)=(31,31);
    const unsigned char hourpointerx[]=//x1
    {
    CLK_X+0,CLK_X+1,CLK_X+3,CLK_X+5,CLK_X+6,CLK_X+8,CLK_X+9,CLK_X+11,CLK_X+12
,CLK_X+13,CLK_X+14,CLK_X+14,CLK_X+15,CLK_X+16,CLK_X+16,CLK_X+16,
    CLK_X+16,CLK_X+16,CLK_X+15,CLK_X+14,CLK_X+14,CLK_X+13,CLK_X+12,CLK_X+11,C
LK_X+9,CLK_X+8,
    CLK_X+6,CLK_X+5,CLK_X+3,CLK_X+1,CLK_X+0,
    CLK_X-1,CLK_X-3,CLK_X-5,CLK_X-6,CLK_X-8,CLK_X-9,CLK_X-11,CLK_X-12,
CLK_X-13,CLK_X-14,
    CLK_X-14,CLK_X-15,CLK_X-16,CLK_X-16,CLK_X-16,
    CLK_X-16,CLK_X-16,CLK_X-15,CLK_X-14,CLK_X-14,CLK_X-13,CLK_X-12,CLK_X-11,C
LK_X-9,CLK_X-8,CLK_X-6,CLK_X-5,CLK_X-3,CLK_X-1,
    };
    const unsigned char hourpointery[]=//y1
    {
    CLK_Y-16,CLK_Y-16,CLK_Y-16,CLK_Y-15,CLK_Y-14,CLK_Y-14,CLK_Y-13,CLK_Y-12,C
LK_Y-11,CLK_Y-9,CLK_Y-8,CLK_Y-6,CLK_Y-5,CLK_Y-3,CLK_Y-1,CLK_Y-0,
    CLK_Y+1,CLK_Y+ 3,CLK_Y+ 5,CLK_Y+ 6,CLK_Y+ 8,CLK_Y+ 9,CLK_Y+11,CLK_Y+12,CLK_Y+13,
CLK_Y+14,
    CLK_Y+14,CLK_Y+15,CLK_Y+16,CLK_Y+16,CLK_Y+16,
    CLK_Y+16,CLK_Y+16,CLK_Y+15,CLK_Y+14,CLK_Y+14,CLK_Y+13,CLK_Y+12,CLK_Y+11,C
LK_Y+ 9,
    CLK_Y+8,CLK_Y+6,CLK_Y+5,CLK_Y+3,CLK_Y+1,CLK_Y+0,
```

```
    CLK_Y-1,CLK_Y- 3,CLK_Y- 5,CLK_Y- 6,CLK_Y- 8,CLK_Y- 9,CLK_Y-11,CLK_Y-12,CLK_Y-13,
CLK_Y-14,
    CLK_Y-14,CLK_Y-15,CLK_Y-16,CLK_Y-16,
    };
    unsigned char Hour = 9;
    unsigned char Min = 9;
    unsigned char Sec = 30;
    long refreshflag = 1;                //--- 显示刷新标志,每一秒送一次显示数据 ---
    unsigned char dispbuf[8][128];       //--- 1024Byte 用于存放显示数据 ---
    void Show(void)       //--- 函数功能:将显示缓冲区所有数据送到 12864 显示 ---
    {
      long i,j;
      LCDInit();
      for(j=0;j<8;j++)
        {
          LCD_CS1(1);
          LCD_CS2(0);
          LCDWriteComd(DISP_PAGE | j);
          LCDWriteComd(DISP_X);
          for(i=0;i<64;i++)LCDWriteData(dispbuf[j][i]);
          LCD_CS1(0);
          LCD_CS2(1);
          LCDWriteComd(DISP_PAGE | j);
          LCDWriteComd(DISP_X);
          for(i=64;i<128;i++)LCDWriteData(dispbuf[j][i]);
        }
    }
    void ClearBuff(void)                 //--- 清空显存,0x00 ---
    {
      long i,j;
      for(j=0;j<8;j++)
        for(i=0;i<128;i++)dispbuf[j][i] = 0x00;
    }
    void ClearScreen(void)               //--- 清屏 ---
    {
      ClearBuff();
      Show();
    }
    //--- 函数功能:drawflag = 1:在 12864 任意位置画点 ---
    //--- drawflag = 0:在 12864 任意位置清除点 ---
    void DrawPixel(long x,long y,long drawflag)
    {
      long a,b;
      a = y / 0x08;
      b = y & 0x07;
      if(drawflag)dispbuf[a][x] |= (1 << b);else dispbuf[a][x] &= ～(1 << b);
    }
```

```
//--- 画线函数 ---
void Line(unsigned char x0,unsigned char y0,unsigned char x1,unsigned char y1)
{//--- 使用 Bresenham 算法画直线 ---
  long dx,dy,x_increase,y_increase,error;
  long x,y,i;
  dx = x1 - x0;
  dy = y1 - y0;
  if(dx >= 0)x_increase = 1;          //--- 判断 x 增长方向 ---
  else x_increase = -1;
  if(dy >= 0)y_increase = 1;            //--- 判断 y 增长方向 ---
  else y_increase = -1;
  x = x0;
  y = y0;
  dx = abs(dx);
  dy = abs(dy);
  if(dx > dy)
    {
      error = -dx;
      for(i=0;i<(dx + 1);i++)
        {
          DrawPixel(x,y,1);
          x += x_increase;
          error += 2 * dy;
          if(error >= 0){y += y_increase;error -= 2 * dx;}
        }
    }
  else
    {
      error = -dy;
      for(i=0;i<(dy + 1);i++)
        {
          DrawPixel(x,y,1);
          y += y_increase;
          error += 2 * dx;
          if(error >= 0){x += x_increase;error -= 2 * dy;}
        }
    }
}
//--- 函数功能:指定的位置按传入的数据画一条长度为 len(len=<8)点的竖线 ---
void DrawVerticalLine(long x,long y,long len,long d)
{
  long i;
  for(i=0;i<len;i++)
    {
      if(d & 0x01)DrawPixel(x,y + i,1);
      d >>= 1;
    }
```

```
}
const unsigned char clkbmp[] =                  //--- 时钟图 ---
{
0x00,0x00,0x00,0x00,0x00,0x00,0x00,0x00,0x00,0x00,0x80,0x80,0xC0,0x60,0x20,0x30,
0x38,0xC8,0x0C,0x04,0x04,0x06,0x02,0x02,0x02,0x03,0x01,0x01,0x21,0xF1,0x01,0x07,
0x21,0x91,0x51,0x21,0x01,0x03,0x02,0x02,0x02,0x06,0x04,0x04,0x0C,0xC8,0x38,0x30,
0x20,0x60,0xC0,0x80,0x80,0x00,0x00,0x00,0x00,0x00,0x00,0x00,0x00,0x00,0x00,0x00,
0x00,0x00,0x00,0x00,0x80,0xE0,0x30,0x1C,0x06,0x03,0x01,0x00,0x00,0x00,0x00,0x00,
0x00,0x00,0x01,0x00,0x00,0x00,0x00,0x00,0x00,0x00,0x00,0x00,0x01,0x01,0x01,0x00,
0x01,0x01,0x01,0x01,0x00,0x00,0x00,0x00,0x00,0x00,0x00,0x00,0x01,0x00,0x00,0x00,
0x00,0x00,0x00,0x00,0x01,0x03,0x06,0x1C,0x30,0xE0,0x80,0x00,0x00,0x00,0x00,0x00,
0x00,0xE0,0x3C,0x07,0x01,0x01,0x02,0x02,0x04,0x00,0x00,0x00,0x00,0x00,0x00,0x00,
0x00,0x00,0x00,0x00,0x00,0x00,0x00,0x00,0x00,0x00,0x00,0x00,0x00,0x00,0x00,0x00,
0x00,0x00,0x00,0x00,0x00,0x00,0x00,0x00,0x00,0x00,0x00,0x00,0x00,0x00,0x00,0x00,
0x00,0x00,0x00,0x00,0x00,0x00,0x04,0x02,0x02,0x01,0x01,0x07,0x3C,0xE0,0x00,0x00,
0xFE,0x83,0x80,0x00,0x40,0xA0,0xA0,0xC0,0x00,0x00,0x00,0x00,0x00,0x00,0x00,0x00,
0x00,0x00,0x00,0x00,0x00,0x00,0x00,0x00,0x00,0x00,0x00,0x00,0x00,0xC0,0xE0,0xE0,
0xE0,0xC0,0x00,0x00,0x00,0x00,0x00,0x00,0x00,0x00,0x00,0x00,0x00,0x00,0x00,0x00,
0x00,0x00,0x00,0x00,0x00,0x00,0x00,0x00,0xA0,0xA0,0x40,0x00,0x80,0x83,0xFE,0x00,
0x3F,0xE0,0x00,0x00,0x00,0x02,0x02,0x01,0x00,0x00,0x00,0x00,0x00,0x00,0x00,0x00,
0x00,0x00,0x00,0x00,0x00,0x00,0x00,0x00,0x00,0x00,0x00,0x00,0x00,0x01,0x03,0x03,
0x03,0x01,0x00,0x00,0x00,0x00,0x00,0x00,0x00,0x00,0x00,0x00,0x00,0x00,0x00,0x00,
0x00,0x00,0x00,0x00,0x00,0x00,0x00,0x00,0x02,0x02,0x01,0x00,0x00,0xE0,0x3F,0x00,
0x00,0x03,0x1E,0x70,0xC0,0xC0,0x20,0x20,0x10,0x00,0x00,0x00,0x00,0x00,0x00,0x00,
0x00,0x00,0x00,0x00,0x00,0x00,0x00,0x00,0x00,0x00,0x00,0x00,0x00,0x00,0x00,0x00,
0x00,0x00,0x00,0x00,0x00,0x00,0x00,0x00,0x00,0x00,0x00,0x00,0x00,0x00,0x00,0x00,
0x00,0x00,0x00,0x00,0x00,0x00,0x10,0x20,0x20,0xC0,0xC0,0x70,0x1E,0x03,0x00,0x00,
0x00,0x00,0x00,0x00,0x00,0x03,0x06,0x1C,0x30,0x60,0xC0,0x80,0x80,0x00,0x00,0x00,
0x00,0x80,0x40,0x00,0x00,0x00,0x00,0x00,0x00,0x00,0x00,0x00,0x00,0x00,0x80,0x40,
0x40,0x00,0x00,0x00,0x00,0x00,0x00,0x00,0x00,0x00,0x00,0x00,0x40,0x80,0x00,0x00,
0x00,0x00,0x80,0x80,0xC0,0x60,0x30,0x1C,0x06,0x03,0x00,0x00,0x00,0x00,0x00,0x00,
0x00,0x00,0x00,0x00,0x00,0x00,0x00,0x00,0x00,0x00,0x00,0x00,0x01,0x03,0x02,0x06,
0x0E,0x09,0x18,0x10,0x10,0x30,0x20,0x20,0x20,0x60,0x40,0x40,0x40,0x40,0x43,0x75,
0x45,0x42,0x40,0x40,0x40,0x60,0x20,0x20,0x20,0x30,0x10,0x10,0x18,0x09,0x0E,0x06,
0x02,0x03,0x01,0x00,0x00,0x00,0x00,0x00,0x00,0x00,0x00,0x00,0x00,0x00,0x00,0x00,
};
void WriteClkBmp(const unsigned char *image) //--- 送一幅 64x64 点阵图像到显存 ---
{
  long i,j;
  for(j=0;j<8;j++)
    for(i=64;i<128;i++)
      dispbuf[j][i] = image[j * 64 + i - 64];
}
void TimeDisp(unsigned char Hour,unsigned char Min,unsigned char Sec)
{
  unsigned char hp;
  hp = Hour * 5 + Min / 12;
```

```
    WriteClkBmp(clkbmp);
    Line(CLK_X,31,secondpointerx[Sec],secondpointery[Sec]);  //--- 秒针 ---
    Line(CLK_X,31,minpointerx[Min],minpointery[Min]);        //--- 分针 ---
    Line(CLK_X,31,hourpointerx[hp],hourpointery[hp]);        //--- 时针 ---
}
int main (void)
{
    LPC_GPIO1->DIR = 0x1F << 5;
    LPC_GPIO2->DIR = 0xFF << 0;
    LCDInit();

    while(1)
      {
        TimeDisp(Hour,Min,Sec);
        if(++refreshflag >= 250)
          {
            refreshflag = 0;
            if(60 == ++Sec)
              {
                Sec = 0;
                if(60 == ++Min)
                  {
                    Min = 0;
                    if(12 == ++ Hour == 12)Hour = 0;
                  }
              }
            Show();
          }
      }
}
```

4. 小结

程序中涉及的关键内容如下：

（1）时、分、秒的从中心坐标到结束点坐标的定义。

（2）使用 Bresenham 算法的直线函数的实现。

（3）需要定义一个显示模拟时钟的背景图片。

（4）TimeDisp 函数实现了如何调用画直线函数来显示模拟时钟的时针、分针和秒针。

2.7　基于 128×64 的图形 LCD 模块的菜单设计实例

1. 项目要求

利用 LPC1343 和 128×64 点阵 LCD 模块实现菜单的显示和操作功能。

2. 硬件电路

硬件电路原理图如图 2-7 所示。

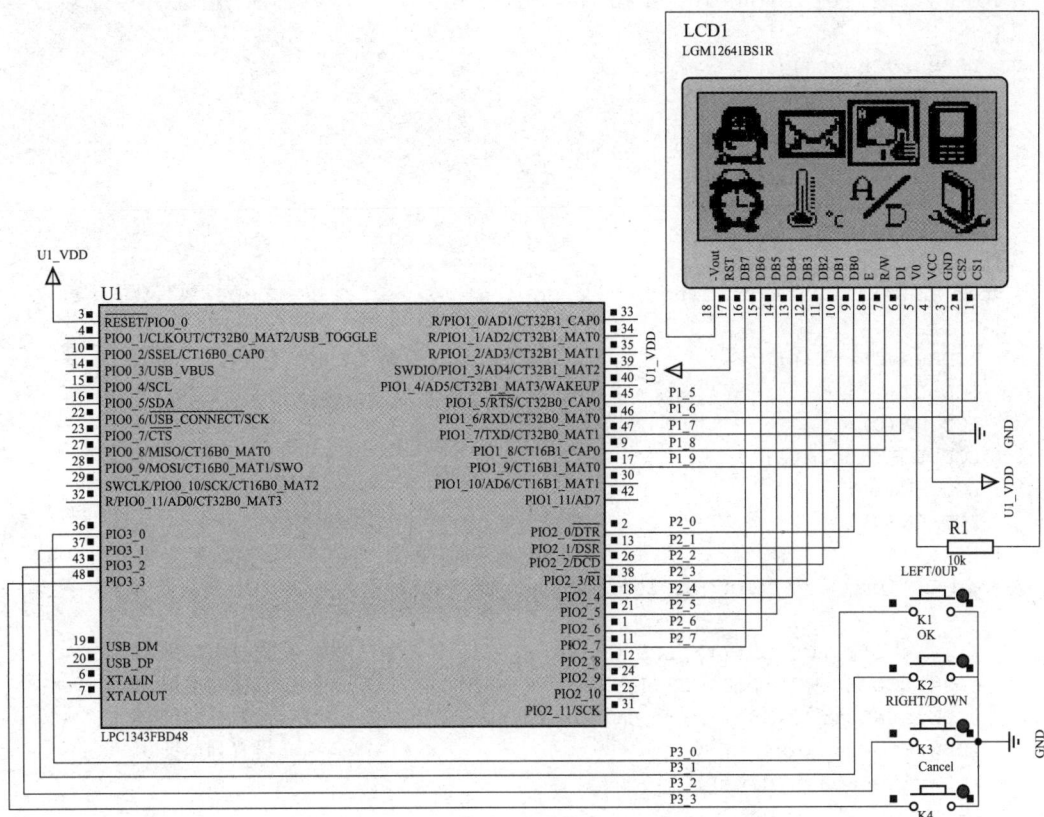

图 2-7　基于 128×64 的图形 LCD 模块的菜单设计实例电路原理图

U_1（LPC1343）的 PIO2_0～PIO2_7 引脚到 LCD1 的 DB0～DB7 引脚，U_1（LPC1343）的 PIO1_5～PIO1_9 引脚分别连接到 LCD1 的 CS1、CS2、DI、R/W 和 E 引脚。按键 K1～K4 分别连接到 U_1（LPC1343）的 PIO3_0～PIO3_3 引脚。

3. 程序设计

根据实例要求，设计的程序如下：

```
#include <LPC13xx.h>
//--- 128X64 图形点阵 LCD 模块的驱动程序部分 ---
#define LCD_CS1(x)((x)?(LPC_GPIO1->DATA |= (1 << 5)):(LPC_GPIO1->DATA &=～(1 << 5)))
#define LCD_CS2(x)((x)?(LPC_GPIO1->DATA |= (1 << 6)):(LPC_GPIO1->DATA &=～(1 << 6)))
#define LCD_DI(x)((x)?(LPC_GPIO1->DATA |= (1 << 7)):(LPC_GPIO1->DATA &=～(1 << 7)))
#define LCD_RW(x)((x)?(LPC_GPIO1->DATA |= (1 << 8)):(LPC_GPIO1->DATA &=～(1 << 8)))
#define LCD_EN(x)((x)?(LPC_GPIO1->DATA |= (1 << 9)):(LPC_GPIO1->DATA &=～(1 << 9)))
#define LCD_PORT(x)      LPC_GPIO2->DATA = x
#define LCD_DIR(x)       LPC_GPIO2->DIR = x
#define LCD_PIN          LPC_GPIO2->DATA
void LCDBusyCheck(void)                        //--- LCD 模块忙标志检测 ---
{
  long i;
  for(i=0;i<30;i++);
}
```

```c
void LCDWriteComd(unsigned char ucCMD)          //--- LCD 模块写命令函数 ---
{
  LCDBusyCheck();
  LCD_DI(0);
  LCD_RW(0);
  LCD_PORT(ucCMD);
  LCD_EN(1);
  LCD_EN(0);
}
void LCDWriteData(unsigned char ucData)          //--- LCD 模块写数据函数 ---
{
  LCDBusyCheck();
  LCD_DI(1);
  LCD_RW(0);
  LCD_PORT(ucData);
  LCD_EN(1);
  LCD_EN(0);
}
void LCDDisplayXY(long x,long y,long xydata)      //--- LCD 模块显示像素 ---
{
  if(y < 64){LCD_CS1(1);LCD_CS2(0);}             //--- 选择左半屏 ---
  else{LCD_CS1(0);LCD_CS2(1);}                   //--- 选择右半屏 ---
  LCDWriteComd(0xB8 | x);                        //--- 设置行地址(页) 0～7 ---
  LCDWriteComd(0x40 | y);                        //--- 设置列地址 0～63 ---
  LCDWriteData(xydata);
}
void LCDInit(void)
{
  LCD_CS1(1);
  LCD_CS2(1);
  LCDWriteComd(0x38);                            //--- 8 位形式,两行字符 ---
  LCDWriteComd(0x0F);                            //--- 开显示 ---
  LCDWriteComd(0x01);                            //--- 清屏 ---
  LCDWriteComd(0x06);                            //--- 画面不动,光标右移 ---
  LCDWriteComd(0xC0);                            //--- 设置起始行 ---
  LCD_CS1(0);
  LCD_CS2(0);
}
const unsigned char BMPCODE[][128] =
{
//--- QQ 图标 ---
0x00,0x00,0x00,0x00,0x00,0x00,0x00,0x80,0xE0,0xF0,0xF8,0xF8,0xF8,0xF8,0xF8,0xF8,
0xF8,0xF8,0xF8,0xF8,0xF8,0xF8,0xF0,0xC0,0x80,0x00,0x00,0x00,0x00,0x00,0x00,0x00,
0x00,0x00,0x00,0x00,0x00,0xC0,0xE0,0xFF,0xFF,0xFF,0xFF,0xFF,0xDD,0xD6,0xDF,0xFF,
0xDF,0xD6,0xFF,0xFF,0xFF,0xFF,0xFF,0xFF,0xFF,0xE0,0x80,0x00,0x00,0x00,0x00,0x00,
0x00,0x00,0x00,0x27,0xFF,0xFF,0xFF,0xFF,0x0F,0x7F,0xFF,0xFF,0xCF,0xCF,0x0F,0x0F,
0x0F,0x0F,0x0F,0x0F,0x0F,0x07,0x0F,0xFF,0xFF,0x7F,0xFF,0xFF,0x00,0x00,0x00,0x00,
0x00,0x00,0x00,0x00,0x60,0x70,0x7D,0x7D,0x66,0x7C,0x3C,0x78,0x38,0x38,0x38,0x38,
0x78,0x78,0x78,0x78,0x78,0x6C,0x6E,0x7F,0x7F,0x70,0x40,0x00,0x00,0x00,0x00,0x00,
//--- 短信图标 ---
```

```
0x00,0xE0,0xE0,0xE0,0xE0,0xE0,0xE0,0xE0,0xE0,0xE0,0xE0,0xE0,0xE0,0xE0,0xE0,
0xE0,0xE0,0xE0,0xE0,0xE0,0xE0,0xE0,0xE0,0xE0,0xE0,0xE0,0xE0,0xE0,0xE0,0xE0,0x00,
0x00,0xFF,0xFF,0xFF,0x0C,0x0E,0x7C,0x70,0xF0,0xC0,0xC0,0x00,0x00,0x00,0x00,0x00,
0x00,0x00,0x00,0x00,0x00,0x00,0xC0,0xC0,0xF0,0x70,0x7E,0x0C,0xFF,0xFF,0xFF,0x00,
0x00,0xFF,0xFF,0xFF,0x80,0x80,0xE0,0xE0,0xFD,0xF9,0xFF,0x07,0x07,0x1E,0x1C,0x1C,
0x1C,0x1C,0x1C,0x1E,0x07,0x07,0x39,0x1D,0xF9,0xE0,0xE0,0x80,0xFF,0xFF,0xFF,0x00,
0x00,0x0F,0x0F,0x0F,0x0F,0x0F,0x0F,0x0E,0x0E,0x0E,0x0E,0x0E,0x0E,0x0E,0x0E,0x0E,
0x0E,0x0E,0x0E,0x0E,0x0E,0x0E,0x0E,0x0E,0x0E,0x0E,0x0F,0x0F,0x0F,0x0F,0x0F,0x00,
//--- 游戏图标 ---
0x00,0x00,0xF8,0xFC,0x04,0xE4,0x54,0xE4,0x04,0x04,0x04,0x04,0x04,0x04,0x04,0x04,
0x04,0x04,0x04,0x04,0x04,0x04,0x04,0x04,0x04,0x04,0x04,0xFC,0xF8,0x00,0x00,0x00,
0x00,0x00,0xFF,0xFF,0x00,0x01,0x00,0x01,0x00,0xE0,0xF0,0xF0,0xF8,0xFE,0xFF,0xFF,
0xFE,0xF8,0xF8,0xF0,0xE0,0x00,0xC0,0xC0,0xC0,0x80,0x00,0xFF,0xFF,0x00,0x00,0x00,
0x00,0x00,0xFF,0xFF,0x80,0x80,0x80,0x80,0xC0,0xC7,0xC7,0xC7,0xC7,0xDF,0xDF,0xDF,
0xDF,0xC7,0xC7,0xE7,0x67,0x10,0x0F,0x00,0x00,0x5F,0x50,0x5F,0x5F,0x50,0xE0,0x00,
0x00,0x00,0x3F,0x3F,0x3F,0x3F,0x3F,0x3F,0x3F,0x3F,0x3F,0x3F,0x3F,0x3F,0x3F,0x20,
0x20,0x3F,0x3F,0x38,0x30,0x20,0x20,0x20,0x20,0x25,0x25,0x05,0x25,0x35,0x0F,0x00,
//--- 手机图标 ---
0x00,0x00,0x00,0x00,0xF8,0xFC,0xFE,0xF6,0xF6,0x36,0x36,0x36,0x36,0x36,0x36,0x36,
0x36,0x36,0x36,0x36,0xF6,0xF6,0xFE,0xFC,0xFC,0xF8,0x00,0x00,0x00,0x00,0x00,0x00,
0x00,0x00,0x00,0x00,0xFF,0xFF,0xFF,0xFF,0xFF,0x00,0x00,0x00,0x00,0x00,0x00,0x00,
0x00,0x00,0x00,0x00,0xFF,0xFF,0xFF,0xFF,0xFF,0xFF,0x00,0x00,0x00,0x00,0x00,0x00,
0x00,0x00,0x00,0x00,0xFF,0xFF,0xFF,0xFF,0xFF,0xBC,0xBC,0xBC,0xFC,0xBC,0xBC,0xBC,
0xFC,0xFC,0xBC,0xBC,0xFF,0xFF,0xFF,0xFF,0xFF,0xFF,0x00,0x00,0x00,0x00,0x00,0x00,
0x00,0x00,0x00,0x00,0x3F,0x7F,0x7F,0x7F,0x7F,0x6D,0x6D,0x7D,0x7F,0x6D,0x6D,0x6D,
0x7F,0x7D,0x6D,0x6D,0x7F,0x7F,0x7F,0x7F,0x7F,0x3F,0x00,0x00,0x00,0x00,0x00,0x00,
//--- 闹钟图标 ---
0x00,0x00,0x00,0x80,0x80,0xE0,0xF0,0xDC,0xE6,0xC6,0xC2,0xC2,0x82,0x82,0x82,0xC2,
0xC2,0xE6,0xCC,0xF8,0xE0,0xC0,0x80,0x80,0x80,0x00,0x00,0x00,0x00,0x00,0x00,0x00,
0x00,0x00,0xC7,0xE7,0xFF,0xFF,0xFF,0x3F,0x1F,0x1F,0x0F,0x0F,0x07,0x1F,0xDF,0x07,
0x07,0x0F,0x1F,0x1F,0x3F,0x7F,0xFF,0xF7,0xE7,0x07,0x00,0x00,0x00,0x00,0x00,0x00,
0x00,0x00,0x0F,0xFF,0xFF,0xFF,0xFF,0xF6,0xC6,0x00,0x00,0x00,0x00,0x00,0x07,0x04,
0x04,0x04,0x04,0x00,0xE6,0xF6,0xFF,0xFF,0x7F,0x1F,0x00,0x00,0x00,0x00,0x00,0x00,
0x00,0x00,0x00,0x00,0x33,0x7F,0x7F,0x7F,0x7F,0x7F,0x3F,0x1E,0x1C,0x1C,0x1F,0x1F,
0x1C,0x3C,0x7E,0x7F,0x7F,0x7F,0x79,0x30,0x00,0x00,0x00,0x00,0x00,0x00,0x00,0x00,
//--- 温度图标 ---
0x00,0x00,0x00,0x00,0x00,0x00,0x00,0x00,0x00,0xFC,0x02,0x02,0x02,0xFC,0x00,0xA0,
0xA0,0x00,0x00,0x00,0x00,0x00,0x00,0x00,0x00,0x00,0x00,0x00,0x00,0x00,0x00,0x00,
0x00,0x00,0x00,0x00,0x00,0x00,0x00,0x00,0x00,0xFF,0x00,0xFE,0x00,0xFF,0x00,0xAA,
0xAA,0x00,0x00,0x00,0x00,0x00,0x00,0x00,0x00,0x00,0x00,0x00,0x00,0x00,0x00,0x00,
0x00,0x00,0x00,0x00,0x00,0x80,0x40,0x40,0xA0,0xDF,0xC0,0xFF,0xC0,0x9F,0x20,0x4A,
0x4A,0x80,0x00,0x00,0x00,0x00,0x40,0xA0,0x40,0x00,0x00,0x80,0x80,0x80,0x00,0x00,
0x00,0x00,0x00,0x00,0x00,0x07,0x08,0x13,0x17,0x17,0x17,0x17,0x17,0x17,0x17,0x13,
0x08,0x07,0x00,0x00,0x00,0x00,0x00,0x00,0x00,0x00,0x00,0x0F,0x10,0x10,0x10,0x00,0x00,
//--- A/D 转换图标 ---
0x00,0x00,0x00,0x80,0xC0,0x20,0x10,0x20,0x40,0x80,0x00,0x00,0x00,0x00,0x00,0x00,
0x00,0x00,0x00,0x00,0x00,0x00,0x80,0xC0,0xE0,0xF0,0x70,0x30,0x00,0x00,0x00,0x00,
0x00,0x80,0xFF,0xFF,0x88,0x08,0x08,0x08,0x88,0xFF,0xFF,0x80,0x00,0x00,0x80,0xC0,
0xE0,0xF0,0x78,0x3C,0x1E,0x0F,0x07,0x03,0x01,0x00,0x00,0x00,0x00,0x00,0x00,0x00,
```

```
0x00,0x00,0x00,0x00,0x00,0x00,0x00,0xC0,0xE0,0xF0,0x78,0x3C,0x1E,0x0F,0x07,0x03,
0x01,0x0C,0xFC,0x0C,0x0C,0x0C,0x0C,0x0C,0x10,0xE0,0x00,0x00,0x00,0x00,0x00,0x00,
0x00,0x00,0x00,0x00,0x00,0x00,0x00,0x01,0x01,0x00,0x00,0x00,0x00,0x00,0x00,0x00,
0x00,0x18,0x1F,0x18,0x18,0x18,0x18,0x18,0x04,0x03,0x00,0x00,0x00,0x00,0x00,0x00,
//--- 设置图标 ---
0x00,0x00,0x00,0x00,0x00,0x00,0x00,0x00,0x00,0x00,0xF8,0xFC,0xFC,0xF4,0xF4,0xE8,
0xE8,0xD0,0xA0,0xA0,0x40,0x40,0x80,0x00,0x00,0x00,0x00,0x00,0x00,0x00,0x00,0x00,
0x00,0x00,0x00,0x00,0x00,0x00,0x00,0x00,0x00,0x00,0xFF,0x00,0x00,0x01,0x03,0x03,
0x07,0x07,0x0F,0xFF,0xFF,0xFE,0x84,0xFD,0xFE,0x00,0x00,0x00,0x00,0x00,0x00,0x00,
0x00,0x00,0x00,0x00,0x80,0x00,0x20,0x20,0xE0,0xC0,0x07,0x2C,0x78,0xF8,0xF0,0xF0,
0xE0,0xE0,0xC0,0xFF,0xFF,0xFF,0xA0,0xFF,0xFF,0x00,0x00,0x80,0x80,0x80,0x00,0x00,
0x00,0x00,0x00,0x00,0x01,0x03,0x02,0x02,0x03,0x07,0x07,0x0E,0x0E,0x1C,0x39,0x3B,
0xF3,0xA7,0xC7,0xCF,0xEF,0xF7,0xF7,0x7B,0x38,0x3E,0x1F,0x1F,0x18,0x18,0x1C,0x0E,
};


const unsigned char MENUBAR_GAME[][256] =
{
0x00,0x00,0x00,0x00,0x10,0x20,0x10,0x20,0xF8,0x3F,0x00,0x20,0x00,0x20,0x0
0,0x00,//"1",0
0x00,0x00,0x00,0x30,0x00,0x30,0x00,0x00,0x00,0x00,0x00,0x00,0x00,0x00,0x0
0,0x00,//".",1
0x00,0x00,0x00,0x00,0x00,0x00,0x00,0x00,0x00,0x00,0x00,0x00,0x00,0x00,0x0
0,0x00,//" ",2
0x10,0x04,0x10,0x44,0x10,0x82,0xFF,0x7F,0x10,0x01,0x50,0x00,0x20,0x00,0xF
8,0xFF,
0x4F,0x22,0x48,0x22,0x49,0x22,0xFA,0x3F,0x48,0x22,0x48,0x22,0x08,0x20,0x0
0,0x00,//"推",3
0x20,0x40,0x90,0x20,0x8C,0x18,0x87,0x06,0xEC,0xFF,0x94,0x04,0x84,0x18,0x1
4,0x00,
0xC8,0xFF,0x47,0x92,0x44,0x92,0x4C,0x92,0x54,0x92,0xC4,0xFF,0x04,0x00,0x0
0,0x00,//"箱",4
0x80,0x00,0x82,0x00,0x82,0x00,0x82,0x00,0x82,0x00,0x82,0x40,0x82,0x80,0xE
2,0x7F,
0xA2,0x00,0x92,0x00,0x8A,0x00,0x86,0x00,0x82,0x00,0x80,0x00,0x80,0x00,0x0
0,0x00,//"子",5
0x00,0x00,0x00,0x00,0x00,0x00,0x00,0x00,0x00,0x00,0x00,0x00,0x00,0x00,0x0
0,0x00,//" ",6
0x00,0x00,0x00,0x00,0x00,0x00,0x00,0x00,0x00,0x00,0x00,0x00,0x00,0x00,0x0
0,0x00,//" ",7
0x00,0x00,0x00,0x00,0x00,0x00,0x00,0x00,0x00,0x00,0x00,0x00,0x00,0x00,0x0
0,0x00,//" ",8
0x00,0x00,0x00,0x00,0x00,0x00,0x00,0x00,0x00,0x00,0x00,0x00,0x00,0x00,0x0
0,0x00,//" ",9
0x00,0x00,0x00,0x00,0x00,0x00,0x00,0x00,0x00,0x00,0x00,0x00,0x00,0x00,0x0
0,0x00,//" ",10
0x00,0x00,0x00,0x00,0x00,0x00,0x00,0x00,0x00,0x00,0x00,0x00,0x00,0x00,0x0
0,0x00,//" ",11
0x00,0x00,0x00,0x00,0x00,0x00,0x00,0x00,0x00,0x00,0x00,0x00,0x00,0x00,0x0
0,0x00,//" ",12
```

0x00,0x00,0x70,0x30,0x08,0x28,0x08,0x24,0x08,0x22,0x08,0x21,0xF0,0x30,0x0
0,0x00,//"2",0

0x00,0x00,0x00,0x30,0x00,0x30,0x00,0x00,0x00,0x00,0x00,0x00,0x00,0x00,0x0
0,0x00,//".",1

0x00,0x00,0x00,0x00,0x00,0x00,0x00,0x00,0x00,0x00,0x00,0x00,0x00,0x00,0x0
0,0x00,//" ",2

0x20,0x00,0x20,0x80,0x10,0x80,0x10,0x9F,0x28,0x41,0x24,0x41,0x22,0x21,0x2
9,0x1D,

0xB2,0x01,0x64,0x21,0x28,0x21,0x10,0x5F,0x10,0x40,0x20,0x80,0x20,0x00,0x0
0,0x00,//"贪",3

0x00,0x00,0xFC,0x0F,0x04,0x04,0x04,0x04,0xFC,0x0F,0x20,0x00,0x10,0x30,0x4
C,0x48,

0x4B,0x44,0x48,0x42,0x48,0x42,0x48,0x41,0xC8,0x40,0x08,0x40,0x08,0x70,0x0
0,0x00,//"吃",4

0x00,0x20,0xF8,0x63,0x08,0x21,0xFF,0x1F,0x08,0x11,0xF8,0x19,0x20,0x30,0x1
8,0x00,

0xC8,0x3F,0x08,0x44,0x09,0x42,0x0E,0x41,0x88,0x40,0x28,0x40,0x18,0x78,0x0
0,0x00,//"蛇",5

0x00,0x00,0x00,0x00,0x00,0x00,0x00,0x00,0x00,0x00,0x00,0x00,0x00,0x00,0x0
0,0x00,//" ",6

0x00,0x00,0x00,0x00,0x00,0x00,0x00,0x00,0x00,0x00,0x00,0x00,0x00,0x00,0x0
0,0x00,//" ",7

0x00,0x00,0x00,0x00,0x00,0x00,0x00,0x00,0x00,0x00,0x00,0x00,0x00,0x00,0x0
0,0x00,//" ",8

0x00,0x00,0x00,0x00,0x00,0x00,0x00,0x00,0x00,0x00,0x00,0x00,0x00,0x00,0x0
0,0x00,//" ",9

0x00,0x00,0x00,0x00,0x00,0x00,0x00,0x00,0x00,0x00,0x00,0x00,0x00,0x00,0x0
0,0x00,//" ",10

0x00,0x00,0x00,0x00,0x00,0x00,0x00,0x00,0x00,0x00,0x00,0x00,0x00,0x00,0x0
0,0x00,//" ",11

0x00,0x00,0x00,0x00,0x00,0x00,0x00,0x00,0x00,0x00,0x00,0x00,0x00,0x00,0x0
0,0x00,//" ",12

0x00,0x00,0x30,0x18,0x08,0x20,0x08,0x21,0x08,0x21,0x88,0x22,0x70,0x1C,0x0
0,0x00,//"3",0

0x00,0x00,0x00,0x30,0x00,0x30,0x00,0x00,0x00,0x00,0x00,0x00,0x00,0x00,0x0
0,0x00,//".",1

0x00,0x00,0x00,0x00,0x00,0x00,0x00,0x00,0x00,0x00,0x00,0x00,0x00,0x00,0x0
0,0x00,//" ",2

0x80,0x00,0x60,0x00,0xF8,0xFF,0x07,0x00,0x20,0x04,0x24,0x44,0x24,0x82,0xF
E,0x7F,

0x22,0x81,0x20,0x40,0xFF,0x27,0x20,0x18,0x21,0x26,0xA6,0x41,0x20,0xF0,0x0
0,0x00,//"俄",3

0x00,0x80,0x00,0x84,0x3E,0x84,0x22,0x42,0x22,0x45,0xBE,0x49,0x62,0x31,0x2
2,0x21,

0x22,0x11,0x3E,0x09,0x22,0x05,0x22,0x03,0x3E,0x00,0x00,0x00,0x00,0x00,0x0
0,0x00,//"罗",4

0x00,0x88,0x04,0x48,0xFF,0x2F,0x24,0x09,0x24,0x09,0x24,0x19,0xFF,0x2F,0x0
4,0xC8,

0x00,0x60,0xFC,0x1F,0x44,0x00,0x44,0x00,0xC4,0xFF,0x42,0x00,0x40,0x00,0x0

```
0,0x00,//"斯",5
    0x08,0x00,0x08,0x80,0x08,0x40,0x08,0x20,0x08,0x18,0xF8,0x07,0x89,0x00,0x8
E,0x00,
    0x88,0x40,0x88,0x80,0x88,0x40,0x88,0x3F,0x08,0x00,0x08,0x00,0x08,0x00,0x0
0,0x00,//"方",6
    0x20,0x10,0x20,0x30,0x20,0x10,0xFF,0x0F,0x20,0x88,0x20,0x48,0x08,0x21,0x0
8,0x11,
    0x08,0x0D,0xFF,0x03,0x08,0x0D,0x08,0x11,0x08,0x21,0xF8,0x41,0x00,0x81,0x0
0,0x00,//"块",7
    0x00,0x00,0x00,0x00,0x00,0x00,0x00,0x00,0x00,0x00,0x00,0x00,0x00,0x00,0x0
0,0x00,//" ",8
    0x00,0x00,0x00,0x00,0x00,0x00,0x00,0x00,0x00,0x00,0x00,0x00,0x00,0x00,0x0
0,0x00,//" ",9
    0x00,0x00,0x00,0x00,0x00,0x00,0x00,0x00,0x00,0x00,0x00,0x00,0x00,0x00,0x0
0,0x00,//" ",10
    };
    void LCDDisplayICO_32X32(long x,long y,const unsigned char *bmp,long color)
    {
      long i,j;
      for(i=0;i<4;i++)
        for(j=0;j<32;j++){
    if(0  ==  color)LCDDisplayXY(x+i,y+j,*bmp++);else  LCDDisplayXY(x+i,y+j, ～
*bmp++);
        }
    }
    void LCDDisplayHZ_16X128(long x,long y,const unsigned char *hz,long color)
    {
      long i,j;
      for(i=0;i<8;i++)
        for(j=0;j<16;j++){
        if(0==color){LCDDisplayXY(x+0,y+i*16+j,*hz++);LCDDisplayXY(x+1,y+i*16+j,*hz++);}
        else{LCDDisplayXY(x+0,y+i*16+j,～*hz++);LCDDisplayXY(x+1,y+i*16+j,～*hz++);}
        }
    }
    void LCDClear(void)
    {
      long i,j;
      for(i=0;i<8;i++)
        for(j=0;j<128;j++)LCDDisplayXY(i,j,0);
    }
    void MenuDisplay(long menu)
    {
      long i;
      LCDClear();
      if((menu <= 9) && (menu >= 1)){
        for(i=0;i<8;i++)LCDDisplayICO_32X32((i / 4) * 4,(i * 32) % 128,&BMPCODE[i][0],0);
      LCDDisplayICO_32X32((((menu % 10) - 1) / 4) * 4,(((menu % 10) - 1) * 32) % 128,
                        &BMPCODE[((menu % 10) - 1)][0],1);
      }
```

```
      else if((menu <= 39) && (menu >= 31)){
          for(i=0;i<3;i++)LCDDisplayHZ_16X128(i * 2,0,&MENUBAR_GAME[i][0],0);
LCDDisplayHZ_16X128(((menu % 10) - 1),0,&MENUBAR_GAME[((menu % 10) - 1)][0],1);
      }
}
void SelectedMenuDisplay(long menu,long flag)
{
   if((menu <= 9) && (menu >= 1)){
       LCDDisplayICO_32X32((((menu % 10) - 1) / 4) * 4,(((menu % 10) - 1) * 32) % 128,
                        &BMPCODE[((menu % 10) - 1)][0],flag);
      }
   else if((menu <= 39) && (menu >= 31)){
LCDDisplayHZ_16X128(((menu % 10) - 1) * 2,0,&MENUBAR_GAME[((menu % 10) - 1)][0],flag);
      }
}
#define   K1   (LPC_GPIO3->DATA & (1 << 0))
#define   K2   (LPC_GPIO3->DATA & (1 << 1))
#define   K3   (LPC_GPIO3->DATA & (1 << 2))
#define   K4   (LPC_GPIO3->DATA & (1 << 3))
long K1_Cnt,K2_Cnt,K3_Cnt,K4_Cnt;
long Index = 1;
//--- main 主程序段 ---
int main (void)
{
  LPC_GPIO1->DIR = (0x1F << 5);
  LPC_GPIO2->DIR = (0xFF << 0);
  LCDInit();
  MenuDisplay(Index);
  while(1)
    {
      if((0 == K1) && (99999999 != K1_Cnt) && (++K1_Cnt > 10))
                                            //--- LEFT / UP 按键 ---
        {
          if(0 == K1)
            {
              K1_Cnt = 99999999;
              SelectedMenuDisplay(Index,0);
              if((Index <= 9) && (Index >= 1)){if(--Index <= 0)Index = 8;}
              else if((Index <= 39) && (Index >= 31)){if(--Index <= 30)Index = 33;}
              SelectedMenuDisplay(Index,1);
            }
        }
      else if(0 != K1)K1_Cnt = 0;
      if((0 == K2) && (99999999 != K2_Cnt) && (++K2_Cnt > 10))
                                            //--- OK 按键 ---
        {
          if(0 == K2)
            {
              K2_Cnt = 99999999;
```

```
            Index *= 10;
            Index += 1;
            MenuDisplay(Index);
          }
        }
      else if(0 != K2)K2_Cnt = 0;
      if((0 == K3) && (99999999 != K3_Cnt) && (++K3_Cnt > 10)
                                      //--- RIGHT / DOWN 按键 ---
        {
          if(0 == K3)
            {
              K3_Cnt = 99999999;
              SelectedMenuDisplay(Index,0);
              if((Index <= 9) && (Index >= 1)){if(++Index >= 9)Index = 1;}
              else if((Index <= 39) && (Index >= 31)){if(++Index >= 34)Index = 31;}
              SelectedMenuDisplay(Index,1);
            }
        }
      else if(0 != K3)K3_Cnt = 0;
      if((0 == K4) && (99999999 != K4_Cnt) && (++K4_Cnt > 10))
                                      //--- CANCEL 按键 ---
        {
          if(0 == K4)
            {
              K4_Cnt = 99999999;
              Index /= 10;
              MenuDisplay(Index);
            }
        }
      else if(0 != K4)K4_Cnt = 0;
    }
}
```

4. 小结

本实例展示了如何实现图形和文字结合的菜单显示方法。程序中涉及的主要内容如下：

（1）SelectedMenuDisplay 函数实现图形图标菜单的显示。

（2）MenuDisplay 函数实现文本方式的菜单显示。

（3）Index 变量用来控制选择上层菜单还是下层菜单以本层哪个选项等操作。本层操作时 Index 变量加 1 或减 1；进入下层则将 Index 变量乘以 10；进入上层则将 Index 变量除以 10。

2.8　基于 NOKIA3310 的图形 LCD 模块显示实例

1. 项目要求

利用 LPC1343 和 NOKIA 图形 LCD 模块实现字符、汉字及图形的显示。

2. 硬件电路

硬件电路原理图如图 2-8 所示。

LCD1
NOKIA3310

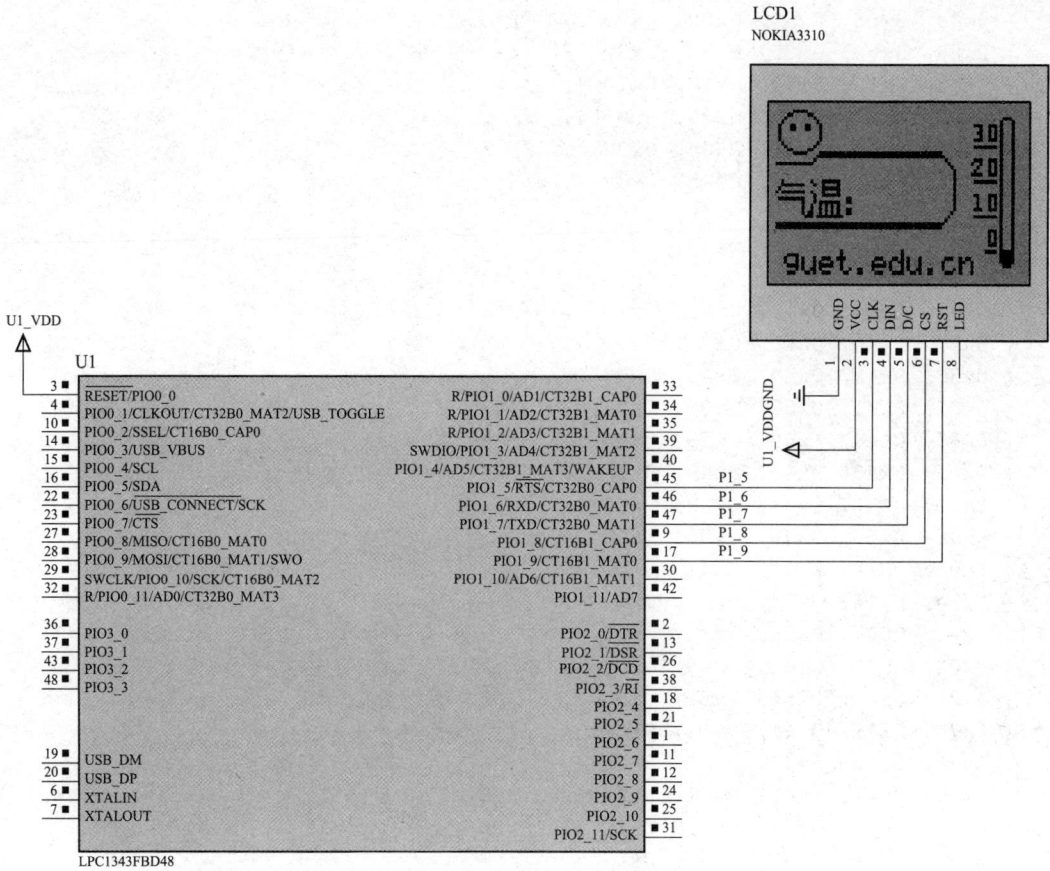

图 2-8　基于 NOKIA3310 的图形 LCD 模块显示实例电路原理图

U₁（LPC1343）的 PIO1_5～PIO1_9 引脚分别连接到 LCD1（NOIA3310）的 CLK、DIN、D/C、CS 和 RST 引脚。

3. 程序设计

根据实例要求，设计的程序如下：

```c
#include <LPC13xx.h>
//--------------The standard ASCLL characters in a 5x7 dot format-------------
const unsigned char ASCLL[][5] =
{
{ 0x00, 0x00, 0x00, 0x00, 0x00 },  // sp
{ 0x00, 0x00, 0x2f, 0x00, 0x00 },  // !
{ 0x00, 0x07, 0x00, 0x07, 0x00 },  // "
{ 0x14, 0x7f, 0x14, 0x7f, 0x14 },  // #
{ 0x24, 0x2a, 0x7f, 0x2a, 0x12 },  // $
{ 0xc4, 0xc8, 0x10, 0x26, 0x46 },  // %
{ 0x36, 0x49, 0x55, 0x22, 0x50 },  // &
{ 0x00, 0x05, 0x03, 0x00, 0x00 },  // '
{ 0x00, 0x1c, 0x22, 0x41, 0x00 },  // (
{ 0x00, 0x41, 0x22, 0x1c, 0x00 },  // )
{ 0x14, 0x08, 0x3E, 0x08, 0x14 },  // *
```

```
{ 0x08, 0x08, 0x3E, 0x08, 0x08 },   // +
{ 0x00, 0x00, 0x50, 0x30, 0x00 },   // ,
{ 0x10, 0x10, 0x10, 0x10, 0x10 },   // -
{ 0x00, 0x60, 0x60, 0x00, 0x00 },   // .
{ 0x20, 0x10, 0x08, 0x04, 0x02 },   // /
{ 0x3E, 0x51, 0x49, 0x45, 0x3E },   // 0
{ 0x00, 0x42, 0x7F, 0x40, 0x00 },   // 1
{ 0x42, 0x61, 0x51, 0x49, 0x46 },   // 2
{ 0x21, 0x41, 0x45, 0x4B, 0x31 },   // 3
{ 0x18, 0x14, 0x12, 0x7F, 0x10 },   // 4
{ 0x27, 0x45, 0x45, 0x45, 0x39 },   // 5
{ 0x3C, 0x4A, 0x49, 0x49, 0x30 },   // 6
{ 0x01, 0x71, 0x09, 0x05, 0x03 },   // 7
{ 0x36, 0x49, 0x49, 0x49, 0x36 },   // 8
{ 0x06, 0x49, 0x49, 0x29, 0x1E },   // 9
{ 0x00, 0x36, 0x36, 0x00, 0x00 },   // :
{ 0x00, 0x56, 0x36, 0x00, 0x00 },   // ;
{ 0x08, 0x14, 0x22, 0x41, 0x00 },   // <
{ 0x14, 0x14, 0x14, 0x14, 0x14 },   // =
{ 0x00, 0x41, 0x22, 0x14, 0x08 },   // >
{ 0x02, 0x01, 0x51, 0x09, 0x06 },   // /
{ 0x32, 0x49, 0x59, 0x51, 0x3E },   // @
{ 0x7E, 0x11, 0x11, 0x11, 0x7E },   // A
{ 0x7F, 0x49, 0x49, 0x49, 0x36 },   // B
{ 0x3E, 0x41, 0x41, 0x41, 0x22 },   // C
{ 0x7F, 0x41, 0x41, 0x22, 0x1C },   // D
{ 0x7F, 0x49, 0x49, 0x49, 0x41 },   // E
{ 0x7F, 0x09, 0x09, 0x09, 0x01 },   // F
{ 0x3E, 0x41, 0x49, 0x49, 0x7A },   // G
{ 0x7F, 0x08, 0x08, 0x08, 0x7F },   // H
{ 0x00, 0x41, 0x7F, 0x41, 0x00 },   // I
{ 0x20, 0x40, 0x41, 0x3F, 0x01 },   // J
{ 0x7F, 0x08, 0x14, 0x22, 0x41 },   // K
{ 0x7F, 0x40, 0x40, 0x40, 0x40 },   // L
{ 0x7F, 0x02, 0x0C, 0x02, 0x7F },   // M
{ 0x7F, 0x04, 0x08, 0x10, 0x7F },   // N
{ 0x3E, 0x41, 0x41, 0x41, 0x3E },   // O
{ 0x7F, 0x09, 0x09, 0x09, 0x06 },   // P
{ 0x3E, 0x41, 0x51, 0x21, 0x5E },   // Q
{ 0x7F, 0x09, 0x19, 0x29, 0x46 },   // R
{ 0x46, 0x49, 0x49, 0x49, 0x31 },   // S
{ 0x01, 0x01, 0x7F, 0x01, 0x01 },   // T
{ 0x3F, 0x40, 0x40, 0x40, 0x3F },   // U
{ 0x1F, 0x20, 0x40, 0x20, 0x1F },   // V
{ 0x3F, 0x40, 0x38, 0x40, 0x3F },   // W
{ 0x63, 0x14, 0x08, 0x14, 0x63 },   // X
{ 0x07, 0x08, 0x70, 0x08, 0x07 },   // Y
{ 0x61, 0x51, 0x49, 0x45, 0x43 },   // Z
{ 0x00, 0x7F, 0x41, 0x41, 0x00 },   // [
{ 0x55, 0x2A, 0x55, 0x2A, 0x55 },   // 55
```

```
    { 0x00, 0x41, 0x41, 0x7F, 0x00 },   // ]
    { 0x04, 0x02, 0x01, 0x02, 0x04 },   // ^
    { 0x40, 0x40, 0x40, 0x40, 0x40 },   // _
    { 0x00, 0x01, 0x02, 0x04, 0x00 },   // '
    { 0x20, 0x54, 0x54, 0x54, 0x78 },   // a
    { 0x7F, 0x48, 0x44, 0x44, 0x38 },   // b
    { 0x38, 0x44, 0x44, 0x44, 0x20 },   // c
    { 0x38, 0x44, 0x44, 0x48, 0x7F },   // d
    { 0x38, 0x54, 0x54, 0x54, 0x18 },   // e
    { 0x08, 0x7E, 0x09, 0x01, 0x02 },   // f
    { 0x0C, 0x52, 0x52, 0x52, 0x3E },   // g
    { 0x7F, 0x08, 0x04, 0x04, 0x78 },   // h
    { 0x00, 0x44, 0x7D, 0x40, 0x00 },   // i
    { 0x20, 0x40, 0x44, 0x3D, 0x00 },   // j
    { 0x7F, 0x10, 0x28, 0x44, 0x00 },   // k
    { 0x00, 0x41, 0x7F, 0x40, 0x00 },   // l
    { 0x7C, 0x04, 0x18, 0x04, 0x78 },   // m
    { 0x7C, 0x08, 0x04, 0x04, 0x78 },   // n
    { 0x38, 0x44, 0x44, 0x44, 0x38 },   // o
    { 0x7C, 0x14, 0x14, 0x14, 0x08 },   // p
    { 0x08, 0x14, 0x14, 0x18, 0x7C },   // q
    { 0x7C, 0x08, 0x04, 0x04, 0x08 },   // r
    { 0x48, 0x54, 0x54, 0x54, 0x20 },   // s
    { 0x04, 0x3F, 0x44, 0x40, 0x20 },   // t
    { 0x3C, 0x40, 0x40, 0x20, 0x7C },   // u
    { 0x1C, 0x20, 0x40, 0x20, 0x1C },   // v
    { 0x3C, 0x40, 0x30, 0x40, 0x3C },   // w
    { 0x44, 0x28, 0x10, 0x28, 0x44 },   // x
    { 0x0C, 0x50, 0x50, 0x50, 0x3C },   // y
    { 0x44, 0x64, 0x54, 0x4C, 0x44 },   // z
    };
    const unsigned char HZK[][24] =
    {
    {0X80,0X40,0Xb0,0Xa0,0Xa0,0Xa0,0Xa0,0Xa0,0Xa0,0Xa0,0X00,0X00,
     0X00,0X02,0X02,0X02,0X02,0X02,0X02,0X02,0X02,0X3e,0X40,0X60},
    {0X90,0X20,0X00,0X00,0Xf0,0X50,0X50,0X50,0X50,0Xf0,0X00,0X00,
     0X78,0X07,0X40,0X7c,0X45,0X7d,0X45,0X7d,0X45,0X7d,0X40,0X00},
    };
    //--- NOKIA 图形点阵 LCD 模块的驱动程序部分 ---
    #define NOKIA5510_SCK(x) ((x)?(LPC_GPIO1->DATA |= (1 << 5)):(LPC_GPIO1->DATA
&=~(1 << 5)))
    #define NOKIA5510_DIN(x) ((x)?(LPC_GPIO1->DATA |= (1 << 6)):(LPC_GPIO1->DATA
&=~(1 << 6)))
    #define NOKIA5510_D_C(x) ((x)?(LPC_GPIO1->DATA |= (1 << 7)):(LPC_GPIO1->DATA
&=~(1 << 7)))
    #define NOKIA5510_NCS(x) ((x)?(LPC_GPIO1->DATA |= (1 << 8)):(LPC_GPIO1->DATA
&=~(1 << 8)))
    #define NOKIA5510_RST(x) ((x)?(LPC_GPIO1->DATA |= (1 << 9)):(LPC_GPIO1->DATA
&=~(1 << 9)))
    #define COM  0  //指令
```

```
#define DAT  1   //数据
#define STR  1   //字符
#define HAN  2   //汉字
//-------------------------LPH7366 指令集-------------------------
#define LPH7366_basic_fun_set  0x20            //基本功能设置
#define LPH7366_expand_fun_set 0x21            //扩展功能设置
//  D7 D6 D5 D4 D3 D2 D1 D0
//  0  0  1  0  0  PD V  H
//                  |  |  |_____1->扩展指令集  0->基本指令集
//                  |  |_____1->垂直寻址    0->水平寻址
//                  |_____1->低功耗模式  0->正常模式
//基本指令集
#define LPH7366_dis_set  0x0C//显示模式设置
//  D7 D6 D5 D4 D3 D2 D1 D0
//  0  0  0  0  1  D  0  E
//                  |      |_____0   0        1   1
//                  |_____0   1        0   1
//                            白屏 正常显示 全显 反转
#define LPH7366_add_Yset  0x40                 //设置 Y 地址
//  D7 D6 D5 D4 D3 D2 D1 D0
//  0  1  0  0  0  Y1 Y2 Y3
#define LPH7366_add_Xset  0x80                 //设置 X 地址
//  D7 D6 D5 D4 D3 D2 D1 D0
//  0  1  X6 X5 X4 X3 X2 X1
//扩展指令集
#define LPH7366_tem_set  0x06                  //温度系数设置
//  D7 D6 D5 D4 D3 D2 D1 D0
//  0  0  0  0  0  1  TC1 TC0
#define LPH7366_vot_set  0xD7                  //电压系数设置
//  D7 D6 D5 D4 D3 D2 D1 D0
//  1  vo6 vo5 vo4 vo3 vo2 vo1 vo0
void DelayMs(long t)
{
  t *= 6000;
  while(t--);
}
void LPH7366_write(long type,unsigned char dat)
{
  long i;
  NOKIA5510_SCK(1);
  if(1 == type)NOKIA5510_D_C(1);              //--- 要写的是数据 ---
  else NOKIA5510_D_C(0);                      //--- 要写的是指令 ---
  for(i=0;i<8;i++)                            //--- 串行发送数据 ---
    {
      if(dat & 0x80)NOKIA5510_DIN(1);else NOKIA5510_DIN(0);
      NOKIA5510_SCK(0);NOKIA5510_SCK(1);
      dat <<= 1;
    }
}
void LPH7366_clr(void)
```

```
{
  long i;
  for(i=0;i<504;i++)LPH7366_write(DAT,0x00);    //--- 整个屏幕白屏 ---
}
void LPH7366_init()
{
  NOKIA5510_NCS(0);
  NOKIA5510_RST(1);
  NOKIA5510_D_C(1);
  NOKIA5510_DIN(1);
  NOKIA5510_SCK(1);
  DelayMs(1);
  NOKIA5510_RST(0);                             //--- 模块复位 ---
  DelayMs(1);
  NOKIA5510_RST(1);
  LPH7366_write(COM,LPH7366_expand_fun_set);    //--- 显示模块扩展指令 ---
  LPH7366_write(COM,LPH7366_vot_set);           //--- 显示模块对比度电压设置 ---
  LPH7366_write(COM,LPH7366_tem_set);           //--- 显示模块温度参数设置 ---
  LPH7366_write(COM,LPH7366_basic_fun_set);     //--- 显示模块基本指令 ---
  LPH7366_write(COM,LPH7366_dis_set);           //--- 显示模块显示模式设置 ---
  LPH7366_write(COM,LPH7366_add_Yset);          //--- 显示模块行地址设置 ---
  LPH7366_write(COM,LPH7366_add_Xset);          //--- 显示模块列地址设置 ---
  LPH7366_clr();                                //--- 显示屏幕清屏 ---
}
unsigned char row(long stye,long i)             //--- 计算屏幕的列地址 类型 ---
{
  if(1 == stye){
    if(1 == i)return 3;
    return(row(stye,i - 1) + 6);
  }
  else if(2 == stye){
    if(1 == i)return 0;
    return (row(stye,i - 1) + 12);
  }
}
void LPH7366_write_str(long symbol_line,long symbol_row,unsigned char ch)
{
  long i;
  LPH7366_write(COM,LPH7366_basic_fun_set);     //--- 显示模块基本指令 ---
  LPH7366_write(COM,LPH7366_add_Yset + (symbol_line - 1));
                                                //--- 显示模块行地址设置 ---
  LPH7366_write(COM,LPH7366_add_Xset + row(STR,symbol_row));
                                                //--- 显示模块列地址设置 ---
  for(i=0;i<5;i++)LPH7366_write(DAT,ASCLL[ch - 32][i]);
  LPH7366_write(DAT,0x00);
}
void LPH7366_write_han(unsigned char symbol_line,unsigned char symbol_row,
unsigned char han)
{
  unsigned char i;
  LPH7366_write(COM,LPH7366_basic_fun_set);     //--- 显示模块基本指令 ---
```

```
    LPH7366_write(COM,LPH7366_add_Yset + (symbol_line - 1) * 2);
                                            //--- 显示模块行地址设置 ---
    LPH7366_write(COM,LPH7366_add_Xset + row(HAN,symbol_row));
                                            //--- 显示模块列地址设置 ---

    for(i=0;i<24;i++){
        if(12 == i){
            LPH7366_write(COM,LPH7366_basic_fun_set);//显示模块基本指令
            if(1 == symbol_line)LPH7366_write(COM,LPH7366_add_Yset + 1);
                                            //显示模块行地址设置
            if(2 == symbol_line)LPH7366_write(COM,LPH7366_add_Yset + 3);
                                            //显示模块行地址设置
            if(3 == symbol_line)LPH7366_write(COM,LPH7366_add_Yset + 5);
                                            //显示模块行地址设置
            LPH7366_write(COM,LPH7366_add_Xset + row(HAN,symbol_row));
                                            //显示模块列地址设置

        }
        LPH7366_write(DAT,HZK[han][i]);
    }
}
    void LPH7366_write_doc(unsigned char symbol_line,unsigned char symbol_row,
unsigned char doc)
    {
      LPH7366_write(COM,LPH7366_basic_fun_set);              //显示模块基本指令
      LPH7366_write(COM,LPH7366_add_Yset+symbol_line-1);    //显示模块行地址设置
      LPH7366_write(COM,LPH7366_add_Xset+symbol_row-1);     //显示模块列地址设置
      LPH7366_write(DAT,doc);
    }
    void pic_temp(void)
    {
      unsigned char i;
    //-----------------1-------------------------
      LPH7366_write_doc(1,2,0xf0);
      LPH7366_write_doc(1,3,0x08);
      LPH7366_write_doc(1,4,0x04);
      LPH7366_write_doc(1,5,0x02);
      LPH7366_write_doc(1,6,0x32);
      LPH7366_write_doc(1,7,0x31);
      LPH7366_write_doc(1,8,0x01);
      LPH7366_write_doc(1,9,0x01);
      LPH7366_write_doc(1,10,0x01);
      LPH7366_write_doc(1,11,0x31);
      LPH7366_write_doc(1,12,0x32);
      LPH7366_write_doc(1,13,0x02);
      LPH7366_write_doc(1,14,0x04);
      LPH7366_write_doc(1,15,0x08);
      LPH7366_write_doc(1,16,0xf0);
      LPH7366_write_doc(1,69,0x10);
      LPH7366_write_doc(1,70,0x50);
      LPH7366_write_doc(1,71,0xf0);
      LPH7366_write_doc(1,74,0xf0);
      LPH7366_write_doc(1,75,0x10);
```

```
  LPH7366_write_doc(1,76,0xf0);
  LPH7366_write_doc(1,78,0xf8);
  LPH7366_write_doc(1,79,0x04);
  LPH7366_write_doc(1,80,0x04);
  LPH7366_write_doc(1,81,0x04);
  LPH7366_write_doc(1,82,0xf8);
//---------------------2---------------------
  LPH7366_write_doc(2,1,0x80);
  LPH7366_write_doc(2,2,0x81);
  LPH7366_write_doc(2,3,0x82);
  LPH7366_write_doc(2,4,0x84);
  LPH7366_write_doc(2,5,0x88);
  LPH7366_write_doc(2,6,0x88);
  LPH7366_write_doc(2,7,0x90);
  LPH7366_write_doc(2,8,0x90);
  LPH7366_write_doc(2,9,0x90);
  LPH7366_write_doc(2,10,0x90);
  LPH7366_write_doc(2,11,0x90);
  LPH7366_write_doc(2,12,0x88);
  LPH7366_write_doc(2,13,0x88);
  LPH7366_write_doc(2,14,0x44);
  LPH7366_write_doc(2,15,0x22);
  LPH7366_write_doc(2,16,0x31);
  for(i=17;i<58;i++)LPH7366_write_doc(2,i,0x30);
  LPH7366_write_doc(2,58,0x20);
  LPH7366_write_doc(2,59,0x40);
  LPH7366_write_doc(2,60,0x80);
  LPH7366_write_doc(2,68,0x80);
  LPH7366_write_doc(2,69,0x45);
  LPH7366_write_doc(2,70,0x45);
  LPH7366_write_doc(2,71,0xc5);
  LPH7366_write_doc(2,72,0x04);
  LPH7366_write_doc(2,73,0x04);
  LPH7366_write_doc(2,74,0xc5);
  LPH7366_write_doc(2,75,0x45);
  LPH7366_write_doc(2,76,0xc5);
  LPH7366_write_doc(2,78,0xff);
  LPH7366_write_doc(2,82,0xff);
//--------------3----------------------------
  LPH7366_write_doc(3,61,0x01);
  LPH7366_write_doc(3,62,0xfe);
  LPH7366_write_doc(3,68,0x04);
  LPH7366_write_doc(3,69,0x16);
  LPH7366_write_doc(3,70,0x15);
  LPH7366_write_doc(3,71,0x14);
  LPH7366_write_doc(3,72,0x10);
  LPH7366_write_doc(3,73,0x10);
  LPH7366_write_doc(3,74,0x17);
  LPH7366_write_doc(3,75,0x14);
  LPH7366_write_doc(3,76,0x17);
  LPH7366_write_doc(3,78,0xff);
```

```
      LPH7366_write_doc(3,82,0xff);
  //--------------4-------------------------
    LPH7366_write_doc(4,59,0x80);
    LPH7366_write_doc(4,60,0x40);
    LPH7366_write_doc(4,61,0x20);
    LPH7366_write_doc(4,62,0x1f);
    LPH7366_write_doc(4,69,0x51);
    LPH7366_write_doc(4,70,0x5f);
    LPH7366_write_doc(4,71,0x50);
    LPH7366_write_doc(4,72,0x40);
    LPH7366_write_doc(4,73,0x40);
    LPH7366_write_doc(4,74,0x5f);
    LPH7366_write_doc(4,75,0x51);
    LPH7366_write_doc(4,76,0x5f);
    LPH7366_write_doc(4,78,0xff);
    LPH7366_write_doc(4,82,0xff);
  //--------------5---------------------
    for(i=1;i<58;i++)LPH7366_write_doc(5,i,0x03);
    LPH7366_write_doc(5,58,0x01);
    LPH7366_write_doc(5,74,0x7c);
    LPH7366_write_doc(5,75,0x44);
    LPH7366_write_doc(5,76,0x7c);
    LPH7366_write_doc(5,78,0xff);
    LPH7366_write_doc(5,82,0xff);
   //--------------6---------------------
    LPH7366_write_doc(6,73,0x01);
    LPH7366_write_doc(6,74,0x01);
    LPH7366_write_doc(6,75,0x01);
    LPH7366_write_doc(6,76,0x01);
    LPH7366_write_doc(6,78,0x0f);
    LPH7366_write_doc(6,79,0x1f);
    LPH7366_write_doc(6,80,0x1f);
    LPH7366_write_doc(6,81,0x1f);
    LPH7366_write_doc(6,82,0x0f);
  }
  //--- main 主程序 ---
  int main (void)
  {
    LPC_GPIO1->DIR |= (0x1F << 5);
    LPH7366_init();
    pic_temp();
    LPH7366_write_str(1,4,'j');
    LPH7366_write_str(1,5,'i');
    LPH7366_write_str(1,6,'a');
    LPH7366_write_str(1,7,'n');
    LPH7366_write_str(1,8,'h');
    LPH7366_write_str(1,9,'u');
    LPH7366_write_str(1,10,'i');
    LPH7366_write_han(2,1,0);
    LPH7366_write_han(2,2,1);
    LPH7366_write_doc(4,25,0x36);
```

```
LPH7366_write_doc(4,26,0x36);
while(1){;}
}
```

4．小结

本实例展示了 LPC1343 如何驱动 NOKIA3310 图形 LCD 模块的编程和应用方法。程序中主要涉及的内容如下：

（1）LPH7366_write 函数实现 NOKIA3310 的驱动时序的模拟。

（2）通过 LPH7366_init 函数实现 NOKIA3310 的初始化。

（3）通过 LPH7366_write_doc 函数实现在指定位置处显示 8 个点像素操作。

（4）通过 LPH7366_write_str 函数实现在指定位置处显示 5×7 点阵的字符。

（5）通过 LPH7366_write_han 函数实现在指定位置处显示 16×16 点阵的汉字。

2.9　基于 NOKIA5510 的 LCD 模块的时钟显示实例

1．项目要求

利用 LPC1343 和 NOKIA5510 图形 LCD 模块实现数字时钟，并具有手动调整时间功能。

2．硬件电路

硬件电路原理图如图 2-9 所示。

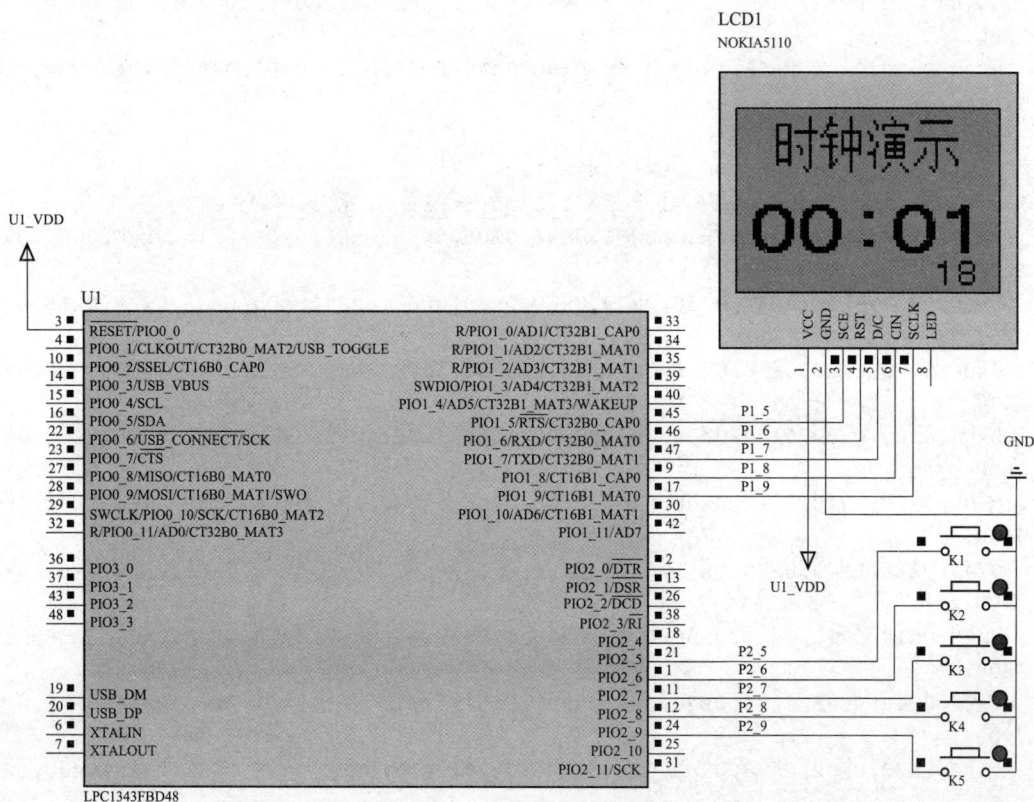

图 2-9　基于 NOKIA5510 的 LCD 模块的时钟显示实例电路原理图

U₁（LPC1343）的 PIO1_5～PIO1_9 引脚分别连接到 LCD1（NOIA3310）的 CLK、DIN、D/C、CS 和 RST 引脚。按键 K1～K5 分别连接到 U₁（LPC1343）的 PIO2_5～PIO2_9 引脚。

3. 程序设计

根据实例要求，设计的程序如下：

```c
#include <LPC13xx.h>
const unsigned char HZ_SHIZHONG[][32] =
{//16x16 列行、逆向、阴码  宋体    宽 16   高 16
// 时(0) 钟(1) 演(2) 示(3)
0x00,0xFC,0x84,0x84,0x84,0xFC,0x00,0x10,0x10,0x10,0x10,0x10,0xFF,0x10,0x10,0x00,
0x00,0x3F,0x10,0x10,0x10,0x3F,0x00,0x00,0x01,0x06,0x40,0x80,0x7F,0x00,0x00,0x00,//"时",0
0x20,0x10,0x2C,0xE7,0x24,0x24,0x00,0xF0,0x10,0x10,0xFF,0x10,0x10,0xF0,0x00,0x00,
0x01,0x01,0x01,0x7F,0x21,0x11,0x00,0x07,0x02,0x02,0xFF,0x02,0x02,0x07,0x00,0x00,//"钟",1
0x10,0x60,0x02,0x8C,0x00,0x0C,0xA4,0xA4,0xA5,0xE6,0xA4,0xA4,0xA4,0x0C,0x00,0x00,
0x04,0x04,0x7E,0x01,0x00,0x80,0x4F,0x2A,0x0A,0x0F,0x0A,0x2A,0x4F,0x80,0x00,0x00,//"演",2
0x40,0x40,0x42,0x42,0x42,0x42,0x42,0xC2,0x42,0x42,0x42,0x42,0x42,0x40,0x40,0x00,
0x20,0x10,0x08,0x06,0x00,0x40,0x80,0x7F,0x00,0x00,0x00,0x02,0x04,0x08,0x30,0x00,//"示",3
};
const unsigned char NUMBER_16X16[][32] =
{//16x16 列行、逆向、阴码 Microsoft Sans Serif    宽 31   高 24
0x00,0xE0,0xF8,0xFC,0x1C,0x0E,0x06,0x06,0x06,0x06,0x0E,0x1C,0xFC,0xF8,0xE0,0x00,
0x00,0x07,0x1F,0x3F,0x38,0x70,0x60,0x60,0x60,0x60,0x70,0x38,0x3F,0x1F,0x07,0x00,//"0",0
0x00,0x00,0x00,0x18,0x18,0x18,0x18,0x0C,0xFE,0xFE,0xFE,0x00,0x00,0x00,0x00,0x00,
0x00,0x00,0x00,0x00,0x00,0x00,0x00,0x00,0x7F,0x7F,0x7F,0x00,0x00,0x00,0x00,0x00,//"1",1
0x00,0x10,0x18,0x1C,0x0E,0x06,0x06,0x06,0x06,0x06,0x06,0x8E,0xFC,0x7C,0x38,0x00,
0x40,0x60,0x70,0x78,0x78,0x6C,0x64,0x66,0x62,0x63,0x61,0x61,0x60,0x60,0x60,0x00,//"2",2
0x00,0x10,0x1C,0x1C,0x0E,0x06,0x86,0x86,0x86,0x86,0xCE,0xFC,0x7C,0x38,0x00,0x00,
0x00,0x18,0x38,0x38,0x70,0x60,0x61,0x61,0x61,0x61,0x61,0x73,0x3F,0x3E,0x1C,0x00,//"3",3
0x00,0x00,0x00,0x80,0xC0,0x60,0x60,0x30,0x18,0x0C,0xFE,0xFE,0xFE,0x00,0x00,0x00,
0x0C,0x0E,0x0F,0x0D,0x0C,0x0C,0x0C,0x0C,0x0C,0x0C,0x7F,0x7F,0x7F,0x0C,0x0C,0x0C,//"4",4
```

```
    0x00,0x00,0xE0,0xFE,0xFE,0x9E,0xC6,0xC6,0xC6,0xC6,0xC6,0xC6,0x86,0x86,0x0
0,0x00,
    0x00,0x08,0x39,0x39,0x71,0x60,0x60,0x60,0x60,0x60,0x70,0x31,0x3F,0x1F,0x0
F,0x00,//"5",5
    0x00,0xE0,0xF8,0xFC,0xBC,0x8E,0xC6,0xC6,0xC6,0xC6,0xC6,0xC6,0x8C,0x8C,0x0
8,0x00,
    0x00,0x07,0x1F,0x3F,0x39,0x70,0x60,0x60,0x60,0x60,0x60,0x71,0x3F,0x1F,0x0
E,0x00,//"6",6
    0x00,0x06,0x06,0x06,0x06,0x06,0x06,0x06,0x06,0xC6,0xE6,0xFE,0x7E,0x1E,0x0
6,0x00,
    0x00,0x00,0x00,0x00,0x40,0x60,0x78,0x7E,0x1F,0x07,0x03,0x00,0x00,0x00,0x0
0,0x00,//"7",7
    0x00,0x00,0x38,0x7C,0xFC,0xCE,0xC6,0x86,0x86,0xC6,0xCE,0xFC,0x7C,0x38,0x0
0,0x00,
    0x00,0x1C,0x3E,0x3E,0x73,0x63,0x61,0x61,0x61,0x61,0x63,0x73,0x3E,0x3E,0x1
C,0x00,//"8",8
    0x00,0x70,0xF8,0xFC,0x8E,0x06,0x06,0x06,0x06,0x06,0x0E,0x9C,0xFC,0xF8,0xE
0,0x00,
    0x00,0x10,0x31,0x31,0x63,0x63,0x63,0x63,0x63,0x63,0x71,0x3D,0x3F,0x1F,0x0
7,0x00,//"9",9
    0x00,0x00,0x00,0x00,0x00,0x00,0x00,0x18,0x18,0x18,0x00,0x00,0x00,0x00,0x0
0,0x00,
    0x00,0x00,0x00,0x00,0x00,0x00,0x00,0x18,0x18,0x18,0x00,0x00,0x00,0x00,0x0
0,0x00,//":",10
    0x00,0x00,0x00,0x00,0x00,0x00,0x00,0x00,0x00,0x00,0x00,0x00,0x00,0x00,0x0
0,0x00,
    0x00,0x00,0x00,0x00,0x00,0x00,0x00,0x00,0x00,0x00,0x00,0x00,0x00,0x00,0x0
0,0x00,//" ",11
    };
    const unsigned char NUMBER_8X8[][8] =
    {// 8x8 逐列、逆向、阴码 Microsoft Sans Serif     字宽 14    字高 12
    {0x00,0x7C,0x82,0x82,0x82,0x82,0x7C,0x00,},//"0",0
    {0x00,0x00,0x04,0x04,0xFE,0x00,0x00,0x00,},//"1",1
    {0x00,0x84,0xC2,0xA2,0xA2,0x92,0x8C,0x00,},//"2",2
    {0x00,0x44,0x82,0x92,0x92,0x92,0x6C,0x00,},//"3",3
    {0x00,0x20,0x30,0x28,0x24,0xFE,0x20,0x00,},//"4",4
    {0x00,0x4E,0x8A,0x8A,0x8A,0xCA,0x72,0x00,},//"5",5
    {0x00,0x7C,0xD6,0x92,0x92,0x92,0x64,0x00,},//"6",6
    {0x00,0x02,0x82,0x42,0x32,0x0A,0x06,0x00,},//"7",7
    {0x00,0x6C,0x92,0x92,0x92,0x92,0x6C,0x00,},//"8",8
    {0x00,0x4C,0x92,0x92,0x92,0xD2,0x7C,0x00,},//"9",9
    };


    #define NOKIA5510_SCK(x)   ((x)?(LPC_GPIO1->DATA |= (1 << 9)):(LPC_GPIO1->
DATA &=~(1 << 9)))
    #define NOKIA5510_DIN(x)   ((x)?(LPC_GPIO1->DATA |= (1 << 8)):(LPC_GPIO1->
DATA &=~(1 << 8)))
    #define NOKIA5510_D_C(x)   ((x)?(LPC_GPIO1->DATA |= (1 << 7)):(LPC_GPIO1->
```

```
DATA &=~(1 << 7)))
    #define NOKIA5510_SCE(x)  ((x)?(LPC_GPIO1->DATA |= (1 << 5)):(LPC_GPIO1->
DATA &=~(1 << 5)))
    #define NOKIA5510_RST(x)  ((x)?(LPC_GPIO1->DATA |= (1 << 6)):(LPC_GPIO1->
DATA &=~(1 << 6)))
    #define COM 0
    #define DAT 1
    void NOKIA5510_Write(unsigned char d_c,unsigned char dat)
    {
      long i;
      if(0 == d_c)NOKIA5510_D_C(0);else NOKIA5510_D_C(1);
      NOKIA5510_SCE(0);
      for(i=0;i<8;i++){
          if(0 == (dat & 0x80))NOKIA5510_DIN(0);
          else NOKIA5510_DIN(1);
          NOKIA5510_SCK(0);
          NOKIA5510_SCK(1);
          dat <<= 1;
        }
      NOKIA5510_SCE(1);
    }
    void NOKIA5510_SetAddress(unsigned char x,unsigned char y)
    {
      NOKIA5510_Write(COM,y | 0x80);        //--- 设置RAM的y地址 列 ---
      NOKIA5510_Write(COM,x | 0x40);        //--- 设置RAM的x地址 行 ---
    }
    void NOKIA5510_ClearScreen(void)
    {
      long i,j;
      for(i=0;i<6;i++)                       //--- 6行、84列 ---
        for(j=0;j<84;j++)NOKIA5510_Write(DAT,0x00);
    }
    void NOKIA5510_Init(void)
    {
      NOKIA5510_Write(COM,0x21);            //--- 功能设定,使用扩充命令 ---
      NOKIA5510_Write(COM,0x99);            //--- 设定液晶电压 ---
      NOKIA5510_Write(COM,0x20);            //--- 使用基本命令 ---
      NOKIA5510_Write(COM,0x0C);            //--- 设定显示模式,反白显示 ---
      NOKIA5510_ClearScreen();
    }
    void LCDDisplay_16X16Dot(long x,long y,const unsigned char *p)
    {
      long i;
      NOKIA5510_SetAddress(x,y);
      for(i=0;i<16;i++)NOKIA5510_Write(DAT,*p++);
      NOKIA5510_SetAddress(x + 1,y);
      for(i=0;i<16;i++)NOKIA5510_Write(DAT,*p++);
    }
```

```c
void LCDDisplay_8X8Dot(long x,long y,const unsigned char *p)
{
  long i;
  NOKIA5510_SetAddress(x,y);
  for(i=0;i<8;i++)NOKIA5510_Write(DAT,*p++);
}
long Hour,Minute,Second,sFlag,hsFlag,RunStatus = 1;
long msCnt;
void SysTick_Handler(void)                //--- 节拍定时器(SysTick)中断函数 ---
{
  if(++msCnt >= 50){
      if(0 == (msCnt % 25))sFlag = 1;
      msCnt = 0;
      if(0 != RunStatus){
          if(++Second >= 60){
             Second = 0;
              if(++Minute >= 60){
                 Minute = 0;
                 if(++Hour >= 24)Hour = 0;
              }
          }
      }
   }
}
#define   K1  (LPC_GPIO2->DATA & (1 << 5))
#define   K2  (LPC_GPIO2->DATA & (1 << 6))
#define   K3  (LPC_GPIO2->DATA & (1 << 7))
#define   K4  (LPC_GPIO2->DATA & (1 << 8))
#define   K5  (LPC_GPIO2->DATA & (1 << 9))
long K1_Cnt,K2_Cnt,K3_Cnt,K4_Cnt,K5_Cnt;
int main (void)
{
  long i;
  SystemCoreClockUpdate();
  SysTick_Config(SystemCoreClock / 1000);      //--- 初始化 SysTick 定时 1ms ---
  LPC_GPIO1->DIR |= (0x1F << 5);
  NOKIA5510_RST(0);
  for(i=0;i<600;i++);
  NOKIA5510_RST(1);
  NOKIA5510_Init();
  LCDDisplay_16X16Dot(0,10 + 16 * 0,&HZ_SHIZHONG[0][0]);
  LCDDisplay_16X16Dot(0,10 + 16 * 1,&HZ_SHIZHONG[1][0]);
  LCDDisplay_16X16Dot(0,10 + 16 * 2,&HZ_SHIZHONG[2][0]);
  LCDDisplay_16X16Dot(0,10 + 16 * 3,&HZ_SHIZHONG[3][0]);
  LCDDisplay_16X16Dot(3,2 + 16 * 0,&NUMBER_16X16[0][0]);
  LCDDisplay_16X16Dot(3,2 + 16 * 1,&NUMBER_16X16[0][0]);
  LCDDisplay_16X16Dot(3,2 + 16 * 2,&NUMBER_16X16[11][0]);
  LCDDisplay_16X16Dot(3,2 + 16 * 3,&NUMBER_16X16[0][0]);
```

```
LCDDisplay_16X16Dot(3,2 + 16 * 4,&NUMBER_16X16[0][0]);
LCDDisplay_8X8Dot(0x05,0x40,&NUMBER_8X8[0][0]);
LCDDisplay_8X8Dot(0x05,0x48,&NUMBER_8X8[0][0]);
while(1)
  {
    if(0 != sFlag)
      {
        sFlag = 0;
        LCDDisplay_16X16Dot(3,2 + 16 * 0,&NUMBER_16X16[Hour / 10][0]);
        LCDDisplay_16X16Dot(3,2 + 16 * 1,&NUMBER_16X16[Hour % 10][0]);
        if(hsFlag)LCDDisplay_16X16Dot(3,2 + 16 * 2,&NUMBER_16X16[10][0]);
        else LCDDisplay_16X16Dot(3,2 + 16 * 2,&NUMBER_16X16[11][0]);
        if(hsFlag)hsFlag = 0;
        else hsFlag = 1;
        LCDDisplay_16X16Dot(3,2 + 16 * 3,&NUMBER_16X16[Minute / 10][0]);
        LCDDisplay_16X16Dot(3,2 + 16 * 4,&NUMBER_16X16[Minute % 10][0]);
        LCDDisplay_8X8Dot(5,64,&NUMBER_8X8[Second / 10][0]);
        LCDDisplay_8X8Dot(5,72,&NUMBER_8X8[Second % 10][0]);
      }
    if((0 == K1) && (99999999 != K1_Cnt) && (++K1_Cnt > 10))
                                                //--- K1 运行/暂停按键 ---
      {
        if(0 == K1){
            K1_Cnt = 99999999;
            if(0 == RunStatus)RunStatus = 1;
            else RunStatus = 0;
          }
      }
    else K1_Cnt = 0;
      if((0 == K2) && (99999999 != K2_Cnt) && (++K2_Cnt > 10))
                                                //--- K2 复位键 按键 ---
      {
        if(0 == K2){
            K2_Cnt = 99999999;
            Hour = Minute = Second = sFlag = hsFlag = 0;
            LCDDisplay_16X16Dot(3,2 + 16 * 0,&NUMBER_16X16[0][0]);
            LCDDisplay_16X16Dot(3,2 + 16 * 1,&NUMBER_16X16[0][0]);
            LCDDisplay_16X16Dot(3,2 + 16 * 2,&NUMBER_16X16[11][0]);
            LCDDisplay_16X16Dot(3,2 + 16 * 3,&NUMBER_16X16[0][0]);
            LCDDisplay_16X16Dot(3,2 + 16 * 4,&NUMBER_16X16[0][0]);
            LCDDisplay_8X8Dot(0x05,0x40,&NUMBER_8X8[0][0]);
            LCDDisplay_8X8Dot(0x05,0x48,&NUMBER_8X8[0][0]);
          }
      }
    else K2_Cnt = 0;
    if((0 == K3) && (99999999 != K3_Cnt) && (++K3_Cnt > 10))
                                                //--- K3 时调整 按键 ---
      {
        if(0 == K3){
```

228

```
        K3_Cnt = 99999999;
        if(++Hour >= 24)Hour = 0;
        LCDDisplay_16X16Dot(3,2 + 16 * 0,&NUMBER_16X16[Hour / 10][0]);
        LCDDisplay_16X16Dot(3,2 + 16 * 1,&NUMBER_16X16[Hour % 10][0]);
      }
    }
    else if(0 != K3)K3_Cnt = 0;
    if((0 == K4) && (99999999 != K4_Cnt) && (++K4_Cnt > 10))
                                        //--- K4 分调整按键 ---
    {
      if(0 == K4){
        K4_Cnt = 99999999;
        if(++Minute >= 60)Minute = 0;
        LCDDisplay_16X16Dot(3,2 + 16 * 3,&NUMBER_16X16[Minute / 10][0]);
        LCDDisplay_16X16Dot(3,2 + 16 * 4,&NUMBER_16X16[Minute % 10][0]);
      }
    }
    else if(0 != K4)K4_Cnt = 0;
    if((0 == K5) && (99999999 != K5_Cnt) && (++K5_Cnt > 10))
                                        //--- K5 秒调整按键 ---
    {
      if(0 == K5){
        K5_Cnt = 99999999;
        if(++Second >= 60)Second = 0;
        LCDDisplay_8X8Dot(5,64,&NUMBER_8X8[Second / 10][0]);
        LCDDisplay_8X8Dot(5,72,&NUMBER_8X8[Second % 10][0]);
      }
    }
    else if(0 != K5)K5_Cnt = 0;
  }
}
```

4．小结

本实例展示了 LPC1343 如何驱动 NOKIA5510 图形 LCD 模块显示汉字和不同大小的字符的编程应用方法。程序中主要涉及内容如下：

（1）通过 NOKIA5510_Write 函数实现 NOKIA5510 的硬件时序模拟。

（2）通过字模软件产生 16×16 点阵和 8×8 点阵的数字 0～9 点阵数据。

（3）通过 NOKIA5510_Init 函数实现 NOKIA5510 的初始化。

（4）LCDDisplay_16×16Dot 函数实现 LCD 上显示 16×16 点阵汉字或 16×16 点阵的数字 0～9 的显示。

（5）LCDDisplay_8×8Dot 函数实现 LCD 上显示 8×8 点阵的数字 0～9 的显示。

2.10　基于 SHT11 的环境温湿度测量实例

1．项目要求

利用 LPC1343 和 SHT11 温湿度传感器实现环境温度和湿度的测量，并通过 LCD 字符液晶显示。

2. 硬件电路

硬件电路原理图如图 2-10 所示。

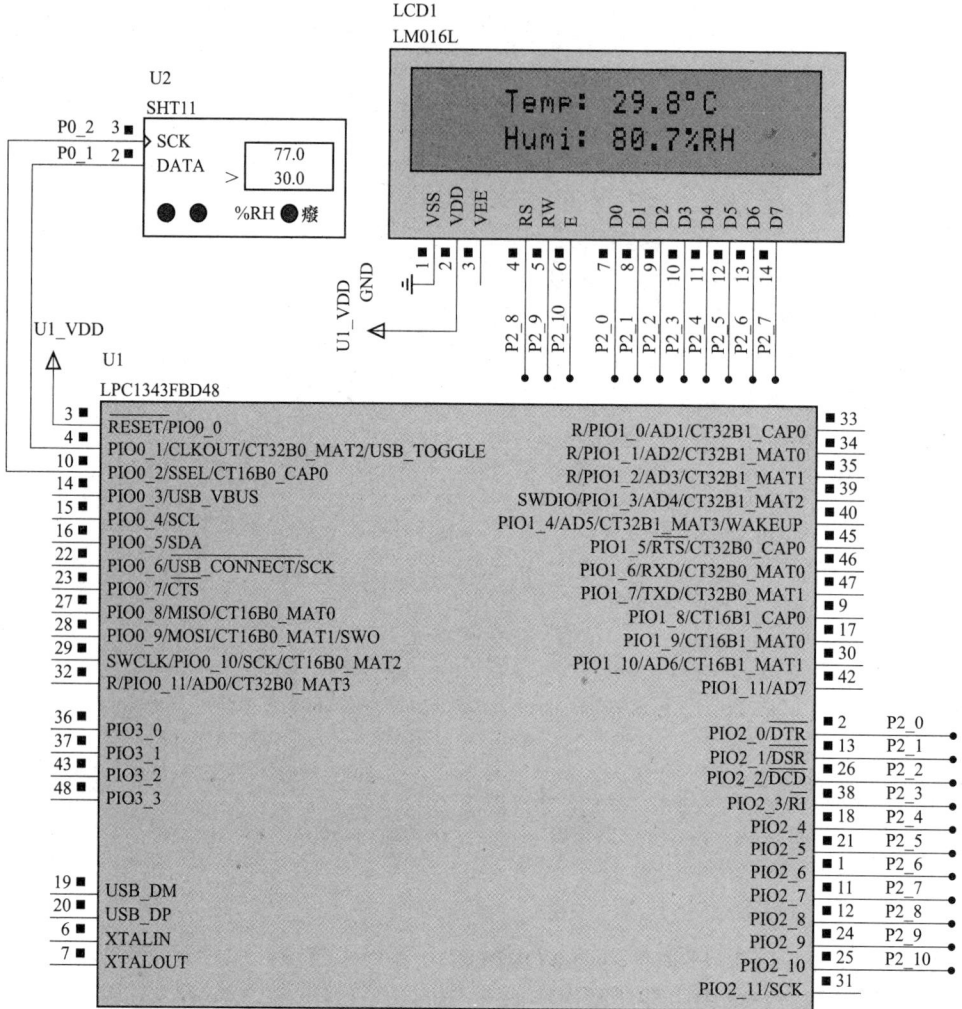

图 2-10　基于 SHT11 的环境温湿度测量实例电路原理图

U$_1$（LPC1343）的 PIO2_0～PIO2_10 引脚连接到 LCD1 的 D$_0$～D$_7$、RS、RW、E 引脚。U$_2$（SHT11）的 SCK 和 DATA 引脚连接到 PIO0_1 和 PIO0_2 引脚。

3. 程序设计

根据实例要求，设计的程序如下：

```
#include <LPC13xx.h>
//--- 1602 LCD 驱动程序段 ---
#define  LCD_RS(x)  ((x)?(LPC_GPIO2->DATA |= (1 << 8)):(LPC_GPIO2->DATA
&=~(1 << 8)))
#define  LCD_RW(x)  ((x)?(LPC_GPIO2->DATA |= (1 << 9)):(LPC_GPIO2->DATA
&=~(1 << 9)))
```

```
    #define   LCD_EN(x)    ((x)?(LPC_GPIO2->DATA |= (1 << 10)):(LPC_GPIO2->DATA
&=~(1 << 10)))
    #define   LCD_PORT(x) LPC_GPIO2->DATA = (LPC_GPIO2->DATA & (~(0xFF << 0)))
| (x << 0)
    #define   COM 0
    #define   DAT 1
    void DelaymS(long t)
    {
      t *= 6000;
      while(t--);
    }
    void LCD_Write(unsigned char rs,unsigned char dat)
    {
      long i;
      for(i=0;i<600;i++);
      if(0 == rs)LCD_RS(0);else LCD_RS(1);
      LCD_RW(0);
      LCD_EN(1);
      LCD_PORT(dat);
      LCD_EN(0);
    }
    void LCD_Clear(void)
    {
      LCD_Write(COM,0x01);
      DelaymS(10);
    }
    void LCD_Write_Char(unsigned char x,unsigned char y,unsigned char Data)
    {
      if (0 == x)LCD_Write(COM,0x80 + y);else LCD_Write(COM,0xC0 + y);
      LCD_Write(DAT,Data);
    }
    void LCD_Write_String(unsigned char x,unsigned char y,unsigned char *s)
    {
      if(0 == x)LCD_Write(COM,0x80 + y);else LCD_Write(COM,0xC0 + y);
      while (*s)LCD_Write(DAT,*s++);
    }
    void LCD_Init(void)
    {
      LCD_Write(COM,0x38);                 //--- 显示模式设置 ---
      LCD_Write(COM,0x38);
      LCD_Write(COM,0x08);                 //--- 显示关闭 ---
      LCD_Write(COM,0x01);                 //--- 显示清屏 ---
      DelaymS(5);
      LCD_Write(COM,0x06);                 //--- 显示光标移动设置 ---
      LCD_Write(COM,0x0C);                 //--- 显示开及光标设置 ---
    }
    //--- SHT11 驱动程序段 ---
    #define SCL(x)      ((x)?(LPC_GPIO0->DATA |= (1 << 2)):(LPC_GPIO0->DATA &=~
(1 << 2)))
    #define SDA(x)      ((x)?(LPC_GPIO0->DATA |= (1 << 1)):(LPC_GPIO0->DATA &=~
```

```
(1 << 1)))
    #define SDA_PIN    (LPC_GPIO0->DATA & (1 << 1))
    #define SDA_DIR(x) ((x)?(LPC_GPIO0->DIR |= (1 << 1)):(LPC_GPIO0->DIR &=~
(1 << 1)))
    #define noACK 0              //继续传输数据,用于判断是否结束通讯
    #define ACK   1              //结束数据传输;
    #define STATUS_REG_W 0x06    //000   0011   0
    #define STATUS_REG_R 0x07    //000   0011   1
    #define MEASURE_TEMP 0x03    //000   0001   1
    #define MEASURE_HUMI 0x05    //000   0010   1
    #define RESET        0x1e    //000   1111   0
    void IIC_Delay(void)
    {
      long i;
      for(i=0;i<1;i++);
    }
    unsigned char s_write_byte(unsigned char value)    //--- 字节写函数 ---
    {
      unsigned char i,error = 0;
      SDA_DIR(1);
      for(i=0;i<8;i++)
        {
          if(value & 0x80)SDA(1);else SDA(0);
          value <<= 1;
          SCL(1);IIC_Delay();
          SCL(0);IIC_Delay();
        }
      SDA_DIR(0);
      SCL(1);IIC_Delay();
      error = SDA_PIN;
      SCL(0);IIC_Delay();
      SDA_DIR(0);
      return error;
    }
    unsigned char s_read_byte(unsigned char ack)            //--- 字节读函数 ---
    {
      long i,val = 0;
      SDA_DIR(0);
      for(i=0;i<8;i++)
        {
          val <<= 1;
          SCL(1);IIC_Delay();
          if(SDA_PIN)val |= 0x01;else val &= 0xFE;
          SCL(0);IIC_Delay();
        }
      SDA_DIR(1);
      if(0 == ack)SDA(1);else SDA(0);
      SCL(1);IIC_Delay();
      SCL(0);IIC_Delay();
      SDA_DIR(0);
```

```
    return val;
}
void s_transstart(void)                    //--- 启动传输 ---
{
  SDA_DIR(1);
  SDA(1);SCL(0);
  SCL(1);IIC_Delay();
  SDA(0);
  SCL(0);IIC_Delay();
  SCL(1);IIC_Delay();
  SDA(1);
  SCL(0);IIC_Delay();
  SDA_DIR(0);
}
void s_connectionreset(void)               //--- 连接复位 ---
{
  long i;
  SDA_DIR(1);
  SDA(1);SCL(0);
  for(i=0;i<9;i++)    //--- DATA 保持高,SCK 时钟触发 9 次,发送启动传输,通迅即复位 ---
    {
      SCL(1);IIC_Delay();
      SCL(0);IIC_Delay();
    }
  s_transstart();                          //--- 启动传输 ---
  SDA_DIR(0);
}
unsigned char s_softreset(void)            //--- 软复位程序 ---
{
  unsigned char error = 0;
  s_connectionreset();                     //--- 启动连接复位 ---
  error += s_write_byte(RESET);            //--- 发送复位命令 ---
  return error;
}
enum {TEMP,HUMI};
unsigned char s_measure(unsigned char *p_value,
                  unsigned char *p_checksum,
                  unsigned char mode)//--- mode 决定转换内容 ---
{
  unsigned char error = 0;
  long i;
  s_transstart();                          //--- 启动传输 ---
  switch(mode)                             //--- 选择发送命令 ---
    {
      case TEMP:                           //--- 测量温度 ---
        error += s_write_byte(MEASURE_TEMP);
        break;
      case HUMI:                           //--- 测量湿度 ---
        error += s_write_byte(MEASURE_HUMI);
        break;
```

```
          default:
            break;
        }
    SDA_DIR(0);                          //--- SDA 引脚置为输入 ---
    for(i=0;i<600000;i++)
        {
          if(0 == SDA_PIN)break;         //--- 等待测量结束 ---
        }
    if(SDA_PIN)error += 1;               //--- 如果长时间数据线没有拉低,说明测量错误 ---
    *(p_value + 1) = s_read_byte(ACK);   //--- 读第一个字节,高字节 (MSB) ---
    *(p_value + 0) = s_read_byte(ACK);   //--- 读第二个字节,低字节 (LSB) ---
    *p_checksum = s_read_byte(noACK);    //--- read CRC 校验码 ---
    return error;
}
void calc_sth10(float *p_humidity ,
              float *p_temperature)      //--- 温湿度值标度变换及温度补偿 ---
{
    const float C1 = -4.0;               //--- 12 位湿度精度 修正公式 ---
    const float C2 = +0.0405;            //--- 12 位湿度精度 修正公式 ---
    const float C3 = -0.0000028;         //--- 12 位湿度精度 修正公式 ---
    const float T1 = +0.01;              //--- 14 位温度精度 5V 条件  修正公式 ---
    const float T2 = +0.00008;           //--- 14 位温度精度 5V 条件  修正公式 ---
    float rh = *p_humidity;              //--- rh:     12 位 湿度 ---
    float t = *p_temperature;            //--- t:      14 位 温度 ---
    float rh_lin;                        //--- rh_lin: 湿度 linear 值 ---
    float rh_true;                       //--- rh_true: 湿度 ture 值 ---
    float t_C;                           //--- t_C  : 温度 ℃ ---
    t_C = t * 0.01 - 40;                 //--- 补偿温度 ---
    rh_lin = C3 * rh * rh + C2 * rh + C1; //---相对湿度非线性补偿 ---
    rh_true = (t_C - 25) * (T1 + T2 * rh) + rh_lin;
                                         //--- 相对湿度对于温度依赖性补偿 ---
    if(rh_true > 100)rh_true = 100;      //--- 湿度最大修正 ---
    if(rh_true < 0.1)rh_true = 0.1;      //--- 湿度最小修正 ---
    *p_temperature=t_C;                  //--- 返回温度结果 ---
    *p_humidity=rh_true;                 //--- 返回湿度结果 ---
}
typedef union                            //--- 定义共同类型 ---
{
    unsigned short i;     //--- i 表示测量得到的温湿度数据(int 形式保存的数据) ---
    float f;              //--- f 表示测量得到的温湿度数据(float 形式保存的数据) ---
}VALUE;
VALUE humi_val,temp_val;
unsigned char TEMP1[7];                  //--- 用于记录温度 ---
unsigned char HUMI1[6];                  //--- 用于记录湿度 ---
long temp,humi;
unsigned char str1[] = {"Temp:      C"};
unsigned char str2[] = {"Humi:     %RH"};
int main (void)
{
    long i;
```

```
unsigned char error,checksum;
LPC_GPIO2->DIR = 0x7FF;
LPC_GPIO0->DIR = (1 << 2);
LCD_Init();
LCD_Write_String(0,1,str1);
LCD_Write_String(1,1,str2);
s_connectionreset();                        //--- 启动连接复位 ---
while(1)
  {
    error = 0;
    error += s_measure((unsigned char*)&temp_val.i,&checksum,TEMP);
                                            //--- 温度测量 ---
    error += s_measure((unsigned char*)&humi_val.i,&checksum,HUMI);
                                            //--- 湿度测量 ---
    if(0 != error) s_connectionreset();     //--- 如果发生错误,系统复位 ---
    else
      {
        humi_val.f = (float)humi_val.i;     //转换为浮点数
        temp_val.f = (float)temp_val.i;     //转换为浮点数
        calc_sth10(&humi_val.f,&temp_val.f); //--- 修正相对湿度及温度 ---
        temp = temp_val.f * 10;
        humi = humi_val.f * 10;
        TEMP1[0] = temp / 1000+'0';
        if(TEMP1[0] == 0x30)TEMP1[0]=0x20;
        TEMP1[1] = temp % 1000 / 100 + '0';
        if(TEMP1[1] == 0x30 && TEMP1[0] != 0x30)TEMP1[1] = 0x20;
        TEMP1[2] = temp % 100 / 10 + '0';
        TEMP1[3] = 0x2e;
        TEMP1[4] = temp % 10 + '0';
        TEMP1[5] = 0xdf;
        for(i=0;i<6;i++)str1[i + 5] = TEMP1[i];
        HUMI1[0] = humi / 1000 + '0';
        if(HUMI1[0] == 0x30)HUMI1[0] = 0x20;
        HUMI1[1] = humi % 1000 / 100 + '0';
        if(HUMI1[1]==0x30 && HUMI1[0]!=0x30) HUMI1[1] = 0X20;
        HUMI1[2] = humi % 100 / 10 + '0';
        HUMI1[3] = 0x2E;
        HUMI1[4] = humi % 10 + '0';
        for(i=0;i<5;i++)str2[i + 5] = HUMI1[i];
        LCD_Write_String(0,1,str1);
        LCD_Write_String(1,1,str2);
      }
  }
}
```

4. 小结

本实例展示了 LPC1343 如何通过 GPIO 引脚读取 SHT11 温湿度传感器的数字量,并将数字量转换为对应的温度和湿度数据在 LCD 显示屏上显示。程序中涉及的主要内容如下:

(1) LCD 液晶模块的写命令、写数据操作的时序模拟和 LCD 初始化功能。

（2）GPIO 引脚模拟 I^2C 时序。

（3）通过 s_measure 函数实现的功能是：向 SHT11 写入不同的命令来启动 SHT11 的测量工作，等待 1s 后，读取 SHT11 的数字量；再通过 calc_sth10 函数对测量的数字量进行修正并返回修正后的结果。

2.11 基于 DS18B20 的数字温度测量实例

1．项目要求

LPC1343 的 PIO1_11 引脚外接一个数字温度传感器 DS18B20 的 DQ 引脚，将测量到的温度值在 4 位共阴 LED 数码管上显示。

2．硬件电路

硬件电路原理图如图 2-11 所示。

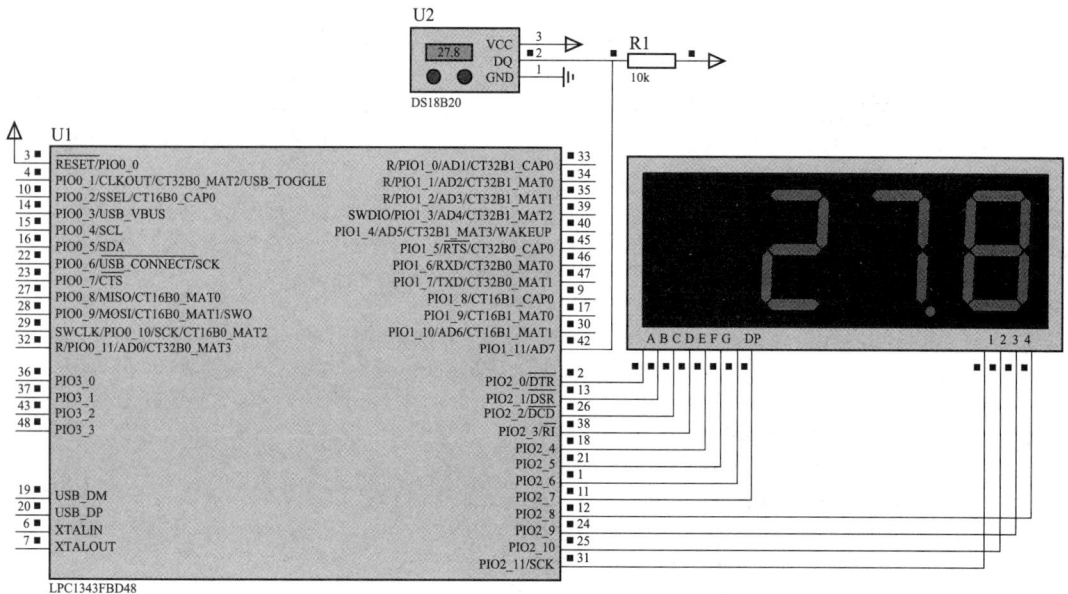

图 2-11 基于 DS18B20 的数字温度测量实例电路原理图

U₁（LPC1343）的 PIO2_0～PIO2_11 引脚连接到 4 位共阴 LED 数码管的 A～H 笔段引脚和"1234"的位选通段引脚，PIO1_11 引脚连接到 U₂（DS18B20）的 DQ 引脚上，R₁ 为外接上拉电阻。

3．程序设计

根据实例要求，设计的程序如下：

```
#include <LPC13xx.h>
void DQ_Delay(int t)              //--- us 延时函数,T = (t + 1) / 2 ---
{
  t *= 6;
  while(t--);
}
//--- DS18B20 驱动程序 ---
```

```c
#define DQ_DIR(x)  ((x)?(LPC_GPIO1->DIR |= (1 << 11)):(LPC_GPIO1->DIR &=~
(1 << 11)))
#define DQ(x)      ((x)?(LPC_GPIO1->DATA |= (1 << 11)):(LPC_GPIO1->DATA &=~
(1 << 11)))
#define DQ_PIN    (LPC_GPIO1->DATA & (1 << 11))
char Init_DS18B20(void)
{
    char flag;//--- 储存 DS18B20 是否存在的标志,flag=0,表示存在,flag=1,表示不存在 ---
    DQ_DIR(0);
    DQ_Delay(10);            //--- 略微延时约 5us ---
    DQ_DIR(1);
    DQ(0);                   //--- 再将数据线从高拉低,要求保持 480~960us ---
    DQ_Delay(1000);          //--- 延时约 500us ---
    DQ_DIR(0);
    DQ_Delay(60); //--- 延时约 30us(释放总线后需等待 15~60us 让 DS18B20 输出存在脉冲) ---
    flag = DQ_PIN;           //--- 让单片机检测是否输出了存在脉冲(DQ=0 表示存在) ---
    DQ_Delay(600);           //--- 延时 300us,等待存在脉冲输出完毕 ---
    return (flag);           //--- 返回检测成功标志 ---
}
unsigned char ReadOneChar(void)
{
    int i;
    unsigned char dat = 0;
    for(i=0;i<8;i++)
      {
        DQ_DIR(1);           //--- DQ 置输出 ---
        DQ(0);               //--- DQ 拉低 ---
        DQ_Delay(10);        //--- 延时 5us 左右 ---
        DQ_DIR(0);           //--- DQ 置输入 ---
        DQ_Delay(50);        //--- 延时 25us 左右 ---
        dat >>= 1;
        if(DQ_PIN)dat |=0x80;//--- 读取 DQ 的状态 ---
        else dat |= 0x00;
        DQ_Delay(60);        //--- 延时 30us 左右 ---
      }
    return(dat);
}
void WriteOneChar(unsigned char dat)
{
    int i;
    for(i=0;i<8;i++)
      {
        DQ_DIR(1);           //--- DQ 置输出 ---
        DQ(0);               //--- DQ 拉低 ---
        DQ_Delay(10);        //--- 延时 5us 左右 ---
        if(dat & 0x01)DQ(1); //--- 位状态写到 DQ 线上 ---
        else DQ(0);
        DQ_Delay(110);       //--- 延时 55us 左右 ---
        DQ_DIR(0);           //--- DQ 置输入 ---
```

```
        dat >>= 1;
    }
}
const unsigned char LEDSEG[] =
{
  0x3F,0x06,0x5B,0x4F,0x66,0x6D,0x7D,0x07,0x7F,0x6F,
                                              //--- 数字 0~9 的笔段码 ---
  0x77,0x7C,0x39,0x5E,0x79,0x71,0x00,0x40       //--- 字母 AbCdEF ---
};
const unsigned char LEDDIG[] = {0xFE,0xFD,0xFB,0xF7,};
unsigned char LEDBuffer[4] = {0,0,0,16};
unsigned char LEDPointer;
int msCnt,sCnt;
int main (void)
{
  unsigned short temp;
  unsigned char nFlag;
  unsigned char TL;                            //--- 储存暂存器的温度低位 ---
  unsigned char TH;                            //--- 储存暂存器的温度高位 ---
  float f;
  int i,m;
  LPC_GPIO2->DIR = 0xFFF;
  while(1)
    {
      if(++msCnt >= 200)
        {
          msCnt = 0;
          LPC_GPIO2->DATA = (LEDDIG[LEDPointer] << 8) | LEDSEG[LEDBuffer[LEDPointer]];
          if(1 == LEDPointer)LPC_GPIO2->DATA |= 0x80;
          if(++LEDPointer >= sizeof(LEDBuffer))LEDPointer = 0;
        }
      sCnt ++;
      if(50000 == sCnt)
        {
          while(0 != Init_DS18B20());          //--- 将 DS18B20 初始化 ---
          WriteOneChar(0xCC);                  //--- 跳过读序号列号的操作 ---
          WriteOneChar(0x44);                  //--- 启动温度转换 ---
        }
      if(500000 == sCnt)
        {
          sCnt = 0;
          while(0 != Init_DS18B20());          //--- 将 DS18B20 初始化 ---
          WriteOneChar(0xCC);                  //--- 跳过读序号列号的操作 ---
          WriteOneChar(0xBE); //--- 读取温度寄存器,前两个分别是温度的低位和高位 ---
          TL = ReadOneChar();                  //--- 先读的是温度值低位 ---
          TH = ReadOneChar();                  //--- 接着读的是温度值高位 ---
          temp = (TH << 8) | TL;
          nFlag = 0;
          if(temp & 0x8000)
```

```
    {
      temp = ~temp;
      temp ++;
      nFlag = 1;
    }
    f = (float)temp;                        //--- 整数值转换为小数值 ---
    //--- 计算整数部分,并将整数部分数值送显示缓冲区 ---
    f /= 16;
    m = (int)f;
    for(i=0;i<sizeof(LEDBuffer);i++)LEDBuffer[i] = 16;
    i = 1;
    while(m)
      {
      LEDBuffer[i] = m % 10;
      m /= 10;
      i++;
      }
    if(0 != nFlag)LEDBuffer[i] = 17;        //--- 显示负号 ---
    //--- 计算小数部分,并将小数部分数值送显示缓冲区 ---
    f -= m;
    f *= 10;
    m = (int)f;
    LEDBuffer[0] = m % 10;
    }
  }
}
```

4. 小结

本实例展示了如何利用 LPC1343 读取 DS18B20 的数字温度传感器的温度数值。根据 DS18B20 的数据手册要求，读取 DS18B20 的温度数值时要按以下步骤实现：

（1）向 DS18B20 发送复位时序，该时序由 Init_DS18B20()函数实现。

（2）向 DS18B20 发送 0xCC 和 0x44 命令启动 DS18B20 测温开始。

（3）经过 0.1～1s 之后。

（4）向 DS18B20 发送 0xCC 和 0xBE 命令读取 DS18B20 温度数值。

向 DS18B20 写操作和读操作时序必须满足 DS18B20 的时序操作要求，程序中通过 WriteOneChar()函数和 ReadOneChar()函数来实现对 DS18B20 的写操作和读操作。

2.12　基于 DS1302 的 RTC 时钟实例

1. 项目要求

利用 LPC1343 微控制器和 DS1302 实时时钟芯片实现一个日历功能，并通过 LCD 液晶显示日期和时间。

2. 硬件电路

硬件电路原理图如图 2-12 所示。

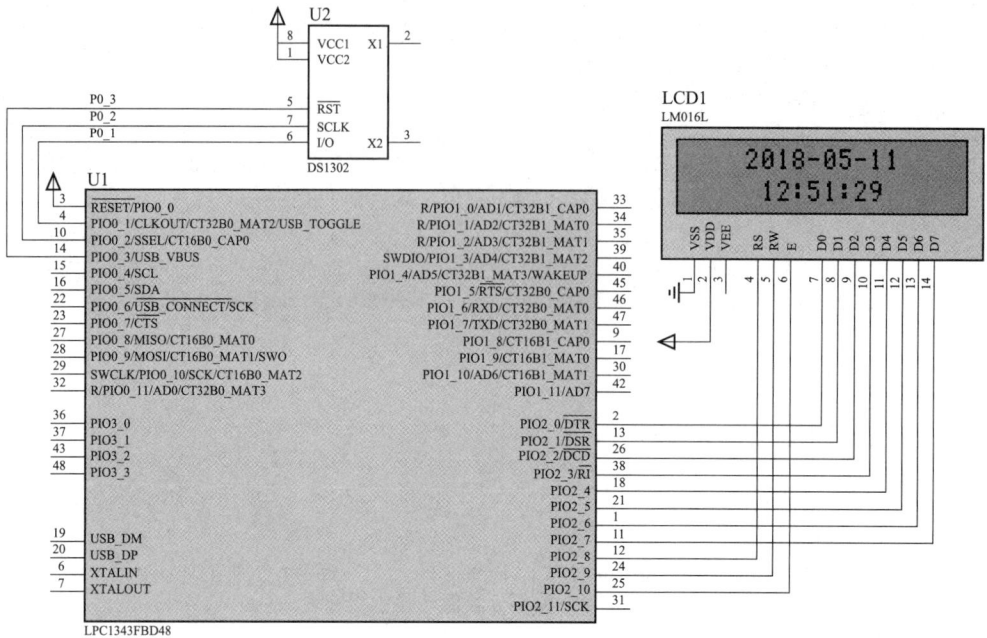

图 2-12　基于 DS1302 的 RTC 时钟实例电路原理图

　　U₁（LPC1343）的 PIO2_0～PIO2_10 引脚连接到 LCD1 的 D₀～D₇、RS、RW 和 E 引脚，U₁（LPC1343）的 PIO0_1～PIO0_3 分别连接到 U₂（DS1302）的 RST、SCLK 和 I/O 引脚。

3. 程序设计

根据实例要求，设计的程序如下：

```c
#include <LPC13xx.h>
//--- 1602 LCD 驱动程序段 ---
#define   LCD_RS(x)((x)?(LPC_GPIO2->DATA |= (1 << 8)):(LPC_GPIO2->DATA &=~(1 << 8)))
#define   LCD_RW(x)((x)?(LPC_GPIO2->DATA |= (1 << 9)):(LPC_GPIO2->DATA &=~(1 << 9)))
#define   LCD_EN(x)((x)?(LPC_GPIO2->DATA |= (1 << 10)):(LPC_GPIO2->DATA &=~(1 << 10)))
#define   LCD_PORT(x) LPC_GPIO2->DATA = (LPC_GPIO2->DATA & (~(0xFF << 0))) | (x << 0)
#define   COM 0
#define   DAT 1
void DelaymS(long t)
{
  t *= 6000;
  while(t--);
}
void LCD_Write(unsigned char rs,unsigned char dat)
{
  long i;
  for(i=0;i<600;i++);
  if(0 == rs)LCD_RS(0);
  else LCD_RS(1);
  LCD_RW(0);
  LCD_EN(1);
```

```
    LCD_PORT(dat);
    LCD_EN(0);
}
void LCD_Clear(void)
{
    LCD_Write(COM,0x01);
    DelaymS(10);
}
void LCD_Write_Char(unsigned char x,unsigned char y,unsigned char Data)
{
    if (0 == x)LCD_Write(COM,0x80 + y);
    else LCD_Write(COM,0xC0 + y);
    LCD_Write(DAT,Data);
}
void LCD_Write_String(unsigned char x,unsigned char y,unsigned char *s)
{
    if(0 == x)LCD_Write(COM,0x80 + y);              //--- 表示第一行 ---
    else LCD_Write(COM,0xC0 + y);                   //--- 表示第二行 ---
    while (*s)LCD_Write(DAT,*s++);
}
void LCD_Init(void)
{
    LCD_Write(COM,0x38);                            //--- 显示模式设置 ---
    DelaymS(5);
    LCD_Write(COM,0x38);
    DelaymS(5);
    LCD_Write(COM,0x38);
    DelaymS(5);
    LCD_Write(COM,0x38);
    LCD_Write(COM,0x08);                            //--- 显示关闭 ---
    LCD_Write(COM,0x01);                            //--- 显示清屏 ---
    LCD_Write(COM,0x06);                            //--- 显示光标移动设置 ---
    DelaymS(5);
    LCD_Write(COM,0x0C);                            //--- 显示开及光标设置 ---
}
//--- DS1302 驱动程序 ---
#define ds1302_sec_add          0x80               //秒数据地址
#define ds1302_min_add          0x82               //分数据地址
#define ds1302_hr_add           0x84               //时数据地址
#define ds1302_date_add         0x86               //日数据地址
#define ds1302_month_add        0x88               //月数据地址
#define ds1302_day_add          0x8a               //星期数据地址
#define ds1302_year_add         0x8c               //年数据地址
#define ds1302_control_add      0x8e               //控制数据地址
#define ds1302_charger_add      0x90
#define ds1302_clkburst_add     0xbe
#define RST_DIR(x) ((x)?(LPC_GPIO0->DIR |= (1 << 3)):(LPC_GPIO0->DIR &=~(1 << 3)))
#define RST(x) ((x)?(LPC_GPIO0->DATA |= (1 << 3)):(LPC_GPIO0->DATA &=~(1 << 3)))
```

```
#define SCK_DIR(x) ((x)?(LPC_GPIO0->DIR |= (1 << 2)):(LPC_GPIO0->DIR &=~(1 << 2)))
#define SCK(x) ((x)?(LPC_GPIO0->DATA |= (1 << 2)):(LPC_GPIO0->DATA &=~(1 << 2)))
#define DIO_DIR(x) ((x)?(LPC_GPIO0->DIR |= (1 << 1)):(LPC_GPIO0->DIR &=~(1 << 1)))
#define DIO(x) ((x)?(LPC_GPIO0->DATA |= (1 << 1)):(LPC_GPIO0->DATA &=~(1 << 1)))
#define DIO_PIN    (LPC_GPIO0->DATA & (1 << 1))
void Ds1302_Write_Byte(unsigned char addr, unsigned char d)
{
  long i;
  RST(1);
  addr = addr & 0xFE;
  DIO_DIR(1);
  for(i=0;i<8;i++)
    {
      if(addr & 0x01)DIO(1);else DIO(0);
      SCK(1);SCK(0);
      addr >>= 1;
    }
  for(i=0;i<8;i++)
    {
      if (d & 0x01)DIO(1);else DIO(0);
      SCK(1);SCK(0);
      d >>= 1;
    }
  RST(0);
  DIO_DIR(0);
}
unsigned char Ds1302_Read_Byte(unsigned char addr)
{
  long i;
  unsigned char temp = 0;
  RST(1);
  addr = addr | 0x01;
  DIO_DIR(1);
  for(i=0;i<8;i++)
    {
      if(addr & 0x01)DIO(1);else DIO(0);
      SCK(1);SCK(0);
      addr >>= 1;
    }
  DIO_DIR(0);
  for(i=0;i<8;i++)
    {
      temp >>= 1;
      SCK(1);
      if (DIO_PIN)temp |= 0x80;else temp &= 0x7F;
      SCK(0);
    }
  RST(0);
```

```
  DIO_DIR(0);
  return temp;
}
typedef struct
{
  unsigned char Year;
  unsigned char Month;
  unsigned char Day;
  unsigned char Week;
  unsigned char Hour;
  unsigned char Minute;
  unsigned char Second;
}DATE_TIME_STRUCT;
void Ds1302_Write_Time(DATE_TIME_STRUCT *pDateTime)
{
  Ds1302_Write_Byte(ds1302_control_add,0x00);             //关闭写保护
  Ds1302_Write_Byte(ds1302_sec_add,0x80);                 //暂停
  //Ds1302_Write_Byte(ds1302_charger_add,0xa9);           //涓流充电
  Ds1302_Write_Byte(ds1302_year_add,pDateTime->Year);     //年
  Ds1302_Write_Byte(ds1302_month_add,pDateTime->Month);   //月
  Ds1302_Write_Byte(ds1302_date_add,pDateTime->Day);      //日
  Ds1302_Write_Byte(ds1302_day_add,pDateTime->Week);      //周
  Ds1302_Write_Byte(ds1302_hr_add,pDateTime->Hour);       //时
  Ds1302_Write_Byte(ds1302_min_add,pDateTime->Minute);    //分
  Ds1302_Write_Byte(ds1302_sec_add,pDateTime->Second);    //秒
  Ds1302_Write_Byte(ds1302_day_add,pDateTime->Week);      //周
  Ds1302_Write_Byte(ds1302_control_add,0x80);             //打开写保护
}
void Ds1302_Read_Time(DATE_TIME_STRUCT *pDateTime)
{
  pDateTime->Year = Ds1302_Read_Byte(ds1302_year_add);    //年
  pDateTime->Month = Ds1302_Read_Byte(ds1302_month_add);  //月
  pDateTime->Day = Ds1302_Read_Byte(ds1302_date_add);     //日
  pDateTime->Hour = Ds1302_Read_Byte(ds1302_hr_add);      //时
  pDateTime->Minute = Ds1302_Read_Byte(ds1302_min_add);   //分
  pDateTime->Second = (Ds1302_Read_Byte(ds1302_sec_add))&0x7F; //秒
  pDateTime->Week = Ds1302_Read_Byte(ds1302_day_add);     //周
}
long msCnt;
DATE_TIME_STRUCT DateTime;
unsigned char DateStr[] = {"   20XX-XX-XX   "};
unsigned char TimeStr[] = {"    XX:XX:XX    "};
int main (void)
{
  RST_DIR(1);
  RST(0);
  SCK_DIR(1);
  SCK(0);
  DIO_DIR(0);
```

```
    LPC_GPIO2->DIR = 0x7FF;
    LCD_Init();
    Ds1302_Read_Time(&DateTime);
    if(0 == (DateTime.Day + DateTime.Week))
      {
        DateTime.Year = 0x18;
        DateTime.Month = 0x05;
        DateTime.Day = 0x11;
        DateTime.Week = 0x05;
        DateTime.Hour = 0x12;
        DateTime.Minute = 0x40;
        DateTime.Second = 0x30;
        Ds1302_Write_Time(&DateTime);
      }
    while(1)
      {
        if(++msCnt >= 200000)
          {
            msCnt = 0;
            Ds1302_Read_Time(&DateTime);
            DateStr[5] = DateTime.Year / 16 + 0x30;
            DateStr[6] = DateTime.Year % 16 + 0x30;
            DateStr[8] = DateTime.Month / 16 + 0x30;
            DateStr[9] = DateTime.Month % 16 + 0x30;
            DateStr[11] = DateTime.Day / 16 + 0x30;
            DateStr[12] = DateTime.Day % 16 + 0x30;
            TimeStr[4] = DateTime.Hour / 16 + 0x30;
            TimeStr[5] = DateTime.Hour % 16 + 0x30;
            TimeStr[7] = DateTime.Minute / 16 + 0x30;
            TimeStr[8] = DateTime.Minute % 16 + 0x30;
            TimeStr[10] = DateTime.Second / 16 + 0x30;
            TimeStr[11] = DateTime.Second % 16 + 0x30;
            LCD_Write_String(0,0,DateStr);
            LCD_Write_String(1,0,TimeStr);
          }
      }
  }
```

4. 小结

本实例展示了 LPC1343 如何通过 GPIO 引脚读写 DS1302 实时时钟 IC 的相关寄存器和存储器的编程方法。涉及的主要内容如下：

（1）通过 Ds1302_Write_Byte 函数实现对 DS1302 的字节写操作时序的模拟。

（2）通过 Ds1302_Read_Byte 函数实现对 DS1302 的字节读操作时序的模拟。

（3）通过定义 DATE_TIME_STRUCT 结构体来管理日历的日期和时间。

（4）在对 DS1302 的日历参数进行设置之前，将 DS1302 控制寄存器的最高位清 0，再写入日历的日期和时间数据到 DS1302 的相关寄存器，最后再将 DS1302 控制寄存器的最高位置 1，禁止写操作，详细的操作方式见 Ds1302_Write_Time 函数。

（5）通过 Ds1302_Read_Time 函数可以实时获取 DS1302 的日期和时间数据。

2.13 基于 PCF8563 的 RTC 应用实例

1. 项目要求

利用 LPC1343 微控制器和二线制的 PCF8563 器件实现 RTC 功能，并通过 128X64 图形
LCD 显示日期、星期和时间信息。

2. 硬件电路

硬件电路原理图如图 2-13 所示。

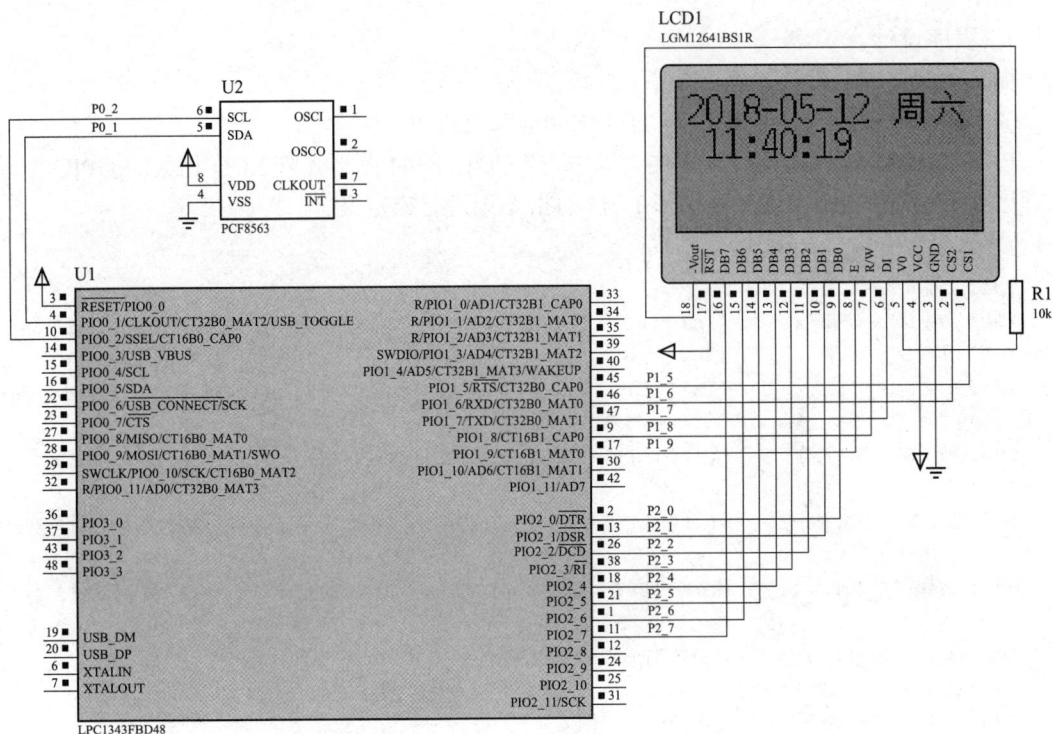

图 2-13　基于 PCF8563 的 RTC 应用实例电路原理图

U$_1$（LPC1343）的 PIO2_0～PIO2_7 引脚到 LCD1 的 DB0～DB7 引脚，U$_1$（LPC1343）
的 PIO1_5～PIO1_9 引脚分别连接到 LCD1 的 CS1、CS2、DI、R/W 和 E 引脚。PCF8563 的
SCL 和 SDA 引脚分别连接到 U$_1$（LPC1343）的 PIO0_1 和 PIO0_2 引脚。

3. 器件简介

PCF8563 是 PHILIPS 公司推出的一款工业级内含 I^{2}C 总线接口功能的具有极低功耗的多
功能时钟/日历芯片。PCF8563 的多种报警功能、定时器功能、时钟输出功能以及中断输出功
能能完成各种复杂的定时服务，甚至可为单片机提供看门狗功能、内部时钟电路、内部振荡
电路、内部低电压检测电路（1.0V）以及两线制 I^{2}C 总线通信方式，不但使外围电路及其简
洁，而且也增加了芯片的可靠性。同时每次读写数据后，内嵌的字地址寄存器会自动产生增
量。当然作为时钟芯片 PCF8563 也解决了"2000 年"问题。因而 PCF8563 是一款性价比极

高的时钟芯片，已被广泛用于电表、水表、气表、电话、传真机、便携式仪器以及电池供电的仪器仪表等产品领域。如图2-14所示。具有如下特性：

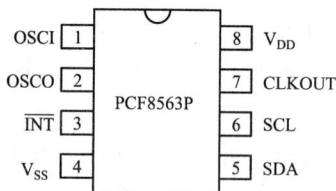

（1）宽电压范围1.0～5.5V复位电压标准值$U_{low}=0.9V$。

（2）超低功耗典型值为$0.25A V_{DD}=3.0V$，Tamb=25。

（3）可编程时钟输出频率为32.768kHz、1024Hz、32Hz、1Hz。

（4）四种报警功能和定时器功能。

（5）内含复位电路振荡器电容和掉电检测电路。

（6）开漏中断输出。

图2-14　PCF8563引脚图

400kHz I^2C总线（VDD=1.8-5.5V）　其从地址：读0A3H；写0A2H；

4．程序设计

根据实例要求，设计的程序如下：

（1）LCD128X64.c源文件和LCD128X64.h头文件。

1）LCD128X64.H头文件。该头文件中与LCD128X64图形点阵LCD相关的GPIO驱动引脚进行宏定义、操作128X64图形LCD的指令集进行宏定义。

```
#ifndef    __LCD_H__
#define    __LCD_H__
#define LCD_CS1(x)    ((x)?(LPC_GPIO1->DATA |= (1 << 6)):(LPC_GPIO1->DATA &=~
(1 << 6)))
#define LCD_CS2(x)    ((x)?(LPC_GPIO1->DATA |= (1 << 5)):(LPC_GPIO1->DATA &=~
(1 << 5)))
#define LCD_DI(x)     ((x)?(LPC_GPIO1->DATA |= (1 << 7)):(LPC_GPIO1->DATA &=~
(1 << 7)))
#define LCD_RW(x)     ((x)?(LPC_GPIO1->DATA |= (1 << 8)):(LPC_GPIO1->DATA &=~
(1 << 8)))
#define LCD_EN(x)     ((x)?(LPC_GPIO1->DATA |= (1 << 9)):(LPC_GPIO1->DATA &=~
(1 << 9)))
#define LCD_PORT(x)   LPC_GPIO2->DATA = x
#define LCDSTARTROW   0xC0           //--- 设置起始行指令。 ---
#define LCDPAGE       0xB8           //--- 设置页指令。 ---
#define LCDLINE       0x40           //--- 设置列指令。 ---
#define DISP_OFF      0x3e           //--- 关显示 ---
#define DISP_ON       0x3f           //--- 开显示 ---
#define DISP_Y        0xc0           //--- 起始行 ---
#define DISP_PAGE     0xb8           //--- 起始页 ---
#define DISP_X        0x40           //--- 起始列 ---
extern void DisplayXY(unsigned char x,unsigned char y,unsigned char xydata);
extern void LCD_Init(void);
#endif
```

2）LCD128X64.C源文件。LCDWriteComd函数和LCDWriteData函数实现驱动128X64图形点阵LCD的时序模拟功能，这是与硬件直接相关的底层函数。DisplayXY函数实现在128X64图形点阵LCD上指定位置显示像素点，一次驱动8个像素点的亮灭。LCD_Init函数实现128X64图形LCD的初始化，初始化内容主要包括：显示方式、是否开显示、光标显示方式等。

```c
#include <LPC13xx.h>
#include "LCD.h"
void LCDBusyCheck(void)
{
  long i;
  for(i=0;i<30;i++);
}
void LCDWriteComd(unsigned char ucCMD)
{
  LCDBusyCheck();
  LCD_DI(0);
  LCD_RW(0);
  LCD_PORT(ucCMD);
  LCD_EN(1);
  LCD_EN(0);
}
void LCDWriteData(unsigned char ucData)
{
  LCDBusyCheck();
  LCD_DI(1);
  LCD_RW(0);
  LCD_PORT(ucData);
  LCD_EN(1);
  LCD_EN(0);
}
void DisplayXY(unsigned char x,unsigned char y,unsigned char xydata)
{
  if(y < 64){LCD_CS1(0);LCD_CS2(1);}         //--- 选择左半屏 ---
  else{LCD_CS1(1);LCD_CS2(0);}               //--- 选择右半屏 ---
  LCDWriteComd(0xB8 | x);
  LCDWriteComd(0x40 | y);
  LCDWriteData(xydata);
}
void LCD_Init(void)
{
  LCD_CS1(1);
  LCD_CS2(1);
  LCDWriteComd(0x38);                        //--- 8 位形式,两行字符 ---
  LCDWriteComd(0x0F);                        //--- 开显示 ---
  LCDWriteComd(0x01);                        //--- 清屏 ---
  LCDWriteComd(0x06);                        //--- 画面不动,光标右移 ---
  LCDWriteComd(LCDSTARTROW);                 //--- 设置起始行 ---
  LCD_CS1(0);
  LCD_CS2(0);
}
```

（2）FONT.c 源文件和 FONT.h 头文件。

1）FONT.H 头文件。

```c
#ifndef   __FONT_H__
```

```
#define   __FONT_H__
extern void LCD_DisplayChar(long x,long y,unsigned char ch);
extern void LCD_DisplayCharHZ(long x,long y,unsigned char hz);
#endif
```

2）FONT.C 源文件。中间层函数 LCD_Display8X16Dot 实现 8X16 点阵的英文字符显示功能，中间层函数 LCD_Display16X16Dot 实现 16X16 点阵的汉字显示功能；与硬件无关的高级函数 LCD_DisplayChar 实现在图形 LCD 指定位置上显示字符，LCD_DisplayCharHZ 实现在图表 LCD 指定位置上显示汉字。

```
#include "LCD.h"
#include "FONT.H"
const unsigned char NUMBER[][16] =
{//--- Courier New 11X26,阴码,逐列式,逆向 ---
0xF8,0x1F,0x04,0x20,0x02,0x40,0x02,0x40,0x02,0x40,0x0C,0x30,0xF0,0x0F,0x0
0,0x00,//"0",0
   0x04,0x40,0x04,0x40,0x02,0x40,0xFE,0x7F,0x00,0x40,0x00,0x40,0x00,0x40,0x0
0,0x00,//"1",1
   0x04,0x50,0x02,0x48,0x02,0x44,0x02,0x42,0x02,0x41,0xC4,0x40,0x38,0x60,0x0
0,0x00,//"2",2
   0x04,0x20,0x04,0x40,0x02,0x40,0x82,0x40,0x82,0x40,0x44,0x21,0x38,0x1E,0x0
0,0x00,//"3",3
   0x00,0x06,0xC0,0x05,0x30,0x04,0x0C,0x44,0x02,0x44,0xFE,0x7F,0x00,0x44,0x0
0,0x00,//"4",4
   0x00,0x10,0xFE,0x20,0x82,0x40,0x42,0x40,0x42,0x40,0xC2,0x20,0x00,0x1F,0x0
0,0x00,//"5",5
   0xE0,0x0F,0x18,0x32,0x0C,0x21,0x84,0x40,0x82,0x40,0x82,0x40,0x02,0x21,0x0
2,0x1E,//"6",6
   0x06,0x00,0x02,0x00,0x02,0x00,0x02,0x60,0x02,0x1F,0xF2,0x00,0x0E,0x00,0x0
0,0x00,//"7",7
   0x78,0x1E,0xC4,0x23,0x82,0x40,0x82,0x40,0x82,0x40,0x84,0x23,0x78,0x1E,0x0
0,0x00,//"8",8
   0x78,0x40,0x84,0x40,0x02,0x41,0x02,0x41,0x02,0x21,0x8C,0x18,0xF0,0x07,0x0
0,0x00,//"9",9
   0x00,0x00,0x00,0x00,0xE0,0x70,0xE0,0x70,0xE0,0x70,0x00,0x00,0x00,0x00,0x0
0,0x00,//":",10
   0x00,0x01,0x00,0x01,0x00,0x01,0x00,0x01,0x00,0x01,0x00,0x01,0x00,0x01,0x0
0,0x00,//"-",11
   };
const unsigned char HZ_1[][32] =
{//--- 宋体 16X16,阴码,逐列式,逆向 ---
0x00,0x80,0x00,0x60,0xFE,0x1F,0x82,0x00,0x92,0x00,0x92,0x1E,0x92,0x12,0xF
E,0x12,
   0x92,0x12,0x92,0x1E,0x92,0x40,0x82,0x80,0xFE,0x7F,0x00,0x00,0x00,0x00,0x0
0,0x00,//"周",0
   0x00,0x00,0x00,0x00,0x00,0x00,0xFE,0xFF,0x82,0x40,0x82,0x40,0x82,0x40,0x8
2,0x40,
   0x82,0x40,0x82,0x40,0x82,0x40,0xFE,0xFF,0x00,0x00,0x00,0x00,0x00,0x00,0x0
0,0x00,//"日",1
```

```
    0x80,0x00,0x80,0x00,0x80,0x00,0x80,0x00,0x80,0x00,0x80,0x00,0x80,0x00,0x8
0,0x00,
    0x80,0x00,0x80,0x00,0x80,0x00,0x80,0x00,0x80,0x00,0x80,0x00,0x80,0x00,0x0
0,0x00,//"一",2
    0x00,0x10,0x00,0x10,0x08,0x10,0x08,0x10,0x08,0x10,0x08,0x10,0x08,0x10,0x0
8,0x10,
    0x08,0x10,0x08,0x10,0x08,0x10,0x08,0x10,0x08,0x10,0x00,0x10,0x00,0x10,0x0
0,0x00,//"二",3
    0x00,0x20,0x04,0x20,0x84,0x20,0x84,0x20,0x84,0x20,0x84,0x20,0x84,0x20,0x8
4,0x20,
    0x84,0x20,0x84,0x20,0x84,0x20,0x84,0x20,0x84,0x20,0x04,0x20,0x00,0x20,0x0
0,0x00,//"三",4
    0x00,0x00,0xFC,0x7F,0x04,0x28,0x04,0x24,0x04,0x23,0xFC,0x20,0x04,0x20,0x0
4,0x20,
    0x04,0x20,0xFC,0x21,0x04,0x22,0x04,0x22,0x04,0x22,0xFC,0x7F,0x00,0x00,0x0
0,0x00,//"四",5
    0x00,0x40,0x02,0x40,0x42,0x40,0x42,0x40,0x42,0x78,0xC2,0x47,0x7E,0x40,0x4
2,0x40,
    0x42,0x40,0x42,0x40,0x42,0x40,0xC2,0x7F,0x02,0x40,0x02,0x40,0x00,0x40,0x0
0,0x00,//"五",6
    0x20,0x00,0x20,0x40,0x20,0x20,0x20,0x10,0x20,0x0C,0x20,0x03,0x21,0x00,0x2
2,0x00,
    0x2C,0x00,0x20,0x01,0x20,0x02,0x20,0x04,0x20,0x18,0x20,0x60,0x20,0x00,0x0
0,0x00,//"六",7
    };
    void LCD_Display8X16Dot(long x,long y,const unsigned char *p)
    {
      long i;
      for(i=0;i<8;i++)
        {
          DisplayXY(x,y,*p ++);
          DisplayXY(x + 1,y ++,*p ++);
        }
    }
    void LCD_DisplayChar(long x,long y,unsigned char ch)
    {
      LCD_Display8X16Dot(x,y,&NUMBER[ch][0]);
    }
    void LCD_Display16X16Dot(long x,long y,const unsigned char *p)
    {
      long i;
      for(i=0;i<16;i++)
        {
          DisplayXY(x,y,*p ++);
          DisplayXY(x + 1,y ++,*p ++);
        }
    }
    void LCD_DisplayCharHZ(long x,long y,unsigned char hz)
```

```
{
  LCD_Display16X16Dot(x,y,&HZ_1[hz][0]);
}
```

（3）IIC.c 源文件和 IIC.h 头文件。

1）IIC.H 头文件。驱动 I²C 接口的引脚功能的宏定义和相关函数的声明。

```
#ifndef   __IIC_H__
#define   __IIC_H__
#define SCL_DIR(x) ((x)?(LPC_GPIO0->DIR |= (1 << 2)):(LPC_GPIO0->DIR &=~
(1 << 2)))
#define SCL(x)    ((x)?(LPC_GPIO0->DATA |= (1 << 2)):(LPC_GPIO0->DATA &=~
(1 << 2)))
#define SDA(x)    ((x)?(LPC_GPIO0->DATA |= (1 << 1)):(LPC_GPIO0->DATA &=~
(1 << 1)))
#define SDA_PIN   (LPC_GPIO0->DATA & (1 << 1))
#define SDA_DIR(x) ((x)?(LPC_GPIO0->DIR |= (1 << 1)):(LPC_GPIO0->DIR &=~
(1 << 1)))
extern void IIC_Start(void);              //--- 产生开始信号函数 ---
extern void IIC_Stop(void);               //--- 产生结束信号函数 ---
extern void IIC_WriteACK(unsigned char ack);
extern unsigned char IIC_ACK(void);       //--- 读从机返回应答信号函数 ---
extern void IIC_Wite(unsigned char dat);  //--- 字节写函数 ---
extern unsigned char IIC_Read(void);      //--- 字节读函数 ---
#endif
```

2）IIC.C 源文件。IIC.C 源程序实现通过 GPIO 引脚模拟 IIC 协议的功能。IIC_Start 函数实现 IIC 协议的启动信号模拟；IIC_Stop 函数实现 IIC 协议的停止信号模拟；IIC_WriteACK 函数实现向从机写 ACK 信号；IIC_ACK 函数实现读取从机的 ACK 信号；IIC_Wite 函数向写数据到从机；IIC_Read 函数实现读取从机的数据。

```
#include <LPC13xx.h>
#include "IIC.h"
void IIC_Delay(void)
{
  long i;
  for(i=0;i<30;i++);
}
void IIC_Start(void)              //--- 产生开始信号函数 ---
{
  SDA(1);
  SCL(1);IIC_Delay();
  SDA(0);IIC_Delay();
  SCL(0);IIC_Delay();
}
void IIC_Stop(void)               //--- 产生结束信号函数 ---
{
  SDA(0);IIC_Delay();
  SCL(1);IIC_Delay();
```

```
  SDA(1);IIC_Delay();
}
void IIC_WriteACK(unsigned char ack)
{
  if(ack)SDA(1);else SDA(0);IIC_Delay();
  SCL(1);IIC_Delay();
  SCL(0);IIC_Delay();
}
unsigned char IIC_ACK(void)                //--- 读从机返回应答信号函数 ---
{
  unsigned char ack;
  SDA_DIR(0);
  SCL(1);
  ack = SDA_PIN;IIC_Delay();
  SCL(0);IIC_Delay();
  SDA_DIR(1);
  if(ack)return 1;else return 0;
}
void IIC_Wite(unsigned char dat)           //--- 字节写函数 ---
{
  long i;
  for(i=0;i<8;i++)
    {
      if(dat & 0x80)SDA(1);else SDA(0);IIC_Delay();
      SCL(1);IIC_Delay();
      SCL(0);IIC_Delay();
      dat <<= 1;
    }
  if(IIC_ACK())IIC_Stop();
}
unsigned char IIC_Read(void)               //--- 字节读函数 ---
{
  long i;
  unsigned char dat = 0;
  SDA_DIR(0);
  for(i=0;i<8;i++)
    {
      dat <<= 1;
      SCL(1);IIC_Delay();
      if(SDA_PIN)dat |= 0x01;IIC_Delay();
      SCL(0);IIC_Delay();
    }
  SDA_DIR(1);
  return dat;
}
```

（4）PCF8563.c 源文件和 PCF8563.h 头文件。

1）PCF8563.H 头文件。该头文件主要包括的内容有：RTC 的日期和时间的结构体的定义，PCF8563 的写数据和读数据操作的底层函数声明，PCF8563 的读取日期时间和设置日期时间函数的声明。

```
#ifndef    __PCF8563_H__
#define    __PCF8563_H__
typedef struct
{
  unsigned char Year10;
  unsigned char Year;
  unsigned char Month;
  unsigned char Day;
  unsigned char Week;
  unsigned char Hour;
  unsigned char Minute;
  unsigned char Second;
}DATETIMESTRUCT;
extern DATETIMESTRUCT DateTime;
extern void PCF8563_WriteData(unsigned char address,unsigned char mdata);
extern unsigned char PCF8563_ReadData(unsigned char address);
extern void PCF8563_MutiReadData(unsigned char address,
                    unsigned char *buff,
                    unsigned char count);
extern void PCF8563_GetDateTime(DATETIMESTRUCT *pDateTime);
extern void PCF8563_SetDateTime(DATETIMESTRUCT *pDateTime);
extern void PCF8563_Init(void);
#endif
```

2）PCF8563.C 源文件。

该源文件主要包括以下功能函数：①PCF8563_WriteData 函数实现向指定的存储单元写入数据。②PCF8563_ReadData 函数实现从指定的存储单元读取数据。③PCF8563_MutiReadData 函数实现从指定的存储单元开始读取指定个数的数据到指定的指针。④PCF8563_GetDateTime 函数实现 PCF8563 的实时时钟的日期和时间读取。⑤PCF8563_SetDateTime 函数实现 PCF8563 的实时时钟的日期和时间设置。⑥PCF8563_Init 函数实现 PCF8563 实现 IIC 协议的初始化和初始日期和时间的设置。

```
#include "IIC.h"
#include "PCF8563.h"
void PCF8563_WriteData(unsigned char address,unsigned char mdata)
{
  IIC_Start();
  IIC_Wite(0xA2);              //--- 写命令 ---
  IIC_Wite(address);           //--- 写地址 ---
  IIC_Wite(mdata);             //--- 写数据 ---
  IIC_Stop();
}
unsigned char PCF8563_ReadData(unsigned char address)
{
  unsigned char rdata;
  IIC_Start();
```

```
    IIC_Wite(0xA2);              //--- 写命令 ---
    IIC_Wite(address);           //--- 写地址 ---
    IIC_Start();
    IIC_Wite(0xA3);              //--- 读命令 ---
    rdata = IIC_Read();
    IIC_WriteACK(1);
    IIC_Stop();
    return(rdata);
}
    void PCF8563_MutiReadData(unsigned char address,unsigned char *buff,unsigned
char count)
{
    long i;
    IIC_Start();
    IIC_Wite(0xA2);                                    //--- 写命令 ---
    IIC_Wite(address);                                 //--- 写地址 ---
    IIC_Start();
    IIC_Wite(0xA3);                                    //--- 读命令 ---
    for(i=0;i<count;i++)
      {
        buff[i] = IIC_Read();
        if(i < (count - 1))IIC_WriteACK(0);
      }
    IIC_WriteACK(1);
    IIC_Stop();
}


DATETIMESTRUCT DateTime;
    void PCF8563_GetDateTime(DATETIMESTRUCT *pDateTime)
{
    pDateTime->Second = PCF8563_ReadData(0x02) & 0x7F;
    pDateTime->Minute = PCF8563_ReadData(0x03) & 0x7F;
    pDateTime->Hour = PCF8563_ReadData(0x04) & 0x3F;
    pDateTime->Day = PCF8563_ReadData(0x05) & 0x3F;
    pDateTime->Week = PCF8563_ReadData(0x06) &0x07;
    pDateTime->Month = PCF8563_ReadData(0x07) & 0x1F;
    pDateTime->Year = PCF8563_ReadData(0x08) & 0xFF;
    if(0x00 == (pDateTime->Month & 0x80))pDateTime->Year10 = 0x20;
    if(0x80 == (pDateTime->Month & 0x80))pDateTime->Year10 = 0x19;
}
    void PCF8563_SetDateTime(DATETIMESTRUCT *pDateTime)
{
    PCF8563_WriteData(2,pDateTime->Second);          //--- 秒 ---
    PCF8563_WriteData(3,pDateTime->Minute);          //--- 分 ---
    PCF8563_WriteData(4,pDateTime->Hour);            //--- 时 ---
    PCF8563_WriteData(5,pDateTime->Day);             //--- 日 ---
    PCF8563_WriteData(6,pDateTime->Week);            //--- 星期 ---
    if(0x20 == pDateTime->Year10)
```

```
    pDateTime->Month = pDateTime->Month & 0x3F;        //--- 判断世纪 ---
  if(0x19 == pDateTime->Year10)
    pDateTime->Month = pDateTime->Month | 0x80;        //--- 判断世纪 ---
  PCF8563_WriteData(7,pDateTime->Month);               //--- 月 ---
    PCF8563_WriteData(8,pDateTime->Year);              //--- 年 ---
}
void PCF8563_Init(void)
{
  DATETIMESTRUCT *pDateTime = &DateTime;
  IIC_Stop();
  if(0x08 != (PCF8563_ReadData(0x0A) & 0x3f)) //--- 检查是否第一次启动 ---
    {
      pDateTime->Year10 = 0x20;
      pDateTime->Year = 0x18;
      pDateTime->Month = 0x05;
      pDateTime->Day = 0x11;
      pDateTime->Week = 0x05;
      pDateTime->Hour = 0x19;
      pDateTime->Minute = 0x40;
      pDateTime->Second = 0x00;
      PCF8563_SetDateTime(pDateTime);
      PCF8563_WriteData(0x0,0x00);
      PCF8563_WriteData(0xa,0x8);                  //--- 8:00 报警 ---
      PCF8563_WriteData(0x1,0x12);                 //--- 报警有效 ---
      PCF8563_WriteData(0xd,0xf0);
    }
}
```

（5）main.c 源文件。

main 主程序初始化相关的 GPIO 引脚和 PCF8563 的初始化，在 while（1）无限循环程序中每隔大约 0.5s 通过调用 PCF8563_GetDateTime 函数读取 PCF8563 的日期和时间数据到结构体中，通过调用 LCD_DisplayChar 函数和 LCD_DisplayCharHZ 函数显示日期、星期和时间信息在 LCD 显示屏上。

```
#include <LPC13xx.h>
#include "LCD.h"
#include "FONT.h"
#include "IIC.h"
#include "PCF8563.h"
long msCnt;
int main (void)
{
  LPC_GPIO1->DIR = 0x1F << 5;
  LPC_GPIO2->DIR = 0xFF;
  LCD_Init();
  SCL_DIR(1);
  SDA_DIR(1);
  PCF8563_Init();
  while(1)
```

```
{
  if(++msCnt >= 500000)
    {
    msCnt = 0;
    PCF8563_GetDateTime(&DateTime);
    LCD_DisplayChar(0,0,DateTime.Year10 / 16);
    LCD_DisplayChar(0,8,DateTime.Year10 % 16);
    LCD_DisplayChar(0,16,DateTime.Year / 16);
    LCD_DisplayChar(0,24,DateTime.Year % 16);
    LCD_DisplayChar(0,32,11);
    LCD_DisplayChar(0,40,DateTime.Month / 16);
    LCD_DisplayChar(0,48,DateTime.Month % 16);
    LCD_DisplayChar(0,56,11);
    LCD_DisplayChar(0,64,DateTime.Day / 16);
    LCD_DisplayChar(0,72,DateTime.Day % 16);
    LCD_DisplayCharHZ(0,90,0);
    LCD_DisplayCharHZ(0,106,DateTime.Week % 16);
    LCD_DisplayChar(2,16 - 8,DateTime.Hour / 16);
    LCD_DisplayChar(2,24 - 8,DateTime.Hour % 16);
    LCD_DisplayChar(2,32 - 8,10);
    LCD_DisplayChar(2,40 - 8,DateTime.Minute / 16);
    LCD_DisplayChar(2,48 - 8,DateTime.Minute % 16);
    LCD_DisplayChar(2,56 - 8,10);
    LCD_DisplayChar(2,64 - 8,DateTime.Second / 16);
    LCD_DisplayChar(2,72 - 8,DateTime.Second % 16);
    }
  }
}
```

5. 小结

本实例展示了 LPC1343 如何通过 I^{2}C 接口访问 PCF8563 器件的编程方法。程序中主要涉及的内容如下：

（1）图形 LCD 的字符和汉字显示驱动。

（2）I^{2}C 接口协议的 GPIO 软件模拟。

（3）PCF8563 器件的读和写功能的实现。

2.14　基于 SPI 接口的 DS3234 实时时钟应用实例

1. 项目要求

利用 LPC1343 的 SPI 接口实现 DS3234 实时时钟芯片访问，并 LCD 显示屏上显示 DS3234 的时钟信息。

2. 硬件电路

硬件电路原理图如图 2-15 所示。

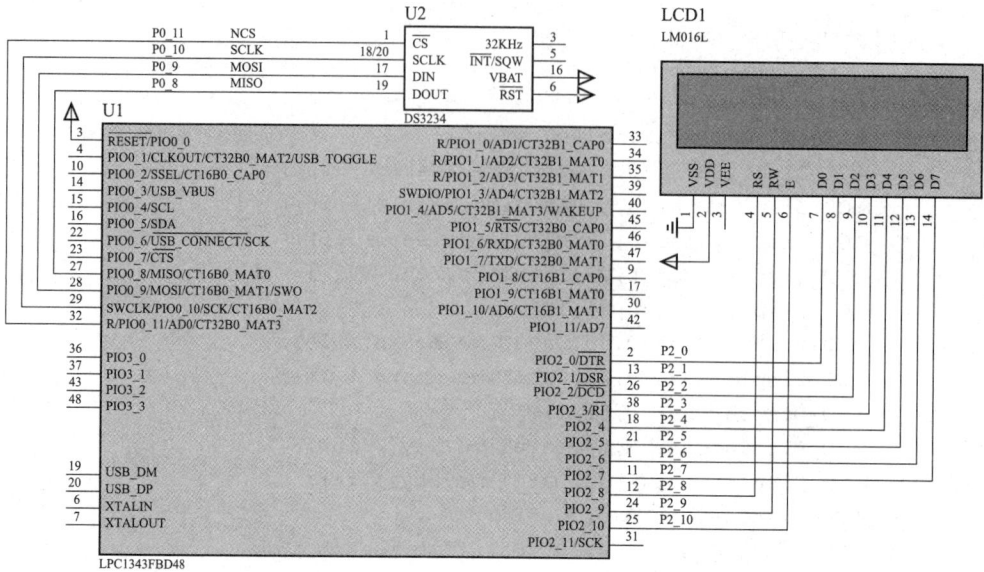

图 2-15 基于 SPI 接口的 DS3234 实时时钟应用实例电路原理图

U$_1$（LPC1343）的 PIO2_0～PIO2_10 引脚连接到 LCD1（LM016）的 D$_0$～D$_7$、RS、RW 和 E 引脚，U$_2$（DS3234）的 CS、SCLK、DIN 和 DOUT 引脚分别连接到 U$_1$（LPC1343）的 PIO0_8～PIO0_11 引脚。

3．程序设计

根据实例要求，设计的程序如下：

（1）LCD1602.c 源文件和 LCD1602.h 头文件。

1）LCD1602.H 头文件。LCD1602.H 头文件中实现驱动 1602 液晶引脚的宏定义和相关函数声明。

```
#ifndef  __LCD1602_H__
#define  __LCD1602_H__
#define LCD_RS_DIR(x) ((x)?(LPC_GPIO2->DIR |= (1 << 8)):(LPC_GPIO2->DIR &=~
(1 << 8)))
#define LCD_RS(x)   ((x)?(LPC_GPIO2->DATA |= (1 << 8)):(LPC_GPIO2->DATA &=~
(1 << 8)))
#define LCD_RW_DIR(x) ((x)?(LPC_GPIO2->DIR |= (1 << 9)):(LPC_GPIO2->DIR &=~
(1 << 9)))
#define LCD_RW(x)   ((x)?(LPC_GPIO2->DATA |= (1 << 9)):(LPC_GPIO2->DATA &=~
(1 << 9)))
#define LCD_EN_DIR(x) ((x)?(LPC_GPIO2->DIR |= (1 << 10)):(LPC_GPIO2->DIR &=~
(1 << 10)))
#define LCD_EN(x)   ((x)?(LPC_GPIO2->DATA |= (1 << 10)):(LPC_GPIO2->DATA &=~
(1 << 10)))
#define LCD_PORT_DIR(x)  LPC_GPIO2->DIR |= (x << 0)
#define LCD_PORT(x) LPC_GPIO2->DATA = (LPC_GPIO2->DATA & (~(0xFF << 0))) |
(x << 0)
```

```
#define COM 0
#define DAT 1
extern void LCD_Write_Char(unsigned char x,unsigned char y,unsigned char Data);
extern void LCD_Write_String(unsigned char x,unsigned char y,unsigned char *s);
extern void LCD_Init(void);
#endif
```

2）LCD1602.C 源文件。LCD1602.C 源文件主要实现驱动 LCD 的时序模拟、字符/字符串显示和 LCD 初始化功能：①LCD_Write 函数实现 LCD 的写命令和写数据操作时序模拟；②LCD_Write_Char 函数实现在 LCD 显示屏的指定位置处显示字符；③LCD_Write_String 函数实现在 LCD 显示屏的指定位置处开始显示一串字符；④LCD_Init 函数实现 LCD 的模式和显示方式的配置等。

```
#include <LPC13xx.h>
#include "LCD1602.H"
void DelaymS(long t)
{
  t *= 6000;
  while(t--);
}
void LCD_Write(unsigned char rs,unsigned char dat)
{
  long i;
  for(i=0;i<600;i++);
  if(0 == rs)LCD_RS(0);else LCD_RS(1);
  LCD_RW(0);
  LCD_EN(1); LCD_PORT(dat);LCD_EN(0);
}
void LCD_Clear(void)
{
  LCD_Write(COM,0x01);
  DelaymS(10);
}
void LCD_Write_Char(unsigned char x,unsigned char y,unsigned char Data)
{
  if (0 == x)LCD_Write(COM,0x80 + y);else LCD_Write(COM,0xC0 + y);
  LCD_Write(DAT,Data);
}
void LCD_Write_String(unsigned char x,unsigned char y,unsigned char *s)
{
  if(0 == x)LCD_Write(COM,0x80 + y);else LCD_Write(COM,0xC0 + y);
  while (*s)LCD_Write(DAT,*s++);
}
void LCD_Init(void)
{
  LCD_PORT_DIR(0xFF);
  LCD_RS_DIR(1);
  LCD_RW_DIR(1);
  LCD_EN_DIR(1);
```

```
LCD_Write(COM,0x38);                          //--- 显示模式设置 ---
LCD_Write(COM,0x08);                          //--- 显示关闭 ---
LCD_Write(COM,0x01);                          //--- 显示清屏 ---
DelaymS(5);
LCD_Write(COM,0x06);                          //--- 显示光标移动设置 ---
LCD_Write(COM,0x0C);                          //--- 显示开及光标设置 ---
}
```

（2）SPI.c 源文件和 SPI.h 头文件。

1）SPI.H 头文件。

```
#ifndef   __SPI_H__
#define   __SPI_H__
extern void LPC13XX_SPI_Init(void);
extern unsigned char LPC13XX_SSP0(unsigned char dat);
#endif
```

2）SPI.C 源文件。在 SPI.C 源文件中，LPC13XX_SPI_Init 函数实现 SPI 模块的硬件配置，配置的内容主要包括：引脚的功能选择、传输数据位的配置、SPI 时钟分频系数配置等。LPC13XX_SSP0 函数实现通过 SPI 硬件模块来同步发送和接收数据。

```
#include <LPC13xx.h>
#include "SPI.h"
void LPC13XX_SPI_Init(void)
{
  LPC_SYSCON->SYSAHBCLKCTRL |= (1 << 16);  //--- 使能 IOCON 模块的时钟源 ---
  LPC_IOCON->PIO0_8 |= (1 << 0);           //--- PIO0_8 为 MISO0 功能 ---
  LPC_IOCON->PIO0_9 |= (1 << 0);           //--- PIO0_9 为 MOSI0 功能 ---
  LPC_IOCON->SCK_LOC = 0;                  //--- PIO0_10 为 SCK0 引脚 ---
  LPC_IOCON->SWCLK_PIO0_10 |= (2 << 0);    //--- PIO0_10 为 SCK0 功能 ---
  LPC_SYSCON->SYSAHBCLKCTRL |= (1 << 11);  //--- 使能 SSP0 模块的时钟源 ---
  LPC_SYSCON->SSP0CLKDIV = 2;              //--- SSP0_PCLK = CCLK / 2 ---
  LPC_SYSCON->PRESETCTRL |= (1 << 0);      //--- 禁止 SSP0 复位 ---
  LPC_SSP0->CR0 = (7 << 0) | (7 << 8);
  LPC_SSP0->CPSR = 12;
  LPC_SSP0->CR1 = (1 << 1);
}
unsigned char LPC13XX_SSP0(unsigned char dat)
{
  LPC_SSP0->DR = dat;
  while(0 != (LPC_SSP0->SR & (1 << 4)));
  return(LPC_SSP0->DR);
}
```

（3）DS3234.c 源文件和 DS3234.h 头文件。

1）DS3234.H 头文件。在 DS3234.H 头文件中，主要实现引脚的、日期时间的结构体定义和相关函数的声明。

```
#ifndef   __DS3234_H__
#define   __DS3234_H__
#define NCS_DIR(x)  ((x)?(LPC_GPIO0->DIR |= (1 << 11)):(LPC_GPIO0->DIR &=~
```

```
(1 << 11)))
    #define NCS(x)        ((x)?(LPC_GPIO0->DATA |= (1 << 11)):(LPC_GPIO0->DATA &=~
(1 << 11)))
    typedef struct
    {
      unsigned char Year10;
      unsigned char Year;
      unsigned char Month;
      unsigned char Day;
      unsigned char Week;
      unsigned char Hour;
      unsigned char Minute;
      unsigned char Second;
    }DATETIMESTRUCT;
    extern DATETIMESTRUCT DateTime;
    extern void DS3234_Init(void);
    extern void DS3234_GetDateTime(DATETIMESTRUCT *pDateTime);
    extern void DS3234_SetDateTime(DATETIMESTRUCT *pDateTime);
    #endif
```

2）DS3234.C 源文件。DS3234.C 源文件主要实现的内容如下：①DS3234_Init 函数实现对 DS3234 的引脚配置、SPI 模块的初始化等；②DS3234_Write 函数实现对指定 DS3234 的地址单元写入指定数据操作的时序模拟；③DS3234_Read 函数实现对指定 DS3234 的地址单元的数据读操作时序模拟；④DS3234_GetDateTime 函数实现从 DS3234 的日期时间地址单元读取日期时间信息；⑤DS3234_SetDateTime 函数实现将指定的日期时间信息写入 DS3234 相应的地址单元。

```
#include <LPC13xx.h>
#include "SPI.h"
#include "DS3234.h"
void DS3234_Init(void)
{
  LPC_SYSCON->SYSAHBCLKCTRL |= (1 << 16);   //--- 使能 IOCON 模块的时钟源 ---
  LPC_IOCON->R_PIO0_11 |= (1 << 0);         //--- PIO0_11 为 GPIO 功能 ---
  NCS_DIR(1);
  NCS(1);
  LPC13XX_SPI_Init();
}
void DS3234_Write(unsigned char Address,unsigned char dat)
{
  NCS(0);
  LPC13XX_SSP0(Address | 0x80);
  LPC13XX_SSP0(dat);
  NCS(1);
}
unsigned char DS3234_Read(unsigned char Address)
{
  unsigned char temp;
  NCS(0);
```

```
   LPC13XX_SSP0(Address & 0x7F);
   temp = LPC13XX_SSP0(0);
   NCS(1);
   return temp;
}
DATETIMESTRUCT DateTime;
void DS3234_GetDateTime(DATETIMESTRUCT *pDateTime)
{
  pDateTime->Second = DS3234_Read(0x00) & 0x7F;
  pDateTime->Minute = DS3234_Read(0x01) & 0x7F;
  pDateTime->Hour = DS3234_Read(0x02) & 0x1F;
  pDateTime->Week = DS3234_Read(0x03) & 0x07;
  pDateTime->Day = DS3234_Read(0x04) & 0x3F;
  pDateTime->Month = DS3234_Read(0x05) & 0x1F;
  pDateTime->Year = DS3234_Read(0x06) & 0xFF;
}
void DS3234_SetDateTime(DATETIMESTRUCT *pDateTime)
{
  DS3234_Write(0x00,pDateTime->Second);
  DS3234_Write(0x01,pDateTime->Minute);
  DS3234_Write(0x02,pDateTime->Hour);
  DS3234_Write(0x03,pDateTime->Week);
  DS3234_Write(0x04,pDateTime->Day);
  if(0x20 == pDateTime->Year10)pDateTime->Month &= 0x7F;
  if(0x19 == pDateTime->Year10)pDateTime->Month |= 0x80;
  DS3234_Write(0x05,pDateTime->Month);
  DS3234_Write(0x06,pDateTime->Year);
}
```

（4）main.c 源文件。

main 主程序主要任务如下：

1）调用 LCD_Init 函数实现对 LCD 的初始化，以保证 LCD 能正常显示；调用 DS3234_Init 函数完成对 DS3234 的配置等，对 DateTime 结构体变量相关内容写入指定的日期时间信息，并通过 DS3234_SetDateTime 函数将 DateTime 内容写入到 DS3234 的日期时间地址单元。

2）在 while（1）无限循环中，每隔大约 0.1s 左右，调用 DS3234_GetDateTime 函数读取 DS3234 的日期时间信息并简单处理后，由 LCD_Write_String 函数将信息显示在 LCD 显示屏上。

```
#include <LPC13xx.h>
#include "LCD1602.h"
#include "DS3234.h"
long msCnt;
unsigned char DateStr[] = {"  20XX-XX-XX   "};
unsigned char TimeStr[] = {"   XX:XX:XX    "};
int main (void)
{
  DATETIMESTRUCT *pDateTime = &DateTime;
  LCD_Init();
  LCD_Write_String(0,0,"  DS3234 Demo   ");
  DS3234_Init();
```

```
pDateTime->Year10 = 0x20;
pDateTime->Year = 0x18;
pDateTime->Month = 0x05;
pDateTime->Day = 0x12;
pDateTime->Week = 0x7;
pDateTime->Hour = 0x13;
pDateTime->Minute = 0x59;
pDateTime->Second = 0x00;
DS3234_SetDateTime(pDateTime);
while(1)
  {
    if(++msCnt >= 50000)
      {
        msCnt = 0;
        DS3234_GetDateTime(pDateTime);
        DateStr[5] = pDateTime->Year / 16 + 0x30;
        DateStr[6] = pDateTime->Year % 16 + 0x30;
        DateStr[8] = pDateTime->Month / 16 + 0x30;
        DateStr[9] = pDateTime->Month % 16 + 0x30;
        DateStr[11] = pDateTime->Day / 16 + 0x30;
        DateStr[12] = pDateTime->Day % 16 + 0x30;
        TimeStr[4] = pDateTime->Hour / 16 + 0x30;
        TimeStr[5] = pDateTime->Hour % 16 + 0x30;
        TimeStr[7] = pDateTime->Minute / 16 + 0x30;
        TimeStr[8] = pDateTime->Minute % 16 + 0x30;
        TimeStr[10] = pDateTime->Second / 16 + 0x30;
        TimeStr[11] = pDateTime->Second % 16 + 0x30;
        LCD_Write_String(0,0,DateStr);
        LCD_Write_String(1,0,TimeStr);
      }
  }
}
```

4．小结

本实例展示了 LPC1343 如何通过硬件 SPI 接口访问 DS3234 实时时钟器件的编程方法。实例涉及的主要内容如下：

（1）LCD 模块的显示驱动编程。

（2）硬件 SPI 接口的使用方法与编程。

（3）DS3234 实时时钟器件的读写操作的编程。

2.15　基于 SPI 接口的 TLC5615 信号发生器实例

1．项目要求

利用 LPC1343 的硬件 SPI 接口和具有 SPI 接口的 12 位 D/A 转换器 TLC5615 实现波形的产生，并通过虚拟示波器查看输出的波形。

2．硬件电路

硬件电路原理图如图 2-16 所示。

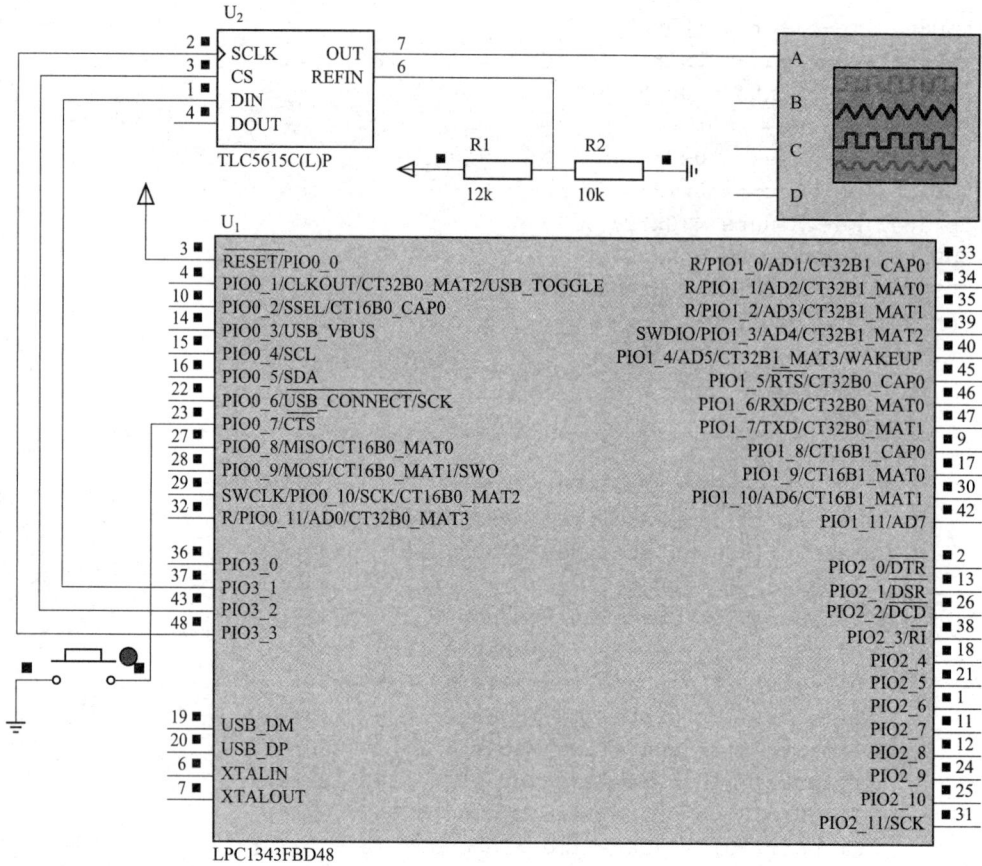

图 2-16 基于 SPI 接口的 TLC5615 信号发生器实例电路原理图

U$_1$（LPC1343）的 PIO3_1～PIO3_6 分别连接到 U$_2$（TLC5615）的 DIN、CS 和 SCLK 引脚，电阻 R$_1$ 和 R$_2$ 构成一个分压电路给 U$_2$（LPC1343）提供参考电压从 R$_{EFIN}$ 输入，从 U$_2$ 的 OUT 引脚输出模拟量到虚拟示波器。

3. 程序设计

根据实例要求，设计的程序如下：

```
#include <LPC13xx.h>
#include <math.h>
#define TLC5615_DI_DIR(x) ((x)?(LPC_GPIO3->DIR |= (1 << 1)):(LPC_GPIO3->DIR
&=~(1 << 1)))
#define TLC5615_DI(x)     ((x)?(LPC_GPIO3->DATA |= (1 << 1)):(LPC_GPIO3->DATA
&=~(1 << 1)))
#define TLC5615_NCS_DIR(x) ((x)?(LPC_GPIO3->DIR |= (1 << 2)):(LPC_GPIO3->DIR
&=~(1 << 2)))
#define   TLC5615_NCS(x)              ((x)?(LPC_GPIO3->DATA  |=  (1  <<
2)):(LPC_GPIO3->DATA &=~(1 << 2)))
#define TLC5615_SCK_DIR(x) ((x)?(LPC_GPIO3->DIR |= (1 << 3)):(LPC_GPIO3->DIR
&=~(1 << 3)))
#define   TLC5615_SCK(x)              ((x)?(LPC_GPIO3->DATA  |=  (1  <<
3)):(LPC_GPIO3->DATA &=~(1 << 3)))
void TLC5615_Init(void)
```

```
{
  TLC5615_NCS_DIR(1);
  TLC5615_NCS(1);
  TLC5615_SCK_DIR(1);
  TLC5615_SCK(0);
  TLC5615_DI_DIR(1);
  TLC5615_DI(0);
}
void TLC5615_DAC(long dat)
{
  long i;
  dat <<= 6;
  TLC5615_NCS(0);
  for (i=0;i<12;i++)
    {
      if(dat & 0x8000)TLC5615_DI(1);else TLC5615_DI(0);
      TLC5615_SCK(1);TLC5615_SCK(0);
      dat <<= 1;
    }
  TLC5615_NCS(1);
}
long SINTAB[90] =
{
  400,427,455,483,510,536,562,587,611,634,656,677,697,715,731,746,759,770,780,
  788,793,797,799,799,797,794,788,780,771,759,746,731,715,697,678,657,635,612,
  588,563,537,511,484,456,428,400,373,345,317,290,264,238,213,188,165,143,122,
  103,85,69,54,41,29,19,12,6,2,0,0,2,5,11,19,28,39,52,67,83,101,120,141,163,
  186,210,235,261,287,315,342,370,
};
#define   K1    (LPC_GPIO0->DATA & (1 << 7))
long K1_Cnt;
long SelIndex;
long Index;
int main (void)
{
  TLC5615_Init();
  while(1)
    {
      if(SelIndex < 3)TLC5615_DAC(Index);else TLC5615_DAC(SINTAB[Index]);
      switch(SelIndex)
        {
          case 0:if(++Index >= 1024)Index = 0;break;
          case 1:if(++Index >= 1023)SelIndex++;break;
          case 2:if(--Index <= 0)SelIndex --;break;
          case 3:if(++Index >= 90)Index = 0;break;
        }
      if((0 == K1) && (999999 != K1_Cnt) && (++K1_Cnt > 10))
        {
          if(0 == K1)
            {
              K1_Cnt = 999999;
              Index = 0;
              if(1 == SelIndex)SelIndex += 2;else SelIndex ++;
```

```
            if(SelIndex > 3)SelIndex = 0;
        }
    }
    else if(0 != K1)K1_Cnt = 0;
    }
}
```

4. 小结

本实例展示了如何利用 LPC1343 的 GPIO 引脚软件模拟 SPI 时序实现对 TLC5615 的访问。在程序中，TLC5615_DAC 函数实现用 GPIO 引脚模拟 12 位的同步串行数据位的读写操作时序功能。在 while（1）无限循环中实现的内容如下：

（1）调用 TLC5615_DAC 函数输出波形数据。

（2）按键 K1 的识别，实现波形的切换。

虚拟示波器显示的波形显示的锯齿波、三角波和正弦波如图 2-17 所示。

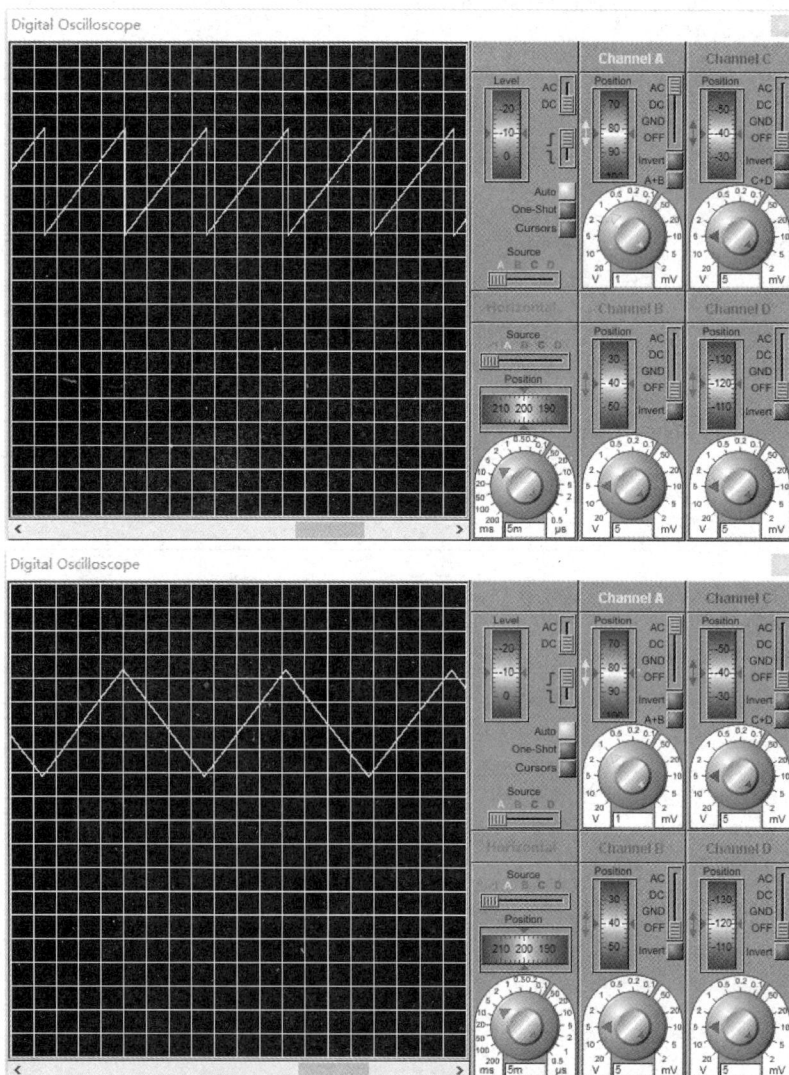

图 2-17 实例 2.15 波形示意图（一）

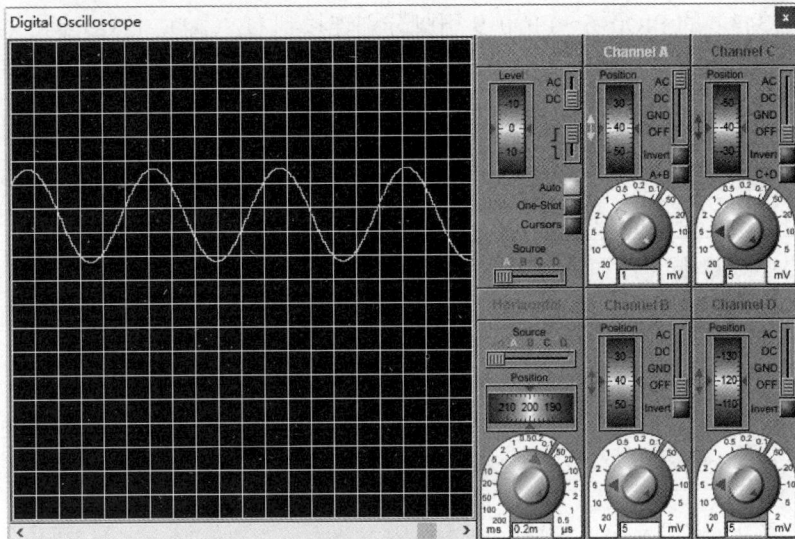

图 2-17　实例 2.15 波形示意图（二）

2.16　基于热敏电阻的模拟温度测量应用实例

1．项目要求

利用 LPC1343 微控制器和外置的 8 位 A/D 转换器件 ADC0832 和热敏电阻实现温度的测量，并在 LCD 屏上显示温度值和是否过温、低温状态等状态提示信息。

2．硬件电路

硬件电路原理图如图 2-18 所示。

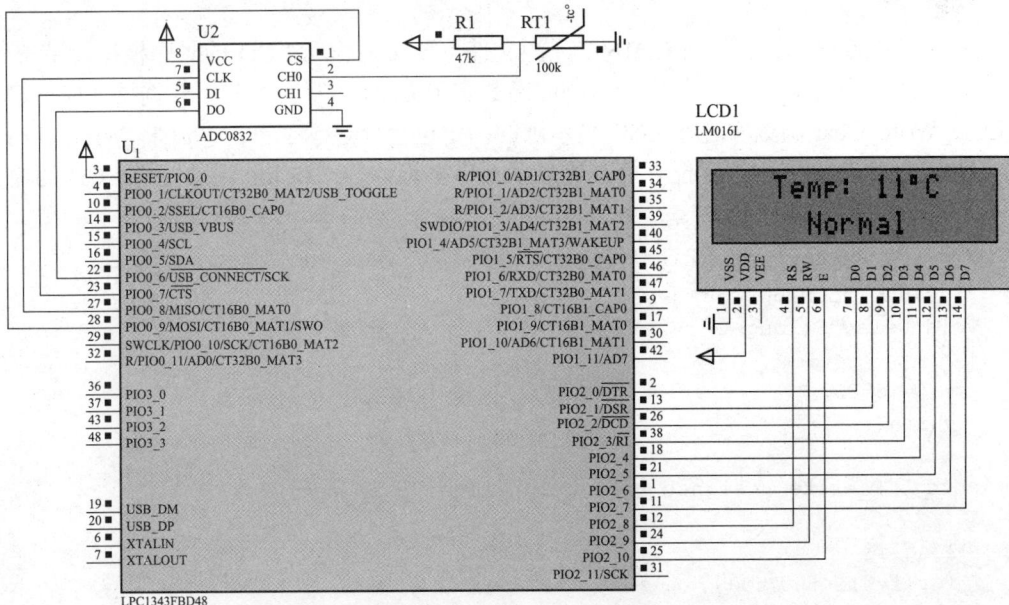

图 2-18　基于热敏电阻的模拟温度测量应用实例电路原理图

U₁（LPC1343）的 PIO0_6～PIO0_9 引脚分别连接到 U₂（ADC0832）的 DO、DI、CLK 和 CS 引脚，热敏电阻 RT₁ 和电阻 R₁ 构成分压电路连接到 U₂（ADC0832）的 CH0 通道。U₁（LPC1343）的 PIO2_0～PIO2_10 引脚分别连接到 LCD1（LM016L）的 D₀～D₇、RS、RW 和 E 引脚。

3. 程序设计

根据实例要求，设计的程序如下：

（1）LCD1602.C 源文件和 LCD1602.H 头文件。

1）LCD1602.H 头文件。LCD1602.H 头文件中实现驱动 1602 液晶引脚的宏定义和相关函数声明。

```
#ifndef  __LCD1602_H__
#define  __LCD1602_H__
#define LCD_RS(x)    ((x)?(LPC_GPIO2->DATA |= (1 << 8)):(LPC_GPIO2->DATA
&=~(1 << 8)))
#define LCD_RW(x)    ((x)?(LPC_GPIO2->DATA |= (1 << 9)):(LPC_GPIO2->DATA
&=~(1 << 9)))
#define LCD_EN(x)    ((x)?(LPC_GPIO2->DATA |= (1 << 10)):(LPC_GPIO2->DATA
&=~(1 << 10)))
#define LCD_PORT(x)  LPC_GPIO2->DATA = (LPC_GPIO2->DATA & (~(0xFF << 0)))
| (x << 0)
#define COM 0
#define DAT 1
extern void DelaymS(long t);
extern void LCD_Init(void);
extern void LCD_Write_Char(unsigned char x,unsigned char y,unsigned char
Data);
extern void LCD_Write_String(unsigned char x,unsigned char y,unsigned char
*s);
#endif
```

2）LCD1602.C 源文件。LCD1602.C 源文件主要实现驱动 LCD 的时序模拟、字符/字符串显示和 LCD 初始化功能：①LCD_Write 函数实现 LCD 的写命令和写数据操作时序模拟；②LCD_Write_Char 函数实现在 LCD 显示屏的指定位置处显示字符；③LCD_Write_String 函数实现在 LCD 显示屏的指定位置处开始显示一串字符；④LCD_Init 函数实现 LCD 的模式和显示方式的配置等。

```
#include <LPC13xx.h>
#include "LCD1602.h"
void DelaymS(long t)
{
  t *= 6000;
  while(t--);
}
void LCD_Write(unsigned char rs,unsigned char dat)
{
  long i;
  for(i=0;i<600;i++);
  if(0 == rs)LCD_RS(0);else LCD_RS(1);
  LCD_RW(0);
```

```
  LCD_EN(1); LCD_PORT(dat);LCD_EN(0);
}
void LCD_Clear(void)
{
  LCD_Write(COM,0x01);
  DelaymS(10);
}
void LCD_Write_Char(unsigned char x,unsigned char y,unsigned char Data)
{
  if (0 == x)LCD_Write(COM,0x80 + y);else LCD_Write(COM,0xC0 + y);
  LCD_Write(DAT,Data);
}
void LCD_Write_String(unsigned char x,unsigned char y,unsigned char *s)
{
  if(0 == x)LCD_Write(COM,0x80 + y);else LCD_Write(COM,0xC0 + y);
  while (*s)LCD_Write(DAT,*s++);
}
void LCD_Init(void)
{
  LCD_Write(COM,0x38);                  //--- 显示模式设置 ---
  LCD_Write(COM,0x08);                  //--- 显示关闭 ---
  LCD_Write(COM,0x01);                  //--- 显示清屏 ---
  DelaymS(5);
  LCD_Write(COM,0x06);                  //--- 显示光标移动设置 ---
  LCD_Write(COM,0x0C);                  //--- 显示开及光标设置 ---
}
```

（2）ADC0832.C 源文件和 ADC0832.H 头文件。

1）ADC0832.H 头文件。ADC0832.H 头文件主要包括功能引脚的宏定义和相关函数的声明。

```
#ifndef  __ADC0832_H__
#define  __ADC0832_H__
#define ADC0832_DO_DIR(x)  ((x)?(LPC_GPIO0->DIR |= (1 << 6)):(LPC_GPIO0->DIR
&=~(1 << 6)))
#define ADC0832_DO_PIN     (LPC_GPIO0->DATA & (1 << 6))
#define ADC0832_DI_DIR(x)  ((x)?(LPC_GPIO0->DIR |= (1 << 7)):(LPC_GPIO0->DIR
&=~(1 << 7)))
#define ADC0832_DI(x)     ((x)?(LPC_GPIO0->DATA |= (1 << 7)):(LPC_GPIO0->DATA
&=~(1 << 7)))
#define ADC0832_NCS_DIR(x) ((x)?(LPC_GPIO0->DIR |= (1 << 9)):(LPC_GPIO0->DIR
&=~(1 << 9)))
#define ADC0832_NCS(x)     ((x)?(LPC_GPIO0->DATA |= (1 << 9)):(LPC_GPIO0->DATA
&=~(1 << 9)))
#define ADC0832_SCK_DIR(x) ((x)?(LPC_GPIO0->DIR |= (1 << 8)):(LPC_GPIO0->DIR
&=~(1 << 8)))
#define ADC0832_SCK(x)     ((x)?(LPC_GPIO0->DATA |= (1 << 8)):(LPC_GPIO0->DATA
&=~(1 << 8)))
extern void ADC0832_Init(void);
extern unsigned char ADC0832_GetADC(unsigned char channel);
#endif
```

2）ADC0832.C 源文件。在 ADC0832.C 源文件中,ADC0832_Init 函数实现引脚的配置,ADC0832_GetADC 函数实现 ADC0832 的串行通信接口时序的模拟,并从串行时序中读取 A/D 转换的结果。

```c
#include <LPC13xx.h>
#include "ADC0832.h"
void ADC0832_Init(void)
{
  ADC0832_DI_DIR(1);                //--- DI 引脚配置为输出 ---
  ADC0832_DI(1);
  ADC0832_NCS_DIR(1);               //--- CS 引脚配置为输出 ---
  ADC0832_NCS(1);                   //--- CS = 1 ---
  ADC0832_SCK_DIR(1);               //--- SCK 引脚配置为输出 ---
  ADC0832_SCK(0);                   //--- SCK = 0 ---
  ADC0832_DO_DIR(0);                //--- DO 引脚配置为输入 ---
}
unsigned char ADC0832_GetADC(unsigned char channel)
{
  unsigned char i;
  unsigned short dat = 0;
  unsigned char ndat = 0;
  if(0 == channel)channel = 2;
  if(1 == channel)channel = 3;
  ADC0832_DI(1);
  ADC0832_NCS(0);                   //--- CS = 0 ---
  ADC0832_SCK(1);                   //--- SCK = 1 ---
  ADC0832_SCK(0);                   //--- SCK = 0,产生下降沿 1 ---
  ADC0832_SCK(1);                   //--- SCK = 1 ---
  if(channel & 0x01)ADC0832_DI(1);else ADC0832_DI(0);
  ADC0832_SCK(0);                   //--- SCK = 0,产生下降沿 2 ---
  ADC0832_SCK(1);                   //--- SCK = 1 ---
  if((channel >> 1) & 0x01)ADC0832_DI(1);else ADC0832_DI(0);
  ADC0832_SCK(0);                   //--- SCK = 0,产生下降沿 3 ---
  ADC0832_DI(1);                    //--- 控制命令结束  ---
  for(i=0;i<8;i++)
    {
      if(ADC0832_DO_PIN)dat |= 0x01;else dat &=0xFE;
      ADC0832_SCK(1);               //--- SCK = 1 ---
      ADC0832_SCK(0);               //--- 形成一次时钟脉冲 ---
      dat <<= 1;
      if(7 == i){if(ADC0832_DO_PIN)dat |= 0x01;else dat &=0xFE;}
    }
  for(i=0;i<8;i++)
    {
      ndat >>= 1;
      if(ADC0832_DO_PIN)ndat |= 0x80;else ndat &=0x7F;
      ADC0832_SCK(1);               //--- SCK = 1 ---
      ADC0832_SCK(0);               //--- 形成一次时钟脉冲 ---
```

```
    }
  ADC0832_NCS(1);                              //--- CS = 1 ---
  if(dat==ndat)return(ndat);else return(0x00);
}
```

（3）main.c 源文件。

main 主程序主要涉及的内容如下：

1）热敏电阻的温度补偿表的建立，一般通过实验法来获取不同温度值下的补偿数据。

2）配置 GPIO 引脚，调用 LCD_Init 函数初始化 LCD 显示配置，调用 ADC0832_Init 函数初始化 ADC0832 的引脚。

3）在 while（1）无限循环中，通过调用 ADC0832_GetADC（0）函数来读取 ADC0832 的 CH0 通道的模拟量对应的数字量数据后，判断采样的数字量是否在设定的范围内，并根据处在不同范围在 LCD 上显示不同的提示信息。

```
#include <LPC13xx.h>
#include "LCD1602.h"
#include "ADC0832.h"
const unsigned char NTC_TEMP_TAB[] =                    //--- 温度补偿表 ---
{
79,78,77,76,75,74,73,72,71,70,69,68,67,67,66,65,
64,63,63,62,61,60,60,59,58,58,57,56,56,55,54,54,
53,53,52,52,51,50,50,49,49,48,48,47,47,46,46,45,
45,44,44,43,43,43,42,42,41,41,40,40,39,39,39,38,
38,37,37,36,36,36,35,35,34,34,34,33,33,33,32,32,
31,31,31,30,30,30,29,29,28,28,28,27,27,27,26,26,
26,26,25,25,24,24,23,23,23,22,22,22,21,21,21,20,
20,20,19,19,19,18,18,18,17,17,17,16,16,16,15,15,
15,14,14,13,13,13,12,12,12,11,11,11,10,10,10,9,
9,9,8,8,7,7,7,6,6,6,5,5,4,4,4,3,
3,3,2,2,1,1,1,0,0,1,1,2,2,2,3,3,
4,4,5,5,6,6,7,7,8,8,9,9,10,10,11,11,
12,12,13,14,15,15,16,17,17,18,19,19,20,
};
unsigned char str[] = {"  Temp: 00 C   "};
unsigned char ADCValue;
unsigned char TempValue;
int main (void)
{
  LPC_GPIO2->DIR = 0x7FF;
  LCD_Init();
  ADC0832_Init();
  while(1)
    {
    ADCValue = ADC0832_GetADC(0);
    if(ADCValue < 29)
      {
      LCD_Write_String(0,0,"Over-temperature");
      LCD_Write_String(1,0,"     Error      ");
      }
```

```
        else if(ADCValue > 223)
          {
            LCD_Write_String(0,0,"Low-temperature ");
            LCD_Write_String(1,0,"    Error      ");
          }
        else
          {
            TempValue = NTC_TEMP_TAB[ADCValue - 29];
            if(ADCValue > 197)
              {
                if(TempValue < 10){str[8] = ' ';str[9] = '-';str[10] = TempValue + '0';}
                else{
                str[8] = '-';
                str[9] = (TempValue / 10) % 10 + '0';
                  str[10] = (TempValue / 1) % 10 + '0';
                }
              }
            else
              {
                if(TempValue < 10){str[8] = str[9] = ' ';str[10] = TempValue + '0';}
                else{
                    str[8] = ' ';
                    str[9] = (TempValue / 10) % 10 + '0';
                    str[10] = (TempValue / 1) % 10 + '0';
                }
              }
            str[11] = 0xDF;
            LCD_Write_String(0,0,str);
            LCD_Write_String(1,0," Normal");
          }
      }
  }
```

4. 小结

本实例展示了LPC1343如何通过GPIO引脚用软件来模拟串行通信访问ADC0832器件。实例程序主要涉及的内容如下：

（1）LCD驱动显示的编程。

（2）ADC0832的串行通信的软件模拟编程。

（3）读取ADC0832的数据，并进行处理在LCD上显示信息。

2.17 LCD显示的直流电动机的调速与正反转控制实例

1. 项目要求

利用LPC1343的PIO引脚输出软PWM信号驱动带编码器的直流电动机，实现如下功能：

（1）可以控制电动机的正转和反转。

（2）可以控制电动机的运行速度。

（3）通过LCD显示状态和速度信息。

2．硬件电路

硬件电路原理图如图 2-19 所示。

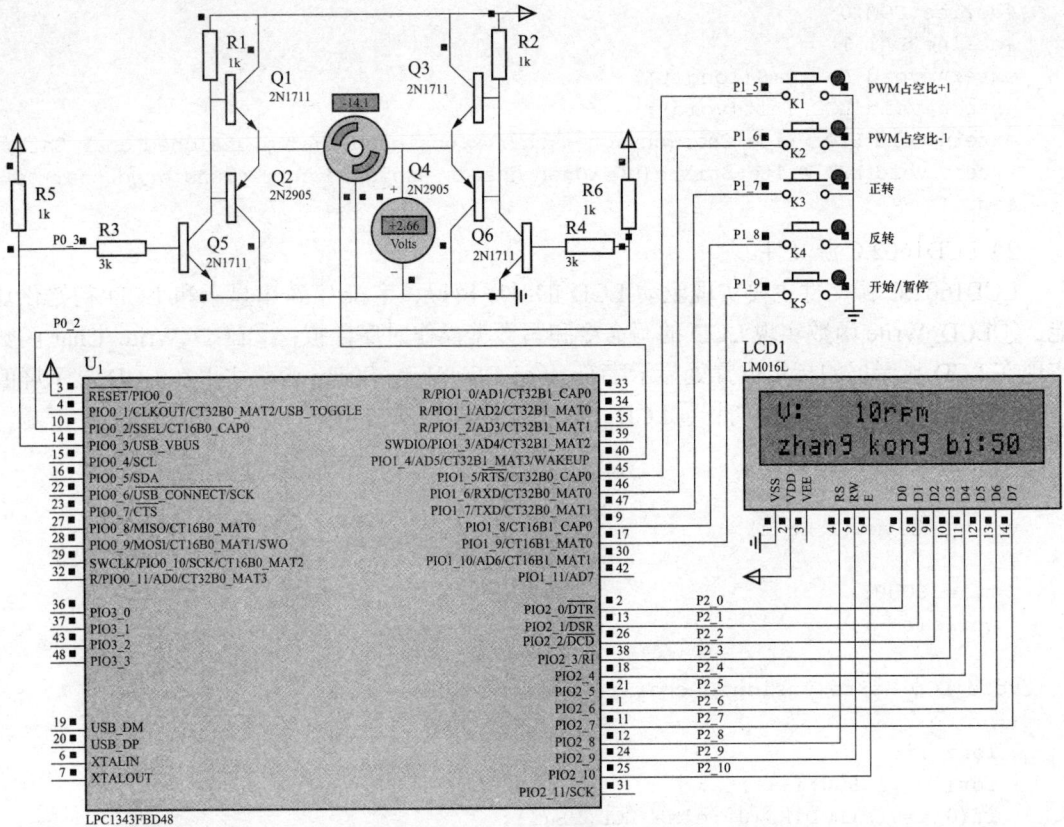

图 2-19　LCD 显示的直流电机的调速与正反转控制实例电路原理图

U_1（LPC1343）的 PIO2_0～PIO2_10 引脚分别连接到 LCD1（LM016L）的 D0～D7、RS、RW 和 E 引脚，按键 K1～K5 分别连接到 U_1（LPC1343）的 PIO1_4～PIO1_9 引脚，Q1～Q4 构成 H 桥电路驱动直流电动机，电阻 R_1～R_4、Q5 和 Q6 分别用于构成 H 桥的前置驱动和偏置电路，控制 Q5 和 Q6 的引脚连接到 U_1（LPC1343）的 PIO0_3 和 PIO0_2 引脚。从电机的输出的编码信号直接送到 U_1（LPC1343）的 PIO1_4。

3．程序设计

根据实例要求，设计的程序如下：

（1）LCD1602.C 源文件和 LCD1602.H 头文件。

1）LCD1602.H 头文件。LCD1602.H 头文件中实现驱动 1602 液晶引脚的宏定义和相关函数声明。

```
#ifndef __LCD1602_H__
#define __LCD1602_H__
#define LCD_RS(x)    ((x)?(LPC_GPIO2->DATA |= (1 << 8)):(LPC_GPIO2->DATA
&=~(1 << 8)))
  #define LCD_RW(x)    ((x)?(LPC_GPIO2->DATA |= (1 << 9)):(LPC_GPIO2->DATA
&=~(1 << 9)))
  #define LCD_EN(x)    ((x)?(LPC_GPIO2->DATA |= (1 << 10)):(LPC_GPIO2->DATA
```

```
&=～(1 << 10)))
    #define LCD_PORT(x)    LPC_GPIO2->DATA = (LPC_GPIO2->DATA & (～(0xFF << 0)))
| (x << 0)
    #define COM 0
    #define DAT 1
    extern void DelaymS(long t);
    extern void LCD_Init(void);
    extern void LCD_Write_Char(unsigned char x,unsigned char y,unsigned char Data);
    extern void LCD_Write_String(unsigned char x,unsigned char y,unsigned char *s);
    #endif
```

2）LCD1602.C 源文件。

LCD1602.C 源文件主要实现驱动 LCD 的时序模拟、字符/字符串显示和 LCD 初始化功能。①LCD_Write 函数实现 LCD 的写命令和写数据操作时序模拟；②LCD_Write_Char 函数实现在 LCD 显示屏的指定位置处显示字符；③LCD_Write_String 函数实现在 LCD 显示屏的指定位置处开始显示一串字符；④LCD_Init 函数实现 LCD 的模式和显示方式的配置等。

```
#include <LPC13xx.h>
#include "LCD1602.h"
void DelaymS(long t)
{
  t *= 6000;
  while(t--);
}
void LCD_Write(unsigned char rs,unsigned char dat)
{
  long i;
  for(i=0;i<600;i++);
  if(0 == rs)LCD_RS(0);else LCD_RS(1);
  LCD_RW(0);
  LCD_EN(1); LCD_PORT(dat);LCD_EN(0);
}
void LCD_Clear(void)
{
  LCD_Write(COM,0x01);
  DelaymS(10);
}
void LCD_Write_Char(unsigned char x,unsigned char y,unsigned char Data)
{
  if (0 == x)LCD_Write(COM,0x80 + y);else LCD_Write(COM,0xC0 + y);
  LCD_Write(DAT,Data);
}
void LCD_Write_String(unsigned char x,unsigned char y,unsigned char *s)
{
  if(0 == x)LCD_Write(COM,0x80 + y);else LCD_Write(COM,0xC0 + y);
  while (*s)LCD_Write(DAT,*s++);
}
void LCD_Init(void)
{
  LCD_Write(COM,0x38);                        //--- 显示模式设置 ---
```

```
LCD_Write(COM,0x08);                        //--- 显示关闭 ---
LCD_Write(COM,0x01);                        //--- 显示清屏 ---
DelaymS(5);
LCD_Write(COM,0x06);                        //--- 显示光标移动设置 ---
LCD_Write(COM,0x0C);                        //--- 显示开及光标设置 ---
}
```

（2）main.c 源文件。

在 main 源文件中，主要实现如下内容：

1）PIO1_4 引脚要配置为外部引脚中断方式，用于统计电动机运行速度；这部分内容由 PIO1_INT_Init 函数配置 PIO1_4 引脚的功能并使用 PIO1_4 的引脚中断向量。PIOINT1_IRQHandler 为引脚中断函数，每来一个下降沿就会触发该中断函数被执行一次，使得 Speed Value 变量值加 1 一次。

2）SysTick_Handler 节拍中断函数以每 0.1ms 间隔触发一次中断，实现周期为 100Hz 的软 PWM 信号的产生，占空比可以在 0～100 之间变化。并在该中断函数中以每 0.2s 的时间间隔统计一次电机运行速度。

3）在 main 函数中，除了相关的初始化调用之外，在 while（1）无限循环中实现对按键 K1～K5 的识别并执行相应的按键功能处理。

```
#include <LPC13xx.h>
#include "LCD1602.h"
unsigned char str1[] = {"V:    0rpm      "};
unsigned char str2[] = {"zhang kong bi:50"};
long RunStatus;
long RunDirection;
long SpeedValue,dFlag;
void PIO1_INT_Init(void)
{
  LPC_GPIO1->IS &=~(1 << 4);                //--- PIO1_4 配置为边沿触发中断 ---
  LPC_GPIO1->IBE &=~(1 << 4);
  LPC_GPIO1->IEV &=~(1 << 4);               //--- 选择下降沿触发方式 ---
  LPC_GPIO1->IE |= (1 << 4);                //--- 允许 PIO1_4 引脚中断 ---
  NVIC_EnableIRQ(EINT1_IRQn);               //--- 开 PIO1 端口的中断号 ---
}
void PIOINT1_IRQHandler(void)               //--- PIO1 端口引脚中断函数 ---
{
  if(0 != (LPC_GPIO1->RIS & (1 << 4)))
    {
      LPC_GPIO1->IC |= (1 << 4);            //--- 清除已触发的中断逻辑 ---
      SpeedValue ++;
    }
}
#define OUT1(x) ((x)?(LPC_GPIO0->DATA |= (1 << 2)):(LPC_GPIO0->DATA &=~(1 << 2)))
#define OUT2(x) ((x)?(LPC_GPIO0->DATA |= (1 << 3)):(LPC_GPIO0->DATA &=~(1 << 3)))
#define PWMMAX  200
#define PWMMIN  0
long PWMValue = 100,PWMCnt = 0;
long sCnt;
void SysTick_Handler(void)                  //--- 节拍定时器(SysTick)中断函数 ---
{
```

```
    long i;
    if(++sCnt >= 2000)                          //--- 0.2s 定时时间到 ---
      {
        sCnt = 0;
        str1[2] = str1[3] = str1[4] = str1[5] = ' ';
        str1[6] = '0';
        i = 6;
        SpeedValue *= 10;
        while(SpeedValue)
          {
            str1[i--] = SpeedValue % 10 +'0';
            SpeedValue /= 10;
          }
        SpeedValue = 0;
        dFlag = 1;
      }
  if(++PWMCnt >= PWMMAX)PWMCnt = 0;
  if(0 != RunStatus)
    {
      if(0 == RunDirection)                     //--- 电动机正转 ---
        {
          if(PWMCnt < PWMValue){OUT1(0);OUT2(1);}else {OUT1(1);OUT2(1);}
        }
      else                                      //--- 电动机反转 ---
        {
          if(PWMCnt < PWMValue){OUT1(1);OUT2(0);}else{OUT1(1);OUT2(1);}
        }
    }
  else{OUT1(1);OUT2(1);}                         //--- 电动机停止转动 ---
}
#define   K1    (LPC_GPIO1->DATA & (1 << 5))
#define   K2    (LPC_GPIO1->DATA & (1 << 6))
#define   K3    (LPC_GPIO1->DATA & (1 << 7))
#define   K4    (LPC_GPIO1->DATA & (1 << 8))
#define   K5    (LPC_GPIO1->DATA & (1 << 9))
long K1_Cnt,K2_Cnt,K3_Cnt,K4_Cnt,K5_Cnt;
int main (void)
{
  long temp;
  SystemCoreClockUpdate();
  SysTick_Config(SystemCoreClock / 10000); //--- 初始化 SysTick 定时 0.1ms ---
  PIO1_INT_Init();
  LPC_GPIO2->DIR = 0x7FF;
  LCD_Init();
  LCD_Write_String(0,0,str1);
  LCD_Write_String(1,0,str2);
  LPC_GPIO0->DIR = 3 << 2;
  OUT1(1);
  OUT2(1);
  while(1)
    {
      if(0 != dFlag){
```

```
      dFlag = 0;
      LCD_Write_String(0,0,str1);
    }
  if((0 == K1) && (999999 != K1_Cnt) && (++K1_Cnt > 10)){
                                          //--- K1 PWM 加键 ---

    if(0 == K1){
       K1_Cnt = 999999;
       PWMValue += 2;
       if(PWMValue >= PWMMAX)PWMValue = PWMMAX;
       temp = PWMValue * 100 / (PWMMAX - PWMMIN);
       str2[14] = (temp / 10) % 10 + '0';
       str2[15] = (temp / 1) % 10 + '0';
       LCD_Write_String(1,0,str2);
     }
   }
  else if(0 != K1)K1_Cnt = 0;
  if((0 == K2) && (999999 != K2_Cnt) && (++K2_Cnt > 10)){
                                            //--- K2 PWM 减键 ---

    if(0 == K2){
       K2_Cnt = 999999;
       PWMValue -= 2;
       if(PWMValue < PWMMIN)PWMValue = PWMMIN;
       temp = PWMValue * 100 / (PWMMAX - PWMMIN);
       str2[14] = (temp / 10) % 10 + '0';
       str2[15] = (temp / 1) % 10 + '0';
       LCD_Write_String(1,0,str2);
     }
   }
  else if(0 != K2)K2_Cnt = 0;
  if((0 == K3) && (999999 != K3_Cnt) && (++K3_Cnt > 10)){//--- K3 正转键 ---
    if(0 == K3){
       K3_Cnt = 999999;
       if(0 != RunDirection)RunDirection = 0;
     }
   }
  else if(0 != K3)K3_Cnt = 0;
  if((0 == K4) && (999999 != K4_Cnt) && (++K4_Cnt > 10)){//--- K4 反转键 ---
    if(0 == K4){
       K4_Cnt = 999999;
       if(0 == RunDirection)RunDirection = 1;
     }
   }
  else if(0 != K4)K4_Cnt = 0;
  if((0 == K5) && (999999 != K5_Cnt) && (++K5_Cnt > 10)){
                                          //--- K5 开始/暂停键 ---

    if(0 == K5){
       K5_Cnt = 999999;
       if(0 == RunStatus)RunStatus = 1;else RunStatus = 0;
     }
```

```
    }
    else if(0 != K5)K5_Cnt = 0;
  }
}
```

4．小结

本实例展示了如何利用 LPC1343 的 GPIO 引脚和相应的定时器实现 2 路软 PWM 来驱动直流电动机的调速。程序主要涉及的内容如下：

（1）GPIO 的引脚中断功能的应用。

（2）节拍定时器产生 PWM 信号和电动机转速的计算。

2.18　基于 CX20106A 的超声波测距应用实例

1．项目要求

利用 LPC1343 的 GPIO 引脚产生 40kHz 的超声波信号驱动喇叭输出，由 CX20106A 接收超声波信号产生触发信号送给 LPC1343，从而实现超声波的测距功能。

2．硬件电路

硬件电路原理图如图 2-20 所示。

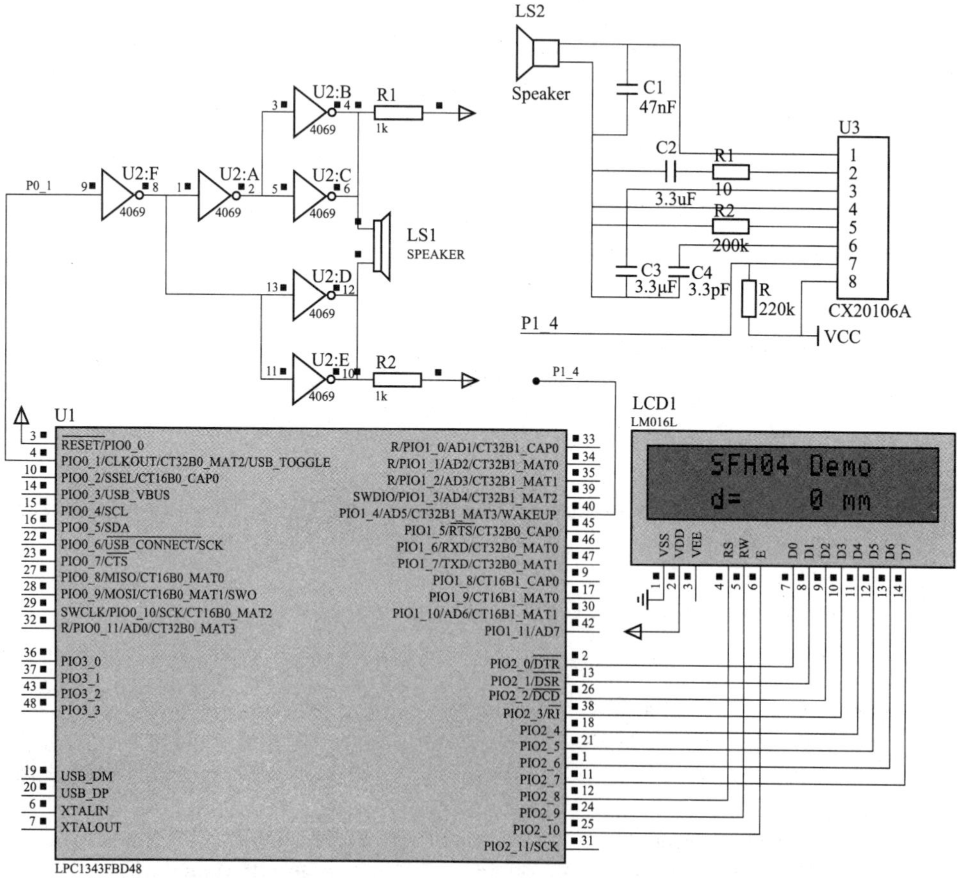

图 2-20　基于 CX20106 的超声波测距应用实例电路原理图

U₁（LPC1343）的 PIO2_0～PIO2_11 引脚分别连接到 LCD1（LM016L）的 D0～D7、RS、RW 和 E 引脚，PIO0_1 引脚输出 40kHz 的超声波通过 U₂（CD4069）构成差分式驱动 LS1 喇叭。超声波接收电路由 CX20106A 器件构成，通过 LS2 接收超声波信号送入到 U₃ 的 1 脚，当 CX20106A 接收到 40kHz 的信号时，会在 U₃ 的第 7 脚产生一个低电平下降脉冲，这个信号可以接到 U₁（LPC1343）的 PIO1_4 引脚。

3．程序设计

根据实例要求，设计的程序如下：

```c
#include <LPC13xx.h>
#define LCD_RS(x)    ((x)?(LPC_GPIO2->DATA |= (1 << 8)):(LPC_GPIO2->DATA &=~
(1 << 8)))
#define LCD_RW(x)    ((x)?(LPC_GPIO2->DATA |= (1 << 9)):(LPC_GPIO2->DATA &=~
(1 << 9)))
#define LCD_EN(x)    ((x)?(LPC_GPIO2->DATA |= (1 << 10)):(LPC_GPIO2->DATA &=~
(1 << 10)))
#define LCD_PORT(x)  LPC_GPIO2->DATA = (LPC_GPIO2->DATA & (~(0xFF << 0)))
| (x << 0)
#define COM 0
#define DAT 1
void DelaymS(long t)
{
  t *= 6000;
  while(t--);
}
void LCD_Write(unsigned char rs,unsigned char dat)
{
  long i;
  for(i=0;i<600;i++);
  if(0 == rs)LCD_RS(0);else LCD_RS(1);
  LCD_RW(0);
  LCD_EN(1); LCD_PORT(dat);LCD_EN(0);
}
void LCD_Write_Char(unsigned char x,unsigned char y,unsigned char Data)
{
  if (0 == x)LCD_Write(COM,0x80 + y);else LCD_Write(COM,0xC0 + y);
  LCD_Write(DAT,Data);
}
void LCD_Write_String(unsigned char x,unsigned char y,unsigned char *s)
{
  if(0 == x)LCD_Write(COM,0x80 + y);else LCD_Write(COM,0xC0 + y);
  while (*s)LCD_Write(DAT,*s++);
}
void LCD_Init(void)
{
  LCD_Write(COM,0x38);                //--- 显示模式设置 ---
  LCD_Write(COM,0x08);                //--- 显示关闭 ---
  LCD_Write(COM,0x01);                //--- 显示清屏 ---
  DelaymS(5);
  LCD_Write(COM,0x06);                //--- 显示光标移动设置 ---
  LCD_Write(COM,0x0C);                //--- 显示开及光标设置 ---
}
```

```
void CT32B1_Timer_Init(void)
{
  LPC_SYSCON->SYSAHBCLKCTRL |= (1 << 10);   //--- 使能 32 位定时器 1 的时钟源 ---
  LPC_TMR32B1->CTCR = 0;                     //--- 定时模式 ---
  LPC_TMR32B1->PR = 0;                       //--- 设置预分系数 ---
  LPC_TMR32B1->PC = 0;
  LPC_TMR32B1->TC = 0;
  LPC_TMR32B1->MR0 = 0xFFFFFFFF;             //--- 设置32位定时器定时1ms 的匹配值---
  LPC_TMR32B1->MCR = (3 << 0);               //--- 使能匹配 0 中断并匹配复位 TC ---
  LPC_TMR32B1->TCR = 0;                      //--- 禁止 32 位定时器 1 工作 ---
  NVIC_EnableIRQ(TIMER_32_1_IRQn);           //--- 使能 32 位定时器 1 的中断 ---
}
void TIMER32_1_IRQHandler(void)              //--- 32 位定时器 1 的中断函数 ---
{
  if(0 != (LPC_TMR32B1->IR & (1 << 0)))
    {
      LPC_TMR32B1->IR |= (1 << 0);
    }
}
long GetPulseValue,dFlag;
void PIO1_INT_Init(void)
{
  LPC_GPIO1->IS &=~(1 << 4);                 //--- PIO1_4 配置为边沿触发中断 ---
  LPC_GPIO1->IBE &=~(1 << 4);
  LPC_GPIO1->IEV &=~(1 << 4);                //--- 选择下降沿触发方式 ---
  LPC_GPIO1->IE |= (1 << 4);                 //--- 允许 PIO1_4 引脚中断 ---
  NVIC_EnableIRQ(EINT1_IRQn);                //--- 开 PIO1 端口的中断号 ---
}
void PIOINT1_IRQHandler(void)                //--- PIO1 端口引脚中断函数 ---
{
  if(0 != (LPC_GPIO1->RIS & (1 << 4)))
    {
      LPC_GPIO1->IC |= (1 << 4);             //--- 清除已触发的中断逻辑 ---
      LPC_TMR32B1->TCR = 0;
      LPC_GPIO1->IE &=~(1 << 4);
      GetPulseValue = LPC_TMR32B1->TC;
      dFlag = 1;
    }
}
#define CSB_DIR(x)  ((x)?(LPC_GPIO0->DIR |= (1 << 1)):(LPC_GPIO0->DIR &=~
(1 << 1)))
#define CSB(x)      ((x)?(LPC_GPIO0->DATA |= (1 << 1)):(LPC_GPIO0->DATA &=~
(1 << 1)))
#define CSB_PIN    (LPC_GPIO0->DATA & (1 << 1))
unsigned char str[] = {"  d= 0000 mm   "};
int main (void)
{
  long i,j;
  SystemCoreClockUpdate();
  PIO1_INT_Init();
  CT32B1_Timer_Init();

  LPC_GPIO2->DIR = 0x7FF;
```

```
LCD_Init();
LCD_Write_String(0,0,"  SFH04 Demo  ");
LCD_Write_String(1,0,"             ");
CSB_DIR(1);
while(1)
  {
    LPC_GPIO1->IE &=~(1 << 4);
    LPC_TMR32B1->TC = 0;
    LPC_TMR32B1->TCR = 1;
    for(i=0;i<8;i++)
      {
        if(CSB_PIN)CSB(0);else CSB(1);
        for(j=0;j<40;j++);
      }
    CSB(1);
    DelaymS(1);
    LPC_GPIO1->IE |= (1 << 4);
    DelaymS(50);
    while(0 == dFlag)
      {
        dFlag = GetPulseValue * 334000 / SystemCoreClock;
        str[6] = str[7] = str[8] = ' ';str[9] = '0';
        GetPulseValue = 9;
        while(dFlag)
          {
            str[GetPulseValue--] = dFlag % 10 +'0';
            dFlag /= 10;
          }
        dFlag = 0;
        LCD_Write_String(1,0,str);
      }
  }
}
```

4. 小结

本实例展示了如何利用 LPC1343 实现超声波测距的编程和应用方法。在程序中,涉及的主要内容如下:

(1) 40kHz 的超声波信号的产生。

(2) 利用 32 位定时器进行超声波从发射开始到接收到第一个返回波的时间测量。

(3) 利用 LPC1343 的 GPIO 引脚中断功能实现第一个回波的接收处理。

(4) 根据距离等于声波速度乘以时间,计算出距离,并显示。

2.19 基于 A/D 转换的直流电动机调速实例

1. 项目要求

在 LPC1343 的 PIO1_0/AD1 引脚外接一个可调电位器。通过改变电位器上的输出电压值来控制电动机的正反转和调速功能。

2. 硬件电路

硬件电路原理图如图 2-21 所示。

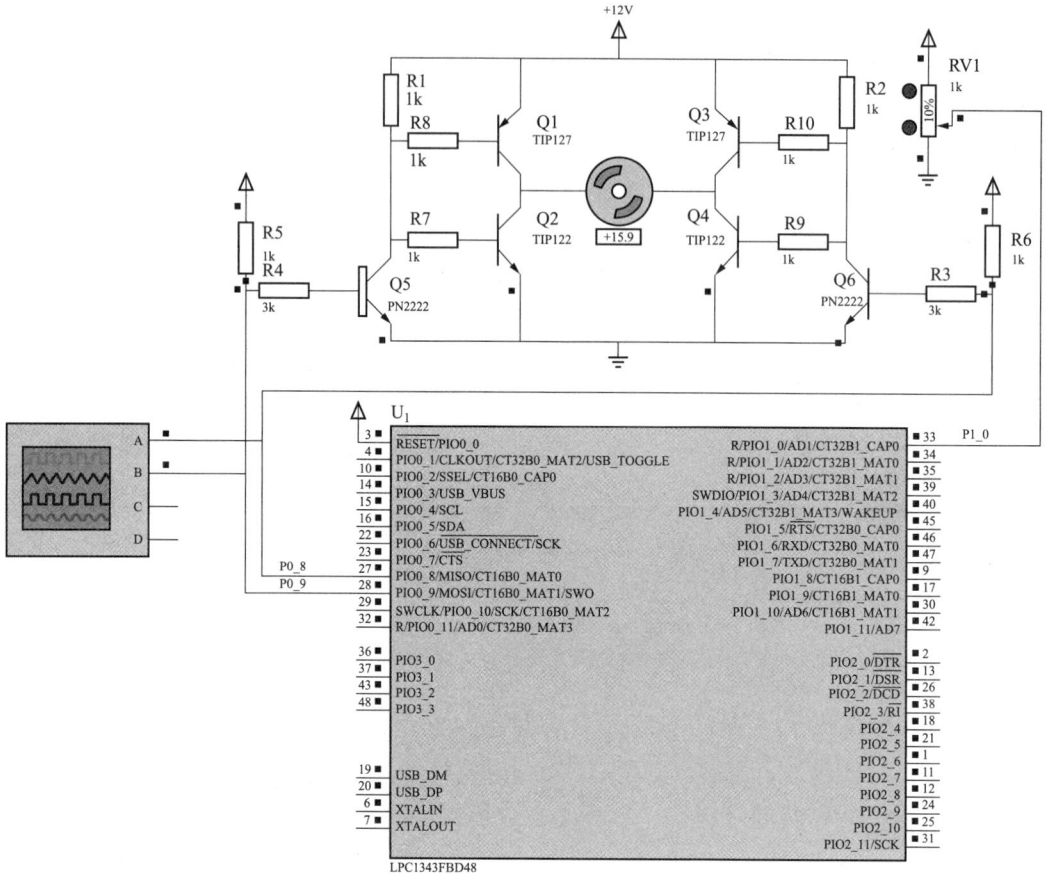

图 2-21　基于 A/D 转换的直流电机调速实例电路原理图

U$_1$（LPC1343）的 PIO1_0/AD1 引脚上外接一个 R$_{V1}$（1000Ω）可调电位器，通过 LPC1343 内置的 A/D 转换器采样 R$_{V1}$ 的可变电压值。U$_1$ 的 PIO0_8 和 PIO0_9 引脚驱动由 Q1～Q6 和 R$_1$～R$_{10}$ 构成的 H 桥的直流电机电路。

3. 程序设计

根据实例要求，设计的程序如下：

```
#include <LPC13xx.h>
#define OUT1(x) ((x)?(LPC_GPIO0->DATA |= (1 << 8)):(LPC_GPIO0->DATA &=~(1
<< 8)))
#define OUT2(x) ((x)?(LPC_GPIO0->DATA |= (1 << 9)):(LPC_GPIO0->DATA &=~(1
<< 9)))
#define ADC_START   LPC_ADC->CR |= (1 << 24);
#define ADC_STOP    LPC_ADC->CR &=~(7 << 24);
long ADCValue;
void LPC13XX_ADC_Init(void)
{
  LPC_SYSCON->SYSAHBCLKCTRL |= (1 << 16);  //--- 使能 IOCON 模块的时钟源 ---
  LPC_IOCON->R_PIO1_0 |= (2 << 0);         //--- 配置 PIO1_0 为 AD1 功能 ---
  LPC_IOCON->R_PIO1_0 &=~((1 << 7) | (3 << 3)); //--- 配置为模拟输入引脚 ---
  LPC_IOCON->R_PIO1_0 |= (1 << 3);         //--- 使能下拉电阻 ---
  LPC_SYSCON->SYSAHBCLKCTRL |= (1 << 13);  //--- 使能 ADC 模块的时钟源 ---
```

```
  LPC_SYSCON->PDRUNCFG |= (1 << 4);              //--- ADC 模块正常工作状态 ---
  LPC_ADC->CR = (0x20 << 8) | (1 << 1);
}
void CT16B0_PWM_Init(void)
{
  LPC_SYSCON->SYSAHBCLKCTRL |= (1 << 7);       //--- 使能 16 位定时器 0 的时钟源 ---
  LPC_TMR16B0->CTCR = 0;                         //--- 定时模式 ---
  LPC_TMR16B0->PR = 0;                           //--- 设置预分系数 ---
  LPC_TMR16B0->PC = 0;
  LPC_TMR16B0->TC = 0;
  LPC_TMR16B0->MR3 = SystemCoreClock / 10000 - 1;
                                                 //--- 设置 16 位定时 1 秒的匹配值---
  LPC_TMR16B0->MCR = (2 << 9);                  //--- 使能 MR3 匹配复位 TC ---
  LPC_TMR16B0->TCR = 1;                          //--- 使能 16 位定时器 1 工作 ---
  LPC_TMR16B0->MR0 = 0xFFFF;                     //--- MR3 用于设置占空比 ---
  LPC_TMR16B0->MR1 = 0xFFFF;                     //--- MR3 用于设置占空比 ---
  LPC_TMR16B0->PWMC |= (1 << 3) | ( 1 << 1) | ( 1 << 0);
}
long msCnt;
int main (void)
{
  LPC_GPIO0->DIR = 3 << 8;
  OUT1(1);
  OUT2(1);
  LPC_IOCON->PIO0_8 |= (2 << 0);               //--- 设置为 CT16B0_MAT0 功能 ---
  LPC_IOCON->PIO0_9 |= (2 << 0);               //--- 设置为 CT16B0_MAT1 功能 ---
  CT16B0_PWM_Init();
  LPC13XX_ADC_Init();
  ADC_START;
  LPC_GPIO2->DIR = 0xFFF;
  while(1)
    {
      if(++msCnt >= 2500)
        {
          msCnt = 0;
          if(0 != (LPC_ADC->GDR & 0x80000000)){
              ADC_STOP;
              ADCValue = LPC_ADC->GDR;
              ADC_START;
              ADCValue = (ADCValue >> 6) & 0x3FF;
              LPC_GPIO2->DATA = ADCValue;
              if(ADCValue < 512){
              LPC_TMR16B0->MR0 = (512 - ADCValue) * (LPC_TMR16B0->MR3 + 1) / 512 - 1;
                  LPC_TMR16B0->MR1 = 0xFFFF;
                }
              else if(ADCValue > 512){
                  LPC_TMR16B0->MR0 = 0xFFFF;
              LPC_TMR16B0->MR1 = (ADCValue - 512) * (LPC_TMR16B0->MR3 + 1) / 512 - 1;
                }
              else{
                  LPC_TMR16B0->MR1 = 0xFFFF;
                  LPC_TMR16B0->MR0 = 0xFFFF;
                }
```

```
            }
        }
    }
}
```

4. 小结

本实例展示如何利用 LPC1343 的 A/D 转换器来控制定时器产生两路 PWM 信号的占空比，从而达到控制电动机的正转和反转。程序中涉及的主要内容如下：

（1）LPC13XX_ADC_Init 函数实现 A/D 转换器的配置，为 A/D 转换做好准备工作。

（2）CT16B0_PWM_Init 函数实现将 16 位定时器 0 配置为 2 路输出的 PWM 工作模式。

（3）在 while（1）无限循环程序中，不停采样 RV1 的模拟量并转换为数字量，换算到控制 PWM 的占空比值，从而控制电动机的速度快慢。

当调节 RV1 在中点下方和上方时对应的 PWM 输出波形如图 2-22 所示。

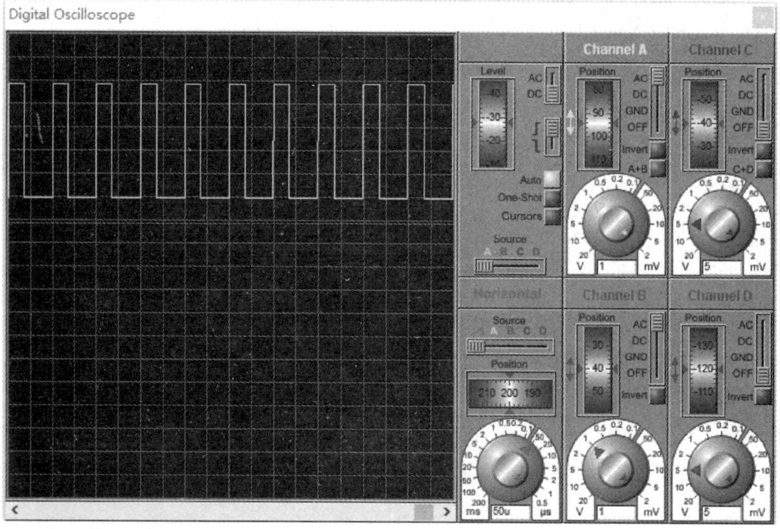

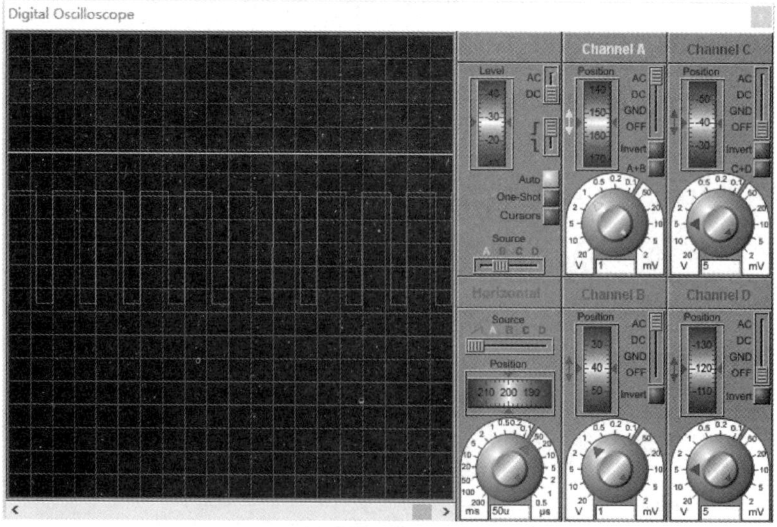

图 2-22　实例 2.19 波形示意图

2.20　基于 L297 和 L298 驱动的 2 相 4 线步进电动机控制实例

1．项目要求

利用 LPC1343 微控制器、L297 和 L298 器件构成一个可驱动 2 相 4 线制的步进电动机，实现如下功能：

（1）具有正转和反转控制功能。

（2）具有加速和减速功能。

（3）LCD 显示提示信息。

2．硬件电路

硬件电路原理图如图 2-23 所示。

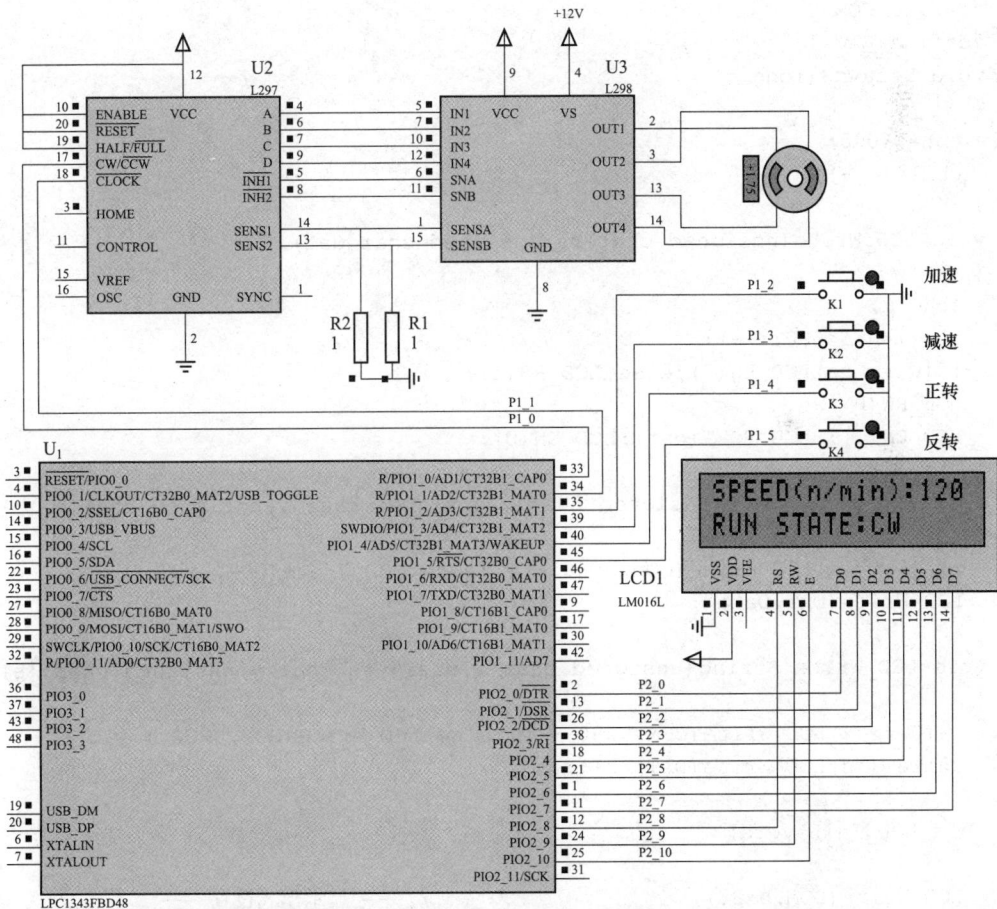

图 2-23　L297 和 L298 驱动的 2 相 4 线步进电动机控制实例电路原理图

U₁（LPC1343）的 PIO2_0～PIO2_10 引脚分别连接到 LCD1（LM016L）的 D₀～D₇、RS、RW 和 E 引脚，U₂ 和 U₃ 构成 2 相 4 线制步进电动机的驱动电路，R₁ 和 R₂ 为限流电阻。U₁（LPC1343）的 PIO1_0 和 PIO1_1 输出控制信号到 U2 的 CW/CCW 和 CLOCK 引脚，其中 PIO1_0

控制步进电动机的方向，PIO1_1 控制步进电动机行走的步数。按键 K1~K4 连接到 U$_1$（LPC1343）的 PIO1_2~PIO1_5 引脚。

3．程序设计

根据实例要求，设计的程序如下：

```
#include <LPC13xx.h>
#define LCD_RS(x)      ((x)?(LPC_GPIO2->DATA |= (1 << 8)):(LPC_GPIO2->DATA &=~
(1 << 8)))
#define LCD_RW(x)      ((x)?(LPC_GPIO2->DATA |= (1 << 9)):(LPC_GPIO2->DATA &=~
(1 << 9)))
#define LCD_EN(x)      ((x)?(LPC_GPIO2->DATA |= (1 << 10)):(LPC_GPIO2->DATA
&=~(1 << 10)))
#define LCD_PORT(x)    LPC_GPIO2->DATA = (LPC_GPIO2->DATA & (~(0xFF << 0)))
| (x << 0)
#define COM 0
#define DAT 1
void DelaymS(long t)
{
  t *= 6000;
  while(t--);
}
void LCD_Write(unsigned char rs,unsigned char dat)
{
  long i;
  for(i=0;i<600;i++);
  if(0 == rs)LCD_RS(0);else LCD_RS(1);
  LCD_RW(0);
  LCD_EN(1); LCD_PORT(dat);LCD_EN(0);
}
void LCD_Write_Char(unsigned char x,unsigned char y,unsigned char Data)
{
  if (0 == x)LCD_Write(COM,0x80 + y);else LCD_Write(COM,0xC0 + y);
  LCD_Write(DAT,Data);
}
void LCD_Write_String(unsigned char x,unsigned char y,unsigned char *s)
{
  if(0 == x)LCD_Write(COM,0x80 + y);else LCD_Write(COM,0xC0 + y);
  while (*s)LCD_Write(DAT,*s++);
}
void LCD_Init(void)
{
  LCD_Write(COM,0x38);                 //--- 显示模式设置 ---
  LCD_Write(COM,0x08);                 //--- 显示关闭 ---
  LCD_Write(COM,0x01);                 //--- 显示清屏 ---
  DelaymS(5);
  LCD_Write(COM,0x06);                 //--- 显示光标移动设置 ---
  LCD_Write(COM,0x0C);                 //--- 显示开及光标设置 ---
}
#define   CCW(x)    ((x)?(LPC_GPIO1->DATA |= (1 << 0)):(LPC_GPIO1->DATA &=~
```

```
(1 << 0)))
    #define    CLK(x)      ((x)?(LPC_GPIO1->DATA |= (1 << 1)):(LPC_GPIO1->DATA &=~
(1 << 1)))
    #define    CLK_PIN    (LPC_GPIO1->DATA & (1 << 1))
    unsigned char str1[] = {"SPEED(n/min):000"};
    unsigned char str2[] = {"RUN STATE:"};
    unsigned char str3[] = {"CW "};
    unsigned char str4[] = {"CCW"};
    long RunSpeed = 50;
    #define    K1    (LPC_GPIO1->DATA & (1 << 2))
    #define    K2    (LPC_GPIO1->DATA & (1 << 3))
    #define    K3    (LPC_GPIO1->DATA & (1 << 4))
    #define    K4    (LPC_GPIO1->DATA & (1 << 5))
    long K1_Cnt,K2_Cnt,K3_Cnt,K4_Cnt;
    long msCnt;
    int main (void)
    {
      LPC_SYSCON->SYSAHBCLKCTRL |= (1 << 16);    //--- 使能 IOCON 模块的时钟源 ---
      LPC_IOCON->R_PIO1_0 |= (1 << 0);           //--- PIO1_0 为 GPIO 功能 ---
      LPC_IOCON->R_PIO1_1 |= (1 << 0);           //--- PIO1_1 为 GPIO 功能 ---
      LPC_IOCON->R_PIO1_2 |= (1 << 0);           //--- PIO1_2 为 GPIO 功能 ---
      LPC_IOCON->SWDIO_PIO1_3 |= (1 << 0);       //--- PIO1_3 为 GPIO 功能 ---
      LPC_GPIO1->DIR = 3;
      CLK(0);
      CCW(0);
      LPC_GPIO2->DIR = 0x7FF;
      LCD_Init();
      str1[13] = '0';
      str1[14] = '5';
      str1[15] = '0';
      LCD_Write_String(0,0,str1);
      LCD_Write_String(1,0,str2);
      LCD_Write_String(1,10,str3);
      while(1)
        {
          if(++msCnt >= RunSpeed)
            {
              msCnt = 0;
              if(CLK_PIN)CLK(0);else CLK(1);
            }
          if((0 == K1) && (999999 != K1_Cnt) && (++K1_Cnt > 10)){ //--- K1 加速 ---
            if(0 == K1){
                K1_Cnt = 999999;
                if(RunSpeed >= 12)RunSpeed -= 2;
                str1[13] = 1000 * 6 / RunSpeed / 100 + 48;
                str1[14] = 1000 * 6 / RunSpeed % 100 / 10 + 48;
                str1[15] = 1000 * 6 / RunSpeed % 10 + 48;
                LCD_Write_String(0,0,str1);
              }
```

```
        }
        else if(0 != K1)K1_Cnt = 0;
        if((0 == K2) && (999999 != K2_Cnt) && (++K2_Cnt > 10)){ //--- K2 减速 ---
          if(0 == K2){
              K2_Cnt = 999999;
              if(RunSpeed <= 100)RunSpeed += 2;
              str1[13] = 1000 * 6 / RunSpeed / 100 + 48;
              str1[14] = 1000 * 6 / RunSpeed % 100 / 10 + 48;
              str1[15] = 1000 * 6 / RunSpeed % 10 + 48;
              LCD_Write_String(0,0,str1);
            }
          }
        else if(0 != K2)K2_Cnt = 0;
        if((0 == K3) && (999999 != K3_Cnt) && (++K3_Cnt > 10)){ //--- K3 正转 ---
          if(0 == K3){
              K3_Cnt = 999999;
              CCW(0);
              LCD_Write_String(1,10,str3);
            }
          }
        else if(0 != K3)K3_Cnt = 0;
        if((0 == K4) && (999999 != K4_Cnt) && (++K4_Cnt > 10)){ //--- K4 反转 ---
          if(0 == K4){
              K4_Cnt = 999999;
              CCW(1);
              LCD_Write_String(1,10,str4);
            }
          }
        else if(0 != K4)K4_Cnt = 0;
     }
}
```

4. 小结

本实例展示了如何利用 LPC1343 的 GPIO 引脚控制 L297 和 L298 构成的步进电动机驱动电路，实现步进电动机的正反转和加减速功能。程序涉及的主要内容如下：

（1）控制步进电机的快慢由 RunSpeed 变量决定，该变量数值大就会使得 PIO1_1 引脚的输出 CLK 时钟变慢，反之则变快。

（2）按键 K1～K4 的识别程序设计。

2.21 LCD 显示的 4 相 5 线步进电动机控制实例

1. 项目要求

利用 LPC1343 的 PIO 引脚直接驱动 4 相 5 线制步进电动机工作，要求具有正反转、加减速和停止控制功能，并通过 128X64 图形点阵 LCD 显示提示信息。

2. 硬件电路

硬件电路原理图如图 2-24 所示。

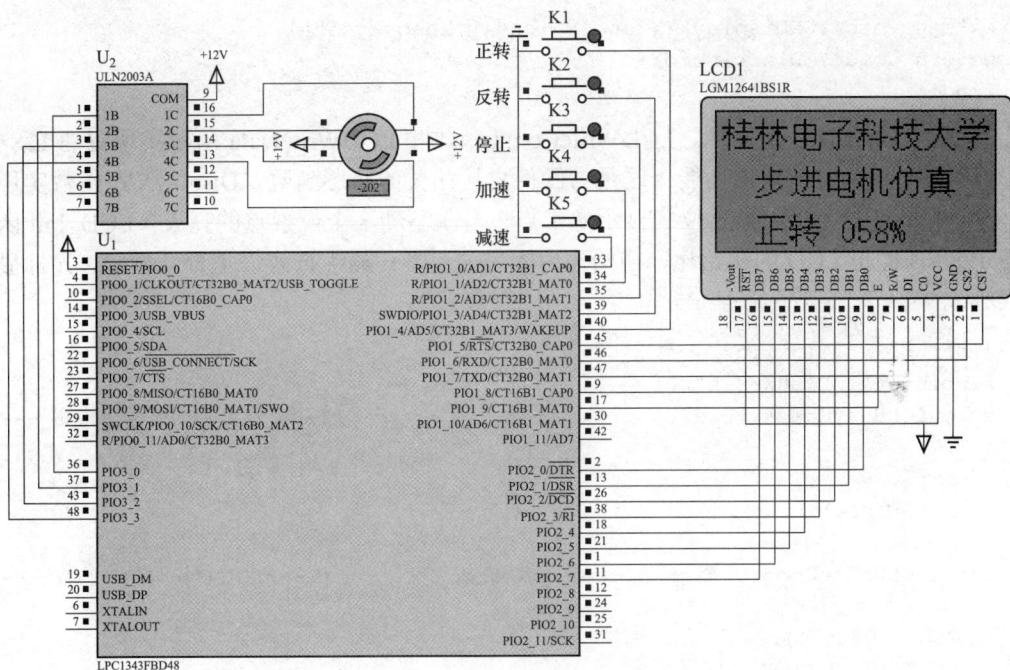

图 2-24　LCD 显示的 4 相 5 线步进电机控制实例电路原理图

U₁（LPC1343）的 PIO2_0～PIO2_7 引脚到 LCD1 的 DB0～DB7 引脚，U₁（LPC1343）的 PIO1_5～PIO1_9 引脚分别连接到 LCD1 的 CS1、CS2、DI、R/W 和 E 引脚。U₁（LPC1343）的 PIO3_0～PIO3_3 连接到 U₂（ULN2003A）来驱动步进电动机，按键 K1～K5 分别连接到 U₁（LPC1343）的 PIO1_0～PIO1_4 引脚。

3. 程序设计

根据实例要求，设计的程序如下：

（1）LCD128X64.C 源文件和 LCD128X64.H 头文件。

1）LCD128X64.H 头文件。该头文件中与 LCD128×64 图形点阵 LCD 相关的 GPIO 驱动引脚进行宏定义、操作 128×64 图形 LCD 的指令集进行宏定义。

```
#ifndef  __LCD128X64_H__
#define  __LCD128X64_H__
#define LCD_CS1(x)    ((x)?(LPC_GPIO1->DATA |= (1 << 5)):(LPC_GPIO1->DATA &=~
(1 << 5)))
#define LCD_CS2(x)    ((x)?(LPC_GPIO1->DATA |= (1 << 6)):(LPC_GPIO1->DATA &=~
(1 << 6)))
#define LCD_DI(x)     ((x)?(LPC_GPIO1->DATA |= (1 << 7)):(LPC_GPIO1->DATA &=~
(1 << 7)))
#define LCD_RW(x)     ((x)?(LPC_GPIO1->DATA |= (1 << 8)):(LPC_GPIO1->DATA &=~
(1 << 8)))
#define LCD_EN(x)     ((x)?(LPC_GPIO1->DATA |= (1 << 9)):(LPC_GPIO1->DATA &=~
(1 << 9)))
#define LCD_PORT(x)   LPC_GPIO2->DATA = x
#define LCD_DIR(x)    LPC_GPIO2->DIR = x
#define LCD_PIN       LPC_GPIO2->DATA
```

```
extern void LCDDisplayXY(long x,long y,long xydata);
extern void LCDInit(void);
#endif
```

2）LCD128X64.C 源文件。LCDWriteComd 函数和 LCDWriteData 函数实现驱动 128×64
图形点阵 LCD 的时序模拟功能，这是与硬件直接相关的底层函数。DisplayXY 函数实现在
128×64 图形点阵 LCD 上指定位置显示像素点，一次驱动 8 个像素点的亮灭。LCD_Init 函数
实现 128×64 图形 LCD 的初始化，初始化内容主要包括：显示方式、是否开显示、光标显示
方式等。

```
#include <LPC13xx.h>
#include "LCD128X64.h"
void LCDBusyCheck(void)                          //--- LCD 模块忙标志检测 ---
{
  long i;
  for(i=0;i<30;i++);
}
void LCDWriteComd(unsigned char ucCMD)           //--- LCD 模块写命令函数 ---
{
  LCDBusyCheck();
  LCD_DI(0);LCD_RW(0);
  LCD_PORT(ucCMD);
  LCD_EN(1);LCD_EN(0);
}
void LCDWriteData(unsigned char ucData)          //--- LCD 模块写数据函数 ---
{
  LCDBusyCheck();
  LCD_DI(1);LCD_RW(0);
  LCD_PORT(ucData);
  LCD_EN(1);LCD_EN(0);
}
void LCDDisplayXY(long x,long y,long xydata)      //--- LCD 模块显示像素 ---
{
  if(y < 64){LCD_CS1(1);LCD_CS2(0);}             //--- 选择左半屏 ---
  else{LCD_CS1(0);LCD_CS2(1);}                    //--- 选择右半屏 ---
  LCDWriteComd(0xB8 | x);                         //--- 设置行地址(页) 0~7 ---
  LCDWriteComd(0x40 | y);                         //--- 设置列地址 0~63 ---
  LCDWriteData(xydata);
}
void LCDInit(void)
{
  LCD_CS1(1);
  LCD_CS2(1);
  LCDWriteComd(0x38);                             //--- 8 位形式,两行字符 ---
  LCDWriteComd(0x0F);                             //--- 开显示 ---
  LCDWriteComd(0x01);                             //--- 清屏 ---
  LCDWriteComd(0x06);                             //--- 画面不动,光标右移 ---
  LCDWriteComd(0xC0);                             //--- 设置起始行 ---
  LCD_CS1(0);
  LCD_CS2(0);
}
```

（2）FONT.C 源文件和 FONT.H 头文件。

1）FONT.H 头文件。

```
#ifndef    __FONT_H__
#define    __FONT_H__
extern void LCD_DisplayChar(long x,long y,const unsigned char *p);
extern void LCD_DisplayCharHZ(long x,long y,const unsigned char *p);
extern void LCD_DisplayStringHZ(long x,long y,const unsigned char *p,long len);
#endif
```

2）FONT.C 源文件。中间层函数 LCD_Display8X16Dot 实现 8×16 点阵的英文字符显示功能，中间层函数 LCD_Display16X16Dot 实现 16×16 点阵的汉字显示功能；与硬件无关的高级函数 LCD_DisplayChar 实现在图形 LCD 指定位置上显示字符，LCD_DisplayCharHZ 实现在图表 LCD 指定位置上显示汉字。

```
#include "LCD128X64.h"
#include "FONT.h"
void LCD_Display8X16Dot(long x,long y,const unsigned char *p)
{
  long i;
  for(i=0;i<8;i++)
    {
      LCDDisplayXY(x,y,*p ++);
      LCDDisplayXY(x + 1,y ++,*p ++);
    }
}
void LCD_DisplayChar(long x,long y,const unsigned char *p)
{
  LCD_Display8X16Dot(x,y,p);
}
void LCD_Display16X16Dot(long x,long y,const unsigned char *p)
{
  long i;
  for(i=0;i<16;i++)
    {
      LCDDisplayXY(x,y,*p ++);
      LCDDisplayXY(x + 1,y ++,*p ++);
    }
}
void LCD_DisplayCharHZ(long x,long y,const unsigned char *p)
{
  LCD_Display16X16Dot(x,y,p);
}
void LCD_DisplayStringHZ(long x,long y,const unsigned char *p,long len)
{
  while(len --)
    {
      LCD_Display16X16Dot(x,y,p);
      y += 16;
```

```
        if(y >= 128) y = 0;
        if(0 == y) x += 2;
        p += 32;
    }
}
```

（3）main.C 源文件。

```
#include <LPC13xx.h>
#include "LCD128X64.h"
#include "font.h"
const unsigned char GUET[][32] =
{
0x10,0x04,0x10,0x03,0xD0,0x00,0xFF,0xFF,0x90,0x00,0x10,0x03,0x40,0x40,0x4
4,0x44,
0x44,0x44,0x44,0x44,0x7F,0x7F,0x44,0x44,0x44,0x44,0x44,0x44,0x40,0x40,0x0
0,0x00,//"桂",0
0x10,0x04,0x10,0x03,0xD0,0x00,0xFF,0xFF,0x90,0x00,0x10,0x11,0x00,0x08,0x1
0,0x04,
0x10,0x03,0xD0,0x00,0xFF,0xFF,0xD0,0x00,0x10,0x03,0x10,0x04,0x10,0x08,0x0
0,0x00,//"林",1
0x00,0x00,0x00,0x00,0xF8,0x1F,0x88,0x08,0x88,0x08,0x88,0x08,0x88,0x08,0xF
F,0x7F,
0x88,0x88,0x88,0x88,0x88,0x88,0x88,0x88,0xF8,0x9F,0x00,0x80,0x00,0xF0,0x0
0,0x00,//"电",2
0x80,0x00,0x82,0x00,0x82,0x00,0x82,0x00,0x82,0x00,0x82,0x40,0x82,0x80,0xE
2,0x7F,
0xA2,0x00,0x92,0x00,0x8A,0x00,0x86,0x00,0x82,0x00,0x80,0x00,0x80,0x00,0x0
0,0x00,//"子",3
0x24,0x08,0x24,0x06,0xA4,0x01,0xFE,0xFF,0xA3,0x00,0x22,0x01,0x00,0x04,0x2
2,0x04,
0xCC,0x04,0x00,0x04,0x00,0x04,0xFF,0xFF,0x00,0x02,0x00,0x02,0x00,0x02,0x0
0,0x00,//"科",4
0x10,0x04,0x10,0x44,0x10,0x82,0xFF,0x7F,0x10,0x01,0x90,0x80,0x08,0x80,0x8
8,0x40,
0x88,0x43,0x88,0x2C,0xFF,0x10,0x88,0x28,0x88,0x46,0x88,0x81,0x08,0x80,0x0
0,0x00,//"技",5
0x20,0x80,0x20,0x80,0x20,0x40,0x20,0x20,0x20,0x10,0x20,0x0C,0x20,0x03,0xF
F,0x00,
0x20,0x03,0x20,0x0C,0x20,0x10,0x20,0x20,0x20,0x40,0x20,0x80,0x20,0x80,0x0
0,0x00,//"大",6
0x40,0x04,0x30,0x04,0x11,0x04,0x96,0x04,0x90,0x04,0x90,0x44,0x91,0x84,0x9
6,0x7E,
0x90,0x06,0x90,0x05,0x98,0x04,0x14,0x04,0x13,0x04,0x50,0x04,0x30,0x04,0x0
0,0x00,//"学",7
};
const unsigned char HZ_2[][32] =
{
0x40,0x80,0x40,0x90,0x40,0x88,0x7C,0x46,0x40,0x40,0x40,0x40,0x40,0x20,0xF
```

```
F,0x2F,
    0x44,0x10,0x44,0x10,0x44,0x08,0x44,0x04,0x44,0x02,0x40,0x00,0x40,0x00,0x0
0,0x00,//"步",0
    0x40,0x00,0x40,0x40,0x42,0x20,0xCC,0x1F,0x00,0x20,0x80,0x40,0x88,0x50,0x8
8,0x4C,
    0xFF,0x43,0x88,0x40,0x88,0x40,0xFF,0x5F,0x88,0x40,0x88,0x40,0x80,0x40,0x0
0,0x00,//"进",1
    0x00,0x00,0x00,0x00,0xF8,0x1F,0x88,0x08,0x88,0x08,0x88,0x08,0x88,0x08,0xF
F,0x7F,
    0x88,0x88,0x88,0x88,0x88,0x88,0x88,0x88,0xF8,0x9F,0x00,0x80,0x00,0xF0,0x0
0,0x00,//"电",2
    0x10,0x04,0x10,0x03,0xD0,0x00,0xFF,0xFF,0x90,0x00,0x10,0x83,0x00,0x60,0xF
E,0x1F,
    0x02,0x00,0x02,0x00,0x02,0x00,0xFE,0x3F,0x00,0x40,0x00,0x40,0x00,0x78,0x0
0,0x00,//"机",3
    0x00,0x01,0x80,0x00,0x60,0x00,0xF8,0xFF,0x07,0x80,0x08,0x40,0x08,0x30,0xF
8,0x0F,
    0x89,0x00,0x8E,0x40,0x88,0x80,0x88,0x40,0x88,0x3F,0x08,0x00,0x08,0x00,0x0
0,0x00,//"仿",4
    0x00,0x10,0x04,0x10,0x04,0x90,0xF4,0x5F,0x54,0x35,0x54,0x15,0x54,0x15,0x5
F,0x15,
    0x54,0x15,0x54,0x15,0x54,0x35,0xF4,0x5F,0x04,0x90,0x04,0x10,0x00,0x10,0x0
0,0x00,//"真",5
    };
    const unsigned char HZ_3[][32] =
    {
    0x80,0x00,0x60,0x00,0xF8,0xFF,0x07,0x00,0x00,0x03,0x04,0x01,0x74,0x05,0x5
4,0x45,
    0x55,0x85,0x56,0x7D,0x54,0x05,0x54,0x05,0x74,0x05,0x04,0x01,0x00,0x03,0x0
0,0x00,//"停",0
    0x00,0x40,0x00,0x40,0x00,0x40,0xF0,0x7F,0x00,0x40,0x00,0x40,0x00,0x40,0xF
F,0x7F,
    0x40,0x40,0x40,0x40,0x40,0x40,0x40,0x40,0x40,0x40,0x00,0x40,0x00,0x40,0x0
0,0x00,//"止",1
    0x00,0x40,0x02,0x40,0x02,0x40,0xC2,0x7F,0x02,0x40,0x02,0x40,0x02,0x40,0xF
E,0x7F,
    0x82,0x40,0x82,0x40,0x82,0x40,0x82,0x40,0x82,0x40,0x02,0x40,0x00,0x40,0x0
0,0x00,//"正",0
    0xC8,0x08,0xB8,0x18,0x8F,0x08,0xE8,0xFF,0x88,0x04,0x88,0x04,0x40,0x00,0x4
8,0x02,
    0x48,0x0B,0xE8,0x12,0x5F,0x22,0x48,0xD2,0x48,0x0A,0x48,0x06,0x40,0x00,0x0
0,0x00,//"转",1
    0x00,0x40,0x00,0x30,0xFC,0x8F,0x24,0x80,0x24,0x40,0xE4,0x40,0x24,0x23,0x2
4,0x14,
    0x22,0x08,0x22,0x14,0x22,0x22,0xA3,0x41,0x62,0x40,0x00,0x80,0x00,0x80,0x0
0,0x00,//"反",0
    0xC8,0x08,0xB8,0x18,0x8F,0x08,0xE8,0xFF,0x88,0x04,0x88,0x04,0x40,0x00,0x4
8,0x02,
```

```
    0x48,0x0B,0xE8,0x12,0x5F,0x22,0x48,0xD2,0x48,0x0A,0x48,0x06,0x40,0x00,0x0
0,0x00,//"转",1
    };
    const unsigned char NUM[][16] =
    {
    0x00,0x00,0xE0,0x0F,0x10,0x10,0x08,0x20,0x08,0x20,0x10,0x10,0xE0,0x0F,0x0
0,0x00,//"0",0
    0x00,0x00,0x00,0x00,0x10,0x20,0x10,0x20,0xF8,0x3F,0x00,0x20,0x00,0x20,0x0
0,0x00,//"1",1
    0x00,0x00,0x70,0x30,0x08,0x28,0x08,0x24,0x08,0x22,0x08,0x21,0xF0,0x30,0x0
0,0x00,//"2",2
    0x00,0x00,0x30,0x18,0x08,0x20,0x08,0x21,0x08,0x21,0x88,0x22,0x70,0x1C,0x0
0,0x00,//"3",3
    0x00,0x00,0x00,0x06,0x80,0x05,0x40,0x24,0x30,0x24,0xF8,0x3F,0x00,0x24,0x0
0,0x24,//"4",4
    0x00,0x00,0xF8,0x19,0x88,0x20,0x88,0x20,0x88,0x20,0x08,0x11,0x08,0x0E,0x0
0,0x00,//"5",5
    0x00,0x00,0xE0,0x0F,0x10,0x11,0x88,0x20,0x88,0x20,0x90,0x20,0x00,0x1F,0x0
0,0x00,//"6",6
    0x00,0x00,0x18,0x00,0x08,0x00,0x08,0x3E,0x88,0x01,0x68,0x00,0x18,0x00,0x0
0,0x00,//"7",7
    0x00,0x00,0x70,0x1C,0x88,0x22,0x08,0x21,0x08,0x21,0x88,0x22,0x70,0x1C,0x0
0,0x00,//"8",8
    0x00,0x00,0xF0,0x01,0x08,0x12,0x08,0x22,0x08,0x22,0x10,0x11,0xE0,0x0F,0x0
0,0x00,//"9",9
    0x00,0x00,0x00,0x00,0x00,0x00,0x00,0x00,0x00,0x00,0x00,0x00,0x00,0x00,0x0
0,0x00,//" ",10
    0xF0,0x00,0x08,0x31,0xF0,0x0C,0x80,0x03,0x60,0x1E,0x18,0x21,0x00,0x1E,0x0
0,0x00,//"%",11
    };
    #define   K1  (LPC_GPIO1->DATA & (1 << 4))
    #define   K2  (LPC_GPIO1->DATA & (1 << 3))
    #define   K3  (LPC_GPIO1->DATA & (1 << 2))
    #define   K4  (LPC_GPIO1->DATA & (1 << 1))
    #define   K5  (LPC_GPIO1->DATA & (1 << 0))
    long K1_Cnt,K2_Cnt,K3_Cnt,K4_Cnt,K5_Cnt;
    #define   STEPMOTOR_PORT    LPC_GPIO3->DATA
    long Direction,RunState,Speed = 50;
    long StepIndex;
    constunsignedcharSTEP_MOTOR_LOOP[]={0x01,0x03,0x02,0x06,0x04,0x0C,0x08,
0x09};
    void DisplaySpeed(long speed)
    {
      speed = (100 - speed) * 100 / 85;
      LCD_DisplayChar(6,56,&NUM[(speed / 100) % 10][0]);
      LCD_DisplayChar(6,64,&NUM[(speed / 10) % 10][0]);
      LCD_DisplayChar(6,72,&NUM[(speed / 1) % 10][0]);
      LCD_DisplayChar(6,80,&NUM[11][0]);
```

```c
}
long msCnt;
int main (void)
{
  LPC_SYSCON->SYSAHBCLKCTRL |= (1 << 16);    //--- 使能 IOCON 模块的时钟源 ---
  LPC_IOCON->R_PIO1_0 |= (1 << 0);           //--- PIO1_0 为 GPIO 功能 ---
  LPC_IOCON->R_PIO1_1 |= (1 << 0);           //--- PIO1_1 为 GPIO 功能 ---
  LPC_IOCON->R_PIO1_2 |= (1 << 0);           //--- PIO1_2 为 GPIO 功能 ---
  LPC_IOCON->SWDIO_PIO1_3 |= (1 << 0);       //--- PIO1_3 为 GPIO 功能 ---
  LPC_GPIO1->DIR = (0x1F << 5);
  LPC_GPIO2->DIR = (0xFF << 0);
  LCDInit();
  LCD_DisplayStringHZ(0,0,&GUET[0][0],8);
  LCD_DisplayStringHZ(3,16,&HZ_2[0][0],6);
  LCD_DisplayStringHZ(6,16,&HZ_3[0][0],2);
  LPC_GPIO3->DIR = 0xF;
  STEPMOTOR_PORT = 0xF;
  while(1)
    {
      if(++msCnt >= (200 * Speed))
        {
          msCnt = 0;
          if(0 != RunState)
            {
              if(0 == Direction){if(++StepIndex > 7)StepIndex = 0;}
              else{if(--StepIndex < 0)StepIndex = 7;}
              STEPMOTOR_PORT = ~STEP_MOTOR_LOOP[StepIndex];
            }
          else STEPMOTOR_PORT = ~0xF;
        }
      if((0 == K1) && (999999 != K1_Cnt) && (++K1_Cnt > 10)){ //--- K1 正转 ---
        if(0 == K1){
            K1_Cnt = 999999;
            Direction = 0;
            RunState = 1;
            LCD_DisplayStringHZ(6,16,&HZ_3[2][0],2);
            DisplaySpeed(Speed);
          }
        }
      else if(0 != K1)K1_Cnt = 0;
      if((0 == K2) && (999999 != K2_Cnt) && (++K2_Cnt > 10)){ //--- K2 反转 ---
        if(0 == K2){
            K2_Cnt = 999999;
            Direction = 1;
            RunState = 1;
            LCD_DisplayStringHZ(6,16,&HZ_3[4][0],2);
            DisplaySpeed(Speed);
          }
```

```
            }
        else if(0 != K2)K2_Cnt = 0;
        if((0 == K3) && (999999 != K3_Cnt) && (++K3_Cnt > 10)){ //--- K3 停止 ---
            if(0 == K3){
                K3_Cnt = 999999;
                RunState = 0;
                LCD_DisplayStringHZ(6,16,&HZ_3[0][0],2);
                LCD_DisplayChar(6,56,&NUM[10][0]);
                LCD_DisplayChar(6,64,&NUM[10][0]);
                LCD_DisplayChar(6,72,&NUM[10][0]);
                LCD_DisplayChar(6,80,&NUM[10][0]);
            }
        }
        else if(0 != K3)K3_Cnt = 0;
        if((0 == K4) && (999999 != K4_Cnt) && (++K4_Cnt > 10)){ //--- K4 加速 ---
            if(0 == K4){
                K4_Cnt = 999999;
                if(Speed > 14)Speed -= 2;
                DisplaySpeed(Speed);
            }
        }
        else if(0 != K4)K4_Cnt = 0;
        if((0 == K5) && (999999 != K5_Cnt) && (++K5_Cnt > 10)){ //--- K4 减速 ---
            if(0 == K5){
                K5_Cnt = 999999;
                if(Speed < 80)Speed += 2;
                DisplaySpeed(Speed);
            }
        }
        else if(0 != K5)K5_Cnt = 0;
    }
}
```

4. 小结

本实例展示了 LPC1343 的 GPIO 直接驱动步进电机的应用和编程方法，对于 4 相 5 线制步进电动机，其中 4 相的 ABCD 必须按"A→AB→B→BC→C→CD→D→DA"或者反过来的方式才能让步进电动机正常运行起来。因此，在程序中将步进电动机的相序定义在 STEP_MOTOR_LOOP 数组中。按规定的时间依次送出该相序即可。调整送相序的时间长度就可以控制步进电动机的转速。

2.22   160×128 图形 LCD 显示模块应用实例

1. 项目要求

利用 LPC1343 微控制器直接驱动 160×128 的图形 LCD 显示模块显示图形。

2. 硬件电路

硬件电路原理图如图 2-25 所示。

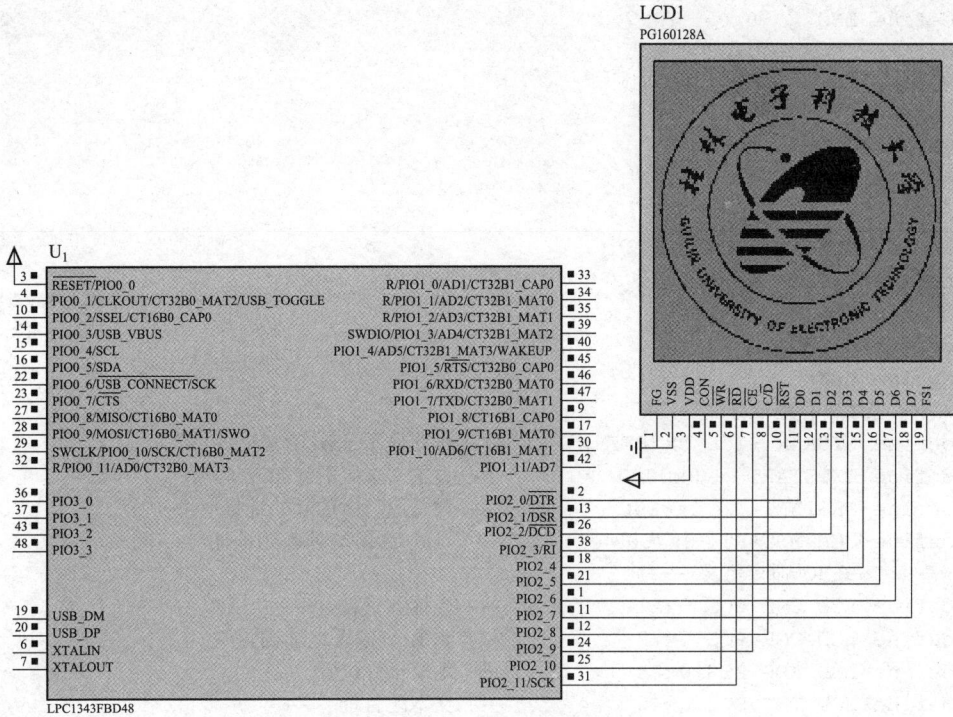

图 2-25　160X128 图形 LCD 显示模块应用实例电路原理图

U_1（LPC1343）的 PIO2_0～PIO2_10 引脚到 LCD1 的 DB0～DB7、C/D、RD、WR、CS 引脚。

3．程序设计

根据实例要求，设计的程序如下：

（1）LCD160X128.C 源文件和 LCD160X128.H 头文件。

1）LCD160X128.H 头文件。LCD160X128 的引脚、命令集等宏定义和相关的函数声明。

```
#ifndef  __LCD160X128_H__
#define  __LCD160X128_H__
//--- 引脚宏定义 ---
#define LCD_CD(x)  ((x)?(LPC_GPIO2->DATA |= (1 << 8)):(LPC_GPIO2->DATA &=~
(1 << 8)))
#define LCD_CS(x)  ((x)?(LPC_GPIO2->DATA |= (1 << 9)):(LPC_GPIO2->DATA &=~
(1 << 9)))
#define LCD_WR(x)  ((x)?(LPC_GPIO2->DATA |= (1 << 10)):(LPC_GPIO2->DATA &=~
(1 << 10)))
#define LCD_RD(x)  ((x)?(LPC_GPIO2->DATA |= (1 << 11)):(LPC_GPIO2->DATA &=~
(1 << 11)))
#define LCD_PORT(x) LPC_GPIO2->DATA = (LPC_GPIO2->DATA & 0xFF00) | (x)
#define LCD_DIR(x)  LPC_GPIO2->DIR = (LPC_GPIO2->DIR & 0xFF00) | (x)
#define LCD_PIN    (LPC_GPIO2->DATA & 0xFF)
//--- 特殊字符宏定义 ---
#define STX    0x02
#define ETX    0x03
#define EOT    0x04
```

```
#define ENQ       0x05
#define BS        0x08
#define CR        0x0D
#define LF        0x0A
#define DLE       0x10
#define ETB       0x17
#define SPACE     0x20
#define COMMA     0x2C
#define TRUE      1
#define FALSE     0
#define HIGH      1
#define LOW       0
//--- 显示内存地址分配 ---
#define DISRAM_SIZE 0X7FFF      //--- 设置显示 ram 的大小 ---
#define TXTSTART    0x0000      //--- 设置文本区的起始地址 ---
#define GRSTART     0x6800      //--- 设置图形区的起始地址 ---
#define CGRAMSTART  0x7800      //--- 设置 CGRAM 的起始地址 ---
//--- T6963C 命令定义 ---
#define LCD_CUR_POS 0x21        //--- 光标位置设置 ---
#define LCD_CGR_POS 0x22        //--- CGRAM 偏置地址设置 ---
#define LCD_ADD_POS 0x24        //--- 地址指针位置 ---
#define LCD_TXT_STP 0x40        //--- 文本区首址 ---
#define LCD_TXT_WID 0x41        //--- 文本区宽度 ---
#define LCD_GRH_STP 0x42        //--- 图形区首址 ---
#define LCD_GRH_WID 0x43        //--- 图形区宽度 ---
#define LCD_MOD_OR  0x80        //--- 显示方式:逻辑或 ---
#define LCD_MOD_XOR 0x81        //--- 显示方式:逻辑异或 ---
#define LCD_MOD_AND 0x82        //--- 显示方式:逻辑与 ---
#define LCD_MOD_TCH 0x83        //--- 显示方式:文本特征 ---
#define LCD_DIS_SW  0x90        //--- 显示开关: ---
                               //--- D0=1/0:光标闪烁启用/禁用; ---
                               //--- D1=1/0:光标显示启用/禁用; ---
                               //--- D2=1/0:文本显示启用/禁用; ---
                               //--- D3=1/0:图形显示启用/禁用; ---
#define LCD_CUR_SHP 0xA0        //--- 光标形状选择:0xA0-0xA7 表示光标占的行数---
#define LCD_AUT_WR  0xB0        //--- 自动写设置---
#define LCD_AUT_RD  0xB1        //--- 自动读设置---
#define LCD_AUT_OVR 0xB2        //--- 自动读/写结束---
#define LCD_INC_WR  0xC0        //--- 数据写,地址加 1 ---
#define LCD_INC_RD  0xC1        //--- 数据读,地址加 1 ---
#define LCD_DEC_WR  0xC2        //--- 数据写,地址减 1 ---
#define LCD_DEC_RD  0xC3        //--- 数据读,地址减 1 ---
#define LCD_NOC_WR  0xC4        //--- 数据写,地址不变 ---
#define LCD_NOC_RD  0xC5        //--- 数据读,地址不变 ---
#define LCD_SCN_RD  0xE0        //--- 屏读 ---
#define LCD_SCN_CP  0xE8        //--- 屏拷贝 ---
#define LCD_BIT_OP  0xF0  //--- 位操作:D0-D2:定义 D0-D7 位;D3:1 置位;0:清除 ---
//--- LCD 控制相关函数 ---
extern unsigned char Status_BIT_01(void);
extern unsigned char Status_BIT_3(void);
```

```
extern unsigned char LCD_Write_Command(unsigned char);
extern unsigned char LCD_Write_Command_P1(unsigned char,unsigned char);
extern unsigned char LCD_Write_Command_P2(unsigned char,unsigned
char,unsigned char);
extern unsigned char LCD_Write_Data(unsigned char);
extern unsigned char LCD_Read_Data(void);
extern void cls(void);
extern char LCD_Initialise(void);
extern void Set_LCD_POS(unsigned char row, unsigned char col);
extern void OutToLCD(unsigned char Dat,unsigned char x,unsigned char y);
extern void Line(unsigned char,unsigned char,unsigned char, unsigned
char,unsigned char);
extern void Pixel(unsigned char,unsigned char, unsigned char);

extern const unsigned char LCD_WIDTH;  //--- 宽 160 像素(160/8 = 20 个字节) ---
extern const unsigned char LCD_HEIGHT; //--- 高 128 像素 ---

#endif
```

2）LCD160X128.C 源文件。LCD160X128.C 源文件包含了 160×128 图形 LCD 模块的硬件驱动函数和显示函数等，包括的与硬件相关的函数和与硬件无关的显示函数。

与硬件时序直接相关函数如下：①LCMCW_W 函数实现向图形 LCD 写命令操作时序的模拟功能；②LCMCW_R 函数实现从图形 LCD 读命令操作时序的模拟功能；③LCMDW_W 函数实现向图形 LCD 写数据操作时序的模拟功能；④LCMDW_R 函数实现从图形 LCD 读数据操作时序的模拟功能。

与中间层驱动函数如下：①Status_BIT_01 函数实现在进行图形 LCD 操作时的 STA1 和 STA0 状态位信息检测；②Status_BIT_3 函数实现在数据自动写状态下的状态位信息检测；③LCD_Write_Command_P2 函数实现向图形 LCD 写入双参数指令操作功能；④LCD_Write_Command_P1 函数实现向图形 LCD 写入单参数指令操作功能；⑤LCD_Write_Command 函数实现向图形 LCD 写入无参数指令操作功能；⑥LCD_Write_Data 函数实现向图形 LCD 写入要显示的数据；⑦LCD_Read_Data 函数实现从图形 LCD 内存单元中读出数据；⑧Set_LCD_POS 函数实现设置图形 LCD 显示的坐标位置；⑨Cls 函数实现图形 LCD 清屏操作；⑩LCD_Initialise 函数实现图形 LCD 的初始化功能，初始化内容主要包括文本显示区首地址和宽度、图形显示区首地址和宽度以及光标和显示方式等。

与硬件无关的显示函数如下：①Display_Str_at_xy 函数实现在图形 LCD 的指定位置处开始显示 ASCII 及汉字等字符串内容；②OutToLCD 函数实现将要显示的数据送到图形 LCD 显示缓存用于显示；③Pixel 函数实现在图形 LCD 的指定位置处显示/不显示像素；④Line 函数实现在图形 LCD 的指定起始位置和结束位置画一条直线。

```
#include <LPC13xx.h>
#include <math.h>
#include <string.h>
#include "LCD160X128.h"
#include "ASCII.h"
const unsigned char LCD_WIDTH  = 20;    //--- 宽 160 像素(160/8 = 20 个字节) ---
const unsigned char LCD_HEIGHT = 128;  //--- 高 128 像素 ---
```

```
unsigned char gCurRow,gCurCol;  //--- 图形当前行、列存储,行高16点,列宽8点 ---
unsigned char tCurRow,tCurCol;  //--- 文本当前行、列存储,行高8点 ,列宽8点 ---
unsigned char ShowModeSW;       //--- 当前显示模式 ---
long  txthome,grhome;
void LCMCW_W(unsigned char comd)
{
  long i;
  LCD_DIR(0xFF);                //--- 数据端口置为输出 ---
  LCD_CD(1);                    //--- 命令操作 ---
  LCD_CS(0);                    //--- CS = 0 ---
  LCD_PORT(comd);
  LCD_WR(0);                    //--- WR = 0 ---
  for(i=0;i<2;i++);
  LCD_WR(1);                    //--- WR = 1 ---
  for(i=0;i<2;i++);
  LCD_CS(1);                    //--- CS = 1 ---
}
unsigned char LCMCW_R(void)
{
  unsigned char temp;
  LCD_DIR(0x00);                //--- 数据端口置为输入 ---
  LCD_CD(1);                    //--- 选择命令操作 ---
  LCD_CS(0);                    //--- CS = 0 ---
  LCD_RD(0);                    //--- RD = 0 ---
  temp = LCD_PIN;
  LCD_RD(1);                    //--- RD = 1 ---
  LCD_CS(1);                    //--- CS = 1 ---
  LCD_DIR(0xFF);                //--- 数据端口置为输出 ---
  return temp;
}
void LCMDW_W(unsigned char para)
{
  long i;
  LCD_DIR(0xFF);                //--- 数据端口置为输出 ---
  LCD_CD(0);                    //--- 选择数据操作 ---
  LCD_CS(0);                    //--- CS = 0 ---
  LCD_PORT(para);
  LCD_WR(0);                    //--- WR = 0 ---
  for(i=0;i<2;i++);
  LCD_WR(1);                    //--- WR = 1 ---
  for(i=0;i<2;i++);
  LCD_CS(1);                    //--- CS = 1 ---
}
unsigned char LCMDW_R(void)
{
  unsigned char temp;
  LCD_DIR(0x00);                //--- 数据端口置为输入 ---
  LCD_CD(0);                    //--- 选择数据操作 ---
  LCD_CS(0);                    //--- CS = 0 ---
  LCD_RD(0);                    //--- RD = 0 ---
  temp = LCD_PIN;
  LCD_RD(1);                    //--- RD = 1 ---
```

```c
    LCD_CS(1);                            //--- CS = 1 ---
    LCD_DIR(0xFF);                        //--- 数据端口置为输出 ---
    return temp;
}
//--- 状态位 STA1,STA0 判断(读写指令和读写数据) ---
    unsigned char Status_BIT_01(void)
    {
      while(0x03 != (LCMCW_R() & 0x03));
      return 1;
    }
//--- 状态位 ST3 判断(数据自动写状态) ---
    unsigned char Status_BIT_3(void)
    {
      while(0x08 != (LCMCW_R() & 0x08));
      return 1;
    }
//--- 写双参数指令 ---
    unsigned char LCD_Write_Command_P2(unsigned char cmd,unsigned char para1,unsigned
char para2)
    {
      if(0 == Status_BIT_01())return 1;LCMDW_W(para1);
      if(0 == Status_BIT_01())return 2;LCMDW_W(para2);
      if(0 == Status_BIT_01())return 3;LCMCW_W(cmd);
      return 0;                          //--- 成功时返回 0 ---
    }
//--- 写单参数指令 ---
    unsigned char LCD_Write_Command_P1(unsigned char cmd,unsigned char para1)
    {
      if(0 == Status_BIT_01())return 1;LCMDW_W(para1);
      if(0 == Status_BIT_01())return 2;LCMCW_W(cmd);
      return 0;                          //--- 成功时返回 0 ---
    }
//--- 写无参数指令 ---
    unsigned char LCD_Write_Command(unsigned char cmd)
    {
      if(0 == Status_BIT_01()) return 1;LCMCW_W(cmd);
      return 0;                          //--- 成功时返回 0 ---
    }
//--- 写数据 ---
    unsigned char LCD_Write_Data(unsigned char dat)
    {
      if(0 == Status_BIT_3()) return 1;LCMDW_W(dat);
      return 0;                          //--- 成功时返回 0 ---
    }
//--- 读数据 ---
    unsigned char LCD_Read_Data(void)
    {
      if(0 == Status_BIT_01()) return 1;
      return LCMDW_R();
    }
//--- 设置当前地址 ---
    void Set_LCD_POS(unsigned char row, unsigned char col)
```

```
{
  long Pos;
  Pos = row * LCD_WIDTH + col;
  LCD_Write_Command_P2(LCD_ADD_POS,Pos & 0xFF, Pos>>8);
  gCurRow = row;
  gCurCol = col;
}
//--- 清屏 ---
void cls()
{
  long i;
  LCD_Write_Command_P2(LCD_ADD_POS,0x00,0x00); //--- 置地址指针 ---
  LCD_Write_Command(LCD_AUT_WR);               //--- 自动写 ---
  for(i = 0;i < 0x2000; i++)
    {
      Status_BIT_3();
      LCD_Write_Data(0x00);                    //--- 写数据 ---
    }
  LCD_Write_Command(LCD_AUT_OVR);              //--- 自动写结束 ---
  LCD_Write_Command_P2(LCD_ADD_POS,0x00,0x00); //--- 重置地址指针 ---
  gCurRow = 0; gCurCol = 0;
}
//--- LCM 初始化 ---
char LCD_Initialise(void)
{
  LCD_Write_Command_P2(LCD_TXT_STP,0x00,0x00); //--- 文本显示区首地址 ---
  LCD_Write_Command_P2(LCD_TXT_WID,LCD_WIDTH,0x00); //--- 文本显示区宽度 ---
  LCD_Write_Command_P2(LCD_GRH_STP,0x00,0x00); //--- 图形显示区首地址 ---
  LCD_Write_Command_P2(LCD_GRH_WID,LCD_WIDTH,0x00); //--- 图形显示区宽度 ---
  LCD_Write_Command_P1(LCD_CGR_POS, CGRAMSTART >> 11);
  LCD_Write_Command(LCD_CUR_SHP | 0x01);       //--- 光标形状 ---
  LCD_Write_Command(LCD_MOD_OR);               //--- 显示方式设置 ---
  LCD_Write_Command(LCD_DIS_SW | 0x08);
  grhome = GRSTART;
  txthome = TXTSTART;
  return 0;
}
//--- ASCII 及汉字显示 ---
unsigned char Display_Str_at_xy(unsigned char x,unsigned char y,char *fmt)
{
  char c1,c2,cData;
  unsigned char i = 0,j,uLen = strlen(fmt);
  while(i < uLen)
    {
      c1 = fmt[i];
      c2 = fmt[i + 1];                         //--- 取得两字节汉字内码 ---
      Set_LCD_POS(y,x / 8);
      if(c1 >= 0)                              //--- ASCII ---
        {
          if(c1 < 0x20)
            {
              switch(c1)
```

```
            {
               case CR:
               case LF:                          //--- 回车或换行 ---
                 i++;
                 x = 0;
                 if(y < 112)y += HZ_CHR_HEIGHT;
                 continue;
               case BS:                          //--- 退格 ---
                 i++;
                 if(y > ASC_CHR_WIDTH)y -= ASC_CHR_WIDTH;
                 cData = 0x00;
                 break;
            }
         }
       for(j = 0; j < ASC_CHR_HEIGHT; j++)
         {
           if(c1 >= 0x1F)
            {
              cData = ASC_MSK[ (c1 - 0x1F) * ASC_CHR_HEIGHT + j];
              Set_LCD_POS( y + j , x / 8);
              if( (x % 8) == 0)
                {
                  LCD_Write_Command(LCD_AUT_WR); //--- 写数据 ---
                  LCD_Write_Data(cData);
                  LCD_Write_Command(LCD_AUT_OVR);
                }
              else OutToLCD(cData,x,y+j);
            }
           Set_LCD_POS(y + j, x / 8);
         }
       if(c1 != BS) x += ASC_CHR_WIDTH;          //--- 非退格 ---
     }
    i++;
  }
  return uLen;
}
//--- 输出起点 x 不是 8 的倍数时,原字节分成两部分输出到 LCD ---
void OutToLCD(unsigned char Dat,unsigned char x,unsigned char y)
{
  unsigned char dat1,dat2,a,b;
  b = x % 8;
  a = 8 - b;
  Set_LCD_POS(y,x / 8);
  LCD_Write_Command(LCD_AUT_RD);
  dat1 = LCD_Read_Data();
  dat2 = LCD_Read_Data();
  //将读取的前后两字节分别与待显示字节的前后部分组合
  dat1 = (dat1 & (0xFF<<a)) | (Dat>>b);
  dat2 = (dat2 & (0xFF>>b)) | (Dat<<a);
  LCD_Write_Command(LCD_AUT_OVR);
  Set_LCD_POS(y,x / 8);
  //输出组合后的两字节
```

```
  LCD_Write_Command(LCD_AUT_WR);
  LCD_Write_Data(dat1);
  LCD_Write_Data(dat2);
  LCD_Write_Command(LCD_AUT_OVR);
}
//--- 绘点函数 ---
//--- 参数:点的坐标,模式1/0分别为显示与清除点 ---
void Pixel(unsigned char x,unsigned char y, unsigned char Mode)
{
  unsigned char start_addr, dat;
  start_addr = 7 - ( x % 8);
  dat = LCD_BIT_OP | start_addr;          //--- 生成位操作命令绘点数据 ---
  if(Mode) dat |= 0x08;
  Set_LCD_POS(y, x / 8);
  LCD_Write_Command(LCD_BIT_OP | dat);       //--- 写数据 ---
}
//--- 两数交换 ---
void Exchange(unsigned char *a, unsigned char *b)
{
  unsigned char t;  t = *a; *a = *b; *b = t;
}
//--- 绘制直线函数 ---
//--- 参数:起点与终点坐标,模式为显示(1)或清除(0),点阵不超过255*255) ---
void Line(unsigned char x1,unsigned char y1,
        unsigned char x2,unsigned char y2,
        unsigned char Mode)
{
  unsigned char x,y;                  //--- 绘点坐标 ---
  float k,b;                          //--- 直线斜率与偏移 ---
  if( abs(y1 - y2) <= abs( x1 - x2) )
    {
      k = (float)(y2 - y1) / (float)(x2 - x1) ;
      b = y1 - k * x1;
      if( x1 > x2 ) Exchange(&x1, &x2);
      for(x = x1;x <= x2; x++)
        {
          y = (unsigned char)(k * x + b);
          Pixel(x, y, Mode);
        }
    }
  else
    {
      k = (float)(x2 - x1) / (float)(y2 - y1) ;
      b = x1 - k * y1;
      if( y1 > y2 ) Exchange(&y1, &y2);
      for(y = y1;y <= y2; y++)
        {
          x = (unsigned char)(k * y + b);
          Pixel( x , y,Mode );
        }
    }
}
```

（2）ASCII.H 头文件。8X12 点阵的 ASCII 字符表定义如下：

```
#ifndef   __ASCII_H__
#define   __ASCII_H__
//--- ASCII 字模宽度及高度定义 ---
#define   ASC_CHR_WIDTH     8
#define   ASC_CHR_HEIGHT    12
#define   HZ_CHR_HEIGHT     12
#define   HZ_CHR_WIDTH      12
const unsigned char ASC_MSK[96 * 12] =
{
0x00,0x00,0x00,0x00,0x00,0x00,0x00,0xff,0xff,0xff,0xff,0xff,// < 0x20 时
0x00,0x00,0x00,0x00,0x00,0x00,0x00,0x00,0x00,0x00,0x00,0x00,// ' '
0x00,0x30,0x78,0x78,0x78,0x30,0x30,0x00,0x30,0x30,0x00,0x00,// '!'
0x00,0x66,0x66,0x66,0x24,0x00,0x00,0x00,0x00,0x00,0x00,0x00,// '"'
0x00,0x6c,0x6c,0xfe,0x6c,0x6c,0x6c,0xfe,0x6c,0x6c,0x00,0x00,// '#'
0x30,0x30,0x7c,0xc0,0xc0,0x78,0x0c,0x0c,0xf8,0x30,0x30,0x00,// '$'
0x00,0x00,0x00,0xc4,0xcc,0x18,0x30,0x60,0xcc,0x8c,0x00,0x00,// '%'
0x00,0x70,0xd8,0xd8,0x70,0xfa,0xde,0xcc,0xdc,0x76,0x00,0x00,// '&'
0x00,0x30,0x30,0x30,0x60,0x00,0x00,0x00,0x00,0x00,0x00,0x00,// '''
0x00,0x0c,0x18,0x30,0x60,0x60,0x60,0x30,0x18,0x0c,0x00,0x00,// '('
0x00,0x60,0x30,0x18,0x0c,0x0c,0x0c,0x18,0x30,0x60,0x00,0x00,// ')'
0x00,0x00,0x00,0x66,0x3c,0xff,0x3c,0x66,0x00,0x00,0x00,0x00,// '*'
0x00,0x00,0x00,0x18,0x18,0x7e,0x18,0x18,0x00,0x00,0x00,0x00,// '+'
0x00,0x00,0x00,0x00,0x00,0x00,0x00,0x00,0x38,0x38,0x60,0x00,// ','
0x00,0x00,0x00,0x00,0x00,0xfe,0x00,0x00,0x00,0x00,0x00,0x00,// '-'
0x00,0x00,0x00,0x00,0x00,0x00,0x00,0x00,0x38,0x38,0x00,0x00,// '.'
0x00,0x00,0x02,0x06,0x0c,0x18,0x30,0x60,0xc0,0x80,0x00,0x00,// '/'
0x00,0x7c,0xc6,0xce,0xde,0xd6,0xf6,0xe6,0xc6,0x7c,0x00,0x00,// '0'
0x00,0x10,0x30,0xf0,0x30,0x30,0x30,0x30,0x30,0xfc,0x00,0x00,// '1'
0x00,0x78,0xcc,0xcc,0x0c,0x18,0x30,0x60,0xcc,0xfc,0x00,0x00,// '2'
0x00,0x78,0xcc,0x0c,0x0c,0x38,0x0c,0x0c,0xcc,0x78,0x00,0x00,// '3'
0x00,0x0c,0x1c,0x3c,0x6c,0xcc,0xfe,0x0c,0x0c,0x1e,0x00,0x00,// '4'
0x00,0xfc,0xc0,0xc0,0xc0,0xf8,0x0c,0x0c,0xcc,0x78,0x00,0x00,// '5'
0x00,0x38,0x60,0xc0,0xc0,0xf8,0xcc,0xcc,0xcc,0x78,0x00,0x00,// '6'
0x00,0xfe,0xc6,0xc6,0x06,0x0c,0x18,0x30,0x30,0x30,0x00,0x00,// '7'
0x00,0x78,0xcc,0xcc,0xec,0x78,0xdc,0xcc,0xcc,0x78,0x00,0x00,// '8'
0x00,0x78,0xcc,0xcc,0xcc,0x7c,0x18,0x18,0x30,0x70,0x00,0x00,// '9'
0x00,0x00,0x00,0x38,0x38,0x00,0x00,0x38,0x38,0x00,0x00,0x00,// ':'
0x00,0x00,0x00,0x38,0x38,0x00,0x00,0x38,0x38,0x18,0x30,0x00,// ';'
0x00,0x0c,0x18,0x30,0x60,0xc0,0x60,0x30,0x18,0x0c,0x00,0x00,// '<'
0x00,0x00,0x00,0x00,0x7e,0x00,0x7e,0x00,0x00,0x00,0x00,0x00,// '='
0x00,0x60,0x30,0x18,0x0c,0x06,0x0c,0x18,0x30,0x60,0x00,0x00,// '>'
0x00,0x78,0xcc,0x0c,0x18,0x30,0x30,0x00,0x30,0x30,0x00,0x00,// '?'
0x00,0x7c,0xc6,0xc6,0xde,0xde,0xde,0xc0,0xc0,0x7c,0x00,0x00,// '@'
0x00,0x30,0x78,0xcc,0xcc,0xcc,0xfc,0xcc,0xcc,0xcc,0x00,0x00,// 'A'
0x00,0xfc,0x66,0x66,0x66,0x7c,0x66,0x66,0x66,0xfc,0x00,0x00,// 'B'
0x00,0x3c,0x66,0xc6,0xc0,0xc0,0xc0,0xc6,0x66,0x3c,0x00,0x00,// 'C'
0x00,0xf8,0x6c,0x66,0x66,0x66,0x66,0x66,0x6c,0xf8,0x00,0x00,// 'D'
0x00,0xfe,0x62,0x60,0x64,0x7c,0x64,0x60,0x62,0xfe,0x00,0x00,// 'E'
```

```
0x00,0xfe,0x66,0x62,0x64,0x7c,0x64,0x60,0x60,0xf0,0x00,0x00,// 'F'
0x00,0x3c,0x66,0xc6,0xc0,0xc0,0xce,0xc6,0x66,0x3e,0x00,0x00,// 'G'
0x00,0xcc,0xcc,0xcc,0xcc,0xfc,0xcc,0xcc,0xcc,0xcc,0x00,0x00,// 'H'
0x00,0x78,0x30,0x30,0x30,0x30,0x30,0x30,0x30,0x78,0x00,0x00,// 'I'
0x00,0x1e,0x0c,0x0c,0x0c,0x0c,0xcc,0xcc,0xcc,0x78,0x00,0x00,// 'J'
0x00,0xe6,0x66,0x6c,0x6c,0x78,0x6c,0x6c,0x66,0xe6,0x00,0x00,// 'K'
0x00,0xf0,0x60,0x60,0x60,0x60,0x62,0x66,0x66,0xfe,0x00,0x00,// 'L'
0x00,0xc6,0xee,0xfe,0xfe,0xd6,0xc6,0xc6,0xc6,0xc6,0x00,0x00,// 'M'
0x00,0xc6,0xc6,0xe6,0xf6,0xfe,0xde,0xce,0xc6,0xc6,0x00,0x00,// 'N'
0x00,0x38,0x6c,0xc6,0xc6,0xc6,0xc6,0xc6,0x6c,0x38,0x00,0x00,// 'O'
0x00,0xfc,0x66,0x66,0x66,0x7c,0x60,0x60,0x60,0xf0,0x00,0x00,// 'P'
0x00,0x38,0x6c,0xc6,0xc6,0xc6,0xce,0xde,0x7c,0x0c,0x1e,0x00,// 'Q'
0x00,0xfc,0x66,0x66,0x66,0x7c,0x6c,0x66,0x66,0xe6,0x00,0x00,// 'R'
0x00,0x78,0xcc,0xcc,0xc0,0x70,0x18,0xcc,0xcc,0x78,0x00,0x00,// 'S'
0x00,0xfc,0xb4,0x30,0x30,0x30,0x30,0x30,0x30,0x78,0x00,0x00,// 'T'
0x00,0xcc,0xcc,0xcc,0xcc,0xcc,0xcc,0xcc,0xcc,0x78,0x00,0x00,// 'U'
0x00,0xcc,0xcc,0xcc,0xcc,0xcc,0xcc,0xcc,0x78,0x30,0x00,0x00,// 'V'
0x00,0xc6,0xc6,0xc6,0xc6,0xd6,0xd6,0x6c,0x6c,0x6c,0x00,0x00,// 'W'
0x00,0xcc,0xcc,0xcc,0x78,0x30,0x78,0xcc,0xcc,0xcc,0x00,0x00,// 'X'
0x00,0xcc,0xcc,0xcc,0xcc,0x78,0x30,0x30,0x30,0x78,0x00,0x00,// 'Y'
0x00,0xfe,0xce,0x98,0x18,0x30,0x60,0x62,0xc6,0xfe,0x00,0x00,// 'Z'
0x00,0x3c,0x30,0x30,0x30,0x30,0x30,0x30,0x30,0x3c,0x00,0x00,// '['
0x00,0x00,0x80,0xc0,0x60,0x30,0x18,0x0c,0x06,0x02,0x00,0x00,// '\'
0x00,0x3c,0x0c,0x0c,0x0c,0x0c,0x0c,0x0c,0x0c,0x3c,0x00,0x00,// ']'
0x10,0x38,0x6c,0xc6,0x00,0x00,0x00,0x00,0x00,0x00,0x00,0x00,// '^'
0x00,0x00,0x00,0x00,0x00,0x00,0x00,0x00,0x00,0x00,0xff,0x00,// '_'
0x30,0x30,0x18,0x00,0x00,0x00,0x00,0x00,0x00,0x00,0x00,0x00,// '`'
0x00,0x00,0x00,0x00,0x78,0x0c,0x7c,0xcc,0xcc,0x76,0x00,0x00,// 'a'
0x00,0xe0,0x60,0x60,0x7c,0x66,0x66,0x66,0x66,0xdc,0x00,0x00,// 'b'
0x00,0x00,0x00,0x00,0x78,0xcc,0xc0,0xc0,0xcc,0x78,0x00,0x00,// 'c'
0x00,0x1c,0x0c,0x0c,0x7c,0xcc,0xcc,0xcc,0xcc,0x76,0x00,0x00,// 'd'
0x00,0x00,0x00,0x00,0x78,0xcc,0xfc,0xc0,0xcc,0x78,0x00,0x00,// 'e'
0x00,0x38,0x6c,0x60,0x60,0xf8,0x60,0x60,0x60,0xf0,0x00,0x00,// 'f'
0x00,0x00,0x00,0x00,0x76,0xcc,0xcc,0xcc,0x7c,0x0c,0xcc,0x78,// 'g'
0x00,0xe0,0x60,0x60,0x6c,0x76,0x66,0x66,0x66,0xe6,0x00,0x00,// 'h'
0x00,0x18,0x18,0x00,0x78,0x18,0x18,0x18,0x18,0x7e,0x00,0x00,// 'i'
0x00,0x0c,0x0c,0x00,0x3c,0x0c,0x0c,0x0c,0x0c,0xcc,0xcc,0x78,// 'j'
0x00,0xe0,0x60,0x60,0x66,0x6c,0x78,0x6c,0x66,0xe6,0x00,0x00,// 'k'
0x00,0x78,0x18,0x18,0x18,0x18,0x18,0x18,0x18,0x7e,0x00,0x00,// 'l'
0x00,0x00,0x00,0x00,0xfc,0xd6,0xd6,0xd6,0xd6,0xc6,0x00,0x00,// 'm'
0x00,0x00,0x00,0x00,0xf8,0xcc,0xcc,0xcc,0xcc,0xcc,0x00,0x00,// 'n'
0x00,0x00,0x00,0x00,0x78,0xcc,0xcc,0xcc,0xcc,0x78,0x00,0x00,// 'o'
0x00,0x00,0x00,0x00,0xdc,0x66,0x66,0x66,0x66,0x7c,0x60,0xf0,// 'p'
0x00,0x00,0x00,0x00,0x76,0xcc,0xcc,0xcc,0xcc,0x7c,0x0c,0x1e,// 'q'
0x00,0x00,0x00,0x00,0xec,0x6e,0x76,0x60,0x60,0xf0,0x00,0x00,// 'r'
0x00,0x00,0x00,0x00,0x78,0xcc,0x60,0x18,0xcc,0x78,0x00,0x00,// 's'
0x00,0x00,0x20,0x60,0xfc,0x60,0x60,0x60,0x6c,0x38,0x00,0x00,// 't'
0x00,0x00,0x00,0x00,0xcc,0xcc,0xcc,0xcc,0xcc,0x76,0x00,0x00,// 'u'
0x00,0x00,0x00,0x00,0xcc,0xcc,0xcc,0xcc,0x78,0x30,0x00,0x00,// 'v'
0x00,0x00,0x00,0x00,0xc6,0xc6,0xd6,0xd6,0x6c,0x6c,0x00,0x00,// 'w'
```

```
0x00,0x00,0x00,0x00,0xc6,0x6c,0x38,0x38,0x6c,0xc6,0x00,0x00,// 'x'
0x00,0x00,0x00,0x00,0x66,0x66,0x66,0x66,0x3c,0x0c,0x18,0xf0,// 'y'
0x00,0x00,0x00,0x00,0xfc,0x8c,0x18,0x60,0xc4,0xfc,0x00,0x00,// 'z'
0x00,0x1c,0x30,0x30,0x60,0xc0,0x60,0x30,0x30,0x1c,0x00,0x00,// '{'
0x00,0x18,0x18,0x18,0x18,0x00,0x18,0x18,0x18,0x18,0x00,0x00,// '|'
0x00,0xe0,0x30,0x30,0x18,0x0c,0x18,0x30,0x30,0xe0,0x00,0x00,// '}'
0x00,0x73,0xda,0xce,0x00,0x00,0x00,0x00,0x00,0x00,0x00,0x00,// '~'
};
#endif
```

（3）main.c 源文件。

```
#include <LPC13xx.h>
#include "LCD160X128.h"
#include "GUET_LOGO.h"
int main (void)
{
  long i,j,m;
    LPC_GPIO2->DIR = 0xFFF;
  LCD_Initialise();                      //--- 初始化 LCD ---
  Set_LCD_POS(0,0); cls();               //--- 从 LCD 左上角开始清屏 ---
    LCD_Write_Command_P2( LCD_GRH_STP,0x00,0x00);
  for(i=0;i<LCD_HEIGHT;i++)              //--- 行循环,LCD_HEIGHT=128 ---
    {
      Set_LCD_POS(i,0);
      LCD_Write_Command(LCD_AUT_WR);
      for(j=0;j<LCD_WIDTH;j++)
        {
          m = GUET_LOGO[i*LCD_WIDTH+j];
          LCD_Write_Data(m);
        }
      LCD_Write_Command(LCD_AUT_OVR);
    }
  while(1){; }
}
```

4．小结

本实例展示如何利用 LPC1343 微控制实现对 T6963 芯片驱动的 160×128 图形 LCD 显示的应用和编程方法。

2.23　基于 DAC0832 的信号发生器应用实例

1．项目要求

利用 LPC1343 的 GPIO 控制 DAC0832 的 8 位 D/A 转换器输出 5 种波形,三角函数,方波,锯齿波,三角波,梯形波。产用 4 个按键分别实现频率加、频率减、波形切换和清屏功能。

2．硬件电路

硬件电路原理图如图 2-26 所示。

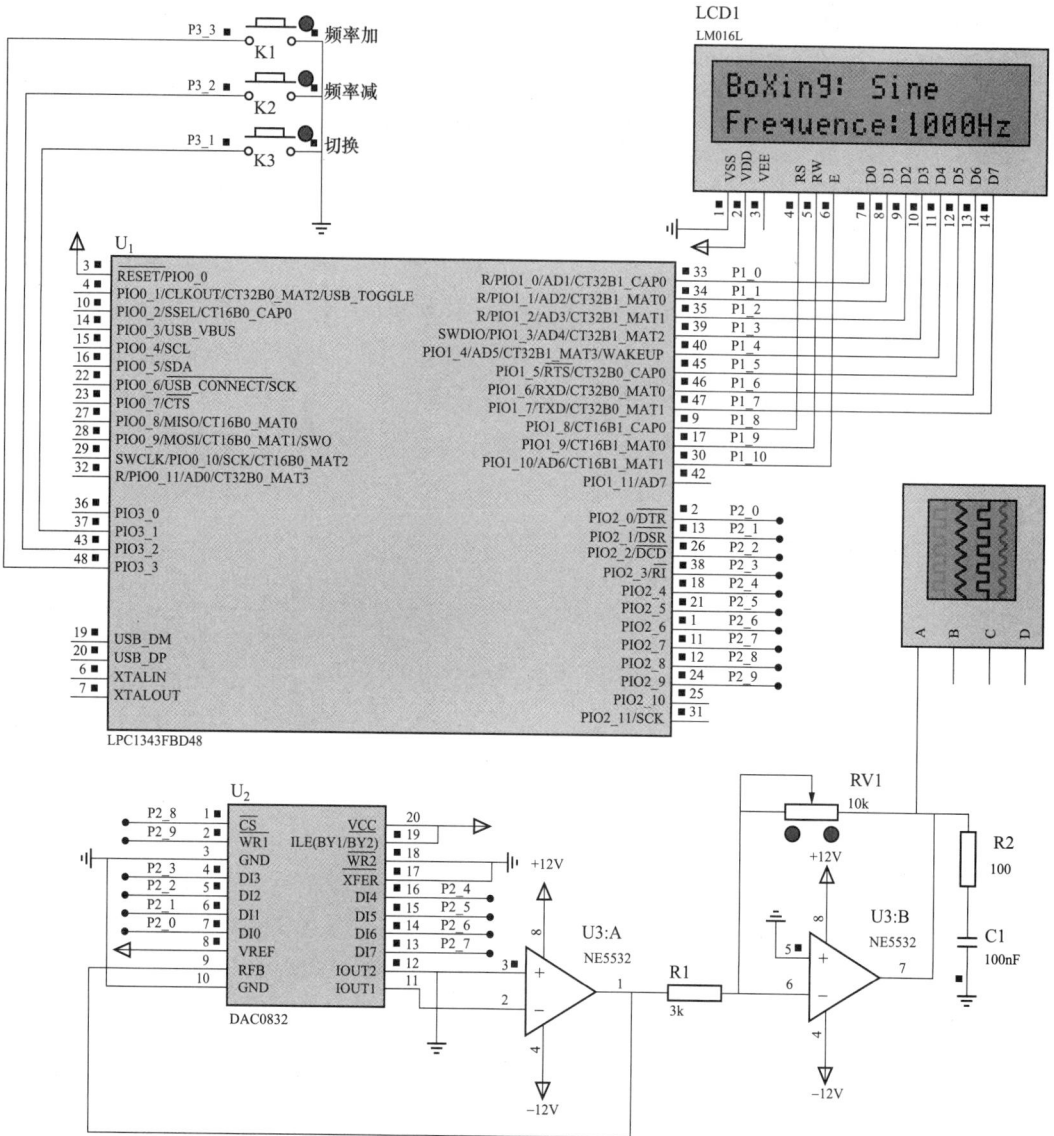

图 2-26 基于 DAC0832 的信号发生器应用实例电路原理图

U_1 的 PIO2 引脚用于连接到 U_2（DAC0832）的 DI0～DI7、CS、WR 引脚，PIO1_0～PIO1_10 连接到 LCD1（LM016L）的 DB0～DB7、RS、R/W、E 引脚上，PIO3_1～PIO3_3 外接三个按键 K1～K3。U_2（DAC0832）的 V_{REF} 外接是+5V 参考电压，DAC 的电流从 IOUT1 引脚上输出经过 U_3（NE5532）的变换和放大从 U_2 的 7 脚输出电压，R_2 和 C1 构成滤波电路。

3. 程序设计

根据实例要求，设计的程序如下：

```
#include <LPC13xx.h>
//--- LM016 LCD 模块程序段 ---
#define LCD_RS(x)     ((x)?(LPC_GPIO1->DATA |= (1 << 8)):(LPC_GPIO1->DATA &=~
(1 << 8)))
```

```c
    #define LCD_RW(x)        ((x)?(LPC_GPIO1->DATA |= (1 << 9)):(LPC_GPIO1->DATA &=~
(1 << 9)))
    #define LCD_EN(x)        ((x)?(LPC_GPIO1->DATA |= (1 << 10)):(LPC_GPIO1->DATA
&=~(1 << 10)))
    #define LCD_PORT(x)    LPC_GPIO1->DATA = (LPC_GPIO1->DATA & (~(0xFF << 0)))
| (x << 0)
    #define COM 0
    #define DAT 1
    void DelaymS(long t)
    {
      t *= 6000;
      while(t--);
    }
    void LCD_Write(unsigned char rs,unsigned char dat)
    {
      long i;
      for(i=0;i<600;i++);
      if(0 == rs)LCD_RS(0);
      else LCD_RS(1);
      LCD_RW(0);
      LCD_EN(1);
      LCD_PORT(dat);
      LCD_EN(0);
    }
    void LCD_Write_String(unsigned char x,unsigned char y,unsigned char *s)
    {
      if(0 == x)LCD_Write(COM,0x80 + y);        //--- 表示第一行 ---
      else LCD_Write(COM,0xC0 + y);             //--- 表示第二行 ---
      while (*s)LCD_Write(DAT,*s++);
    }
    void LCD_Init(void)
    {
      LCD_Write(COM,0x38);                       //--- 显示模式设置 ---
      LCD_Write(COM,0x38);
      LCD_Write(COM,0x08);                       //--- 显示关闭 ---
      LCD_Write(COM,0x01);                       //--- 显示清屏 ---
      DelaymS(5);
      LCD_Write(COM,0x06);                       //--- 显示光标移动设置 ---
      LCD_Write(COM,0x0C);                       //--- 显示开及光标设置 ---
    }
    //--- 按键宏定义 ---
    #define   K1    (LPC_GPIO3->DATA & (1 << 3))
    #define   K2    (LPC_GPIO3->DATA & (1 << 2))
    #define   K3    (LPC_GPIO3->DATA & (1 << 1))
    long K1_Cnt,K2_Cnt,K3_Cnt;
    const unsigned char sin[64] =                 //--- 正弦波表 ---
    {
    135,145,158,167,176,188,199,209,218,226,234,240,245,249,252,254,
```

```
254,253,251,247,243,237,230,222,213,204,193,182,170,158,146,133,
121,108, 96, 84, 72, 61, 50, 41, 32, 24, 17, 11,  7,  3,  1,  0,
  0,  2,  5,  9, 14, 20, 28, 36, 45, 55, 66, 78, 90,102,114,128,
};
const unsigned char juxing[64] =              //--- 矩形波表 ---
{
255,255,255,255,255,255,255,255,255,255,255,255,255,255,255,255,
255,255,255,255,255,255,255,255,255,255,255,255,255,255,255,255,
0,0,0,0,0,0,0,0,0,0,0,0,0,0,0,0,0,0,0,0,0,0,0,0,0,0,0,0,0,0,0,0,
};
const unsigned char juchi[64] =               //--- 锯齿波表 ---
{
  0,  4,  8, 12, 16, 20, 24, 28, 32, 36, 40, 45, 49, 53, 57, 61,
 65, 69, 73, 77, 81, 85, 89, 93, 97,101,105,109,113,117,121,125,
130,134,138,142,146,150,154,158,162,166,170,174,178,182,186,190,
194,198,202,206,210,215,219,223,227,231,235,239,243,247,251,255,
};
const unsigned char tixing[64] =              //--- 梯形波表 ---
{
  0, 13, 26, 39, 52, 65, 78, 91,104,117,130,143,156,169,182,195,
208,221,234,247,247,247,247,247,247,247,247,247,247,247,247,247,
247,247,247,247,247,247,247,247,247,247,247,247,247,242,229,216,
203,190,177,164,151,138,125,112, 99, 86, 73, 60, 47, 34, 21,  8,
};
const unsigned char sanjiao[64] =             //--- 三角波表 ---
{
  0,  8, 16, 24, 32, 40, 48, 56, 64, 72, 80, 88, 96,104,112,120,
128,136,144,152,160,168,176,184,192,200,208,216,224,232,240,248,
248,240,232,224,216,208,200,192,184,176,168,160,152,144,136,128,
120,112,104, 96, 88, 80, 72, 64, 56, 48, 40, 32, 24, 16,  8,  0,
};
int Index;
unsigned char Buffer[64];
int Cnt,Select,Freq = 1000;
unsigned char str1[] = {"BoXing:        "};
unsigned char str2[] = {"Frequence:0000Hz"};
void DisplayFreqValue(int val)
{
  str2[10] = (val / 1000) % 10 + '0';
  str2[11] = (val / 100) % 10 + '0';
  str2[12] = (val / 10) % 10 + '0';
  str2[13] = (val / 1) % 10 + '0';
  LCD_Write_String(1,0,str2);
}
void SysTick_Handler(void)              //--- 节拍定时器(SysTick)中断函数 ---
{
  LPC_GPIO2->DATA = Buffer[Index ++];
  if(Index >= sizeof(Buffer))Index = 0;
```

```
}
int main (void)
{
  int i;
  SystemCoreClockUpdate();
  for(i=0;i<sizeof(Buffer);i++)Buffer[i] = sin[i];
  LPC_SYSCON->SYSAHBCLKCTRL |= (1 << 16); //--- 使能 IOCON 模块的时钟源 ---
  LPC_IOCON->R_PIO1_0 |= (1 << 0);        //--- PIO1_0 为 GPIO 功能 ---
  LPC_IOCON->R_PIO1_1 |= (1 << 0);        //--- PIO1_1 为 GPIO 功能 ---
  LPC_IOCON->R_PIO1_2 |= (1 << 0);        //--- PIO1_2 为 GPIO 功能 ---
  LPC_IOCON->SWDIO_PIO1_3 |= (1 << 0);    //--- PIO1_3 为 GPIO 功能 ---
  LPC_GPIO1->DIR = 0x7FF;
  LPC_GPIO1->DATA = 0x000;
  LPC_GPIO2->DIR = 0xFFF;                 //--- PIO2 端口引脚配置为输出 ---
  LCD_Init();
  LCD_Write_String(0,0,str1);
  LCD_Write_String(1,0,str2);
  LCD_Write_String(0,8,"Sine   ");
  DisplayFreqValue(Freq);
  SysTick_Config(SystemCoreClock / (sizeof(Buffer) * Freq));
  while(1)
    {
      if(++Cnt >= 5)
        {
          Cnt = 0;
        }
      if((0 == K1) && (999999 != K1_Cnt) && (++K1_Cnt > 10)){
                              //--- K1 频率加 ---

        if(0 == K1){
            K1_Cnt = 999999;
            Freq += 100;
            if(Freq >= 2000)Freq = 100;
            DisplayFreqValue(Freq);
            SysTick_Config(SystemCoreClock / (sizeof(Buffer) * Freq));
          }
        }
      else if(0 != K1)K1_Cnt = 0;
      if((0 == K2) && (999999 != K2_Cnt) && (++K2_Cnt > 10)){
                              //--- K2 频率减 ---

        if(0 == K2){
            K2_Cnt = 999999;
            Freq -= 100;
            if(Freq < 100)Freq = 2000;
            DisplayFreqValue(Freq);
            SysTick_Config(SystemCoreClock / (sizeof(Buffer) * Freq));
          }
        }
```

```
        else if(0 != K2)K2_Cnt = 0;
        if((0 == K3) && (999999 != K3_Cnt) && (++K3_Cnt > 10)){
                                          //--- K3 切换波形 ---
            if(0 == K3){
                K3_Cnt = 999999;
                if(++Select >= 5)Select = 0;
                if(0 == Select){for(i=0;i<sizeof(Buffer);i++)Buffer[i] = sin[i];}
    else if(1 == Select){for(i=0;i<sizeof(Buffer);i++)Buffer[i] = juchi[i];}
    else if(2 == Select){for(i=0;i<sizeof(Buffer);i++)Buffer[i] = sanjiao[i];}
    else if(3 == Select){for(i=0;i<sizeof(Buffer);i++)Buffer[i] = tixing[i];}
    else if(4 == Select){for(i=0;i<sizeof(Buffer);i++)Buffer[i] = juxing[i];}
                if(0 == Select)LCD_Write_String(0,8,"Sine   ");
                else if(1 == Select)LCD_Write_String(0,8,"JUCHI  ");
                else if(2 == Select)LCD_Write_String(0,8,"SANJIAO");
                else if(3 == Select)LCD_Write_String(0,8,"TIXING ");
                else if(4 == Select)LCD_Write_String(0,8,"JUXING ");
            }
        }
        else if(0 != K3)K3_Cnt = 0;
    }
}
```

4. 小结

本实例展示了如何利用 LPC1343 与 DAC0832 构成波形输出电路和应用编程方法。程序中，用表格的方式来三角波、锯齿波、正弦波和梯形波数据表，有助于提高输出的速度。通过改变节拍定时器的定时周期来改变输出信号的频率。输出的 4 种波形如图 2-27 所示。

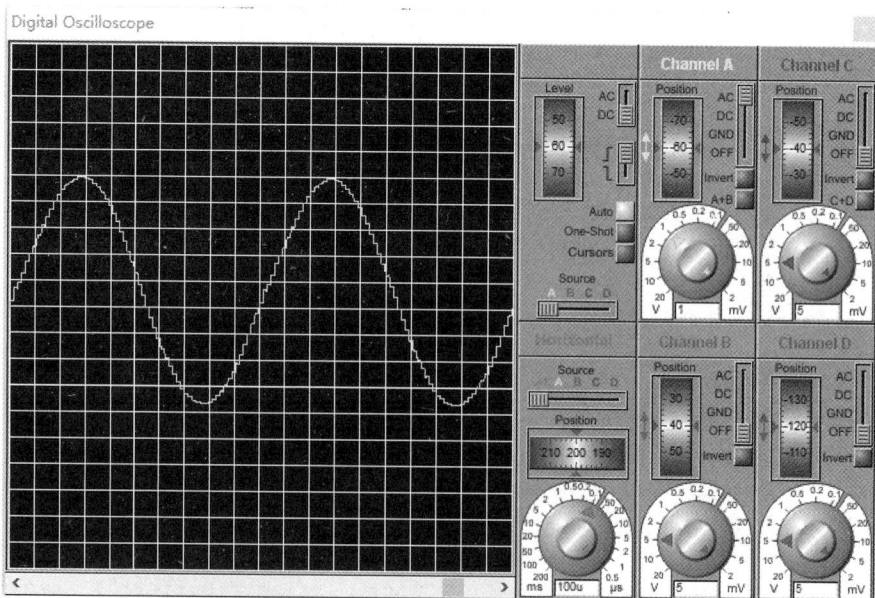

图 2-27　实例 2.23 波形示意图（一）

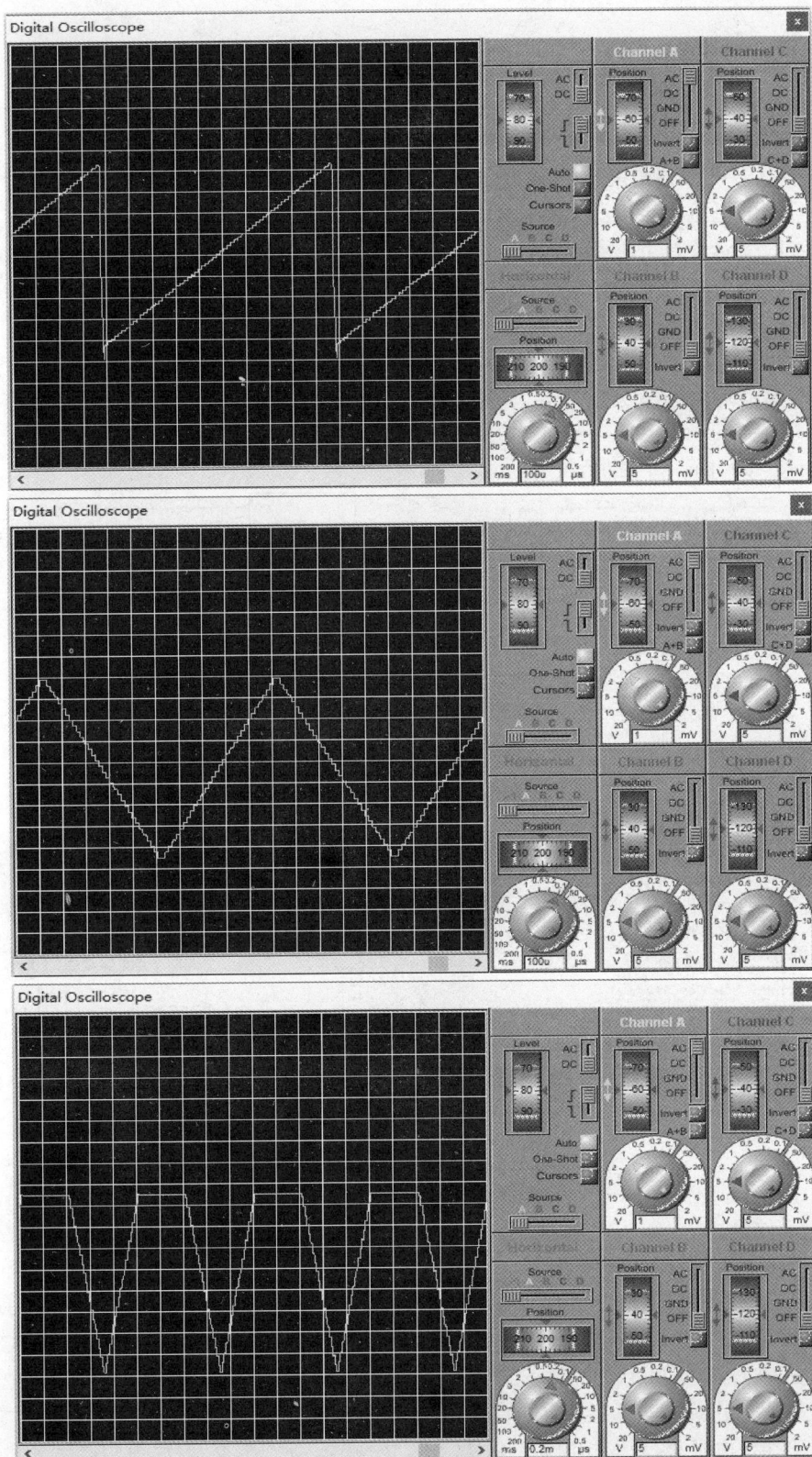

图 2-27　实例 2.23 波形示意图（二）

2.24 基于PCF8591的直流稳压电源应用实例

1．项目要求

利用 LPC1343 和内置 8 位 A/D 和 8 位 D/A 的 PCF8591 器件、LM317T 和相关元件构成一个数字可调的直流稳压电源。实现的功能有：

（1）实时显示负载电压和电流。

（2）数字调节电源电压，最小步进为 0.1V。

（3）1602 液晶显示。

2．硬件电路

硬件电路原理图如图 2-28 所示。

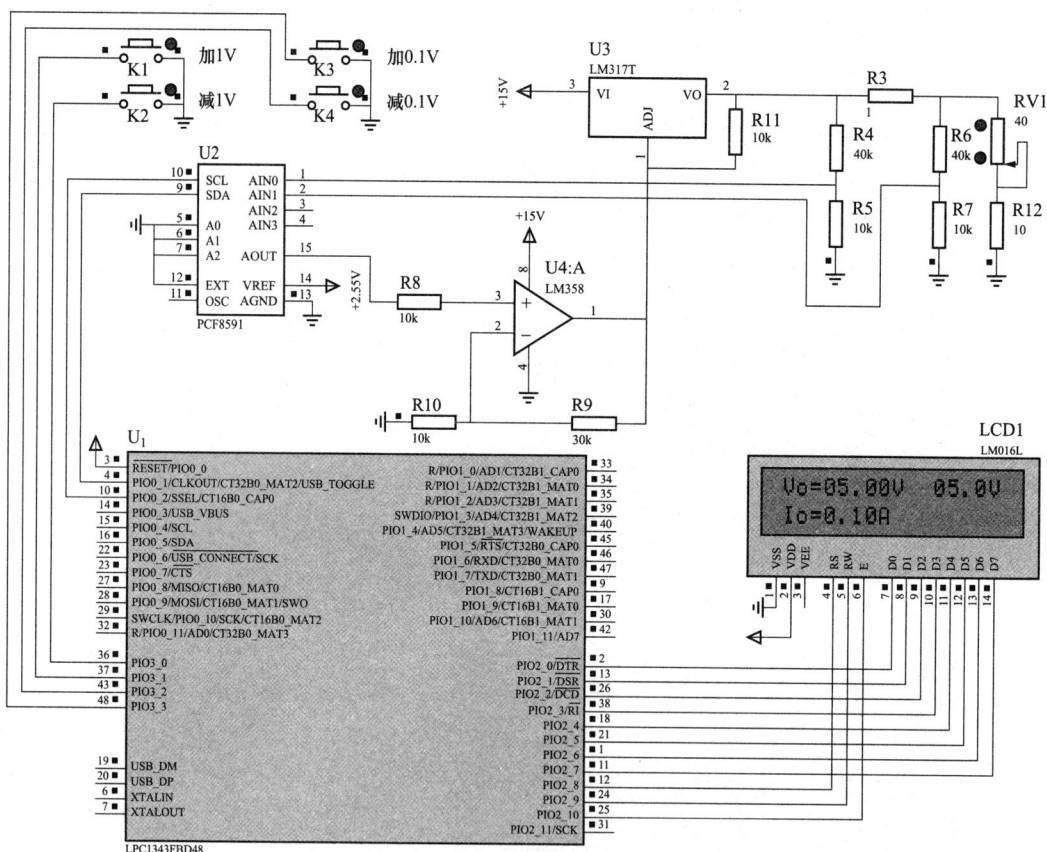

图 2-28　基于 PCF8591 的直流稳压电源应用实例电路原理图

U_1（LPC1343）的 PIO2_0～PIO2_10 引脚分别连接到 LCD1（LM016L）的 D_0～D_7、RS、RW 和 E 引脚，按键 K1～K4 分别连接到 U_1（LPC1343）的 PIO3_0～PIO3_3 引脚，U_2（PCF8591）的 SCL 和 SDA 引脚分别连接到 U_1（LPC1343）的 PIO0_1 和 PIO0_2 引脚。从 U_2（PCF8591）的 AOUT 引脚输出模拟电压经过 U_4（LM358）的同向放大 4 倍输出到 U_3（LM317T）的 1 脚 ADJ 调整端。电阻 R_3 为取样电阻，R_4 和 R_5、R_6 和 R_7 分别为 R_3 取样电阻两端的电压取样分压值分别送到 U_3（PCF8563）的 AIN0 和 AIN1 通道。RV1 和 R12 构成可调负载。

3. 程序设计

根据实例要求，设计的程序如下：

```c
#include <LPC13xx.h>
#include <math.h>
#include <stdlib.h>
#include <stdio.h>
//--- IIC 接口时序模拟 ---
#define SCL_DIR(x)  ((x)?(LPC_GPIO0->DIR |= (1 << 2)):(LPC_GPIO0->DIR &=~
(1 << 2)))
#define SCL(x)      ((x)?(LPC_GPIO0->DATA |= (1 << 2)):(LPC_GPIO0->DATA &=~
(1 << 2)))
#define SDA(x)      ((x)?(LPC_GPIO0->DATA |= (1 << 1)):(LPC_GPIO0->DATA &=~
(1 << 1)))
#define SDA_PIN     (LPC_GPIO0->DATA & (1 << 1))
#define SDA_DIR(x)  ((x)?(LPC_GPIO0->DIR |= (1 << 1)):(LPC_GPIO0->DIR &=~
(1 << 1)))
void IIC_Delay(void)
{
  int i;
  for(i=0;i<8;i++);
}
void IIC_Start(void)                //--- IIC 产生开始信号函数 ---
{
  SDA(1);
  SCL(1);IIC_Delay();SDA(0);IIC_Delay();
  SCL(0);
}
void IIC_Stop(void)                 //--- IIC 产生结束信号函数 ---
{
  SDA(0);IIC_Delay();
  SCL(1);IIC_Delay();
  SDA(1);IIC_Delay();
}
void IIC_WriteACK(unsigned char ack)
{
  if(ack)SDA(1);else SDA(0);IIC_Delay();
  SCL(1);IIC_Delay();SCL(0);IIC_Delay();
}
unsigned char IIC_ACK(void)         //--- IIC 读从机返回应答信号函数 ---
{
  unsigned char ack;
  SDA_DIR(0);
  SDA(1);IIC_Delay();
  SCL(1);IIC_Delay();
  ack = SDA_PIN;IIC_Delay();
  SCL(0);IIC_Delay();
  SDA_DIR(1);
  if(ack)return 1;else return 0;
}
void IIC_Wite(unsigned char dat)    //--- IIC 的字节写函数 ---
{
```

```
  long i;
  for(i=0;i<8;i++)
    {
      if(dat & 0x80)SDA(1);else SDA(0);
      IIC_Delay();SCL(1);IIC_Delay();SCL(0);IIC_Delay();
      dat <<= 1;
    }
}
unsigned char IIC_Read(void)                        //--- IIC 的字节读函数 ---
{
  long i;
  unsigned char dat = 0;
  SDA_DIR(0);
  SDA(1);
  for(i=0;i<8;i++)
    {
      SCL(1);IIC_Delay();
      dat <<= 1;
      if(SDA_PIN)dat |= 0x01;
      SCL(0);IIC_Delay();
    }
  SDA_DIR(1);
  return dat;
}
void IIC_Init(void)
{
  SCL_DIR(1);SDA_DIR(1);
  SDA(1);SCL(1);
  IIC_Stop();
}
//--- PCF8591 读写操作 ---
#define PCF8591_ADDR  0x90
void PCF8591_DAC(unsigned char val,
               unsigned char channel)               //--- DAC 函数 ---
{
  IIC_Start();                                       //--- 启动总线 ---
  IIC_Wite(PCF8591_ADDR);                            //--- 发送写器件地址 ---
  IIC_ACK();
  IIC_Wite(0x40 | channel);                          //--- 发送控制字节 ---
  IIC_ACK();
  IIC_Wite(val);                                     //--- 发送 DAC 数据 ---
  IIC_ACK();
  IIC_Stop();                                        //--- 结束总线 ---
}
unsigned char PCF8591_ADC(unsigned char channel)     //--- ADC 函数 ---
{
  IIC_Start();                                       //--- 启动总线 ---
  IIC_Wite(PCF8591_ADDR | 0x1);                      //--- 发送读器件地址 ---
  IIC_ACK();
  channel = IIC_Read();                              //--- 读 ADC 数据 ---
  IIC_WriteACK(0);
  channel = IIC_Read();                              //--- 读 ADC 数据 ---
```

```
        IIC_WriteACK(1);
        return channel;
    }
    //--- LCD1602 液晶显示驱动程序 ---
    #define LCD_RS(x)    ((x)?(LPC_GPIO2->DATA |= (1 <<  8)):(LPC_GPIO2->DATA &=~
(1 <<  8)))
    #define LCD_RW(x)    ((x)?(LPC_GPIO2->DATA |= (1 <<  9)):(LPC_GPIO2->DATA &=~
(1 <<  9)))
    #define LCD_EN(x)    ((x)?(LPC_GPIO2->DATA |= (1 << 10)):(LPC_GPIO2->DATA &=~
(1 << 10)))
    #define LCD_PORT(x) LPC_GPIO2->DATA = (LPC_GPIO2->DATA & (~(0xFF << 0))) |
(x << 0)
    #define COM 0
    #define DAT 1
    void DelaymS(int t)
    {
      t *= 6000;
      while(t--);
    }
    void LCD_Write(char rs,char dat)
    {
      long i;
      for(i=0;i<600;i++);
      if(0 == rs)LCD_RS(0);else LCD_RS(1);
      LCD_RW(0);
      LCD_EN(1);LCD_PORT(dat);LCD_EN(0);
    }
    void LCD_Write_String(char x,char y,char *s)
    {
      if(0 == x)LCD_Write(COM,0x80 + y);else LCD_Write(COM,0xC0 + y);
      while (*s)LCD_Write(DAT,*s++);
    }
    void LCD_Init(void)
    {
      LCD_Write(COM,0x38);                             //--- 显示模式设置 ---
      LCD_Write(COM,0x08);                             //--- 显示关闭 ---
      LCD_Write(COM,0x01);                             //--- 显示清屏 ---
      DelaymS(5);
      LCD_Write(COM,0x06);                             //--- 显示光标移动设置 ---
      LCD_Write(COM,0x0C);                             //--- 显示开及光标设置 ---
    }
    //--- 按键宏定义 ---
    #define K1  (LPC_GPIO3->DATA & (1 << 1))           //--- 按键 K1 宏定义 ---
    #define K2  (LPC_GPIO3->DATA & (1 << 0))           //--- 按键 K2 宏定义 ---
    #define K3  (LPC_GPIO3->DATA & (1 << 3))           //--- 按键 K3 宏定义 ---
    #define K4  (LPC_GPIO3->DATA & (1 << 2))           //--- 按键 K4 宏定义 ---
    long K1_Cnt,K2_Cnt,K3_Cnt,K4_Cnt;
    char str1[] = {"Vo=00.00V"};
    char str2[] = {"Io=0.00A"};
    char str3[] = {"00.0V"};
    float SetVoltage = 5.00,RealVoltage,deltaVoltage;
    int SetVoltageInteger;
```

```
int UpdateDACValue(float f)
{
  int m;
  f = (f - 1.25 + deltaVoltage) * 255 / 2.55 / 4;
  m = (int)f;
  return m;
}
void UpdateSetVoltageDisplay(float f)
{
  int m;
  f = f * 100;
  m = (int)f;
  str3[0] = (m / 1000) % 10 +'0';
  str3[1] = (m / 100) % 10 + '0';
  str3[3] = (m / 10) % 10 + '0';
  LCD_Write_String(0,11,str3);
}
//--- main 主程序 ---
int main (void)
{
  int m,msCnt = 0,ch0,ch1;
  float f;
  IIC_Init();
  LPC_GPIO2->DIR = 0xFFF;
  LCD_Init();
  LCD_Write_String(0,0,str1);
  LCD_Write_String(1,0,str2);
  SetVoltageInteger = UpdateDACValue(SetVoltage);
  UpdateSetVoltageDisplay(SetVoltage);
  while(1)
    {
      //--- 实时测量输出电压和电流值,并显示 ---
      if(++msCnt >= 100)
        {
          SetVoltageInteger = UpdateDACValue(SetVoltage);
          //--- 读取 PCF8591 的 ADC 采样电压 ---
          PCF8591_DAC(SetVoltageInteger,0);
          ch0 = PCF8591_ADC(0);
          PCF8591_DAC(SetVoltageInteger,1);
          ch1 = PCF8591_ADC(1);
          //--- 测量输出电压 ---
          f = ch1;
          f = f * 5 * 2.55 / 255;
          f = f * 100;
          m = (int)f;
          str1[3] = (m / 1000) % 10 +'0';
          str1[4] = (m / 100) % 10 + '0';
          str1[6] = (m / 10) % 10 + '0';
          str1[7] = (m / 1) % 10 + '0';
          LCD_Write_String(0,0,str1);
          //--- 测量输出电流 ---
          f = ch0 - ch1;
```

```
        f = f * 5 * 2.55 / 255;
        deltaVoltage = f;
        f *= 100;
        m = (int)f;
        str2[3] = (m / 100) % 10 +'0';
        str2[5] = (m / 10) % 10 + '0';
        str2[6] = (m / 1) % 10 + '0';
        LCD_Write_String(1,0,str2);
        msCnt = 0;
    }
    //--- 按键识别 ---
    if((0 == K1) && (999999 != K1_Cnt) && (++K1_Cnt > 10)){ //--- K1 1V加 ---
        if(0 == K1){
            K1_Cnt = 999999;
            SetVoltage += 1;
            if(SetVoltage > 10.5)SetVoltage = 10.5;
            SetVoltageInteger = UpdateDACValue(SetVoltage);
            UpdateSetVoltageDisplay(SetVoltage);
        }
    }
    else if(0 != K1)K1_Cnt = 0;
    if((0 == K2) && (999999 != K2_Cnt) && (++K2_Cnt > 10)){ //--- K2 1V减 ---
        if(0 == K2){
            K2_Cnt = 999999;
            SetVoltage -= 1;
            if(SetVoltage < 2)SetVoltage = 2;
            SetVoltageInteger = UpdateDACValue(SetVoltage);
            UpdateSetVoltageDisplay(SetVoltage);
        }
    }
    else if(0 != K2)K2_Cnt = 0;
    if((0 == K3) && (999999 != K3_Cnt) && (++K3_Cnt > 10)){ //--- K3 0.1V加 ---
        if(0 == K3){
            K3_Cnt = 999999;
            SetVoltage += 0.1;
            if(SetVoltage > 11)SetVoltage = 11;
            SetVoltageInteger = UpdateDACValue(SetVoltage);
            UpdateSetVoltageDisplay(SetVoltage);
        }
    }
    else if(0 != K3)K3_Cnt = 0;
    if((0 == K4) && (999999 != K4_Cnt) && (++K4_Cnt > 10)){ //--- K4 0.1V减 ---
        if(0 == K4){
            K4_Cnt = 999999;
            SetVoltage -= 0.1;
            if(SetVoltage < 2)SetVoltage = 2;
            SetVoltageInteger = UpdateDACValue(SetVoltage);
            UpdateSetVoltageDisplay(SetVoltage);
        }
    }
    else if(0 != K4)K4_Cnt = 0;
    }
}
```

4．小结

本实例展示了如何利用 LPC1343 微控制器和内置 8 位 A/D 和 D/A 功能的 PCF8591 器件构成一个闭环数字电源控制系统。程序设计时涉及的主要内容如下：

（1）I^2C 协议时序的模拟。

（2）PCF8591_DAC 函数实现 D/A 数字量转模拟量的输出，PCF8591_ADC 函数实现 A/D 模拟量转数字量的输入。

（3）在 while（1）无限循环中，通过调用 UpdateDACValue 函数将设定的电压数字量转换为模拟量输出的数字量，由 PCF8591_DAC 函数输出对应的模拟量，再由 PCF8591_ADC 函数连续采样 AIN0 和 AIN1 通道的模拟量，并计算出差值送到 deltaVoltage 变量中，可用于 UpdateDACValue 函数进行实时补偿处理，以保证加载在负载的直流电压恒定。

2.25　基于 BMP180 的大气压强温度和海拔高度测量实例

1．项目要求

利用 LPC1343 微控制器和 BMP180 大气压强传感器测量大气压强、环境温度及海拔高度，通过 LCD 显示模块显示出参数。

2．硬件电路

硬件电路原理图如图 2-29 所示。

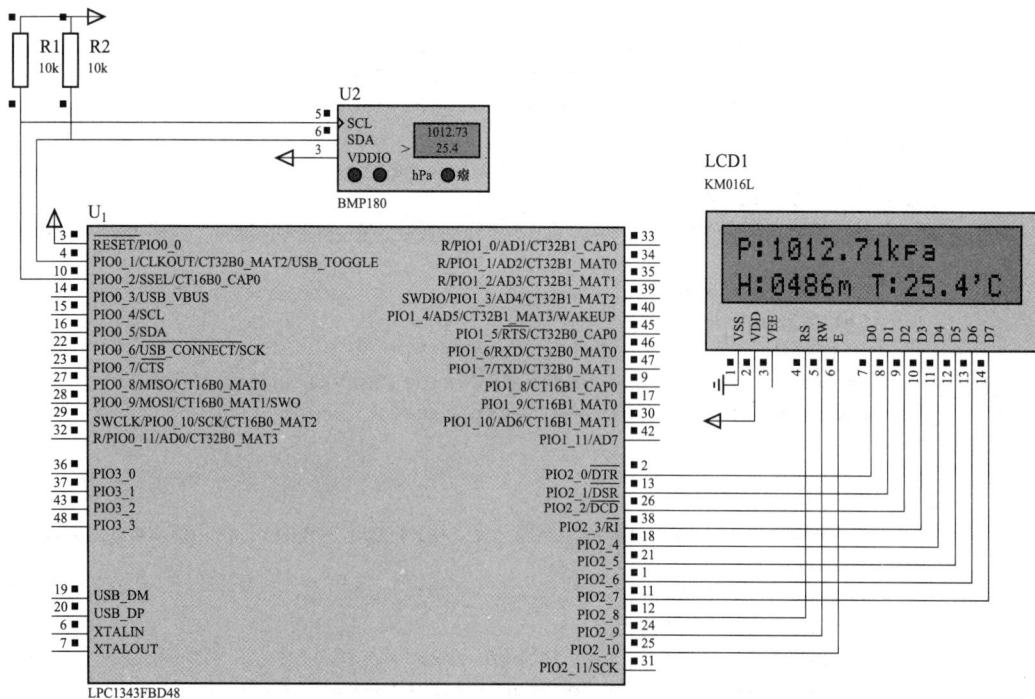

图 2-29　基于 BMP180 的大气压强温度和海拔高度测量实例电路原理图

U_1（LPC1343）的 PIO2_0～PIO2_10 引脚分别连接到 LCD1（LM016L）的 D0～D7、RS、RW 和 E 引脚，U_2（BMP180）的 SCL 和 SDA 引脚分别连接到 PIO0_1 和 PIO0_2 引脚，电

阻 R_1 和 R_2 为上拉电阻。

3. 程序设计

根据实例要求，设计的程序如下：

```c
#include <LPC13xx.h>
#include <math.h>
#include <stdlib.h>
#include <stdio.h>
//--- LM016 液晶显示驱动程序 ---
#define LCD_RS(x)   ((x)?(LPC_GPIO2->DATA |= (1 << 8)):(LPC_GPIO2->DATA &=~
(1 << 8)))
#define LCD_RW(x)   ((x)?(LPC_GPIO2->DATA |= (1 << 9)):(LPC_GPIO2->DATA &=~
(1 << 9)))
#define LCD_EN(x)   ((x)?(LPC_GPIO2->DATA |= (1 << 10)):(LPC_GPIO2->DATA &=~
(1 << 10)))
#define LCD_PORT(x) LPC_GPIO2->DATA = (LPC_GPIO2->DATA & (~(0xFF << 0))) |
(x << 0)
#define COM 0
#define DAT 1
void DelaymS(long t)
{
  t *= 6000;
  while(t--);
}
void LCD_Write(unsigned char rs,unsigned char dat)
{
  long i;
  for(i=0;i<600;i++);
  if(0 == rs)LCD_RS(0);else LCD_RS(1);
  LCD_RW(0);
  LCD_EN(1);
  LCD_PORT(dat);
  LCD_EN(0);
}
void LCD_Write_Char(unsigned char x,unsigned char y,unsigned char Data)
{
  if (0 == x)LCD_Write(COM,0x80 + y);else LCD_Write(COM,0xC0 + y);
  LCD_Write(DAT,Data);
}
void LCD_Write_String(unsigned char x,unsigned char y,unsigned char *s)
{
  if(0 == x)LCD_Write(COM,0x80 + y);else LCD_Write(COM,0xC0 + y);
  while (*s)LCD_Write(DAT,*s++);
}
void LCD_Init(void)
{
  LCD_Write(COM,0x38);                      //--- 显示模式设置 ---
  LCD_Write(COM,0x08);                      //--- 显示关闭 ---
  LCD_Write(COM,0x01);                      //--- 显示清屏 ---
  DelaymS(10);
```

```
        LCD_Write(COM,0x06);                          //--- 显示光标移动设置 ---
        LCD_Write(COM,0x0C);                          //--- 显示开及光标设置 ---
    }
    //--- IIC 协议驱动程序 ---
    #define SCL_DIR(x) ((x)?(LPC_GPIO0->DIR |= (1 << 2)):(LPC_GPIO0->DIR &=~
(1 << 2)))
    #define SCL(x)     ((x)?(LPC_GPIO0->DATA |= (1 << 2)):(LPC_GPIO0->DATA &=~
(1 << 2)))
    #define SDA(x)     ((x)?(LPC_GPIO0->DATA |= (1 << 1)):(LPC_GPIO0->DATA &=~
(1 << 1)))
    #define SDA_PIN    (LPC_GPIO0->DATA & (1 << 1))
    #define SDA_DIR(x) ((x)?(LPC_GPIO0->DIR |= (1 << 1)):(LPC_GPIO0->DIR &=~
(1 << 1)))
    void IIC_Delay(void)
    {
      int i;
      for(i=0;i<30;i++);
    }
    void IIC_Start(void)                              //--- 产生开始信号函数 ---
    {
      SDA_DIR(1);
      SCL(1);SDA(1);SDA(0);SCL(0);
    }
    void IIC_Stop(void)                               //--- 产生结束信号函数 ---
    {
      SDA_DIR(1);
      SDA(0);SCL(1);SDA(1);
    }
    void IIC_ACK_Write(char ack)                      //--- 向从机写应答信号函数 ---
    {
      SDA_DIR(1);
      if(ack)SDA(1);else SDA(0);
      SCL(1);IIC_Delay();SCL(0);IIC_Delay();
    }
    unsigned char IIC_ACK_Read(void)                  //--- 读从机返回应答信号函数 ---
    {
      unsigned char ack;
      SDA_DIR(0);
      SCL(1);IIC_Delay();
      ack = SDA_PIN;
      SCL(0);IIC_Delay();
      if(ack)return 1;else return 0;
    }
    unsigned char IIC_ACK(void)                       //--- 读从机返回应答信号函数 ---
    {
      unsigned char ack;
      SDA_DIR(0);SDA(1);
      SCL(1);IIC_Delay();
      ack = SDA_PIN;
      SCL(0);IIC_Delay();
      if(ack)return 1;else return 0;
```

```
}
void IIC_Wite(unsigned char dat)          //--- IIC 协议字节写函数 ---
{
  int i;
  SDA_DIR(1);
  for(i=0;i<8;i++)
    {
      if(dat & 0x80)SDA(1);else SDA(0);
      dat <<= 1;
      SCL(1);IIC_Delay();SCL(0);IIC_Delay();
    }
}
unsigned char IIC_Read(void)              //--- IIC 协议字节读函数 ---
{
  int i;
  unsigned char dat = 0;
  SDA_DIR(0);SDA(1);
  for(i=0;i<8;i++)
    {
      dat <<= 1;
      SCL(1);IIC_Delay();
      if(SDA_PIN)dat |= 0x01;else dat &= 0xFE;
      SCL(0);IIC_Delay();
    }
  return dat;
}
void IIC_Init(void)
{
  SCL_DIR(1);
  SDA_DIR(1);
  IIC_Stop();
}
//--- BMP180 传感器驱动程序 ---
#define BMP180_SLAVEADDR   0xEE          //--- 定义器件在 IIC 总线中的从地址 ---
#define OSS 0
int temperature;                         //--- 温度值 ---
int pressure;                            //--- 压力值 ---
int height;                              //--- 相对海拔高度值 ---
short ac1;
short ac2;
short ac3;
unsigned short ac4;
unsigned short ac5;
unsigned short ac6;
short b1;
short b2;
short mb;
short mc;
short md;
short BMP180_ReadTwoByte(unsigned char ST_Address)
                                //--- 读取 BMP180 内部数据,连续两个 ---
```

```
  {
    unsigned char msb,lsb;
    short _data;
    IIC_Start();
    IIC_Wite(BMP180_SLAVEADDR);
    IIC_ACK_Read();
    IIC_Wite(ST_Address);
    IIC_ACK_Read();
    IIC_Start();
    IIC_Wite(BMP180_SLAVEADDR + 1);
    IIC_ACK_Read();
    msb = IIC_Read();
    IIC_ACK_Write(0);
    lsb = IIC_Read();
    IIC_ACK_Write(1);
    IIC_Stop();
    _data = msb << 8;
    _data |= lsb;
    return _data;
  }
  int BMP180_ReadTemperature(void)          //--- 读取 BMP180 内部的温度数据 ---
  {
    IIC_Start();
    IIC_Wite(BMP180_SLAVEADDR);
    IIC_ACK_Read();
    IIC_Wite(0xF4);
    IIC_ACK_Read();
    IIC_Wite(0x2E);
    IIC_ACK_Read();
    IIC_Stop();
    DelaymS(20);
    return (int)BMP180_ReadTwoByte(0xF6);
  }
  int BMP180_ReadPressure(void)             //--- 读取 BMP180 内部的压力数据 ---
  {
    int pressure = 0;
    IIC_Start();
    IIC_Wite(BMP180_SLAVEADDR);
    IIC_ACK_Read();
    IIC_Wite(0xF4);
    IIC_ACK_Read();
    IIC_Wite(0x34);
    IIC_ACK_Read();
    IIC_Stop();
    DelaymS(20);
    pressure = BMP180_ReadTwoByte(0xF6);
    pressure &= 0x0000FFFF;
    return pressure;
  }
  void BMP180_Init(void)
  {
```

```
  ac1 = BMP180_ReadTwoByte(0xAA);
  ac2 = BMP180_ReadTwoByte(0xAC);
  ac3 = BMP180_ReadTwoByte(0xAE);
  ac4 = BMP180_ReadTwoByte(0xB0);
  ac5 = BMP180_ReadTwoByte(0xB2);
  ac6 = BMP180_ReadTwoByte(0xB4);
  b1  = BMP180_ReadTwoByte(0xB6);
  b2  = BMP180_ReadTwoByte(0xB8);
  mb  = BMP180_ReadTwoByte(0xBA);
  mc  = BMP180_ReadTwoByte(0xBC);
  md  = BMP180_ReadTwoByte(0xBE);
}
void BMP180_Convert(void)
{
  unsigned int ut;
  unsigned long up;
  long x1, x2, b5, b6, x3, b3, p;
  unsigned long b4, b7;
  ut = BMP180_ReadTemperature();         //--- 读取温度 ---
  up = BMP180_ReadPressure();            //--- 读取压强 ---
  x1 = (((int)ut - (int)ac6) * (int)ac5) >> 15;
  x2 = ((int) mc << 11) / (x1 + md);
  b5 = x1 + x2;
  temperature = ((b5 + 8) >> 4);
  b6 = b5 - 4000;
  // Calculate B3
  x1 = (b2 * (b6 * b6) >> 12) >> 11;
  x2 = (ac2 * b6) >> 11;
  x3 = x1 + x2;
  b3 = (((((int)ac1) * 4 + x3) << OSS) + 2) >> 2;
  // Calculate B4
  x1 = (ac3 * b6) >> 13;
  x2 = (b1 * ((b6 * b6) >> 12)) >> 16;
  x3 = ((x1 + x2) + 2) >> 2;
  b4 = (ac4 * (unsigned int)(x3 + 32768)) >> 15;
  b7 = ((unsigned int)(up - b3) * (50000 >> OSS));
  if (b7 < 0x80000000)p = (b7 << 1) / b4;
  else p = (b7 / b4) << 1;
  x1 = (p >> 8) * (p >> 8);
  x1 = (x1 * 3038) >> 16;
  x2 = (-7357 * p) >> 16;
  pressure = p + ((x1 + x2 + 3791) >> 4);
  height = (101325 - pressure) * 9;
}
int msCnt;
unsigned char str1[] = {"P:0000.00kpa     "};
unsigned char str2[] = {"H:0000m T:00.0'C"};
//--- main 主程序 ---
int main (void)
{
  int i;
```

```
LPC_GPIO2->DIR = 0xFFF;
LCD_Init();
IIC_Init();
BMP180_Init();
while(1)
  {
    if(++msCnt >= 10000)
      {
        BMP180_Convert();
        for(i=0;i<7;i++)str1[i + 2] = ' ';
        str1[2] = (pressure / 100000) % 10 +'0';
        str1[3] = (pressure / 10000) % 10 +'0';
        str1[4] = (pressure / 1000) % 10 +'0';
        str1[5] = (pressure / 100) % 10 +'0';
        str1[6] = '.';
        str1[7] = (pressure / 10) % 10 +'0';
        str1[8] = (pressure / 1) % 10 +'0';
        LCD_Write_String(0,0,str1);
        str2[2] = (height / 1000) % 10 +'0';
        str2[3] = (height / 100) % 10 +'0';
        str2[4] = (height / 10) % 10 +'0';
        str2[5] = (height / 1) % 10 +'0';
        str2[10] = (temperature / 100) % 10 +'0';
        str2[11] = (temperature / 10) % 10 +'0';
        str2[13] = (temperature / 1) % 10 +'0';
        LCD_Write_String(1,0,str2);
        msCnt = 0;
      }
  }
}
```

4．小结

本实例展示了如何利用 LPC1343 微控制器通过 I^2C 接口读取 BMP180 数字大气压强传感器的数字量。进行程序设计时，需要掌握 I^2C 协议时序的 GPIO 模拟，BMP180 传感器数据传输格式。涉及的主要内容如下：

（1）LCD 显示模块的显示驱动程序设计。

（2）I^2C 接口的协议时序模拟。

（3）BMP180 数字传输格式的读写操作。

第 3 章

综 合 应 用 实 例

3.1　自动量程的电压表设计实例

1. 项目要求

设计并制作一个数字电压表。要求具有如下功能：

（1）测量的直流电压范围在 0～10V，精度可达 1mV。

（2）在测量 1mV 级电压时自动换量程并显示测量的电压值；

2. 硬件电路

硬件电路原理图如图 3-1 所示。

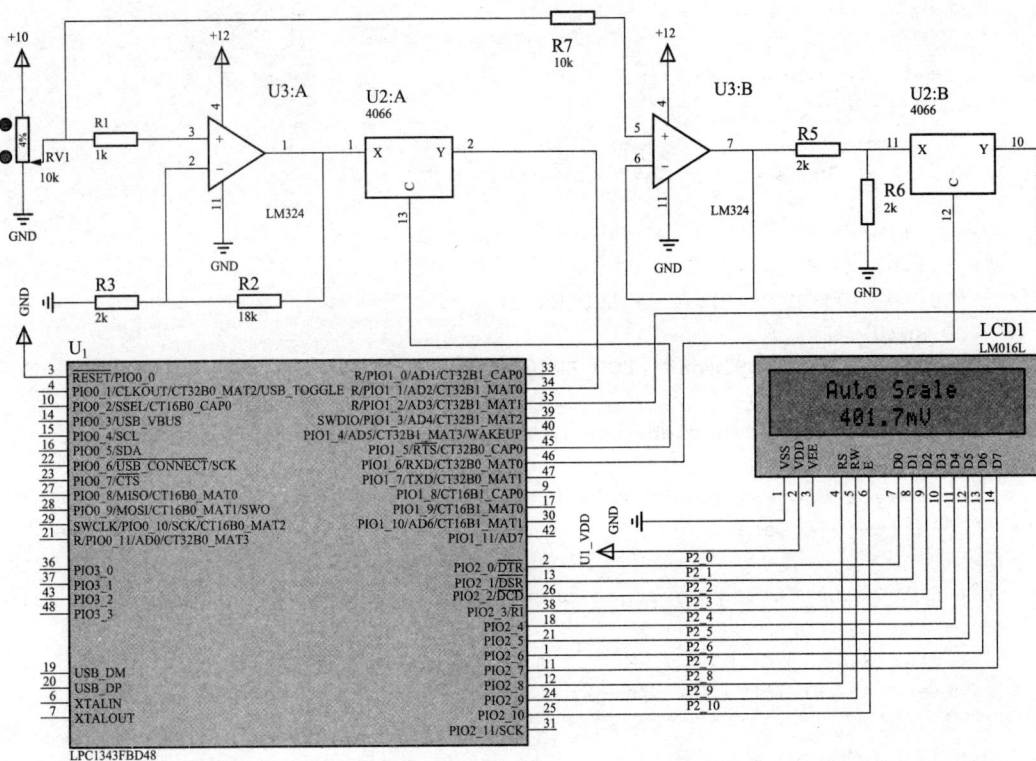

图 3-1　自动量程的电压表设计实例电路原理图

0～10V 的直流电压由 RV1 输入，模拟开关 U_2（4066）、U_3（LM324）和电阻 R_1～R_6 构成一个具有自动量程切换的放大倍数的放大和缩小电路。在测量 mV 级的电压时 U3：A 构成放大 10 倍的电路输出模拟电压由 U2A 的 2 脚送到 U1（LPC1343）的 PIO1_1/AD2 引脚，大电压由 U3：B 跟随输出再经过 R_5 和 R_6 的二分电压之后由 U2：B 的 10 脚输出模拟量送到

U_1（LPC1343）的 PIO1_2/AD3 引脚。控制 U_2：A 和 U_2：B 的控制端由 U_1（LPC1343）的 PIO1_5 和 PIO1_6 引脚输出。U_1（LPC1343）的 PIO2_0～PIO2_10 引脚分别连接到 LCD1（LM016L）的 D_0～D_7、RS、RW 和 E 引脚。

3. 程序设计

根据实例要求，设计的程序如下：

```c
#include <LPC13xx.h>
//--- 1602 LCD 驱动程序段 ---
#define LCD_RS(x)     ((x)?(LPC_GPIO2->DATA |= (1 <<  8)):(LPC_GPIO2->DATA &=~(1 << 8)))
#define LCD_RW(x)     ((x)?(LPC_GPIO2->DATA |= (1 <<  9)):(LPC_GPIO2->DATA &=~(1 << 9)))
#define LCD_EN(x)     ((x)?(LPC_GPIO2->DATA |= (1 << 10)):(LPC_GPIO2->DATA &=~(1 << 10)))
#define LCD_PORT(x)   LPC_GPIO2->DATA = (LPC_GPIO2->DATA & (~(0xFF << 0))) | (x << 0)
#define COM 0
#define DAT 1
void DelaymS(long t)
{
  t *= 6000;
  while(t--);
}
void LCD_Write(unsigned char rs,unsigned char dat)
{
  long i;
  for(i=0;i<600;i++);
  if(0 == rs)LCD_RS(0);else LCD_RS(1);
  LCD_RW(0);
  LCD_EN(1); LCD_PORT(dat);LCD_EN(0);
}
void LCD_Write_Char(unsigned char x,unsigned char y,unsigned char Data)
{
  if (0 == x)LCD_Write(COM,0x80 + y);else LCD_Write(COM,0xC0 + y);
  LCD_Write(DAT,Data);
}
void LCD_Write_String(unsigned char x,unsigned char y,unsigned char *s)
{
  if(0 == x)LCD_Write(COM,0x80 + y);else LCD_Write(COM,0xC0 + y);
  while (*s)LCD_Write(DAT,*s++);
}
void LCD_Init(void)
{
  LCD_Write(COM,0x38);               //--- 显示模式设置 ---
  LCD_Write(COM,0x08);               //--- 显示关闭 ---
  LCD_Write(COM,0x01);               //--- 显示清屏 ---
  DelaymS(5);
  LCD_Write(COM,0x06);               //--- 显示光标移动设置 ---
  LCD_Write(COM,0x0C);               //--- 显示开及光标设置 ---
```

```
    }
    //--- ADC 程序段 ---
    #define ADC_START    LPC_ADC->CR |= (1 << 24)
    #define ADC_STOP     LPC_ADC->CR &=~(7 << 24)
    #define HC4066_A(x)    ((x)?(LPC_GPIO1->DATA |= (1 << 5)):(LPC_GPIO1->DATA
&=~(1 << 5)))
    #define HC4066_B(x)    ((x)?(LPC_GPIO1->DATA |= (1 << 6)):(LPC_GPIO1->DATA
&=~(1 << 6)))
    #define HC4066_A_PIN  (LPC_GPIO1->DATA & (1 << 5))
    #define HC4066_B_PIN  (LPC_GPIO1->DATA & (1 << 6))
    #define _v0_5 {HC4066_A(0);HC4066_B(1);}
    #define _v10  {HC4066_A(1);HC4066_B(0);}
    long ADCValue;
    long ADC_Channel;
    void LPC13XX_ADC_Init(void)
    {
      LPC_SYSCON->SYSAHBCLKCTRL |= (1 << 16);   //--- 使能 IOCON 模块的时钟源 ---
      LPC_IOCON->R_PIO1_1 |= (2 << 0);             //--- 配置 PIO1_1 为 AD2 功能 ---
      LPC_IOCON->R_PIO1_1 &=~((1 << 7) | (3 << 3));  //--- 配置为模拟输入引脚 ---
      LPC_IOCON->R_PIO1_1 |= (1 << 3);              //--- 使能下拉电阻 ---
      LPC_IOCON->R_PIO1_2 |= (2 << 0);              //--- 配置PIO1_2为AD3功能 ---
      LPC_IOCON->R_PIO1_2 &=~((1 << 7) | (3 << 3));  //--- 配置为模拟输入引脚 ---
      LPC_IOCON->R_PIO1_2 |= (1 << 3);              //--- 使能下拉电阻 ---
      LPC_SYSCON->SYSAHBCLKCTRL |= (1 << 13);       //--- 使能 ADC 模块的时钟源 ---
      LPC_SYSCON->PDRUNCFG |= (1 << 4);             //--- ADC 模块正常工作状态 ---
      LPC_ADC->CR = (1 << ADC_Channel) | (0x20 << 8);
    }
    long msCnt,dotPos;
    unsigned char ADCString[] = {"0.000V "};
    //--- main 主程序 ---
    int main (void)
    {
      long temp;
      LPC_GPIO1->DIR |= ((1 << 6) | (1 << 5)); //--- PIO1_5,PIO1_6 为输出引脚 ---
      LPC_GPIO1->DATA &= ~((1 << 6) | (1 << 5)); //--- PIO1_5,PIO1_6 输出低电平 ---
      LPC_GPIO2->DIR = 0xFFF;
      LCD_Init();
      LCD_Write_String(0,0,"  Auto Scale  ");
      ADCValue = 0x3FF;
      _v0_5;
      dotPos = 2;
      ADC_Channel = 3;
      LPC13XX_ADC_Init();
      ADC_START;
      while(1)
        {
          if(0 != (LPC_ADC->STAT & (1 << 16)))
            {
              ADC_STOP;
              ADCValue = LPC_ADC->GDR;
```

```
        ADCValue = (ADCValue >> 6) & 0x3FF;
        if((0 != HC4066_A_PIN) && (0 == HC4066_B_PIN) && (ADCValue > 1016))
          {
            ADC_Channel = 3;
            _v0_5;
            dotPos = 2;
          }
          else if((0 == HC4066_A_PIN) && (0 != HC4066_B_PIN) && (ADCValue < 51))
          {
            ADC_Channel = 2;
            _v10;
            dotPos = 10;
          }
        LPC_ADC->CR = (1 << ADC_Channel) | (0x20 << 8);
        ADC_START;
        temp = 5000;
        temp = temp * dotPos * ADCValue / 1023;
        if(2 == dotPos)
          {
            ADCString[0] = (temp / 1000) % 10 + 0x30;
            ADCString[1] = '.';
            ADCString[2] = (temp / 100) % 10 + 0x30;
            ADCString[3] = (temp / 10) % 10 + 0x30;
            ADCString[4] = (temp / 1) % 10 + 0x30;
            ADCString[5] = 'V';
            ADCString[6] = ' ';
          }
        else if(10 == dotPos)
          {
            if(temp >= 10000)temp /= 10;
            ADCString[0] = (temp / 1000) % 10 + 0x30;
            ADCString[1] = (temp / 100) % 10 + 0x30;
            ADCString[2] = (temp / 10) % 10 + 0x30;
            ADCString[3] = '.';
            ADCString[4] = (temp / 1) % 10 + 0x30;
            ADCString[5] = 'm';
            ADCString[6] = 'V';
          }
        LCD_Write_String(1,4,ADCString);
      }
    }
  }
```

4．小结

本实例充分利用LPC1343的内置10位A/D转换器和外围电路构成一个可自动换量程的电压测量电路和应用编程方法。在程序设计时涉及到的主要内容如下：

（1）内置10位A/D转换器的初始化和使用。

（2）自动换量程的判断算法：先将量程切换到mV级电压档测量，判断被测量的数值是否超过1016，若是则表明输入的电压模拟量不是mV级，自动将挡位切换到大电压档测量。

在大电压挡下，若测量的信号低于设定的数值 51，则表示当前输入的是 mV 级模拟量，自动
将挡位切换到 mV 级电压档进行测量。

（3）LCD 显示驱动程序设计。

3.2 基于比较器的电容测量表设计实例

1．项目要求

利用模拟比较器和 LPC1343 微控制器设计并制作一个电容测量表。要求功能如下：

（1）测量的电容的范围在 1pF～10uF 之间，测量精度可达 1pF。

（2）采用 LCD 显示。

2．硬件电路

硬件电路原理图如图 3-2 所示。

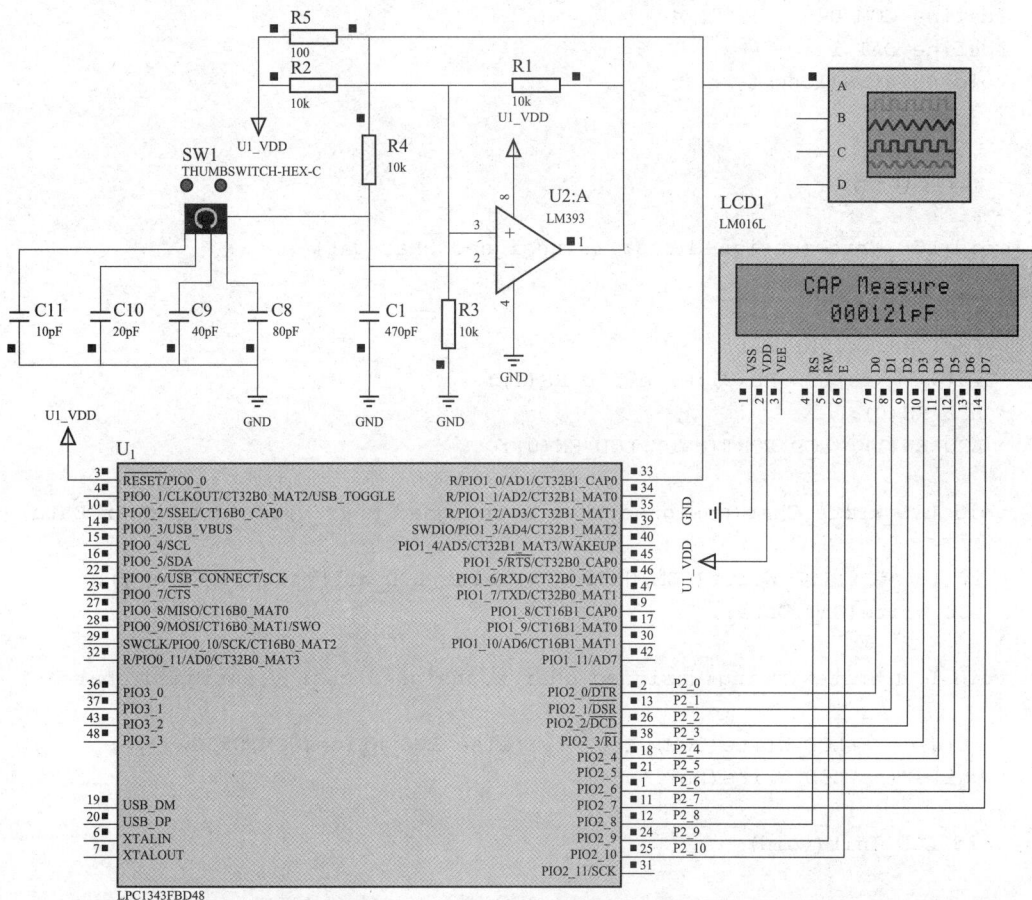

图 3-2　基于比较器的电容测量表设计实例电路原理图

U$_1$（LPC1343）的 PIO2_0～PIO2_10 引脚分别连接到 LCD1（LM016L）的 D$_0$～D$_7$、
RS、RW 和 E 引脚。U$_2$（LPC393）、电阻 R$_1$～R$_5$ 和电容 C1 构成比较一个 RC 振荡电路，
输出的振荡频率送到 PIO1_0 引脚。电容 C8～C11 和数字切换开关 SW1 构成被测电容的输

入端。

3．程序设计

根据实例要求，设计的程序如下：

```c
#include <LPC13xx.h>
#include <math.h>
//--- 1602 LCD 驱动程序段 ---
#define LCD_RS(x)     ((x)?(LPC_GPIO2->DATA |= (1 <<  8)):(LPC_GPIO2->DATA
&=~(1 <<  8)))
#define LCD_RW(x)     ((x)?(LPC_GPIO2->DATA |= (1 <<  9)):(LPC_GPIO2->DATA
&=~(1 <<  9)))
#define LCD_EN(x)     ((x)?(LPC_GPIO2->DATA |= (1 << 10)):(LPC_GPIO2->DATA
&=~(1 << 10)))
#define LCD_PORT(x)  LPC_GPIO2->DATA = (LPC_GPIO2->DATA & (~(0xFF << 0)))
| (x << 0)
#define COM 0
#define DAT 1
void DelaymS(long t)
{
  t *= 6000;
  while(t--);
}
void LCD_Write(unsigned char rs,unsigned char dat)
{
  long i;
  for(i=0;i<600;i++);
  if(0 == rs)LCD_RS(0);else LCD_RS(1);
  LCD_RW(0);
  LCD_EN(1); LCD_PORT(dat);LCD_EN(0);
}
void LCD_Write_Char(unsigned char x,unsigned char y,unsigned char Data)
{
  if (0 == x)LCD_Write(COM,0x80 + y);else LCD_Write(COM,0xC0 + y);
  LCD_Write(DAT,Data);
}
void LCD_Write_String(unsigned char x,unsigned char y,unsigned char *s)
{
  if(0 == x)LCD_Write(COM,0x80 + y);else LCD_Write(COM,0xC0 + y);
  while (*s)LCD_Write(DAT,*s++);
}
void LCD_Init(void)
{
  LCD_Write(COM,0x38);                //--- 显示模式设置 ---
  LCD_Write(COM,0x08);                //--- 显示关闭 ---
  LCD_Write(COM,0x01);                //--- 显示清屏 ---
  DelaymS(5);
  LCD_Write(COM,0x06);                //--- 显示光标移动设置 ---
  LCD_Write(COM,0x0C);                //--- 显示开及光标设置 ---
}
```

```
//--- 32 位定时器 1 程序段 ---
void CT32B1_CAP_Init(void)
{
  LPC_SYSCON->SYSAHBCLKCTRL |= (1 << 10);    //--- 使能 32 位定时器 1 的时钟源 ---
  LPC_TMR32B1->CTCR = 1;                      //--- 外部计数模式 ---
  LPC_TMR32B1->PR = 0;                        //--- 设置预分系数 ---
  LPC_TMR32B1->PC = 0;
  LPC_TMR32B1->TC = 0;
  LPC_TMR32B1->MR0 = 0xFFFFFFFF;              //--- 设置器定时 1ms 的匹配值---
  LPC_TMR32B1->MCR = (3 << 0);                //--- 使能匹配 0 中断并匹配复位 TC ---
  LPC_TMR32B1->TCR = 1;                       //--- 使能 32 位定时器 1 工作 ---
}
void TIMER32_1_IRQHandler(void)              //--- 32 位定时器 0 的中断函数 ---
{
  if(0 != (LPC_TMR32B1->IR & (1 << 0)))
    {
      LPC_TMR32B1->IR |= (1 << 0);
    }
}
long msCnt,Flag;
long CAP_Freq;
void SysTick_Handler(void)                   //--- 节拍定时器(SysTick)中断函数 ---
{
  if(++msCnt >= 20)
    {
      msCnt = 0;
      LPC_TMR32B1->TCR = 0;
      CAP_Freq = LPC_TMR32B1->TC;
      LPC_TMR32B1->TC = 0;
      LPC_TMR32B1->TCR = 1;
      Flag = 1;
    }
}
unsigned char GetCapFreq[] = {"000000pF"};
//--- main 主程序 ---
int main (void)
{
  long temp;
  float f;
  SystemCoreClockUpdate();
  LPC_GPIO2->DIR = 0xFFF;
  LCD_Init();
  LCD_Write_String(0,0," CAP Measure   ");
  CT32B1_CAP_Init();
  SysTick_Config(SystemCoreClock / 1000);    //--- 初始化 SysTick 定时 1ms ---
  while(1)
    {
      if(0 != Flag)
        {
```

```
        Flag = 0;
        f = CAP_Freq;
        f = -677.1 * log(f) + 5266.6;
        temp = f + 2.575;
        GetCapFreq[0] = (temp / 100000) % 10 + 0x30;
        GetCapFreq[1] = (temp / 10000) % 10 + 0x30;
        GetCapFreq[2] = (temp / 1000) % 10 + 0x30;
        GetCapFreq[3] = (temp / 100) % 10 + 0x30;
        GetCapFreq[4] = (temp / 10) % 10 + 0x30;
        GetCapFreq[5] = (temp / 1) % 10 + 0x30;
        LCD_Write_String(1,4,GetCapFreq);
    }
  }
}
```

4．小结

本实例充分利用 LM393 构成一个 RC 振荡电路和 LPC1343 的定时器的输入捕获（CAPTURE）的外部计数功能实现了电容的测量。因此，程序设计主要涉及如下内容：

（1）32 位定时器 1 被配置为外部计数模式，由 CT32B1_CAP_Init 函数实现。

（2）调用 SysTick_Config 函数配置系统节拍定时器产生 1ms 的定时，在 SysTick_Handler 中断函数中每 20ms 进行一次被测量频率的计算。

（3）利用实验法将被测标准的被测电容值输出的方波频率与被电容数值进行一致性对应，并通过 EXCEL 软件来拟合曲线函数进行补偿。

本实例限于仿真软件响应速度比较慢，选择在 20ms 进行一次频率的测量，在实际应用中可选择 250ms 进行一次被测频率的测量。被测信号的波形输出如图 3-3 所示，拟合曲线如图 3-4 所示。

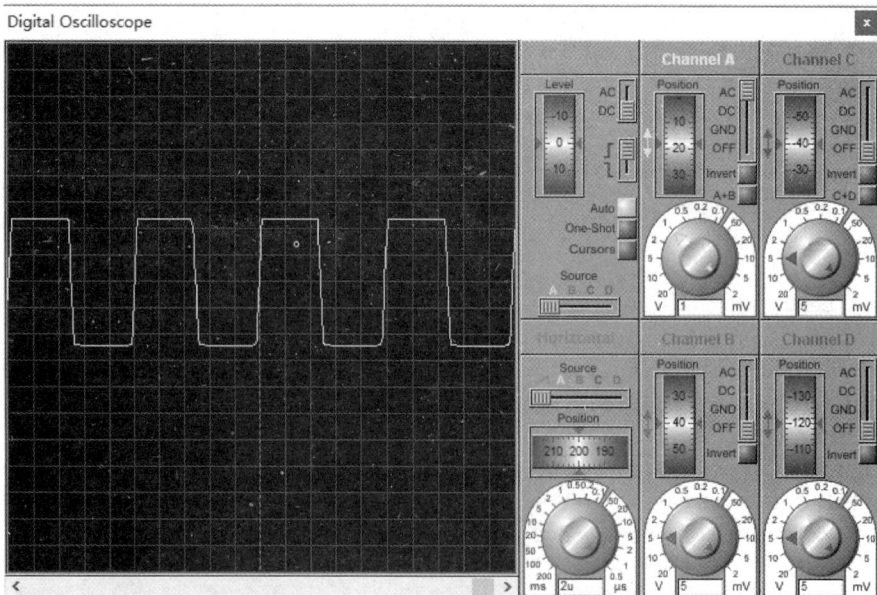

图 3-3　实例 3.2 波形示意图

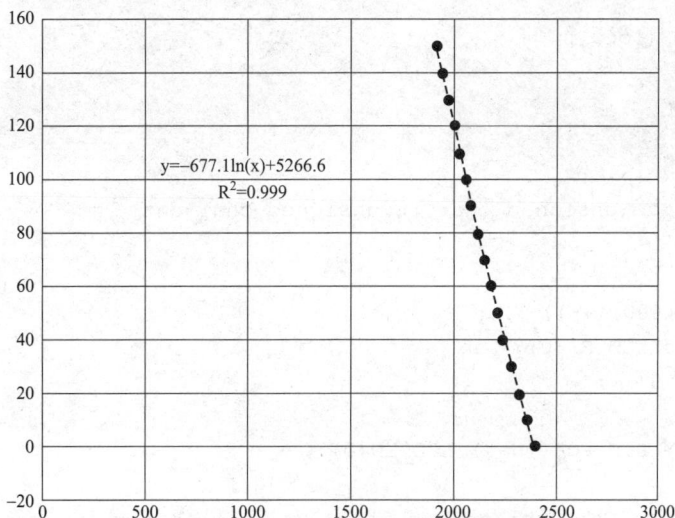

图 3-4　实例 3.2 拟合曲线示意图

3.3　基于 NE555 构成的电容测量表设计实例

1．项目要求

利用 NE555 构成一个多谐振荡器和 LPC1343 微控制器设计并制作一个 LCD 显示的电容测量表。被电容范围在 1pF～10μF 之间，精度可达 1pF。

2．硬件电路

硬件电路原理图如图 3-5 所示。

U_2（NE555）、电阻 R_1 和 R_2、电容 C1 和 C2 构成多谐振荡电路由 U_2 的 3 输出方波送到 U_1（LPC1343）的 PIO1_0/CT32B1_CAP0 引脚，C_3～C_6 为被测电容通过 SW1 进行切换送到 U_2 的 2 脚。U_1（LPC1343）的 PIO2_0～PIO2_10 引脚分别连接到 LCD1（LM016L）的 D_0～D_7、RS、RW 和 E 引脚。

3．程序设计

根据实例要求，设计的程序如下：

```
#include <LPC13xx.h>
#include <math.h>
//--- 1602 LCD 驱动程序段 ---
#define LCD_RS(x)     ((x)?(LPC_GPIO2->DATA |= (1 << 8)):(LPC_GPIO2->DATA
&=~(1 << 8)))
#define LCD_RW(x)     ((x)?(LPC_GPIO2->DATA |= (1 << 9)):(LPC_GPIO2->DATA
&=~(1 << 9)))
#define LCD_EN(x)     ((x)?(LPC_GPIO2->DATA |= (1 << 10)):(LPC_GPIO2->DATA
&=~(1 << 10)))
#define LCD_PORT(x)   LPC_GPIO2->DATA = (LPC_GPIO2->DATA & (~(0xFF << 0)))
| (x << 0)
#define COM 0
```

```c
#define DAT 1
void DelaymS(long t)
{
  t *= 6000;
  while(t--);
}
void LCD_Write(unsigned char rs,unsigned char dat)
{
  long i;
  for(i=0;i<600;i++);
  if(0 == rs)LCD_RS(0);
  else LCD_RS(1);
  LCD_RW(0);
  LCD_EN(1); LCD_PORT(dat);LCD_EN(0);
}
void LCD_Write_Char(unsigned char x,unsigned char y,unsigned char Data)
{
  if (0 == x)LCD_Write(COM,0x80 + y);else LCD_Write(COM,0xC0 + y);
  LCD_Write(DAT,Data);
}
void LCD_Write_String(unsigned char x,unsigned char y,unsigned char *s)
{
  if(0 == x)LCD_Write(COM,0x80 + y); else LCD_Write(COM,0xC0 + y);
  while (*s)LCD_Write(DAT,*s++);
}
void LCD_Init(void)
{
  LCD_Write(COM,0x38);                    //--- 显示模式设置 ---
  LCD_Write(COM,0x08);                    //--- 显示关闭 ---
  LCD_Write(COM,0x01);                    //--- 显示清屏 ---
  DelaymS(5);
  LCD_Write(COM,0x06);                    //--- 显示光标移动设置 ---
  LCD_Write(COM,0x0C);                    //--- 显示开及光标设置 ---
}
long msCnt,Flag,CapFlag;
long CAP_Freq;
void CT32B1_CAP_Init(void)
{
  LPC_SYSCON->SYSAHBCLKCTRL |= (1 << 10);   //--- 使能 32 位定时器 1 的时钟源 ---
  LPC_TMR32B1->PR = 0;                      //--- 设置预分系数 ---
  LPC_TMR32B1->PC = 0;
  LPC_TMR32B1->TC = 0;
  LPC_TMR32B1->CTCR = 0;                    //--- 定时模式 ---
  LPC_TMR32B1->CCR |= (1 << 2) | (1 << 0); //--- 允许上升沿捕获中断 ---
  LPC_TMR32B1->TCR = 1;                     //--- 使能 32 位定时器 1 工作 ---
  NVIC_EnableIRQ(TIMER_32_1_IRQn);          //--- 使能 32 位定时器 1 的中断 ---
}
```

```
void TIMER32_1_IRQHandler(void)                  //--- 32 位定时器 1 的中断函数 ---
{
  if(0 != (LPC_TMR32B1->IR & (1 << 4)))
    {
      LPC_TMR32B1->IR |= (1 << 4);
      if(0 == CapFlag){LPC_TMR32B1->TC = 0;CapFlag = 1;}
      else{CAP_Freq = LPC_TMR32B1->TC;CapFlag = 0;Flag = 1;}
    }
}
unsigned char GetCapFreq[] = {"000000pF"};
int main (void)
{
  long temp;
  float f;
  SystemCoreClockUpdate();
  LPC_GPIO2->DIR = 0xFFF;
  LCD_Init();
  LCD_Write_String(0,0," CAP Measure   ");
  LPC_SYSCON->SYSAHBCLKCTRL |= (1 << 16);   //--- 使能 IOCON 模块的时钟源 ---
  LPC_IOCON->R_PIO1_0 |= (1 << 0);          //--- PIO1_0 为 GPIO 功能 ---
  CT32B1_CAP_Init();
  while(1)
    {
      if(0 != Flag)
        {
          Flag = 0;
          f = CAP_Freq;
          f = SystemCoreClock / f;
          f /= 1000;
          f = 837.26 * pow(f,-1.131) - 0.9;
          f = f * 100;
          temp = f;
          GetCapFreq[0] = (temp / 100000) % 10 + 0x30;
          GetCapFreq[1] = (temp / 10000) % 10 + 0x30;
          GetCapFreq[2] = (temp / 1000) % 10 + 0x30;
          GetCapFreq[3] = (temp / 100) % 10 + 0x30;
          GetCapFreq[4] = (temp / 10) % 10 + 0x30;
          GetCapFreq[5] = (temp / 1) % 10 + 0x30;
          LCD_Write_String(1,4,GetCapFreq);
        }
    }
}
```

4. 小结

本实例利用 32 位定时器 1 的捕获功能测量方波信号的周期来计算被测频率, 再通过实验法将被测电容值与频率对应形成曲线, 最后拟合成曲线函数来补偿标准电容与频率对应关系。仿真测量的如图 3-6 所示。拟合曲线如图 3-7 所示。

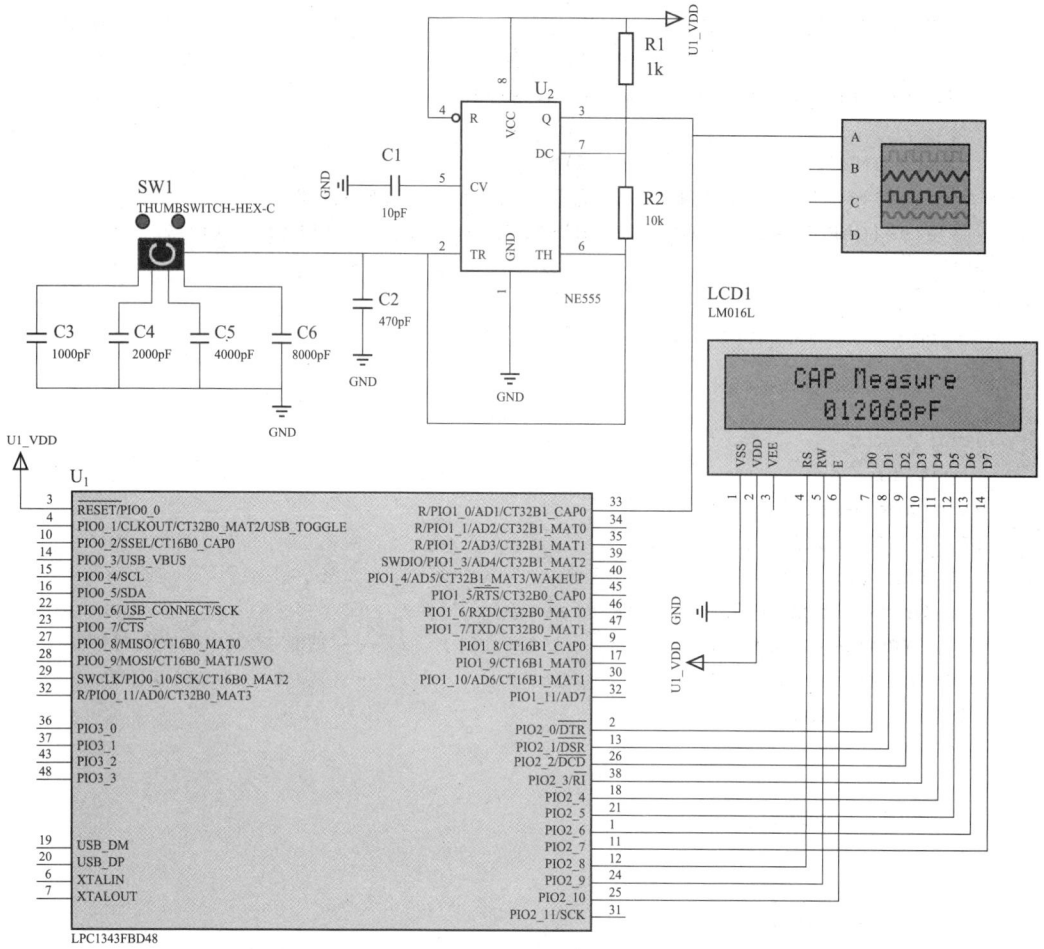

图 3-5　基于 NE555 构成的电容测量表设计实例电路原理图

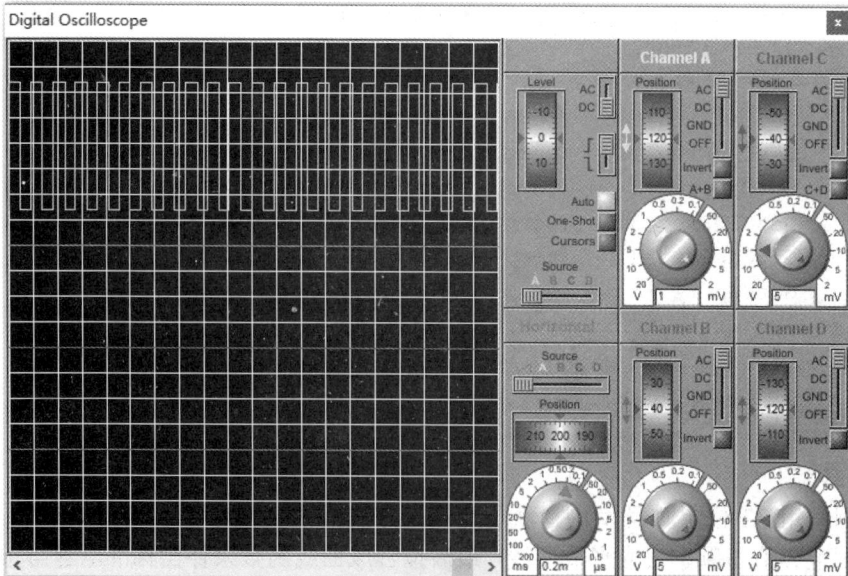

图 3-6　实例 3.3 波形示意图

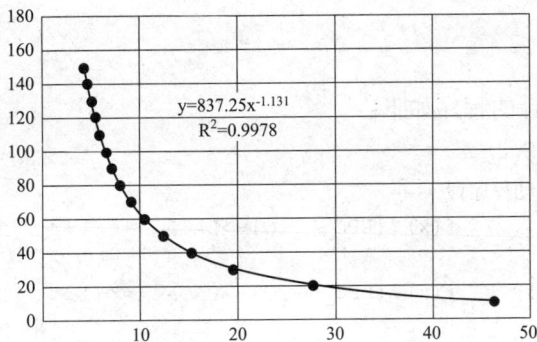

图 3-7 实例 3.3 拟合曲线示意图

3.4 可预设电压的数控电源设计实例

1. 项目要求

利用 8 位的 D/A 转换器和 LPC1343 微控制器设计并制作一个简易的 0～10V 电压输出的数字电源。通过矩阵键盘来设置的输出电压，最小挡位为 0.1V。

2. 硬件电路

硬件电路原理图如图 3-8 所示。

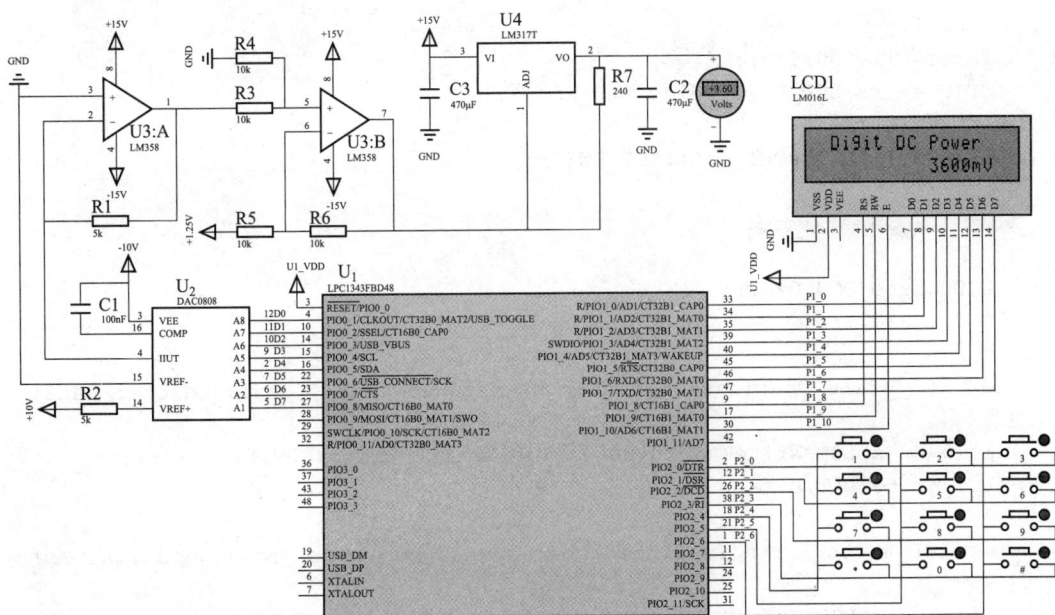

图 3-8 可预设电压的数控电源设计实例电路原理图

U_1（LPC1343）的 PIO1_0～PIO1_10 引脚分别连接到 LCD1（LM016L）的 D0～D7、RS、RW 和 E 引脚。4×3 矩阵键盘行线连接到 U_1 的 PIO2_0～PIO2_3 引脚，列线连接到 U_1 的 PIO2_4～PIO2_6 引脚；U_1（LPC1343）的 PIO0_1～PIO0_8 引脚输出数字量给 U_2（DAC0808），U_2 的 4 脚输出的电流经过 U3：A 变换为电压值再经过 U3：B 的放大输出到 U_4（LM317）的

ADJ 调整端。

3．程序设计

根据实例要求，设计的程序如下：

```c
#include <LPC13xx.h>
//--- 1602 LCD 驱动程序段 ---
#define LCD_RS(x)        ((x)?(LPC_GPIO1->DATA |= (1 << 8)):(LPC_GPIO1->DATA
&=~(1 << 8)))
#define LCD_RW(x)        ((x)?(LPC_GPIO1->DATA |= (1 << 9)):(LPC_GPIO1->DATA
&=~(1 << 9)))
#define LCD_EN(x)        ((x)?(LPC_GPIO1->DATA |= (1 << 10)):(LPC_GPIO1->DATA
&=~(1 << 10)))
#define LCD_PORT(x)  LPC_GPIO1->DATA = (LPC_GPIO1->DATA & (~(0xFF << 0)))
| (x << 0)
#define COM 0
#define DAT 1
void DelaymS(long t)
{
  t *= 6000;
  while(t--);
}
void LCD_Write(unsigned char rs,unsigned char dat)
{
  long i;
  for(i=0;i<600;i++);
  if(0 == rs)LCD_RS(0);else LCD_RS(1);
  LCD_RW(0);
  LCD_EN(1);LCD_PORT(dat);LCD_EN(0);
}
void LCD_Clear(void)
{
  LCD_Write(COM,0x01);
  DelaymS(10);
}
void LCD_Write_Char(unsigned char x,unsigned char y,unsigned char Data)
{
  if(0 == x)LCD_Write(COM,0x80 + y);else LCD_Write(COM,0xC0 + y);
  LCD_Write(DAT,Data);
}
void LCD_Write_String(unsigned char x,unsigned char y,unsigned char *s)
{
  if(0 == x)LCD_Write(COM,0x80 + y);else LCD_Write(COM,0xC0 + y);
  while (*s)LCD_Write(DAT,*s++);
}
void LCD_Init(void)
{
  LCD_Write(COM,0x38);                    //--- 显示模式设置 ---
  LCD_Write(COM,0x08);                    //--- 显示关闭 ---
  LCD_Write(COM,0x01);                    //--- 显示清屏 ---
```

```
    DelaymS(5);
    LCD_Write(COM,0x06);                    //--- 显示光标移动设置 ---
    LCD_Write(COM,0x0C);                    //--- 显示开及光标设置 ---
}
//--- 4X3 矩阵键盘程序段 ---
const unsigned char KEYTAB[] =
{
    0x57,                                   //0
    0x6E,0x5E,0x3E,                         //1,2,3
    0x6D,0x5D,0x3D,                         //4,5,6
    0x6B,0x5B,0x3B,                         //7,8,9
    0x67,0x37,                              //*,#
};
long KeydlyCnt;
unsigned char KeyBoard4X3_Scan(void)
{
    unsigned char i,temp;
    LPC_GPIO2->DIR = 0x0F;
    LPC_GPIO2->DATA = 0x70;
    if(0x70 != (LPC_GPIO2->DATA & 0x70))
      {
        if(999999 != KeydlyCnt)
          {
            if(++KeydlyCnt > 4000)
              {
                if(0x70 != (LPC_GPIO2->DATA & 0x70))
                  {
                    KeydlyCnt = 999999;
                    temp = LPC_GPIO2->DATA & 0x70;
                    LPC_GPIO2->DIR = 0x70;
                    LPC_GPIO2->DATA = 0x0F;
                    temp |= (LPC_GPIO2->DATA & 0x0F);
                    for(i=0;i<sizeof(KEYTAB);i++)
                      {
                        if(temp == KEYTAB[i]) return i;
                      }
                  }
              }
          }
      }
    else KeydlyCnt = 0;
    return 0xFF;
}
long Pointer;
unsigned char Buffer[3] = {0x7F,0x7F,0x7F};
//--- main 主程序 ---
int main (void)
{
    long i,ret,dotFlag;
```

```
    float f;
    LPC_SYSCON->SYSAHBCLKCTRL |= (1 << 16);          //--- 使能 IOCON 模块的时钟源
    LPC_IOCON->PIO0_4 |= (1 << 8);
    LPC_IOCON->PIO0_5 |= (1 << 8);
    LPC_GPIO0->DIR |= (0xFF << 1);
    LPC_GPIO0->DATA = (0x00 << 1);
    LPC_IOCON->R_PIO1_0 |= (1 << 0);                 //--- PIO1_0 为 GPIO 功能 ---
    LPC_IOCON->R_PIO1_1 |= (1 << 0);                 //--- PIO1_1 为 GPIO 功能 ---
    LPC_IOCON->R_PIO1_2 |= (1 << 0);                 //--- PIO1_2 为 GPIO 功能 ---
    LPC_IOCON->SWDIO_PIO1_3 |= (1 << 0);             //--- PIO1_3 为 GPIO 功能 ---
    LPC_GPIO1->DIR |= (0x7FF << 0);
    LPC_GPIO1->DATA = (0x7FF << 0);
    LCD_Init();
    LCD_Write_String(0,0," Digit DC Power ");
    while(1)
      {
        ret = KeyBoard4X3_Scan();
        if(0xFF != ret)
          {
            if(ret < 11)
              {
                if(Pointer < sizeof(Buffer))
                  {
                    Buffer[Pointer] = ret;
                    if(ret < 10)LCD_Write_Char(1,Pointer,ret + 0x30);
                    else LCD_Write_Char(1,Pointer,'.');
                    Pointer ++;
                  }
              }
            else if(11 == ret)
              {
                dotFlag = 0;
                ret = 0;
                i = 0;
                while(Pointer > 0){
                    ret = ret * 10;
                    if(0x7F != Buffer[i]){
                        if(Buffer[i] < 10)ret += Buffer[i];
                        else {ret /= 10;dotFlag = 1;}
                      }
                    i ++;
                    Pointer --;
                  }
                if(0 == dotFlag){
                    if(ret > 10)ret = 0;
                    f = ret;
                  }
                else{
                    f = ret;
```

```
          f /= 10;
        }
    f *= 1000;
    ret = f;
    for(i=10;i<16;i++)LCD_Write_Char(1,i,' ');
    i = 13;
    while(ret){
        LCD_Write_Char(1,i,ret % 10 + 0x30);
        ret /= 10;
        i --;
        }
    LCD_Write_Char(1,14,'m');
    LCD_Write_Char(1,15,'V');
    f /= 1000;
    f = f * 256 / 10.000;
    ret = f;
    LPC_GPIO0->DATA = (ret << 1);
    ret = Buffer[0];
    Pointer = 0;
    Buffer[0] = Buffer[1] = Buffer[2] = 0x7F;
    LCD_Write_Char(1,0,' ');
    LCD_Write_Char(1,1,' ');
    LCD_Write_Char(1,2,' ');
    }
  }
 }
}
```

4. 小结

本实例在程序设计时涉及的主要内容如下：

（1）LM016L 的液晶显示驱动程序设计。

（2）4×3 矩阵键盘的按键识别程序设计。

（3）在 main 函数的无限循环体中，通过调用 KeyBoard4X3_Scan 函数来识别当前按下的是数字键还是功能键，若是数字键则将数字量送到 Buffer 缓冲区；当按下是确认键时，则将 Buffer 缓冲区的按键数字转化为数字量并送到 DAC0808 的输入端，同时在 LCD 屏上显示输入的数字信息。

3.5 LCD 显示的电子密码锁设计实例

1. 项目要求

利用 LPC1343 设计并制作一个电子密码锁。要求具有如下功能：

（1）密码的输入。

（2）密码的修改。

（3）密码的比较，超过三次不正确则锁密输入键盘，并给出提示报警信息。

（4）采用 LCD 显示。

2．硬件电路

本实例的硬件电路原理图如图 3-9 所示。

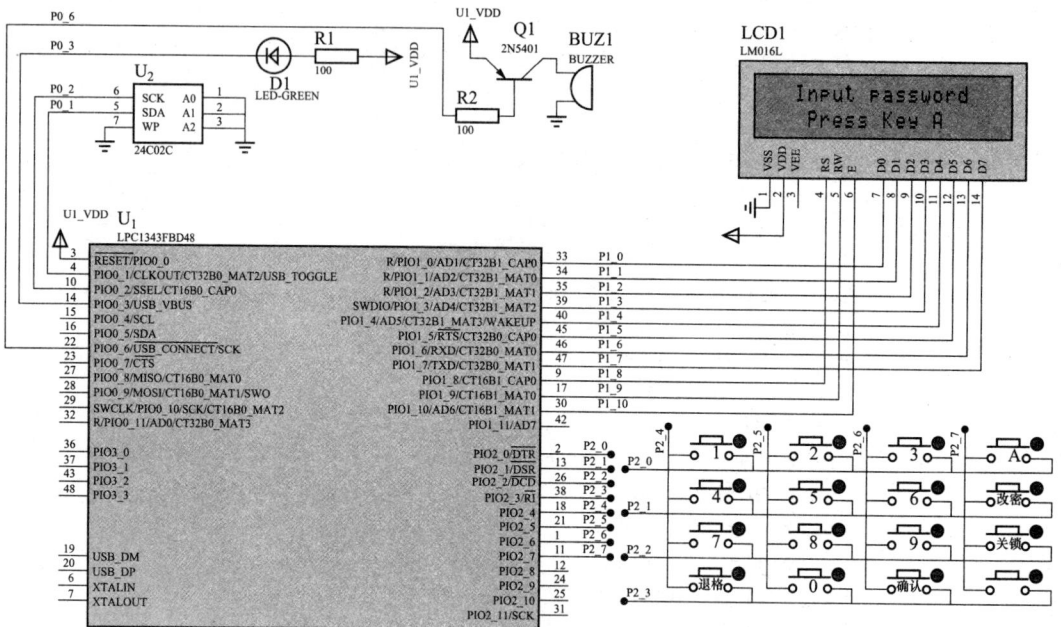

图 3-9　LCD 显示的电子密码锁设计实例电路原理图

3．程序设计

根据实例要求，设计的程序如下：

（1）LCD.C 源文件和 LCD.H 头文件。

1）LCD.H 头文件。LCD.H 头文件中实现驱动 1602 液晶引脚的宏定义和相关函数声明。

```
#ifndef    __LCD_H__
#define    __LCD_H__
#define LCD_RS(x)     ((x)?(LPC_GPIO1->DATA |= (1 <<  8)):(LPC_GPIO1->DATA
&=~(1 <<  8)))
#define LCD_RW(x)     ((x)?(LPC_GPIO1->DATA |= (1 <<  9)):(LPC_GPIO1->DATA
&=~(1 <<  9)))
#define LCD_EN(x)     ((x)?(LPC_GPIO1->DATA |= (1 << 10)):(LPC_GPIO1->DATA
&=~(1 << 10)))
#define LCD_PORT(x)   LPC_GPIO1->DATA = (LPC_GPIO1->DATA & (~(0xFF << 0)))
| (x << 0)
#define COM 0
#define DAT 1
extern void DelaymS(long t);
extern void LCD_Init(void);
extern void LCD_Write_Char(unsigned char x,unsigned char y,unsigned char Data);
extern void LCD_Write_String(unsigned char x,unsigned char y,unsigned char *s);
#endif
```

2）LCD.C 源文件。LCD1602.C 源文件主要实现驱动 LCD 的时序模拟、字符/字符串显示和 LCD 初始化功能：①LCD_Write 函数实现 LCD 的写命令和写数据操作时序模拟；

②LCD_Write_Char 函数实现在 LCD 显示屏的指定位置处显示字符；③LCD_Write_String 函数实现在 LCD 显示屏的指定位置处开始显示一串字符；④LCD_Init 函数实现 LCD 的模式和显示方式的配置等。

```c
#include <LPC13xx.h>
#include "LCD.h"
void DelaymS(long t)
{
  t *= 6000;
  while(t--);
}
void LCD_Write(unsigned char rs,unsigned char dat)
{
  long i;
  for(i=0;i<600;i++);
  if(0 == rs)LCD_RS(0);else LCD_RS(1);
  LCD_RW(0);
  LCD_EN(1); LCD_PORT(dat);LCD_EN(0);
}
void LCD_Write_Char(unsigned char x,unsigned char y,unsigned char Data)
{
  if (0 == x)LCD_Write(COM,0x80 + y);else LCD_Write(COM,0xC0 + y);
  LCD_Write(DAT,Data);
}
void LCD_Write_String(unsigned char x,unsigned char y,unsigned char *s)
{
  if(0 == x)LCD_Write(COM,0x80 + y);else LCD_Write(COM,0xC0 + y);
  while (*s)LCD_Write(DAT,*s++);
}
void LCD_Init(void)
{
  LCD_Write(COM,0x38);              //--- 显示模式设置 ---
  LCD_Write(COM,0x08);              //--- 显示关闭 ---
  LCD_Write(COM,0x01);              //--- 显示清屏 ---
  DelaymS(5);
  LCD_Write(COM,0x06);              //--- 显示光标移动设置 ---
  LCD_Write(COM,0x0C);              //--- 显示开及光标设置 ---
}
```

（2）KEYBOARD.C 源文件和 KEYBOARD.H 头文件。

1）KEYBOARD.H 头文件。

```c
#ifndef __KEYBOARD4X4_H__
#define __KEYBOARD4X4_H__
extern unsigned char KeyBoard4X4_Scan(void);
#endif
```

2）KEYBOARD.C 源文件。KeyBoard4X4_Scan 函数实现 4×4 矩阵键盘的按键识别功能，识别原理采用行列反转法。

```
#include <LPC13xx.h>
#include "KEYBOARD4X4.h"
long KeydlyCnt;
unsigned char KeyBoard4X4_Scan(void)
{
  unsigned char temp;
  LPC_GPIO2->DIR = 0x0F;
  LPC_GPIO2->DATA = 0xF0;
  if(0xF0 != (LPC_GPIO2->DATA & 0xF0))
   {
     if(999999 != KeydlyCnt)
       {
         if(++KeydlyCnt > 1000)
           {
             if(0xF0 != (LPC_GPIO2->DATA & 0xF0))
               {
                 KeydlyCnt = 999999;
                 temp = LPC_GPIO2->DATA & 0xF0;
                 LPC_GPIO2->DIR = 0xF0;
                 LPC_GPIO2->DATA = 0x0F;
                 temp |= (LPC_GPIO2->DATA & 0x0F);
                 if(0xEE == temp)return '1';
                 else if(0xDE == temp)return '2';
                 else if(0xBE == temp)return '3';
                 else if(0x7E == temp)return 'A';
                 else if(0xED == temp)return '4';
                 else if(0xDD == temp)return '5';
                 else if(0xBD == temp)return '6';
                 else if(0x7D == temp)return 'B';
                 else if(0xEB == temp)return '7';
                 else if(0xDB == temp)return '8';
                 else if(0xBB == temp)return '9';
                 else if(0x7B == temp)return 'C';
                 else if(0xE7 == temp)return 'D';
                 else if(0xD7 == temp)return '0';
                 else if(0xB7 == temp)return 'E';
                 else if(0x77 == temp)return 'F';
                 else return 0xFF;
               }
           }
       }
   }
  else KeydlyCnt = 0;
  return 0xFF;
}
```

（3）AT24C02.C 源文件和 AT24C02.H 头文件。

1）AT24C02.H 头文件。AT24C02.H 头文件实现 SCL 和 SDA 引脚的宏定义以及相关函数的声明。

```
#ifndef __AT24C02_H__
#define __AT24C02_H__
#define SCL(x)    ((x)?(LPC_GPIO0->DATA |= (1 << 2)):(LPC_GPIO0->DATA &=~
(1 << 2)))
#define SDA(x)    ((x)?(LPC_GPIO0->DATA |= (1 << 1)):(LPC_GPIO0->DATA &=~
(1 << 1)))
#define SDA_PIN   (LPC_GPIO0->DATA & (1 << 1))
#define SDA_DIR(x) ((x)?(LPC_GPIO0->DIR |= (1 << 1)):(LPC_GPIO0->DIR &=~
(1 << 1)))
extern void AT24C02_Write(unsigned char adr,unsigned char dat);
extern unsigned char AT24C02_Read(unsigned char adr);
extern void AT24C02_MutiWrite(unsigned char adr,unsigned char *p,unsigned char n);
extern void AT24C02_MutiRead(unsigned char adr,unsigned char *p,unsigned char n);
#endif
```

2）AT24C02.C 源文件。AT24C02.C 源程序实现通过 GPIO 引脚模拟 IIC 协议的功能。IIC_Start 函数实现 IIC 协议的启动信号模拟；IIC_Stop 函数实现 IIC 协议的停止信号模拟；IIC_WriteACK 函数实现向从机写 ACK 信号；IIC_ACK 函数实现读取从机的 ACK 信号；IIC_Wite 函数向写数据到从机；IIC_Read 函数实现读取从机的数据。AT24C02_Write 函数实现向 AT24C02 的指定存储单元写入指定数据；AT24C02_Read 函数实现从 AT24C02 的指定存储单元读取数据。AT24C02_MutiWrite 函数实现向 AT24C02 的指定存储单元开始写入指定长度的多字节数据；AT24C02_MutiRead 函数实现从 AT24C02 的指定存储单元开始读取指定长度的多字节数据。

```
#include <LPC13xx.h>
#include "AT24C02.h"
void IIC_Delay(void)
{
  long i;
  for(i=0;i<10;i++);
}
void IIC_Start(void)                //--- 产生开始信号函数 ---
{
  SDA(1);
  SCL(1);IIC_Delay();
  SDA(0);IIC_Delay();
  SCL(0);
}
void IIC_Stop(void)                 //--- 产生结束信号函数 ---
{
  SDA(0);IIC_Delay();
  SCL(1);IIC_Delay();
  SDA(1);IIC_Delay();
}
unsigned char IIC_ACK(void)         //--- 读从机返回应答信号函数 ---
{
  unsigned char ack;
  SDA_DIR(0);
  SDA(1);IIC_Delay();
  SCL(1);IIC_Delay();
```

```
  ack = SDA_PIN;IIC_Delay();
  SCL(0);IIC_Delay();
  SDA_DIR(1);
  if(ack)return 1;else return 0;
}
void IIC_Wite(unsigned char dat)          //--- 字节写函数 ---
{
  long i;
  for(i=0;i<8;i++)
    {
      if(dat & 0x80)SDA(1);else SDA(0);IIC_Delay();
      SCL(1);IIC_Delay();
      SCL(0);IIC_Delay();
      dat <<= 1;
    }
}
unsigned char IIC_Read(void)               //--- 字节读函数 ---
{
  long i;
  unsigned char dat = 0;
  SDA_DIR(0);
  SDA(1);
  for(i=0;i<8;i++)
    {
      SCL(1);IIC_Delay();
      dat <<= 1;
      if(SDA_PIN)dat |= 0x01;
      SCL(0);IIC_Delay();
    }
  SDA_DIR(1);
  return dat;
}
void AT24C02_Write(unsigned char adr,unsigned char dat)
{
  IIC_Start();
  IIC_Wite(0xA0);
  IIC_ACK();
  IIC_Wite(adr);
  IIC_ACK();
  IIC_Wite(dat);
  IIC_ACK();
  IIC_Stop();
}
unsigned char AT24C02_Read(unsigned char adr)
{
  unsigned char dat;
  IIC_Start();
  IIC_Wite(0xA0);
  IIC_ACK();
  IIC_Wite(adr);
  IIC_ACK();
```

```
    IIC_Start();
    IIC_Wite(0xA1);
    IIC_ACK();
    dat = IIC_Read();
    IIC_Stop();
    return dat;
}
void delayms(long t)
{
    t *= 6000;
    while(t--);
}
void AT24C02_MutiWrite(unsigned char adr,unsigned char *p,unsigned char n)
{
    while(n -- )
     {
       AT24C02_Write(adr++,*p++);
       delayms(5);
     }
}
void AT24C02_MutiRead(unsigned char adr,unsigned char *p,unsigned char n)
{
    while(n -- )
     {
       *p ++ = AT24C02_Read(adr++);
     }
}
```

（4）main.c 源文件。

main.c 源文件的主要函数功能介绍如下：

1）InputMiMa 函数通过调用 KeyBoard4X4_Scan 函数来实现数字键和功能键的输入，当前若是数字键则将输入的数字存储到 mima 数组中，若是退格键则将从 mima 数组中删除最新输入的数字，若是确认键则返回输入完成状态信息。

2）MiMaComp 函数实现输入的密码与设定的密码进行比较，并给出结果是否一致的状态信息。

3）在 while（1）无限循环体中，调用 KeyBoard4X4_Scan 函数来识别当前操作状态，若是密码输入状态则等待输入密码，并与设定的密码进行比较给出是否开锁信息；若是修改密码状态则要给出提示信息输入新密码和再次输入新密码两次比较正确之后才覆盖原密码信息，若是关锁状态则直接控制上锁操作。

```
#include <LPC13xx.h>
#include "LCD.h"
#include "KEYBOARD4X4.h"
#include "AT24C02.h"
#define BUZZER(x)    ((x)?(LPC_GPIO0->DATA |= (1 << 6)):(LPC_GPIO0->DATA &=~
(1 << 6)))
    #define BUZZER_PIN (LPC_GPIO0->DATA & (1 << 6))
    #define LOCKOPEN(x) ((x)?(LPC_GPIO0->DATA |= (1 << 3)):(LPC_GPIO0->DATA &=~
(1 << 3)))
```

```
unsigned char table2[6]={' ',' ',' ',' ',' ',' '}; //--- 存放密码缓冲区 ---
unsigned char table3[6]={' ',' ',' ',' ',' ',' '};
unsigned char table4[6]={' ',' ',' ',' ',' ',' '};
long InputMiMa(unsigned char *mima)
{
  long i,key;
  for(i=0;i<7;i++)
    {
      if(i < 6)
        {
          do
            {
              key = KeyBoard4X4_Scan();
            }
          while(0xFF == key);
          if(key <= '9')
            {
              LCD_Write_Char(1,5 + i,'*');
              mima[i] = key - 0x30;
            }
          else if('D' == key)                    //--- 退格键 ---
            {
              if(i > 0)
                {
                  i --;
                  LCD_Write_Char(1,5 + i,' ');
                  mima[i] = ' ';
                  i --;
                }
              else if(0 == i)i --;
            }
          else if('E' == key)                    //--- 确认键 ---
            {
              return(0);
            }
        }
      else
        {
          do
            {
              key = KeyBoard4X4_Scan();
            }
          while((0xFF == key) && ('D' != key) && ('E' != key));
          if('D' == key)                         //--- 退格键 ---
            {
              if(i > 0)
                {
                  i --;
                  LCD_Write_Char(1,5 + i,' ');
                  mima[i] = ' ';
                  i --;
                }
```

```
            else if(0 == i)i --;
              }
          else if('E' == key)              //--- 确认键 ---
            {
              return(1);
            }
        }
    }
  return(0);
}
long MiMaComp(unsigned char *str1,unsigned char *str2)
{
  long i;
  for(i=0;i<6;i++)
    {
      if(str1[i] != str2[i])return 0;
    }
  return 1;
}
long opstatus,mscnt;
int main (void)
{
  long i,j,KeyValue;
  LPC_SYSCON->SYSAHBCLKCTRL |= (1 << 16);   //--- 使能 IOCON 模块的时钟源 ---
  LPC_IOCON->R_PIO1_0 |= (1 << 0);           //--- PIO1_0 为 GPIO 功能 ---
  LPC_IOCON->R_PIO1_1 |= (1 << 0);           //--- PIO1_1 为 GPIO 功能 ---
  LPC_IOCON->R_PIO1_2 |= (1 << 0);           //--- PIO1_2 为 GPIO 功能 ---
  LPC_IOCON->SWDIO_PIO1_3 |= (1 << 0);       //--- PIO1_3 为 GPIO 功能 ---
  LPC_GPIO1->DIR |= (0x7FF << 0);
  LPC_GPIO1->DATA = (0x7FF << 0);
  LCD_Init();
  LCD_Write_String(0,0," Input password ");
  LCD_Write_String(1,0," Press Key A    ");
  LPC_GPIO0->DIR |= ((1 << 6) | (7 << 1));
  LPC_GPIO0->DATA = (0x03 << 1);
  SDA(1);
  SCL(1);
  BUZZER(1);
  LOCKOPEN(1);
//  for(i=0;i<6;i++)table2[i] = i + 1;
//  AT24C02_MutiWrite(0,table2,6);
  while(1)
    {
      if(0 == opstatus)
        {
          KeyValue = KeyBoard4X4_Scan();
          if(0xFF != KeyValue)
            {
              if('A' == KeyValue)              //--- 输入密码按键 ---
                {
                  for(j=0;j<6;j++)table2[j] = table3[j] = ' ';
                  AT24C02_MutiRead(0,table2,6);
                  LCD_Write_String(0,0," Press password ");
```

```
                    LCD_Write_String(1,0,"                 ");
                if(0 != InputMiMa(table3))
                  {
                    if(0 != MiMaComp(table3,table2))
                      {
                        LCD_Write_String(0,0," password right ");
                        LCD_Write_String(1,0,"                ");
                        LOCKOPEN(0);            //--- 开锁 ---
                        BUZZER(0);
                        DelaymS(500);
                        BUZZER(1);
                        i = 0;
                        do
                          {
                            KeyValue = KeyBoard4X4_Scan();
                            i ++;
                            if(0xFF != KeyValue)LCD_Write_Char(1,15,KeyValue);
                          }
                        while(('C' != KeyValue) && (i < 1000000));
                        LOCKOPEN(1);            //--- 关锁 ---
                        opstatus = 1;
                      }
                    else
                      {
                        LCD_Write_String(0,0," password error ");
                        LCD_Write_String(1,0,"               ");
                        opstatus = 2;
                      }
                  }
                else
                  {
                    LCD_Write_String(0,0," password error ");
                    LCD_Write_String(1,0,"               ");
                    opstatus = 2;
                  }
              }
            else if('B' == KeyValue)            //--- 修改密码按键 ---
              {
                for(j=0;j<6;j++)table2[j] = table3[j] = ' ';
                AT24C02_MutiRead(0,table2,6);
                LCD_Write_String(0,0," Press password ");
                LCD_Write_String(1,0,"               ");
                if(0 != InputMiMa(table3))
                  {
                    if(0 != MiMaComp(table3,table2))
                      {
                        i = 1;
                        while(i)
                          {
                            for(j=0;j<6;j++)table3[j] = table4[j] = ' ';
                            LCD_Write_String(0,0,"In new password ");

                            LCD_Write_String(1,0,"               ");
```

```
                    if(0 != InputMiMa(table3))
                      {
                        LCD_Write_String(0,0,"   word again   ");
                        LCD_Write_String(1,0,"                ");
                        if(0 != InputMiMa(table4))
                          {
                            if(0 != MiMaComp(table3,table4))
                              {
                                LCD_Write_String(0,0," password has ");
                                LCD_Write_String(1,0," change already ");
                                AT24C02_MutiWrite(0,table4,6);
                                i = 0;
                                opstatus = 1;
                              }
                            else
                              {
                                LCD_Write_String(0,0," password error ");
                                LCD_Write_String(1,0,"                ");
                                opstatus = 2;
                              }
                          }
                        else
                          {
                            LCD_Write_String(0,0," password error ");
                            LCD_Write_String(1,0,"                ");
                            opstatus = 2;
                          }
                      }
                    else
                      {
                        LCD_Write_String(0,0," password error ");
                        LCD_Write_String(1,0,"                ");
                        opstatus = 2;
                      }
                  }
              }
          }
        else
          {
            LCD_Write_String(0,0," password error ");
            LCD_Write_String(1,0,"                ");
            opstatus = 2;
          }
      }
  }
else
  {
    if(++mscnt >= 100000)
      {
        mscnt = 0;
        opstatus = 0;
        LCD_Write_String(0,0," Input password ");
```

```
            LCD_Write_String(1,0," Press Key A  ");
        }
    }
  }
}
```

4. 小结

本实例在硬件上应用了 4×4 矩阵键盘、AT24C02 串行存储器、蜂鸣器的驱动；在软件上对应着 4×4 矩阵键盘的按键识别、I^2C 协议的串行存储器的访问和驱动蜂鸣器发生的编程。

3.6 迷你音乐频谱显示器设计实例

1. 项目要求

利用 LPC1343 内置的快速 A/D 转换器实现音频信号的采集，通过 16×8 点阵 LED 屏实时显示音频频谱线。

2. 硬件电路

硬件电路原理图如图 3-10 所示。

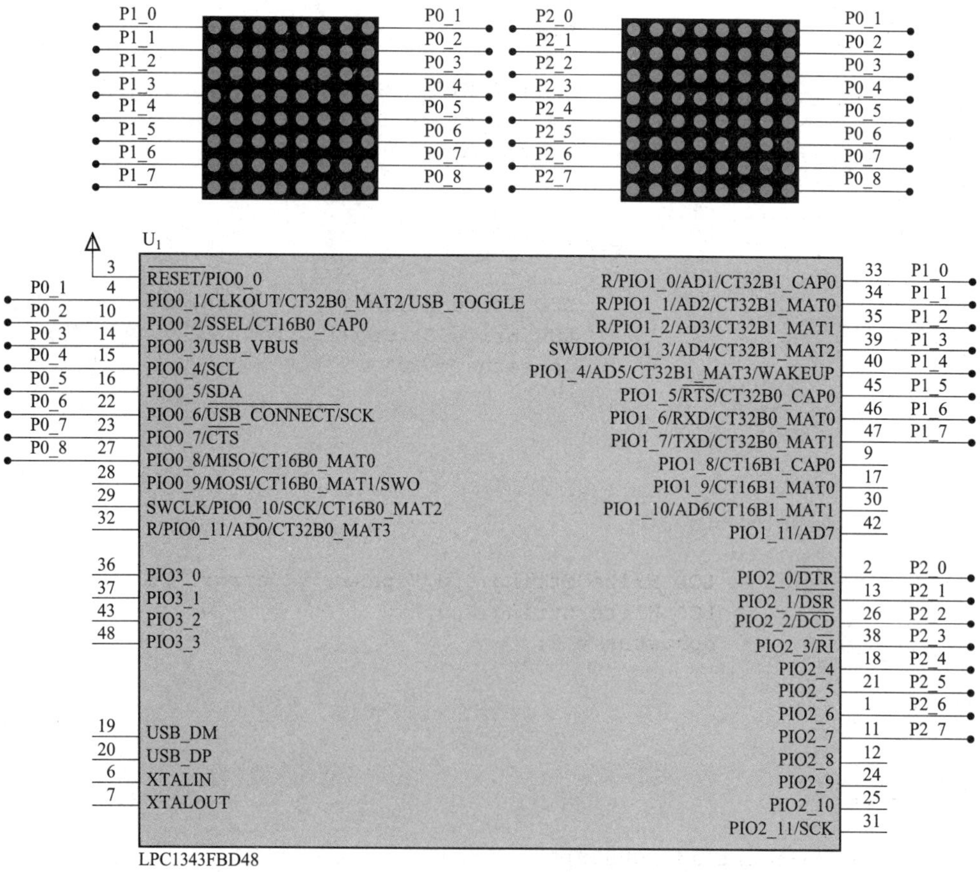

图 3-10 迷你音乐频谱显示器设计实例电路原理图

　　U_1（LPC1343）的 PIO0_1～PIO0_8、PIO1_0～PIO1_7 和 PIO2_0～PIO2_8 分别用于驱动 16×8 点阵 LED 的行线和列线。音频信号送到 PIO0_11/AD0 引脚。

3. 程序设计

根据实例要求，设计的程序如下：

```
#include <LPC13xx.h>
#include <math.h>
long msCnt;
long gain = 1;
long Menu = 0;
unsigned char refreshflag[40];
//--- 点阵 LED 程序段 ---
unsigned char LEDBuffer[35];
unsigned short LEDDIG[] =
{
0x7FFF,0xBFFF,0xDFFF,0xEFFF,0xF7FF,0xFBFF,0xFDFF,0xFEFF,
0xFF7F,0xFFBF,0xFFDF,0xFFEF,0xFFF7,0xFFFB,0xFFFD,0xFFFE,
};
long LEDIndex;
//--- ADC 程序段 ---
#define   ADC_START   LPC_ADC->CR |= (1 << 24)
#define   ADC_STOP    LPC_ADC->CR &=~(7 << 24)
void LPC13XX_ADC_Init(void)
{
  LPC_SYSCON->SYSAHBCLKCTRL |= (1 << 16);   //--- 使能 IOCON 模块的时钟源 ---
  LPC_IOCON->R_PIO0_11 |= (2 << 0);          //--- 配置 PIO0_11 为 AD0 功能 ---
  LPC_IOCON->R_PIO0_11 &=~((1 << 7) | (3 << 3)); //--- 配置为模拟输入引脚 ---
  LPC_IOCON->R_PIO0_11 |= (1 << 3);          //--- 使能下拉电阻 ---
  LPC_SYSCON->SYSAHBCLKCTRL |= (1 << 13);   //--- 使能 ADC 模块的时钟源 ---
  LPC_SYSCON->PDRUNCFG |= (1 << 4);          //--- ADC 模块正常工作状态 ---
  LPC_ADC->CR = (1 << 0) | (203 << 8);       //--- 采样率为 32KHz ---
}
unsigned char GetADCResult(void)
{
  long result = 0;
  ADC_START;
  while(0 == (LPC_ADC->STAT & (1 << 16)));
  ADC_STOP;
  result += ((LPC_ADC->GDR >> 6) & 0x3FF) >> 2;
  ADC_START;
  while(0 == (LPC_ADC->STAT & (1 << 16)));
  ADC_STOP;
  result += ((LPC_ADC->GDR >> 6) & 0x3FF) >> 2;
  return(result >> 1);
}
//--- FFT 算法程序段 ---
struct compx                                //--- 定义数据存放机构体 ---
{
```

```
  float real;
  float imag;
};
const float iw[64] =                        //--- w 值缓存区 ---
{
1.000,0,0.9952,-0.0980,0.9808,-0.1951,0.9569,-0.2903,
0.9239,-0.3827,0.8819,-0.4714,0.8315,-0.5556,0.7730,-0.6344,
0.7071,-0.7071,0.6344,-0.7730,0.5556,-0.8315,0.4714,-0.8819,
0.3827,-0.9239,0.2903,-0.9569,0.1951,-0.9808,0.0980,-0.9952,
0.0,-1.0000,-0.0980,-0.9952,-0.1951,-0.9808,-0.2903,0.9569,
-0.3827,-0.9239,-0.4714,-0.8819,-0.5556,-0.8315,-0.6344,-0.7730,
-0.7071,-0.7071,-0.7730,-0.6344,-0.8315,-0.5556,-0.8819,-0.4714,
-0.9239,-0.3827,-0.9569,-0.2903,-0.9808,-0.1951,-0.9952,-0.0980,
};
struct compx dd[65];                        //--- FFT 数据段 ---
struct compx temp;
void ee(struct compx b1,long b2)            //--- 复数乘法函数 ---
{
  temp.real = b1.real * iw[2 * b2 + 0] - b1.imag * iw[2 * b2 + 1];
  temp.imag = b1.real * iw[2 * b2 + 1] + b1.imag * iw[2 * b2 + 0];
}
long mypow(long nbottom,long ntop)          //--- 乘方函数函数 ---
{
  long result = 1;
  long t;
  for(t=0;t<ntop;t++)result *= nbottom;     //--- nbottom^ntop ---
  return result;
}
void fft(struct compx *xin,long N)          //--- 快速傅立叶变换 ---
{
  long fftnum,i,j,k,l,m,n,disbuff,dispos,dissec;
  struct compx t;
  fftnum = N;                               //--- 傅立叶变换的点数 ---
  for(m=1;(fftnum = fftnum / 2) != 1;m++);  //--- 求得 M 的值 ---
  for(k=0;k<=N-1;k++)                        //--- 码位倒置 ---
    {
      n = k;
      j = 0;
      for(i=m;i>0;i--)                       //--- 倒置 ---
        {
          j = j + ((n % 2) << (i - 1));
          n = n / 2;
        }
      if(k < j)                              //--- 交换数据 ---
        {
          t = xin[1 + j];
          xin[1 + j] = xin[1 + k];
          xin[1 + k] = t;
```

```
      }
    }
  for(l=1;l<=m;l++)                                    //--- fft 运算 ---
    {
      disbuff = mypow(2,l);                            //--- 求碟间距离 ---
      dispos = disbuff / 2;                            //--- 求碟形两点之间的距离 ---
      for(j=1;j<=dispos;j++)
        for(i=j;i<N;i=i+disbuff)                       //--- 遍历 M 级所有的碟形 ---
        {
          dissec = i + dispos;                         //--- 求得第二点的位置 ---
          ee(xin[dissec],(j - 1) * N / disbuff);       //--- 复数乘法 ---
          t = temp;
          xin[dissec].real = xin[i].real - t.real;
          xin[dissec].imag = xin[i].imag - t.imag;
          xin[i].real = xin[i].real + t.real;
          xin[i].imag = xin[i].imag + t.imag;
        }
    }
}
//--- main 主程序段 ---
int main (void)
{
  long i,j,tmp,Cgain,LEDStatus = 0,num = 0;
  LPC_SYSCON->SYSAHBCLKCTRL |= (1 << 16);              //--- 使能 IOCON 模块的时钟源 ---
  LPC_GPIO0->DIR =0xFF << 1;                           //--- PIO0_1~8 为输出 ---
  LPC_IOCON->R_PIO1_0 |= (1 << 0);                     //--- PIO1_0 为 GPIO 功能 ---
  LPC_IOCON->R_PIO1_1 |= (1 << 0);                     //--- PIO1_1 为 GPIO 功能 ---
  LPC_IOCON->R_PIO1_2 |= (1 << 0);                     //--- PIO1_2 为 GPIO 功能 ---
  LPC_IOCON->SWDIO_PIO1_3 |= (1 << 0);                 //--- PIO1_3 为 GPIO 功能 ---
  LPC_GPIO1->DIR = 0xFF;                               //--- PIO1_0~7 为输出 ---
  LPC_GPIO2->DIR = 0xFF;                               //--- PIO2_0~7 为输出 ---
  LPC13XX_ADC_Init();
  for(i=0;i<40;i++)refreshflag[i] = 0x09;
  while(1)
    {
      for(i=0;i<65;i++)
        {
          tmp = GetADCResult();
          tmp <<= gain;
          dd[i].real = tmp;
          dd[i].imag = 0;                              //--- 清零虚部 ---
        }
      for(j=1;j<65;j++)dd[j].imag = 0;                 //--- 清零虚部 ---
      fft(dd,64);                                      //--- 对当前数据进行傅立叶变换 ---
      dd[0].imag = 0;
      dd[0].real = 0;
      for(j=1;j<65;j++)                                //--- 取均方根 ---
        dd[j].real = sqrt(dd[j].real * dd[j].real + dd[j].imag * dd[j].imag);
```

```
      for(j=2;j<34;j+=2)
        {
          tmp = (dd[j].real / 32) + 1;
          if(refreshflag[j] < tmp)
            {//--- 刷新数据,取较大高度值存储显示 ---
              for(LEDBuffer[j]=0xFF;tmp>=1;tmp--)LEDBuffer[j]<<=1;
              refreshflag[j] = (dd[j].real / 32) + 1;
            }
          else
            { //--- 顶端下落速度控制改变值可以改变下降速度 ---
              if(refreshflag[j] > 1)refreshflag[j]--;
              for(LEDBuffer[j]=0xFF,tmp=refreshflag[j];tmp>=1;tmp--)
                LEDBuffer[j]<<=1;
            }
          LEDBuffer[j]=~(LEDBuffer[j]);
        }
    if(0 == LEDStatus)LEDStatus = 1;else LEDStatus = 0;
    if(dd[2].real < 32)LEDStatus = 1;
    else
      {
        if(++num >= 0xAF)                     //---播放时,自动增益 ---
          {
            num = 0;
            Cgain = dd[2].real / 32;
            if((7 < Cgain) && (Cgain <= 8))gain = 2;
            else if((4 < Cgain) && (Cgain <= 6))gain = 3;
            else if((2 < Cgain) && (Cgain <= 4))gain = 4;
            else gain = 5;
          }
      }
    if(++msCnt >= 2)
      {
        msCnt = 0;
        LPC_GPIO1->DATA = LEDDIG[LEDIndex] / 256;
        LPC_GPIO2->DATA = LEDDIG[LEDIndex] % 256;
        LPC_GPIO0->DATA = LEDBuffer[LEDIndex] << 1;
        if(++LEDIndex >= sizeof(LEDBuffer))LEDIndex = 0;
      }
    }
  }
}
```

4. 小结

本实例展示了如何利用 LPC1343 采集音频信号并转换为对应的频谱。程序中涉及的主要程序内容描述如下：

（1）LPC13XX_ADC_Init 函数实现对 A/D 转换器的配置，GetADCResult 函数实现 ADC 模拟量的采集并转换为数字量功能。

（2）fft 函数是本实例的关键内容，将时域幅度转换为频域对应的幅度值。

（3）while（1）无限循环体实现 16×8 点阵 LED 的显示和音频模拟量的采集，采集 65

个点的数据进行 FFT 运算后，根据运算的值更新 LEDBuffer 缓冲区用于显示。

3.7 温控风扇系统设计实例

1．项目要求

利用 LPC1343 微控制器、数字温度传感器 DS18B20、直流电动机和按键实现温度控制的风扇系统。要求具有如下功能：

（1）具有 3 挡调速。

（2）可设置温度的上下限：上限最大值为 60℃，下限最小值为 10℃。

（3）可自动调速和手动调速。

2．硬件电路

硬件电路原理图如图 3-11 所示。

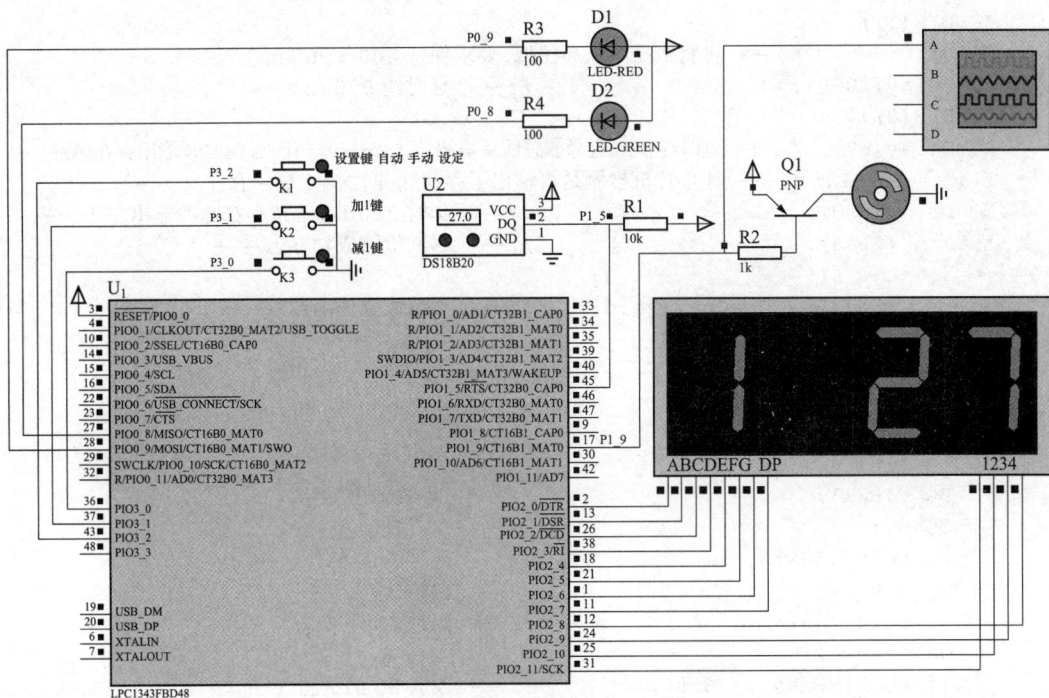

图 3-11 温控风扇设计实例电路原理图

U₁（LPC1343）的 PIO2～PIO2_7 引脚分别连接到 4 位共阴 LED 数码管的笔段 A～G，DP 和位选通段 "1234" 引脚上，PIO1_5 外接上拉电阻 R₁ 连接到 U₂（DS18B20）的 DQ 引脚上，按键 K1～K3 分别连接在 PIO3_0～PIO3_2 引脚上，K1 为设置键，K2 和 K3 为数字调节键，PIO0_8～PIO0_9 分别连接着红色发光二极管和绿色发光二极管用于指示当前的操作状态。PIO1_9/CT16B1_MAT0 引脚输出 PWM 信号通过 R₂ 和 Q1 实现对直流电动机的控制。

3．程序设计

根据实例要求，设计的程序如下：

```
#include <LPC13xx.h>
```

```
void DQ_Delay(int t)                //--- us 延时函数,T = (t + 1) / 2 ---
{
  t *= 6;
  while(t--);
}
//--- DS18B20 驱动程序 ---
#define DQ_DIR(x) ((x)?(LPC_GPIO1->DIR |= (1 << 5)):(LPC_GPIO1->DIR &=~(1
<< 5)))
#define DQ(x)     ((x)?(LPC_GPIO1->DATA |= (1 << 5)):(LPC_GPIO1->DATA &=~
(1 << 5)))
#define DQ_PIN    (LPC_GPIO1->DATA & (1 << 5))
char Init_DS18B20(void)                 //--- DS18B20 初始化函数 ---
{
  char flag;      //--- 储存 DS18B20 是否存在的标志,flag=0,表示存在,flag=1,表示不存在 ---
  DQ_DIR(0);
  DQ_Delay(10);                         //--- 略微延时约 5us---
  DQ_DIR(1);
  DQ(0);          //--- 再将数据线从高拉低,要求保持 480~960us ---
  DQ_Delay(1000);                       //--- 延时约 500us ---
  DQ_DIR(0);
  DQ_Delay(60); //--- 延时约30us(释放总线后需等待15~60us让DS18B20输出存在脉冲) ---
  flag = DQ_PIN; //--- 让单片机检测是否输出了存在脉冲(DQ=0 表示存在) ---
  DQ_Delay(600);                        //--- 延时300us,等待存在脉冲输出完毕 ---
  return (flag);                        //--- 返回检测成功标志 ---
}
unsigned char ReadOneChar(void)      //--- 字节读操作函数 ---
{
  int i;
  unsigned char dat = 0;
  for(i=0;i<8;i++)
    {
      DQ_DIR(1);                        //--- DQ 置输出 ---
      DQ(0);                            //--- DQ 拉低 ---
      DQ_Delay(10);                     //--- 延时 5us 左右 ---
      DQ_DIR(0);                        //--- DQ 置输入 ---
      DQ_Delay(50);                     //--- 延时 25us 左右 ---
      dat >>= 1;
      if(DQ_PIN)dat |= 0x80;            //--- 读取 DQ 的状态 ---
      else dat |= 0x00;
      DQ_Delay(60);                     //--- 延时 30us 左右 ---
    }
  return(dat);
}
void WriteOneChar(unsigned char dat) //--- 字节写操作函数 ---
{
  int i;
  for(i=0;i<8;i++)
    {
      DQ_DIR(1);                        //--- DQ 置输出 ---
      DQ(0);                            //--- DQ 拉低 ---
      DQ_Delay(10);                     //--- 延时 5us 左右 ---
```

```
      if(dat & 0x01)DQ(1);                //--- 位状态写到 DQ 线上 ---
      else DQ(0);
      DQ_Delay(110);                       //--- 延时 55us 左右 ---
      DQ_DIR(0);                           //--- DQ 置输入 ---
      dat >>= 1;
    }
}
void DS18B20_StartConvert(void)           //--- DS18B20 开始转换函数 ---
{
  while(0 != Init_DS18B20());             //--- 将 DS18B20 初始化 ---
  WriteOneChar(0xCC);                     //--- 跳过读序号列号的操作 ---
  WriteOneChar(0x44);                     //--- 启动温度转换 ---
}
void DS18B20_ReadTemperature(float *f)    //--- DS18B20 读温度函数 ---
{
  unsigned char th,tl;
  unsigned short temp;
  while(0 != Init_DS18B20());             //--- 将 DS18B20 初始化 ---
  WriteOneChar(0xCC);                     //--- 跳过读序号列号的操作 ---
  WriteOneChar(0xBE);             //--- 读取温度寄存器,前两个分别是温度的低位和高位 ---
  tl = ReadOneChar();                     //--- 先读温度值低位 ---
  th = ReadOneChar();                     //--- 再读温度值高位 ---
  temp = (th << 8) | tl;
  if(temp & 0x8000)
    {
      temp = ~temp;
      temp ++;
      *f = temp;
      *f *= -1;
    }
  else *f = temp;
  *f /= 16;
}
//--- LED 数码管显示定义 ---
const unsigned char LEDSEG[] =
{
  0x3F,0x06,0x5B,0x4F,0x66,0x6D,0x7D,0x07,0x7F,0x6F,  //--- 数字 0~9 的笔段码 ---
  0x77,0x7C,0x39,0x5E,0x79,0x71,0x00,0x40,            //--- 字母 AbCdEF ---
  0x76,0x38,                                          //--- H,L ---
};
const unsigned char LEDDIG[] =
{
  0xFE,0xFD,0xFB,0xF7,
};
unsigned char LEDBuffer[4] = {0,0,0,16};
unsigned char LEDPointer;
//--- 16 定时器 1 ---
void CT16B1_PWM_Init(void)
{
  LPC_SYSCON->SYSAHBCLKCTRL |= (1 << 8);   //--- 使能 16 位定时器 1 的时钟源 ---
  LPC_TMR16B1->CTCR = 0;                    //--- 定时模式 ---
```

```
    LPC_TMR16B1->PR = 0;                              //--- 设置预分系数 ---
    LPC_TMR16B1->PC = 0;
    LPC_TMR16B1->TC = 0;
    LPC_TMR16B1->MR3 = SystemCoreClock / 1000 - 1;//--- 设置 16 位定时 1ms 的匹配值---
    LPC_TMR16B1->MCR = (3 << 9);                      //--- 使能匹配 3 中断并匹配复位 TC ---
    LPC_TMR16B1->TCR = 1;                             //--- 使能 16 位定时器 1 工作 ---
    NVIC_EnableIRQ(TIMER_16_1_IRQn);                  //--- 使能 16 位定时器 1 的中断 ---
    LPC_TMR16B1->MR0 = LPC_TMR16B1->MR3;              //--- MR0 用于设置占空比 ---
    LPC_TMR16B1->PWMC |= (1 << 3) | ( 1 << 0);        //--- 使能 PWM1 和 PWM0 功能 ---
    LPC_GPIO1->DIR |= (1 << 9);
    LPC_SYSCON->SYSAHBCLKCTRL |= (1 << 16);
    LPC_IOCON->PIO1_9 |= (1 << 0);                    //--- 设置为 CT16B1_MAT0 功能 ---
}
void TIMER16_1_IRQHandler(void)                       //--- 16 位定时器 1 的中断函数 ---
{
    if(0 != (LPC_TMR16B1->IR & (1 << 3)))
    {
        LPC_TMR16B1->IR |= (1 << 3);
    }
}
//--- main 程序段 ---
int msCnt;
int TemperatureH = 30,TemperatureL = 20,status = 0,dangwei = 0;
void FENGSHAN_DANGWEI_CHANGE(void)                    //--- 风扇档位改变函数 ---
{
    if(0 == dangwei)LPC_TMR16B1->MR0 = LPC_TMR16B1->MR3;
    else if(1 == dangwei)
        LPC_TMR16B1->MR0 = (LPC_TMR16B1->MR3 + 1) * 75 / 100 - 1;
    else LPC_TMR16B1->MR0 = (LPC_TMR16B1->MR3 + 1) * 95 / 100 - 1;
    LEDBuffer[3] = dangwei;
}
void DisplaySetValue(int m)
{
    LEDBuffer[0] = (m / 1) % 10;
    LEDBuffer[1] = (m / 10) % 10;
}
#define K1  (LPC_GPIO3->DATA & (1 << 2))    //--- 按键 K1 引脚宏定义 ---
#define K2  (LPC_GPIO3->DATA & (1 << 1))    //--- 按键 K2 引脚宏定义 ---
#define K3  (LPC_GPIO3->DATA & (1 << 0))    //--- 按键 K3 引脚宏定义 ---
int K1_Cnt,K2_Cnt,K3_Cnt;
#define RLED(x) ((x)?(LPC_GPIO0->DATA |= (1 << 9)):(LPC_GPIO0->DATA &=~(1
<< 9)))
#define GLED(x) ((x)?(LPC_GPIO0->DATA |= (1 << 8)):(LPC_GPIO0->DATA &=~(1
<< 8)))
//--- main 主程序 ---
int main (void)
{
    float g;
    int i,m;
    LPC_GPIO2->DIR = 0xFFF;
    CT16B1_PWM_Init();
```

```
LPC_GPIO0->DIR |= (3 << 8);
FENGSHAN_DANGWEI_CHANGE();
while(1)
  {
    msCnt ++;
    if(0 == (msCnt % 100))                    //--- LED 数码管动态扫描 ---
      {
        LPC_GPIO2->DATA = (LEDDIG[LEDPointer] << 8) | LEDSEG[LEDBuffer [LEDPointer]];
        if(++LEDPointer >= sizeof(LEDBuffer))LEDPointer = 0;
      }
    if(1000 == msCnt)DS18B20_StartConvert(); //--- 启动 DS18B20 开始转换 ---
    if(200000 == msCnt)
      {
        msCnt = 0;
        DS18B20_ReadTemperature(&g);          //--- 读取 DS18B20 的温度值 ---
        m = (int)g;                           //--- 取温度的整数部分 ---
        for(i=0;i<sizeof(LEDBuffer);i++)
          LEDBuffer[i] = 16;
        i = 0;
        while(m)                              //--- 将整数各个位分开写到显示缓冲区 ---
          {
            LEDBuffer[i ++] = m % 10;
            m /= 10;
          }
      }
    switch(status)
      {
        case 0:                               //--- 自动模式 ---
          m = (int)g;
          if(m < TemperatureL)dangwei = 0;    //--- 温度低于设定的下限 ---
          else if(m > TemperatureH)dangwei = 2
                                              //--- 温度高于设定的上限 ---
          else dangwei = 1;                   //--- 温度在设定的范围内 ---
          FENGSHAN_DANGWEI_CHANGE();
          break;
        case 1:break;                         //--- 手动模式 ---
        case 2:break;
        case 3:break;
      }
    if((0 == K1) && (999999 != K1_Cnt) && (++K1_Cnt > 10))
      {
        if(0 == K1)                           //--- 判断 K1 是否按下 ---
          {
            K1_Cnt = 999999;                  //--- 置 K1 已按下标志 ---
            if(++status > 3)status = 0;
            if(0 == status){RLED(1);GLED(0);}
            else if(1 == status){RLED(0);GLED(1);}
            else{RLED(0);GLED(0);}
          }
      }
    else if(0 != K1)K1_Cnt = 0;              //---- K1 释放则置 K1_Cnt 变量为 0 ---
    if((0 == K2) && (999999 != K2_Cnt) && (++K2_Cnt > 10))
```

```
       {
         if(0 == K2)                                //--- 判断K2是否按下 ---
           {
             K2_Cnt = 999999;                       //--- 置K2已按下标志 ---
             switch(status)
               {
                 case 0:break;
                 case 1:
                   if(++dangwei > 2)dangwei = 0;
                   FENGSHAN_DANGWEI_CHANGE();
                   break;
                 case 2:
                   if(++TemperatureL > 60)TemperatureL = 60;
                   DisplaySetValue(TemperatureL);LEDBuffer[3] = 18;
                   break;
                 case 3:
                   if(++TemperatureH > 60)TemperatureH = 60;
                   DisplaySetValue(TemperatureH);LEDBuffer[3] = 19;
                   break;
               }
           }
       }
     else if(0 != K2)K2_Cnt = 0;                    //--- K2释放则置K2_Cnt变量为0 ---
     if((0 == K3) && (999999 != K3_Cnt) && (++K3_Cnt > 10))
       {
         if(0 == K3)                                //--- 判断K3是否按下 ---
           {
             K3_Cnt = 999999;                       //--- 置K3已按下标志 ---
             switch(status)
               {
                 case 0:break;
                 case 1:
                   if(--dangwei < 0)dangwei = 2;
                   FENGSHAN_DANGWEI_CHANGE();
                   break;
                 case 2:
                   if(--TemperatureL < 10)TemperatureL = 10;
                   DisplaySetValue(TemperatureL);LEDBuffer[3] = 18;
                   break;
                 case 3:
                   if(--TemperatureH < 10)TemperatureH = 10;
                   DisplaySetValue(TemperatureH);LEDBuffer[3] = 19;
                   break;
               }
           }
       }
     else if(0 != K3)K3_Cnt = 0;                    //--- K3释放则置K3_Cnt变量为0 ---
   }
 }
```

4. 小结

本实例展示了 DS18B20 温度测量和直流电动机的驱动的结合，实现风扇智能控制系统的方法。程序中涉及的主要内容如下：

（1）DS18B20 驱动程序设计，实现环境温度的测量。

（2）利用 LPC1343 的 16 位定时器 1 实现硬 PWM 信号的产生并通过改变占空比实现电动机的速度调节。程序中，CT16B1_PWM_Init()函数实现了如何配置 16 位定时器 1 工作于 PWM 功能，以及对应的 PWM 输出引脚的配置，FENGSHAN_DANGWEI_CHANGE()函数了实现根据不同档位数值来改变 PWM 的占空比。

（3）按键识别。按键 K1 实现了模式切换功能，按键 K2 和 K3 实现数字的调节功能。程序中设定了 status 变量用于模式切换，dangwei 变量用于档位的调节。

（4）在 status 变量为 0 时即为自动模式。程序中通过实时读取到的环境温度值 m 与设定的温度上下限值 TemperatureH 和 TemperatureL 进行比较，来实现 dangwei 变量值的自动改变。

3.8　基于 240×128 TFTLCD 的中文显示万年历实例

1. 项目要求

利用 LPC1343 微控制器、真彩显示屏 LCD1 和实时时钟器件 DS3232 实现公历和农历的日期时间显示。

2. 硬件电路

硬件电路原理图如图 3-12 所示。

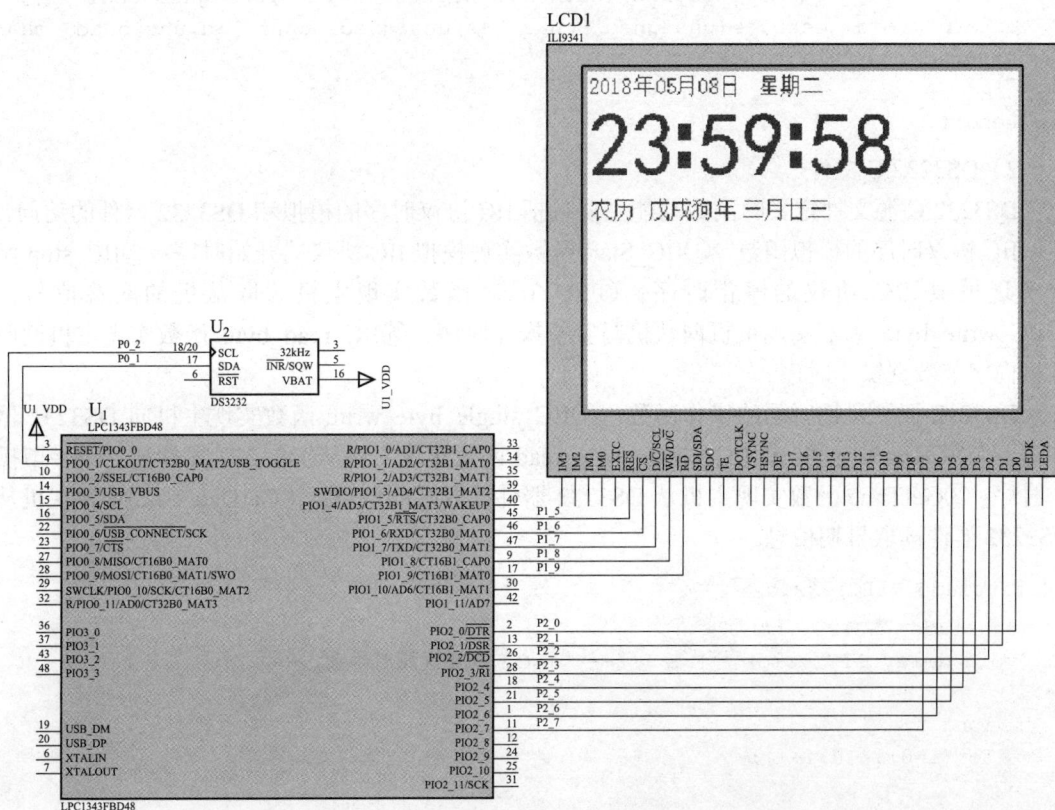

图 3-12　基于 240X128 TFTLCD 的中文显示万年历实例电路原理图

U₁(LPC1343)的 PIO2_0~PIO2_7 引脚连接到 LCD1(ILI9341)的 D₀~D₇ 引脚，PIO1_6~PIO1_7 引脚分别连接到 LCD1（ILI9341）的 RES、CS、WR 和 RD 引脚。U₂（DS3232）的 SCL 和 SDA 引脚分别连接到 U₁（LPC1343）的 PIO0_1 和 PIO0_2 引脚。

3. 程序设计

根据实例要求，设计的程序如下：

（1）DS3232.C 源文件和 DS3232.H 头文件。

1）DS3232.H 文件。DS3232.H 头文件实现 SCL 和 SDA 引脚功能的宏定义以及相关函数的声明。

```
#ifndef __DS3232_H__
#define __DS3232_H__
#define SCL(x)    ((x)?(LPC_GPIO0->DATA |= (1 << 2)):(LPC_GPIO0->DATA &=~
(1 << 2)))
#define SDA(x)    ((x)?(LPC_GPIO0->DATA |= (1 << 1)):(LPC_GPIO0->DATA &=~
(1 << 1)))
#define SDA_PIN   (LPC_GPIO0->DATA & (1 << 1))
#define SDA_DIR(x) ((x)?(LPC_GPIO0->DIR |= (1 << 1)):(LPC_GPIO0->DIR &=~
(1 << 1)))

extern unsigned char IIC_single_byte_read(unsigned char);
extern void IIC_single_byte_write(unsigned char,unsigned char);
extern void GetTime(unsigned char *s,unsigned char *m,unsigned char *h);
extern void GetDate(unsigned char *w,unsigned char *d,unsigned char
*m,unsigned char *y);

#endif
```

2）DS3232.C 文件。

DS3232.C 源文件定义的函数功能主要包括 IIC 协议时序的模拟和 DS3232 器件的访问。

IIC 协议时序的模拟函数：①IIC_Start 函数实现模拟 IIC 协议的开始时序；②IIC_stop 函数实现模拟 IIC 协议的停止时序；③IIC_Tack 函数实现主机读取从机的应答信号；④IIC_write_byte 函数实现主机向从机写字节操作时序；⑤IIC_read_byte 函数实现主机读取从机向字节数据操作时序。

DS3232 读写日期时间的操作函数：①IIC_single_byte_write 函数实现主机向 DS3232 器件写一个字节操作时序；②IIC_single_byte_read 函数实现主机从 DS3232 器件读一个字节操作时序；③GetTime 函数实现主机从 DS3232 器件读取时间信息；④GetDate 函数实现主机从 DS3232 器件读取日期信息。

```
#include <LPC13xx.h>
#include "DS3232.h"
void delay_IIC(void)          //--- IIC 总线限速延时函数 ---
{
  long i;
  for(i=0;i<10;i++);
}
void IIC_start(void)          //--- IIC 总线产生起始信号函数 ---
{
```

```
  SDA(1);
  SCL(1);delay_IIC();
  SDA(0);delay_IIC();
  SCL(0);
}
void IIC_stop(void)                        //--- IIC 总线产生停止信号函数 ---
{
  SDA(0);delay_IIC();
  SCL(1);delay_IIC();
  SDA(1);delay_IIC();
}
unsigned char IIC_Tack(void)               //--- 接收应答信号函数 ---
{
  unsigned char ack;
  SDA_DIR(0);
  SDA(1);delay_IIC();
  SCL(1);delay_IIC();
  ack = SDA_PIN;delay_IIC();
  SCL(0);delay_IIC();
  SDA_DIR(1);
  if(ack)return 1;else return 0;
}
void IIC_write_byte(unsigned char Data)    //--- 向 IIC 总线写入一个字节的数据函数 ---
{
  long i;
  for(i=0;i<8;i++)
    {
      if(Data & 0x80)SDA(1);else SDA(0);delay_IIC();
      SCL(1);delay_IIC();
      SCL(0);delay_IIC();
      Data <<= 1;
    }
}
unsigned char IIC_read_byte(void)          //--- 从 IIC 总线读取一个字节的数据函数 ---
{
  long i;
  unsigned char Data = 0;
  SDA_DIR(0);                              //--- 置为输入 ---
  SDA(1);
  for(i=0;i<8;i++)
    {
      SCL(1);delay_IIC();
      Data <<= 1;
      if(SDA_PIN)Data |= 0x01;
      SCL(0);delay_IIC();
    }
  SDA_DIR(1);                              //--- 置为输出 ---
  return Data;
}
//--- 向任意地址写入一个字节数据函数 ---
```

```
void IIC_single_byte_write(unsigned char Waddr,unsigned char Data)
{
  IIC_start();                    //--- 产生起始信号 ---
  IIC_write_byte(0xD0);           //--- 写入设备地址(写) ---
  IIC_Tack();                     //--- 等待设备的应答 ---
  IIC_write_byte(Waddr);          //--- 写入要操作的单元地址 ---
  IIC_Tack();                     //--- 等待设备的应答 ---
  IIC_write_byte(Data);           //--- 写入数据 ---
  IIC_Tack();                     //--- 等待设备的应答 ---
  IIC_stop();                     //--- 产生停止信号 ---
}
                                  //--- 从任意地址读取一个字节数据函数 ---
unsigned char IIC_single_byte_read(unsigned char Waddr)
{
  unsigned char Data;
  IIC_start();                    //--- 产生起始信号 ---
  IIC_write_byte(0xD0);           //--- 写入设备地址(写) ---
  IIC_Tack();                     //--- 等待设备的应答 ---
  IIC_write_byte(Waddr);          //--- 写入要操作的单元地址 ---
  IIC_Tack();                     //--- 等待设备的应答 ---
  IIC_stop();                     //--- 产生停止符号 ---
  IIC_start();                    //--- 产生起始信号 ---
  IIC_write_byte(0xD1);           //--- 写入设备地址(写) ---
  IIC_Tack();                     //--- 等待设备的应答 ---
  Data = IIC_read_byte();         //--- 读取数据 ---
  IIC_stop();                     //--- 产生停止信号 ---
  delay_IIC();
  return Data;
}
void GetTime(unsigned char *s,unsigned char *m,unsigned char *h)
{
  unsigned char temp;
  temp = IIC_single_byte_read(0x00);
  temp = IIC_single_byte_read(0x00);
  *s = (temp >> 4) * 10 + (temp & 0x0F);
  temp = IIC_single_byte_read(0x01);
  temp = IIC_single_byte_read(0x01);
  *m = (temp >> 4) * 10 + (temp & 0x0F);
  temp = IIC_single_byte_read(0x02);
  temp = IIC_single_byte_read(0x02);
  *h = (temp >> 4) * 10 + (temp & 0x0F);
}
void GetDate(unsigned char *w,unsigned char *d,unsigned char *m,unsigned char *y)
{
  unsigned char temp;
  temp = IIC_single_byte_read(0x03);
  temp = IIC_single_byte_read(0x03);
  *w = temp & 0x7;
  temp = IIC_single_byte_read(0x04);
  temp = IIC_single_byte_read(0x04);
  *d = (temp >> 4) * 10 + (temp & 0x0F);
```

```
    temp = IIC_single_byte_read(0x05);
    temp = IIC_single_byte_read(0x05);
    *m = (temp >> 4) * 10 + (temp & 0x0F);
    temp = IIC_single_byte_read(0x06);
    temp = IIC_single_byte_read(0x06);
    *y = (temp >> 4) * 10 + (temp & 0x0F);
}
```

（2）TFTLCD.C 源文件和 TFTLCD.H 头文件。

1）TFTLCD.H 头文件。TFTLCD.H 头文件实现 TFTLCD 引脚功能的宏定义以及操作函数声明。

```
#ifndef   __TFTLCD_H__
#define   __TFTLCD_H__
#define TFTLCD_RES(x)  ((x)?(LPC_GPIO1->DATA |= (1 << 5)):(LPC_GPIO1->DATA
&=~(1 << 5)))
#define TFTLCD_NCS(x)  ((x)?(LPC_GPIO1->DATA |= (1 << 6)):(LPC_GPIO1->DATA
&=~(1 << 6)))
#define TFTLCD_RS(x)   ((x)?(LPC_GPIO1->DATA |= (1 << 7)):(LPC_GPIO1->DATA
&=~(1 << 7)))
#define TFTLCD_WR(x)   ((x)?(LPC_GPIO1->DATA |= (1 << 8)):(LPC_GPIO1->DATA
&=~(1 << 8)))
#define TFTLCD_RD(x)   ((x)?(LPC_GPIO1->DATA |= (1 << 9)):(LPC_GPIO1->DATA
&=~(1 << 9)))
#define TFTLCD_PORT(x) LPC_GPIO2->DATA = x
typedef struct _RECT_                        //--- 分别表示四个角参数 ---
{
  unsigned int top;
  unsigned int left;
  unsigned int right;
  unsigned int bottom;
}RECT;
#define   RED   0xF800
#define   WHITE 0xFFFF
extern void TFTLCD_Init(void);
extern void Show8X16(long num_Y,long num_X,const unsigned char *GB_font,
long color,long bcolor);
extern void Show32X16(long num_Y,long num_X,const unsigned char *GB_font,
long color,long bcolor);
extern void Show32X64(long num_Y,long num_X,const unsigned char *GB_font,
long color,long bcolor);
#endif
```

2）TFTLCD.C 源文件。在 TFTLCD.C 源文件中，TFTLCD_WriteReg 函数实现向 TFTLCD 写命令操作，TFTLCD_WriteData 函数实现向 TFTLCD 写数据操作，TFTLCD_Init 函数实现 TFTLCD 上电初始化功能，TFTLCD_SetArea 函数实现设置 TFTLCD 的显示区域，TFTLCD_ WirteColor 函数实现显示指定像素的颜色，TFTLCD_PutStr 实现在 TFTLCD 指定位置开始处显示指定的字符串。

Show8X16 函数实现在 TFTLCD 指定位置上显示指定颜色的 8×16 字体的字符，Show32X16

函数实现在 TFTLCD 指定位置上显示指定颜色的 32×16 字体的字符，Show32X64 数实现在
TFTLCD 指定位置上显示指定颜色的 32×64 字体的字符。

```c
#include <LPC13xx.h>
#include "TFTLCD.h"
void DelaymS(long t)
{
  t *= 6000;
  while(t--);
}
void TFTLCD_WriteReg(unsigned char reg)
{
  TFTLCD_RS(0);                       //--- RS = 0 ---
  TFTLCD_NCS(0);                      //--- CS = 0 ---
  TFTLCD_PORT(reg);                   //--- DATA_L = reg ---
  TFTLCD_WR(0);                       //--- WR = 0 ---
  TFTLCD_WR(1);                       //--- WR = 1 ---
  TFTLCD_NCS(1);                      //--- CS = 1 ---
}
void TFTLCD_WriteData(unsigned char val)
{
  TFTLCD_RS(1);                       //--- RS = 1 ---
  TFTLCD_NCS(0);                      //--- CS = 0 ---
  TFTLCD_PORT(val);                   //--- DATA_L = val ---
  TFTLCD_WR(0);                       //--- WR = 0 ---
  TFTLCD_WR(1);                       //--- WR = 1 ---
  TFTLCD_NCS(1);                      //--- CS = 1 ---
}
void TFTLCD_Init(void)
{
  TFTLCD_RES(0);
  DelaymS(10);
  TFTLCD_RES(1);
  DelaymS(120);
  TFTLCD_WriteReg(0xCF);
  TFTLCD_WriteData(0x00);
  TFTLCD_WriteData(0xC1);
  TFTLCD_WriteData(0X30);
  TFTLCD_WriteReg(0xED);
  TFTLCD_WriteData(0x64);
  TFTLCD_WriteData(0x03);
  TFTLCD_WriteData(0X12);
  TFTLCD_WriteData(0X81);
  TFTLCD_WriteReg(0xE8);
  TFTLCD_WriteData(0x85);
  TFTLCD_WriteData(0x10);
  TFTLCD_WriteData(0x7A);
  TFTLCD_WriteReg(0xCB);
  TFTLCD_WriteData(0x39);
  TFTLCD_WriteData(0x2C);
```

```
TFTLCD_WriteData(0x00);
TFTLCD_WriteData(0x34);
TFTLCD_WriteData(0x02);
TFTLCD_WriteReg(0xF7);
TFTLCD_WriteData(0x20);
TFTLCD_WriteReg(0xEA);
TFTLCD_WriteData(0x00);
TFTLCD_WriteData(0x00);
TFTLCD_WriteReg(0xC0);        //--- Power control //电源控制 ---
TFTLCD_WriteData(0x1B);       //--- VRH[5:0] ---
TFTLCD_WriteReg(0xC1);        //--- Power control ---
TFTLCD_WriteData(0x01);       //--- SAP[2:0];BT[3:0] ---
TFTLCD_WriteReg(0xC5);        //--- VCM control ---
TFTLCD_WriteData(0x30);       //--- 3F ---
TFTLCD_WriteData(0x30);       //--- 3C ---
TFTLCD_WriteReg(0xC7);        //--- VCM control2 ---
TFTLCD_WriteData(0XB7);
TFTLCD_WriteReg(0x36);        //--- Memory Access Control (存储器访问控制) ---
TFTLCD_WriteData(0x48);
TFTLCD_WriteReg(0x3A);        //--- 像素格式设置 ---
TFTLCD_WriteData(0x55);
TFTLCD_WriteReg(0xB1);
TFTLCD_WriteData(0x00);
TFTLCD_WriteData(0x1A);
TFTLCD_WriteReg(0xB6);        //--- Display Function Control ---
TFTLCD_WriteData(0x0A);
TFTLCD_WriteData(0xA2);
TFTLCD_WriteReg(0xF2);        //--- 3Gamma Function Disable ---
TFTLCD_WriteData(0x00);
TFTLCD_WriteReg(0x26);        //--- Gamma curve selected ---
TFTLCD_WriteData(0x01);
TFTLCD_WriteReg(0xE0);        //--- Set Gamma ---
TFTLCD_WriteData(0x0F);
TFTLCD_WriteData(0x2A);
TFTLCD_WriteData(0x28);
TFTLCD_WriteData(0x08);
TFTLCD_WriteData(0x0E);
TFTLCD_WriteData(0x08);
TFTLCD_WriteData(0x54);
TFTLCD_WriteData(0XA9);
TFTLCD_WriteData(0x43);
TFTLCD_WriteData(0x0A);
TFTLCD_WriteData(0x0F);
TFTLCD_WriteData(0x00);
TFTLCD_WriteData(0x00);
TFTLCD_WriteData(0x00);
TFTLCD_WriteData(0x00);
TFTLCD_WriteReg(0XE1);        //--- Set Gamma ---
TFTLCD_WriteData(0x00);
TFTLCD_WriteData(0x15);
TFTLCD_WriteData(0x17);
```

```
    TFTLCD_WriteData(0x07);
    TFTLCD_WriteData(0x11);
    TFTLCD_WriteData(0x06);
    TFTLCD_WriteData(0x2B);
    TFTLCD_WriteData(0x56);
    TFTLCD_WriteData(0x3C);
    TFTLCD_WriteData(0x05);
    TFTLCD_WriteData(0x10);
    TFTLCD_WriteData(0x0F);
    TFTLCD_WriteData(0x3F);
    TFTLCD_WriteData(0x3F);
    TFTLCD_WriteData(0x0F);
    TFTLCD_WriteReg(0x2B);                      //--- 页地址四个参数 ---
    TFTLCD_WriteData(0x00);                     //--- 1 ---
    TFTLCD_WriteData(0x00);                     //--- 2 ---
    TFTLCD_WriteData(0x01);                     //--- 3 ---
    TFTLCD_WriteData(0x3f);                     //--- 4 ---
    TFTLCD_WriteReg(0x2A);                      //--- 列地址设定 ---
    TFTLCD_WriteData(0x00);                     //--- 第一个参数 ---
    TFTLCD_WriteData(0x00);                     //--- 第二参数 ---
    TFTLCD_WriteData(0x00);                     //--- 第三参数 ---
    TFTLCD_WriteData(0xef);                     //--- 第四参数 ---
    TFTLCD_WriteReg(0x11);                      //--- Exit Sleep(退出休眠) ---
    DelaymS(120);
    TFTLCD_WriteReg(0x29);                      //--- display on(开显示) ---
}
void TFTLCD_SetArea(RECT rect)
{
    TFTLCD_WriteReg(0x2A);                      //--- 列地址 ---
    TFTLCD_WriteData(rect.left >> 8);
    TFTLCD_WriteData(rect.left & 0xff);
    TFTLCD_WriteData(rect.right >> 8);
    TFTLCD_WriteData(rect.right&0xff);
    TFTLCD_WriteReg(0x2B);                      //--- 页地址 ---
    TFTLCD_WriteData(rect.top >> 8);
    TFTLCD_WriteData(rect.top & 0xff);
    TFTLCD_WriteData(rect.bottom >> 8);
    TFTLCD_WriteData(rect.bottom & 0xff);
}
void TFTLCD_WirteColor(unsigned int color)
{//--- 使用 8 条数据线,分两次写入 ---
    TFTLCD_RS(1);                               //--- RS = 1 ---
    TFTLCD_NCS(0);                              //--- CS = 0 ---
    TFTLCD_PORT(color >> 8);                    //--- 高 8 位 ---
    TFTLCD_WR(0);                               //--- WR = 0 ---
    TFTLCD_WR(1);                               //--- WR = 1 ---
    TFTLCD_PORT(color);                         //--- 低 8 位 ---
    TFTLCD_WR(0);                               //--- WR = 0 ---
    TFTLCD_WR(1);                               //--- WR = 1 ---
    TFTLCD_NCS(1);                              //--- CS = 1 ---
}
```

```
void TFTLCD_PutStr(RECT rect,long color,long bcolor,
                const unsigned char *GB_font,long font_num)
{//--- 四个参数分别起启地址 X 与 Y,字体颜色,字体背景色,要显示数字 ---
  long i,j;
  TFTLCD_SetArea(rect);
  TFTLCD_WriteReg(0x2C);                            //--- 写储存器命令 ---
  for(i=0;i<font_num;i++)
    {
      for(j=8;j>0;j--)
        {
          if(1 == ((GB_font[i] >> (j - 1)) & 0x01)) //--- 判断字符位置是否有像素 ---
            TFTLCD_WirteColor(color);               //--- 写入字体颜色 ---
          else TFTLCD_WirteColor(bcolor);           //--- 没有则写入背景色 ---
        }
    }
}
  void Show8X16(long num_Y,long num_X,const unsigned char *GB_font,long color,long
bcolor)
    {
      RECT rect;                                    //--- 屏显示范围 ---
      num_Y = 239 - num_Y - 15;                     //--- 屏坐标转换 ---
      rect.top = num_X;
      rect.left = num_Y;
      rect.right = num_Y + 15;
      rect.bottom = num_X + 15;
      TFTLCD_PutStr(rect,color,bcolor,GB_font,16);
    }
  void Show32X16(long num_Y,long num_X,const unsigned char *GB_font,long
color,long bcolor)
    {//--- 调用该涵数,num_X 最大不要超过 224,num_Y 不超 304 ---
      RECT rect;                                    //--- 屏显示范围 ---
      num_Y = 239 - num_Y - 15;                     //--- 屏坐标转换 ---
      rect.top = num_X;
      rect.left = num_Y;
      rect.right = num_Y + 15;
      rect.bottom = num_X + 31;
      TFTLCD_PutStr(rect,color,bcolor,GB_font,32);
    }
  void Show32X64(long num_Y,long num_X,const unsigned char *GB_font,long color,long
bcolor)
    {
      RECT rect;                                    //--- 屏显示范围 ---
      num_Y = 239 - num_Y - 63;                     //--- 屏坐标转换 ---
      rect.top = num_X;
      rect.left = num_Y;
      rect.right = num_Y + 63;
      rect.bottom = num_X + 31;
      TFTLCD_PutStr(rect,color,bcolor,GB_font,255);
    }
```

（3）NONGLI.C 源文件和 NONGLI.H 头文件。

1）NONGLI.H 头文件。

```
#ifndef __NONGLI_H__
#define __NONGLI_H__
extern unsigned char Conver_Week(char c,unsigned char year,unsigned char
month,unsigned char day);
extern void Conversion(char c,unsigned char year,unsigned char month,unsigned
char day,
        unsigned char *cn,unsigned char *yn,unsigned char *mn,unsigned char *dn);
#endif
```

2）NONGLI.C 源文件。

```
#include "NONGLI.h"
// 第一字节 BIT7-4 位表示闰月月份,值为 0 为无闰月,
// BIT3-0 对应农历第 1-4 月的大小,
// 第二字节 BIT7-0 对应农历第 5-12 月大小,
// 第三字节 BIT7 表示农历第 13 个月大小
// 月份对应的位为 1 表示本农历月大(30 天),为 0 表示小(29 天),
// BIT6-5 表示春节的公历月份,BIT4-0 表示春节的公历日期,
//0x05,0x2B,0x50,
//2018 年 00000101 00101011 01010000 //0000 表示无闰月,0101 1月小2月大3月小4月大
const unsigned char YEARCODE[] =
{
0x04,0xAe,0x53,0x0A,0x57,0x48,0x55,0x26,0xBd,0x0d,0x26,0x50,0x0d,0x95,0x44, //1901
0x46,0xAA,0xB9,0x05,0x6A,0x4d,0x09,0xAd,0x42,0x24,0xAe,0xB6,0x04,0xAe,0x4A, //1906
0x6A,0x4d,0xBe,0x0A,0x4d,0x52,0x0d,0x25,0x46,0x5d,0x52,0xBA,0x0B,0x54,0x4e, //1911
0x0d,0x6A,0x43,0x29,0x6d,0x37,0x09,0x5B,0x4B,0x74,0x9B,0xC1,0x04,0x97,0x54, //1916
0x0A,0x4B,0x48,0x5B,0x25,0xBC,0x06,0xA5,0x50,0x06,0xd4,0x45,0x4A,0xdA,0xB8, //1921
0x02,0xB6,0x4d,0x09,0x57,0x42,0x24,0x97,0xB7,0x04,0x97,0x4A,0x66,0x4B,0x3e, //1926
0x0d,0x4A,0x51,0x0e,0xA5,0x46,0x56,0xd4,0xBA,0x05,0xAd,0x4e,0x02,0xB6,0x44, //1931
0x39,0x37,0x38,0x09,0x2e,0x4B,0x7C,0x96,0xBf,0x0C,0x95,0x53,0x0d,0x4A,0x48, //1936
0x6d,0xA5,0x3B,0x0B,0x55,0x4f,0x05,0x6A,0x45,0x4A,0xAd,0xB9,0x02,0x5d,0x4d, //1941
0x09,0x2d,0x42,0x2C,0x95,0xB6,0x0A,0x95,0x4A,0x7B,0x4A,0xBd,0x06,0xCA,0x51, //1946
0x0B,0x55,0x46,0x55,0x5A,0xBB,0x04,0xdA,0x4e,0x0A,0x5B,0x43,0x35,0x2B,0xB8, //1951
0x05,0x2B,0x4C,0x8A,0x95,0x3f,0x0e,0x95,0x52,0x06,0xAA,0x48,0x7A,0xd5,0x3C, //1956
0x0A,0xB5,0x4f,0x04,0xB6,0x45,0x4A,0x57,0x39,0x0A,0x57,0x4d,0x05,0x26,0x42, //1961
0x3e,0x93,0x35,0x0d,0x95,0x49,0x75,0xAA,0xBe,0x05,0x6A,0x51,0x09,0x6d,0x46, //1966
```

```
    0x54,0xAe,0xBB,0x04,0xAd,0x4f,0x0A,0x4d,0x43,0x4d,0x26,0xB7,0x0d,0x25,0x4
B, //1971
    0x8d,0x52,0xBf,0x0B,0x54,0x52,0x0B,0x6A,0x47,0x69,0x6d,0x3C,0x09,0x5B,0x5
0, //1976
    0x04,0x9B,0x45,0x4A,0x4B,0xB9,0x0A,0x4B,0x4d,0xAB,0x25,0xC2,0x06,0xA5,0x5
4, //1981
    0x06,0xd4,0x49,0x6A,0xdA,0x3d,0x0A,0xB6,0x51,0x09,0x37,0x46,0x54,0x97,0xB
B, //1986
    0x04,0x97,0x4f,0x06,0x4B,0x44,0x36,0xA5,0x37,0x0e,0xA5,0x4A,0x86,0xB2,0xB
f, //1991
    0x05,0xAC,0x53,0x0A,0xB6,0x47,0x59,0x36,0xBC,0x09,0x2e,0x50,0x0C,0x96,0x4
5, //1996
    0x4d,0x4A,0xB8,0x0d,0x4A,0x4C,0x0d,0xA5,0x41,0x25,0xAA,0xB6,0x05,0x6A,0x4
9, //2001
    0x7A,0xAd,0xBd,0x02,0x5d,0x52,0x09,0x2d,0x47,0x5C,0x95,0xBA,0x0A,0x95,0x4
e, //2006
    0x0B,0x4A,0x43,0x4B,0x55,0x37,0x0A,0xd5,0x4A,0x95,0x5A,0xBf,0x04,0xBA,0x5
3, //2011
    0x0A,0x5B,0x48,0x65,0x2B,0xBC,0x05,0x2B,0x50,0x0A,0x93,0x45,0x47,0x4A,0xB
9, //2016
    0x06,0xAA,0x4C,0x0A,0xd5,0x41,0x24,0xdA,0xB6,0x04,0xB6,0x4A,0x69,0x57,0x3
d, //2021
    0x0A,0x4e,0x51,0x0d,0x26,0x46,0x5e,0x93,0x3A,0x0d,0x53,0x4d,0x05,0xAA,0x4
3, //2026
    0x36,0xB5,0x37,0x09,0x6d,0x4B,0xB4,0xAe,0xBf,0x04,0xAd,0x53,0x0A,0x4d,0x4
8, //2031
    0x6d,0x25,0xBC,0x0d,0x25,0x4f,0x0d,0x52,0x44,0x5d,0xAA,0x38,0x0B,0x5A,0x4
C, //2036
    0x05,0x6d,0x41,0x24,0xAd,0xB6,0x04,0x9B,0x4A,0x7A,0x4B,0xBe,0x0A,0x4B,0x5
1, //2041
    0x0A,0xA5,0x46,0x5B,0x52,0xBA,0x06,0xd2,0x4e,0x0A,0xdA,0x42,0x35,0x5B,0x3
7, //2046
    0x09,0x37,0x4B,0x84,0x97,0xC1,0x04,0x97,0x53,0x06,0x4B,0x48,0x66,0xA5,0x3
C, //2051
    0x0e,0xA5,0x4f,0x06,0xB2,0x44,0x4A,0xB6,0x38,0x0A,0xAe,0x4C,0x09,0x2e,0x4
2, //2056
    0x3C,0x97,0x35,0x0C,0x96,0x49,0x7d,0x4A,0xBd,0x0d,0x4A,0x51,0x0d,0xA5,0x4
5, //2061
    0x55,0xAA,0xBA,0x05,0x6A,0x4e,0x0A,0x6d,0x43,0x45,0x2e,0xB7,0x05,0x2d,0x4
B, //2066
    0x8A,0x95,0xBf,0x0A,0x95,0x53,0x0B,0x4A,0x47,0x6B,0x55,0x3B,0x0A,0xd5,0x4
f, //2071
    0x05,0x5A,0x45,0x4A,0x5d,0x38,0x0A,0x5B,0x4C,0x05,0x2B,0x42,0x3A,0x93,0xB
6, //2076
    0x06,0x93,0x49,0x77,0x29,0xBd,0x06,0xAA,0x51,0x0A,0xd5,0x46,0x54,0xdA,0xB
A, //2081
    0x04,0xB6,0x4e,0x0A,0x57,0x43,0x45,0x27,0x38,0x0d,0x26,0x4A,0x8e,0x93,0x3
e, //2086
    0x0d,0x52,0x52,0x0d,0xAA,0x47,0x66,0xB5,0x3B,0x05,0x6d,0x4f,0x04,0xAe,0x4
5, //2091
```

```
0x4A,0x4e,0xB9,0x0A,0x4d,0x4C,0x0d,0x15,0x41,0x2d,0x92,0xB5, //2096
};
const unsigned char DAYCODE_1[9] = {0x0,0x1f,0x3b,0x5a,0x78,0x97,0xb5,0xd4,0xf3};
const unsigned short DAYCODE_2[3] = {0x111,0x130,0x14e};
const unsigned char TABLE_WEEK[12] = {0,3,3,6,1,4,6,2,5,0,3,5};
                                        //--- 月修正数据表 ---
unsigned  char  Conver_Week(char  c,unsigned  char  year,unsigned  char
month,unsigned char day)
   {                                    //--- c=0 为 21 世纪,c=1 为 19 世纪 ---
   unsigned char temp1,temp2,week;
   if(0 == c)year += 0x64;              //--- 如果为 21 世纪,年份数加 100 ---
   temp1 = year / 0x4;                  //--- 所过闰年数只算 1900 年之后的 ---
   temp2 = year + temp1;
   temp2 = temp2 % 7;
   temp2 = temp2 + day + TABLE_WEEK[month - 1];
   if((0 == (year % 4)) && (month < 3))temp2 -= 1;
   week = temp2 % 7;
   return week;
}
unsigned char GetMoonDay(unsigned char month_p,unsigned short table_addr)
{
   switch (month_p)
     {
       case 1:
         if(0 == (YEARCODE[table_addr] & 0x08))return(0);
         else return(1);
       case 2:
         if(0 == (YEARCODE[table_addr] & 0x04))return(0);
         else return(1);
       case 3:
         if(0 == (YEARCODE[table_addr] & 0x02))return(0);
         else return(1);
       case 4:
         if(0 == (YEARCODE[table_addr] & 0x01))return(0);
         else return(1);
       case 5:
         if(0 == (YEARCODE[table_addr + 1] & 0x80))return(0);
         else return(1);
       case 6:
         if(0 == (YEARCODE[table_addr + 1] & 0x40))return(0);
         else return(1);
       case 7:
         if(0 == (YEARCODE[table_addr + 1] & 0x20))return(0);
         else return(1);
       case 8:
         if(0 == (YEARCODE[table_addr + 1] & 0x10))return(0);
         else return(1);
       case 9:
         if(0 == (YEARCODE[table_addr + 1] & 0x08))return(0);
         else return(1);
       case 10:
```

```
          if(0 == (YEARCODE[table_addr + 1] & 0x04))return(0);
          else return(1);
        case 11:
          if(0 == (YEARCODE[table_addr + 1] & 0x02))return(0);
          else return(1);
        case 12:
          if(0 == (YEARCODE[table_addr + 1] & 0x01))return(0);
          else return(1);
        case 13:
          if(0 == (YEARCODE[table_addr + 2] & 0x80))return(0);
          else return(1);
        default: return(1);
      }
}
void Conversion(char c,unsigned char year,unsigned char month,unsigned char day,
          unsigned char *cn,unsigned char *yn,unsigned char *mn,unsigned char *dn)
{ //--- c=0 为 21 世纪,c=1 为 19 世纪 ---
  unsigned char temp1,temp2,temp3,month_p;
  unsigned int temp4,table_addr;
  char flag2,flag_y;
  //--- 重新定位数据表 ---
  if(c==0)table_addr = (year + 0x64 - 1) * 0x3;
  else table_addr = (year - 1) * 0x3;
  //--- 取当年春节所在的公历月份 ---
  temp1 = (YEARCODE[table_addr + 2] << 1) >> 6;
  //--- 取当年春节所在的公历日 ---
  temp2 = YEARCODE[table_addr + 2] & 0x1f;
  //--- 计算当年春年离当年元旦的天数,春节只会在公历 1 月或 2 月 ---
  if(0x1 == temp1)temp3 = temp2 - 1;          //--- 如果在 1 月 ---
  else temp3 = temp2 + 0x1f - 1;              //--- 如果 2 月则需多加 31 天 ---
  if(month < 10)temp4 = DAYCODE_1[month - 1] + day - 1;
  else temp4 = DAYCODE_2[month - 10] + day - 1;
  //--- 如果公历月大于 2 月并且该年的 2 月为闰月,天数加 1 ---
  if((month > 0x2) && ((year % 0x4) == 0))temp4 += 1;
  //--- 判断公历日在春节前还是春节后,大于表示春节前,小于为春节后 ---
  if(temp4 >= temp3)
    {
      temp4 -= temp3;
      month = 0x1;
      month_p = 0x1;
      flag2 = GetMoonDay(month_p,table_addr);
      flag_y = 0;
      if(0 == flag2)temp1 = 0x1d;             //--- 小月 29 天 ---
      else temp1 = 0x1e;                       //--- 大月 30 天 ---
      temp2 = YEARCODE[table_addr] >> 4;
      while(temp4 >= temp1)
        {
          temp4 -= temp1;
          month_p += 1;
          if(month == temp2)
            {
```

375

```
                      flag_y = ~flag_y;
                      if(0 == flag_y)month += 1;
                }
            else month += 1;
            flag2 = GetMoonDay(month_p,table_addr);
            if(0 == flag2)temp1 = 0x1d;            //--- 小月 29 天 ---
            else temp1 = 0x1e;                      //--- 大月 30 天 ---
        }
      day = temp4 + 1;
    }
  else //小于,为春节前
    {
      temp3 -= temp4;
      if(0 == year)
        {
          year = 0x63;
          c = 1;
        }
      else year -= 1;
      table_addr -= 0x3;
      month = 0xc;
      temp2 = YEARCODE[table_addr] >> 4;
      if(0 == temp2)month_p = 0xc;
      else month_p = 0xd;
      flag_y = 0;
      flag2 = GetMoonDay(month_p,table_addr);
      if(0 == flag2)temp1 = 0x1d;
      else temp1 = 0x1e;
      while(temp3 > temp1)
        {
          temp3 -= temp1;
          month_p -= 1;
          if(flag_y == 0)month -= 1;
          if(month == temp2)flag_y = ~flag_y;
          flag2 = GetMoonDay(month_p,table_addr);
          if(0 == flag2)temp1 = 0x1d;
          else temp1 = 0x1e;
        }
      day = temp1 - temp3 + 1;
    }
  *cn = c;
  temp1 = year / 10;
  temp1 = temp1 << 4;
  temp2 = year % 10;
  *yn = temp1 / 16 * 10 + temp2;        //--- 农历年 ---
  *mn = month;                           //--- 农历月 ---
  *dn = day;                             //--- 农历日 ---
}
```

（4）FONT.H 头文件。

```
#ifndef    __FONT_H__
#define    __FONT_H__
const unsigned char num816[][16] =        //--- 逐列式,高位在前 8X16,0～9 ---
{
0x00,0x00,0x07,0xF0,0x08,0x08,0x10,0x04,0x10,0x04,0x08,0x08,0x07,0xF0,0x00,0x00,
//"0",0
0x00,0x00,0x08,0x04,0x08,0x04,0x1F,0xFC,0x00,0x04,0x00,0x04,0x00,0x00,0x00,0x00,
//"1",1
0x00,0x00,0x0E,0x0C,0x10,0x14,0x10,0x24,0x10,0x44,0x11,0x84,0x0E,0x0C,0x00,0x00,
//"2",2
0x00,0x00,0x0C,0x18,0x10,0x04,0x11,0x04,0x11,0x04,0x12,0x88,0x0C,0x70,0x00,0x00,
//"3",3
0x00,0x00,0x00,0xE0,0x03,0x20,0x04,0x24,0x08,0x24,0x1F,0xFC,0x00,0x24,0x00,0x00,
//"4",4
0x00,0x00,0x1F,0x98,0x10,0x84,0x11,0x04,0x11,0x04,0x10,0x88,0x10,0x70,0x00,0x00,
//"5",5
0x00,0x00,0x07,0xF0,0x08,0x88,0x11,0x04,0x11,0x04,0x18,0x88,0x00,0x70,0x00,0x00,
//"6",6
0x00,0x00,0x1C,0x00,0x10,0x00,0x10,0xFC,0x13,0x00,0x1C,0x00,0x10,0x00,0x00,0x00,
//"7",7
0x00,0x00,0x0E,0x38,0x11,0x44,0x10,0x84,0x10,0x84,0x11,0x44,0x0E,0x38,0x00,0x00,
//"8",8
0x00,0x00,0x07,0x00,0x08,0x8C,0x10,0x44,0x10,0x44,0x08,0x88,0x07,0xF0,0x00,0x00,
//"9",9
};
const unsigned char num3264[][256] =        //逐列式,高位在前,32X64,0～9 ---
{
0x00,0x00,0x00,0x00,0x00,0x00,0x00,0x00,0x00,0x00,0x00,0x00,0x00,0x00,0x00,0x00,
0x00,0x00,0x00,0x3F,0xFE,0x00,0x00,0x00,0x00,0x00,0x07,0xFF,0xFF,0xE0,0x00,0x00,
0x00,0x00,0x3F,0xFF,0xFF,0xFC,0x00,0x00,0x00,0x00,0xFF,0xFF,0xFF,0xFF,0x00,0x00,
0x00,0x01,0xFF,0xFF,0xFF,0xFF,0x80,0x00,0x00,0x03,0xFF,0xF0,0x03,0xFF,0xE0,0x00,
0x00,0x07,0xFE,0x00,0x00,0x3F,0xE0,0x00,0x00,0x0F,0xF0,0x00,0x00,0x07,0xF0,0x00,
0x00,0x0F,0xC0,0x00,0x00,0x03,0xF8,0x00,0x00,0x1F,0x80,0x00,0x00,0x01,0xF8,0x00,
0x00,0x1F,0x00,0x00,0x00,0x00,0xFC,0x00,0x00,0x3E,0x00,0x00,0x00,0x00,0x7C,0x00,
0x00,0x3E,0x00,0x00,0x00,0x00,0x7C,0x00,0x00,0x3E,0x00,0x00,0x00,0x00,0x7C,0x00,
0x00,0x3E,0x00,0x00,0x00,0x00,0x7C,0x00,0x00,0x3E,0x00,0x00,0x00,0x00,0x7C,0x00,
0x00,0x1F,0x00,0x00,0x00,0x00,0x7C,0x00,0x00,0x1F,0x00,0x00,0x00,0x00,0xFC,0x00,
0x00,0x1F,0x80,0x00,0x00,0x01,0xF8,0x00,0x00,0x0F,0xE0,0x00,0x00,0x07,0xF8,0x00,
0x00,0x07,0xF8,0x00,0x00,0x1F,0xF0,0x00,0x00,0x03,0xFF,0xE0,0x03,0xFF,0xE0,0x00,
0x00,0x01,0xFF,0xFF,0xFF,0xFF,0xC0,0x00,0x00,0x00,0xFF,0xFF,0xFF,0xFF,0x00,0x00,
0x00,0x00,0x3F,0xFF,0xFF,0xFC,0x00,0x00,0x00,0x00,0x07,0xFF,0xFF,0xE0,0x00,0x00,
0x00,0x00,0x00,0x1F,0xF8,0x00,0x00,0x00,0x00,0x00,0x00,0x00,0x00,0x00,0x00,0x00,
0x00,0x00,0x00,0x00,0x00,0x00,0x00,0x00,0x00,0x00,0x00,0x00,0x00,0x00,0x00,0x00,
//"0",0
0x00,0x00,0x00,0x00,0x00,0x00,0x00,0x00,0x00,0x00,0x00,0x00,0x00,0x00,0x00,0x00,
0x00,0x00,0x00,0x00,0x00,0x00,0x00,0x00,0x00,0x00,0x00,0x00,0x00,0x00,0x00,0x00,
0x00,0x00,0x00,0x00,0x00,0x00,0x00,0x00,0x00,0x00,0x00,0x00,0x00,0x00,0x00,0x00,
0x00,0x00,0x0F,0x80,0x00,0x00,0x00,0x00,0x00,0x00,0x1F,0x00,0x00,0x00,0x00,0x00,
0x00,0x00,0x3E,0x00,0x00,0x00,0x00,0x00,0x00,0x00,0x3E,0x00,0x00,0x00,0x00,0x00,
0x00,0x00,0x7C,0x00,0x00,0x00,0x00,0x00,0x00,0x00,0xF8,0x00,0x00,0x00,0x00,0x00,
0x00,0x01,0xF0,0x00,0x00,0x00,0x00,0x00,0x00,0x03,0xE0,0x00,0x00,0x00,0x00,0x00,
```

```
0x00,0x07,0xFF,0xFF,0xFF,0xFF,0xFC,0x00,0x00,0x1F,0xFF,0xFF,0xFF,0xFF,0xFC,0x00,
0x00,0x3F,0xFF,0xFF,0xFF,0xFF,0xFC,0x00,0x00,0x3F,0xFF,0xFF,0xFF,0xFF,0xFC,0x00,
0x00,0x3F,0xFF,0xFF,0xFF,0xFF,0xFC,0x00,0x00,0x00,0x00,0x00,0x00,0x00,0x00,0x00,
0x00,0x00,0x00,0x00,0x00,0x00,0x00,0x00,0x00,0x00,0x00,0x00,0x00,0x00,0x00,0x00,
0x00,0x00,0x00,0x00,0x00,0x00,0x00,0x00,0x00,0x00,0x00,0x00,0x00,0x00,0x00,0x00,
0x00,0x00,0x00,0x00,0x00,0x00,0x00,0x00,0x00,0x00,0x00,0x00,0x00,0x00,0x00,0x00,
0x00,0x00,0x00,0x00,0x00,0x00,0x00,0x00,0x00,0x00,0x00,0x00,0x00,0x00,0x00,0x00,
0x00,0x00,0x00,0x00,0x00,0x00,0x00,0x00,0x00,0x00,0x00,0x00,0x00,0x00,0x00,0x00,
0x00,0x00,0x00,0x00,0x00,0x00,0x00,0x00,0x00,0x00,0x00,0x00,0x00,0x00,0x00,0x00,
0x00,0x00,0x00,0x00,0x00,0x00,0x00,0x00,0x00,0x00,0x00,0x00,0x00,0x00,0x00,0x00,
//"1",1
0x00,0x00,0x00,0x00,0x00,0x00,0x00,0x00,0x00,0x00,0x00,0x00,0x00,0x00,0x00,0x00,
0x00,0x00,0x0C,0x00,0x00,0x00,0x00,0x00,0x00,0x3C,0x00,0x00,0x00,0x3C,0x00,
0x00,0x00,0xFC,0x00,0x00,0x00,0xFC,0x00,0x00,0x01,0xFC,0x00,0x00,0x01,0xFC,0x00,
0x00,0x03,0xFC,0x00,0x00,0x03,0xFC,0x00,0x00,0x07,0xF8,0x00,0x00,0x07,0xFC,0x00,
0x00,0x0F,0xE0,0x00,0x00,0x0F,0xFC,0x00,0x00,0x0F,0xC0,0x00,0x00,0x1F,0xFC,0x00,
0x00,0x1F,0x80,0x00,0x00,0x3F,0xFC,0x00,0x00,0x1F,0x00,0x00,0x00,0xFF,0x7C,0x00,
0x00,0x1F,0x00,0x00,0x01,0xFC,0x7C,0x00,0x00,0x3E,0x00,0x00,0x03,0xF8,0x7C,0x00,
0x00,0x3E,0x00,0x00,0x07,0xF0,0x7C,0x00,0x00,0x3E,0x00,0x00,0x1F,0xE0,0x7C,0x00,
0x00,0x3E,0x00,0x00,0x3F,0xC0,0x7C,0x00,0x00,0x3E,0x00,0x00,0x7F,0x00,0x7C,0x00,
0x00,0x3E,0x00,0x01,0xFE,0x00,0x7C,0x00,0x00,0x3F,0x00,0x03,0xFC,0x00,0x7C,0x00,
0x00,0x1F,0x80,0x0F,0xF8,0x00,0x7C,0x00,0x00,0x1F,0xC0,0x3F,0xE0,0x00,0x7C,0x00,
0x00,0x0F,0xFF,0xFF,0xC0,0x00,0x7C,0x00,0x00,0x0F,0xFF,0xFF,0x80,0x00,0x7C,0x00,
0x00,0x07,0xFF,0xFE,0x00,0x00,0x7C,0x00,0x00,0x03,0xFF,0xF8,0x00,0x00,0x7C,0x00,
0x00,0x00,0xFF,0xE0,0x00,0x00,0x7C,0x00,0x00,0x00,0x1F,0x00,0x00,0x00,0x7C,0x00,
0x00,0x00,0x00,0x00,0x00,0x00,0x00,0x00,0x00,0x00,0x00,0x00,0x00,0x00,0x00,0x00,
0x00,0x00,0x00,0x00,0x00,0x00,0x00,0x00,0x00,0x00,0x00,0x00,0x00,0x00,0x00,0x00,
//"2",2
0x00,0x00,0x00,0x00,0x00,0x00,0x00,0x00,0x00,0x00,0x00,0x00,0x00,0x00,0x00,0x00,
0x00,0x00,0x00,0x00,0x00,0x00,0x00,0x00,0x00,0x00,0x0C,0x00,0x00,0x1C,0x00,0x00,
0x00,0x00,0x3C,0x00,0x00,0x3F,0x00,0x00,0x00,0x00,0xFC,0x00,0x00,0x3F,0xC0,0x00,
0x00,0x01,0xFC,0x00,0x00,0x3F,0xE0,0x00,0x00,0x03,0xFC,0x00,0x00,0x1F,0xF0,0x00,
0x00,0x07,0xF0,0x00,0x00,0x07,0xF0,0x00,0x00,0x0F,0xC0,0x00,0x00,0x01,0xF8,0x00,
0x00,0x1F,0x80,0x00,0x00,0x00,0xF8,0x00,0x00,0x1F,0x00,0x00,0x00,0x00,0xFC,0x00,
0x00,0x1E,0x00,0x00,0x00,0x00,0x7C,0x00,0x00,0x1E,0x00,0x07,0x80,0x00,0x7C,0x00,
0x00,0x3E,0x00,0x07,0x80,0x00,0x7C,0x00,0x00,0x3E,0x00,0x07,0x80,0x00,0x7C,0x00,
0x00,0x3E,0x00,0x07,0xC0,0x00,0x7C,0x00,0x00,0x3E,0x00,0x0F,0xC0,0x00,0x7C,0x00,
0x00,0x1E,0x00,0x0F,0xC0,0x00,0x7C,0x00,0x00,0x1F,0x00,0x1F,0xE0,0x00,0xFC,0x00,
0x00,0x1F,0x00,0x1F,0xE0,0x01,0xF8,0x00,0x00,0x1F,0xC0,0x7F,0xF0,0x03,0xF8,0x00,
0x00,0x0F,0xFB,0xFD,0xFC,0x0F,0xF0,0x00,0x00,0x0F,0xFF,0xFC,0xFF,0xFF,0xE0,0x00,
0x00,0x07,0xFF,0xF8,0x7F,0xFF,0xE0,0x00,0x00,0x03,0xFF,0xF0,0x3F,0xFF,0xC0,0x00,
0x00,0x00,0xFF,0xC0,0x1F,0xFF,0x00,0x00,0x00,0x00,0x1E,0x00,0x07,0xFC,0x00,0x00,
0x00,0x00,0x00,0x00,0x00,0x00,0x00,0x00,0x00,0x00,0x00,0x00,0x00,0x00,0x00,0x00,
0x00,0x00,0x00,0x00,0x00,0x00,0x00,0x00,0x00,0x00,0x00,0x00,0x00,0x00,0x00,0x00,
//"3",3
0x00,0x00,0x00,0x00,0x00,0x00,0x00,0x00,0x00,0x00,0x00,0x00,0x01,0xF0,0x00,0x00,
0x00,0x00,0x00,0x00,0x07,0xF0,0x00,0x00,0x00,0x00,0x00,0x00,0x0F,0xF0,0x00,0x00,
0x00,0x00,0x00,0x00,0x3F,0xF0,0x00,0x00,0x00,0x00,0x00,0x00,0x7F,0xF0,0x00,0x00,
0x00,0x00,0x00,0x01,0xFE,0xF0,0x00,0x00,0x00,0x00,0x00,0x03,0xFC,0xF0,0x00,0x00,
0x00,0x00,0x00,0x07,0xF0,0xF0,0x00,0x00,0x00,0x00,0x00,0x1F,0xE0,0xF0,0x00,0x00,
0x00,0x00,0x00,0x3F,0x80,0xF0,0x00,0x00,0x00,0x00,0x00,0xFF,0x00,0xF0,0x00,0x00,
0x00,0x00,0x01,0xFE,0x00,0xF0,0x00,0x00,0x00,0x00,0x07,0xF8,0x00,0xF0,0x00,0x00,
```

```
    0x00,0x00,0x0F,0xF0,0x00,0xF0,0x00,0x00,0x00,0x00,0x3F,0xC0,0x00,0xF0,0x00,0x00,
    0x00,0x00,0x7F,0x80,0x00,0xF0,0x00,0x00,0x00,0x00,0xFF,0xC0,0x00,0xF0,0x00,0x00,
    0x00,0x03,0xFC,0x00,0x00,0xF0,0x00,0x00,0x00,0x07,0xF8,0x00,0x00,0xF0,0x00,0x00,
    0x00,0x1F,0xFF,0xFF,0xFF,0xFC,0x00,0x00,0x3F,0xFF,0xFF,0xFF,0xFF,0xFC,0x00,
    0x00,0x3F,0xFF,0xFF,0xFF,0xFF,0xFC,0x00,0x00,0x3F,0xFF,0xFF,0xFF,0xFF,0xFC,0x00,
    0x00,0x3F,0xFF,0xFF,0xFF,0xFF,0xFC,0x00,0x00,0x00,0x00,0x00,0x00,0xF0,0x00,0x00,
    0x00,0x00,0x00,0x00,0x00,0xF0,0x00,0x00,0x00,0x00,0x00,0x00,0x00,0xF0,0x00,0x00,
    0x00,0x00,0x00,0x00,0x00,0xF0,0x00,0x00,0x00,0x00,0x00,0x00,0x00,0xF0,0x00,0x00,
    0x00,0x00,0x00,0x00,0x00,0xF0,0x00,0x00,0x00,0x00,0x00,0x00,0x00,0x00,0x00,0x00,
//"4",4
    0x00,0x00,0x00,0x00,0x00,0x00,0x00,0x00,0x00,0x00,0x00,0x00,0x00,0x18,0x00,0x00,
    0x00,0x00,0x00,0x00,0x80,0x1F,0x00,0x00,0x00,0x00,0x00,0x1F,0x80,0x3F,0x80,0x00,
    0x00,0x00,0x01,0xFF,0x80,0x3F,0xE0,0x00,0x00,0x00,0x3F,0xFF,0x80,0x3F,0xE0,0x00,
    0x00,0x03,0xFF,0xFF,0x80,0x07,0xF0,0x00,0x00,0x1F,0xFF,0xFF,0x00,0x03,0xF8,0x00,
    0x00,0x1F,0xFF,0xFE,0x00,0x00,0xF8,0x00,0x00,0x1F,0xFC,0x3E,0x00,0x00,0xFC,0x00,
    0x00,0x1F,0x80,0x3C,0x00,0x00,0x7C,0x00,0x00,0x1F,0x00,0x7C,0x00,0x00,0x7C,0x00,
    0x00,0x1F,0x00,0x7C,0x00,0x00,0x7C,0x00,0x00,0x1F,0x00,0x78,0x00,0x00,0x7C,0x00,
    0x00,0x1F,0x00,0x78,0x00,0x00,0x7C,0x00,0x00,0x1F,0x00,0x78,0x00,0x00,0x7C,0x00,
    0x00,0x1F,0x00,0x7C,0x00,0x00,0x7C,0x00,0x00,0x1F,0x00,0x7C,0x00,0x00,0x7C,0x00,
    0x00,0x1F,0x00,0x7C,0x00,0x00,0xFC,0x00,0x00,0x1F,0x00,0x3E,0x00,0x00,0xF8,0x00,
    0x00,0x1F,0x00,0x3F,0x00,0x01,0xF8,0x00,0x00,0x1F,0x00,0x3F,0x80,0x07,0xF0,0x00,
    0x00,0x1F,0x00,0x1F,0xE0,0x1F,0xF0,0x00,0x00,0x1F,0x00,0x0F,0xFF,0xFF,0xE0,0x00,
    0x00,0x1F,0x00,0x0F,0xFF,0xFF,0xC0,0x00,0x00,0x1F,0x00,0x03,0xFF,0xFF,0x80,0x00,
    0x00,0x1F,0x00,0x01,0xFF,0xFE,0x00,0x00,0x00,0x00,0x00,0x00,0x3F,0xF8,0x00,0x00,
    0x00,0x00,0x00,0x00,0x00,0x00,0x00,0x00,0x00,0x00,0x00,0x00,0x00,0x00,0x00,0x00,
    0x00,0x00,0x00,0x00,0x00,0x00,0x00,0x00,0x00,0x00,0x00,0x00,0x00,0x00,0x00,0x00,
//"5",5
    0x00,0x00,0x00,0x00,0x00,0x00,0x00,0x00,0x00,0x00,0x00,0x00,0x00,0x00,0x00,0x00,
    0x00,0x00,0x00,0x00,0x01,0x80,0x00,0x00,0x00,0x00,0x00,0x00,0x3F,0xFC,0x00,0x00,
    0x00,0x00,0x00,0x01,0xFF,0xFF,0x00,0x00,0x00,0x00,0x00,0x03,0xFF,0xFF,0xC0,0x00,
    0x00,0x00,0x00,0x0F,0xFF,0xFF,0xE0,0x00,0x00,0x00,0x00,0x3F,0xFF,0xFF,0xF0,0x00,
    0x00,0x00,0x00,0x7F,0xF0,0x0F,0xF0,0x00,0x00,0x00,0x01,0xFF,0xC0,0x03,0xF8,0x00,
    0x00,0x00,0x07,0xFF,0x80,0x01,0xF8,0x00,0x00,0x00,0x0F,0xFF,0x00,0x00,0xFC,0x00,
    0x00,0x00,0x3F,0xFE,0x00,0x00,0x7C,0x00,0x00,0x00,0x7F,0xDE,0x00,0x00,0x7C,0x00,
    0x00,0x01,0xFF,0x1E,0x00,0x00,0x7C,0x00,0x00,0x03,0xFE,0x3C,0x00,0x00,0x3C,0x00,
    0x00,0x0F,0xF8,0x3C,0x00,0x00,0x3C,0x00,0x00,0x3F,0xF0,0x3C,0x00,0x00,0x3C,0x00,
    0x00,0x3F,0xC0,0x3E,0x00,0x00,0x3C,0x00,0x00,0x3F,0x00,0x3E,0x00,0x00,0x7C,0x00,
    0x00,0x3E,0x00,0x3E,0x00,0x00,0x7C,0x00,0x00,0x38,0x00,0x1F,0x00,0x00,0xFC,0x00,
    0x00,0x30,0x00,0x1F,0x00,0x01,0xF8,0x00,0x00,0x00,0x00,0x1F,0xC0,0x03,0xF8,0x00,
    0x00,0x00,0x00,0x0F,0xF0,0x1F,0xF0,0x00,0x00,0x00,0x00,0x07,0xFF,0xFF,0xE0,0x00,
    0x00,0x00,0x00,0x03,0xFF,0xFF,0xC0,0x00,0x00,0x00,0x00,0x01,0xFF,0xFF,0x80,0x00,
    0x00,0x00,0x00,0x00,0xFF,0xFE,0x00,0x00,0x00,0x00,0x00,0x00,0x3F,0xF8,0x00,0x00,
    0x00,0x00,0x00,0x00,0x00,0x00,0x00,0x00,0x00,0x00,0x00,0x00,0x00,0x00,0x00,0x00,
//"6",6
    0x00,0x00,0x00,0x00,0x00,0x00,0x00,0x00,0x00,0x00,0x00,0x00,0x00,0x00,0x00,0x00,
    0x00,0x00,0x00,0x00,0x00,0x00,0x00,0x00,0x00,0x1F,0x00,0x00,0x00,0x00,0x00,0x00,
    0x00,0x1F,0x00,0x00,0x00,0x00,0x00,0x00,0x00,0x1F,0x00,0x00,0x00,0x00,0x00,0x00,
    0x00,0x1F,0x00,0x00,0x00,0x00,0x00,0x00,0x00,0x1F,0x00,0x00,0x00,0x00,0x00,0x00,
    0x00,0x1F,0x00,0x00,0x00,0x00,0x04,0x00,0x00,0x1F,0x00,0x00,0x00,0x00,0x3C,0x00,
    0x00,0x1F,0x00,0x00,0x00,0x03,0xFC,0x00,0x00,0x1F,0x00,0x00,0x00,0x1F,0xFC,0x00,
    0x00,0x1F,0x00,0x00,0x00,0xFF,0xFC,0x00,0x00,0x1F,0x00,0x00,0x03,0xFF,0xFC,0x00,
```

```
0x00,0x1F,0x00,0x00,0x1F,0xFF,0xE0,0x00,0x00,0x1F,0x00,0x00,0x7F,0xFE,0x00,0x00,
0x00,0x1F,0x00,0x03,0xFF,0xF0,0x00,0x00,0x00,0x1F,0x00,0x0F,0xFF,0x80,0x00,0x00,
0x00,0x1F,0x00,0x3F,0xFC,0x00,0x00,0x00,0x00,0x1F,0x00,0xFF,0xE0,0x00,0x00,0x00,
0x00,0x1F,0x03,0xFF,0x80,0x00,0x00,0x00,0x1F,0x07,0xFC,0x00,0x00,0x00,0x00,
0x00,0x1F,0x1F,0xF0,0x00,0x00,0x00,0x00,0x1F,0x7F,0xC0,0x00,0x00,0x00,0x00,
0x00,0x1F,0xFF,0x00,0x00,0x00,0x00,0x00,0x1F,0xFC,0x00,0x00,0x00,0x00,0x00,
0x00,0x1F,0xF8,0x00,0x00,0x00,0x00,0x00,0x1F,0xE0,0x00,0x00,0x00,0x00,0x00,
0x00,0x1F,0x80,0x00,0x00,0x00,0x00,0x00,0x1F,0x00,0x00,0x00,0x00,0x00,0x00,
0x00,0x00,0x00,0x00,0x00,0x00,0x00,0x00,0x00,0x00,0x00,0x00,0x00,0x00,0x00,0x00,
//"7",7
0x00,0x00,0x00,0x00,0x00,0x00,0x00,0x00,0x00,0x00,0x00,0x00,0x00,0x00,0x00,0x00,
0x00,0x00,0x00,0x00,0x07,0xFE,0x00,0x00,0x00,0x00,0x3F,0x80,0x1F,0xFF,0x80,0x00,
0x00,0x00,0xFF,0xE0,0x3F,0xFF,0xC0,0x00,0x00,0x01,0xFF,0xF8,0x7F,0xFF,0xE0,0x00,
0x00,0x07,0xFF,0xFC,0xFF,0xFF,0xF0,0x00,0x00,0x07,0xFF,0xFD,0xFC,0x07,0xF8,0x00,
0x00,0x0F,0xC0,0x7F,0xF8,0x01,0xF8,0x00,0x00,0x1F,0x80,0x3F,0xF0,0x00,0xF8,0x00,
0x00,0x1F,0x00,0x1F,0xE0,0x00,0x7C,0x00,0x00,0x1F,0x00,0x0F,0xC0,0x00,0x7C,0x00,
0x00,0x1E,0x00,0x0F,0xC0,0x00,0x7C,0x00,0x00,0x1E,0x00,0x0F,0xC0,0x00,0x7C,0x00,
0x00,0x1E,0x00,0x0F,0xC0,0x00,0x7C,0x00,0x00,0x1E,0x00,0x0F,0xC0,0x00,0x7C,0x00,
0x00,0x1E,0x00,0x0F,0xC0,0x00,0x7C,0x00,0x00,0x1E,0x00,0x0F,0xC0,0x00,0x7C,0x00,
0x00,0x1E,0x00,0x0F,0xC0,0x00,0x7C,0x00,0x00,0x1F,0x00,0x1F,0xE0,0x00,0x7C,0x00,
0x00,0x1F,0x80,0x3F,0xE0,0x00,0xFC,0x00,0x00,0x0F,0xC0,0x7F,0xF0,0x01,0xF8,0x00,
0x00,0x0F,0xFF,0xFC,0xF8,0x03,0xF8,0x00,0x00,0x07,0xFF,0xFC,0xFE,0x1F,0xF0,0x00,
0x00,0x03,0xFF,0xF8,0x7F,0xFF,0xF0,0x00,0x00,0x01,0xFF,0xF0,0x7F,0xFF,0xE0,0x00,
0x00,0x00,0xFF,0xC0,0x3F,0xFF,0x80,0x00,0x00,0x00,0x00,0x00,0x0F,0xFE,0x00,0x00,
0x00,0x00,0x00,0x00,0x01,0xF0,0x00,0x00,0x00,0x00,0x00,0x00,0x00,0x00,0x00,0x00,
0x00,0x00,0x00,0x00,0x00,0x00,0x00,0x00,0x00,0x00,0x00,0x00,0x00,0x00,0x00,0x00,
//"8",8
0x00,0x00,0x00,0x00,0x00,0x00,0x00,0x00,0x00,0x00,0x03,0xF0,0x00,0x00,0x00,0x00,
0x00,0x00,0x3F,0xFE,0x00,0x00,0x00,0x00,0x00,0x00,0xFF,0xFF,0x80,0x00,0x00,0x00,
0x00,0x01,0xFF,0xFF,0xC0,0x00,0x00,0x00,0x00,0x03,0xFF,0xFF,0xE0,0x00,0x00,0x00,
0x00,0x07,0xFF,0xFF,0xF0,0x00,0x00,0x00,0x00,0x0F,0xF0,0x07,0xF0,0x00,0x00,0x00,
0x00,0x0F,0xC0,0x01,0xF8,0x00,0x04,0x00,0x00,0x1F,0x80,0x00,0xF8,0x00,0x0C,0x00,
0x00,0x1F,0x00,0x00,0xF8,0x00,0x3C,0x00,0x00,0x1F,0x00,0x00,0x7C,0x00,0xFC,0x00,
0x00,0x1F,0x00,0x00,0x7C,0x03,0xFC,0x00,0x00,0x3E,0x00,0x00,0x3C,0x07,0xFC,0x00,
0x00,0x3E,0x00,0x00,0x7C,0x1F,0xF8,0x00,0x00,0x3E,0x00,0x00,0x7C,0x7F,0xE0,0x00,
0x00,0x3E,0x00,0x00,0x7D,0xFF,0x80,0x00,0x00,0x3F,0x00,0x00,0x7F,0xFE,0x00,0x00,
0x00,0x1F,0x00,0x00,0xFF,0xFC,0x00,0x00,0x00,0x1F,0x80,0x01,0xFF,0xF0,0x00,0x00,
0x00,0x1F,0xC0,0x03,0xFF,0xC0,0x00,0x00,0x00,0x0F,0xE0,0x07,0xFF,0x00,0x00,0x00,
0x00,0x0F,0xF8,0x7F,0xFE,0x00,0x00,0x00,0x00,0x07,0xFF,0xFF,0xF8,0x00,0x00,0x00,
0x00,0x03,0xFF,0xFF,0xE0,0x00,0x00,0x00,0x00,0x01,0xFF,0xFF,0x80,0x00,0x00,0x00,
0x00,0x00,0xFF,0xFE,0x00,0x00,0x00,0x00,0x00,0x00,0x3F,0xF0,0x00,0x00,0x00,0x00,
0x00,0x00,0x00,0x00,0x00,0x00,0x00,0x00,0x00,0x00,0x00,0x00,0x00,0x00,0x00,0x00,
0x00,0x00,0x00,0x00,0x00,0x00,0x00,0x00,0x00,0x00,0x00,0x00,0x00,0x00,0x00,0x00,
//"9",9
};
const unsigned char GB32_num[][32] =
{
0x10,0x40,0x10,0x80,0x91,0x00,0x57,0xFF,0x18,0x80,0x11,0x61,0x00,0x02,0x20,0x04,
0x20,0x18,0x3F,0xE0,0x20,0x02,0x20,0x01,0x20,0x02,0x3F,0xFC,0x00,0x00,0x00,0x00,
//初,0
0x01,0x00,0x01,0x00,0x01,0x00,0x01,0x00,0x01,0x00,0x01,0x00,0x01,0x00,0x01,0x00,
```

```
    0x01,0x00,0x01,0x00,0x01,0x00,0x01,0x00,0x01,0x00,0x01,0x00,0x01,0x00,0x00,0x00,
//一",0
    0x00,0x08,0x00,0x08,0x10,0x08,0x10,0x08,0x10,0x08,0x10,0x08,0x10,0x08,0x10,0x08,
    0x10,0x08,0x10,0x08,0x10,0x08,0x10,0x08,0x10,0x08,0x00,0x08,0x00,0x08,0x00,0x00,
//二",1
    0x00,0x04,0x20,0x04,0x21,0x04,0x21,0x04,0x21,0x04,0x21,0x04,0x21,0x04,0x21,0x04,
    0x21,0x04,0x21,0x04,0x21,0x04,0x21,0x04,0x20,0x04,0x00,0x04,0x00,0x00,
//三",2
    0x00,0x00,0x3F,0xFE,0x20,0x14,0x20,0x24,0x20,0xC4,0x3F,0x04,0x20,0x04,0x20,0x04,
    0x20,0x04,0x3F,0x84,0x20,0x44,0x20,0x44,0x20,0x44,0x3F,0xFE,0x00,0x00,0x00,0x00,
//四",3
    0x00,0x02,0x40,0x02,0x42,0x02,0x42,0x02,0x42,0x1E,0x43,0xE2,0x7E,0x02,0x42,0x02,
    0x42,0x02,0x42,0x02,0x42,0x02,0x43,0xFE,0x40,0x02,0x40,0x02,0x00,0x02,0x00,0x00,
//五",4
    0x04,0x00,0x04,0x02,0x04,0x04,0x04,0x08,0x04,0x30,0x04,0xC0,0x84,0x00,0x44,0x00,
    0x34,0x00,0x04,0x80,0x04,0x40,0x04,0x20,0x04,0x18,0x04,0x06,0x04,0x00,0x00,0x00,
//六",5
    0x01,0x00,0x01,0x00,0x01,0x00,0x01,0x00,0x01,0x00,0x02,0x00,0xFF,0xFC,0x02,0x02,
    0x02,0x02,0x02,0x02,0x04,0x02,0x04,0x02,0x04,0x02,0x04,0x1E,0x00,0x00,0x00,0x00,
//七",6
    0x00,0x00,0x00,0x01,0x00,0x06,0x00,0x18,0x00,0xE0,0x3F,0x00,0x00,0x00,0x00,0x00,
    0x00,0x00,0x7E,0x00,0x01,0xC0,0x00,0x30,0x00,0x0C,0x00,0x02,0x00,0x01,0x00,0x00,
//八",7
    0x00,0x01,0x08,0x02,0x08,0x04,0x08,0x18,0x08,0xE0,0xFF,0x00,0x08,0x00,0x08,0x00,
    0x08,0x00,0x08,0x00,0x0F,0xFC,0x00,0x02,0x00,0x02,0x00,0x02,0x00,0x1E,0x00,0x00,
//九",8
    0x02,0x00,0x02,0x00,0x02,0x00,0x02,0x00,0x02,0x00,0x02,0x00,0x02,0x00,0xFF,0xFF,
    0x02,0x00,0x02,0x00,0x02,0x00,0x02,0x00,0x02,0x00,0x02,0x00,0x02,0x00,0x00,0x00,
//十",9
    0x00,0x40,0x04,0x40,0x08,0x80,0x10,0x80,0x29,0x04,0xE5,0x24,0x22,0x24,0x22,0x22,
    0x22,0x12,0x25,0x11,0x29,0x08,0x30,0x80,0x00,0x80,0x00,0x40,0x00,0x40,0x00,0x00,
/*"冬",0*/
    0x00,0x01,0x7F,0xFE,0x44,0x40,0x44,0x41,0x7F,0xFF,0x02,0x00,0x12,0x00,0x12,0xFF,
    0xFE,0x92,0x12,0x92,0x12,0x92,0x12,0x92,0xFE,0x92,0x12,0xFF,0x12,0x00,0x00,0x00,
/*"腊",1*/
    0x04,0x00,0x04,0x00,0x04,0x00,0x04,0x00,0xFF,0xFF,0x04,0x02,0x04,0x02,0x04,0x02,
    0x04,0x02,0x04,0x02,0x04,0x02,0xFF,0xFF,0x04,0x00,0x04,0x00,0x04,0x00,0x00,0x00,
/*"廿",0*/
    0x00,0x02,0x40,0x02,0x40,0x02,0x43,0xFE,0x40,0x02,0x40,0x02,0x40,0x02,0x7F,0xFE,
    0x41,0x02,0x41,0x02,0x41,0x02,0x41,0x02,0x41,0x02,0x40,0x02,0x00,0x02,0x00,0x00,
/*"正",0*/
    };
    const unsigned char tiangan[][32] =                  //天干
    {
    0x00,0x02,0x00,0x0C,0x3F,0xF1,0x20,0x81,0x24,0x92,0x24,0x92,0x24,0x94,0xA4,0x98,
    0x6F,0xF0,0x24,0x98,0x24,0x94,0x24,0x92,0x27,0xF2,0x20,0x81,0x20,0x81,0x00,0x00,
/*"庚",0*/
    0x02,0x00,0x02,0x20,0x22,0x20,0x22,0x20,0x2A,0x20,0x26,0x20,0xA2,0x20,0x63,0xFF,
    0x22,0x20,0x26,0x20,0x2A,0x20,0x22,0x20,0x22,0x20,0x02,0x20,0x02,0x00,0x00,0x00,
/*"辛",1*/
    0x01,0x00,0x01,0x00,0x21,0x02,0x21,0x02,0x21,0x02,0x21,0x02,0x21,0x02,0x3F,0xFE,
```

```
    0x41,0x02,0x41,0x02,0x41,0x02,0xC1,0x02,0x41,0x02,0x01,0x00,0x01,0x00,0x00,0x00,
/*"壬",2*/
    0x01,0x00,0x51,0x21,0x4A,0x21,0x44,0x22,0x49,0x22,0x51,0x24,0x61,0x28,0x01,0xF0,
    0xC1,0x28,0x31,0x28,0x49,0x24,0x8C,0x22,0x12,0x21,0x21,0x20,0x01,0x00,0x00,0x00,
/*"癸",3*/
    0x00,0x00,0x00,0x00,0x7F,0xE0,0x44,0x40,0x44,0x40,0x44,0x40,0x44,0x40,0x7F,0xFF,
    0x44,0x40,0x44,0x40,0x44,0x40,0x44,0x40,0x7F,0xE0,0x00,0x00,0x00,0x00,0x00,0x00,
/*"甲",4*/
    0x00,0x00,0x40,0x00,0x40,0x1C,0x40,0x62,0x40,0x82,0x41,0x02,0x42,0x02,0x44,0x02,
    0x48,0x02,0x50,0x02,0x60,0x02,0x40,0x02,0x00,0x02,0x00,0x1E,0x00,0x00,0x00,0x00,
/*"乙",5*/
    0x40,0x00,0x47,0xFF,0x44,0x00,0x44,0x00,0x44,0x10,0x44,0x20,0x44,0xC0,0x7F,0x00,
    0x44,0x80,0x44,0x40,0x44,0x30,0x44,0x02,0x44,0x01,0x47,0xFE,0x40,0x00,0x00,0x00,
/*"丙",6*/
    0x00,0x00,0x40,0x00,0x40,0x00,0x40,0x00,0x40,0x00,0x40,0x02,0x40,0x01,0x7F,0xFE,
    0x40,0x00,0x40,0x00,0x40,0x00,0x40,0x00,0x40,0x00,0x40,0x00,0x00,0x00,0x00,0x00,
/*"丁",7*/
    0x00,0x01,0x00,0x06,0x1F,0xF8,0x10,0x00,0x10,0x01,0x10,0x01,0x10,0x02,0x10,0x02,
    0xFE,0x04,0x11,0xC8,0x10,0x30,0x90,0x28,0x50,0xC4,0x13,0x02,0x10,0x1F,0x00,0x00,
/*"戊",8*/
    0x00,0x00,0x00,0x00,0x47,0xFC,0x41,0x02,0x41,0x02,0x41,0x02,0x41,0x02,0x41,0x02,
    0x41,0x02,0x41,0x02,0x41,0x02,0x7F,0x02,0x00,0x02,0x00,0x1E,0x00,0x00,0x00,0x00,
/*"已",9*/
    };
    const unsigned char dizhi[][32] =          //地支
    {
    0x00,0x02,0x00,0x0C,0x7F,0xF0,0x41,0x00,0x49,0x00,0x49,0xFF,0x49,0x02,0x49,0x04,
    0x49,0xC0,0x49,0x20,0x49,0x10,0x49,0x28,0x49,0x44,0x41,0x02,0x00,0x02,0x00,0x00,
/*"辰",0*/
    0x00,0x00,0x00,0x00,0x7F,0xFC,0x41,0x02,0x41,0x02,0x41,0x02,0x41,0x02,0x41,0x02,
    0x41,0x02,0x41,0x02,0x41,0x02,0x7F,0x02,0x00,0x02,0x00,0x1E,0x00,0x00,0x00,0x00,
/*"巳",1*/
    0x00,0x40,0x02,0x40,0x04,0x40,0x18,0x40,0xF0,0x40,0x10,0x40,0x10,0x40,0x1F,0xFF,
    0x10,0x40,0x10,0x40,0x10,0x40,0x10,0x40,0x00,0x40,0x00,0x40,0x00,0x40,0x00,0x00,
/*"午",2*/
    0x01,0x04,0x01,0x04,0x11,0x08,0x11,0x10,0x11,0x20,0x11,0x40,0x11,0x80,0xFF,0xFF,
    0x11,0x80,0x11,0x40,0x11,0x20,0x11,0x10,0x11,0x08,0x01,0x04,0x01,0x04,0x00,0x00,
/*"未",3*/
    0x00,0x00,0x00,0x00,0x1F,0xF8,0x11,0x10,0x11,0x10,0x11,0x10,0x11,0x10,0xFF,0xFF,
    0x11,0x10,0x11,0x10,0x11,0x10,0x11,0x10,0x1F,0xF8,0x00,0x00,0x00,0x00,0x00,0x00,
/*"申",4*/
    0x40,0x00,0x4F,0xFF,0x48,0x52,0x48,0x92,0x49,0x12,0x7E,0x12,0x48,0x12,0x48,0x12,
    0x48,0x12,0x7F,0x12,0x48,0x92,0x48,0x92,0x48,0x92,0x4F,0xFF,0x40,0x00,0x00,0x00,
/*"酉",5*/
    0x00,0x01,0x00,0x06,0x1F,0xF8,0x10,0x80,0x10,0x80,0x10,0x80,0x10,0x80,0x10,0x01,
    0x10,0x02,0xFF,0x84,0x10,0x68,0x90,0x18,0x50,0x64,0x13,0x82,0x10,0x1F,0x00,0x00,
/*"戌",6*/
    0x00,0x00,0x10,0x09,0x10,0x89,0x11,0x91,0x12,0x92,0x14,0xA2,0x98,0xA4,0x50,0xC4,
    0x10,0x88,0x11,0x10,0x12,0x28,0x10,0x44,0x10,0x82,0x10,0x01,0x00,0x00,0x00,0x00,
/*"亥",7*/
    0x01,0x00,0x41,0x00,0x41,0x00,0x41,0x00,0x41,0x00,0x41,0x02,0x41,0x01,0x47,0xFE,
```

```
0x45,0x00,0x49,0x00,0x51,0x00,0x61,0x00,0x41,0x00,0x01,0x00,0x01,0x00,0x00,0x00,
/*"子",8*/
0x00,0x02,0x00,0x02,0x41,0x02,0x41,0x02,0x41,0x02,0x41,0xFE,0x7F,0x02,0x41,0x02,
0x41,0x02,0x41,0x02,0x41,0x02,0x7F,0xFE,0x00,0x02,0x00,0x02,0x00,0x02,0x00,0x00,
/*"丑",9*/
0x08,0x00,0x30,0x00,0x20,0x00,0x2B,0xF9,0x2A,0x4A,0x2A,0x4C,0xAA,0x48,0x6F,0xF8,
0x2A,0x48,0x2A,0x4C,0x2A,0x4A,0x2B,0xF9,0x20,0x00,0x28,0x00,0x30,0x00,0x00,0x00,
/*"寅",10*/
0x00,0x00,0x7F,0xE0,0x40,0x21,0x40,0x22,0x80,0x4C,0xBF,0xF0,0x00,0x00,0x00,0x00,
0x7F,0xFF,0x40,0x00,0x40,0x20,0x40,0x10,0x40,0x20,0x7F,0xC0,0x00,0x00,0x00,0x00,
/*"卯",11*/
};
const unsigned char reyear[][32] =          //生肖
{
0x08,0x01,0x08,0x02,0x08,0x04,0x08,0x18,0x08,0x60,0xFF,0x82,0x08,0x04,0x08,0x08,
0x0F,0xFC,0x08,0x22,0x88,0x42,0x68,0x82,0x0B,0x02,0x08,0x02,0x08,0x1E,0x00,0x00,
/*"龙",0*/
0x00,0x04,0x1F,0xC6,0x10,0x84,0xFF,0xF8,0x10,0x88,0x1F,0x98,0x04,0x0C,0x18,0x00,
0x13,0xFC,0x10,0x22,0x90,0x42,0x70,0x82,0x11,0x02,0x14,0x02,0x18,0x1E,0x00,0x00,
/*"蛇",1*/
0x00,0x10,0x40,0x10,0x40,0x10,0x4F,0x10,0x41,0x10,0x41,0x10,0x41,0x10,0x41,0x10,
0x41,0x10,0x41,0x10,0x7F,0x12,0x01,0x01,0x01,0x02,0x01,0xFC,0x00,0x00,0x00,0x00,
/*"马",2*/
0x00,0x10,0x10,0x10,0x11,0x10,0x11,0x10,0x91,0x10,0x71,0x10,0x11,0x10,0x1F,0xFF,
0x11,0x10,0x31,0x10,0xD1,0x10,0x11,0x10,0x11,0x10,0x10,0x10,0x00,0x10,0x00,0x00,
/*"羊",3*/
0x44,0x22,0x28,0x41,0x10,0x82,0x2F,0xFC,0x42,0x00,0x04,0x00,0x1F,0xFF,0xE0,0x00,
0x08,0xA1,0x4F,0x22,0x49,0x2C,0x49,0xF0,0x79,0x2C,0x09,0x22,0x08,0x21,0x00,0x00,
/*"猴",4*/
0x10,0x04,0x12,0x08,0x11,0x30,0x10,0xC0,0x13,0x20,0x1C,0x18,0x00,0x00,0x00,0x08,
0x3F,0xC8,0x60,0x48,0xA8,0x48,0x22,0x4A,0x21,0x49,0x3E,0x42,0x00,0x7C,0x00,0x00,
/*"鸡",5*/
0x02,0x10,0x44,0x22,0x28,0x41,0x10,0x82,0x2F,0xFC,0x44,0x00,0x08,0x00,0x33,0xF0,
0xD2,0x20,0x12,0x20,0x13,0xF2,0x10,0x01,0x10,0x02,0x1F,0xFC,0x00,0x00,0x00,0x00,
/*"狗",6*/
0x44,0x22,0x28,0x41,0x10,0x82,0x2F,0xFC,0x40,0x00,0x04,0x20,0x24,0x40,0x24,0xFF,
0x25,0x92,0xFE,0x92,0x24,0x92,0x2C,0x92,0x14,0xFF,0x64,0x00,0x04,0x00,0x00,0x00,
/*"猪",7*/
0x00,0x00,0x00,0x00,0x7E,0xFF,0x52,0x01,0x52,0x92,0x92,0x48,0x02,0x00,0x02,0xFF,
0x02,0x01,0x52,0x92,0x52,0x48,0x52,0x00,0x7E,0xFC,0x00,0x02,0x00,0x0F,0x00,0x00,
/*"鼠",8*/
0x00,0x40,0x02,0x40,0x04,0x40,0x78,0x40,0x08,0x40,0x08,0x40,0x08,0x40,0xFF,0xFF,
0x08,0x40,0x08,0x40,0x08,0x40,0x08,0x40,0x08,0x40,0x00,0x40,0x00,0x40,0x00,0x00,
/*"牛",9*/
0x00,0x01,0x00,0x06,0x1F,0xF8,0x10,0x01,0x12,0x02,0x12,0x04,0x12,0x38,0xFF,0x20,
0x52,0xA0,0x54,0xA0,0x54,0xBE,0x50,0x81,0x53,0x81,0x18,0x07,0x00,0x00,0x00,0x00,
/*"虎",10*/
0x02,0x01,0x04,0x01,0x0F,0xE2,0x14,0x44,0xE4,0x48,0x24,0x50,0x24,0x60,0x27,0xC0,
0x24,0x7E,0x2C,0x41,0x34,0x51,0x04,0x4D,0x07,0xE1,0x00,0x01,0x00,0x07,0x00,0x00,
/*"兔",11*/
};
```

```
const unsigned char GB32_Font[][32] =        // 逐列式,高位在前,16X16,其他字符
{
0x00,0x20,0x04,0x20,0x18,0x20,0xE3,0xE0,0x22,0x20,0x22,0x20,0x22,0x20,0x22,0x20,
0x3F,0xFF,0x22,0x20,0x22,0x20,0x22,0x20,0x22,0x20,0x20,0x20,0x00,0x20,0x00,0x00,
//"年",0
0x00,0x01,0x00,0x02,0x00,0x0C,0x7F,0xF0,0x44,0x40,0x44,0x40,0x44,0x40,0x44,0x40,
0x44,0x40,0x44,0x40,0x44,0x42,0x44,0x41,0x7F,0xFE,0x00,0x00,0x00,0x00,0x00,0x00,
//"月",0
0x00,0x00,0x00,0x00,0x00,0x00,0x7F,0xFF,0x41,0x02,0x41,0x02,0x41,0x02,0x41,0x02,
0x41,0x02,0x41,0x02,0x41,0x02,0x7F,0xFF,0x00,0x00,0x00,0x00,0x00,0x00,0x00,0x00,
//"日",0
0x00,0x00,0x00,0x22,0x00,0x42,0x7D,0x92,0x54,0x92,0x54,0x92,0x54,0x92,0x57,0xFE,
0x54,0x92,0x54,0x92,0x54,0x92,0x7C,0x92,0x00,0x82,0x00,0x02,0x00,0x00,0x00,0x00,
//"星",0
0x00,0x11,0x20,0x12,0xFF,0xF4,0x24,0x90,0x24,0x90,0x24,0x98,0xFF,0xF5,0x20,0x12,
0x00,0x0C,0x7F,0xF0,0x44,0x40,0x44,0x42,0x44,0x41,0x7F,0xFE,0x00,0x00,0x00,0x00,
//"期",1
0x00,0x00,0x00,0x00,0x00,0x00,0x3F,0xFC,0x3F,0xFC,0x3F,0xFC,0x3F,0xFC,0x3F,0xFC,
0x3F,0xFC,0x3F,0xFC,0x3F,0xFC,0x3F,0xFC,0x00,0x00,0x00,0x00,0x00,0x00,0x00,0x00,
//"小点",0
0x04,0x08,0x18,0x10,0x10,0x20,0x10,0x40,0x10,0xFF,0x13,0x02,0x1C,0x04,0xF3,0x00,
0x10,0xC0,0x10,0x20,0x10,0x50,0x10,0x88,0x15,0x04,0x18,0x02,0x00,0x02,0x00,0x00,
//"农",0
0x00,0x01,0x00,0x06,0x7F,0xF8,0x40,0x01,0x42,0x02,0x42,0x04,0x42,0x18,0x42,0x60,
0x5F,0x80,0x42,0x00,0x42,0x02,0x42,0x01,0x42,0x02,0x43,0xFC,0x40,0x00,0x00,0x00,
//"历",1
};
#endif
```

（5）main.c 源文件。

```
#include <LPC13xx.h>
#include "FONT.h"
#include "DS3232.h"
#include "TFTLCD.h"
#include "NONGLI.h"
unsigned char Hour,Minute,Second;
unsigned char Year,Month,Day,CMoon,YearMoon,MonthMoon,DayMoon;
unsigned char Week;
void DisplayTime(void)
{
  GetTime(&Second,&Minute,&Hour);
  Show32X64(20,1,&num3264[Hour / 10][0],RED,WHITE);      //--- 时十位 ---
  Show32X64(20,32,&num3264[Hour % 10][0],RED,WHITE);     //--- 时各位 ---
  Show32X64(20,82,&num3264[Minute / 10][0],RED,WHITE);   //--- 分十位 ---
  Show32X64(20,114,&num3264[Minute % 10][0],RED,WHITE);  //--- 分各位 ---
  Show32X64(20,164,&num3264[Second / 10][0],RED,WHITE);  //--- 秒十位 ---
  Show32X64(20,196,&num3264[Second % 10][0],RED,WHITE);  //--- 秒各位 ---
}
void DisplayDate(void)
{
```

```
    GetDate(&Week,&Day,&Month,&Year);
    Week = Conver_Week(0,Year,Month,Day);
    Conversion(0,Year,Month,Day,&CMoon,&YearMoon,&MonthMoon,&DayMoon);
    Show8X16(2,17,&num816[Year / 10][0],RED,WHITE);  //--- 年十位 ---
    Show8X16(2,25,&num816[Year % 10][0],RED,WHITE);  //--- 年个位 ---
    Show8X16(2,50,&num816[Month / 10][0],RED,WHITE); //--- 月十位 ---
    Show8X16(2,58,&num816[Month % 10][0],RED,WHITE); //--- 月个位 ---
    Show8X16(2,81,&num816[Day / 10][0],RED,WHITE);   //--- 日十位 ---
    Show8X16(2,89,&num816[Day % 10][0],RED,WHITE);   //--- 日个位 ---
    if(0 != Week)Show32X16(2,158,&GB32_num[Week][0],RED,WHITE);
                                                     //--- 星期 ---
    else Show32X16(2,158,&GB32_Font[2][0],RED,WHITE); //--- 日 ---
    Show32X16(90,45,&tiangan[YearMoon % 10][0],RED,WHITE);   //--- 天干年 ---
    Show32X16(90,61,&dizhi[YearMoon % 12][0],RED,WHITE);     //--- 地支年 ---
    Show32X16(90,77,&reyear[YearMoon % 12][0],RED,WHITE);    //--- 生肖 ---
    if(1 == MonthMoon)Show32X16(90,114,&GB32_num[14][0],RED,WHITE);
                                                     //--- 农历正月 ---
    else Show32X16(90,114,&GB32_num[MonthMoon][0],RED,WHITE);
                                                     //--- 农历月 ---
    if(2==(DayMoon/10))Show32X16(90,146,&GB32_num[13][0],RED,WHITE);
                                                     //--- 农历日十位"廿"字 -
    else Show32X16(90,146,&GB32_num[DayMoon / 10][0],RED,WHITE);
                                                     //--- 农历日十位 ---
    if(30 == DayMoon)Show32X16(90,163,&GB32_num[10][0],RED,WHITE);
                                                     //--- "十"字 ---
    else Show32X16(90,163,&GB32_num[DayMoon % 10][0],RED,WHITE);
                                                     //--- 农历日个位 ---
}
long msCnt;
unsigned char tSecond;
int main (void)
{
    LPC_GPIO1->DIR = 0xF << 5;
    LPC_GPIO2->DIR = 0xFF << 0;
    SCL(1);
    SDA(1);
    LPC_GPIO0->DIR |= (3 << 1);
    IIC_single_byte_write(0x00,0x58);                //--- Second ---
    IIC_single_byte_write(0x01,0x59);                //--- Minute ---
    IIC_single_byte_write(0x02,0x23);                //--- Hour ---
    IIC_single_byte_write(0x03,0x02);                //--- WeekDay ---
    IIC_single_byte_write(0x04,0x08);                //--- Day ---
    IIC_single_byte_write(0x05,0x05);                //--- Month ---
    IIC_single_byte_write(0x06,0x18);                //--- Year ---
    TFTLCD_Init();
    Show8X16(2,1,&num816[2][0],RED,WHITE);           //--- 2 ---
    Show8X16(2,9,&num816[0][0],RED,WHITE);           //--- 0 ---
    Show32X16(2,34,&GB32_Font[0][0],RED,WHITE);      //--- 年 ---
    Show32X16(2,65,&GB32_Font[1][0],RED,WHITE);      //--- 月 ---
```

```
Show32X16(2,97,&GB32_Font[2][0],RED,WHITE);              //--- 日 ---
Show32X16(2,126,&GB32_Font[3][0],RED,WHITE);             //--- 星 ---
Show32X16(2,142,&GB32_Font[4][0],RED,WHITE);             //--- 期 ---
Show32X16(90,3,&GB32_Font[6][0],RED,WHITE);              //--- 农 ---
Show32X16(90,19,&GB32_Font[7][0],RED,WHITE);             //--- 历 ---
Show32X16(90,94,&GB32_Font[0][0],RED,WHITE);             //--- 年 ---
Show32X16(90,130,&GB32_Font[1][0],RED,WHITE);            //--- 月 ---
Show32X16(35,64,&GB32_Font[5][0],RED,WHITE);             //--- 点符号 ---
Show32X16(55,64,&GB32_Font[5][0],RED,WHITE);             //--- 点符号 ---
Show32X16(35,146,&GB32_Font[5][0],RED,WHITE);            //--- 点符号 ---
Show32X16(55,146,&GB32_Font[5][0],RED,WHITE);            //--- 点符号 ---
DisplayTime();
DisplayDate();
while(1)
  {
    if(++msCnt >= 1000)
      {
        msCnt = 0;
        GetTime(&tSecond,&Minute,&Hour);
        if(tSecond != Second)
          {
            Second = tSecond;
            Show32X64(20,164,&num3264[Second / 10][0],RED,WHITE);
                                                        //--- 秒十位 ---
            Show32X64(20,196,&num3264[Second % 10][0],RED,WHITE);
                                                        //--- 秒各位 ---
            if(0 == Second)
              {
                Show32X64(20,82,&num3264[Minute / 10][0],RED,WHITE);
                                                        //--- 分十位 ---
                Show32X64(20,114,&num3264[Minute % 10][0],RED,WHITE);
                                                        //--- 分各位 ---
              }
            if(0 == Minute)
              {
                Show32X64(20,1,&num3264[Hour / 10][0],RED,WHITE);
                                                        //--- 时十位 ---
                Show32X64(20,32,&num3264[Hour % 10][0],RED,WHITE);
                                                        //--- 时各位 ---
              }
            if(0 == Hour)DisplayDate();
          }
      }
  }
}
```

4. 小结

本实例展示了 LPC1343 如何驱动 240×160 的真彩 LCD 显示不同的字体和颜色的字符。程序主要涉及的内容如下：

（1）TFTLCD 显示屏的显示驱动。

（2）在 TFTLCD 上显示不同字体驱动。

（3）IIC 协议时序的模拟。

（4）DS3232 器件的日期时间读取。

3.9　带记忆功能的数字调节式直流稳压电源设计实例

1．项目要求

设计并制作一个简易的 0～5V 之间数字调节式直流稳压电源，具有记忆功能，并实时显示负载输出电压。

2．硬件电路

硬件电路原理图如图 3-13 所示。

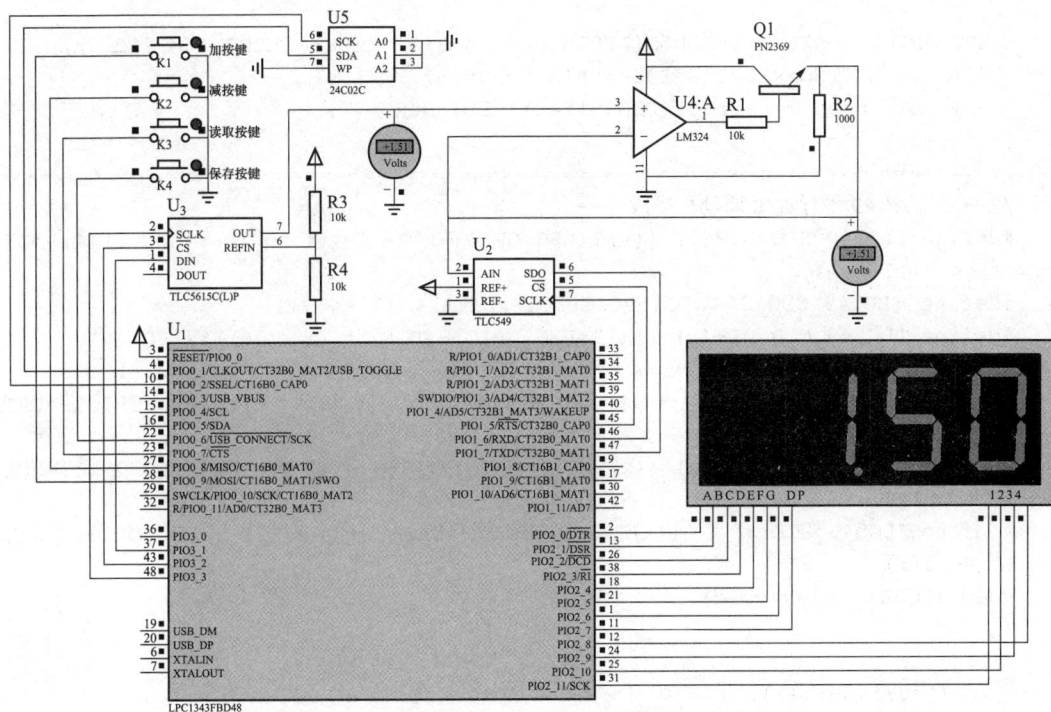

图 3-13　带记忆功能的数字调节式直流稳压电源设计实例电路原理图

U₁（LPC1343）的 PIO2_0～PIO2_11 引脚连接到 4 位共阴 LED 数码管的笔段和位选通段，TLC549 的 SDO、CS 和 SCLK 引脚分别连接到 U₁（LPC1343）的 PIO1_5～PIO1_7 引脚，TLC5615 的 SCLK、CS、DIN 引脚分别连接到 U₁（LPC1343）的 PIO3_1～PIO3_3 引脚。R₁、R₂、U₄（LM324）和 Q1 构成一个简易的稳压电路。R₃ 和 R₄ 分压之后的电压送到 U₃ 的 REFIN 引脚。U₅（AT24C02）的 SCK 和 SDA 引脚连接到 PIO0_1 和 PIO0_2 引脚，按键 K1～K4 分别连接到 PIO0_6～PIO0_9 引脚。

3．程序设计

根据实例要求，设计的程序如下：

```c
#include <LPC13xx.h>
//--- LED 程序段 ---
const unsigned char LEDSEG[] =
{
  0x3F,0x06,0x5B,0x4F,0x66,0x6D,0x7D,0x07,0x7F,0x6F,  //--- 数字 0～9 的笔段码 ---
  0x77,0x7C,0x39,0x5E,0x79,0x71,                      //--- 字母 AbCdEF ---
  0x00,0x40,
};
const unsigned char LEDDIG[] =
{
  0xFE,0xFD,0xFB,0xF7,
};
long LEDIndex;                                        //--- 动态显示索引变量 ---
unsigned char LEDBuffer[4] = {1,2,3,4};              //--- SEGLED 显示缓冲区 ---
void SEGLED_Display(void)                             //--- SEGLED 动态显示函数 ---
{
  LPC_GPIO2->DATA = (LEDDIG[LEDIndex] << 8) | LEDSEG[LEDBuffer[LEDIndex]];
  if(2 == LEDIndex)LPC_GPIO2->DATA |= 0x80;
  if(++LEDIndex >= sizeof(LEDBuffer))LEDIndex = 0;
}
//======================================================================
//--- TLC549 串行 A/D 驱动程序段 ---
#define TLC549_SDO_DIR(x) ((x)?(LPC_GPIO1->DIR |= (1 << 7)):(LPC_GPIO1->DIR
&=~(1 << 7)))
#define TLC549_SDO_PIN    (LPC_GPIO1->DATA & (1 << 7))
#define TLC549_NCS_DIR(x) ((x)?(LPC_GPIO1->DIR |= (1 << 6)):(LPC_GPIO1->DIR
&=~(1 << 6)))
#define TLC549_NCS(x)     ((x)?(LPC_GPIO1->DATA |= (1 << 6)):(LPC_GPIO1->DATA
&=~(1 << 6)))
#define TLC549_SCK_DIR(x) ((x)?(LPC_GPIO1->DIR |= (1 << 5)):(LPC_GPIO1->DIR
&=~(1 << 5)))
#define TLC549_SCK(x)     ((x)?(LPC_GPIO1->DATA |= (1 << 5)):(LPC_GPIO1->DATA
&=~(1 << 5)))
void TLC549_Delay(void)
{
  long i;
  for(i=0;i<30;i++);
}
void TLC549_Init(void)
{
  TLC549_SCK_DIR(1);TLC549_SCK(0);
  TLC549_NCS_DIR(1);TLC549_NCS(1);
  TLC549_SDO_DIR(0);
}
unsigned char TL549_ADC(void)
{
  long i;
  unsigned char dat = 0;
  TLC549_NCS(1);
  TLC549_SCK(0);TLC549_Delay();
```

```
    TLC549_NCS(0);
    for(i=0;i<8;i++)
      {
        dat <<= 1;
        TLC549_SCK(1);TLC549_Delay();
        if(TLC549_SDO_PIN)dat |= 0x01;else dat &= 0xFE;
        TLC549_SCK(0);TLC549_Delay();
      }
    TLC549_NCS(1);
    return dat;
  }
  //--- TLC5615 串行 D/A 驱动程序段 ---
  #define TLC5615_DO_DIR(x) ((x)?(LPC_GPIO3->DIR |= (1 << 0)):(LPC_GPIO3->DIR
&=~(1 << 0)))
  #define TLC5615_DO_PIN   (LPC_GPIO3->DATA & (1 << 0))
  #define TLC5615_DI_DIR(x) ((x)?(LPC_GPIO3->DIR |= (1 << 1)):(LPC_GPIO3->DIR
&=~(1 << 1)))
  #define TLC5615_DI(x)    ((x)?(LPC_GPIO3->DATA |= (1 << 1)):(LPC_GPIO3->DATA
&=~(1 << 1)))
  #define TLC5615_NCS_DIR(x) ((x)?(LPC_GPIO3->DIR |= (1 << 2)):(LPC_GPIO3->DIR
&=~(1 << 2)))
  #define TLC5615_NCS(x)   ((x)?(LPC_GPIO3->DATA |= (1 << 2)):(LPC_GPIO3->DATA
&=~(1 << 2)))
  #define TLC5615_SCK_DIR(x) ((x)?(LPC_GPIO3->DIR |= (1 << 3)):(LPC_GPIO3->DIR
&=~(1 << 3)))
  #define TLC5615_SCK(x)   ((x)?(LPC_GPIO3->DATA |= (1 << 3)):(LPC_GPIO3->DATA
&=~(1 << 3)))
  void TLC5615_Delay(void)
  {
    long i;
    for(i=0;i<30;i++);
  }
  void TLC5615_Init(void)
  {
    TLC5615_NCS_DIR(1);TLC5615_NCS(1);
    TLC5615_SCK_DIR(1);TLC5615_SCK(0);
    TLC5615_DI_DIR(1);TLC5615_DI(0);
    TLC5615_DO_DIR(0);
  }
  void TLC5615_DAC(long dat)
  {
    long i;
    dat <<= 6;
    TLC5615_NCS(0);
    for (i=0;i<12;i++)
      {
        if(dat & 0x8000)TLC5615_DI(1);else TLC5615_DI(0);
        dat <<= 1;
        TLC5615_SCK(1);TLC5615_Delay();
```

```
      TLC5615_SCK(0);TLC5615_Delay();
    }
   TLC5615_NCS(1);TLC5615_Delay();
  }
  //--- IIC协议驱动程序段 ---
  #define SCL_DIR(x) ((x)?(LPC_GPIO0->DIR |= (1 << 2)):(LPC_GPIO0->DIR &=~
(1 << 2)))
  #define SCL(x)     ((x)?(LPC_GPIO0->DATA |= (1 << 2)):(LPC_GPIO0->DATA &=~
(1 << 2)))
  #define SDA(x)     ((x)?(LPC_GPIO0->DATA |= (1 << 1)):(LPC_GPIO0->DATA &=~
(1 << 1)))
  #define SDA_PIN    (LPC_GPIO0->DATA & (1 << 1))
  #define SDA_DIR(x) ((x)?(LPC_GPIO0->DIR |= (1 << 1)):(LPC_GPIO0->DIR &=~
(1 << 1)))
  void IIC_Delay(void)
  {
    long i;
    for(i=0;i<10;i++);
  }
  void IIC_Start(void)                    //--- 产生开始信号函数 ---
  {
    SDA(1);
    SCL(1);IIC_Delay();
    SDA(0);IIC_Delay();
    SCL(0);
  }
  void IIC_Stop(void)                     //--- 产生结束信号函数 ---
  {
    SDA(0);IIC_Delay();
    SCL(1);IIC_Delay();
    SDA(1);IIC_Delay();
  }
  unsigned char IIC_ACK(void)             //--- 读从机返回应答信号函数 ---
  {
    unsigned char ack;
    SDA_DIR(0);
    SDA(1);IIC_Delay();
    SCL(1);IIC_Delay();
    ack = SDA_PIN;IIC_Delay();
    SCL(0);IIC_Delay();
    SDA_DIR(1);
    if(ack)return 1;else return 0;
  }
  void IIC_Wite(unsigned char dat)        //--- 字节写函数 ---
  {
    long i;
    for(i=0;i<8;i++)
      {
        if(dat & 0x80)SDA(1);else SDA(0);IIC_Delay();
        SCL(1);IIC_Delay();
```

```
        SCL(0);IIC_Delay();
        dat <<= 1;
    }
}
unsigned char IIC_Read(void)          //--- 字节读函数 ---
{
  long i;
  unsigned char dat = 0;

  SDA_DIR(0);
  SDA(1);
  for(i=0;i<8;i++)
    {
      SCL(1);IIC_Delay();
      dat <<= 1;
      if(SDA_PIN)dat |= 0x01;else dat &= 0xFE;
      SCL(0);IIC_Delay();
    }
  SDA_DIR(1);
  return dat;
}
void IIC_Init(void)
{
  SCL_DIR(1);
  SDA_DIR(1);
  SDA(1);
  SCL(1);
  IIC_Stop();
}
//--- AT24C02 驱动程序段 ---
void AT24C02_Write(unsigned char adr,unsigned char dat)
{
  IIC_Start();
  IIC_Wite(0xA0);IIC_ACK();
  IIC_Wite(adr);IIC_ACK();
  IIC_Wite(dat);IIC_ACK();
  IIC_Stop();
}
unsigned char AT24C02_Read(unsigned char adr)
{
  unsigned char dat;
  IIC_Start();
  IIC_Wite(0xA0);IIC_ACK();
  IIC_Wite(adr);IIC_ACK();
  IIC_Start();
  IIC_Wite(0xA1);IIC_ACK();
  dat = IIC_Read();
  IIC_Stop();
  return dat;
}
```

```c
void AT24C02_delayms(long t)
{
  t *= 6000;
  while(t--);
}
void AT24C02_MutiWrite(unsigned char adr,unsigned char *p,unsigned char n)
{
  while(n -- ){AT24C02_Write(adr++,*p++);AT24C02_delayms(10);}
}
void AT24C02_MutiRead(unsigned char adr,unsigned char *p,unsigned char n)
{
  while(n --)*p ++ = AT24C02_Read(adr++);
}
//--- 按键宏定义段 ---
#define   K1    (LPC_GPIO0->DATA & (1 << 9))
#define   K2    (LPC_GPIO0->DATA & (1 << 8))
#define   K3    (LPC_GPIO0->DATA & (1 << 7))
#define   K4    (LPC_GPIO0->DATA & (1 << 6))
long K1_Cnt,K2_Cnt,K3_Cnt,K4_Cnt;
long SetValue;
long msCnt;
long sCnt;
long GetADC;
//--- main 主程序段 ---
int main (void)
{
  LPC_GPIO2->DIR = 0xFFF;
  TLC549_Init();
  TLC5615_Init();
  TLC5615_DAC(SetValue);
  IIC_Init();
  while(1)
    {
      if(++msCnt >= 200)
        {
          SEGLED_Display();
          msCnt = 0;
        }
      if(++sCnt >= 5000)
        {
          sCnt = 0;
          GetADC = TL549_ADC();
          GetADC *= 500;
          GetADC >>= 8;
          LEDBuffer[3] = 16;
          LEDBuffer[2] = (GetADC / 100) % 10;
          LEDBuffer[1] = (GetADC / 10) % 10;
          LEDBuffer[0] = (GetADC / 1) % 10;
        }
      if((0 == K1) && (999999 != K1_Cnt) && (++K1_Cnt > 10))//--- 数字加按键 ---
```

```
      {
        if(0 == K1)
          {
            K1_Cnt = 999999;
            SetValue += 10;
            if(SetValue > 1023)SetValue = 1023;
            TLC5615_DAC(SetValue);
          }
      }
    else if(0 != K1)K1_Cnt = 0;
    if((0 == K2) && (999999 != K2_Cnt) && (++K2_Cnt > 10))//--- 数字减按键 ---
      {
        if(0 == K2)
          {
            K2_Cnt = 999999;
            SetValue -= 10;
            if(SetValue < 0)SetValue = 0;
            TLC5615_DAC(SetValue);
          }
      }
    else if(0 != K2)K2_Cnt = 0;
    if((0 == K3) && (999999 != K3_Cnt) && (++K3_Cnt > 10))//--- 读取按键 ---
      {
        if(0 == K3)
          {
            K3_Cnt = 999999;
            AT24C02_MutiRead(0,(unsigned char *)&SetValue,4);
            TLC5615_DAC(SetValue);
          }
      }
    else if(0 != K3)K3_Cnt = 0;
    if((0 == K4) && (999999 != K4_Cnt) && (++K4_Cnt > 10))//--- 保存按键 ---
      {
        if(0 == K4)
          {
            K4_Cnt = 999999;
            AT24C02_MutiWrite(0,(unsigned char *)&SetValue,4);
          }
      }
    else if(0 != K4)K4_Cnt = 0;
  }
}
```

4. 小结

本实例展示了 LPC1343 微控制器、串行存储器 AT24C02、外置的串行 A/D 转换器 TLC549 和串行 D/A 转换器 TLC5615 结合的应用编程方法。程序涉及的主要内容描述如下:

（1）LED 数码管的驱动程序设计，由 LEDBuffer 缓冲区、LEDIndex 变量和 SEGLED_Display 函数实现 LED 动态显示。

（2）TLC549 串行 A/D 的驱动程序设计，通过 TL549_ADC 函数实现串行操作时序的模拟,读取 A/D 转换的数据。

(3)TLC5615 串行 D/A 的驱动程序设计,通过 TLC5615_DAC 函数实现串行操作时序的模拟,发送数据到 TLC5615 器件。

(4)I²C 协议的模拟和 AT24C02 的串行存储器读写操作函数的编写;

(5)main 主程序实现串行 A/D 的实时采样并转换成电压在数码上显示,同时不停扫描按键 K1～K4 功能键的按下。

3.10 "推箱子"游戏设计实例

1. 项目要求

利用 LPC1343 微控制器、160×128 图形点阵 LCD 显示屏和 5 个按键实现"推箱子"游戏。游戏具有 9 关。

2. 硬件电路

硬件电路原理图如图 3-14 所示。

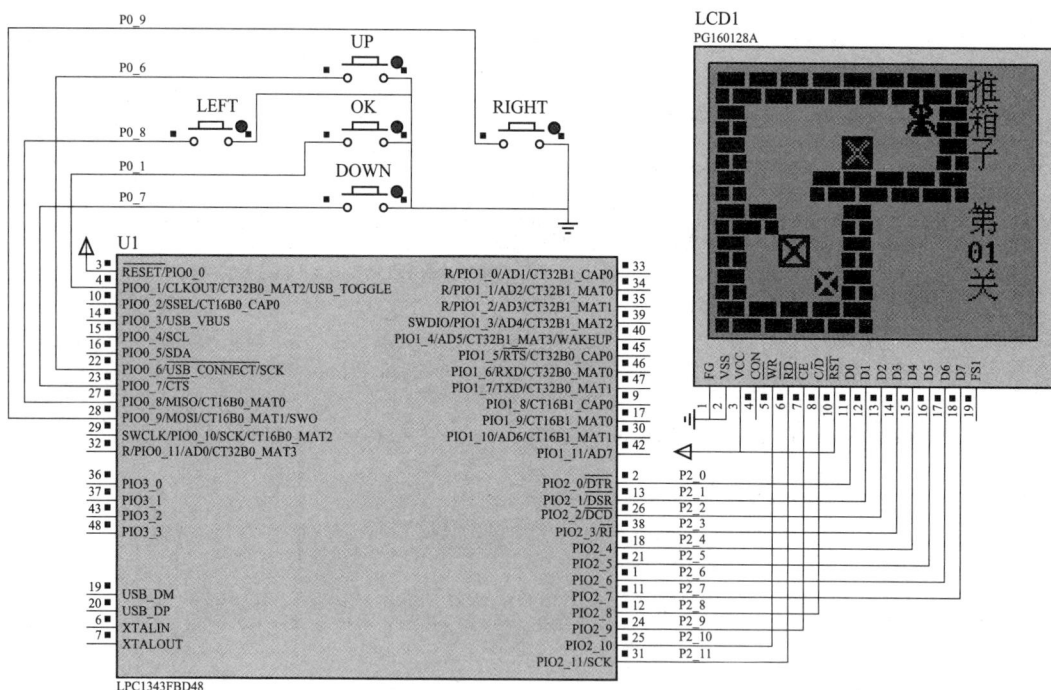

图 3-14 "推箱子"游戏实例电路原理图

160×128 图形 LCD 显示屏的数据引脚 D_0～D_7、控制引脚 C/D、CE、WR 和 RD 分别连接到 LPC1343 的 PIO2_0～PIO2_11 引脚上,控制操作的上/下/左/右和 OK 键分别连接到 PIO0_6～PIO0_9 和 PIO0_1 引脚上。

3. 程序设计

在程序设计前,需要完成以下两件工作:

(1)制作可以显示 16×16 的人物、砖块、箱子、目的、成功等图标,将这些图标数据放置在 Lattice[]数组中，以便在程序运行前装载到 LCD 显示缓存中。

（2）需要将不同关卡下的人物、砖块、箱子、目的、成功等图标所在点的位置信息存储到一个 LEVEL[][8][8]的三维数组中，以便程序根据进入不同关卡时可以根据 LEVEL 数组中的信息绘制人物、砖块、箱子、目的、成功所在点图标。在该数组中采用 8×8 点阵方式来表达不同图标的信息点，其中定义显示人物图标用数字"1"表示，砖块用数字"2"表示，箱子用数字"3"表示，目标用数字"4"表示，成功用数字"5"表示。

程序设计主要包括的内容如下：

（1）160X128 图形 LCD 显示屏的驱动程序设计，这部分内容体现在 LCD160X128.H 头文件和 LCD160X128.C 源文件中。在 LCD160X128.H 头文件中主要有引脚配置的宏定义、T6963C 控制器的指令集的宏定义以及相关函数的外部声明，在 LCD160X128.C 源文件中实现了驱动 T6963C 控制器的读写操作时序的模拟的函数、指令集操作的函数和 LCD 初始化函数功能。

（2）初始化显示界面，等待按下 OK 键进入第 1 关。

（3）方向按键识别并执行相关的操作，这部分内容在 Keyoard()函数中实现。

根据项目要求，设计的程序如下：

（1）LCD160X128 图形 LCD 模块驱动程序设计。

1）LCD160X128.H 头文件。LCD160X128.H 头文件包含主要内容有：①驱动 PG160128A 的引脚功能宏定义；②T6963 指令集宏定义；③操作函数的声明。

```
#ifndef  __LCD160X128_H__
#define  __LCD160X128_H__
//--- 引脚定义 ---
#define   LCD_CD(x)   ((x)?(LPC_GPIO2->DATA |= (1 << 8)):(LPC_GPIO2->DATA
&=~(1 << 8)))
#define   LCD_CS(x)   ((x)?(LPC_GPIO2->DATA |= (1 << 9)):(LPC_GPIO2->DATA
&=~(1 << 9)))
#define   LCD_WR(x)   ((x)?(LPC_GPIO2->DATA |= (1 << 10)):(LPC_GPIO2->DATA
&=~(1 << 10)))
#define   LCD_RD(x)   ((x)?(LPC_GPIO2->DATA |= (1 << 11)):(LPC_GPIO2->DATA
&=~(1 << 11)))
#define   LCD_PORT(x) LPC_GPIO2->DATA = (LPC_GPIO2->DATA & 0xFF00) | (x)
#define   LCD_DIR(x)  LPC_GPIO2->DIR = (LPC_GPIO2->DIR & 0xFF00) | (x)
#define   LCD_PIN     (LPC_GPIO2->DATA & 0xFF)
//--- T6963C 指令 --
//--- 一、指针设置指令  D1 D2 0 0 1 0 0 N2 N1 N0 ---
#define CUR_POS 0x21 //--- 光标指针设置 D1=水平位置(低 7 位有效) D2=垂直位置(低 5
位有效) N0=1
#define CGR_POS 0x22  //--- CGRAM 偏置地址设置 D1=地址(低 5 位有效) D2=00H N1=1 ---
#define ADR_POS 0x24 //--- 地址指针位置 D1=低字节 D2=高字节 N2=1 ---
//--- 二、显示区域设置  D1 D2 0 1 0 0 0 0 N1 N0 ---
#define TXT_STP 0x40 //--- 文本区首址 D1=低字节 D2=高字节 N1=0 N0=0 ---
#define TXT_WID 0x41 //--- 文本区宽度(字节数/行) D1=字节数 D2=00H N1=0 N0=1 ---
#define GRH_STP 0x42 //--- 图形区首址 D1=低字节 D2=高字节 N1=1 N0=0 ---
#define GRH_WID 0x43 //--- 图形区宽度(字节数/行) D1=字节数 D2=00H N1=1 N0=1 ---
//--- 三、显示方式设置  无参数 1 0 0 0 N3 N2 N1 N0 ---
//--- 3 字符发生器选择位： N3=1 为外部字符发生器有效
```

```
//                       N3=0 为 CGROM 即内部字符发生器有效 ---
#define MOD_OR   0x80    //--- 逻辑"或"合成 N2=0 N1=0 N0=0 ---
#define MOD_XOR  0x81    //--- 逻辑"异或"合成 N2=0 N1=0 N0=1 ---
#define MOD_AND  0x83    //--- 逻辑"与"合成 N2=0 N1=1 N0=1 ---
#define MOD_TCH  0x84    //--- 文本特征 N2=1 N1=0 N0=0 ---
//--- 四、显示开关  无参数 1 0 0 1 N3 N2 N1 N0 ---
#define DIS_SW   0x90    //--- 显示开关 ---
                         //--- N0=1/0 光标闪烁启用/禁用 ---
                         //--- N1=1/0 光标显示启用/禁用 ---
                         //--- N2=1/0 文本显示启用/禁用 ---
                         //--- N3=1/0 图形显示启用/禁用 ---
//--- 五、光标形状选择  无参数 1 0 1 0 0 N2 N1 N0 ---
#define CUR_SHP  0xA0    //--- 光标形状选择:0xA0-0xA7 表示光标占的行数 ---
//--- 六、数据自动读、写方式设置无参数 1 0 1 1 0 0 N1 N0 ---
#define AUT_WR   0xB0    //--- 自动写设置 N1=0 N0=0 ---
#define AUT_RD   0xB1    //--- 自动读设置 N1=0 N0=1 ---
#define AUT_WO   0xB2    //--- 自动写结束 N1=1 N0=0 ---
#define AUT_RO   0xB3    //--- 自动读结束 N1=1 N0=1 ---
//--- 七、数据一次读、写方式 D1 1 1 0 0 0 N2 N1 N0 ---
//--- D1 为需要写的数据,读时无此数据 ---
#define INC_WR   0xC0    //--- 数据写,地址加 1N2=0 N1=0 N0=0 ---
#define INC_RD   0xC1    //--- 数据读,地址加 1N2=0 N1=0 N0=1 ---
#define DEC_WR   0xC2    //--- 数据写,地址减 1N2=0 N1=1 N0=0 ---
#define DEC_RD   0xC3    //--- 数据读,地址减 1N2=0 N1=1 N0=1 ---
#define NOC_WR   0xC4    //--- 数据写,地址不变 N2=1 N1=0 N0=0 ---
#define NOC_RD   0xC5    //--- 数据读,地址不变 N2=1 N1=0 N0=1 ---
//--- 八、屏读  无参数 1 1 1 0 0 0 0 0 ---
#define SCN_RD   0xE0    //--- 屏读 ---
//--- 九、屏拷贝 无参数 1 1 1 0 1 0 0 0 ---
#define SCN_CP   0xE8    //--- 屏拷贝 ---
//--- 十、位操作无参数 1 1 1 1 N3 N2 N1 N0 ---
//--- N3=1 置 1 N3=0 清零 ---
#define BIT_OP   0xF0    //--- 位操作 ---
extern void LCD_WriteCommand(unsigned char comd);
extern unsigned char LCD_ReadStatus(void);
extern void LCD_WriteData(unsigned char para);
extern unsigned char LCD_ReadData(void);
extern unsigned char lcd_enable(void);
extern unsigned char atrd_enable(void);
extern unsigned char atwr_enable(void);
extern void write_cmd0(unsigned char cmd);
extern void write_cmd1(unsigned char para1,unsigned char cmd);
extern void write_cmd2(unsigned char para1,unsigned char para2,unsigned char cmd);
extern void auto_write(void);
extern void auto_read(void);
extern void atwr_stop(void);
extern void atrd_stop(void);
extern void write_one(unsigned char data1,char way);
extern unsigned char read_one(char way);
extern void set_xy(unsigned char x,unsigned char y);
```

```
extern void set_adr(unsigned char D1,unsigned char D2);
extern void set_cur(char x, char y);
extern void set_cgram(void);
extern void lcd_init(unsigned char txtstpd1,        //--- 文本区首地址 D1 ---
              unsigned char txtstpd2,               //--- 文本区首地址 D2 ---
              unsigned char txtwid,                 //--- 文本区宽度 ---
              unsigned char grhstpd1,               //--- 图形区首地址 D1 ---
              unsigned char grhstpd2,               //--- 图形区首地址 D2 ---
              unsigned char grhwid,                 //--- 图形区宽度 ---
              unsigned char cur,                    //--- 光标形状 ---
              unsigned char mod,                    //--- 显示方式 ---
              unsigned char sw);                    //--- 显示开关 ---


#endif
```

2）LCD160X128.C 源文件。在 LCD160X128.C 源文件中，涉及以下方面的内容：

与硬件相关的操作时序函数：①LCD_WriteCommand 函数实现向 PG160128A 写命令时序模拟函数；②LCD_ReadStatus 函数实现从 PG160128A 读取操作状态信息时序模拟函数；③LCD_WriteData 函数实现向 PG160128A 写数据时序模拟函数；④LCD_ReadData 函数实现从 PG160128A 读数据时序模拟函数。

与指令相关的功能操作函数：①lcd_enable 函数实现 STA0 和 STA1 读写状态信息判断；②atrd_enable 函数实现 STA2 数据自动读状态判断；③atwr_enable 函数实现 STA3 数据自动写状态判断；④write_cmd0 函数实现向 PG160128A 写入不带参数的命令操作；⑤write_cmd1 函数实现向 PG160128A 写入带 1 个参数的命令操作；⑥write_cmd2 函数实现向 PG160128A 写入带 2 个参数的命令操作；⑦auto_write、auto_read、atwr_stop 和 atrd_stop 函数分别实现自动写、自动读、自动写结束和自动读结束操作；⑧write_one 和 read_one 函数实现写一次数据和读一次数据操作；⑨set_xy 函数用于设置显示开始位置；⑩set_adr 函数用于设置显示的起始地址；⑪set_cur 函数用于设置光标指针显示位置；⑫set_cgram 函数用于设置 CGRAM 偏移地址。

```
#include <LPC13xx.h>
#include "LCD160X128.h"
#define LCD_CHAR 0x14
//--- 读写命令数据的时序模拟函数 ---
void LCD_WriteCommand(unsigned char comd)
{
  long i;
  LCD_DIR(0xFF);                           //--- 数据端口置为输出 ---
  LCD_CD(1);                               //--- 命令操作 ---
  LCD_CS(0);                               //--- CS = 0 ---
  LCD_PORT(comd);
  LCD_WR(0);                               //--- WR = 0 ---
  for(i=0;i<10;i++);
  LCD_WR(1);                               //--- WR = 1 ---
  for(i=0;i<10;i++);
  LCD_CS(1);                               //--- CS = 1 ---
}
```

```
unsigned char LCD_ReadStatus(void)
{
  unsigned char temp;
  LCD_DIR(0x00);                        //--- 数据端口置为输入 ---
  LCD_CD(1);                            //--- 选择命令操作 ---
  LCD_CS(0);                            //--- CS = 0 ---
  LCD_RD(0);                            //--- RD = 0 ---
  temp = LCD_PIN;
  LCD_RD(1);                            //--- RD = 1 ---
  LCD_CS(1);                            //--- CS = 1 ---
  LCD_DIR(0xFF);                        //--- 数据端口置为输出 ---
  return temp;
}
void LCD_WriteData(unsigned char para)
{
  long i;
  LCD_DIR(0xFF);                        //--- 数据端口置为输出 ---
  LCD_CD(0);                            //--- 选择数据操作 ---
  LCD_CS(0);                            //--- CS = 0 ---
  LCD_PORT(para);
  LCD_WR(0);                            //--- WR = 0 ---
  for(i=0;i<10;i++);
  LCD_WR(1);                            //--- WR = 1 ---
  for(i=0;i<10;i++);
  LCD_CS(1);                            //--- CS = 1 ---
}
unsigned char LCD_ReadData(void)
{
  unsigned char temp;
  LCD_DIR(0x00);                        //--- 数据端口置为输入 ---
  LCD_CD(0);                            //--- 选择数据操作 ---
  LCD_CS(0);                            //--- CS = 0 ---
  LCD_RD(0);                            //--- RD = 0 ---
  temp = LCD_PIN;
  LCD_RD(1);                            //--- RD = 1 ---
  LCD_CS(1);                            //--- CS = 1 ---
  LCD_DIR(0xFF);                        //--- 数据端口置为输出 ---
  return temp;
}
//--- 指令操作函数 ---
unsigned char lcd_enable(void) //--- STA0 指令读写状态,STA1 数据读写状态 判断函数 ---
{
  while(0x03 != (LCD_ReadStatus() & 0x03));return 1;
}
unsigned char atrd_enable(void)           //--- STA2 数据自动读状态 判断函数 ---
{
  while(0x04 != (LCD_ReadStatus() & 0x04));return 1;
}
unsigned char atwr_enable(void)           //--- STA3 数据自动写状态 判断函数 ---
{
```

```c
    while(0x08 != (LCD_ReadStatus() & 0x08));return 1;
}
void write_cmd0(unsigned char cmd)        //--- 写无参数函数 ---
{
    lcd_enable();LCD_WriteCommand(cmd);
}
void write_cmd1(unsigned char para1,unsigned char cmd)
                                          //--- 写单参数函数 ---
{
    lcd_enable();LCD_WriteData(para1);
    lcd_enable();LCD_WriteCommand(cmd);
}
void write_cmd2(unsigned char para1,unsigned char para2,
unsigned char cmd)                        //--- 写双参数函数 ---
{
    lcd_enable();LCD_WriteData(para1);
    lcd_enable();LCD_WriteData(para2);
    lcd_enable();LCD_WriteCommand(cmd);
}
void auto_write(void)                     //--- 自动写开始 ---
{
    write_cmd0(AUT_WR);
}
void auto_read(void)                      //--- 自动读开始 ---
{
    write_cmd0(AUT_RD);
}
void atwr_stop(void)                      //--- 自动写结束 ---
{
    write_cmd0(AUT_WO);
}
void atrd_stop(void)                      //--- 自动读结束 ---
{
    write_cmd0(AUT_RO);
}
void write_one(unsigned char data1,char way)//--- 数据一次写函数 ---
{
    atwr_enable();
    auto_write();
    write_cmd1(data1,way);
    atwr_stop();
}
unsigned char read_one(char way)          //--- 数据一次读函数 ---
{
    unsigned char temp;
    atrd_enable();
    auto_read();
    write_cmd0(way);
    temp = LCD_ReadData();
    atrd_stop();
```

```
    return(temp);
}
void set_xy(unsigned char x,unsigned char y)
{//--- 设置当前显示位置函数 x,y 从 0 开始表示单位为字符 ---
    int temp;
    temp = y * LCD_CHAR + x;
    write_cmd2(temp & 0xff,temp / 0xff,ADR_POS);
}
void set_adr(unsigned char D1,unsigned char D2)
{
    write_cmd2(D1,D2,ADR_POS);
}
void set_cur(char x, char y)                      //--- 设置光标指针 x,y 从 0 开始 ---
{
    write_cmd2(x,y,CUR_POS);
}
void set_cgram(void)                              //--- CGRAM 偏置地址设置函数 ---
{
    write_cmd2(0x01,0x00,CGR_POS);                //--- 0000,1100,0000,0000 0C00 ---
}
void lcd_init(unsigned char txtstpd1,   //--- 文本区首地址 D1 ---
              unsigned char txtstpd2,   //--- 文本区首地址 D2 ---
              unsigned char txtwid,     //--- 文本区宽度 ---
              unsigned char grhstpd1,   //--- 图形区首地址 D1 ---
              unsigned char grhstpd2,   //--- 图形区首地址 D2 ---
              unsigned char grhwid,     //--- 图形区宽度 ---
              unsigned char cur,        //--- 光标形状 ---
              unsigned char mod,        //--- 显示方式 ---
              unsigned char sw)         //--- 显示开关 ---
{
    write_cmd2(txtstpd1,txtstpd2,TXT_STP); //--- 文本区首地址 ---
    write_cmd2(txtwid,0x00,TXT_WID);       //--- 文本区宽度 ---
    write_cmd2(grhstpd1,grhstpd2,GRH_STP); //--- 图形区首地址 ---
    write_cmd2(grhwid,0x00,GRH_WID);       //--- 图形区宽度 ---
    write_cmd0(CUR_SHP | cur);             //--- 光标形状 ---
    write_cmd0(mod);                       //--- 显示方式 ---
    write_cmd0(DIS_SW | sw);               //--- 显示开关 ---
}
```

（2）功能程序设计。

1）FUNCTION.H 头文件。功能函数的声明。

```
#ifndef    __FUNCTION_H__
#define    __FUNCTION_H__
extern void cls(void);
extern void wirte_cgrom(void);
extern void start(void);
extern void guan(void);
extern void pushbox(void);
extern void keyboard(void);
#endif
```

2）FUNCTION.C 源文件。在 FUNCTION.C 源文件中，功能函数描述如下：①Start 函数用于显示初始化信息，并等待开始按键按下；②Guan 函数用于显示当前进入第几关的提示信息；③Printc 函数用于显示操作的每一步信息；④Pushbox 函数用于当前操作每一步给出相应的提示信息；⑤Pass 函数用于实现当前关卡已经正确完成，为进入下一关做准备；⑥Keyboard 函数实现具体方向移动处理等操作。

```c
#include <LPC13xx.h>
#include "LCD160X128.h"
#include "pic.h"
#include "Function.h"
unsigned char g = 0;
void delay(int c)
{
  int i, j;
  for(i = 0; i < c; i++)
    for(j = 0; j < 1000; j++);
}
void cls(void)                    //--- 清屏 320 = (160/8) * (128/8) = 20 * 16 = 320 ---
{
  int i;
  set_xy(0,0);
  for(i = 0; i < 320; i++)write_one(0x94,INC_WR);
}
unsigned char curx,cury;     //--- 纪录当前人物所在位置 ---
unsigned char level_temp[8][8] =
{
  0,0,0,0,0,0,0,0,
  0,0,0,0,0,0,0,0,
  0,0,0,0,0,0,0,0,
  0,0,0,0,0,0,0,0,
  0,0,0,0,0,0,0,0,
  0,0,0,0,0,0,0,0,
  0,0,0,0,0,0,0,0,
  0,0,0,0,0,0,0,0,
};
void wirte_cgrom(void)          //--- 自定义字符写入 CGROM ---
{
  int i;
  set_adr(0x00,0x0c);
  for(i = 0; i < 848; i++)write_one(Lattice[i],INC_WR);
}
void start(void)
{
  unsigned char i;
  set_xy(0,0);
  for(i=0;i<20;i++)write_one(0x95,INC_WR);
  set_xy(0,15);
  for(i=0;i<20;i++)write_one(0x95,INC_WR);
  for(i=0;i<15;i++)
```

```
  {
    set_xy(0,i);
    write_one(0x95,INC_WR);
    set_xy(19,i);
    write_one(0x95,INC_WR);
  }
set_xy(18,1);
write_one(0x96,INC_WR);
set_xy(18,14);
write_one(0x97,INC_WR);
set_xy(1,1);
write_one(0x98,INC_WR);
set_xy(1,14);
write_one(0x99,INC_WR);
set_xy(7,6);
write_one(0xaa,INC_WR);
write_one(0xab,INC_WR);
write_one(0xae,INC_WR);
write_one(0xaf,INC_WR);
write_one(0xb2,INC_WR);
write_one(0xb3,INC_WR);
set_xy(7,7);
write_one(0xac,INC_WR);
write_one(0xad,INC_WR);
write_one(0xb0,INC_WR);
write_one(0xb1,INC_WR);
write_one(0xb4,INC_WR);
write_one(0xb5,INC_WR);
set_xy(6,8);
write_one(0x9a,INC_WR);
write_one(0x9b,INC_WR);
write_one(0x9e,INC_WR);
write_one(0x9f,INC_WR);
write_one(0xa2,INC_WR);
write_one(0xa3,INC_WR);
write_one(0xa6,INC_WR);
write_one(0xa7,INC_WR);
set_xy(6,9);
write_one(0x9c,INC_WR);
write_one(0x9d,INC_WR);
write_one(0xa0,INC_WR);
write_one(0xa1,INC_WR);
write_one(0xa4,INC_WR);
write_one(0xa5,INC_WR);
write_one(0xa8,INC_WR);
write_one(0xa9,INC_WR);
while(i)                         //--- 此 while 语句判断确定键---
  {
    if(0 == (LPC_GPIO0->DATA & (1 << 1)))i = 0;
  }
```

```
}
void guan(void)
{
  /*推*/
  set_xy(16,0);
  write_one(0xaa,INC_WR);
  write_one(0xab,INC_WR);
  set_xy(16,1);
  write_one(0xac,INC_WR);
  write_one(0xad,INC_WR);
  /*箱*/
  set_xy(16,2);
  write_one(0xae,INC_WR);
  write_one(0xaf,INC_WR);
  set_xy(16,3);
  write_one(0xb0,INC_WR);
  write_one(0xb1,INC_WR);
  /*子*/
  set_xy(16,4);
  write_one(0xb2,INC_WR);
  write_one(0xb3,INC_WR);
  set_xy(16,5);
  write_one(0xb4,INC_WR);
  write_one(0xb5,INC_WR);
  /*第*/
  set_xy(16,8);
  write_one(0xd2,INC_WR);
  write_one(0xd3,INC_WR);
  set_xy(16,9);
  write_one(0xd4,INC_WR);
  write_one(0xd5,INC_WR);
  /*几*/
  set_xy(16,10);
  write_one(0xd6,INC_WR);
  write_one(0xd6+2*(g+1),INC_WR);
  set_xy(16,11);
  write_one(0xd7,INC_WR);
  write_one(0xd7+2*(g+1),INC_WR);
  /*关*/
  set_xy(16,12);
  write_one(0xce,INC_WR);
  write_one(0xcf,INC_WR);
  set_xy(16,13);
  write_one(0xd0,INC_WR);
  write_one(0xd1,INC_WR);
  /*阿*/
  set_xy(18,0);
  write_one(0x9a,INC_WR);
  write_one(0x9b,INC_WR);
  set_xy(18,1);
```

```
    write_one(0x9c,INC_WR);
    write_one(0x9d,INC_WR);
    /*C*/
    set_xy(18,2);
    write_one(0x9e,INC_WR);
    write_one(0x9f,INC_WR);
    set_xy(18,3);
    write_one(0xa0,INC_WR);
    write_one(0xa1,INC_WR);
    /*制*/
    set_xy(18,4);
    write_one(0xa2,INC_WR);
    write_one(0xa3,INC_WR);
    set_xy(18,5);
    write_one(0xa4,INC_WR);
    write_one(0xa5,INC_WR);
    /*作*/
    set_xy(18,6);
    write_one(0xa6,INC_WR);
    write_one(0xa7,INC_WR);
    set_xy(18,7);
    write_one(0xa8,INC_WR);
    write_one(0xa9,INC_WR);
}
void printc(unsigned char i, unsigned char j, unsigned char c)
{
    set_xy(i * 2,j * 2);
    switch(c)
      {
        case 0:
          write_one(0x94,INC_WR);
          write_one(0x94,INC_WR);
          set_xy(i*2,j*2+1);
          write_one(0x94,INC_WR);
          write_one(0x94,INC_WR);
          break;
        case 1:/*人物1*/
          write_one(0x80,INC_WR);
          write_one(0x81,INC_WR);
          set_xy(i*2,j*2+1);
          write_one(0x82,INC_WR);
          write_one(0x83,INC_WR);
          break;
        case 2:/*砖头2*/
          write_one(0x84,INC_WR);
          write_one(0x85,INC_WR);
          set_xy(i*2,j*2+1);
          write_one(0x86,INC_WR);
          write_one(0x87,INC_WR);
          break;
```

```c
      case 3:/*箱子 3*/
        write_one(0x88,INC_WR);
        write_one(0x89,INC_WR);
        set_xy(i*2,j*2+1);
        write_one(0x8a,INC_WR);
        write_one(0x8b,INC_WR);
        break;
      case 4:/*目的 4*/
        write_one(0x8c,INC_WR);
        write_one(0x8d,INC_WR);
        set_xy(i*2,j*2+1);
        write_one(0x8e,INC_WR);
        write_one(0x8f,INC_WR);
        break;
      case 5:/*成功 5*/
        write_one(0x90,INC_WR);
        write_one(0x91,INC_WR);
        set_xy(i*2,j*2+1);
        write_one(0x92,INC_WR);
        write_one(0x93,INC_WR);
        break;
    }
}
void pushbox(void)
{
  unsigned char i,j;
  /*根据 level.h 中的值进行输出单个字符点阵为 16*16,显示 8*8 个字符*/
  for(i = 0; i < 8; i++)
    for(j = 0; j < 8; j++)
      {
        level_temp[i][j]=level[g][j][i];
        switch(level_temp[i][j])
          {
            case 0:
              printc(i,j,0);
              break;
            case 1:/*人物 1*/
              curx=i;
              cury=j;
              printc(i,j,1);
              break;
            case 2:/*砖头 2*/
              printc(i,j,2);
              break;
            case 3:/*箱子 3*/
              printc(i,j,3);
              break;
            case 4:/*目的 4*/
              printc(i,j,4);
              break;
```

```
            case 5:/*成功 5*/
               printc(i,j,5);
               break;
        }
     }
  set_xy(curx * 2,cury * 2);
}
void pass(void)
{
  unsigned char i,j,k=1;
  for(i = 0; i < 8; i++)
    {
      if(k==0) break;
      for(j = 0; j < 8; j++)
        if(level[g][j][i]==4||level[g][j][i]==5)
          if(level_temp[i][j]==5)k=1;
          else{k=0;break;}
    }
  if(k==1)
    {
      if(g<8)g+=1;
      else g=0;
      pushbox();
      guan();
    }
}
#define    K1  (LPC_GPIO0->DATA & (1 << 6))
#define    K2  (LPC_GPIO0->DATA & (1 << 7))
#define    K3  (LPC_GPIO0->DATA & (1 << 8))
#define    K4  (LPC_GPIO0->DATA & (1 << 9))
#define    K5  (LPC_GPIO0->DATA & (1 << 1))
long K1_Cnt,K2_Cnt,K3_Cnt,K4_Cnt,K5_Cnt;
void keyboard(void)
{
  if((0 == K1) && (999999 != K1_Cnt) && (++K1_Cnt > 10)){ //--- UP KEY ---
    if(0 == K1){
        K1_Cnt = 999999;
        if(level_temp[curx][cury-1]==0||level_temp[curx][cury-1]==4)
          {
            if(level[g][cury][curx]==4||level[g][cury][curx]==5)
              {
                level_temp[curx][cury]=4;
                printc(curx,cury,4);
              }
            else
              {
                level_temp[curx][cury]=0;
                printc(curx,cury,0);
              }
            cury=cury-1;
```

```
        level_temp[curx][cury]=1;
        printc(curx,cury,1);
    }
else if(level_temp[curx][cury-1]==3)
  {
    if(level_temp[curx][cury-2]==0)
      {
        if(level[g][cury][curx]==4||level[g][cury][curx]==5)
          {
            level_temp[curx][cury]=4;
            printc(curx,cury,4);
          }
        else
          {
            level_temp[curx][cury]=0;
            printc(curx,cury,0);
          }
        cury=cury-1;
        level_temp[curx][cury]=1;
        printc(curx,cury,1);
        level_temp[curx][cury-1]=3;
        printc(curx,cury-1,3);
      }
    else if(level_temp[curx][cury-2]==4)
      {
        if(level[g][cury][curx]==4||level[g][cury][curx]==5)
          {
            level_temp[curx][cury]=4;
            printc(curx,cury,4);
          }
        else
          {
            level_temp[curx][cury]=0;
            printc(curx,cury,0);
          }
        cury=cury-1;
        level_temp[curx][cury]=1;
        printc(curx,cury,1);
        level_temp[curx][cury-1]=5;
        printc(curx,cury-1,5);
        pass();
      }
  }
else if(level_temp[curx][cury-1]==5)
  {
    if(level_temp[curx][cury-2]==0)
      {
        if(level[g][cury][curx]==4||level[g][cury][curx]==5)
          {
            level_temp[curx][cury]=4;
```

```
                    printc(curx,cury,4);
                  }
                else
                  {
                    level_temp[curx][cury]=0;
                    printc(curx,cury,0);
                  }
                cury=cury-1;
                level_temp[curx][cury]=1;
                printc(curx,cury,1);
                level_temp[curx][cury-1]=3;
                printc(curx,cury-1,3);
              }
            else if(level_temp[curx][cury-2]==4)
              {
                if(level[g][cury][curx]==4||level[g][cury][curx]==5)
                  {
                    level_temp[curx][cury]=4;
                    printc(curx,cury,4);
                  }
                else
                  {
                    level_temp[curx][cury]=0;
                    printc(curx,cury,0);
                  }
                cury=cury-1;
                level_temp[curx][cury]=1;
                printc(curx,cury,1);
                level_temp[curx][cury-1]=5;
                printc(curx,cury-1,5);
                pass();
              }
            pass();
          }
      }
  }
else if(0 != K1)K1_Cnt = 0;
if((0 == K2) && (999999 != K2_Cnt) && (++K2_Cnt > 10)){ //--- DOWN KEY ---
  if(0 == K2){
    K2_Cnt = 999999;
    if(level_temp[curx][cury+1]==0||level_temp[curx][cury+1]==4)
      {
        if(level[g][cury][curx]==4||level[g][cury][curx]==5)
          {
            level_temp[curx][cury]=4;
            printc(curx,cury,4);
          }
        else
          {
            level_temp[curx][cury]=0;
            printc(curx,cury,0);
```

```
      }
    cury=cury+1;
    level_temp[curx][cury]=1;
    printc(curx,cury,1);
  }
else if(level_temp[curx][cury+1]==3)
  {
    if(level_temp[curx][cury+2]==0)
      {
        if(level[g][cury][curx]==4||level[g][cury][curx]==5)
          {
            level_temp[curx][cury]=4;
            printc(curx,cury,4);
          }
        else
          {
            level_temp[curx][cury]=0;
            printc(curx,cury,0);
          }
        cury=cury+1;
        level_temp[curx][cury]=1;
        printc(curx,cury,1);
        level_temp[curx][cury+1]=3;
        printc(curx,cury+1,3);
      }
    else if(level_temp[curx][cury+2]==4)
      {
        if(level[g][cury][curx]==4||level[g][cury][curx]==5)
          {
            level_temp[curx][cury]=4;
            printc(curx,cury,4);
          }
        else
          {
            level_temp[curx][cury]=0;
            printc(curx,cury,0);
          }
        cury=cury+1;
        level_temp[curx][cury]=1;
        printc(curx,cury,1);
        level_temp[curx][cury+1]=5;
        printc(curx,cury+1,5);
        pass();
      }
  }
else if(level_temp[curx][cury+1]==5)
  {
    if(level_temp[curx][cury+2]==0)
      {
        if(level[g][cury][curx]==4||level[g][cury][curx]==5)
          {
```

```
                    level_temp[curx][cury]=4;
                    printc(curx,cury,4);
                  }
                else
                  {
                    level_temp[curx][cury]=0;
                    printc(curx,cury,0);
                  }
                cury=cury+1;
                level_temp[curx][cury]=1;
                printc(curx,cury,1);
                level_temp[curx][cury+1]=3;
                printc(curx,cury+1,3);
              }
            else if(level_temp[curx][cury+2]==4)
              {
                if(level[g][cury][curx]==4||level[g][cury][curx]==5)
                  {
                    level_temp[curx][cury]=4;
                    printc(curx,cury,4);
                  }
                else
                  {
                    level_temp[curx][cury]=0;
                    printc(curx,cury,0);
                  }
                cury=cury+1;
                level_temp[curx][cury]=1;
                printc(curx,cury,1);
                level_temp[curx][cury+1]=5;
                printc(curx,cury+1,5);
                pass();
              }
            pass();
          }
      }
  }
else if(0 != K2)K2_Cnt = 0;
if((0 == K3) && (999999 != K3_Cnt) && (++K3_Cnt > 10)){ //--- LEFT KEY ---
  if(0 == K3){
    K3_Cnt = 999999;
    if(level_temp[curx-1][cury]==0||level_temp[curx-1][cury]==4)
      {
        if(level[g][cury][curx]==4||level[g][cury][curx]==5)
          {
            level_temp[curx][cury]=4;
            printc(curx,cury,4);
          }
        else
          {
            level_temp[curx][cury]=0;
```

```
          printc(curx,cury,0);
        }
    curx=curx-1;
    level_temp[curx][cury]=1;
    printc(curx,cury,1);
  }
else if(level_temp[curx-1][cury]==3)
  {
    if(level_temp[curx-2][cury]==0)
      {
        if(level[g][cury][curx]==4||level[g][cury][curx]==5)
          {
            level_temp[curx][cury]=4;
            printc(curx,cury,4);
          }
        else
          {
            level_temp[curx][cury]=0;
            printc(curx,cury,0);
          }
        curx=curx-1;
        level_temp[curx][cury]=1;
        printc(curx,cury,1);
        level_temp[curx-1][cury]=3;
        printc(curx-1,cury,3);
      }
    else if(level_temp[curx-2][cury]==4)
      {
        if(level[g][cury][curx]==4||level[g][cury][curx]==5)
          {
            level_temp[curx][cury]=4;
            printc(curx,cury,4);
          }
        else
          {
            level_temp[curx][cury]=0;
            printc(curx,cury,0);
          }
        curx=curx-1;
        level_temp[curx][cury]=1;
        printc(curx,cury,1);
        level_temp[curx-1][cury]=5;
        printc(curx-1,cury,5);
        pass();
      }
  }
else if(level_temp[curx-1][cury]==5)
  {
    if(level_temp[curx-2][cury]==0)
      {
        if(level[g][cury][curx]==4||level[g][cury][curx]==5)
```

```
                {
                  level_temp[curx][cury]=4;
                  printc(curx,cury,4);
                }
            else
                {
                  level_temp[curx][cury]=0;
                  printc(curx,cury,0);
                }
            curx=curx-1;
            level_temp[curx][cury]=1;
            printc(curx,cury,1);
            level_temp[curx-1][cury]=3;
            printc(curx-1,cury,3);
          }
        else if(level_temp[curx-2][cury]==4)
          {
            if(level[g][cury][curx]==4||level[g][cury][curx]==5)
              {
                level_temp[curx][cury]=4;
                printc(curx,cury,4);
              }
            else
              {
                level_temp[curx][cury]=0;
                printc(curx,cury,0);
              }
            curx=curx-1;
            level_temp[curx][cury]=1;
            printc(curx,cury,1);
            level_temp[curx-1][cury]=5;
            printc(curx-1,cury,5);
            pass();
          }
        pass();
      }
    }
  }
else if(0 != K3)K3_Cnt = 0;
if((0 == K4) && (999999 != K4_Cnt) && (++K4_Cnt > 10)){ //--- RIGHT KEY ---
  if(0 == K4){
    K4_Cnt = 999999;
    if(level_temp[curx+1][cury]==0||level_temp[curx+1][cury]==4)
      {
        if(level[g][cury][curx]==4||level[g][cury][curx]==5)
          {
          level_temp[curx][cury]=4;
          printc(curx,cury,4);
          }
        else
          {
```

```
            level_temp[curx][cury]=0;
            printc(curx,cury,0);
          }
      curx=curx+1;
      level_temp[curx][cury]=1;
      printc(curx,cury,1);
  }
else if(level_temp[curx+1][cury]==3)
  {
    if(level_temp[curx+2][cury]==0)
      {
        if(level[g][cury][curx]==4||level[g][cury][curx]==5)
          {
            level_temp[curx][cury]=4;
            printc(curx,cury,4);
          }
        else
          {
            level_temp[curx][cury]=0;
            printc(curx,cury,0);
          }
        curx=curx+1;
        level_temp[curx][cury]=1;
        printc(curx,cury,1);
        level_temp[curx+1][cury]=3;
        printc(curx+1,cury,3);
      }
    else if(level_temp[curx+2][cury]==4)
      {
        if(level[g][cury][curx]==4||level[g][cury][curx]==5)
          {
            level_temp[curx][cury]=4;
            printc(curx,cury,4);
          }
        else
          {
            level_temp[curx][cury]=0;
            printc(curx,cury,0);
          }
        curx=curx+1;
        level_temp[curx][cury]=1;
        printc(curx,cury,1);
        level_temp[curx+1][cury]=5;
        printc(curx+1,cury,5);
        pass();
      }
  }
else if(level_temp[curx+1][cury]==5)
  {
    if(level_temp[curx+2][cury]==0)
      {
```

```
            if(level[g][cury][curx]==4||level[g][cury][curx]==5)
              {
                level_temp[curx][cury]=4;
                printc(curx,cury,4);
              }
            else
              {
                level_temp[curx][cury]=0;
                printc(curx,cury,0);
              }
            curx=curx+1;
            level_temp[curx][cury]=1;
            printc(curx,cury,1);
            level_temp[curx+1][cury]=3;
            printc(curx+1,cury,3);
          }
        else if(level_temp[curx+2][cury]==4)
          {
            if(level[g][cury][curx]==4||level[g][cury][curx]==5)
              {
                level_temp[curx][cury]=4;
                printc(curx,cury,4);
              }
            else
              {
                level_temp[curx][cury]=0;
                printc(curx,cury,0);
              }
            curx=curx+1;
            level_temp[curx][cury]=1;
            printc(curx,cury,1);
            level_temp[curx+1][cury]=5;
            printc(curx+1,cury,5);
            pass();
          }
        pass();
      }
    }
  }
  else if(0 != K4)K4_Cnt = 0;
  if((0 == K5) && (999999 != K5_Cnt) && (++K5_Cnt > 10)){ //--- K4 减速 ---
    if(0 == K5){
      K5_Cnt = 999999;
    }
  }
  else if(0 != K5)K5_Cnt = 0;
}
```

（3）主程序设计。

```
#include <LPC13xx.h>
#include "LCD160X128.h"
#include "Function.h"
```

```
int main (void)
{
  LPC_GPIO2->DIR = 0xFFF;
  lcd_init(0x00,0x00,0x14,0x50,0x01,0x14,0x00,MOD_XOR,0x0c);
  set_cgram();
  wirte_cgrom();
  cls();
  start();
  cls();
  pushbox();
  guan();
  while(1) keyboard();
}
```

4．小结

本实例展示了 LPC1343 如何驱动 PG160128A 液晶模块的显示，程序中 level 数组用于定义不同路径信息，keyboard 函数在识别上下左右移动一步时，会判断当前点是否为 level 数组中设置的信息来判断当前路并给出相应的操作和提示信息。

3.11　GPS 定位系统设计实例

1．项目要求

利用 LPC1343 的串口连接到虚拟 GPS 软件的串口上实现 GPS 定位信息的显示。

2．硬件电路

硬件电路原理图如图 3-15 所示。

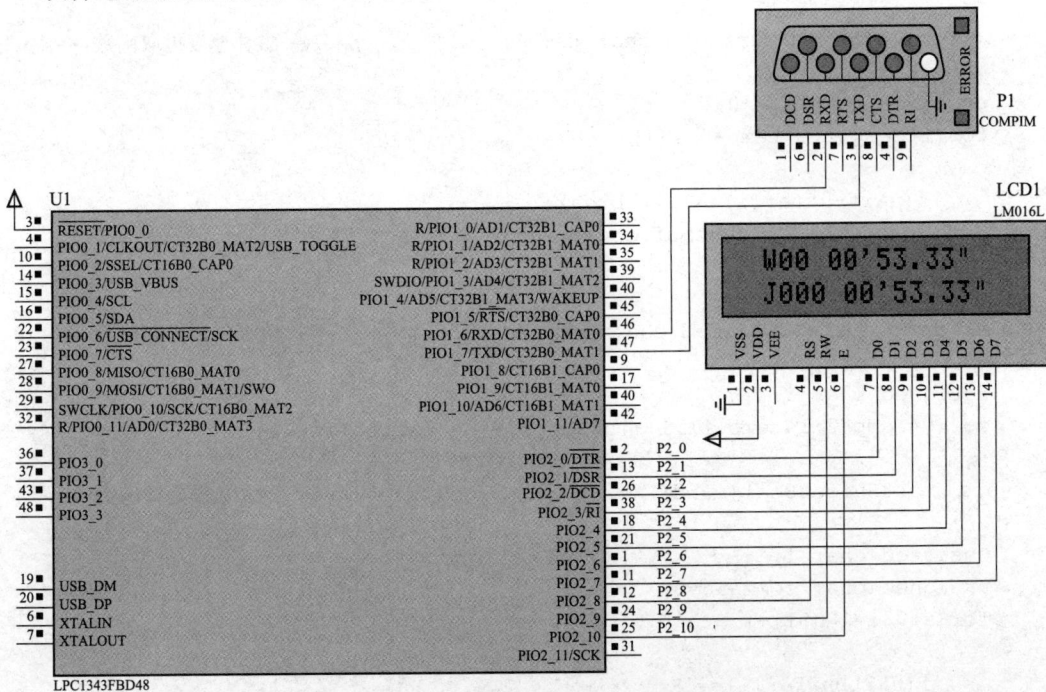

图 3-15　GPS 定位系统实例电路原理图

U₁（LPC1343）的 PIO1_6/RXD、PIO1_7/TXD 引脚连接到 P1（COMPIM）虚拟串口端的 RXD 和 TXD 引脚，用于虚拟串口数据的发送和接收；U₁（LPC1343）的 PIO2_0～PIO2_7 引脚连接到 LCD1 的 D0～D7、RS、R/W、E 引脚上。

3. 程序设计

根据实例要求，设计的程序如下：

```c
#include <LPC13xx.h>
//--- 与 GPS 相关变量定义 ---
char Flag1,Flag2;
char dataLength = 80;
char count = 0;
char uartBuffer[100] = {0};                //--- 串口 GPS 数据缓冲数组 ---
char uartByte;                             //--- 所处帧的部分 ---
char uLatitude[] = {"W00 00'00.00 "};      //--- 纬度//<3> ---
char uLongitude[] = {"J000 00'00.00 "};    //--- 经度<5> ---
char uSpeed[10] = {0};                     //--- 地面速度<7> ---
char uDate[9] = {"D00/00/00"};             //--- 日期<9> ---
void removeLatitude(unsigned char temp)    //--- GPS 纬度提取函数 ---
{
  unsigned char i,k = 0;
  for(i=temp+2;i<temp+13;i++)uLatitude[k++] = uartBuffer[i];
}
void removeLongitude(unsigned char temp)   //--- GPS 经度提取函数 ---
{
  unsigned char i,k=0;
  for(i=temp+2;i<temp+14;i++)uLongitude[k++] = uartBuffer[i];
}
void removeSpeed(unsigned char temp)       //--- GPS 速度提取函数 ---
{
  unsigned char i,k=0;
  for(i=temp+2;i<temp+9;i++)
    {
      if(uartBuffer[i]==',') break;
      uSpeed[k++] = uartBuffer[i];
    }
}
void removeDate(unsigned char temp)        //--- GPS 日期提取函数 ---
{
  unsigned char i,k=0;
  for(i=temp+2;i<temp+11;i++)uDate[k++] = uartBuffer[i];
}
void uartBufferDeal(void)                  //--- GPS 数据处理函数 ---
{
  unsigned char i,j;
  unsigned char comma_n=0;
  for(i=0;i<100;i++)
    {
      if(uartBuffer[i]=='R')
        {
```

```
        comma_n = 0;                           //--- 逗号的个数归零 ---
        for(j=i;j<100;j++)
          {
            if(uartBuffer[j]==',')comma_n += 1;
            if(2 == comma_n)removeLatitude(j);
            if(4 == comma_n)removeLongitude(j);
            if(6 == comma_n)removeSpeed(j);
            if(8 == comma_n)removeDate(j);
          }
      }
  }
}
void formatControl(void)                       //--- 经纬度数据格式转换函数 ---
{
  unsigned char w[13],j[13],D[6],V[10];
  unsigned char i;
  for(i=0;i<13;i++)
    {
      w[i] = uLatitude[i];
      j[i] = uLongitude[i];
    }
  for(i=0;i<6;i++)
    {
      D[i] = uDate[i];
      V[i] = uSpeed[i];
    }
  uLatitude[0] = 'W';
  uLatitude[1] = w[0];
  uLatitude[2] = w[1];
  uLatitude[3] = ' ';
  uLatitude[4] = w[2];
  uLatitude[5] = w[3];
  uLatitude[6] = 0x27;                          //--- 单引号 ---
  uLatitude[7] = w[5];
  uLatitude[8] = w[6];
  uLatitude[9] = w[4];                          //--- 小数点 ---
  uLatitude[10] = w[7];
  uLatitude[11] = w[8];
  uLatitude[12] = '"';                          //--- 双引号 0x22 ---
  uLongitude[0] = 'J';
  uLongitude[1] = j[0];
  uLongitude[2] = j[1];
  uLongitude[3] = j[2];
  uLongitude[4] = ' ';                           //--- 空格 ---
  uLongitude[5] = j[3];
  uLongitude[6] = j[4];
  uLongitude[7] = 0x27;                          //--- 单引号 ---
  uLongitude[8] = j[6];
  uLongitude[9] = j[7];
  uLongitude[10] = j[5];                         //--- 小数点 ---
```

```
    uLongitude[11] = j[8];
    uLongitude[12] = j[9];
    uLongitude[13] = '"';                              //--- 双引号 0x22 ---
    uDate[0] = 'D';
    uDate[1] = D[0];
    uDate[2] = D[1];
    uDate[3] = '/';
    uDate[4] = D[2];
    uDate[5] = D[3];
    uDate[6] = '/';
    uDate[7] = D[4];
    uDate[8] = D[5];
    for(i=0;i<10;i++)
      {
        if(0 == i)uSpeed[i] = 'V';
        else uSpeed[i] = V[i- 1];
      }
  }
  //--- LCD1602 液晶显示驱动程序 ---
  #define LCD_RS(x)    ((x)?(LPC_GPIO2->DATA |= (1 <<  8)):(LPC_GPIO2->DATA &=~
(1 <<  8)))
  #define LCD_RW(x)    ((x)?(LPC_GPIO2->DATA |= (1 <<  9)):(LPC_GPIO2->DATA &=~
(1 <<  9)))
  #define LCD_EN(x)    ((x)?(LPC_GPIO2->DATA |= (1 << 10)):(LPC_GPIO2->DATA &=~
(1 << 10)))
  #define LCD_PORT(x) LPC_GPIO2->DATA = (LPC_GPIO2->DATA & (~(0xFF << 0))) |
(x << 0)
  #define COM 0
  #define DAT 1
  void DelaymS(int t)
  {
    t *= 6000;
    while(t--);
  }
  void LCD_Write(char rs,char dat)
  {
    long i;
    for(i=0;i<600;i++);
    if(0 == rs)LCD_RS(0);
    else LCD_RS(1);
    LCD_RW(0);
    LCD_EN(1);
    LCD_PORT(dat);
    LCD_EN(0);
  }
  void LCD_Write_String(char x,char y,char *s)
  {
    if(0 == x)LCD_Write(COM,0x80 + y);    //--- 表示第一行 ---
    else LCD_Write(COM,0xC0 + y);         //--- 表示第二行 ---
    while (*s)LCD_Write(DAT,*s++);
```

```
}
void LCD_Init(void)
{
  LCD_Write(COM,0x38);                    //--- 显示模式设置 ---
  LCD_Write(COM,0x08);                    //--- 显示关闭 ---
  LCD_Write(COM,0x01);                    //--- 显示清屏 ---
  DelaymS(5);
  LCD_Write(COM,0x06);                    //--- 显示光标移动设置 ---
  LCD_Write(COM,0x0C);                    //--- 显示开及光标设置 ---
}
//--- UART 配置 ---
void LPC13XX_UART_Init(void)
{
  int FDiv;
  LPC_SYSCON->SYSAHBCLKCTRL |= (1 << 16);  //--- 使能 IOCON 模块的时钟源 ---
  LPC_IOCON->PIO1_6 |= (1 << 0);        //--- PIO1_6 引脚为 UART 的 RXD 功能 ---
  LPC_IOCON->PIO1_7 |= (1 << 0);        //--- PIO1_7 引脚为 UART 的 TXD 功能 ---
  LPC_SYSCON->SYSAHBCLKCTRL |= (1 << 12);  //--- 使能 UART 模块的时钟源 ---
  LPC_SYSCON->UARTCLKDIV = 1;           //--- UART 时钟=CCLK ---
#define MULDIV 4
#define ADDDIV 1
  LPC_UART->FDR = (MULDIV << 4) | (ADDDIV << 0);
  LPC_UART->LCR = 0x83;                  //--- DLAB = 1 ---
  FDiv = MULDIV * SystemCoreClock * LPC_SYSCON->SYSAHBCLKDIV /
        LPC_SYSCON->UARTCLKDIV / 16 / 4800 / (MULDIV + ADDDIV);
  LPC_UART->DLM = FDiv / 256;
  LPC_UART->DLL = FDiv % 256;
  LPC_UART->LCR = 0x03;
  LPC_UART->FCR = 0x07;
  LPC_UART->IER = (1 << 1) | (1 << 0);  //--- 允许串口的中断发送和中断接收 ---
  NVIC_EnableIRQ(UART_IRQn);
}
//--- UART 接收中断 ---
void UART_IRQHandler(void)              //--- 串口的中断函数 ---
{
  unsigned char temp;

  temp = LPC_UART->IIR & 0x0E;
  switch(temp)
    {
    case 2:                             //--- 发送完成中断 ---
      break;
    case 4:                             //--- 接收完成中断 ---
      temp = LPC_UART->RBR;
      if('R' == temp)Flag2 = 1;
      if(0 != Flag2)
        {
          uartBuffer[count++] = temp;   //--- 缓冲数据存入 uartBuffer 数组 ---
        }
      if(count>=dataLength)
```

```
                    {
                      Flag1 = 1;                      //--- 标志位置 1 ---
                      Flag2 = 0;                      //--- 标志位清零 ---
                    }
                  break;
                default:
                  temp = LPC_UART->LSR;
                  break;
            }
        }
//--- main 主程序 ---
int main (void)
{
  LPC13XX_UART_Init();
  LPC_GPIO2->DIR = 0xFFF;
  LCD_Init();
  while(1)
    {
      if(0 != Flag1)
        {
          uartBufferDeal();                 //--- 经纬度数据处理 ---
          formatControl();                  //--- 经纬度数据格式转换 ---
          LCD_Write_String(0,0,uLatitude);
          LCD_Write_String(1,0,uLongitude);
          Flag1 = 0;                        //--- 清除标志位 ---
          count = 0;
        }
    }
}
```

4．小结

本实例展示了如何利用 LPC1343 的串口接收 GPS 的信息，并正确解码在 LCD 上显示。程序中涉及的主要内容有：

（1）LPC1343 的串口配置和串口中断函数的编写。

（2）1602 液晶显示模块的初始化和字符串显示，其中 LCD_Init()函数实现 LCD 初始化，LCD_Write_String()函数实现字符串的显示。

（3）GPS 协议的解码，这部分内容由 uartBufferDeal()函数实现。

本实例要用到 VSPD 虚拟串口驱动和 GPS 模拟软件。

3.12　智能温室控制系统应用实例

1．项目要求

利用 LPC1343、环境温湿度传感器 SHT11 设计并制作一个温室自动控制系统。要求具有如下功能：

（1）LCD 显示温湿度和设定的信息。

（2）具有手动和自动功能。

（3）加热、降温、加湿和开燥过程中具有 LED 指示。

2．硬件电路

硬件电路原理图如图 3-16 所示。

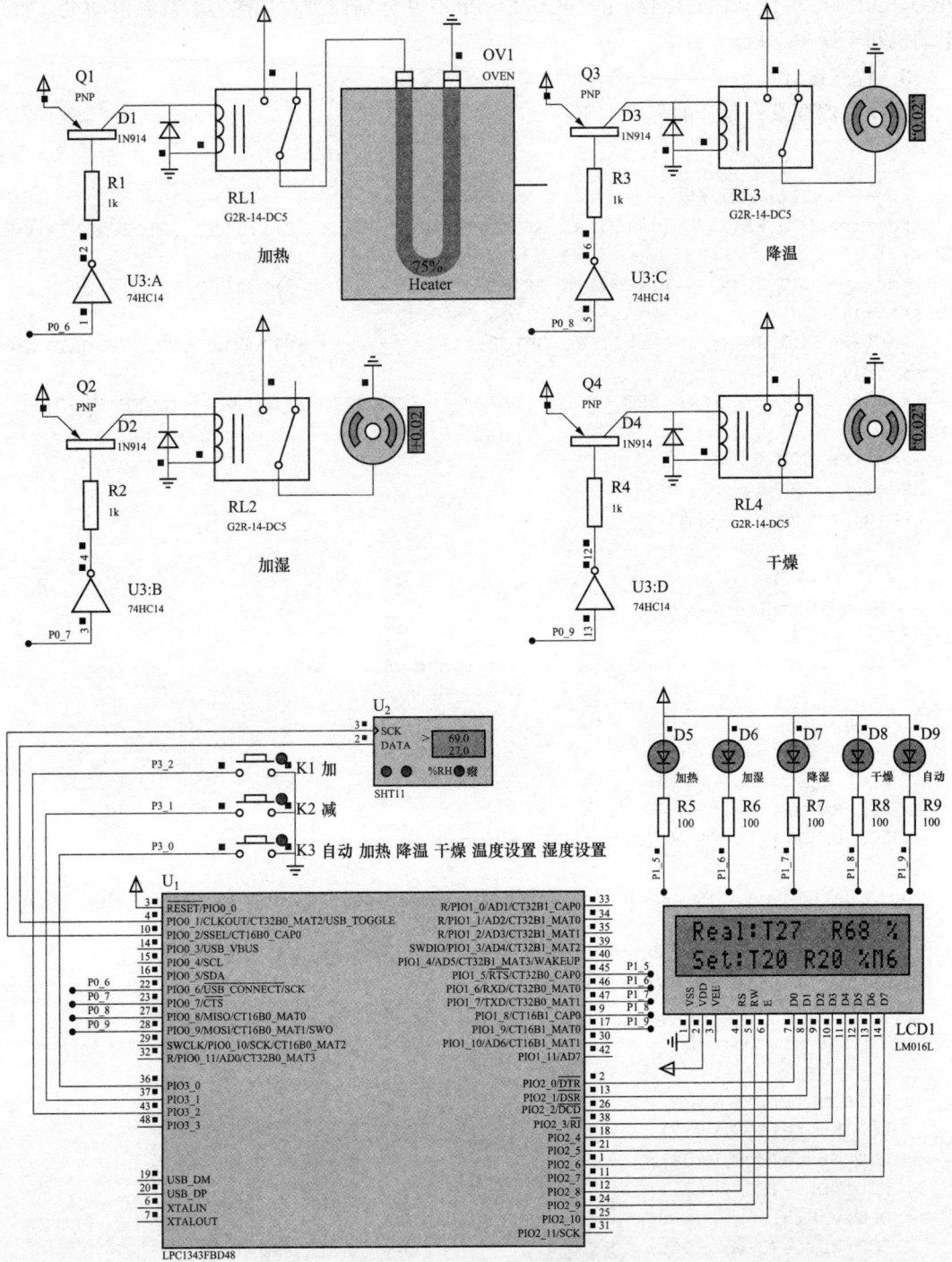

图 3-16　智能温室控制系统应用实例电路原理图

U$_1$（LPC1343）的 PIO2_0~PIO2_10 引脚连接到 LCD1（LM016L）的 D0~D7、RS、RW 和 E 引脚，PIO1_5~PIO1_9 引脚驱动 5 个 LED 发光二极管，SHT11 的 SCK 和 DATA 引脚分别连接到 U$_1$（LPC1343）的 PIO0_1 和 PIO0_2 引脚，按键 K1~K4 连接到 U$_1$ 的 PIO3_0~PIO3_3 引脚，从 U$_1$（LPC1343）的 PIO0_6~PIO0_9 分别控制着加热器、降温电动机、加湿电动机和干燥电动机。

3．程序设计

根据实例要求，设计的程序如下：

```c
#include <LPC13xx.h>
//--- LM016L 的程序段 ---
#define LCD_RS(x)    ((x)?(LPC_GPIO2->DATA |= (1 << 8)):(LPC_GPIO2->DATA &=~
(1 << 8)))
#define LCD_RW(x)    ((x)?(LPC_GPIO2->DATA |= (1 << 9)):(LPC_GPIO2->DATA &=~
(1 << 9)))
#define LCD_EN(x)    ((x)?(LPC_GPIO2->DATA |= (1 << 10)):(LPC_GPIO2->DATA &=~
(1 << 10)))
#define LCD_PORT(x) LPC_GPIO2->DATA = (LPC_GPIO2->DATA&(~(0xFF << 0))) |
(x << 0)
#define COM 0
#define DAT 1
void DelaymS(long t)
{
  t *= 6000;
  while(t--);
}
void LCD_Write(unsigned char rs,unsigned char dat)
{
  long i;
  for(i=0;i<600;i++);
  if(0 == rs)LCD_RS(0);else LCD_RS(1);
  LCD_RW(0);
  LCD_EN(1); LCD_PORT(dat);LCD_EN(0);
}
void LCD_Write_String(unsigned char x,unsigned char y,unsigned char *s)
{
  if(0 == x)LCD_Write(COM,0x80 + y);else LCD_Write(COM,0xC0 + y);
  while (*s)LCD_Write(DAT,*s++);
}
void LCD_Init(void)
{
  DelaymS(5);
  LCD_Write(COM,0x38);                //--- 显示模式设置 ---
  LCD_Write(COM,0x08);                //--- 显示关闭 ---
  LCD_Write(COM,0x01);                //--- 显示清屏 ---
  DelaymS(5);
  LCD_Write(COM,0x06);                //--- 显示光标移动设置 ---
  LCD_Write(COM,0x0C);                //--- 显示开及光标设置 ---
}
```

```
//--- SHT11 的程序段 ---
#define SCL(x)      ((x)?(LPC_GPIO0->DATA |= (1 << 2)):(LPC_GPIO0->DATA &=~
(1 << 2)))
#define SDA(x)      ((x)?(LPC_GPIO0->DATA |= (1 << 1)):(LPC_GPIO0->DATA &=~
(1 << 1)))
#define SDA_PIN     (LPC_GPIO0->DATA & (1 << 1))
#define SDA_DIR(x)  ((x)?(LPC_GPIO0->DIR |= (1 << 1)):(LPC_GPIO0->DIR &=~
(1 << 1)))
#define noACK 0
#define ACK   1
#define STATUS_REG_W 0x06
#define STATUS_REG_R 0x07
#define MEASURE_TEMP 0x03
#define MEASURE_HUMI 0x05
#define RESET        0x1e
enum {TEMP,HUMI};
void IIC_Delay(void)
{
  long i;
  for(i=0;i<10;i++);
}
void s_transstart(void)                              //--- 启动传输 ---
{
  SDA_DIR(1);
  SDA(1);SCL(0);
  SCL(1);IIC_Delay();
  SDA(0);
  SCL(0);IIC_Delay();
  SCL(1);IIC_Delay();
  SDA(1);
  SCL(0);IIC_Delay();
  SDA_DIR(0);
}
void s_connectionreset(void)                         //--- 连接复位 ---
{
  long i;
  SDA_DIR(1);
  SDA(1);SCL(0);                                      //--- 初始化状态 ---
  for(i=0;i<9;i++)                                    //--- 9 个时钟周期 ---
    {
      SCL(1);IIC_Delay();
      SCL(0);IIC_Delay();
    }
  s_transstart();                                    //--- 重新启动传输 ---
  SDA_DIR(0);
}
unsigned char s_write_byte(unsigned char value)      //--- 字节写函数 ---
{
  unsigned char i,error = 0;
  SDA_DIR(1);                                         //--- SDA 置输出方向 ---
```

```
      for(i=0;i<8;i++)
        {
          if(value & 0x80)SDA(1);else SDA(0);
          value <<= 1;
          SCL(1);IIC_Delay();
          SCL(0);IIC_Delay();
        }
      SDA_DIR(0);                            //--- SDA 置输入方向 ---
      SCL(1);IIC_Delay();                    //--- 第 9 个 SCL 时钟 ---
      error = SDA_PIN;                       //--- 读 ACK 状态 ---
      SCL(0);IIC_Delay();
      SDA_DIR(0);
      return error;
    }
    unsigned char s_read_byte(unsigned char ack)   //--- 字节读函数 ---
    {
      long i,val = 0;
      SDA_DIR(0);                            //--- SDA 置输入方向 ---
      for(i=0;i<8;i++)
        {
          val <<= 1;
          SCL(1);IIC_Delay();
          if(SDA_PIN)val |= 0x01;else val &= 0xFE;
          SCL(0);IIC_Delay();
        }
      SDA_DIR(1);                            //--- SDA 置输出方向 ---
      if(0 == ack)SDA(1);else SDA(0);
      SCL(1);IIC_Delay();
      SCL(0);IIC_Delay();
      SDA_DIR(0);
      return val;
    }
    unsigned char s_softreset(void)          //--- 软复位程序 ---
    {
      unsigned char error = 0;
      s_connectionreset();                   //--- 启动连接复位 ---
      error += s_write_byte(RESET);          //--- 发送复位命令 ---
      return error;
    }
    unsigned char s_measure(unsigned char *p_value,
                    unsigned char *p_checksum,
                    unsigned char mode)      //--- mode 决定转换内容 ---
    {
      unsigned char error = 0;
      long i;
      s_transstart();                        //--- 启动传输 ---
      switch(mode)                           //--- 选择发送命令 ---
        {
          case TEMP:                         //--- 测量温度 ---
            error += s_write_byte(MEASURE_TEMP);
```

```
        break;
      case HUMI:                                //--- 测量湿度 ---
        error += s_write_byte(MEASURE_HUMI);
        break;
      default:
        break;
    }
  SDA_DIR(0);                                   //--- SDA 引脚置为输入 ---
  for(i=0;i<1000000;i++)
    {
      if(0 == SDA_PIN)break;                    //--- 等待测量结束 ---
    }
  if(SDA_PIN)error += 1;
  *(p_value + 1) = s_read_byte(ACK);            //--- 读第一个字节,高字节 (MSB) ---
  *(p_value + 0) = s_read_byte(ACK);            //--- 读第二个字节,低字节 (LSB) ---
  *p_checksum = s_read_byte(noACK);             //--- read CRC 校验码 ---
  return error;
}
void calc_sth10(float *p_humidity ,
              float *p_temperature)             //--- 温湿度值标度变换及温度补偿 ---
{
  const float C1 = -4.0;                        //--- 12 位湿度精度 修正公式 ---
  const float C2 = +0.0405;                     //--- 12 位湿度精度 修正公式 ---
  const float C3 = -0.0000028;                  //--- 12 位湿度精度 修正公式 ---
  const float T1 = +0.01;                       //--- 14 位温度精度 5V 条件  修正公式 ---
  const float T2 = +0.00008;                    //--- 14 位温度精度 5V 条件  修正公式 ---
  float rh = *p_humidity;                       //--- rh:      12 位 湿度 ---
  float t = *p_temperature;                     //--- t:       14 位 温度 ---
  float rh_lin;                                 //--- rh_lin: 湿度 linear 值 ---
  float rh_true;                                //--- rh_true: 湿度 ture 值 ---
  float t_C;                                    //--- t_C   : 温度 ℃ ---
  t_C = t * 0.01 - 40;                          //--- 补偿温度 ---
  rh_lin = C3 * rh * rh + C2 * rh + C1;         //---相对湿度非线性补偿 ---
  rh_true = (t_C - 25) * (T1 + T2 * rh) + rh_lin;
                                                //--- 相对湿度对于温度依赖性补偿 ---
  if(rh_true > 100)rh_true = 100;               //--- 湿度最大修正 ---
  if(rh_true < 0.1)rh_true = 0.1;               //--- 湿度最小修正 ---
  *p_temperature=t_C;                           //--- 返回温度结果 ---
  *p_humidity=rh_true;                          //--- 返回湿度结果 ---
}
void SHT10_PIN_Init(void)
{
  LPC_GPIO0->DIR |= (1 << 2);
}
//--- 整数转换为字符串函数 ---
void IntToStr(unsigned int t, unsigned char *str, unsigned char n)
{
    unsigned char a[5];
int i, j;
    a[0] = (t / 10000) % 10;
```

```
        a[1] = (t / 1000) % 10;
        a[2] = (t / 100) % 10;
        a[3] = (t / 10) % 10;
        a[4] = (t / 1) % 10;
        for(i=0;i<5;i++)a[i]=a[i]+'0';
        for(i=0;a[i]=='0' && i<=3;i++);
        for(j=5-n;j<i;j++){*str=' ';str++;}
        for(;i<5;i++){*str=a[i];str++;}
        *str = '\0';
}
//--- 结构体定义 ---
typedef union            //--- 定义共同类型 ---
{
  unsigned short i;      //--- i 表示测量得到的温湿度数据(int 形式保存的数据) ---
  float f;               //--- f 表示测量得到的温湿度数据(float 形式保存的数据) ---
}VALUE;
unsigned char TempBuffer[4];
unsigned char humBuffer[4];
unsigned char set[4];
unsigned char set_temp = 20,set_hum = 20;
unsigned char mode = 6;
unsigned char str1[] = {"Real:T:  R:  % "};
unsigned char str2[] = {"Set:T:  R:  %M: "};
long wendu,shidu;
void Get_TH(void)
{
  VALUE humi_val,temp_val;
  unsigned char error,checksum;

  error = 0;
  error += s_measure((unsigned char*)&temp_val.i,&checksum,TEMP);
                                        //--- 温度测量 ---
  error += s_measure((unsigned char*)&humi_val.i,&checksum,HUMI);
                                        //--- 湿度测量 ---
  if(0 != error)s_connectionreset();
  else
    {
      humi_val.f = (float)humi_val.i;      //--- 转换为浮点数 ---
      temp_val.f = (float)temp_val.i;      //--- 转换为浮点数 ---
      calc_sth10(&humi_val.f,&temp_val.f); //--- 修正相对湿度及温度 ---
      wendu = temp_val.f + 1;
      shidu = humi_val.f - 4;
    }
}
void TH_Set(void)                          //--- 显示设定的温湿度函数 ---
{
  IntToStr(set_temp,&set[0],2);
  LCD_Write_String(1,6,set);
  IntToStr(set_hum,&set[0],2);
  LCD_Write_String(1,10,set);
```

```c
    IntToStr(mode,&set[0],1);
    LCD_Write_String(1,15,set);
  }
  void LED_show_mode(void)                          //--- 模式指示灯显示函数 ---
  {
    if(mode==1)LPC_GPIO1->DATA = 0x1E << 5;
    else if(mode==2)LPC_GPIO1->DATA = 0x1B << 5;
    else if(mode==3)LPC_GPIO1->DATA = 0x1D << 5;
    else if(mode==4)LPC_GPIO1->DATA = 0x17 << 5;
    else if(mode==5)LPC_GPIO1->DATA = 0x0F << 5;
    else if(mode==6)LPC_GPIO1->DATA = 0x1F << 5;
    else if(mode==7)LPC_GPIO1->DATA = 0x1F << 5;
  }
  #define JIARE(x)    ((x)?(LPC_GPIO0->DATA |= (1 << 6)):(LPC_GPIO0->DATA &=~
(1 << 6)))
  #define JIASHI(x)   ((x)?(LPC_GPIO0->DATA |= (1 << 7)):(LPC_GPIO0->DATA &=~
(1 << 7)))
  #define JIANGWEN(x) ((x)?(LPC_GPIO0->DATA |= (1 << 8)):(LPC_GPIO0->DATA &=~
(1 << 8)))
  #define GANZAO(x)   ((x)?(LPC_GPIO0->DATA |= (1 << 9)):(LPC_GPIO0->DATA &=~
(1 << 9)))
  void ModeNot5_handler(void)                       //--- 模式 1 到 4 的处理函数 ---
  {
      if(mode==1){JIARE(1);JIANGWEN(0);JIASHI(0);GANZAO(0);}
      else if(mode==2){JIARE(0);JIANGWEN(1);JIASHI(0);GANZAO(0);}
      else if(mode==3){JIARE(0);JIANGWEN(0);JIASHI(1);GANZAO(0);}
      else if(mode==4){JIARE(0);JIANGWEN(0);JIASHI(0);GANZAO(1);}
  }
  void Mode5handler(void)                           //--- 模式 5 到 7 的处理函数 ---
  {
    if(mode>=5)
      {
        if(shidu > set_hum){JIASHI(0);GANZAO(1);}
        else if(shidu < set_hum){JIASHI(1);GANZAO(0);}
        else if(shidu == set_hum){JIASHI(0);GANZAO(0);}
        if(wendu > set_temp){JIARE(0);JIANGWEN(1);}
        else if(wendu < set_temp){JIARE(1);JIANGWEN(0);}
        else if(wendu == set_temp){JIARE(0);JIANGWEN(0);}
      }
  }
  #define   K1  (LPC_GPIO3->DATA & (1 << 2))
  #define   K2  (LPC_GPIO3->DATA & (1 << 1))
  #define   K3  (LPC_GPIO3->DATA & (1 << 0))
  int K1_Cnt,K2_Cnt,K3_Cnt;
  int main (void)                                   //--- main 主程序 ---
  {
    LPC_GPIO0->DIR |= ((1 << 9) | (1 << 8) | (1 << 7) | (1 << 6));
    LPC_GPIO0->DATA &=~((1 << 9) | (1 << 8) | (1 << 7) | (1 << 6));
    LPC_GPIO1->DIR |= 0x1F << 5;
    LPC_GPIO1->DATA |= 0x1F << 5;
```

```
LPC_GPIO2->DIR = 0xFFF;
LCD_Init();
LCD_Write_String(0,1,str1);
LCD_Write_String(1,1,str2);
SHT10_PIN_Init();
s_connectionreset();                              //--- 启动连接复位 ---
while(1)
  {
    Get_TH();                                     //--- 读取温湿度数据 ---
    IntToStr(wendu,&TempBuffer[0],2);             //--- 转换为字符串 ---
    LCD_Write_String(0,7,TempBuffer);
    IntToStr(shidu,&humBuffer[0],2);
    LCD_Write_String(0,12,humBuffer);
    TH_Set();
    LED_show_mode();
    ModeNot5_handler();
    Mode5handler();
    if((0 == K1) && (999999 != K1_Cnt) && (++K1_Cnt > 0)){
                                                  //--- K1 加1键 ---
      if(0 == K1){
          K1_Cnt = 999999;
          if(mode==6){set_temp++;if(set_temp>40)set_temp--;}
          else if(mode==7){set_hum++;if(set_hum>60)set_hum--;}
        }
      }
    else if(0 != K1)K1_Cnt = 0;
    if((0 == K2) && (999999 != K2_Cnt) && (++K2_Cnt > 0)){
                                                  //--- K2 减1键 ---
      if(0 == K2){
          K2_Cnt = 999999;
          if(mode==6){set_temp--;if(set_temp<16)set_temp++;}
          else if(mode==7){set_hum--;if(set_hum<20)set_hum++;}
        }
      }
    else if(0 != K2)K2_Cnt = 0;
     if((0 == K3) && (999999 != K3_Cnt) && (++K3_Cnt > 0)){
                                                  //--- K3 设置键 ---
      if(0 == K3){
          K3_Cnt = 999999;
          if(++mode > 7)mode = 1;
        }
      }
    else if(0 != K3)K3_Cnt = 0;
  }
}
```

4. 小结

本实例展示了 LPC1343 微控制器和 SHT11 温湿度传感器结合实现温度、湿度的实时采集并显示，并根据设定的要求具有自动控制相应的电动机动作完成相应的功能。主要涉及的程序如下：

（1）SHT11 的 IIC 接口协议模拟和 SHT11 的温湿度数据的读取。

（2）Get_TH 和 TH_Set 函数用于获取温湿度和设定温湿度功能。

（3）ModeNot5_handler 函数用于手动模式。

（4）Mode5handler 函数用于自动模式，在自动模式下，系统会根据当前的环境温湿度情况进行自动开启不同的电动机工作。

（5）Main 主程序的按键识别和处理。

3.13 基于 PID 算法的电动机转速控制系统设计实例

1. 项目要求

利用 LPC1343 微控制器和 PID 算法设计并实现对编码直流电动机转速闭环控制。

2. 硬件电路

硬件电路原理图如图 3-17 所示。

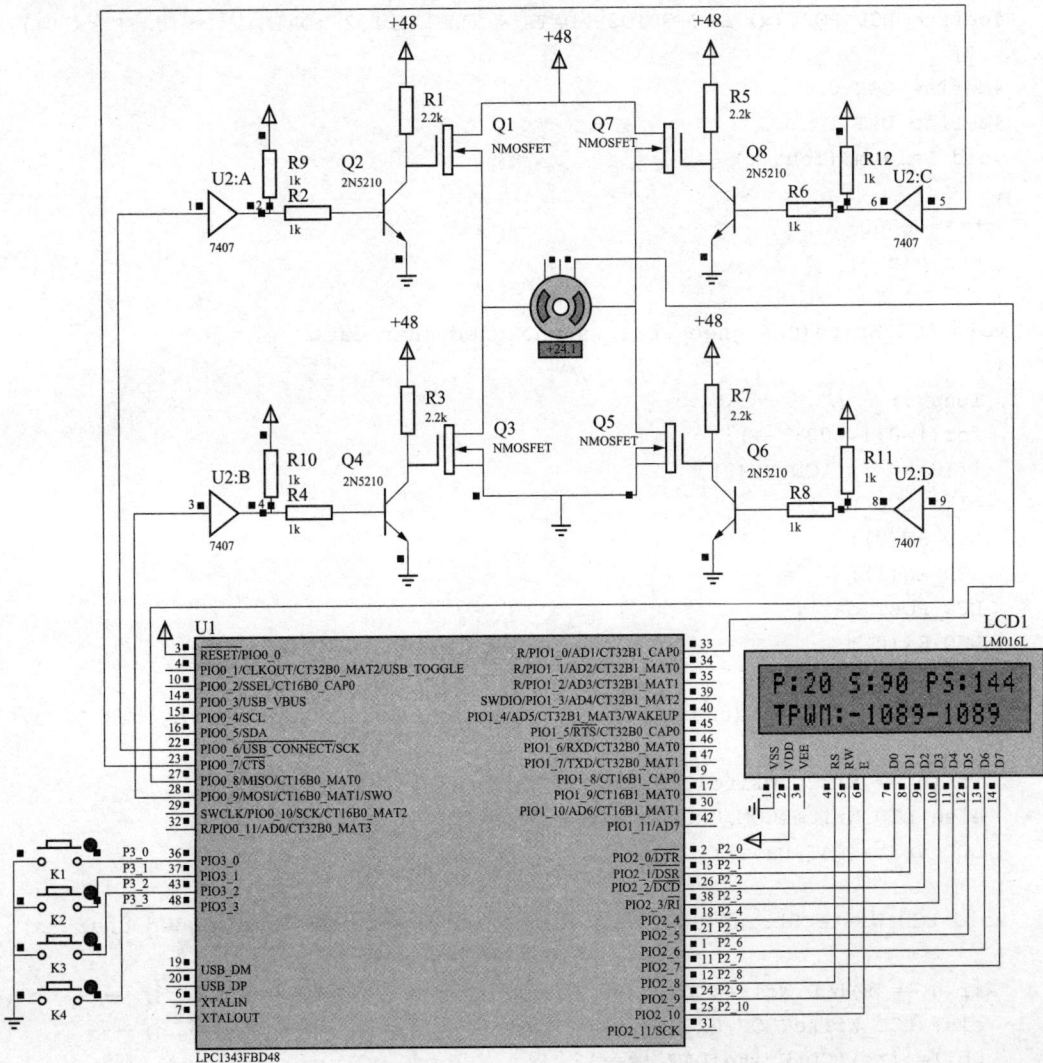

图 3-17 基于 PID 算法的电机转速控制系统设计实例电路原理图

U_1（LPC1343）的 PIO2_0～PIO2_10 引脚连接到 LCD1（LM016L）的 D0～D7、RS、RW 和 E 引脚，按键 K1～K4 连接到 U_1 的 PIO3_0～PIO3_3 引脚，Q1～Q8、电阻 R_1～R_{12} 构成了 H 桥电路驱动编码电动机，驱动信号由 PIO0_8 和 PIO0_9 引脚输出，编码电动机的编码信号送到 PIO1_0 引脚。

3. 程序设计

根据实例要求，设计的程序如下：

```c
#include <LPC13xx.h>
#include <math.h>
#define LCD_RS(x)   ((x)?(LPC_GPIO2->DATA |= (1 << 8)):(LPC_GPIO2->DATA &=~
(1 << 8)))
#define LCD_RW(x)   ((x)?(LPC_GPIO2->DATA |= (1 << 9)):(LPC_GPIO2->DATA &=~
(1 << 9)))
#define LCD_EN(x)   ((x)?(LPC_GPIO2->DATA |= (1 << 10)):(LPC_GPIO2->DATA &=~
(1 << 10)))
#define LCD_PORT(x) LPC_GPIO2->DATA = (LPC_GPIO2->DATA & (~(0xFF << 0))) |
(x << 0)
#define COM 0
#define DAT 1
void DelaymS(long t)
{
  t *= 6000;
  while(t--);
}
void LCD_Write(unsigned char rs,unsigned char dat)
{
  long i;
  for(i=0;i<600;i++);
  if(0 == rs)LCD_RS(0);
  else LCD_RS(1);
  LCD_RW(0);
  LCD_EN(1);
  LCD_PORT(dat);
  LCD_EN(0);
}
void LCD_Write_Char(unsigned char x,unsigned char y,unsigned char Data)
{
  if (0 == x)LCD_Write(COM,0x80 + y);
  else LCD_Write(COM,0xC0 + y);
  LCD_Write(DAT,Data);
}
void LCD_Write_String(unsigned char x,unsigned char y,unsigned char *s)
{
  if(0 == x)LCD_Write(COM,0x80 + y);            //--- 表示第一行 ---
  else LCD_Write(COM,0xC0 + y);                 //--- 表示第二行 ---
  while (*s)LCD_Write(DAT,*s++);
```

```c
}
void LCD_Init(void)
{
  LCD_Write(COM,0x38);                          //--- 显示模式设置 ---
  LCD_Write(COM,0x08);                          //--- 显示关闭 ---
  LCD_Write(COM,0x01);                          //--- 显示清屏 ---
  DelaymS(5);
  LCD_Write(COM,0x06);                          //--- 显示光标移动设置 ---
  LCD_Write(COM,0x0C);                          //--- 显示开及光标设置 ---
}
#define MR3_T 72000000 / 10 / 500
void CT16B0_PWM_Init(void)
{
LPC_SYSCON->SYSAHBCLKCTRL |= (1 << 7);          //--- 使能16位定时器0的时钟源 ---
LPC_TMR16B0->CTCR = 0;                          //--- 定时模式 ---
LPC_TMR16B0->PR = 10;                           //--- 设置预分系数 ---
LPC_TMR16B0->PC = 0;
LPC_TMR16B0->TC = 0;
LPC_TMR16B0->MR3 = MR3_T - 1;                   //--- 设置200Hz的匹配值---
LPC_TMR16B0->MCR = (2 << 9);                    //--- 使能匹配复位TC ---
LPC_TMR16B0->TCR = 1;                           //--- 16位定时器0启动 ---
LPC_TMR16B0->MR0 = MR3_T * 999/ 1000 - 1;       //--- MR0用于设置占空比 ---
LPC_TMR16B0->MR1 = MR3_T - 1;                   //--- MR1用于设置占空比 ---
LPC_TMR16B0->PWMC |= (1 << 3)|(1 << 1)|( 1 << 0);//--- 使能PWM0,PWM1,PWM3通道 ---
}
int fCnt,flag;
void CT32B1_CAP_Init(void)
{
  LPC_SYSCON->SYSAHBCLKCTRL |= (1 << 10);       //--- 使能32位定时器1的时钟源 ---
  LPC_TMR32B1->PR = 0;                          //--- 设置预分系数 ---
  LPC_TMR32B1->PC = 0;
  LPC_TMR32B1->TC = 0;
  LPC_TMR32B1->CTCR = 0;                        //--- 定时模式 ---
  LPC_TMR32B1->CCR |= (1 << 2) | (1 << 1);      //--- 允许捕获中断,下降沿捕获 ---
  LPC_TMR32B1->TCR = 1;                         //--- 32位定时器1启动 ---
  NVIC_EnableIRQ(TIMER_32_1_IRQn);              //--- 使能32位定时器1的中断 ---
}
void TIMER32_1_IRQHandler(void)                 //--- 32位定时器1的中断函数 ---
{
  if(0 != (LPC_TMR32B1->IR & (1 << 4)))
    {
    LPC_TMR32B1->IR |= (1 << 4);
    fCnt = LPC_TMR32B1->CR0;
    LPC_TMR32B1->TC = 0;
    flag = 1;
    }
}
```

```
//--- ENCODER MOTOR Drive ---
#define Q1(x)    ((x)?(LPC_GPIO0->DATA |= (1 << 6)):(LPC_GPIO0->DATA &=~(1 << 6)))
#define Q7(x)    ((x)?(LPC_GPIO0->DATA |= (1 << 7)):(LPC_GPIO0->DATA &=~(1 << 7)))
//--- PID ---
float now = 0;                              //--- 本次采样值 ---
float bef = 0;                              //--- 上次采样值 ---
float bbef = 0;                             //--- 上上次采样值 ---
float err_now;                              //--- 当前偏差 ---
float err_bef;                              //--- 上次偏差 ---
float err_bbef;                             //--- 上上次偏差 ---
float error_add = 0;                        //--- 所有偏差之和 ---
float set = 90;                             //--- 设定值(脉冲数每秒) ---
float kp = 20;//25;
float ki = 20;//25;
float kd = 0;
int tpwm = 1;
unsigned char numstr[] = {"0000"};
unsigned char tpwmstr[] = {"-00000"};
int PID(void)                               //--- 增量式 PID ---
{
int change,i,j;
err_now = set - now;
err_bef = set - bef;
err_bbef = set - bbef;
change = kp * (err_now - err_bef) + ki * err_now + kd * (err_now - 2 * err_bef + err_bbef);
if(change > 0)LCD_Write_Char(1,10,'+');
else if(change < 0)LCD_Write_Char(1,10,'-');
else if(change == 0)LCD_Write_Char(1,10,' ');
  for(i=0;i<4;i++)numstr[i] = ' ';
  j = abs(change);
  i = 3;
  while(j)
    {
     numstr[i--] = j % 10 +'0';
     j /= 10;
    }
  LCD_Write_String(1,11,numstr);
return(change);
}
unsigned char str1[] = {"P:   S:   PS:   "};
unsigned char str2[] = {"TPWM:          "};
void LCD_DisplayNum(int x,int y,int val)
{
  int i;
  int m,nflag;
  unsigned char buff[6 + 1];
```

```
  nflag = 0;
  if(val < 0)nflag = 1;
  val = abs(val);
  for(i=0;i<sizeof(buff);i++)buff[i] = ' ';
  buff[sizeof(buff) - 1] = '\0';
  i = sizeof(buff) - 2;
  while(val)
    {
      buff[i--] = val % 10 + '0';
      val /= 10;
      if(0 == i)break;
    }
  if(nflag)buff[i--] = '-';
  for(m=0;m<=i;m++)
    {
      for(nflag=1;nflag<sizeof(buff);nflag++)buff[nflag-1] = buff[nflag];
    }
  LCD_Write_String(x,y,buff);
}
#define    K1   (LPC_GPIO3->DATA & (1 << 0))
#define    K2   (LPC_GPIO3->DATA & (1 << 1))
#define    K3   (LPC_GPIO3->DATA & (1 << 2))
#define    K4   (LPC_GPIO3->DATA & (1 << 3))
int K1_Cnt,K2_Cnt,K3_Cnt,K4_Cnt;
int main (void)
{
  int m;
  float f;
  LPC_SYSCON->SYSAHBCLKCTRL |= (1 << 16);
  LPC_IOCON->PIO0_8 |= (2 << 0);   //--- 设置 PIO0_8 为 CT16B0_MAT0 功能 ---
  LPC_IOCON->PIO0_9 |= (2 << 0);    //--- 设置 PIO0_9 为 CT16B0_MAT1 功能 ---
  CT16B0_PWM_Init();
  LPC_IOCON->R_PIO1_0 |= (3 << 0);  //--- 设置 PIO1_0 为 CT32B1_CAP0 功能 ---
  CT32B1_CAP_Init();
  LPC_GPIO0->DIR |= (3 << 6);
  Q1(0);
  Q7(1);
  LPC_GPIO2->DIR = 0xFFF;
  LCD_Init();
  LCD_Write_String(0,0,str1);
  LCD_Write_String(1,0,str2);
  while(1)
    {
      if(0 == K1)set ++;
      if(0 == K2)set --;
      if(0 == K3)kp ++;
```

```
    if(0 == K4)kp --;
    if(0 != flag)
      {
        flag = 0;
        //--- 将计数值转换为频率值(浮点型) ---
        f = fCnt;
        f = SystemCoreClock / f;    //--- 计算出当前转速 ---
        bbef = bef;
        bef = now;
        now = f;                            //--- 保存当前采样值 ---
        LCD_Write_String(1,0,str2);
        tpwm = PID();
        LCD_DisplayNum(1,5,tpwm);
        f = tpwm;
        f /= 10000;
        if(f < 0) f = 0.5 - f;
        f = 1 - f;
        LPC_TMR16B0->MR0 = (int)(MR3_T * (f));
        m = fCnt;
        f = m;
        f = SystemCoreClock / f;
        m = (int)f;
        LCD_Write_String(0,0,str1);
        LCD_DisplayNum(0,13,m);
        LCD_DisplayNum(0,2,kp);
        LCD_DisplayNum(0,7,set);
      }
  }
}
```

4. 小结

本实例展示如何利用PID的一些基本算法实现闭环控制系统。程序中涉及到的内容如下：

（1）直流电动机的编码速度的获取，本实例通过 32 位定时器 1 的输入捕获功能测量方波信号的周期来测量电机的转速。

（2）增量式 PID 算法的实现，通过计算当前采样值和上次采样值的差值来控制 16 位定时器 0 的 PWM 占空比来调节直流电动机转速的快慢。

3.14　带温度测量的 64×16 点阵 LED 数字钟设计实例

1. 项目要求

利用 LPC1343 微控制器、数字温度传感器 DS18B20、DS1302 时钟芯片、16 片 8×8 点阵 LED 模块和若干按键等材料设计并制作一个 64×16 点阵 LED 显示屏，实现的功能如下：

（1）显示日期、时间和农历信息。

（2）显示环境 温度信息。

（3）显示效果为从左到右滚动显示，翻页效果显示数字变化。

（4）可设置日期和时间。

2. 硬件电路

硬件电路原理图如图 3-18 示。

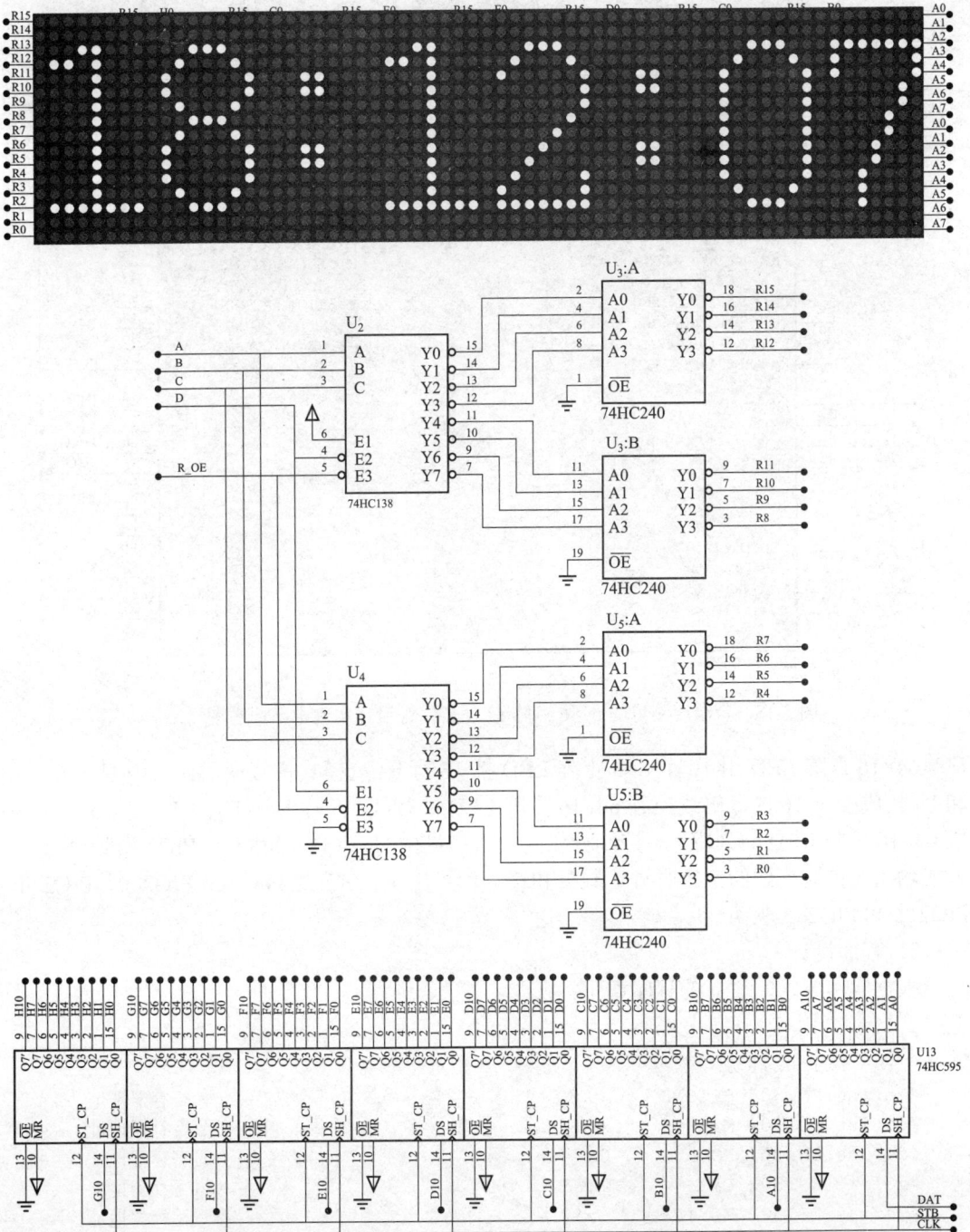

图 3-18　带温度测量的 64X16 点阵 LED 数字钟设计实例电路原理图（一）

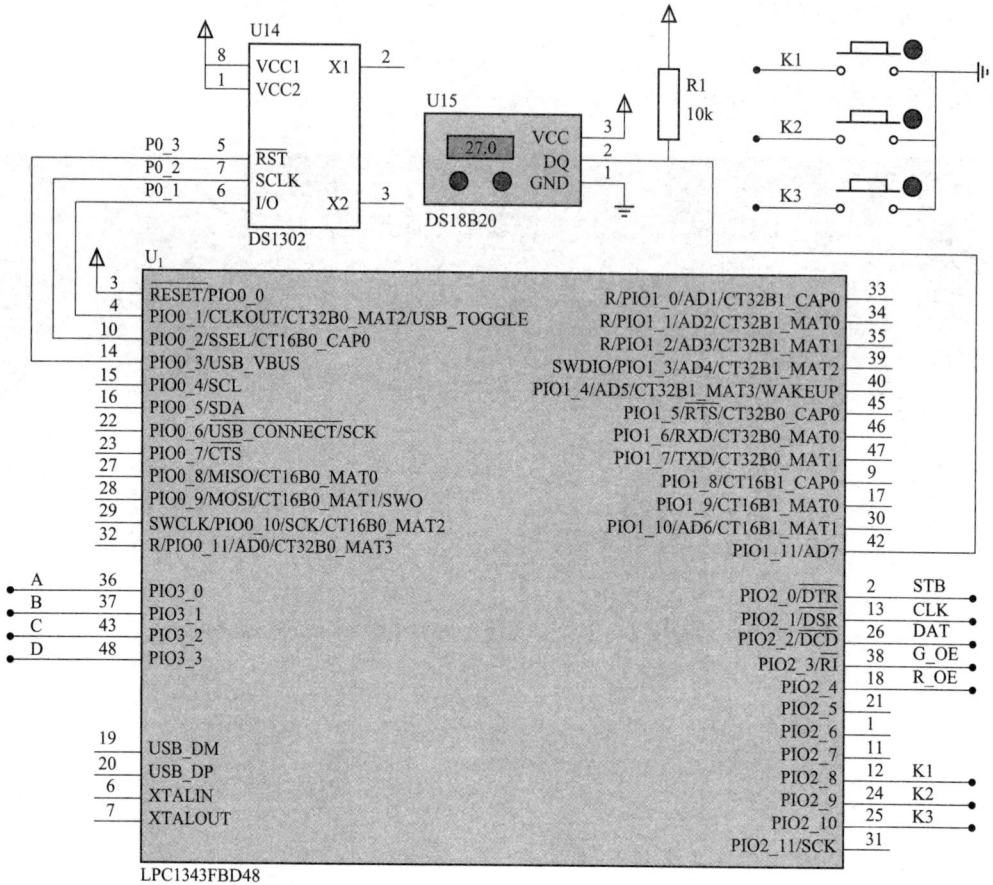

图 3-18 带温度测量的 64×6 点阵 LED 数字钟设计实例电路原理图（二）

64×16 点阵 LED 用 16 个 8×8 点阵 LED 按 16 行 64 列模式拼接而成。其中 U$_2$、U$_3$、U$_4$ 和 U$_5$ 构成 4 对 16 的译码线控制 64×16 点阵 LED 的行线，8 片 U$_6$～U$_{13}$（74HC595）级联构成 64×16 点阵 LED 的列驱动。控制行线的译码信号由 U$_1$（LPC1343）的 PIO3 引脚以二进制方式输出。控制列线的串行时钟、数据和锁存信号由 U$_1$（LPC1343）的 PIO2_0、PIO2_1、PIO2_2 和 PIO2_3 驱动。

3. 程序设计

根据实例要求，设计的程序如下：

```
#include <LPC13xx.h>
//--- DS1302 驱动程序 ---
#define DS1302_SECOND    0x80          //--- 秒寄存器地址 ---
#define DS1302_MINUTE    0x82          //--- 分寄存器地址 ---
#define DS1302_HOUR      0x84          //--- 时寄存器地址 ---
#define DS1302_DAY       0x86          //--- 日寄存器地址 ---
#define DS1302_MONTH     0x88          //--- 月寄存器地址 ---
#define DS1302_WEEK      0x8a          //--- 星期寄存器地址 ---
#define DS1302_YEAR      0x8c          //--- 年寄存器地址 ---
#define DS1302_CONTROL   0x8e          //--- 控制寄存器地址 ---
```

```
#define DS1302_CHARGE     0x90
#define DS1302_CLKBURST   0xbe
#define RST_DIR(x)  ((x)?(LPC_GPIO0->DIR |= (1 << 3)):(LPC_GPIO0->DIR &=~
(1 << 3)))
#define RST(x)        ((x)?(LPC_GPIO0->DATA |= (1 << 3)):(LPC_GPIO0->DATA &=~
(1 << 3)))
#define SCK_DIR(x)  ((x)?(LPC_GPIO0->DIR |= (1 << 2)):(LPC_GPIO0->DIR &=~
(1 << 2)))
#define SCK(x)        ((x)?(LPC_GPIO0->DATA |= (1 << 2)):(LPC_GPIO0->DATA &=~
(1 << 2)))
#define DIO_DIR(x)  ((x)?(LPC_GPIO0->DIR |= (1 << 1)):(LPC_GPIO0->DIR &=~
(1 << 1)))
#define DIO(x)        ((x)?(LPC_GPIO0->DATA |= (1 << 1)):(LPC_GPIO0->DATA &=~
(1 << 1)))
#define DIO_PIN       (LPC_GPIO0->DATA & (1 << 1))
typedef struct                              //--- 日期时间结构体定义 ---
{
  unsigned char Year;
  unsigned char Month;
  unsigned char Day;
  unsigned char Week;
  unsigned char Hour;
  unsigned char Minute;
  unsigned char Second;
}DATE_TIME_STRUCT;
void Ds1302_Write_Byte(char addr, char d)  //--- DS1302 字节写操作函数 ---
{
  long i;
  RST(1);                                   //--- RST = 1 ---
  addr = addr & 0xFE;                       //--- bit0->0 ---
  DIO_DIR(1);                               //--- DIO 引脚置输出 ---
  for(i=0;i<8;i++)
    {
      if(addr & 0x01)DIO(1);else DIO(0);    //--- 写引脚电平 ---
      SCK(1);SCK(0);                        //--- 产生 SCK 脉冲 ---
      addr >>= 1;
    }
  for(i=0;i<8;i++)
    {
      if (d & 0x01)DIO(1);else DIO(0);      //--- 写引脚电平 ---
      SCK(1);SCK(0);                        //--- 产生 SCK 脉冲 ---
      d >>= 1;
    }
  RST(0);                                   //--- RST = 0 ---
  DIO_DIR(0);                               //--- DIO 引脚置输入 ---
}
unsigned char Ds1302_Read_Byte(char addr)  //--- DS1302 字节读操作函数 ---
{
  long i;
```

```
  unsigned char temp = 0;
  RST(1);                                           //--- RST = 1 ---
  addr = addr | 0x01;                               //--- bit0->1 ---
  DIO_DIR(1);                                        //--- DIO 引脚置输出 ---
  for(i=0;i<8;i++)
    {
      if(addr & 0x01)DIO(1);else DIO(0);            //--- 写引脚电平 ---
      SCK(1);SCK(0);                                 //--- 产生 SCK 脉冲 ---
      addr >>= 1;
    }
  DIO_DIR(0);                                        //--- DIO 引脚置输入 ---
  for(i=0;i<8;i++)
    {
      temp >>= 1;
      SCK(1);                                        //--- SCK = 1 ---
      if (DIO_PIN)temp |= 0x80;else temp &= 0x7F;   //--- 读引脚电平 ---
      SCK(0);                                        //--- SCK = 0 ---
    }
  RST(0);                                            //--- RST = 0 ---
  DIO_DIR(0);                                        //--- DIO 引脚置输入 ---
  return temp;
}
void Ds1302_Write_Time(DATE_TIME_STRUCT *pDateTime) //--- DS1302 写日期时间函数 ---
{
  Ds1302_Write_Byte(DS1302_CONTROL,0x00);              //--- 关闭写保护 ---
  Ds1302_Write_Byte(DS1302_SECOND,0x80);               //--- 暂停 ---
  //Ds1302_Write_Byte(DS1302_CHARGE,0xa9);             //--- 涓流充电 ---
  Ds1302_Write_Byte(DS1302_YEAR,pDateTime->Year);   //--- 年 ---
  Ds1302_Write_Byte(DS1302_MONTH,pDateTime->Month); //--- 月 ---
  Ds1302_Write_Byte(DS1302_DAY,pDateTime->Day);     //--- 日 ---
  Ds1302_Write_Byte(DS1302_WEEK,pDateTime->Week);   //--- 周 ---
  Ds1302_Write_Byte(DS1302_HOUR,pDateTime->Hour);   //--- 时 ---
  Ds1302_Write_Byte(DS1302_MINUTE,pDateTime->Minute); //--- 分 ---
  Ds1302_Write_Byte(DS1302_SECOND,pDateTime->Second); //--- 秒 ---
  Ds1302_Write_Byte(DS1302_WEEK,pDateTime->Week);   //--- 周 ---
  Ds1302_Write_Byte(DS1302_CONTROL,0x80);              //--- 打开写保护 ---
}
void Ds1302_Read_Time(DATE_TIME_STRUCT *pDateTime)
                                            //--- DS1302 读日期时间函数 ---
{
  pDateTime->Year = Ds1302_Read_Byte(DS1302_YEAR); //--- 年 ---
  pDateTime->Month = Ds1302_Read_Byte(DS1302_MONTH); //--- 月 ---
  pDateTime->Day = Ds1302_Read_Byte(DS1302_DAY);    //--- 日 ---
  pDateTime->Hour = Ds1302_Read_Byte(DS1302_HOUR); //--- 时 ---
  pDateTime->Minute = Ds1302_Read_Byte(DS1302_MINUTE); //--- 分 ---
  pDateTime->Second = (Ds1302_Read_Byte(DS1302_SECOND))&0x7F;  //--- 秒 ---
  pDateTime->Week = Ds1302_Read_Byte(DS1302_WEEK); //--- 周 ---
}
//--- 显示 0～9 数字及字母(8X16)和相关汉字(16X16)的字库 ---
```

```
const unsigned char ZIMO[][16] =
{//--- 按行排列 ---
0x00,0x00,0x1C,0x22,0x41,0x41,0x41,0x41,0x41,0x41,0x41,0x22,0x1C,0x00,0x00,
//"0",0
0x00,0x00,0x18,0x68,0x08,0x08,0x08,0x08,0x08,0x08,0x08,0x08,0x08,0x7F,0x00,0x00,
//"1",1
0x00,0x00,0x1C,0x22,0x41,0x01,0x01,0x02,0x04,0x08,0x10,0x21,0x41,0x7F,0x00,0x00,
//"2",2
0x00,0x00,0x3C,0x42,0x01,0x01,0x02,0x0C,0x02,0x01,0x01,0x01,0x42,0x3C,0x00,0x00,
//"3",3
0x00,0x00,0x02,0x06,0x06,0x0A,0x12,0x12,0x22,0x42,0x7F,0x02,0x02,0x0F,0x00,0x00,
//"4",4
0x00,0x00,0x7E,0x40,0x40,0x40,0x7C,0x42,0x01,0x01,0x01,0x01,0x42,0x3C,0x00,0x00,
//"5",5
0x00,0x00,0x07,0x18,0x20,0x20,0x40,0x5C,0x62,0x41,0x41,0x41,0x22,0x1C,0x00,0x00,
//"6",6
0x00,0x00,0x7F,0x41,0x41,0x02,0x02,0x04,0x04,0x08,0x08,0x10,0x10,0x10,0x00,0x00,
//"7",7
0x00,0x00,0x1C,0x22,0x41,0x41,0x22,0x1C,0x22,0x41,0x41,0x41,0x22,0x1C,0x00,0x00,
//"8",8
0x00,0x00,0x1C,0x22,0x41,0x41,0x41,0x23,0x1D,0x01,0x02,0x02,0x0C,0x70,0x00,0x00,
//"9",9
0x00,0x00,0x00,0x00,0x00,0x00,0x00,0x00,0x00,0x00,0x00,0x00,0x00,0x00,0x00,0x00,
//" ",10
0x00,0x00,0x00,0x00,0x18,0x18,0x00,0x00,0x00,0x18,0x18,0x00,0x00,0x00,0x00,0x00,
//":",11
0x00,0x00,0x00,0x00,0x00,0x00,0x00,0x7E,0x00,0x00,0x00,0x00,0x00,0x00,0x00,0x00,
//"-",12
};
//--- 64X16 点阵 LED 驱动程序段 ---
#define H_PORT  LPC_GPIO3->DATA
#define DAT(x) ((x)?(LPC_GPIO2->DATA |= (1 << 2)):(LPC_GPIO2->DATA &=~(1 << 2)))
#define CLK(x) ((x)?(LPC_GPIO2->DATA |= (1 << 1)):(LPC_GPIO2->DATA &=~(1 << 1)))
#define STB(x) ((x)?(LPC_GPIO2->DATA |= (1 << 0)):(LPC_GPIO2->DATA &=~(1 << 0)))
#define R_OE(x) ((x)?(LPC_GPIO2->DATA |= (1 << 4)):(LPC_GPIO2->DATA &=~(1 << 4)))
#define G_OE(x) ((x)?(LPC_GPIO2->DATA |= (1 << 3)):(LPC_GPIO2->DATA &=~(1 << 3)))
unsigned char LEDBuffer[16][8 + 1];         //--- 64X16 点阵 LED 显示缓冲区 ---
unsigned char LEDPointer;                   //--- 64X16 点阵 LED 行扫索引变量 ---
void HC595_SendData(unsigned char dat)      //--- 列驱动函数 ---
{
  int i;
  for(i=0;i<8;i++)
   {
     if(dat & 0x80)DAT(1);else DAT(0);      //--- 写引脚电平 ---
     CLK(1);CLK(0);                         //--- 产生 CLK 脉冲 ---
     dat <<= 1;
   }
}
void SysTick_Handler(void)                  //--- 节拍定时器 SysTick 中断函数 ---
```

```c
{//--- 64X16 行扫驱动程序 ---
  int i;
  for(i=0;i<8;i++)
    HC595_SendData(~LEDBuffer[LEDPointer][i]);        //--- 送列数据 ---
  H_PORT = LEDPointer;                                //--- 送行数据 ---
  STB(1);STB(0);                                      //--- 锁存输出 ---
  if(++LEDPointer == 16)LEDPointer = 0;
}
//--- 从右向左移数据处理程序段 ---
int ShiftBitCnt;
void ShiftRightToLeft_OneBit(int *pCnt)
{
  int i,j;
  unsigned char temp;
  for(i=0;i<16;i++)
    {
      for(j=0;j<8;j++)
        {
          LEDBuffer[i][j] <<= 1;
          if(LEDBuffer[i][j+1] & 0x80)temp = 1;else temp = 0;
          LEDBuffer[i][j] |= temp;
        }
      LEDBuffer[i][j] <<= 1;
    }
  if(++*pCnt>= 8)*pCnt = 0;
}
//--- 需要显示的内容缓冲区 ---
unsigned char Buffer[] =
{
  10,10,10,10,10,10,10,10,
  2,0,1,8,                                            //--- 10,11,年 ---
  12,                                                 //--- 12,- ---
  0,6,                                                //--- 13,14,月 ---
  12,                                                 //--- 15,- ---
  1,1,                                                //--- 16,17,日 ---
  10,10,
  1,1,                                                //--- 20,21,时 ---
  11,                                                 //--- 22,: ---
  4,1,                                                //--- 23,24,分 ---
  11,                                                 //--- 25,: ---
  3,6,                                                //--- 26,27,秒 ---
  10,
};
int BufferIndex;                                      //--- 显示内容的索引变量 ---
int RunStopFlag;                                      //--- 控制是否滚动显示 ---
int PageEnable;                                       //--- 控制哪个要翻页显示 ---
int PageCnt;                                          //--- 控制翻页多少次 ---
#define   K1  (LPC_GPIO2->DATA & (1 << 8))            //--- K1 按键宏定义 ---
#define   K2  (LPC_GPIO2->DATA & (1 << 9))            //--- K2 按键宏定义 ---
```

```
#define   K3  (LPC_GPIO2->DATA & (1 << 10))      //--- K3 按键宏定义 ---
int K1_Cnt,K2_Cnt,K3_Cnt;
//--- 全局变量 ---
DATE_TIME_STRUCT DateTime;                        //--- 日期时间结构体变量 ---
int JustIndex,UpDownFlag;                         //--- 设置索引变量 ---
void PageDisplay(unsigned char *ptr,int flag)     //--- 上翻下翻函数 ---
{
  int i,j,k,m;
  for(m=0;m<8;m++)
   {
     if(0 != (PageEnable & (1 << m)))
       {
          PageEnable &=~(1 << m);
          for(i=0;i<16;i++)
            {
              if(0 == flag)                        //--- 上翻操作 ---
                {
                   for(j=1;j<16;j++)LEDBuffer[j - 1][m] = LEDBuffer[j][m];
                   LEDBuffer[15][m] = ZIMO[*(ptr+m)][i];
                }
              else                                 //--- 下翻操作 ---
                {
                   for(j=15;j>0;j--)LEDBuffer[j][m] = LEDBuffer[j - 1][m];
                   LEDBuffer[0][m] = ZIMO[*(ptr+m)][15 - i];
                }
              for(k=0;k<10000;k++);                //--- 简短延时 ---
            }
       }
   }
}
void GetDateTime(void)                            //--- 获取日期和时间函数 ---
{
  Ds1302_Read_Time(&DateTime);
  Buffer[10] = DateTime.Year / 16;
  Buffer[11] = DateTime.Year % 16;
  Buffer[13] = DateTime.Month / 16;
  Buffer[14] = DateTime.Month % 16;
  Buffer[16] = DateTime.Day / 16;
  Buffer[17] = DateTime.Day % 16;
  if(Buffer[20] != (DateTime.Hour / 16))PageEnable |= 0x01;
  Buffer[20] = DateTime.Hour / 16;
  if(Buffer[21] != (DateTime.Hour % 16))PageEnable |= 0x02;
  Buffer[21] = DateTime.Hour % 16;
  if(Buffer[23] != (DateTime.Minute / 16))PageEnable |= 0x08;
  Buffer[23] = DateTime.Minute / 16;
  if(Buffer[24] != (DateTime.Minute % 16))PageEnable |= 0x10;
  Buffer[24] = DateTime.Minute % 16;
  if(Buffer[26] != (DateTime.Second / 16))PageEnable |= 0x40;
  Buffer[26] = DateTime.Second / 16;
```

```
   if(Buffer[27] != (DateTime.Second % 16))PageEnable |= 0x80;
   Buffer[27] = DateTime.Second % 16;
}
void DisplaySelectContext(int index,unsigned char *ptr)
                                        //--- 设置操作的显示函数 ---
{
  int i,j;
  for(i=0;i<8;i++)
    for(j=0;j<16;j++)LEDBuffer[j][i] = ZIMO[*(ptr + i)][j];
  for(i=0;i<2;i++)
    for(j=0;j<16;j++)
      {
        if(index < 4)LEDBuffer[j][i + (index-1)*3] = ~ZIMO[*(ptr+i+(index-1)*3)][j];
        else LEDBuffer[j][i + (index-4)*3] = ~ZIMO[*(ptr+ i + (index-4)*3)][j];
      }
}
void ChangeValue(unsigned char *ptr, unsigned char *pd,int *pg,int index)
{
  if(index < 4)
    {
      if(*(ptr + (index - 1) * 3) != (*pd / 16))*pg |= (1 << ((index - 1) * 3));
      *(ptr + (index - 1) * 3) = *pd / 16;
      if(*(ptr + (index - 1) * 3 + 1) != (*pd % 16))*pg |= (1 << ((index - 1) * 3 + 1));
      *(ptr + (index - 1) * 3 + 1) = *pd % 16;
    }
  else
    {
      if(*(ptr + (index - 4) * 3) != (*pd / 16))*pg |= (1 << ((index - 4) * 3));
      *(ptr + (index - 4) * 3) = *pd / 16;
      if(*(ptr + (index - 4) * 3 + 1) != (*pd % 16))*pg |= (1 << ((index - 4) * 3 + 1));
      *(ptr + (index - 4) * 3 + 1) = *pd % 16;
    }
}
int msCnt;                              //--- 计数变量 ---
int main (void)                         //--- main 主程序 ---
{
  int i,j,m;
  LPC_GPIO2->DIR = 0xFF;
  LPC_GPIO2->DATA = 0x00;
  LPC_GPIO3->DIR = 0xF;
  SysTick_Config(SystemCoreClock / 5000);  //--- 初始化 SysTick 定时 0.2ms ---
  RST_DIR(1);
  RST(0);
  SCK_DIR(1);
  SCK(0);
  DIO_DIR(0);
  Ds1302_Read_Time(&DateTime);
  if(0 == (DateTime.Day + DateTime.Week))
    {
```

```
      DateTime.Year = 0x18;
      DateTime.Month = 0x05;
      DateTime.Day = 0x11;
      DateTime.Week = 0x05;
      DateTime.Hour = 0x12;
      DateTime.Minute = 0x40;
      DateTime.Second = 0x30;
      Ds1302_Write_Time(&DateTime);
    }
  for(i=0;i<8;i++)
    for(j=0;j<16;j++)LEDBuffer[j][i] = ZIMO[Buffer[i]][j];
  BufferIndex = i;
  JustIndex = 0;
  while(1)
    {
      msCnt ++;
      if(0 == (msCnt % 5000))                    //--- 0.1s 秒的定时时间到 ---
        {
          if(0 == JustIndex)                     //--- 不在设置状态下 ---
            {
              if(0 == RunStopFlag)               //--- 滚动显示模式下 ---
                {
                  ShiftRightToLeft_OneBit(&ShiftBitCnt);
                  if(0 == ShiftBitCnt)
                    {
                      for(i=0;i<16;i++)LEDBuffer[i][8]                      =
ZIMO[Buffer[BufferIndex]][i];
                      if(++BufferIndex >= sizeof(Buffer))BufferIndex = 0;
                      if(0 == BufferIndex){RunStopFlag = 1;PageEnable = 0;}
                    }
                }
              else                               //--- 翻页模式下 ---
                {
                  if(0 != PageEnable)            //--- 若有数字变动则翻页显示 ---
                    {
                      PageDisplay(&Buffer[20],0);
                      if(++PageCnt >= 5){PageCnt = 0;RunStopFlag = 0;}
                    }
                }
            }
          else                                   //--- 设置状态下 ---
            {
              if(JustIndex < 4)                  //--- 设置日期状态下 ---
                {
                  if(0 != PageEnable)PageDisplay(&Buffer[10],UpDownFlag);
                }
              else                               //--- 设置时间状态下 ---
                {
                  if(0 != PageEnable)PageDisplay(&Buffer[20],UpDownFlag);
```

```
                  }
                }
              }
          if(msCnt >= 100000)
            {
              msCnt = 0;
              if(0 == JustIndex)GetDateTime();
            }
          if((0 == K1) && (999999 != K1_Cnt) && (++K1_Cnt > 10))
            {                                    //--- K1 功能键 ---
              if(0 == K1)
                {
                  K1_Cnt = 999999;
                  if(++JustIndex >= 7)
                    {
                      JustIndex = 0;
                      Ds1302_Write_Time(&DateTime);
                      BufferIndex = 0;
                    }
                  GetDateTime();
                  PageEnable = 0;
                  if(JustIndex > 0)
                    {
                      if(JustIndex < 4)DisplaySelectContext(JustIndex,&Buffer[10]);
                      else DisplaySelectContext(JustIndex,&Buffer[20]);
                    }
                }
            }
          else if(0 != K1)K1_Cnt = 0;
          if((0 == K2) && (999999 != K2_Cnt) && (++K2_Cnt > 10))
            {                                    //--- K2 加1 ---
              if(0 == K2)
                {
                  K2_Cnt = 999999;
                  UpDownFlag = 0;
                  switch(JustIndex)
                    {
                      case 1:
                        m = (DateTime.Year / 16) * 10 + DateTime.Year % 16;
                        if(++m >= 100)m = 0;
                        DateTime.Year = (m / 10) * 16 + (m % 10);
                      ChangeValue(&Buffer[10],&DateTime.Year,&PageEnable,JustIndex);
                        break;
                      case 2:
                        m = (DateTime.Month / 16) * 10 + DateTime.Month % 16;
                        if(++m >= 13)m = 1;
                        DateTime.Month = (m / 10) * 16 + (m % 10);
                      ChangeValue(&Buffer[10],&DateTime.Month,&PageEnable,JustIndex);
                        break;
```

```
         case 3:
           m = (DateTime.Day / 16) * 10 + DateTime.Day % 16;
           if(++m >= 32)m = 1;
           DateTime.Day = (m / 10) * 16 + (m % 10);
         ChangeValue(&Buffer[10],&DateTime.Day,&PageEnable,JustIndex);
           break;
         case 4:
           m = (DateTime.Hour / 16) * 10 + DateTime.Hour % 16;
           if(++m >= 24)m = 0;
           DateTime.Hour = (m / 10) * 16 + (m % 10);
        ChangeValue(&Buffer[20],&DateTime.Hour,&PageEnable,JustIndex);
           break;
         case 5:
           m = (DateTime.Minute / 16) * 10 + DateTime.Minute % 16;
           if(++m >= 60)m = 0;
           DateTime.Minute = (m / 10) * 16 + (m % 10);
       ChangeValue(&Buffer[20],&DateTime.Minute,&PageEnable,JustIndex);
           break;
         case 6:
           m = (DateTime.Second / 16) * 10 + DateTime.Second % 16;
           if(++m >= 60)m = 0;
           DateTime.Second = (m / 10) * 16 + (m % 10);
       ChangeValue(&Buffer[20],&DateTime.Second,&PageEnable,JustIndex);
           break;
       }
     }
   }
else if(0 != K2)K2_Cnt = 0;
if((0 == K3) && (999999 != K3_Cnt) && (++K3_Cnt > 10))
   {                                        //--- K3 减 1 ---
   if(0 == K3)
     {
       K3_Cnt = 999999;
       UpDownFlag = 1;
       switch(JustIndex)
         {
           case 1:
             m = (DateTime.Year / 16) * 10 + DateTime.Year % 16;
             if(--m < 0)m = 99;
             DateTime.Year = (m / 10) * 16 + (m % 10);
            ChangeValue(&Buffer[10],&DateTime.Year,&PageEnable,JustIndex);
             break;
           case 2:
             m = (DateTime.Month / 16) * 10 + DateTime.Month % 16;
             if(--m <= 0)m = 12;
             DateTime.Month = (m / 10) * 16 + (m % 10);
           ChangeValue(&Buffer[10],&DateTime.Month,&PageEnable,JustIndex);
             break;
           case 3:
```

```
        m = (DateTime.Day / 16) * 10 + DateTime.Day % 16;
        if(--m <= 0)m = 31;
        DateTime.Day = (m / 10) * 16 + (m % 10);
    ChangeValue(&Buffer[10],&DateTime.Day,&PageEnable,JustIndex);
        break;
     case 4:
        m = (DateTime.Hour / 16) * 10 + DateTime.Hour % 16;
        if(--m < 0)m = 23;
        DateTime.Hour = (m / 10) * 16 + (m % 10);
    ChangeValue(&Buffer[20],&DateTime.Hour,&PageEnable,JustIndex);
        break;
     case 5:
        m = (DateTime.Minute / 16) * 10 + DateTime.Minute % 16;
        if(--m < 0)m = 59;
        DateTime.Minute = (m / 10) * 16 + (m % 10);
    ChangeValue(&Buffer[20],&DateTime.Minute,&PageEnable,JustIndex);
        break;
     case 6:
        m = (DateTime.Second / 16) * 10 + DateTime.Second % 16;
        if(--m < 0)m = 59;
        DateTime.Second = (m / 10) * 16 + (m % 10);
    ChangeValue(&Buffer[20],&DateTime.Second,&PageEnable,JustIndex);
        break;
     }
    }
   }
   else if(0 != K3)K3_Cnt = 0;
  }
 }
```

4. 小结

本实例展示了如何利用 LPC1343 直接驱动 64×16 点阵 LED 的显示屏,并实现移动显示、翻页显示等显示方式。涉及的主要程序描述如下:

(1) 64×16 点阵 LED 的驱动,由 SysTick 节拍定时器每 0.2ms 执行一次 SysTick_Handler 节拍中断函数实现。

(2) 从右到向左移动显示效果通过 ShiftRightToLeft_OneBit 函数实现,由于是行扫描驱动方式,所以需要整体将 LEDBuffer 的内容左移一位。

(3) 翻页显示通过 PageDisplay 函数实现,若是上翻则将 LEDBuffer 某些段的数据整体上移 1 位,小段延时后,继续上移 1 位,总共进行 16 次的上移;若是下翻则将 LEDBuffer 某些段的数据整体下移 1 位,小段延时后,继续下移 1 位,总共进行 16 次的下移。

(4) 程序中定义的 Buffer 缓冲区和 LEDBuffer 缓冲区是有区别的,Buffer 数组是用于决定要显示的字符,而 LEDBuffer 数组是用于决定显示字符的点阵数据;

(5) DS1302 的驱动程序设计。

(6) GetDateTime 函数实现从 DS1302 器件中读取日期和时间信息。

(7) 在 while (1) 无限循环体中,根据 JustIndex 变量、RunStopFlag 变量来决定当前是处于设置/显示模式和移动/翻页显示。

3.15 简易波形显示设计实例

1. 项目要求

利用 LPC1343 内置的 A/D 转换器、定时器等资源实现一个可以测量信号的波形，并通过 128×64 图形点阵 LCD 模块显示，功能如下：

（1）128×64 图形点阵 LCD 显示信号的波形。

（2）具有背景网格显示。

（3）横坐标的时间轴可在 10μs～10ms 调节。

（4）纵坐标的波形幅度可放大和缩小。

2. 硬件电路

硬件电路原理图如图 3-19 所示。

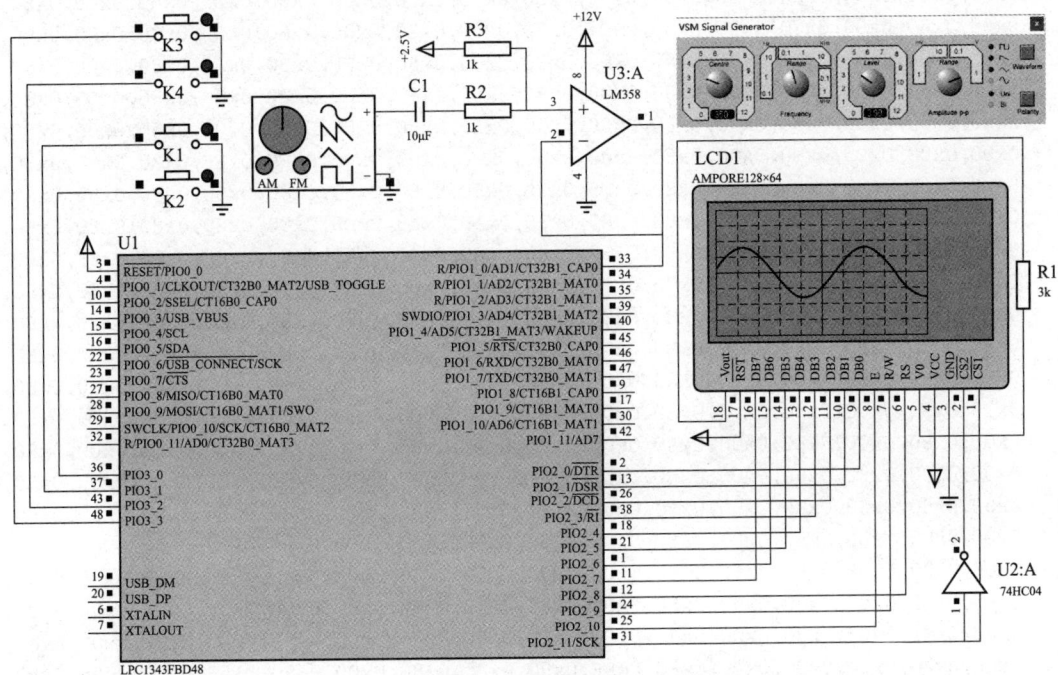

图 3-19　简易波形显示设计实例电路原理图

U₁（LPC1343）的 PIO2 端口连接到 128×64 图形点阵 LCD 模块的数据和控制引脚，驱动 LCD 的 CS1 和 CS2 引脚是通过 PIO2_11 引脚及经过 74HC04 反相驱动。外部输入的信号经过 C1 耦合电容和 R₂ 到 U₃（LM358）的正端输入引脚，2.5V 的参考电平也加到 U₃ 的正输入端，经过 U₃ 的跟随输出到 U₁ 的 PIO1_0/AD1 引脚上，实现模拟量的输入。按键 K1～K4 分别连接到 U₁ 的 PIO3_0～PIO3_3 引脚上。

3. 程序设计

根据实例要求，设计的程序如下：

```
#include <LPC13xx.h>
//--- 网格显示定义 ---
```

```
const unsigned char Grid[8][100] =
{// (100 X 64 )
0xFF,0x81,0x01,0x81,0x01,0x81,0x01,0x81,0x01,0x81,0xD5,0x81,0x01,0x81,0x01,0x81,
0x01,0x81,0x01,0x81,0xD5,0x81,0x01,0x81,0x01,0x81,0x01,0x81,0x01,0x81,0xD5,0x81,
0x01,0x81,0x01,0x81,0x01,0x81,0x01,0x81,0xD5,0x81,0x01,0x81,0x01,0x81,0x01,0x81,
0x01,0x81,0xFF,0x81,0x01,0x81,0x01,0x81,0x01,0x81,0x01,0x81,0xD5,0x81,0x01,0x81,
0x01,0x81,0x01,0x81,0x01,0x81,0xD5,0x81,0x01,0x81,0x01,0x81,0x01,0x81,0x01,0x81,
0xD5,0x81,0x01,0x81,0x01,0x81,0x01,0x81,0x01,0x81,0xD5,0x81,0x01,0x81,0x01,0x81,
0x01,0x81,0x01,0xFF,0xFF,0x80,0x00,0x80,0x00,0x80,0x00,0x80,0x00,0x80,0xD5,0x80,
0x00,0x80,0x00,0x80,0x00,0x80,0x00,0x80,0xD5,0x80,0x00,0x80,0x00,0x80,0x00,0x80,
0x00,0x80,0xD5,0x80,0x00,0x80,0x00,0x80,0x00,0x80,0x00,0x80,0xD5,0x80,0x00,0x80,
0x00,0x80,0x00,0x80,0x00,0xFF,0xFF,0x80,0x00,0x80,0x00,0x80,0x00,0x80,0x00,0x80,
0xD5,0x80,0x00,0x80,0x00,0x80,0x00,0x80,0x00,0x80,0xD5,0x80,0x00,0x80,0x00,0x80,
0x00,0x80,0x00,0x80,0xD5,0x80,0x00,0x80,0x00,0x80,0x00,0x80,0x00,0x80,0xD5,0x80,
0x00,0x80,0x00,0x80,0x00,0x80,0x00,0xFF,0xFF,0x80,0x00,0x80,0x00,0x80,0x00,0x80,
0x00,0x80,0xD5,0x80,0x00,0x80,0x00,0x80,0x00,0x80,0x00,0x80,0xD5,0x80,0x00,0x80,
0x00,0x80,0x00,0x80,0x00,0x80,0xD5,0x80,0x00,0x80,0x00,0x80,0x00,0x80,0x00,0x80,
0xD5,0x80,0x00,0x80,0x00,0x80,0x00,0x80,0x00,0x80,0xFF,0x80,0x00,0x80,0x00,0x80,
0x00,0x80,0x00,0x80,0xD5,0x80,0x00,0x80,0x00,0x80,0x00,0x80,0x00,0x80,0xD5,0x80,
0x00,0x80,0x00,0x80,0x00,0x80,0x00,0x80,0xD5,0x80,0x00,0x80,0x00,0x80,0x00,0x80,
0x00,0x80,0xD5,0x80,0x00,0x80,0x00,0x80,0x00,0x80,0x00,0xFF,0xFF,0x80,0x80,0x80,
0x80,0x80,0x80,0x80,0x80,0x80,0xD5,0x80,0x80,0x80,0x80,0x80,0x80,0x80,0x80,0x80,
0xD5,0x80,0x80,0x80,0x80,0x80,0x80,0x80,0x80,0x80,0xD5,0x80,0x80,0x80,0x80,0x80,
0x80,0x80,0x80,0x80,0xD5,0x80,0x80,0x80,0x80,0x80,0x80,0x80,0x80,0x80,0xFF,0x80,
0x80,0x80,0x80,0x80,0x80,0x80,0x80,0x80,0xD5,0x80,0x80,0x80,0x80,0x80,0x80,0x80,
0x80,0x80,0xD5,0x80,0x80,0x80,0x80,0x80,0x80,0x80,0x80,0x80,0xD5,0x80,0x80,0x80,
0x80,0x80,0x80,0x80,0x80,0x80,0xD5,0x80,0x80,0x80,0x80,0x80,0x80,0x80,0x80,0xFF,
0xFF,0x80,0x00,0x80,0x00,0x80,0x00,0x80,0x00,0x80,0xD5,0x80,0x00,0x80,0x00,0x80,
0x00,0x80,0x00,0x80,0xD5,0x80,0x00,0x80,0x00,0x80,0x00,0x80,0x00,0x80,0xD5,0x80,
0x00,0x80,0x00,0x80,0x00,0x80,0x00,0x80,0xD5,0x80,0x00,0x80,0x00,0x80,0x00,0x80,
0x00,0x80,0xFF,0x80,0x00,0x80,0x00,0x80,0x00,0x80,0x00,0x80,0xD5,0x80,0x00,0x80,
0x00,0x80,0x00,0x80,0xD5,0x80,0x00,0x80,0x00,0x80,0x00,0x80,0x00,0x80,0x00,0x80,
0xD5,0x80,0x00,0x80,0x00,0x80,0x00,0x80,0x00,0x80,0xD5,0x80,0x00,0x80,0x00,0x80,
0x00,0x80,0x00,0xFF,0xFF,0x80,0x00,0x80,0x00,0x80,0x00,0x80,0x00,0x80,0xD5,0x80,
0x00,0x80,0x00,0x80,0x00,0x80,0x00,0x80,0xD5,0x80,0x00,0x80,0x00,0x80,0x00,0x80,
0x00,0x80,0xD5,0x80,0x00,0x80,0x00,0x80,0x00,0x80,0x00,0x80,0xD5,0x80,0x00,0x80,
0x00,0x80,0x00,0x80,0x00,0x80,0xFF,0x80,0x00,0x80,0x00,0x80,0x00,0x80,0x00,0x80,
0xD5,0x80,0x00,0x80,0x00,0x80,0x00,0x80,0x00,0x80,0xD5,0x80,0x00,0x80,0x00,0x80,
0x00,0x80,0x00,0x80,0xD5,0x80,0x00,0x80,0x00,0x80,0x00,0x80,0x00,0x80,0xD5,0x80,
0x00,0x80,0x00,0x80,0x00,0x80,0x00,0xFF,0xFF,0x80,0x00,0x80,0x00,0x80,0x00,0x80,
0x00,0x80,0xD5,0x80,0x00,0x80,0x00,0x80,0x00,0x80,0xD5,0x80,0x00,0x80,0x00,0x80,
0x00,0x80,0x00,0x80,0xD5,0x80,0x00,0x80,0x00,0x80,0x00,0x80,0x00,0x80,0x00,0x80,
0xD5,0x80,0x00,0x80,0x00,0x80,0x00,0x80,0x00,0x80,0xFF,0x80,0x00,0x80,0x00,0x80,
0x00,0x80,0x00,0x80,0xD5,0x80,0x00,0x80,0x00,0x80,0x00,0x80,0x00,0x80,0xD5,0x80,
0x00,0x80,0x00,0x80,0x00,0x80,0x00,0x80,0xD5,0x80,0x00,0x80,0x00,0x80,0x00,0x80,
0x00,0x80,0xD5,0x80,0x00,0x80,0x00,0x80,0x00,0x80,0x00,0xFF,0xFF,0x80,0x80,0x80,
0x80,0x80,0x80,0x80,0x80,0x80,0xD5,0x80,0x80,0x80,0x80,0x80,0x80,0x80,0x80,0x80,
0xD5,0x80,0x80,0x80,0x80,0x80,0x80,0x80,0x80,0x80,0xD5,0x80,0x80,0x80,0x80,0x80,
0x80,0x80,0x80,0x80,0xD5,0x80,0x80,0x80,0x80,0x80,0x80,0x80,0x80,0x80,0xFF,0x80,
0x80,0x80,0x80,0x80,0x80,0x80,0x80,0x80,0xD5,0x80,0x80,0x80,0x80,0x80,0x80,0x80,
0x80,0x80,0xD5,0x80,0x80,0x80,0x80,0x80,0x80,0x80,0x80,0x80,0xD5,0x80,0x80,0x80,
```

```
0x80,0x80,0x80,0x80,0x80,0x80,0xD5,0x80,0x80,0x80,0x80,0x80,0x80,0x80,0x80,0xFF,
};
//--- 128X64 图形点阵 LCD 模块 ---
#define LCD_CS(x)      ((x)?(LPC_GPIO2->DATA |= (1 << 11)):(LPC_GPIO2->DATA &=~
(1 << 11)))
#define LCD_DI(x)      ((x)?(LPC_GPIO2->DATA |= (1 << 8)):(LPC_GPIO2->DATA &=~
(1 << 8)))
#define LCD_RW(x)      ((x)?(LPC_GPIO2->DATA |= (1 << 9)):(LPC_GPIO2->DATA &=~
(1 << 9)))
#define LCD_EN(x)      ((x)?(LPC_GPIO2->DATA |= (1 << 10)):(LPC_GPIO2->DATA &=~
(1 << 10)))
#define LCD_PORT(x)  LPC_GPIO2->DATA = (LPC_GPIO2->DATA & 0xF00) | x
void LCDBusyCheck(void)                       //--- LCD 模块忙标志检测 ---
{
  int i;
  for(i=0;i<25;i++);
}
void LCDWriteComd(char rs,char ucCMD)          //--- LCD 模块写命令函数 ---
{
  LCDBusyCheck();
  if(0 == rs)LCD_DI(0);else LCD_DI(1);
  LCD_RW(0);
  LCD_PORT(ucCMD);
  LCD_EN(1);LCD_EN(0);
}
void LCDDisplayXY(int x,int y,char xydata)      //--- LCD 模块显示像素 ---
{
  if(y < 64)LCD_CS(0);else LCD_CS(1);
  LCDWriteComd(0,0xB8 | x);                    //--- 设置行地址(页)0～7 ---
  LCDWriteComd(0,0x40 | y);                    //--- 设置列地址 0～63 ---
  LCDWriteComd(1,xydata);
}
void LCDInit(void)
{
  LCD_CS(1);
  LCDWriteComd(0,0x38);                        //--- 8 位形式,两行字符 ---
  LCDWriteComd(0,0x0F);                        //--- 开显示 ---
  LCDWriteComd(0,0x01);                        //--- 清屏 ---
  LCDWriteComd(0,0x06);                        //--- 画面不动,光标右移 ---
  LCDWriteComd(0,0xC0);                        //--- 设置起始行 ---
  LCD_CS(0);
  LCDWriteComd(0,0x38);                        //--- 8 位形式,两行字符 ---
  LCDWriteComd(0,0x0F);                        //--- 开显示 ---
  LCDWriteComd(0,0x01);                        //--- 清屏 ---
  LCDWriteComd(0,0x06);                        //--- 画面不动,光标右移 ---
  LCDWriteComd(0,0xC0);                        //--- 设置起始行 ---
}
void LCD_ClearScreen(void)
{
  int i,j;
  for(i=0;i<8;i++)
```

```
    for(j=0;j<128;j++)LCDDisplayXY(i,j,0x00);
}
//--- ADC 模块初始化 ---
#define   ADC_START    LPC_ADC->CR |= (1 << 24)  //--- 启动 AD 转换 ---
#define   ADC_STOP     LPC_ADC->CR &=~(7 << 24)   //--- 停止 AD 转换 ---
#define   BASENUM  100
int UpdateFlag,trigflag;
int TrigLevel = 511;
int XTimepos = 20000;
int YVoltpos = 1;
int ADCPointer;
short ADCBuffer[BASENUM * 4];
void LPC13XX_ADC_Init(void)
{
  LPC_SYSCON->SYSAHBCLKCTRL |= (1 << 16);   //--- 使能 IOCON 模块的时钟源 ---
  LPC_IOCON->R_PIO1_0 |= (2 << 0);              //--- 配置 PIO1_0 为 AD1 功能 ---
  LPC_IOCON->R_PIO1_0 &=~((1 << 7) | (3 << 3));//--- 配置为模拟输入引脚 ---
  LPC_SYSCON->SYSAHBCLKCTRL |= (1 << 13);       //--- 使能 ADC 模块的时钟源 ---
  LPC_SYSCON->PDRUNCFG |= (1 << 4);             //--- ADC 模块正常工作 ---
  LPC_ADC->CR = (0x10 << 8) | (1 << 1);     //--- 配置分频系数并选择 AD1 通道 ---
}
int GetADCValue(void)                           //--- ADC 采集电压函数 ---
{
  int value;
  while(0 == (LPC_ADC->GDR & 0x80000000));      //--- 判断 AD 转换完毕 ---
  ADC_STOP;                                     //--- 停止 AD 转换 ---
  value = LPC_ADC->GDR;                         //--- 读取 AD 转换的数据 ---
  value = (value >> 6) & 0x3FF;
  ADC_START;                                    //--- 启动 AD 转换 ---
  return value;
}
//--- 32 位定时器 0 模块初始化 ---
void CT32B0_TIMER_Init(void)
{
  LPC_SYSCON->SYSAHBCLKCTRL |= (1 << 9);          //--- 使能定时器 0 的时钟源 ---
  LPC_TMR32B0->CTCR = 0;                          //--- 定时模式 ---
  LPC_TMR32B0->PR = 0;                            //--- 设置预分系数 ---
  LPC_TMR32B0->PC = 0;
  LPC_TMR32B0->TC = 0;
  LPC_TMR32B0->MR0 = SystemCoreClock / XTimepos - 1;//--- 50us ---
  LPC_TMR32B0->MCR = 3;                     //--- 匹配 0 匹配产生中断并复位 TC ---
  LPC_TMR32B0->TCR = 1;                         //--- 定时器 0 启动 ---
  NVIC_EnableIRQ(TIMER_32_0_IRQn);              //--- 使能定时器 0 的中断 ---
}
void TIMER32_0_IRQHandler(void)                 //--- 32 位定时器 0 的中断函数 ---
{
  short val;
  if(0 != (LPC_TMR32B0->IR & (1 << 0)))         //--- 判断是匹配 0 标志 ---
    {
      LPC_TMR32B0->IR |= (1 << 0);              //--- 清匹配 0 标志 ---
    //--- 采样波形数据 ---
```

```
        val = GetADCValue();
        if(0 == trigflag)
          {
            if(val >= TrigLevel){trigflag = 1;ADCPointer = 0;}
          }
        else
          {
            if(0 == UpdateFlag)
              {
                ADCBuffer[ADCPointer] = val;
                if(BASENUM == ++ADCPointer)UpdateFlag = 1;
              }
          }
      }
}
#define   K1  (LPC_GPIO3->DATA & (1 << 1))        //--- K1 按键宏定义 ---
#define   K2  (LPC_GPIO3->DATA & (1 << 0))        //--- K2 按键宏定义 ---
#define   K3  (LPC_GPIO3->DATA & (1 << 3))        //--- K3 按键宏定义 ---
#define   K4  (LPC_GPIO3->DATA & (1 << 2))        //--- K4 按键宏定义 ---
int K1_Cnt,K2_Cnt,K3_Cnt,K4_Cnt;
//--- main 主程序 ---
int msCnt;
unsigned char buf[BASENUM],prevbuf[BASENUM];
int main (void)
{
  int i,j,m;
  LPC_GPIO2->DIR = 0xFFF;                     //--- LCD 端口初始化 ---
  LCDInit();                                 //--- LCD 模块初始化 ---
  LCD_ClearScreen();                         //--- 清屏 ---
  for(i=0;i<8;i++)
    for(j=0;j<BASENUM;j++)LCDDisplayXY(i,j,Grid[i][j]);
  CT32B0_TIMER_Init();                       //--- 32 位定时器 0 初始化 ---
  LPC13XX_ADC_Init();                        //--- 初始化 AD 模块 ---
  ADC_START;                                 //--- A/D 转换器启动 ---
  while(1)
    {
      if(0 != UpdateFlag)
        {
          //--- LCD 上显示波形 ---
          for(j=0;j<BASENUM;j++)
            {
              m = ADCBuffer[j] >> 4;
              m -= 31;
              m *= YVoltpos;
              m += 31;
              buf[j] = 63 - m;
            }
          UpdateFlag = 0;
          trigflag = 0;
          for(j=0;j<BASENUM;j++){i = prevbuf[j] / 8;LCDDisplayXY(i,j,Grid[i][j]);}
          for(j=0;j<BASENUM;j++)
```

```
      {
        i = buf[j] / 8;
        m = buf[j] % 8;
        LCDDisplayXY(i,j,Grid[i][j] | (1 << m));
      }
    for(j=0;j<BASENUM;j++)prevbuf[j] = buf[j];
  }
if((0 == K1) && (999999 != K1_Cnt) && (++K1_Cnt > 10))
  {                                            //--- K1 功能键 ---
    if(0 == K1)
      {
        K1_Cnt = 999999;
        if(100000 == XTimepos)XTimepos = 50000;
        else if(50000 == XTimepos)XTimepos = 40000;
        else if(40000 == XTimepos)XTimepos = 20000;
        else if(20000 == XTimepos)XTimepos = 10000;
        else if(10000 == XTimepos)XTimepos = 5000;
        else if(5000 == XTimepos)XTimepos = 4000;
        else if(4000 == XTimepos)XTimepos = 2000;
        else if(2000 == XTimepos)XTimepos = 1000;
        else if(1000 == XTimepos)XTimepos = 500;
        else if(500 == XTimepos)XTimepos = 400;
        else if(400 == XTimepos)XTimepos = 200;
        else if(200 == XTimepos)XTimepos = 100;
        LPC_TMR32B0->MR0 = SystemCoreClock / XTimepos - 1;
        LPC_TMR32B0->TC = 0;
      }
  }
else if(0 != K1)K1_Cnt = 0;
if((0 == K2) && (999999 != K2_Cnt) && (++K2_Cnt > 10))
  {                                            //--- K2 功能键 ---
    if(0 == K2)
      {
        K2_Cnt = 999999;
        if(100 == XTimepos)XTimepos = 200;
        else if(200 == XTimepos)XTimepos = 400;
        else if(400 == XTimepos)XTimepos = 500;
        else if(500 == XTimepos)XTimepos = 1000;
        else if(1000 == XTimepos)XTimepos = 2000;
        else if(2000 == XTimepos)XTimepos = 4000;
        else if(4000 == XTimepos)XTimepos = 5000;
        else if(5000 == XTimepos)XTimepos = 10000;
        else if(10000 == XTimepos)XTimepos = 20000;
        else if(20000 == XTimepos)XTimepos = 40000;
        else if(40000 == XTimepos)XTimepos = 50000;
        else if(50000 == XTimepos)XTimepos = 100000;
        LPC_TMR32B0->MR0 = SystemCoreClock / XTimepos - 1;
        LPC_TMR32B0->TC = 0;
      }
  }
else if(0 != K2)K2_Cnt = 0;
```

```
if((0 == K3) && (999999 != K3_Cnt) && (++K3_Cnt > 10))
  {                                                    //--- K3 功能键 ---
    if(0 == K3)
     {
       K3_Cnt = 999999;
       if(++YVoltpos > 4)YVoltpos = 4;
     }
  }
else if(0 != K3)K3_Cnt = 0;
if((0 == K4) && (999999 != K4_Cnt) && (++K4_Cnt > 10))
  {                                                    //--- K4 功能键 ---
    if(0 == K4)
     {
       K4_Cnt = 999999;
       if(--YVoltpos < 1)YVoltpos = 1;
     }
  }
else if(0 != K4)K4_Cnt = 0;
  }
}
```

4．小结

本实例充分利用 LPC1343 的内置 10 位 A/D 的快速采样率实现波形的显示。程序设计涉及主要内容如下：

（1）时间轴的扫描周期通过 32 位定时器实现，其中 XTimepos 变量用于设定 32 位定时周期值。

（2）通过 TrigLevel 变量来调节波形显示的触发点，该值在 0～1023 变化。

（3）在 TIMER32_0_IRQHandler 中断函数中采集指定的波形数据存储到 ADCBuffer 缓冲区中，当缓冲区存储满置 UpdateFlag。

（4）Main 主程序根据 UpdateFlag 标志来处理被显示波形的幅度值数据在 LCD 显示屏上显示。

（5）背景网格通过建立 Grid 二维数组实现，在背景网格上显示波形时，通过逻辑或的方式显示对应的像素点。

参 考 文 献

［1］孙安青．PIC 单片机实用 C 语言程序设计与典型实例［M］．北京：中国电力出版社，2008．

［2］孙安青．PIC 系列单片机开发实例精解［M］．北京：中国电力出版社，2011．

［3］孙安青．ARM Cortex-M3 嵌入式开发实例详解-基于 NXP LPC1768［M］．北京：北京航空航天大学出版社，2012．

［4］孙安青．LED 应用电路 200 例［M］．北京：中国电力出版社，2013．

［5］孙安青．AT89S51 单片机实验及实践教程［M］．桂林：桂林电子科技大学，2006．

［6］孙安青．R1016 实验指导书［M］．桂林：桂林电子科技大学，2010．

［7］孙安青．MCS-51 单片机 C 语言编程 100 例［M］．北京：中国电力出版社，2015．

［8］孙安青．MCS-51 单片机 C 语言编程 100 例（第二版）［M］．北京：中国电力出版社，2017．